Habes in hoc opere iam recens nato, & ædito, studiose lector, Motus stellarum, tam fixarum, quàm erraticarum, cum ex ueteribus, tum etiam ex recentibus obseruationibus restitutos: & nouis insuper ac admirabilibus hypothesibus ornatos : Habes etiam Tabulas expeditissimas, ex quibus eosdem ad quoduis tempus quam facillime calculare poteris : Igitur eme, lege, fruere

천구의 회전에 관하여

NICOLAUS COPERNICUS

De revolutionibus orbium coelestium

천구의 회전에 관하여

니콜라우스 코페르니쿠스

엠아이디

차례

제 2권 •191

제 3권 •301

제 4권 •443

제 5권 •593

제 6권 •791

추천사

이 책은 현대 천문학의 시조이고 중세 시대 교회 중심의 고정관념인 천동설을 거부하고 지동설을 주장한 코페르니쿠스 필생의 역작을 번역한 책이다. 여기에는 단순한 생각으로 지구의 공전을 설명하고 사람들에게 전파하려는 것이 아니라 코페르니쿠스가 가지고 있던 천문학적 지식과 함께 기하학과 산술, 광학과 측량학 및 기계학에 철학적 지식을 총 동원하여 놀랍도록 정교한 논리를 펼쳐 그의 이론을 정당화시켜 놓았다. 그는 그의 시대에 최고 통치자인 교황조차도 반박할 수 없는 정교하고 빈틈없는 논리로 지구와 달, 그리고 행성들이 태양을 중심으로 공전하고 있음을 설명하였다. 이 책을 읽어보면 왜 천문학이 단순한 광학이나 행성의 운동을 설명하는 기초과학을 넘어 철학과 수학뿐만 아니라 인문학과 자연과학의 최정상의 자리에 있는지를 문득 문득 느끼게 한다. 또한 천문학의 기본이라 할 수 있는 케플러 운동의 법칙의 뿌리가 여기에 있음을 보게 될 것이다. 천문학자는 물론이고 무릇 이시대의 학자라면 한번쯤은 읽어보아야 하는 필독서로 추천한다.

- **박영득**, 한국천문연구원 원장

무릇 인간의 지식과 지혜는 고대 이래로 선각자들이 깨치고 기록해서 쌓아 만든 거인의 어깨 위에 올라선 후세인들이 얻은 새로운 통찰이 덧붙여지면서 면면히 진보해왔다. 이것이 과학의 역사이고, 기록의 역사이며, 기록을 보전 전승하는 사회적 기관인 도서관의 역사이다.

위대한 천문학자 니콜라우스 코페르니쿠스의 혁명적 사고를 집대성한 이 책을 누구나 쉽게 읽고 이해할 수 있다고 말하기는 어렵다. 1543년에 초판이 출판된 이 책에 대해서 호사가들이 '역사상 가장 안 팔린 책', '아무도 읽은 사람이 없는 책'이라는 별명을 붙이는 일도 과장은 아닐지도 모른다. 그러나 많은 과학사학자들과 문헌학자들의 치열한 연구와 꼼꼼한 검토를 통해 갈릴레이, 케플러 등 당대와 후대의 유수한 천문학자들이 이 책을 읽고 격렬한 논쟁을 벌인 흔적들이 발견되었다. 지구의 공전과 자전을 증명하고자 한 코페르니쿠스의 저술이 발표 당시의 스캔들을 뛰어넘어 영원한 과학 고전의 반열에 오른 과정이 눈앞에 그려진다. 다소 늦은 감이 있지만, 이 책이 우리말로 전권 번역 출판되었다는 소식은 그래서 여간 반가운 것이 아니다. 위대한 고전이 인간 생각의 변화와 발전을 어떻게 담아내고 후대에 전하고 있는지 살펴보고 싶은 사람들에게 이 책은 매력적으로 다가올 것이다.

- **서혜란**, 前 국립중앙도서관장

직관은 맞으면 지혜이지만 틀리면 선입견, 고정관념이 된다. 지동설은 다른 말로 태양중심설이다. 우주의 중심을 지구에서 태양으로 옮긴 것이다. 보이는 대로 운동을 직관하여 구조화 한 모델에서 발생한 모순을 보고 고정관념을 벗어나 그 이면을 추론한 결과이다. 오늘날 이 시스템을 당연하게 받아들이고 있지만 이것이 사실인지, 받아들여야 하는 이유가 무엇인지를 정확히 아는 사람은 많지 않다. 이 책은 이것을 치열하게 설명한다. 엄청난 양의 계산과 그에 따른 추론 과정은 사고의 전환이 얼마나 투쟁적인 일이었는지 보여준다. 이제 코페르니쿠스의 이 위대한 업적 모두에 우리말로 접근할 수 있게 되었다.

- **이광형**, KAIST 교수

처음 연구소에 들어간 후 인공위성 궤도결정 과제에 참여한 기억이 있다. 인공위성은 기본적으로 천체의 운동과 동일한 방식으로 동작하며 근본원리는 천체역학이라 할 수 있다. 오늘날 인공위성 운동은 노트북, 스마트폰 등으로 간단히 계산할 수 있는 데, 사실 이는 시대를 거슬러 올라가면서 뉴턴, 케플러, 브라헤, 갈릴레이 등 많은 과학자들이 공헌한 결과이다. 니콜라우스 코페르니쿠스가 저술한 『천구의 회전에 관하여』는 이러한 공헌의 출발점으로 볼 수 있는 역작이다. 역사적으로도 의미있는 책이 국내에서 처음으로 제대로 번역되어 소개된다는 사실은 정말 고무적이며 우리의 지적 수준도 함께 높아지는 느낌이다. 관심을 가지고 오래된 보물을 찾듯이 살펴보기를 추천드린다.

- **이상률**, 한국항공우주연구원 원장

『천구의 회전에 관하여』는 고대부터 이어져 온 지구 중심의 우주관을 태양 중심의 우주관으로 전환하는 대담한 발걸음을 기록하고 있습니다. 코페르니쿠스는 그의 관측과 수학적 계산을 바탕으로 그 당시까지 이해되어 온 우주의 구조에 의문을 제기했습니다. 그의 이론은 생각만큼 간결하지 않았으며, 현대적 관점에서 보면 일부 개념이 미흡할 수 있지만, 이 책은 과학적 발견과 지식의 발전 과정에서 중요한 지점에 서 있습니다. 『천구의 회전에 관하여』는 단순히 과거의 텍스트가 아니라, 과학사에 관심 있는 이들에게 훌륭한 참고자료가 될 것이며, 수학을 좋아하는 젊은 독자들에게도 매력적인 도전으로 다가설 것입니다.

- **정안영민**, 한국천문연구원 우주탐사그룹 연구원

혁명은 과학적 변화라기보다는 사회적 변화로 보인다. 실제로 과학을 통해 우리는 세계관을 형성하고 지식을 쌓으며, 의견, 결론, 그리고 주장을 검증할 수 있다. 폴란드의 천문학자 니콜라우스 코페르니쿠스는 진정한 혁명가였다. 그가 바로 지동설의 진실을 발견한 인물이기 때문이다. 오늘날 우리가 반박할 수 없는 진리로 여기는 것이 당시에는 교리에 대한 결정적인 도전이었다. 니콜라우스 코페르니쿠스는 『천구의 회전에 관하여』를 통해 과학적 접근 방식의 문을 열었음을 입증하였다. 코페르니쿠스의 이름은 세계 역사와 과학에 금빛 글씨로 새겨져 있다.

- **피오트르 오스타셰프스키**, 주한 폴란드 대사

코멘터리

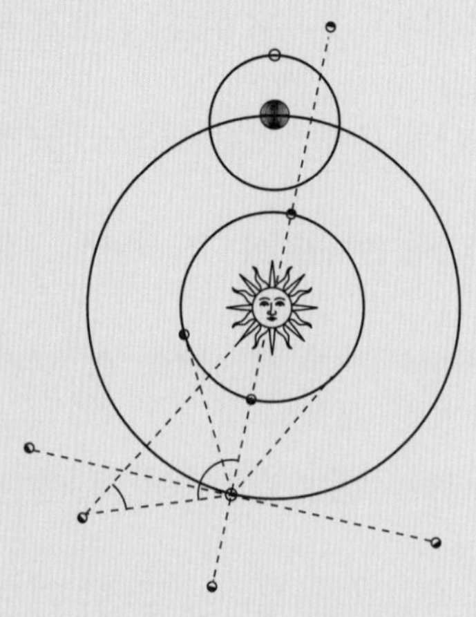

근대 과학혁명을 가져온 『천구의 회전에 관하여』

이두갑, 서울대 과학학과 교수

1543년 출판된 코페르니쿠스의 『천구의 회전에 관하여』는 천문학과 우주론에 격변을 불러일으킨 혁명적인 책이다. 그는 왜 이러한 책을 출판하게 되었나?

자신의 서문을 통해 코페르니쿠스는 신이 인간 이성

에게 허락한 범위 안에서, 모든 것들에 대해 진리를 추구하는 것이 학자의 가장 신성한 역할이라고 선언한다. 그리고 그에게 자연철학자가 탐구할 수 있는 가장 중요한 주제는, 아마도 세상에서 가장 훌륭한 장인에 의해 창조된 짜임새 있는 천체와 우주에 대한 것이었다. 그렇지만 천문학자 코페르니쿠스가 보기에, 당시 천체의 운동과 우주의 구조에 대한 지식은 부정확하고, 복잡하기 그지없고, 비일관적인 것이었다. 가장 완벽하고 신성한 우주에 대한 학문이어야 할 천문학이, 어떠한 확실한 도식도 가지고 있지 못한 상태였다. 그에게 천문학은 마치 한 몸 안에 부조화스럽고 혼돈스러운 이론과 가설들로 혼재되고 불확실성이 가득찬 괴물처럼 보였다.

코페르니쿠스는 이러한 상황을 타개하기 위해 우주의 중심이 지구가 아니라 태양이며, 지구는 이 주위를 돌고 있는 하나의 행성에 불과하다는 자신의 가설을 제안하기에 이르렀다고 밝힌다. 물론 지동설을 제안한 자신의 주장이 지닌 새로움과 혁신성으로 인해 일견 불합리해 보일 수 있음을 알기에, 그는 비록 자신이 이를 가설로 제시하지만, 이에 대해 경멸과 큰 비판을 받을 것이라 우려하는 마음 역시 드러낸다. 그럼에도 그는 지동설이라는 자신의 명쾌한 가설을 통해 우주에 대한 우리의 지식에 불합리한 안개가 걷힐 것이라 기대하고 있다. 우주의 질서에 대한 이러한 자연철학적 해명이 신과 우주에 대해 더 큰 경외와 감탄의 대상이 될 수 있을 것이라는 것이다. 『천구의 회전에 관하여』의 출간을 통해 그는 자신의 우주에 대한 가설이 수학적이고 천문학적으로 입증될 수 있을 것이라 믿었으며, 당연히 자신의 가설을 사실로 믿었을 것임에는 의심의 여지가 없다.

사실 코페르니쿠스는 이 책이 출간되기 전인 1514년경 코멘타리오루스Commentariolus라고 불리는 미출판 원고를 통해 지인들에게만 자신의 지동설을 회람하게도 했다. 다만 그는 자신의 가설이 가져올 논란, 특히 종교계와의 마찰을 우려해 출판을 미루고 이의 정교화에 몰두했던 것이다. 하지만 1539년 자신을 방문하여 사사한 천문학자 레티쿠스Rheticus가 태양중심설을 개괄한

『첫 번째 보고Narratio Prima』를 1540년에 출판하여 그의 지동설을 소개했다. 레티쿠스는 코페르니쿠스에게 본격적인 지동설에 대한 책을 출판할 것을 권했으며, 1543년 라틴어로 쓰여진 『천구의 회전에 관하여』는 뉘른베르크에서 출판되었다. 코페르니쿠스는 아쉽게도 출판 직후 사망하여, 자신의 가설에 대한 학계와 종교계의 반향을 알 수는 없었다.

과학사학자들은 코페르니쿠스의 『천구의 회전에 관하여』가 근대 과학의 출현에 시발점을 마련해준 책이라는 데 이견이 없을 것이다. 일례로 저명한 과학사학자 토마스 쿤은 『코페르니쿠스 혁명』이라는 저서에서 『천구의 회전에 관하여』가 근대 과학의 기반이 될 새로운 우주론과 물리학에 “혁명을 가져온” 책이라 평가하고 있다. 근대 과학은 코페르니쿠스가 제시한 지동설을 단순히 우주에 대한 하나의 모형이나 가설 정도로 치부하는 것을 넘어서, 우주와 운동의 실제 모습을 제시한 것임을 증명하는 과정에서 시작됐다는 것이다. 갈릴레오의 관성과 운동역학에 대한 개념, 그리고 뉴턴으로 이어지는 만유인력과 수리 물리학의 발전 모두가 이 『천구의 회전에 관하여』에서 제기한 자연철학적 문제들을 해결하는 과정에서 나타난 것이라 볼 수도 있다는 것이다.

그렇다면 총 6권篇, book으로 구성된 『천구의 회전에 관하여』에서 코페르니쿠스는 어떠한 주장을 전개하고 있는지 살펴보자. 그는 우선 1권에서 천문학 전문가가 아닌 독자들도 이해할 수 있는 방식으로, 자신의 태양중심설을 요약하고 있다. 이는 무엇보다 지구가 우주의 움직이지 않는 중심이라는 오래된 믿음을 반박하는 지동설에 대한 주장들이다. 이에 의하면 지구는 하루에 한 번씩 자전을, 1년에 한 번씩 공전을 하고 있으며, 지구 자전축도 회전하고 있다. 지구는 더 이상 우주의 중심이 아니며, 태양 주위를 원운동 형태로 돌고 있는 여러 행성 중의 하나에 불과한 것이다. 그는 또한 별의 연주시차stellar parallax가 발견되지 않기 때문에, 우주의 크기가 거의 무한에 가깝다고 주장하고 있다.

『천구의 회전에 관하여』 2-6권은 1권과는 달리 당대의 전문적인 천문학자들을 그 독자로 삼아 매우 수학적으로 쓰여졌다고 볼 수 있다. 이 부분은 지동설을 제외하고는, 고대와 천문학자들, 우주론자들의 저작과 유사한 수리천문학적 방식으로 논의가 전개된다. 그는 전문적이고 난해한 이 부분들에서 천구 또는 궤도의 모든 위치를 지구가 운동한다는 가정 하에 새롭게 기술하고 있다. 이를 통해 행성의 위치와 운동에 대해서 정확하고 명료한 계산을 할 수 있는 방법들에 대해 논의하고 있으며, 고대 천문학자들에 의해 제안된 복잡하고 다소 임의적인 '주전원epicycle'과 같은 행성 운동에 대한 기술들과 가설들에 대해 비판한다. 그는 지구가 태양을 중심으로 원운동을 한다는 자신의 태양 중심설이 수많은 관측 사례들을 포함하는 행성의 운동들을 수학적 체계가 있는 방식으로 명료하고 간결하게 설명할 수 있다는 점을 보여주고 있는 것이다. 또한 그는 지동설에 따라 우주의 전반적인 구조들을 논의하고 있으며, 우주가 무한히 확장될 수밖에 없음을 입증하고 있다.

코페르니쿠스는 어떻게 이러한 혁명적인 지동설을 제

시할 수 있었을까? 이 궁금증으로 코페르니쿠스의 『천구의 회전에 관하여』를 직접 읽게 된 독자라면, 무엇보다 그가 지동설을 제시한 첫 천문학자가 아니라는 점에 놀랄 것이다. 코페르니쿠스는 실제로 『천구의 회전에 관하여』에서 그 이전부터 당대의 천동설과는 다른 천체운동, 그리고 지동설과 유사한 가설들을 제안한 고대의 천문학 권위자들과 그들의 주장에 대해 자세히 논의하고 있다. 여기에는 키케로의 저작에서 니케타스가 했던 지구가 움직인다는 주장이나, 플루타크의 저작에서 피타고라스 학파의 필로라우스라는 학자의 주장이 논의된다. 필로라우스는 지구가 태양이나 달과 같이 불의 주위를 비스듬하게 원형운동을 한다는 이론을 주장했다. 인쇄술의 발명으로 고대 및 당대 저작들이 광범위하게 유통되면서 이미 15세기에는 지동설과 유사한 주장을 펼치는 이들에 대해 잘 알려져 있었다. 이에 코페르니쿠스는 자신의 지동설의 혁신성을 강조하기보다는, 자신이 고대 프톨레마이오스와 그의 후계자들이 해결하지 못한 채 남겨둔 행성 운동을 서술하는 문제들을 해결하는 천문학자임을 강조하였다.

그럼에도 무엇보다 코페르니쿠스가 기존의 학문 체계의 문제점을 인식하고, 이를 개선하고 새롭게 바꿀 수 있다는 당대 유럽의 르네상스적 태도를 지닌 인물이었다는 점을 부정할 수는 없다. 코페르니쿠스가 태어나 활동하던 시대 유럽에서는 정치적, 경제적, 지적 삶에서 커다란 변화들이 나타나고 있었다. 무엇보다 코페르니쿠스는 르네상스와 종교개혁 기간을 거치며 기존의 종교적 권위에 도전하고, 자연을 인간의 창의적 사고를 통해 이해하고 개선할 수 있다는 것에 대한 새로운 믿음을 가진, 그야말로 '르네상스인'이었다. 이 시기 유럽은 또한 항해와 탐험의 시기였으며, 신대륙의 발견을 기점으로 고대의 가장 위대한 천문학자이자 지리학자였던 프톨레마이오스의 저작들의 오류가 발견되고 이를 수정해나가는 시기이기도 했다. 따라서 코페르니쿠스는 프톨레마이오스의 지리학이 수정될 수 있다면, 천문학 역시 새롭게 바꿀 수 있다는 믿음을 가졌던 것이다. 그리고 인쇄술로 인해 축적된 지식과 새로운 지식을 직접 확인, 비교하고 이를 통해 기존의 고정관념을 폐기하고 보다 명확한 진리에 도달할 수 있다는 르네상스적 믿음 또한 코페르니쿠스의 천문학 혁신을 가능하게 해 주었다.

그렇다면 실제 코페르니쿠스가 『천구의 회전에 관하여』에서 성취한 것은 무엇이었나? 무엇보다 중요한 것은 코페르니쿠스가 고대와 중세, 그리고 당대 천문학의 관측 자료들과 행성 천문학자들의 도구와 개념, 가설들에 대한 체계적 정리를 통해 기존 천문학과 우주론의 문제를 인식했다는 점이다. 그리고 그의 천문학 혁신은 이를 해결하기 위해 행성의 위치에 관련된 계산을 하는 데 사용되던 난해한 기법과 고도의 수학적인 개선을 추구하던 다소 지엽적일 수 있으며, 아주 지난하고 테크니컬한 노력을 통해 나타났다. 그의 혁신은 무엇보다도 지구의 운동이라는 가설 수준으로 제안된 지동설을 바탕으로, 우주에 대한 간결한 수학적 체계를 세웠다는 데 있다.

한국어로 번역된 『천구의 회전에 관하여』를 통해 독

자들은 처음 행성들의 위치를 계산하는 데 사용되던 기존의 기법들을 개선하고자 했던 코페르니쿠스의 시도들을 살펴보며, 과학에서 혁신과 혁명적 변화가 어떻게 나타나는가에 대한 새로운 통찰을 얻을 수 있을 것이다. 코페르니쿠스는 이러한 기술적인 작업을 통해 점차 전통적인 행성 천문학의 기본 가정들과 개념들의 근본적인 오류들을 깨닫기 시작했다. 그리고 지동설을 도입한다면 주전원과 같은 임의의 가설 없이도 행성의 운동을 설명할 수 있다는 것을 보여주었다. 2-6권을 통해 코페르니쿠스는 지구가 움직이고, 움직이는 지구에서 관찰하였기 때문에 행성이 황도를 따라 도는 데 걸리는 시간의 불규칙성이 나타나고, 행성의 역행 운동이 나타난다는 점을 보일 수 있었다. 실제로는 우주는 매우 규칙적으로 작동하고, 단지 지구도 움직이고 있기 때문에 행성이 불규칙하게 운동하는 것처럼 보일 뿐이라는 것이다.

『천구의 회전에 관하여』는 16-17세기 근대 과학을 형성했던 과학혁명이 나타나는 시발점을 마련해준 "혁명을 가져온" 책이다. 지동설을 중심으로 행성의 운동을 서술하는 것이 천문학적 계산의 간결성을 위해 제시된 가설이 아니라, 실제 우주의 물리적 구조를 반영하는 것인가? 그렇다면 왜 우리는 운동을 느끼지 못하고, 하늘로 던진 물체는 제자리로 낙하하는가? 이처럼 수리 천문학의 변화는 우주의 구조뿐만이 아니라 역학과 물리학적인 다양한 문제들을 제기하고 있다. 그리고 이러한 문제를 해결하는 과정에서 관성과 만유인력, 그리고 운동과 자연에 대한 수학적인 서술들이 나타나며 근대 물리학을 탄생시켰던 주요한 지적 변화를 가져왔던 것이다.

또한 지동설은 사상적, 종교적 논의 또한 촉발시켰다. 우주의 중심을 지구라 제시했던 성서의 설명은 과학적 설명과 배치되는 것인가? 우주에서 지구의 위치와 인간의 지위는 어떻게 이해할 수 있겠는가? 이러한 논쟁을 통해 『천구의 회전에 관하여』는 우주론과 종교의 개념적 논의의 변화에도 기여했다고 볼 수 있다.

25년만에 새롭게 여섯 권 모두 번역된 『천구의 회전에 관하여』가 출간된다니 반가운 마음이다. 이 책을 통해 독자들이 코페르니쿠스의 상세하고 논리적인 논의를 따라가면서 혁명적인 방식으로 지동설을 제시하며 행성과 우주를 간결하고 명확한 수학적 체계로 설명하고자 했던 그의 사고 과정을 살펴보고, 위대한 과학책을 경험하고 경외할 수 있기를 기대해본다.

영문『전집』출간의 서문

니콜라우스 코페르니쿠스(1473-1543)는 논란의 여지없이 가장 위대한 현대의 천문학자이다. 그는 처음으로 지구에 행성의 지위를 부여했고, 태양이 우주의 중심 근처에 있다는 것에 대해 처음으로 과학적 근거를 제공했다. 그는 지구에 원운동revolution을 부여하여 천체들에는 변함없이 완벽한 원운동을 부여하고 달 아래의 영역에는 생성되고 부패하는 오르내림의 운동을 부여한 아리스토텔레스의 이분법을 산산조각냄으로써 천문학뿐만 아니라 물리학에서도 혁명revolution을 가져왔다. 코페르니쿠스는 그보다 앞선 아라비아 학자들(예를 들어 "마라가 학파")의 기하학적 장치를 사용했을 수 있지만, 그의 체계와 우주의 인식은 완전히 새로운 것이었다.

폴란드 과학 아카데미는 위대한 국민의 탄생 500주년을 앞두고, 현존하는 그의 작품을 라틴어와 여러 현대언어로 발간하는 기념비적인 사업을 했다. 각각의 판은 세 권으로 이루어져 있다. 1권은 코페르니쿠스의 주요 작품인 De revolutionibus orbium calestium(앞으로는 『회전』이라고 쓰겠다)의 자필 사본이다. 2권은 『회전』의 번역에 방대한 현대의 주석이 포함되었다. 3권은 남아 있는 코페르니쿠스의 지적인 저작의 번역과 상당한 주석이 포함되었고, 『소품Minor Work』이라는 제목을 붙였다. 그러나 3권에 사용된 초고를 모든 독자들이 쉽게 찾아볼 수 없기 때문에, 아카데미는 3권에 들어간 모든 문서의 라틴어 사본이 수록된 4권을 추가로 발간할 예정이다. 이 네 권이 아카데미가 발간한 니콜라우스 코페르니쿠스의 『전집』을 구성한다.

『전집』의 영어 번역과 주석은 저명한 코페르니쿠스 학자이며 뉴욕대학교 대학원 과학사 석좌교수 에드워드 로젠Edward Rosen이 맡았다. 고되지만 궁극적으로 알찬 우리의 작업으로, 첫 번째 세 권을 각각 1972년, 1978년, 1985년에 출판하게 되었다. 슬프게도, 로젠 교수는 3권이 출간되기 몇 달 전에 세상을 떠나서 그의 책이 모두 인쇄되는 것을 보지 못했다. 이 책은 그의 완벽한 학문에 대한 증거이다.

두 권의 소프트커버 판이 출판되어, 많은 독자들이 로젠의 코페르니쿠스 『전집』(폴란드 시리즈의 2, 3권)을 접할 수 있게 되었다. 본문을 다시 조판하지는 않았지만, 로젠과 나는 양장본을 1978년에 출판한 뒤에 준비한 추가와 수정 목록을 『회전』의 부록으로 포함시켰다.

1970년대 초에 우리는 일을 시작하자마자 여러 가지 문제에 부딪혔다. 첫 번째 문제는 『회전』의 번역에 사용할 원문이었다. 1543년 출판본을 쓸 것인가, 현존하는 자필 원고를 쓸 것인가? 이 판단은 전혀 쉽지 않았다. 많은 학자들이 1543년판이 심각한 오류가 있지만 이 위대한 작품의 결정판이라고 본다. 반면에 자필 원고는 인쇄소의 인장이 없는 것으로, 또 다른 초고를 대체하는 초기 판으로 간주된다. 코페르니쿠스의 제자 레티쿠스 Rheticus는 프롬부르크를 떠날 때 이 텍스트를 가져갔다. 마침내, 우리는 인쇄본과 자필 서명본을 함께 쓰기로 했고, 따라서 두 텍스트 중 하나보다 코페르니쿠스의 궁극적인 판본에 더 가까운 것을 제공하게 되었다. 또한, 우리는 코페르니쿠스가 초고에서 삭제한 역사적으로 중요한 문구들을 포함시켰다.

자필 원고와 1543년판을 자세히 검토해서 자필 원고에 있는 여러 가지 중요한 항목이 인쇄본에 없는 것을 발견했기 때문에 이렇게 결정했다. 예를 들어 자필 원고의 2절판 59쪽 앞면folio 59 recto 여백에, 코페르니쿠스가 “금성의 원지점apogee 48° 20'”이라고 적었다. 이 항목은 1543년판에 나오지 않는다. 행성의 원지점 위치는 매우 중요하므로 레티쿠스가 인쇄소에서 책을 준비할 때 누락시켰다고 보기 어렵다. 따라서 레티쿠스가 프롬부르크를 떠난 뒤에 코페르니쿠스가 원지점을 기입했을 것이다. 또한 60쪽 뒷면folio 60 recto과 61쪽 앞뒷면folio 61 recto-verso 여백에 다른 행성들에 관해 적은 것과, 59쪽 뒷면folio 59 verso에 기입한 경도 변화도 마찬가지이다.

그 다음의 문제는 『회전』에 나오는 항성 목록과 코페르니쿠스가 알고 있었을 듯한 목록이 이상하게도 다르다는 점이었다. 학자들은 코페르니쿠스가 현대에는 사라진 항성 목록을 사용했다고 제안했지만, 우리는 이 해결책을 받아들이기가 어려웠다. 대신에, 우리는 코페르니쿠스의 추론 과정을 적절하게 재구성해서 프톨레마이오스 또는 조지오 발라의 목록과의 차이를 모두 설명했다.

코페르니쿠스의 소규모 저작인 『코멘타리올루스』와 베르너에 반대하는 편지에 대한 초기의 번역은 불가결하게도 하나의 텍스트를 바탕으로 이루어졌는데, 그 초고 또는 인쇄된 판본이었다. 『전집』에 들어간 번역은 모든 현존하는 사본의 혼합을 바탕으로 했고, 그 중에는 최근에 발견된 것도 있다.

코페르니쿠스가 라틴어로 번역한 테오필락투스 시모카타Theophylact Simocatta의 그리스어 『서간집』은 우리에게 또 다른 도전을 안겨주었는데. 코페르니쿠스의 텍스트가 알두스 마누티우스Aldus Manutius가 1499년에 출판한, 당시에 그가 이용할 수 있었던 유일한 인쇄본과 상당히 달랐기 때문이다. 다시 한 번, 이전의 학자들은 이 차이를 혼란스러워했고, 코페르니쿠스가 우리가 모르는 다른 텍스트를 사용했다고 추측했다. 코페르니쿠스가 사용했던 그리스어-라틴어 사전과 라틴어-사전의 마이크로필름을 검토한 뒤에, 또한 마누티우스의 책『에피스톨로그래퍼』에 적은 주석을 검토한 뒤에, 우리는 이 차이를 설명할 수 있었고, "다른 텍스트" 가설을 거부했다. 우리의 노력은 성공적이었고, 우리의 주석이 모든 오류, 누락, 차이를 설명한다.

1517년과 1519년에, 코페르니쿠스는 서로 조금씩만 다른 경제학 논문 두 편을 썼다. 그는 몇 년 뒤에 세 번째인『화폐 주조에 대한 에세이』를 썼는데, 이 논문은 몇 가지 작은 측면에서 앞의 두 편과 다르다. 코페르니쿠스는 세 번째 논문에 날짜를 적지 않았고, 여러 학자들이 다양한 날짜를 주장했는데, 1526년에서 1528년 사이였다. 텍스트와 함께 다른 역사적 증거에 따라, 우리는 이 논문의 날짜를 1525년에서 1526년 7월 17일로 추정했다. 이 세 텍스트를 비교할 수 있도록,『소품』에서는 1517년 논문(개인적인 성찰)을 페이지 중간에 넣고, 1519년 논문(Denkschrift)을 왼쪽에, 세 번째 논문(화폐 주조에 대한 에세이)를 오른쪽에 두었다.

1972년에 바르미아의 주교 얀 오블락Jan Oblak이 『전집』 1권의 코페르니쿠스의 필적을 바르미아 사제단 문서 목록과 비교했다. 그는 이 목록이 코페르니쿠스의 친구 티데만 기세의 것으로 잘못 알려졌으며, 그것이 실은 코페르니쿠스의 필적임을 밝혔다. 오블락 주교는 목록의 사본을 옮겨 적은 텍스트를 폴란드어 번역과 상당히 많은 주석과 함께 출판했다. 올슈틴 교구 기록보관소의 모든 현존하는 문서들(많은 문서들이 제2차 세계대전 동안에 유실되었다)을 주의 깊게 검토해서, 나는 1520년 목록에 나열된 문서들에서 오블락의 잘못된 확인과 날짜 오류를 많이 찾아내서 바로잡았다(날짜들 중 어떤 것들은 로마력이나 교회력으로 적혀 있었다).

마지막으로, 주석 중에서 이 소프트커버 판의 부록에 포함된 바로잡음과 재계산은 로젠이 초판의 오토보니아노 라티노 #1902, 2판 키멜리아 사본의 두 사본에 손으로 쓴 주석들을 비판적으로 분류한 결과이다. 어떤 학자들은 전에 이 주석을 티코 브라헤가 썼다고 추정했는데, 이 추정이 옳다면, 1570년대와 1580년대에 그 자신의 티코 체계를 개발할 때 코페르니쿠스의 연구를 이용한 역사적 증거와 심각하게 어긋난다. 증거의 확실한 재분석으로("티코 브라헤에 대한 방어", Archive for History of Exact Science 24(1980): 257-65) 엄밀과학의 역사 기록보존), 로젠은 이 두 책에 주석을 쓴 사람이 실레지아의 천문학자 폴 위티치라고 확인했다.

마지막으로, 우리의 친구 완다와 타데우시 포쇼피엔Tadeusz Pochopien이 폴란드의 여러 도서관에서 얻기 힘든 책들, 마이크로필름, 복사본을 구해준 것에 대해 로젠 교수의 감사를 되풀이해야겠다. 나로서는 여기에 쓸 마지막 말로 코페르니쿠스 자신이 쓴 말 이상의 것을 쓸 수 없다. 그는 1543년 판 『회전』의 표지에 다음과 같은 충고의 글을 인쇄했다. "이 책을 사서, 읽고, 즐기라."

에르나 힐프스타인

『천구의 회전에 관하여』 영문판 서문

1973년에 니콜라우스 코페르니쿠스 탄생 500주년을 맞아 모든 문명 세계가 보여준 거대한 축하의 물결은 우리가 그에게 얼마나 큰 빚을 지고 있는지 새삼 일깨워준다. 폴란드 과학 아카데미는 현대 천문학의 창시자에 대한 전지구적인 기념에 부응하여, 최초로 코페르니쿠스 『전집』을 출간했다. 이 프로젝트는 세 권으로 기획되었고, 각각 라틴어, 폴란드어, 러시아어, 영어, 불어, 독어(뒤의 두 언어는 적절한 국가적 권위자와 협력했다)의 여섯 가지 언어로 나오게 되었다. 1권은 코페르니쿠스가 직접 쓴 『회전』 초고의 사본이며, 이 자필 원고는 이미 여러 가지 판본으로 나와 있다. 2권은 라틴어이고, 『회전』의 비평판으로, 라틴어로 된 방대한 주석이 붙어 있다. 이 책은 『회전』의 현대어판으로, 5개 국어로 번역될 것이다. 폴란드어판은 이미 출간되었고, 뒤를 이어 영어판이 나오며, 조만간 다른 번역본들도 출간될 것이다.

마지막으로 나올 3권에는 코페르니쿠스의 짧은 천문학 논문과 다른 주제들에 대한 글도 함께 실릴 것이다.

그의 시대의 거의 보편적인 관행에 따라, 코페르니쿠스는 『천구의 회전에 대하여』를 라틴어로 썼다. 500년이 지나서, 고대 로마의 이 장엄한 언어는 교육받은 대중들에게 더 이상은 컬럼버스가 대서양을 건너고 루터가 교황을 비난하던 때처럼 낯익지 않다. 그러므로 오늘날 코페르니쿠스 저작의 충실한 영어 번역은 아마도 키케로와 호라티우스를 원전으로 읽어본 사람들에게도 환영받을 것이다.

충실함이 마지막 철자까지 절대적일 필요는 없으며, 그러한 엄밀함은 현대 독자들에게 코페르니쿠스가 말하고자 했던 바를 쉽게 알 수 없게 할 것이다. 예를 들어 등호(=)는, 잘 알려졌듯이 코페르니쿠스가 죽을 때까지 발명되지 않았다. 그러므로 이 책에서 (=)을 쓴다는 것은 명백히 시대착오적이지만, 해롭기보다는 유익한 시대착오이다. 수학적 비를 나타내는 콜론(:)도 마찬가지이다. 진정으로, 코페르니쿠스 이후의 모든 수학 기호들은 적용 가능하면 주저 없이 코페르니쿠스의 『천구의 회전에 관하여』 번역에 사용했다.

이 새로운 코페르니쿠스의 『회전』 번역은 찰스 글렌 월리스의 이전의 번역(Great Books of the Western World, volum 16, Chicago, 1952)이 코페르니쿠스의 문장을 과감하게 현대화해서 원래의 문장과 닮았는지 알아보기 힘들 정도인 면을 따르지 않았다. 칼 루돌프 멘제르가 많은 공을 들여 옮긴 독어판은 이러한 단점을 전적으로 의식하고, 제목에서부터 이러한 부분을 고치려 했다. 그러나, 『회전』의 라틴어 제목에서 세 번째 단어인 orbium은 멘제르가 잘못 생각했듯이 거기에서 천체를 의미하지 않고, 천체를 운반하는 (가상의) 보이지 않는 구(球)의 뜻이며, 이 개념은 고대 그리스를 주도했고 코페르니쿠스와 그의 동시대 사람들도 여전히 받아들이고 있었다.

물론 이 가상의 구들은 코페르니쿠스 이후에 폐기되었고, 코페르니쿠스가 여전히 그의 세계관에서 필수적인 요소라고 여기던 많은 전통적인 개념들도 함께 폐기되었다. 코페르니쿠스와 우리 사이에 가로놓인 수백 년 동안에 기억이 워낙 철저히 지워져서, 이런 구식의 구성물들의 이름조차 현대의 독자들에게는 낯설게 되었다. 이런 이유로, 다른 것들과 함께, 그는 설명적인 주석을 환영할 것이다. 이 주석들은 코페르니쿠스의 『회전』과 그의 『소품』을 집중적으로 연구한 학자들의 글을 편집했다.

이 전문가들의 긴 목록은 게오르크 요아힘 레티쿠스로부터 시작하는데, 코페르니쿠스는 그가 살아 있는 동안에 그를 유일한 제자로 두는 행운을 누렸다. 중요한 기여를 한 나중의 사람들로는 위대한 코페르니쿠스주의자 요하네스 케플러와, 그에게 코페르니쿠스주의를 가르쳐준 재능 있는 스승 미하엘 메스틀린이 포함된다. 『회전』을 현대의 언어로 설명한 초기의 학자에는 영국의 토머스 디거스가 있고, 웅변적인 목소리로 외쳤던 새로운 우주론의 비극적인 기사(騎士) 지오르다노 브루노가 있다. 이탈리아에서 코페르니쿠스를 강력하게 옹호했던 갈릴레오 갈릴레이는 브루노만큼 불행하지는 않았다. 네덜란드에는 『회전』 3판(암스테르담, 1617)의 헌신적인 편집자였던 니콜라우스 물러가 있다. 폴란드의 얀 파라노프스키는 『회전』 4판(바르샤바, 1854)에 아낌없는 애정을 쏟았다. 독일의 막시밀리안 쿠르체와 5판(토룬, 1873)과 앞에서 번역에 대해 언급한 멘제르도 마찬가지이다. 에른스트 지너, 프리츠 쿠바흐, 프란츠 젤러와 칼 젤러 형제, 프리츠 로스만, 한스 슈마흐, 윌리 하트너도 코페르니쿠스의 포도원에서 헌신했다. 프랑스의 알렉상드르 코이레도 마찬가지였다. 폴란드에서는 아버지와 아들의 팀인 루트비크 안토니 비르켄마예르와 알렉산더 비르켄마예르가 값을 매길 수 없는 논의들을 출간했고, 우리 시대의 마리안 비스컵, 제르지 도브르즈키, 카롤 고르스키, 제르지 자데이로 이어졌다.

이 주목할 만한 선배들과 우리 시대 사람들의 노력으로, 특히 라틴 대역판을 번역하고 주석을 단 알렉산더 비켄마예르와 제르지 도브르츠키가 현대의 독자들에게 가장 큰 이득을 주고 있는 것으로 보인다. 이 노력에서 빼놓을 수 없는 것은 코페르니쿠스의 『회전』 자필 원고의 복사본이었고, 이것은 『니콜라우스 코페르니쿠스 전집』 1권으로 나왔다. 자필 원고에서 코페르니쿠스가 했던 추가와 삭제, 수정과 변경, 계산과 보정을 조사해서, 그의 마음이 어떻게 움직였는지를 꿰뚫어볼 수 있었다.

이 조사로 의해 오랫동안 옳다고 생각했던 『회전』의 저술에 대한 결론이 반박되었다. 코페르니쿠스는 『회전』의 서문에서 "apud me pressus non in nonum annum solum, sed iam in quartum novenium latiasset"(9년이 아니라 이제 9년이 네 번 지나도록)이라고 썼다. 이 표현은 코페르니쿠스가 이 책이 인쇄되던 1543년보다 36년 전에 저술을 마쳤고, 1507년 이후로 그가 원고를 숨겨두고 있었다고 해석되곤 했다. 이보다 진실에서 먼 것은 없다. 왜냐하면 자필 원고는 끝으로 가면서 서둘러 쓴 흔적이 그대로 드러나며, 1539년에 코페르니쿠스가 처음 입수한 항목을 사용했고, 1541년 여름에도 계속 수정(확장)하고 있었기 때문이다. 코페르니쿠스의 전기에 익숙한 사람들은 완벽하지 않은 자필 원고의 상태에 놀라지 않을 것이다. 반대로, 그는 편안한 상아탑 안의 저택에 살면서 많은 사람들의 시중을 받는 한가한 사람이 아니었고, 활동적으로 관리 업무를 처리하고, 사나운 전사들로 이루어진 군대의 침략에 의한 파괴를 수습했다. 『회전』은 명상적인 철학자가 평화와 고요 속에서 쓴 저작이 아니라, 수입 관리에 분주한 참사원이었고 때로는 교구의 대표로 나서기도 했던 괴로운 사람이 여가를 짜내서 쓴 것이다.

이 서문을 끝내면서, 나의 협력자 힐프트스타인에게 한없는 감사를 표하고 싶다. 그의 지칠 줄 모르는 열정과 무한한 근면이 없었으면 이 프로젝트는 결코 완성되지 못했을 것이다.

에드워드 로젠

NICOLAUS COPERNICUS
OF TORUÑ

SIX BOOKS ON
THE REVOLUTION OF THE HEAVENLY
SPHERES

성실한 독자들이여, 방금 만들어져서 출판된 이 책에서, 항성과 행성들의 운동을 볼 수 있다. 이 운동들은 고대와 최근의 관찰을 바탕으로 재구성되었고, 새롭고도 놀라운 가설로 장식되었다. 또한 가장 편리한 표가 있어서, 어느 시간이든 무엇이든 이 표로부터 가장 편리하게 운동을 계산할 수 있다. 그러므로, [이 책을] 사서, 읽고, 즐기라.

기하학을 배우지 못한 사람은 여기에 들어오지 못하게 하라.

NUREMBERG
JOHANNES PETRBIUS
1543

『천구의 회전에 관하여』 라틴어판 서문

독자들에게 — 이 책의 가설에 대하여

이 책의 새로운 가설에 대한 보고는 이미 널리 알려져 있으며, 이 가설은 지구가 운동하고 태양이 우주의 중심에 정지해 있다고 선언한다. 그러므로 의심할 바 없이, 어떤 학자들은 심히 불쾌히 여기면서, 오래 전에 건전한 바탕으로 확립된 인문학이 혼란 속에 던져져서는 안 된다고 믿는다. 그러나 학자들이 이 문제를 자세히 조사할 의향이 있으면, 이 책의 저자가 비난받을 일을 전혀 하지 않았음을 알게 될 것이다. 철저하고 주의 깊은 전문적인 연구로 하늘의 운동에 대한 역사를 구성하는 것이 천문학자의 의무이기 때문이다. 그런 다음에는 이 운동들 또는 그것에 대한 가설의 원인을 생각하고 고안하게 될 것이다. 어떤 방법으로든 진정한 원인을 알 수 없으므로, 그는 과거와 미래를 위한 기하학의 원리에서 바르게 예상되는 운동에서 나오는 추정을 어떤 것이든 받아들이게 될 것이다. 이 책의 저자는 이 두 가지 의무를 탁월하게 수행했다. 따라서 이 가설들은 진실이거나 그럴 듯해야 할 필요가 없다. 반대로, 이것들이 관측과 일치하는 계산을 가져온다면, 그것만으로 충분하다. 어쩌면 기하학과 광학에 무지한 누군가가 금성의 주전원이 실재한다고 여기거나, 금성이 때때로 태양에 대해 40도 또는 더 크게 앞서거나 뒤처지는 것이 이것 때문이라고 여길 수 있다. 이 가정에 따르면 금성이 원지점에 있을 때보다 근지점에 있을 때 지름이 4배 더 크고, 면적이 16배 더 커야 한다는 것을 모르는 사람이 있을까? 그러나 이러한 변이는 모든 시대의 경험에 의해 반박되었다. 이 과학에서는 이에 못지않게 터무니없는 점들이 있지만, 이것들을 지금 밝힐 필요는 없다. 이 학문에서, 겉보기의 균일하지 않은 운동의 원인은 지금껏 완전하고 절대적으로 알려지지 않았기 때문이다. 그리고 상상에 의해 어떤 원인을 고안한다면, 이것이 옳다고 누군가를 설득하기보다, 신뢰성 있는 계산의 토대만을 제공해야 한다. 그러나, 서로 다른 가설들이 때때로 하나의 동일한 운동에 대해 제안되므로(예를 들어, 태양의 운동에 대한 이심원과 주전원), 천문학자는 가장 이해하기 쉬운 가설을 첫 번째로 선택할 것이다. 그러나 그가 신성한 계시를 받지 않는 한, 둘 중 어떤 것도 이해할 수 있다거나 확실하다고 선언할 수 없다.

그러므로 더 이상 확실하지도 않은 옛날의 가설들과 함께 새로운 가설도 알려지게 하자. 특별히 이 가설은 명료할 뿐만 아니라 찬탄스럽고, 매우 재주 있는 관측의 큰 보물을 갖고 있기 때문이다. 가설에 관한 한, 누구도 천문학에서 어떤 것이든 확실하다고 기대하지 않게 하자. 그가 다른 목적으로 이것을 진실한 개념으로 받아들이지 않는 한, 이 연구에 들어올 때보다 나갈 때 더 바보가 되지 않게 하자. 안녕히.

안드레아스 오시안더

니콜라우스 쇤베르크의 서한

니콜라우스 쇤베르크,

카푸아의 추기경이 니콜라우스 코페르니쿠스에게

안녕하십니까!

몇 년 전에 당신의 유능함에 대한 소문이 저에게 도달한 이후, 그 이야기를 모든 사람들이 끊임없이 말했습니다. 그때 저는 당신에게 매우 높은 존경심을 가지기 시작했고, 당신을 그렇게 크게 칭송했던 우리의 동시대 사람들을 축하하기 시작했습니다. 당신이 고대 천문학자들의 발견을 아주 잘 터득했을 뿐만 아니라 새로운 우주론을 형성했다는 것을 알게 되었기 때문입니다. 그 안에서 당신은 지구가 움직이고, 태양이 우주에서 가장 낮은 자리, 따라서 중심을 차지하며, 제8천은 영원히 운동하지 않고 고정되게 유지하였습니다. 또한, 그 구에 포함된 요소들과 함께, 달이 화성과 금성 사이에 위치하게 했고, 태양 주위를 1년 주기로 돌게 했습니다. 또한 저는 당신이 이 천문학 체계 전체의 설명을 저술하고, 행성의 운동을 계산하고, 그것을 표로 정리하여, 모두가 가장 크게 감탄하게 했다고 들었습니다. 그러므로 최상의 열성으로 간청하오니, 제가 당신을 불편하게 하지 않는다면, 당신의 발견을 학자들에게 알리기 위해, 가능한 한 빨리 우주의 천구에 관한 저작과 표와 이 주제에 관련되어 당신이 가지고 있는 것은 무엇이든 저에게 보내 주시기 바랍니다. 더욱이, 저는 레덴의 테오도릭에게 저의 비용으로 당신의 구역에 있는 모든 것을 베껴서 저에게 보내라고 지시했습니다. 만약에 당신이 이 일에 대한 저의 욕망을 만족시켜 주신다면, 당신의 명성과 열성적이고 뛰어난 재능에 대해 바르게 행하고자 열망하는 사람을 상대하고 있다는 것을 알게 될 것입니다. 안녕히.

1536년 11월 1일

로마에서

교황 바오로 3세 성하께 바침

교황 성하.

우주에서 구의 회전에 대해 쓰고 지구에 운동을 부여한 이 책에 대해 듣자마자 어떤 사람들이 이러한 주장을 하는 제가 이 주장과 함께 즉각 반박되어야 한다고 외칠 것을 저는 상상할 수 있습니다. 다른 사람들이 저의 견해에 대해 어떻게 생각할지를 무시할 정도로 제 자신이 저의 견해에 현혹되어 있지는 않기 때문입니다.

철학자의 생각은 보통 사람들의 판단을 수용하지 않는다는 것을 저는 알고 있습니다. 신이 내린 인간의 이성으로 허용된 범위 안에서 모든 것에 대해 진리를 찾으려는 노력이기 때문입니다. 그러나 완전히 잘못된 견해는 피해야 한다고 생각합니다. 지구가 하늘의 가운데에 중심으로 정지해 있다는 개념이 수백년 동안의 합의에 의해 승인되어 있음을 아는 사람들에게, 지구가 운동한다는 반대의 주장은 제 정신이 아닌 선언으로 간주될 것으로 생각합니다. 그러므로 지구의 운동을 증명하기 위해 제가 쓴 책을 출판할 것인지, 리시스가 히파르코스에게 보낸 편지에 나온 바와 같이 철학자의 비밀을 가까운 사람들과 친구들에게 글이 아니라 입을 통해 말로 전한 피타고라스와 다른 사람들의 예를 따를 것인지, 저는 제 자신을 상대로 오랫동안 토론했습니다.

그들이 말로만 전했던 것은, 자신들의 가르침이 널리 퍼지는 것을 막으려고 했던 것이 아니라고 생각합니다. 반대로, 그들은 위대한 사람들이 깊은 헌신으로 얻은 아름다운 사고가, 이익이 되지 않으면 어떤 글도 열심히 읽기를 주저하는 사람들, 또는 다른 사람들의 권유나 본보기에 고무되어 이득과 무관한 철학 연구를 시작했지만 정신이 우둔하여 철학자들 사이에서 벌들 중의 수벌 같은 사람들에게 모욕당하지 않기를 원했던 것입니다. 저는 이런 것들을 고려하면서, 저의 견해의 새로움과 관습과의 다름에서 오는 두려움으로, 수행해 왔던 연구를 거의 포기하려고 했습니다.

그러나 제가 오랫동안 주저하면서 저항하기까지 하는 동안에, 저의 친구들은 저를 되돌려 놓았습니다. 그들 중 첫째는 모든 분야의 학문으로 유명한 카푸아의 추기경 니콜라우스 쇤베르크였습니다. 그 다음으로는 신성한 서간과 모든 좋은 문학의 대가이며 저를 극진히 사랑하는 헬름노의 주교 티데만 기세였습니다. 그는 반복해서 저에게 용기를 주었고, 때때로 책망하면서, 저의 책이 9년이 아니라 이제 9년이 네 번 지나도록 저의 문서 속에 파묻혀 숨겨진 뒤에 결국은 출판하도록 절박하게 재촉했습니다. 적지 않은 저명한 학자들이 저에게 똑같이 권유했습니다. 그들은 더는 제가 느꼈던 두려움 때문에 거절할 수 없도록 저를 설득해서, 천문학자들이 저의 연구를 널리 읽을 수 있도록 했습니다. 지구가 운동한다는 저의 이론의 이상함이 이제 많은 사람들에게 드러나서 논의가 진행되었고, 출판된 제 글에서 대부분의 빛나는 증명에 의해 터무니없음의 안개가 걷히는 것을 보고 나서 생각보다 더 많은 찬탄과 감사가 있었습니다. 이렇게 설득하는 사람들과 희망에 영향을 받아서, 결국 저는 친구들이 오랫동안 바란 대로 책의 출간을 허락했습니다.

그러나, 이 연구에 제가 그렇게 많은 노력을 기울였고, 지구의 운동에 관한 생각을 글로 쓰는 데도 주저하지 않았기에, 성하께서는 제가 감히 연구 결과를 발표한다고 해서 크게 놀라지 않으실 겁니다. 그러나 성하께서는 제가 어떻게 전통적인 천문학자들에게 반대되고 상식에 거의 반대해서 지구가 운동한다는 생각을 하게 되었는지 듣기를 기다리실 겁니다. 따라서 저는 성하께 숨김없이, 우주의 구의 운동을 추론하는 체계를 고려할 수밖에 없었던 이유는 다름이 아니라 천문학자들끼리도 이 주제에 대한 연구에서 서로 일치하지 않기 때문이라고 말씀드립니다.

첫째, 천문학자들은 해와 달에 대해서도 확신하지 못해서 계절년seasonal year의 일정한 길이를 확립하고 관측하지 못합니다. 둘째, 해와 달뿐만 아니라 다른 다섯 행성 운동의 결정에서도, 천문학자들은 겉보기의 회전과 운동의 동일한 원리·가정·설명을 사용하지 않습니다. 그래서 어떤 이들은 동심원homocentrics만을 사용하고, 다른 이들은 이심원eccentrics과 주전원epicycles을 사용하면서도, 그들은 목표를 제대로 이루지 못합니다. 동심원을 믿는 이들은 이런 방식으로 몇 가지 불균일한 운동을 합성할 수 있음을 보였지만, 이 방법으로도 현상과 절대적으로 일치하는 논란의 여지가 없는 결과를 얻지는 못했습니다.

반면에, 이심원을 고안한 이들은 적절한 계산으로 겉보기 운동의 문제를 대부분 해결한 것으로 보입니다. 그러나 한편으로 그들은 균일한 운동이라는 제1원리에 어긋나 보이는 개념들을 많이 도입했습니다. 게다가 그들은 주전원으로부터 주된 고려, 즉 우주의 구조와 그 부분들의 진정한 대칭을 끌어내거나 추론하지 못했습니다. 그들이 한 일은 마치 여러 곳에서 손, 발, 머리 등의 조각들을 아주 잘 끼워 맞추었지만, 한 사람을 만들어낸 것은 아닌 것과 같습니다. 조각들이 서로에게 전혀 어울리지 않아서, 합쳤을 때 사람이라기보다 괴물인 것과 같습니다. 그러므로 "방법"이라고 부르는 증명의 과정에서, 이심원을 채택한 이들은 어떤 필수적인 것을 빠뜨렸거나 전혀 무관한 부가적인 어떤 것을 허용했습니다. 그들이 건전한 원리를 따랐다면 이런 일은 일어나지 않았을 것입니다. 그들이 가정한 가설이 거짓이 아니었다면, 그 가설에서 나오는 모든 것이 아무런 의심 없이 확인되었을 것입니다. 제가 지금 말하는 것이 불분명하다고 해도, 적절한 곳에서 명확히 밝혀질 것입니다.

그래서 저는 우주의 구의 운동의 유도에 관련된 천문학적 전통의 혼란에 대해 오랫동안 생각했습니다. 세계의 가장 사소한 점들까지 그렇게 정확하게 조사한 철학자들도, 최고이자 최상으로 체계적인 장인이 우리를 위해 만들어낸 세계 기계의 운동을, 매우 확실하게 이해하지 못했다는 사실에 저는 화가 나기 시작했습니다.

이런 이유로 저는 학교의 천문학 교사들이 가르치는 우주의 구의 운동과 다른 운동을 제안한 사람이 있는지 알기 위해 제가 얻을 수 있는 모든 철학자의 저작을 다시 읽는 일을 수행했습니다. 그리고 사실은 처음에 키케로의 저작에서 히케타스Hicetas가 지구가 운동한다고 가정한 것을 찾아냈습니다. 나중에 저는 또한 플루타크의 저작에서 다른 사람도 같은 견해를 가진 것도 찾았습니다. 그의 글을 여기에 써서, 모든 사람들이 읽을 수 있도록 했습니다.

"어떤 이들은 지구가 정지해 있다고 생각한다. 그러나 피타고라스 학파의 필롤라우스는, 해와 달처럼 지구도 불fire 주위를 기울어진 원을 따라 돈다고 믿었다. 폰토스의 헤라클레이데스와 피타고라스 학파의 에크판토스는 지구가 움직이지만 앞으로 나가는 것이 아니라, 바퀴처럼 자체를 중심으로 서쪽에서 동쪽으로 돈다고 했다."

그러므로, 이 자료들에서 기회를 얻어서, 저도 지구의 운동성을 고려하기 시작했습니다. 그리고 이 개념이 터무니없어 보이기는 하지만, 그럼에도 불구하고 저는 저 이전의 다른 이들도 하늘의 현상을 설명하는 목적으로 어떠한 원도 상상할 자유를 얻었다는 것을 알았습니다. 따라서 지구가 어떤 운동을 한다는 가정으로 천구의 회전에서 선배들이 할 수 있었던 것보다 더 좋은 설명이 나오는지 확인해 보는 것이 저에게도 용납된다고 생각했습니다.

그리하여 저는 나중에 이 책에서 지구에 부여한 운동들을 가정하고서, 길고 집중적인 연구로 다른 행성들의 운동이 지구의 궤도 운동에 관련되어 있다고 하고, 각 행성들의 회전을 계산하면, 거기에서 나오는 현상들이 따라나올 뿐만 아니라, 모든 행성과 구의 순서와 크기, 그리고 하늘 자체가 하나로 묶여 있어서 어떤 부분도 나머지 부분과 우주 전체를 흔들지 않고는 움직일 수 없다는 것을 마침내 발견했습니다. 그리하여 책의 나머지 부분에서 저는 다른 행성들과 모든 구의 운동을 지구의 운동과 관련지어서, 다른 행성들과 구들의 운동과 모습이 그것들이 지구의 운동과 관련되었다고 할 때 어떤 범위에서 설명되는지 결정할 수 있게 했습니다.

날카롭고 학식 있는 천문학자들이 제가 이 책에서 이 문제에 대한 증명으로 내놓은 것을, 피상적으로가 아니라 이 학문이 특별히 요구하는 만큼 철저히 시험하고 고려한다면, 저에게 동의할 것을 저는 의심하지 않습니다. 그러나, 제가 누구의 판단도 피하지 않는다는 것을 배운 학식이 있는 사람과 없는 사람들이 똑같이 알 수 있도록, 저는 이 연구를 다른 누구보다도 성하께 헌정하려고 합니다. 교황청의 높은 덕과 성하의 문학과 천문학에 대한 사랑으로 인해, 지구에서 제가 사는 이 외딴 구석에서도 성하를 가장 높은 권위로 우러러보고 있기 때문입니다. 따라서 뒤에서 하는 험담에는 약이 없다는 속담도 있지만, 성하의 위신과 판단으로 중상을 쉽게 억누를 수 있을 것입니다.

어쩌면 천문학을 판단하겠다고 주장하는 떠벌이들이 이 학문에 완전히 무지하면서도 성서의 어떤 구절을 이런 목적으로 왜곡해서, 감히 저의 연구에서 단점을 찾아 헐뜯으려고 할 것입니다. 저는 그런 비난이 발견되지 않은 듯이 무시하려고 합니다. 뛰어난 작가이지만 천문학에 무지한 락탄티우스가 지구가 둥글다고 주장하는 이를 비웃으면서 아주 유치한 말을 했다는 것을 모르지 않기 때문입니다. 따라서 학자들은 그런 사람들이 저를 비웃는다고 해서 놀랄 필요가 없을 것입니다. 천문학은 천문학자들을 위해 쓰여지기 때문입니다.

제가 실수하지 않았다면, 천문학자들에게 있어 저의 연구는 곧 어떤 공헌을 할 것이며, 성하께서 제일 위에 서 계신 교회에도 공헌하게 될 것입니다. 얼마 전에 레오 10세 때 라테란 공의회에서 교회력 개정 문제가 논의되었습니다. 이 문제는 한 해와 한 달의 길이와 해와 달의 운동이 적합하게 측정되지 않았다는 이유만으로 결정되지 않은 채 보류되었습니다. 그때 이후로, 당시에 이 문제를 맡았던 유명한 포솜브로네의 파울 주교로부터 제가 이 주제에 대한 더 정확한 연구에 관심을 가지도록 부탁받았습니다. 그러나 이러한 면에서 제가 성취한 것에 대해서, 저는 성하를 비롯해서 특히 다른 모든 학식 있는 천문학자들에게 판단을 맡깁니다. 그리고 이 책에서 제가 할 수 있는 것보다 더 많은 유용성을 약속하는 것처럼 성하께 보이지 않도록, 이제 연구 자체로 들어가겠습니다.

니콜라우스 코페르니쿠스

1 우주는 구형이다

2 지구도 구형이다

3 땅과 물이 하나의 구를 형성하는 이유

4 천체들의 운동은 균일하고, 영원하며, 원형이거나 원운동의 복합이다

5 원운동은 지구에 적합한가? 그 위치는?

6 지구의 크기에 비한 하늘의 광대함

7 고대 사람들은 왜 지구가 우주 중심에 정지해 있다고 생각했을까

8 이전의 논증들의 부적절성과 그에 대한 반박

9 여러 가지 운동을 지구의 것으로 볼 수 있는가? 우주의 중심

10 천구의 질서

11 지구의 세 가지 운동의 증명

12 원에 대응하는 직선

13 평면 삼각형의 변과 각

14 구면삼각형에 대하여

De revolutionibus orbium coelestium

제 1 권

Book One

서론

사람의 마음을 고양시키는 여러 가지 인문학과 학예의 추구 중에서도 가장 아름답고 가장 알아볼 가치가 큰 대상에 대한 연구는 가장 큰 애정과 최상의 열성으로 추진해야 한다고 나는 생각한다. 이것이 우주의 신성한 회전, 별들의 운동, 크기, 거리, 출몰, 그 외에 하늘에서 일어나는 현상들의 원인을 다루는, 짧게 말해 우주의 전체 모습을 설명하는 학문의 본성이다. 진정으로 하늘보다 더 아름다운 것은 무엇인가? 당연히 하늘에는 모든 아름다운 것들이 다 담겨 있지 않은가? 이는 카엘룸caelum; 하늘, heaven과 문두스munuds; 세계, world라는 라틴어 이름에서도 잘 드러난다. 카엘룸은 아름다운 조각彫刻을 뜻하며, 문두스는 순수함과 우아함을 뜻한다. 하늘의 초월적인 완전성을 두고 대부분의 철학자들은 하늘을 보이는 신이라고 불러왔다. 학문의 가치를 그것이 다루는 주제로 따진다면, 어떤 이는 천문학이라고 하고 어떤 이는 점성학이라고 하지만 많은 고대인들이 수학의 완성이라고 부른 이 학문이 가장 중요할 것이다. 물어볼 것도 없이 인문학의 최정상이며 자유인에게 가장 가치가 있는 이 학문에서는 수학의 거의 모든 분야가 사용된다. 산술, 기하학, 광학, 측량학, 기계학을 비롯한 여러 학문들이 모두 여기에 기여한다.

모든 좋은 학문들이 사람의 정신을 악에서 멀리하고 더 나은 것으로 인도하지만, 정신의 기능은 천문학에 의해 전적으로 발휘될 수 있으며, 또한 천문학은 비범한 지적 즐거움을 준다. 즉 한 사람이 가장 정교한 질서가 구축되어 있고 신성한 운영에 의해 인도되는 것에 몰두할 때, 그것들에 대해 끊임없이 사색하고 그것들에 대해 매우 숙련되면 그는 최상으로 고양되고 모든 행복과 모든 선을 가지신 만물의 창조자를 찬탄하게 되지 않겠는가? 신성한 다윗 왕이시편 92:4 헛되이 주님의 작품에 기뻐하고 주님의 손으로 만드신 것들에 환호하지 않았을 것이며, 마치 위에서가 아니라 천문학 연구로 최고의 선에 대한 사색을 하지 않았겠는가?

이 학예가 공동체에 주는 큰 이익과 영광에 대해서는 (개인이 얻는 셀 수 없는 장점을 논외로 하고) 플라톤이 잘 지적했다. 플라톤은 『법률』 7권에서, 주로 시간을 날과 달과 해로 나눠서 축제와 희생제에 나라가 주의를 기울이도록 하는 것이 이 학문을 구축하는 가장 큰 이유라고 보았다. 어떤 높은 학문을 가르치는 교사라도 천문학의 필요성을 부인한다면 어리석은 생각이라고 플라톤은 말한다. 그의 견해에 따르면 해, 달, 다른 천체들에 대한 필수 지식이 없는 이는 신과 같이 되거나 그렇게 불릴 수 없다.

그러나, 인간의 과학이라기보다 신성한 과학이라고 할, 가장 높은 주제를 다루는 이 학문에도 당혹스러운 점이 없지 않다. 주된 이유는 그리스인들이 "가설"이라고 불렀던 그 원리와 가정이 의견 충돌의 근원이 되기 때문이다. 따라서 이 주제를 다루는 대부분의 사람들은 동일한 생각을 바탕으로 하지 않는다. 또 다른 이유는, 행성의 운동과 항성의 회전이 세월의 흐름과 이전의 많은 관측의 도움 없이는 수치적으로 정확하게 측정할 수 없었고, 이러한 지식들은 손에서 손으로 후세에 전해졌기 때문이다. 확실히, 알렉산드리아의 클라우디우스 프톨레마이오스는 놀라운 재주와 근면으로 다른 이들보다 훨씬 탁월했고, 4백년이 넘는 기간 동안의 관측을 바탕으로 이 학문을 거의 완벽하게 다듬어서, 그가 메우지 못한 간극은 더 이상 없는 것으로 간주되었다. 그럼에도 불구하고 우리가 인지하듯이 여러 가지 점에서 그의 체계를 따를 때 나와야 하는 결론이 일치하지 않았고, 게다가 그가 알지 못했던 다른 운동들도 발견되었다. 그러므로 플루타크는 태양의 회귀년을 논할 때 천체들의 운동이 천문학자들의 재주를 교묘히 따돌렸다고 썼던 것이다. 1년의 사용을 예로 들어 보면, 잘 알려져 있듯이, 언제나 서로 다른 의견이 분분해서 많은 이들이 정확한 결론을 얻겠다는 희망을 버렸다. 이런 상황은 다른 행성들에 대해서도 마찬가지다.

그럼에도 불구하고, 이러한 어려움이 게으름의 핑계라는 느낌을 피하기 위해, 신의 은총으로, 그가 없으면 우리가 아무것도 이룰 수 없기에, 나는 이 문제들에 대해 넓게 조사하겠다. 이 학문의 창시자들로부터 우리에게 이르기까지 많은 시간 동안 우리의 연구에 도움이 될 자료들이 쌓였기 때문이다. 그들의 발견과 내가 새롭게 발견한 것들을 비교할 것이다. 게다가, 나는 많은 주제들에 대해 선배들과 다르게 다룰 것을 알려둔다. 그렇지만 나는 그들에게 감사한다. 바로 이 질문에 대한 탐구의 길을 처음 연 것이 그들이기 때문이다.

1

우주는 구형이다

무엇보다 먼저, 우주가 구형임을 알아야 한다. 그 이유는 다음과 같다. 구는 모든 형태들 중에서 가장 완전해서 이음매가 필요하지 않으며, 완전한 전체이고, 이러한 전체는 늘어나지도 줄어들지도 않는다. 또는, 구는 부피가 가장 큰 도형이어서 모든 것을 담기에 적합하며, 또는 우주의 모든 분리된 부분들, 다시 말해 해, 달, 행성들과 별들이 이 형태로 보일 수 있으며, 또는 그 모든 것들이 구의 경계를 따라 둘러서려고 분투할 수 있으며, 이것은 물이나 다른 액체 방울이 스스로를 담으려고 할 때 나타나는 것과 같다. 따라서 성스러운 천체들의 형태의 속성에 대해 의문을 가질 사람은 없을 것이다.

2

지구도 구형이다

지구도 구형이며, 지구는 모든 방향에서 중심을 향해 눌러지기 때문이다. 높은 산맥과 깊은 골짜기들 때문에 지구가 완전한 구형이라고 바로 말할 수는 없다. 그러나 다음과 같이 생각하면 산맥과 골짜기에 의해 지구의 전체적인 구형이 거의 바뀌지 않음이 명확해진다. 어느 지방에서든 북쪽으로 여행하면 북극이 점점 높아지고, 반면에 남극은 똑같은 양만큼 낮아진다. 북쪽에 있는 더 많은 별들이 지지 않게 되고, 반면에 남쪽에 있는 어떤 별들은 더 이상 뜨지 않는다. 따라서 이탈리아에서는 카노푸스Canopus가 보이지 않지만 이집트에서는 보이며, 이탈리아에서는 강자리River의 마지막 별이 보이지만, 더 추운 곳인 우리 지역에서는 낯선 별이다. 반대로 남쪽으로 향하는 여행자에게 이 별들은 하늘의 더 높은 곳에서 보이고, 우리의 하늘에서 높이 있는 별들은 아래로 내려간다. 한편으로, 극들의 고도는 지구에서 극으로부터의 거리가 동일한 모든 곳에서 같다. 이런 일은 구가 아닌 다른 도형에서는 일어나지 않는다. 따라서 지구도 명백히 두 극 사이에 있고, 따라서 구형이다. 또한, 저녁에 일어나는 일식과 월식은 동쪽에서 보이지 않고, 아침에 일어나는 일식과 월식은 서쪽에서 보이지 않으며, 그 사이에 일어나는 일식과 월식은 동쪽에서는 나중에 보이고 서쪽에서는 일찍 보인다. 바닷물도 똑같은 형태로 아래로 눌러지며, 선원들이 잘 알듯이, 배에서 보이지 않던 육지가 마스트의 꼭대기에서 먼저 보인다. 반면에 마스트 꼭대기에 등불을 켠 배가 육지에서 멀어진다면, 해변에 있는 사람은 불빛이 점점 아래로 내려가다가 마침내 보이지 않게 된다. 게다가 물은 유체이기 때문에, 늘 땅과 같은 더 낮은 곳을 찾아 흐르며, 해변에서 밀려나서 육지가 허락하는 높이 이상으로 올라갈 수 없다. 따라서 육지는 바다 위로 허용되는 만큼 높이 솟아 있다.

3

땅과 물이 하나의 구를 형성하는 이유

물이 모든 곳에 쏟아져 대양이 땅을 감싸고, 깊은 틈을 채운다. 물과 땅은 모두 그 무거움에 의해 똑같이 중심을 향한다. 모든 땅이 물에 잠기지 않아서 땅의 일부와 여기저기 흩어진 섬들에서 물이 물러나 생명을 보존하려면, 땅보다 물이 적어야 한다. 생명이 사는 나라와 대륙 자체란 조금 큰 섬이 아니고 무엇이겠는가?

우리는 물 전체가 모든 땅보다 열 배나 많다고 주장하는 소요학파에게 주의를 기울여서는 안 된다. 그들이 받아들인 추측에 따르면, 흙 한 단위의 원소들이 녹아서 변환에 의해 물 열 단위가 된다. 또한 그들은 땅이 그렇게 솟아오른 것은 내부에 빈 틈이 있어서 모든 곳의 무게가 같지 않기 때문이며, 무게 중심이 크기의 중심과 다르다고 주장한다. 그러나 그들은 기하학을 모르기 때문에 틀렸다. 그래서 그들은 물이 일곱 배가 넘으면서 여전히 마른 땅이 있을 수 없다는 것을 모른다. 그렇지 않으면 무게 중심이 비어 있고, 마치 물이 땅보다 무거운 것처럼 그 자리가 물로 채워져야 할 것이다. 구들의 크기는 서로에게 지름의 세제곱에 따르기 때문이다. 따라서, 땅이 물의 8분의 1에서 7분의 1이라면, 지구의 지름은 동일한 중심에서 물의 경계까지의 거리보다 클 수 없다. 물이 땅보다 열 배 많은 것과는 크게 다르다.

게다가, 지구의 무게 중심과 크기 중심은 다르지 않다. 이것은 육지의 굴곡으로 들어간 바다에서 육지가 계속 솟아오르지 않는다는 사실에서 알 수 있다. 이렇게 된다면 바닷물이 완전히 몰려나가기 때문에 내해와 육지로 들어온 거대한 만灣이 있을 수 없다. 또한, 해변에서 먼 바다로 갈수록 수심이 계속 깊어지기를 결코 멈추지 않아서, 선원들이 긴 항해를 할 때 섬이나 암초를 볼 수 없을 것이다. 그러나 사람이 사는 땅의 거의 한가운데에 있는 동지중해와 홍해의 사이가 겨우 15펄롱furlong(1펄롱은 약 200m)임이 잘 알려져 있다. 반면에, 프톨레마이오스는 『코스모그라피아』(지리학)에서 사람이 살 수 있는 영역을 세계의 절반으로 늘렸다. 그 자오선을 넘어서 그는 알려지지 않은 땅을 남겨두었는데, 현대의 사람들이 중국과 경도 60도에 이르는 방대한 지역을 추가해서, 이제 땅에는 대양으로 남겨진 것보다 훨씬 더 큰 경도에 걸쳐 사람이 살게 되었다. 게다가 이 영역에 스페인과 포르투갈의 지배자 아래에서 우리 시대에 새로 발견된 섬을 더해야 하며, 특히 발견한 배의 선장의 이름을 붙인 땅인 아메리카를 더해야 한다. 아직도 밝혀지지 않은 크기를 고려할 때 이것은 사람이 사는 나라들의 두 번째 대륙으로 생각된다. 물론 이제까지 알려지지 않은 많은 섬들이 있다. 따라서 대척지가 있고 거기에 사람이 살고 있다고 해도 우리는 크게 놀랄 이유가 없다. 진정으로, 기하학의 추론에 따르면 아메리카의 반대편에는 인디아의 갠지스 영역이 있다고 믿어야 한다.

이 모든 사실들로부터, 마침내, 땅과 물이 모두 단일한 무게 중심을 향해 눌러진다는 것이 명확하다고 나는 생각한다. 지구는 별도의 크기 중심을 갖지 않는다. 땅이 더 무겁고, 그 빈틈을 물이 채우며, 또한 결과적으로 땅에 비해 물이 적기 때문이다. 표면에 물이 더 많이 보인다고 해도 말이다.

지구는 그것을 둘러싼 물과 함께 그 그림자가 드러내는 형태를 가져야 하며, 월식 때 지구는 달에 완전한 원의 호를 그림자로 드리운다. 그러므로 엠페도클레스와 아낙시메네스가 생각했듯이 지구는 평평하지 않으며, 레우키포스가 생각했듯이 북 모양도 아니고, 헤라클레이토스가 생각했듯이 우묵한 접시 모양도 아니고, 데모크리토스가 생각했듯이 다른 방식으로 속이 비어있지 않으며, 다시 한 번 아낙시만드로스가 생각한 원통형도 아니고, 크세노파네스가 생각했듯이 아래로 무한히 펼쳐지고 바닥으로 가면서 두께가 점점 얇아지는 모양도 아니다. 철학자들이 생각했듯이, 지구는 완벽한 구형이다.

4

천체들의 운동은 균일하고, 영원하며, 원형이거나 원운동의 복합이다

나는 이제 천체들의 운동이 원형임을 상기시킬 것인데, 구에 적절한 운동은 원형으로 회전하는 것이기 때문이다. 바로 이 회전에 의해 구는 가장 단순한 물체로서의 형태를 드러내며, 이 형태는 처음도 끝도 찾을 수 없고, 하나를 다른 것과 구별할 수도 없으며, 그러면서도 구 자체가 스스로 횡단하여 그 자신의 동일한 점으로 돌아온다.

그러나 여러 천구가 존재하기 때문에, 많은 운동이 나타난다. 그 중에서 가장 두드러진 것은 일주회전daily roation으로, 그리스 사람들은 뉴구데메론nuchthemeron(그리스어로 '주야의 길이'라는 뜻임 — 옮긴이)이라고 부르며, 이것은 낮과 밤의 간격이다. 모든 우주는 이 회전에 의해 동쪽에서 서쪽으로 돌아간다고 이해되며, 지구만이 예외이다. 이것은 모든 운동에 공통의 척도로 인식되는데, 우리는 주로 날의 수로 시간 자체를 계산하기 때문이다.

둘째, 우리는 반대 방향, 즉 서쪽에서 동쪽으로 진행하는 회전을 본다. 나는 해, 달, 다섯 행성을 말하는 것이다. 그리하여 해는 1년을 조절하고, 달은 한 달을 조절하며, 이것은 모두 매우 낯익은 시간 주기이다. 비슷한 방식으로 다른 다섯 행성들도 그 자신의 궤도를 완성한다.

그러나 이 운동들은 일주회전 또는 첫 번째 운동과 크게 다르다. 첫째, 그들은 첫 번째 운동과 같은 축으로 돌지 않고, 황도ecliptic를 따라 비스듬하게 운행한다. 둘째, 이 천체들은 궤도를 균일하게 움직이지 않는 것으로 보이며, 해와 달은 그 경로에서 어떤 때는 느리게 어떤 때는 빠르게 운행하는 것으로 관측된다. 게다가 우리는 다른 다섯 행성들이 때때로 역행하는 것을 보며, 역행의 양쪽 끝에서는 정지하는 것으로 보인다. 그리고 태양은 늘 자기 길을 따라 진행하지만, 행성들은 여러 가지 방식으로 헤매고, 때로는 남쪽으로 벗어나고 때로는 북쪽으로 벗어난다. 그래서 이것들을 "행성"(떠돌이)이라고 부른다. 게다가, 행성들은 때때로 지구에 더 가까이 오는데, 이때를 행성이 근지점perigee에 있다고 한다. 다른 때는 지구에서 가장 멀어지는데, 이때는 행성이 원지점apogee에 있다고 한다.

그럼에도 불구하고 우리는 운동이 원형이거나 여러 원의 중첩임을 알아야 한다. 왜냐하면 이 불균일성이 일정한 법칙에 따라 주기적으로 반복되기 때문이다. 오로지 원圓만이 과거로 돌아갈 수 있기 때문에, 운동이 원형이 아니면 주기적인 반복이 일어날 수 없다. 따라서, 예를 들어, 원운동의 중첩에 의해 태양이 밤과 낮의 차이와 사계절을 우리에게 되돌려 준다. 여기에서 여러 가지 운동이 구별되는데, 단순한 천체가 단일한 구 하나에 의해 불균일하게 운동할 수는 없기 때문이다. 이 불균일성은 움직이는 힘 또는 회전하는 천체에서의 변화에 의해 내부 또는 외부에서 일어나는 비일관성 때문일 것이다. 그러나 불균일성이 어떤 이유 때문이건, 지성이 움추려든다. 최상의 질서로 이루어진 천체에서 그러한 결함을 생각한다는 것이 부적절하기 때문이다.

그러므로, 행성들은 균일하게 운동하지만 우리에게

불균일해 보인다는 것이 합당한 추론이다. 원인은 그 원들의 축이 지구의 축과 다르거나, 지구가 그 천체들이 회전하는 원들의 중심에 있지 않기 때문이다. 우리는 지구에서 행성들의 경로를 관찰하므로, 궤도의 모든 부분이 우리의 눈에서 같은 거리에 있지 않으며, 거리의 변화에 따라서 행성들이 가까울 때 커 보이고 멀 때 작아 보인다(광학에서 증명되었듯이). 마찬가지로 관찰자와의 거리 변화에 따라, 같은 시간 동안에 궤도에서 같은 거리를 이동해도 관찰자에게는 같지 않게 보인다. 그러므로 나는 무엇보다도 우리가 지구와 하늘의 관계를 세심하게 조사해야 한다고 생각한다. 그렇지 않으면 가장 높은 물체들을 조사하려다가 가장 가까운 것들에 대해 무지하게 되고, 똑같은 오류에 의해 지구에 따르는 것을 천체들의 속성으로 보게 된다.

5

원운동은 지구에 적합한가? 그 위치는?

이제 지구도 구의 형태임을 보였고, 나의 견해로는 이 경우에 형태가 운동에도 그대로 나타나는지, 그리고 우주 안에서 지구가 어떤 곳에 있는지 알아보아야 한다. 이 질문들에 대한 대답 없이는 하늘에서 보이는 것들에 대한 바른 설명을 찾기가 불가능하다. 분명히, 지구는 우주의 중심에 정지해 있다는 것이 권위자들 사이의 일반적인 합의이다. 그들은 반대의 견해를 갖는 것은 생각할 수 없거나 완전히 어리석다고 본다. 그럼에도 불구하고 이 문제를 더 주의 깊게 조사하면, 이 문제가 아직 해결되지 않았으며, 따라서 결코 무시할 문제가 아님을 알게 된다.

모든 관찰된 위치 변화는 관찰 대상 또는 관찰자의 운동 때문이며, 관찰 대상 또는 관찰자의 운동의 위치가 같지 않기 때문이다. 물체들이 같은 속력으로 같은 방향으로 움직인다면 운동이 인지되지 않으며, 내가 말하는 것은 관찰 대상과 관찰자 사이의 운동이다. 그러나 이러한 천상의 발레가 우리 눈에 반복해서 수행되는 것은 지구에서 볼 때이다. 그러므로 지구가 운동한다면, 그 바깥에 있는 모든 물체들이 반대 방향으로 지나가는 것처럼 보일 것이다. 이런 운동이 바로 일주회전이다. 일주회전은 지구와 그 둘레의 것들을 제외한 우주 전체를 포함하기 때문이다. 그러나 하늘이 이런 운동을 하지 않고 지구가 서쪽에서 동쪽으로 회전한다고 인정한다면, 겉보기에는 해, 달, 항성, 행성이 뜨고 지는 것처럼 보이지만 실제로는 지구 바깥의 모든 물체가 반대로 지나가고 있는 상황이라는 것을 알 수 있다. 게다가 모든 것을 담고 모든 배치를 주는 하늘이 모든 물체들에 대해 공통의 공간을 구성하므로, 얼핏 보아서는 왜 담는 것이 아니라 담긴 것이 운동하는지, 왜 공간의 틀이 아니라 그 속에 있는 것이 운동하는지 명확하지 않다. 진정으로, 키케로에 따르면 헤라클레이데스Herakleides, 에크판투스Ekphantus, 피타고라스 학파, 시라쿠스의 히케타스Hicetas가 이러한 견해를 가졌다. 그들은 지구가 우주의 가운데에서 회전한다고 생각했고, 따라서 그들은 별이 지는 것은 땅이 가로막기 때문이고 별이 뜨는 것은 땅이 물러서기 때문이라고 보았다.

일주회전을 가정하면, 그에 못지않게 중요한 또 다른 질문은 지구의 위치이다. 분명히, 이제까지는 지구가 우주의 중심에 있다는 믿음이 거의 만장일치로 받아들여져 왔다. 그러나 지구가 우주의 중심이 아니라고 주장하는 사람은 중심에서의 거리가 항성 천구까지의 거리에 비해 아주 짧지만 태양과 다른 행성들의 천구에 대해서는 인지할 수 있고 주목할 만한 정도라고 주장할 수 있다. 그는 이것이 행성들의 운동이 균일하지 않아 보이는 이유이며, 그 운동의 중심이 지구 중심이 아닌 다른 곳에 있음을 확인해 준다고 생각할 수 있다. 따라서 그는 어쩌면, 겉보기의 불균일한 운동에 대한 서투르지 않은 설명을 만들 수 있다. 동일한 행성이 지구에 가까이 있다가 멀리 있다가 한다는 관측은 행성의 궤도(원) 중심이 지구가 아님을 필연적으로 증명한다. 다가가고 멀어짐이 지구가 하는 일인지 행성이 하는 일인지는 분명하지 않다.

일주회전 외에 다른 운동이 지구에 의한 것이라고 해도 놀랍지 않다. 지구는 자전하면서 동시에 여러 운동에 의해 운행하는 하나의 천체라는 것이 피타고라스 학파의 필로라우스Philolaus의 견해였다고 전해진다. 그는 평범한 천문학자가 아니어서, 플라톤의 전기 작가에 따르면 플라톤이 지체 없이 그를 만나러 이탈리아로 갈 정도였다.

그러나 많은 사람들이 기하학적 추론으로 지구가 우주의 중심임을 증명할 수 있다고 생각했다. 광대한 하늘에 비해 지구는 하나의 점과 같고, 이 점이 하늘의 중심이라는 것이다. 이 점이 정지해 있는 이유는 우주가 회전해도 중심은 움직이지 않기 때문이며, 중심에 가장 가까운 물체들은 가장 천천히 회전하기 때문이라는 것이다.

6

지구의 크기에 비한 하늘의 광대함

지구의 엄청난 크기도 하늘의 크기에 비하면 진정 보잘 것 없이 줄어든다. 경계 원(이것은 그리스 용어 horizons의 번역이다)이 천구 전체를 이등분한다는 사실로 확신할 수 있다. 지구의 크기 또는 우주의 중심으로부터의 거리가 하늘에 비해 주목할 만하다면 이렇게 될 수 없다. 구를 이등분하는 원은 그 중심을 통과하며, 구에서 그릴 수 있는 가장 큰 원이기 때문이다.

따라서 원 ABCD를 지평선이라고 하고, 지구 E가 지평선의 중심이라고 하자. 우리는 지구 위에서 관측하고 있으며, 지평선은 보이는 것과 보이지 않는 것들을 분리한다. 이제, E에 놓인 디옵트라, 호로스코프, 수준기를 조준해서, 게자리 첫째 별이 점 C에서 떠오르게 하고, 그 순간에 염소자리 첫째 별이 점 A에서 지도록 하자. 그러면 A, E, C는 디옵트라를 통해서 직선이 된다. 이 직선은 분명히 황도의 지름인데, 여섯 개의 보이는 황

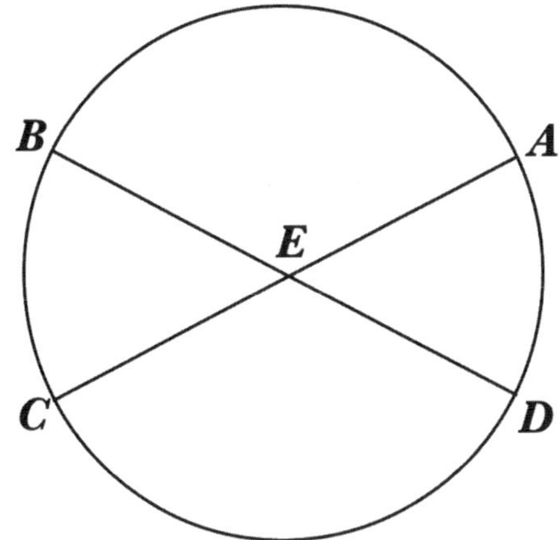

Figure.1

도십이궁이 반원을 이루며, 직선의 중앙인 E가 지평선의 중심과 일치한다. 다시, 별자리를 이동시켜서 게자리 첫째 별이 점 B에서 뜨도록 하자. 이때 게자리는 D에서 지게 될 것이다. BED는 직선이면서 황도의 지름이 될 것이다. 하지만 앞에서 이미 보았듯이, AEC는 또한 동일한 원의 지름이기도 하다. 그 중심은 명백히, 지름들의 교점이다. 그러면 지평선은 이런 방식으로 언제나 황도를 이등분하고, 황도는 구의 대원이다. 그러나 구 위에서 원이 대원 중의 하나를 이등분한다면, 이등분하는 원도 그 자체로 대원이다. 그러므로 지평선은 하나의 대원이고, 그 중심은 명확히 황도 중심과 동일하다.

그러나 지구 표면에서 천공에 있는 점을 향해 그린 직선은 지구 중심에서 같은 점을 향해 그린 직선과 달라야 한다. 그러나 이 직선들은 지구에 비해 거대하므로, 두 직선은 평행선과 같아진다[III, 15]. 이 직선들의 끝점은 어마어마하게 멀리 있어서 하나의 직선으로 보인다. 이 직선들의 길이에 비해 둘러싸는 공간은 광학에서 입증되듯이 알아볼 수 없을 만큼 작다. 이 추론으로 하늘이 지구에 비해 광대하며 무한히 크다는 것이 상당히 명확해지며, 한편으로 감각의 증언에 따라 하늘에 비해 지구는 하나의 점이며, 무한한 크기에 비해 유한하다.

그러나 다른 결론은 확립되지 않는 것으로 보인다. 여기에서 지구가 우주의 중심에 정지해 있어야 한다고 추론할 수 없기 때문이다. 진정으로, 어마어마하게 큰 우주가 24시간 동안에 한 번 회전한다는 것은 아주 작은 부분인 지구가 회전하는 것보다 훨씬 더 놀라운 일이다. 따라서 중심이 움직이지 않으며 중심에 가장 가까운 것이 가장 적게 움직인다는 논증은, 지구가 우주의 중심에서 정지해 있음을 증명하지 못한다.

비슷한 경우로, 하늘이 회전하지만 축은 정지해 있고, 축에서 가장 가까운 것이 적게 움직인다고 하자. 예를 들어 작은곰자리는 극에 매우 가까워서 독수리자리나 작은개자리보다 더 작은 원을 그리기 때문에, 훨씬 더 천천히 운동하는 것으로 관측된다. 그러나 이 모든 별자리들이 하나의 구에 속한다. 구의 운동은 축에서는 사라지며, 모든 부분들이 동일한 운동을 할 수 없다. 그럼에도 불구하고 구 전체의 회전에 의해, 구의 부분들은 같은 거리를 지나지 않지만 같은 시간에 되돌아온다. 이 논의에 따르면, 지구도 천구의 일부로서 같은 본성과 운동을 공유하며, 중심에 가깝기 때문에 매우 작은 운동을 한다는 것이다. 따라서 천체이면서 중심이 아니므로, 지구도 같은 시간 동안에 작기는 하지만 하늘의 원과 같은 호를 그린다는 것이다. 이 주장이 틀렸다는 것은 햇빛보다 더 명확하다. 그렇다면 지구는 한 장소에서는 언제나 정오이고 다른 곳에서는 언제나 자정이어야 하고, 이렇게 해서 매일 뜨고 지는 일이 일어나지 않을 것이다. 왜냐하면 전체와 부분의 운동은 하나이고 분리할 수 없기 때문이다.

그러나 상황의 다양성에 따라 분리된 것들은 매우 다른 관계에 영향을 받는다. 더 작은 궤도에 둘러싸인 것들은 더 큰 원을 따라 도는 것들보다 더 빠르게 회전한다. 따라서 가장 높이 있는 행성인 토성은 30년에 한 번 회전하며, 의심할 바 없이 지구에 가장 가까운 천체인 달은, 한 달만에 경로를 완성한다. 마지막으로, 지구는 하루 낮과 밤 동안에 한 바퀴를 돈다고 생각될 것이다. 따라서 일주회전에 대해 동일한 질문이 다시 떠오른다. 한편으로, 마찬가지로 아직 결정되지 않은 것이 지구의 위치인데, 이제까지 말한 것으로는 훨씬 더 불확실하다. 앞에서 확립된 증명으로는 지구에 비해 하늘이 무제한적으로 크다는 것 말고는 다른 결론이 없다. 또한 이 광대함이 얼마나 멀리 펼쳐지는지에 대해서는 전혀 명확하지 않다. 반대편 극단에는 "원자"라고 부르는 매우 작고 분할 불가능한 물체가 있다. 원자는 인지되지 않으므로, 한꺼번에 둘 또는 몇 개만으로는 즉각 가시적인 물체를 구성하지 못한다. 그러나 원자들의 수를 늘리다 보면 결국 그

덩어리가 인지할 수 있을 만큼 커질 수 있다. 지구의 위치에 대해서도 같은 말을 할 수 있을 것이다. 지구는 우주의 중심에 있지 않지만, 그럼에도 불구하고 특히 항성 천구에 비해서 여전히 무시할 만한 거리에 있다.

7

고대 사람들은 왜 지구가 우주 중심에 정지해 있다고 생각했을까

따라서, 고대의 철학자들은 다른 논증에 의해 지구가 우주의 중심에 정지해 있음을 증명하려고 했다. 그러나 그들은 주된 이유로 무거움과 가벼움을 제시했다. 사실 흙은 가장 무거운 원소이고, 무게를 가진 모든 것은 가장 깊은 중심에 닿으려고 노력하도록 되어 있다. 지구는 구형이고, 그 자신의 본성에 따라 무거운 물체는 모든 방향에서 표면에 수직으로 내려간다. 그러므로, 물체가 지표면에 걸려 멈추지 않으면 중심에서 부딪힐 것이다.

구에 접하는 평면에 수직인 직선을 접점에서 그리면 구의 중심을 통과하기 때문이다. 그러나 중심에 도착한 물체는, 중심에서 멈춘다고 생각된다. 그렇다면 지구 전체가 중심에서 정지할 것이며, 낙하하는 모든 물체들을 받아들이는 것들은, 그 무게 덕분에 정지해 있을 것이다.

이런 방식으로, 고대의 철학자들은 운동과 그 본성을 분석하여 그들의 결론을 확인하려고 시도했다. 따라서 아리스토텔레스에 따르면, 단일하고 단순한 물체의 운동은 단순하다. 단순한 운동에는 직선 운동과 원운동이 있다. 직선 운동에는 위로 올라가는 운동과 아래로 내려가는 운동이 있다. 따라서 모든 단순한 운동은 중심을 향해, 즉 아래로 내려가거나, 또는 중심에서 멀어져서, 즉 위로 올라가거나, 중심의 둘레를 도는, 즉 원운동이다. 아래로 내려가는 것, 다시 말해 중심을 찾는 것은 흙과 물만의 성질이며, 이것들은 무겁다고 여겨진다. 반면에, 공기와 불은 가벼움을 가진 것들로, 위로 올라가서 중심에서 멀어진다. 이 네 원소들에게 직선 운동을 부여하는 것은 합당해 보이지만, 천체들에게는 중심 주위의

원운동을 부여하는 것이 합당하다. 이것이 아리스토텔레스가 한 말이다.천체에 관하여, I, 2; II, 14

따라서 알렉산드리아의 프톨레마이오스알마게스트, I, 7에 따르면, 지구가 단순한 일주회전에 따라 운동한다면, 위에서 말한 것과 반대의 일이 일어날 것인데, 지구의 전체 둘레를 24시간만에 운반해야 하므로 속도가 뛰어넘을 수 없을 정도여야 하기 때문이다. 그러나 갑자기 회전하는 물체는 그 자체의 물체로 하나로 묶여 있기에 전혀 적합하지 않고, 그 물체가 조합으로 이루어져 있다면, 어떤 결합으로 묶여 있지 않고는 흩어져 날아갈 것이다. 지구는 오래 전에 산산조각이 났을 것이고, 하늘 밖으로 내동댕이쳐졌을 것이라고 그가 말했다(상당히 터무니없는 생각이다). 게다가, 생물들과 고정되어 있지 않은 다른 물체들은 흔들리지 않은 채로 남아 있을 수 없다. 또한 약속된 장소를 향해 수직으로 낙하하는 물체들도 너무 빠른 운동에 의해 밀려날 것이다. 게다가, 구름이나 공기 중에 떠 있는 모든 것들은 언제나 서쪽으로 떠내려갈 것이다.

8

이전의 논증들의 부적절성과 그에 대한 반박

이러한 것들과 유사한 이유들로 고대 사람들은 지구가 우주의 중심에 정지해 있다고 진정으로 주장했고, 이것은 어떤 의심도 없는 지위에 있다. 한편, 지구가 돈다고 믿는 사람은 지구의 운동이 거칠지 않고 아주 자연스럽다고 생각할 것이다. 그러나 자연과 조화로운 것은 격렬함에서 오는 것과 반대의 효과를 낳는다. 힘이나 난폭함이 가해지는 것은 분해되어 오래 가지 못한다. 반면에, 자연에 의해 존재하게 된 것은 질서가 잘 잡혀 있고 최상의 상태로 보존된다. 그러므로 프톨레마이오스는 지구와 모든 지상의 사물들이 자연의 솜씨로 만들어진 회전에 의해 방해될 것이라고 두려워할 이유가 없다. 자연의 솜씨는 예술이나 인간 지성이 달성할 수 있는 것과 아주 다르기 때문이다.

그러나 그는 왜 우주에 대해서 더 크게 염려하지 않는가? 지구보다 우주의 운동이 더 빠르고, 지구보다 하늘이 더 크지 않은가? 또는 우주의 운동이 표현할 수 없을 만큼 격렬해서 중심에서 멀어지게 하므로 우주가 어마어마하게 커질까? 우주를 정지시키면 무너져 내리게 될까? 이 추론이 올바르다면, 분명히 하늘의 크기도 마찬가지로 무한히 커야 할 것이다. 운동의 힘이 물체들을 더 세게 밀면, 운동이 더 빨라질 것이다. 24시간의 주기 동안에 한 번 돌아야 하는 우주의 둘레가 계속해서 커지기 때문이다. 그리하여 운동의 속도가 올라감에 따라, 우주의 광대함도 커진다. 이런 방식으로 속력이 크기를 증가시키고, 크기가 속력을 올려서 무한으로 갈 것이다. 그러나 무한은 어떤 방식으로든 이동하거나 움직일 수 없다는 낯익은 물리학의 공리에 따라, 하늘은 필연적으로 정지해 있어야 한다.

그러나 하늘을 넘어서면 아무 것도 없고, 공간도 없고, 진공void도 없고, 절대적인 무無여서, 하늘은 더 갈 곳이 없다. 이 경우에 어떤 것이 무에 걸려서 붙들린다는 것은 진정으로 놀라운 일이다. 그러나 하늘이 무한하며, 오목한 내부에서만 유한하다면, 하늘을 넘어서면 아무것도 없다고 믿을 더 큰 이유가 될 것이다. 그러므로, 모든 단일한 물체들이, 어떤 크기이든, 우주 안에 있을 것이고, 우주는 정지한 채로 있을 것이다. 그러므로, 우주가 유한하다는 것을 증명하는 주된 주장이 우주의 운동에 있다. 따라서 우주가 무한한지 유한한지에 대해서는 자연철학자들이 논의하도록 두자.

우리는 분명히 지구가 두 극 사이에 있고, 구면으로 제한된다고 간주한다. 그렇다면 왜 우리는 지구의 형태에 적합한 이 운동을 지구의 운동으로 인정하지 않고, 한계가 알려지지 않았고 알 수도 없는 우주의 운동으로 보는가? 왜 우리는 일주회전에 대해, 겉보기에는 하늘이 돌지만 실제로는 지구가 돈다고 받아들이지 못하는가? 이 상황은 베르길리우스의 아에네아스가 한 말과 매우 닮았다.

> 우리는 항구에서 출범한다. 땅과 도시들이 뒤로 물러난다. _아에네이드 III, 72

배가 고요히 떠가면 배에 탄 사람들은 외부의 모든 사물이 움직이는 것으로 느끼고, 자신들은 배 안의 모든 사물들과 함께 정지해 있다고 여긴다. 똑같은 방식으로, 지구가 운동하면 의심할 바 없이 우주 전체가 회전한다는 느낌을 준다.

그 다음에는 구름을 비롯해서 어떤 방식으로든 공기 중에 떠 있는 것들이나, 낙하하는 물체와, 반대로 떠오르는 물체들은 어떤가? 우리는 다만 지구와 거기에 연결된 물의 성분들이 이런 운동을 할 뿐만 아니라, 공기의 적지 않은 부분들과 다른 것들이 같은 방식으로 지구에 묶여 있다고 말할 수 있다. 그 이유는 근처의 공기가 흙이나 물 성분과 섞여서 흙과 같은 본성을 띠거나, 공기의 운동이, 땅에 근접해 있어서, 끊임없는 운동을 저항 없이 공유한다는 것이다. 반면에 놀랄 것도 없이, 공기의 최상층부는 천체들의 운동을 따른다고 본다. 이것은 갑자기 출현하는 물체들에서 나타나는데, 그리스인들이 "혜성"과 "수염 난 별"이라고 불렀던 것을 말한다. 다른 천체들과 마찬가지로, 혜성도 뜨고 진다. 혜성들은 이 영역에서 생성되는 것으로 보인다. 이 부분의 공기는 땅에서 멀어서 지구의 운동에 영향을 받지 않는다고 할 수 있다. 땅에 가장 가까운 공기는 그에 따라 정지해 있다고 여겨진다. 공기 중에 떠 있는 것들도 마찬가지이며, 바람이나 다른 교란에 의해 던져진 것들만 그렇지 않다. 공기 중의 바람은 바다 속의 파도가 아니면 무엇이겠는가?

우주 체계 안에서 물체가 낙하하거나 상승하는 운동은 이중의 운동이어서, 모든 경우가 직선 운동과 원운동의 복합이라고 보아야 한다. 자신의 무게로 떨어지는 물체는 주로 흙의 성분으로 이루어져 있으므로, 의심할 바 없이 그것들이 속해 있던 흙의 본성을 따른다. 불의 성분을 가진 물체에 대해서도 설명은 다르지 않으며, 이런 물체들은 강하고 난폭하게 위로 올라간다. 지구상에서 불은 주로 흙의 성분을 태우는데, 불꽃은 타오르는 연기일 뿐이라고 설명된다. 불의 성질은 물질을 확장시키는 것이다. 불은 워낙 큰 힘으로 확장하기에 어떤 방법이나 장치로도 팽창을 막지 못한다. 그러나 팽창의 운동은 중심에서 둘레로 향한다. 그러므로 흙의 성분에 불이 붙으면, 그것은 중심에서 위로 올라간다. 따라서 "단순한 물체의 운동은 단순하다"는 명제는 원운동에서만 옳으며, 단순한 물체가 자연스러운 자리에 전체와 함께 있을 때 그러하다. 그러므로 단순한 물체가 자연스러운 자리에 있으면 그 물체는 원운동만을 하며, 정지한 물체와 마찬가지로 자기의 상태를 유지한다. 그러나 직선 운동은 물체를 자연스러운 자리에서 떠나도록 하거나, 자연스러운 자리에서 밀어내거나, 어떤 방식으로든 자연스러운 자리에 있는 상태를 끝낸다. 그러나 우주의 질서 잡힌 배치와 전체의 설계에서 벗어나 조화롭지 못한 것은 아무것도 없다. 그러므로 직선 운동은 적절한 상태에 있지 못하거나 자연과 완전한 조화를 이루지 못할 때, 전체의 통일성에서 벗어났을 때만 일어난다.

게다가, 위와 아래로 움직이는 물체들은, 원운동을 제외해도, 단순하고 지속되는 균일한 운동을 하지 않는다. 이런 물체들은 자신의 가벼움이나 무게의 충동impetus에 의해 조절될 수 없기 때문이다. 낙하하는 물체는 처음에는 느리게 움직이다가, 떨어지면서 나중에 빨라진다. 반면에, 지상의 불(다른 것을 관찰할 수 없기에)은 높이 떠올랐다가 바로 느려지는데, 흙 성분에 격렬함이 가해지기 때문이다. 그러나 원운동은 언제나 균일하게 굴러가는데, 이것은 확고한 원인을 갖기 때문이다. 그러나 직선 운동의 원인은 금방 기능을 멈춘다. 따라서 원운동은 전체의 것이고 직선 운동은 부분의 것이므로, "원"이 "직선"과 함께 지속되는 것을 "살아"있으면서 "병든" 것이라고 말할 수 있다. 확실히, 단순한 운동을 중심에서 벗어나는 운동, 중심을 향하는 운동, 중심 주위를 도는 운동으로 나눈 아리스토텔레스의 분류를 단순한 논리적 연습으로 이해할 수 있다. 비슷한 방식으로 우리는 직선, 점, 면을 구별한다. 물론 하나가 다른 것 없이 존재할 수 없으며, 몸체body가 없이는 어떤 것도 존재할 수 없지만 말이다.

게다가, 부동不動이라는 성질은 변화와 불안정성보다 더 고귀하고 신성하게 여겨지며, 따라서 지구보다 우주에 더 잘 어울린다. 또한, 공간의 틀 또는 공간 전체를 담고 있는 것이 운동한다고 말하고, 그 속에 들어 있으면서 조금의 공간만을 차지하는 지구가 운동한다고 말하지 않는 것은 매우 어리석은 일이다. 이 모든 것의 마지막으로, 행성들은 명백히 지구에 가까워지기도 하고 멀어지기도 한다. 중심 근처에 있는 단일한 물체, 즉 지구도 중심에서 멀어지기도 하고 가까워지기도 한다. 따라서 중심 주위의 운동은 더 일반적인 방식으로 해석해야 하며, 각각의 운동은 그 자신의 중심을 가진다는 것에 만족해야 할 것이다. 그렇다면, 이 모든 논의에 따라 지구가 정지해 있기보다 움직이는 것이 더 그럴 듯하다. 특히 일주회전이 그런 경우이며, 지구의 속성으로 볼 수 있다. 내 생각에는, 질문의 첫 부분에 대해서는 이것으로 충분하다.

9

여러 가지 운동을 지구의 것으로 볼 수 있는가? 우주의 중심

따라서, 지구가 운동하면 안 될 이유가 아무것도 없으니, 이번에는 여러 가지 운동이 지구에 어울리는지 검토해 보고, 지구를 행성의 하나로 간주할 수 있는지 살펴보자. 지구가 모든 운동의 중심은 아니기 때문이다. 행성들이 겉보기에 균일하지 않게 운동하면서 지구까지의 거리가 변한다는 것이, 지구가 모든 운동의 중심이 아님을 가리킨다. 지구의 동심원들로는 이 현상들을 설명할 수 없다. 그러므로, 중심이 여러 개이기 때문에, 우주의 중심이 지구의 무게 중심과 일치하는지 또는 다른 점에 있는지에 대한 질문이 제기되는 것은 우연이 아니다. 나로서는, 무거움gravity이라는 것은 창조주의 신성한 섭리가 물체들에 심어둔 자연의 욕망이며, 하나의 전체로 모여서 구의 형태로 결합되게 하는 것이라고 믿는다. 해, 달, 다른 밝은 행성들도 이런 충동을 갖고 있어서, 그

작용을 통해 이 천체들이 보여주는 구의 형태를 유지한다고 가정할 수 있다. 그럼에도 불구하고, 이 천체들은 다양한 방식으로 궤도를 돈다. 그렇다면 지구도 예를 들어 어떤 중심 주위로 운동한다면, 그 운동도 똑같이 외부에 있는 물체들에 반영되어야 한다. 이 운동들 중에서 우리는 연주회전을 발견한다. 연주회전이 태양이 아니라 지구의 운동이어서 태양이 정지해 있다면, 황도의 별자리들과 항성들이 아침과 저녁에 뜨고 지는 것은 똑같아 보일 것이다. 게다가 행성들의 유, 역행, 순행의 재개가 행성의 운동이 아니라 지구의 운동으로 인지될 것이며, 행성이 운동하는 것처럼 보일 뿐이라고 알려질 것이다. 그리고 마침내, 태양이 우주의 중심에 있음을 깨우쳐 줄 것이다. 격언이 이르는 대로 이 문제를 두 눈으로 보기만 하면, 행성들이 서로를 따르는 원리와 우주 전체의 조화에 따라 이 모든 사실들이 우리에게 알려진다.

10

천구의 질서

모든 보이는 물체들 중에서, 항성들이 하늘에서 가장 높이 떠 있다. 이것을 의심하는 사람을 나는 보지 못했다. 그러나 고대의 철학자들은 행성들을 회전 주기의 길이에 따라 배열하고 싶어 했다. 그들의 원칙은 유클리드의 광학에서 증명되었듯이, 똑같은 빠르기로 이동하는 물체들 중에서 더 멀리 있는 물체가 느리게 이동하는 것으로 보인다는 것이다. 그들의 견해에 따르면, 달이 가장 짧은 주기로 회전하는 이유는 지구에서 가장 가까이에서 가장 작은 원으로 운행하기 때문이다. 반면에 가장 높이 있는 행성인 토성은 가장 긴 시간 동안에 가장 큰 원을 돈다. 그 아래에 목성이 있고, 그 다음에 화성이 있다.

그러나 금성과 수성에 대해서는 의견이 엇갈린다. 다른 행성들과 달리 금성과 수성은 운행하면서 태양과의 이각elongation이 모든 값을 지나가지 않는다. 따라서 권위자들 중에서 플라톤티마이오스, 38D은 금성과 수성이 태양보다 높이 있다고 했지만, 프톨레마이오스알마게스트 IX, 1 같은 이들과 요즘의 많은 학자들은 태양 아래에 있다고 했다. 알페트라기우스Al-Bitruji는 금성은 태양 위에 있고, 수성은 태양 아래에 있다고 했다.

플라톤의 추종자들에 따르면, 모든 행성들은 햇빛을 받아서 반짝이고, 그렇지 않으면 어둡다고 한다. 따라서 행성들이 태양 아래에 있으면 이각이 크지 않고, 절반으로 보이거나 완전히 둥근 형태보다 어떤 비율로든 작게 보일 것이다. 행성이 받는 빛은 초승달이나 그믐달에서 보는 것처럼 대부분이 위쪽으로, 즉 태양 쪽으로 반사될 것이다. 게다가, 그들의 주장에 따르면, 행성들이 가끔씩 태양을 가려서 식蝕이 일어나야 하고, 행성의 크기만큼 태양의 빛이 가려져야 한다. 이런 일들이 결코 관측되지 않았으므로, 플라톤의 추종자들의 주장에 따라 이 행성들은 태양 아래를 지나지 않는다.

반면에, 금성과 수성이 태양 아래에 있다고 주장하는 사람들은 해와 달 사이의 공간이 너무 넓다는 이유를 든다. 지구의 반지름을 1단위라고 하면, 달이 지구에서 가장 멀 때의 거리는 64 1/6단위이다. 그들에 따르면, 이 거리는 대략 해가 지구에서 가장 가까울 때의 거리인 1160단위의 1/18쯤이다. 그러므로 해와 달 사이는 1096단위(≒1160 - 64 1/6)이다. 결과적으로, 너무 넓은 공간을 비워두지 않기 위해, 그들은 지점apsis들이 정확히 일정한 간격으로 채워진다고 했고, 이것으로 천구들의 두께를 계산했다. 이렇게 해서 달의 원지점 다음에 수성의 근지점이 온다. 수성의 원지점 다음에 금성의 근지점이 있고, 금성의 원지점은 태양의 근지점에 거의 닿는다. 그래서 그들은 수성의 지점들 사이의 거리를 177 1/2 단위로 계산했다. 그 다음에 남는 공간은 금성의 간격인 910단위를 거의 채운다.

따라서 그들은 이 천체들에 달처럼 어두운 부분이 있다고 인정하지 않는다. 반대로, 이 천체들은 자신의 빛으로 또는 행성 전체를 통해 흡수한 햇빛으로 반짝인다고 한다. 게다가 이 천체들은 태양에 식을 일으키지 않는데, 일반적으로 고도가 달라서 우리가 태양을 보는 시야를 가리지 않기 때문이다. 게다가, 이 천체들은 태양에 비해 매우 작다. 금성은 수성보다 크지만, 태양의 겨우 1/100을 가린다. 라카의 알 바타니Al Battani of Raqqa가 이렇게 말했다. 그는 태양 지름이 금성보다 열 배 크다고 생각했고, 따라서 매우 밝은 빛 속에서 작은 얼룩은 쉽게 보이지 않는다. 그러나 이븐 루시드Ibn Rushd는 프톨레마이오스의 주해서Paraphrase에서, 천문표에 따라 수성이 합合일 때 거무스름한 것을 보았다고 썼다. 그러므로 이 두 행성들은 태양천구 아래에서 운행하는 것으로 판단된다.

그러나 이 추론도 약하고 신뢰하기 어렵다. 프톨레마이오스알마게스트, V, 13에 따르면 달의 근지점까지가 38단위이며, 나중에 설명할 더 정확한 계산에 따르면 49단위가 넘는다. 그러나 우리가 알다시피, 이렇게 큰 공간 속에 있는 것은 공기뿐이고, 또는 좋아하는 대로 부른다면 "불의 원소"라고 부르는 것이 있다. 게다가, 금성을 태양의 양쪽으로 45°쯤 벗어나게 하는 주전원의 지름은 적절한 곳에서 설명할 것처럼V, 21, 지구 중심에서 금성의 근지점을 잇는 직선보다 6배 더 길어야 한

Book One

다. 금성이 정지해 있는 지구 주위를 돈다면, 금성의 거대한 주전원이 차지하는 공간은 지구, 공기, 에테르, 달, 수성이 차지하는 것보다 훨씬 더 크다. 그들은 이 공간 전체에 무엇이 들어 있다고 말할까?

프톨레마이오스알마게스트 IX, I는 또한 태양은 모든 이각을 보이는 행성들과 그렇지 않은 행성들의 중간에서 운행한다고 논증했다. 이 논증도 확신을 주지 못하는데, 달도 태양에 대해 모든 이각을 보인다는 사실에서 오류가 드러나기 때문이다.

이제 태양 아래에 금성과 그 아래에 수성을 놓는 사람들, 또는 이 행성들을 어떤 다른 배열로 태양에서 분리하는 사람들이 있다. 금성과 수성이 다른 행성들처럼 태양에서 멀리 떨어져서 분리된 궤도로 행성들의 배치를 어기지 않으면서 조화를 이루어 상대적인 빠르기와 느리기를 가지고 운행하지 않는 이유를 그들은 어떻게 설명할까? 그렇다면 다음의 둘 중 하나가 옳을 것이다. 행성들과 천구들의 순서에서 지구가 중심이 아니거나, 배치의 원리가 아예 없고 가장 높은 자리에 목성이나 다른 행성이 아니고 토성이 있는 뚜렷한 이유가 없는 것이다.

따라서 나의 판단은, 최소한 백과사전의 저자인 마르티아누스 카펠라Martianus Capella와 특정한 다른 라틴 저자들에게 익숙했던 것을 무시하지 말아야 한다는 것이다. 그들에 따르면, 금성과 수성은 태양을 중심으로 회전한다. 그들의 견해에 따르면, 이 행성들이 그들이 회전하는 원이 닿는 거리 이상으로 태양에서 벗어나지 않는 이유가 이것이다. 왜냐하면 이 행성들은 다른 행성들과 달리 지구를 돌지 않으며, "반대의 원을 가지기 때문이다." 그렇다면 이 저자들은 이 천구들의 중심이 태양 근처에 있다고 말하는 것이 아니고 무엇이겠는가? 따라서 수성천구는 분명히 금성천구 안에 있고, 금성천구는 수성천구보다 두 배 이상 크다는 공통의 합의가 있어서, 내부의 넓은 영역이 그 자체에 어울리는 공간을 차지한다. 누군가가 이 기회를 잡아서 토성, 목성, 화성도 같은 중심에 연결하고, 이 행성들의 천구가 아주 커서 금성과 수성과 함께 지구도 그 속에 들어가 있고 주위를 돈다고 생각한다면, 그는 오류를 저지르지 않은 것이며, 행성들의 운동의 규칙적인 패턴이 이것을 잘 보여준다.

왜냐하면 잘 알려져 있듯이, 이 외행성들은 저녁에 뜰 때, 행성이 태양에 대해 충衝에 있어서 지구가 행성과 태양 사이에 있을 때 지구에 가장 가깝기 때문이다. 반면에, 이 행성들이 저녁에 지고, 태양 근처에 있어서 보이지 않을 때, 말하자면 행성과 지구 사이에 태양이 올 때, 지구에서 가장 멀리 있다. 이런 사실들은 그들의 중심이 더 태양에 속해 있으며, 그 중심이 금성과 수성이 회전하는 중심과 같다는 것을 보여주기에 충분하다.

그러나 이 모든 행성들이 하나의 중심에 관련되기에, 금성의 볼록한 구와 화성의 오목한 구 사이의 남는 공간을 구면 또는 구각으로 분리해야 하는데, 두 표면은 모두 이 구들과 동심구이다. 이 포함하는 구들은 지구와 그 부속물, 달, 달의 구에 들어 있는 모든 것들을 담는다. 이 공간에서 우리는 상당히 적절하고 정확한 달의 자리를 발견하기 때문에, 어떤 방법으로도 달을 지구에서 떼놓을 수 없다. 달이 지구에 가장 가깝다는 것을 반박할 수 없기 때문이다.

그러므로 나는 아무 부끄럼 없이 달로 둘러싸인 전체 영역과, 지구 중심이, 다른 행성들 사이에서 태양 둘레로 큰 원을 돌며 연주회전을 한다고 주장한다. 태양 근처에 우주의 중심이 있다. 게다가, 태양이 정지해 있으므로, 태양의 운동으로 보이는 것은 모두 진정으로 지구의 운동 때문에 일어나는 것이다. 다른 행성의 천구들과 비교해서, 지구에서 태양까지의 거리는 그 크기들과의 비례에서 충분히 비교할 만한 정도이다. 그러나 우주의 크기는 워낙 거대하므로 지구-태양 거리는 항성 천구에 비교하면 인지할 수 없을 정도이다. 지구를 중심으로 유지하려는 사람들이 해야 하는 것처럼 거의 무한한 수의 천구들로 당혹스러워하기보다, 이 설명을 받아들여야 한다고 나는 믿는다. 반대로, 우리는 자연의 지혜를 따라야 한다. 자연은 넘치거나 쓸모없는 것을 만들지 않으며, 따라서 자연은 자주 한 가지로 여러 효과를 얻기를 좋아한다.

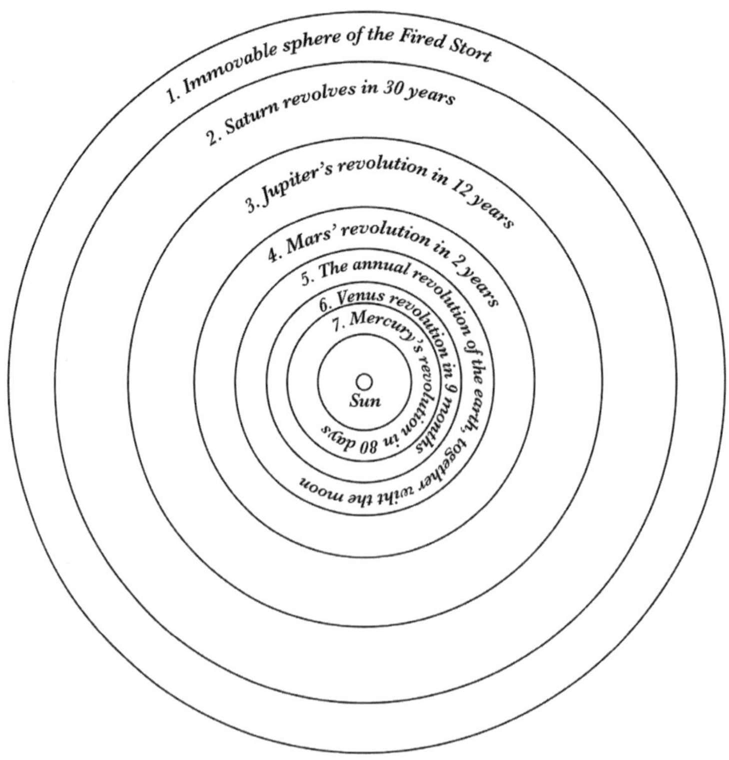

Figure.2

이 모든 진술들은 거의 받아들이기 힘들고, 물론 많은 사람들의 믿음에 반대된다. 그러나 우리는 계속할 것이며, 신의 도움으로 나는 이것들을 햇빛보다 더 명료하게, 천문과학에 낯설지 않은 이들이 얼마든지 알아볼 수 있게 하겠다. 결과적으로, 제1 원리는 변함없이 그대로이다. 천구의 크기가 시간의 길이로 측정되고, 천구의 순서도 시간 길이에 따라 가장 높은 것부터 시작한다는 것보다 더 적합한 원리를 누구도 제안할 수 없기 때문이다.

첫 번째이며 모든 것들 중에서 가장 높은 천구는 항성 천구이며, 이것은 그 자신과 모든 것을 담고 있고, 따라서 움직이지 않는다. 항성 천구는 의문의 여지없이 우주의 자리이며, 다른 모든 천체들의 운동과 위치를 이 항성 천구에 비교한다. 어떤 사람들은 항성 천구도 어떤 쪽으로 치우쳐 있다고 생각한다. 왜 이렇게 보이는지에 대해서는 지구의 운동을 논할 때[I, II] 다른 설명을 제안할 것이다.

항성 천구 다음에 첫 번째 행성인 토성이 있는데, 30년 만에 궤도를 완전히 돈다. 토성 다음에 목성이 있고, 회전 주기는 12년이다. 그 다음에 있는 화성의 회전 주기는 2년이다. 연주회전은 네 번째 자리를 차지하고, 이것은 앞에서 말했듯이[I, 10] 지구와, 달의 천구와 주전원을 포함한다. 다섯 번째 자리에 9개월만에 돌아오는 금성이 온다. 마지막으로 여섯 번째 자리에는 수성이 오며, 회전 주기는 80일이다.

그러나, 모든 것의 중심에 태양이 정지해 있다. 가장 아름다운 이 사원에서 누가 모든 것을 동시에 밝힐 수 있는 위치가 아닌 다른 곳에 등불을 둘까? 그러므로, 어떤 이들은 태양을 우주의 등불이라고 불렀고, 또 어떤 이들은 우주의 정신이라고 불렀으며, 또 다른 이들은 우주의 지배자라고 부른 것은 부적절하지 않다. 삼중으로 위대한 헤르메스는 태양을 보이는 신이라고 했고, 소포클레스의 엘렉트라는 모든 것을 보는 자라고 불렀다. 그리하여 진정으로, 왕좌에 앉은 것처럼, 태양은 주위를 도는 행성 가족들을 다스린다. 게다가, 지구는 달이 따라다니는 것을 물리치지 않는다. 그 반대로, 아리스토텔레스가 동물에 관한 저작에서 말했듯이, 달은 지구와 가장 가까운 관계이다. 한편으로 지구는 태양과 관계를 맺어 해마다 새 생명을 잉태한다.

따라서 이러한 배치에서, 우리는 놀라운 우주의 대칭과, 운동과 천구와 그 크기 사이에 조화로운 연결을 발견하며, 이와 다르게 알려질 수는 없다. 부주의한 학습자가 아니라면 왜 순행과 역행이 목성보다 토성에서 더 자주 일어나고 화성에서는 덜 일어나는지, 한편으로 금성에서 더 자주 일어나고 수성에서 덜 일어나는지 알 수 있기 때문이다. 이러한 방향의 역전은 토성이 목성보다 더 자주 보이고, 또한 화성과 금성이 수성보다 드물다. 게다가 토성, 목성, 화성이 해질 무렵에 뜰 때가 밤에 지거나 더 늦은 시각에 뜰 때보다 지구에 더 가깝다. 특히 화성은 밤새도록 빛날 때 목성과 크기가 비슷해 보이고, 붉은 색을 띠는 것으로만 구별할 수 있다. 그러나 다른 배치에서는 화성이 2등성들 사이에서 겨우 발견되고, 성실하게 관찰하면서 추적하는 이에게만 인지된다. 이 모든 현상들이 동일한 원인에서 일어나며, 그 원인은 지구의 운동이다.

그러나 항성에서는 이 모든 현상들이 나타나지 않는다. 이것은 항성들이 매우 멀리 있다는 것을 증명하며, 그렇기 때문에 연주운동의 구 또는 그 반영이 우리의 눈에서 사라진다. 광학에서 증명되었듯이, 모든 보이는 물체는 어떤 거리의 척도가 있고, 그것을 넘어서면 더 이상 보이지 않는다. 가장 먼 행성인 토성에서 항성 천구 사이의 틈이 가장 크다. 별이 반짝인다는 사실에서 이것을 알 수 있다. 특히 이런 맥락에서 항성이 행성과 구별되고, 움직이는 것과 움직이지 않는 것 사이에는 거대한 차이가 있다. 물어볼 것도 없이, 가장 탁월한 전능자의 신성한 솜씨는 광대하다.

11

지구의 세 가지 운동의 증명

행성들은 여러 가지 중요한 방식으로 지구가 운동한다는 증거를 보여준다. 이제 나는 이 운동을 요약하여, 하나의 원리로서 이 운동에 의해 현상이 설명되도록 하겠다. 전체로서, 세 가지 운동을 인정해야 한다.

첫 번째 운동은 앞에서 설명했듯이[I, 4] 그리스인들이 뉴구데메론이라고 부른 것으로, 낮과 밤을 일으키는 회전이다. 이 운동은 지구의 축을 중심으로 서쪽에서 동쪽으로 돌아가는 것이며, 우주는 반대 방향으로 도는 것으로 보인다. 이 운동은 적도를 그린다. 어떤 이들은 적도를 "동일한 하루의 원circle of equal days, 주야평분선"이라고 부르는데, 이것은 그리스인들이 말하는 이세메리노스isemerinos를 모방한 것이다.

두 번째 운동은 지구의 중심이 1년에 걸쳐 태양 주위의 황도를 따라가는 운동이다. 이 운동의 방향도 마찬가지로 서쪽에서 동쪽으로 진행하며, 다시 말해 황도십이궁의 순서로 간다. 이 운동은 앞에서 말했듯이I, 10 부속물들과 함께 금성과 화성 사이를 운행한다. 이 운동 때문에, 태양이 비슷한 운동으로 황도를 운행하는 것으로 보이게 된다. 따라서, 예를 들어, 앞에서 말했듯이 지구 중심이 염소자리를 지날 때, 태양은 게자리를 지나는 것으로 보인다. 지구가 물병자리에 있으면 태양은 사자자리에 있는 등이다.

황도십이궁의 가운데를 지나가는 것으로 보이는 이 원과 그 평면에 대해서, 적도와 지구의 축이 이루는 각도가 변한다고 이해해야 한다. 만약 이 각도가 일정하게 유지되어서 중심의 운동만을 따른다면, 낮과 밤의 길이가 달라지지 않을 것이다. 반대로 언제나 가장 길거나 가장 짧은 낮이 되거나, 밝음과 어둠의 길이가 똑같은 날이 되거나, 여름이나 겨울이나, 또는 어떤 계절이든, 언제나 똑같고 변하지 않을 것이다.

결과적으로 세 번째인 경사의 운동이 필요하다. 이것도 1년에 걸쳐 일어나는 회전이지만 별자리의 역순으로 일어나며, 중심의 운동에 대해 반대 방향이다. 이 두 운동은 방향이 반대이고 주기가 거의 같다. 그 결과로 지구의 축과 적도(위도의 평행선들 중에 가장 크다)가 마치 정지한 것처럼 하늘에서 거의 같은 방향을 향한다. 한편으로 지구 중심이 운동하지만 우주의 중심인 것처럼 느껴지므로, 태양이 비스듬한 황도를 운행하는 것처럼 보인다. 항성 천구에 비하면, 태양과 지구의 거리는 우리에게 보이지 않는다는 것을 기억해야 한다.

말로 하기보다 눈앞에 펼쳐서 보여주어야 하므로, 원 ABCD를 그리자. 이것은 지구 중심의 연주회전을 황도면에서 추적한 것이다. 중심 근처에 태양 E를 놓자. 이 원에 지름 AEC와 BED를 그려서 원을 4등분한다.

A가 게자리 첫점을 나타내고, B가 천칭자리 첫점, D가 양자리 첫점을 나타낸다고 하자. 이제 지구의 중심이 처음에 A에 있다고 하자. A의 둘레로 지구의 적도 FGHI를 그린다. 지름 GAI가 두 원의 교선이라는 것을 제외하면, 적도면은 황도면과 같은 평면이 아니다. GAI에 수직으로 지름 FAH도 그린다. 여기에서 F는 적도면이 남쪽으로 가장 많이 기울어지는 한계이고, H는 북쪽으로 기울어지는 한계이다. 이렇게 정해진 조건에서, 지구에 있는 사람은 중심 E 근처의 태양이 염소자리의 동지점에 있는 것으로 볼 것이다. 이것은 북쪽으로 가장 많이 기울어진 H가 태양을 향하기 때문이다. 일주회전이 일어남에 따라, 직선 AE에 대한 적도의 경사는 기울어진 각도 EAH에 대응하는 간격만큼 떨어져서 동지점을 평행하게 따라간다.

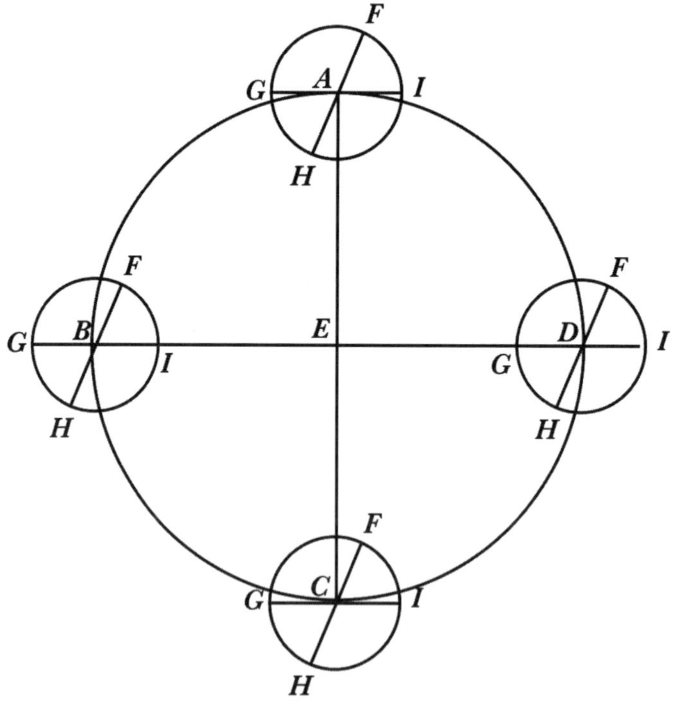

Figure.3

이제 지구 중심이 황도의 별자리를 순서대로 지나가게 하고, 최대 경사의 한계인 F가 별자리를 역순으로 동일한 호를 운행하게 해서, 두 점이 모두 B에서 원의 1/4를 운행하게 하자. 그 동안에 각 EAI는 언제나 각 AEB와 같은데, 둘의 회전이 같기 때문이며, 지름은 언제나 서로 평행을 유지해서 직선 FAH와 직선 FBH가 평행이고, 직선 GAI와 직선 GBI가 평행이며, 적도와 적도가 평행이다. 앞에서 여러 번 말한 이유로, 광대한 하늘에서도 같은 현상이 나타난다. 그러므로 천칭자리의 첫점인 B에서, E는 양자리에 있는 것으로 보인다. 두 원(적도와 황도)의 교선은 단일한 직선 GBIE와 일치하고, 이 교선에서 축의 평면은 일주회전에서도 틀어지지 않는다. 반대로, 축은 옆면으로만 기울어진다. 따라서 태양이 춘분점에서 보일 것이다. 지구 중심을 가정된 조건으로 운행하게 해서 반원을 완전히 돌아 C에 왔을 때, 태양은 게자리로 들어간 것으로 보인다. 그러나 적도에서 가장 남쪽으로 기울어진 점 F가 태양을 향하게 될 것이다. 기울어진 각 ECF로 측정되는 하지점을 지나면서, 이 점은 북쪽에서 나타나게 될 것이다. 다시, F가 원의 3사분면에서 반대로 돌아갈 때, 교선 GI가 한 번 더 직선 ED와 일치한다. 여기에서 태양은 천칭자리의 추분점에서 보일 것이다. 그런 다음에 똑같은 과정으로 H가 천천히 태양쪽을 향하게 되고, 처음에 시작했던 위치로 돌아간다.

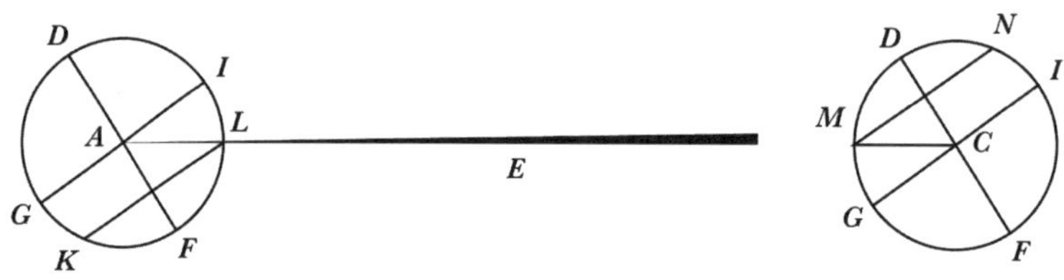

Figure.4

다른 방법으로, 직선 AEC가 이번에도 평면 황도면의 지름이면서 거기에 수직인 평면과의 교선이라고 하자. 직선 AEC 위에서, A와 C 둘레에, 말하자면, 게자리와 염소자리에 각각 원과 지축을 그린다. 자오선을 DGFI 라고 하고, 지축을 DF라고 하고, D가 북극, F가 남극이며, GI가 적도의 지름이라고 하자. 이제 F가 E에 있는 태양을 향할 때, 적도의 북쪽 경사는 각 IAE로 측정되며, 축의 회전은 적도에 평행하게 남쪽으로 거리 LI만큼 떨어져서 지름이 KL인 남회귀선을 그린다. 더 정확하게 말하면, 직선 AE에서 본 축의 회전은 원뿔면을 생성하며, 정점이 지구 중심에 있고, 밑면은 적도에 평행한 원이다. 또한 반대쪽의 점 C에서도 모든 것이 같은 방식이지만 뒤집어져 있다. 그러므로 두 운동, 즉 지구 중심의 운동과 경사의 운동이 합쳐져서 지축을 같은 방향으로 유지하고 위치도 거의 일정하게 유지하며, 이 모든 현상들이 태양의 운동 때문으로 보이게 한다는 것이 명확하다.

그러나, 나는 지구 중심과 경사의 연주회전이 거의 같다고 말했다. 그것들이 정확히 같으면, 분점들과 지점들을 비롯해서 황도의 경사 전체가 항성 천구를 기준으로 전혀 이동하지 않을 것이다. 그러나 아주 작은 변이가 있기 때문에, 시간이 많이 지나서 변이가 쌓인 다음에야 발견되었다. 프톨레마이오스의 시대부터 우리에 이르기까지 분점의 세차는 거의 21°나 된다. 이런 이유로 어떤 이들은 항성 천구도 움직인다고 생각했고, 이에 따라 아홉번째 구를 채택했다. 이것이 적절하지 않음이 알려져서, 더 최근의 저자들은 지금 열번째 구를 추가한다. 그렇지만 그들은 목표를 조금도 달성하지 못했고, 이 목표를 나는 지구의 운동으로 달성하기를 희망한다. 이것을 나는 다른 운동을 설명하는 원리와 가설로 사용할 것이다.

거의 모든 연구에서 내가 사용하는 증명은 평면상의 직선, 호, 구면삼각형을 다룬다. 이 주제에 대해 많은 정보들이 이미 유클리드의 『원론』에 나오지만, 그럼에도 불구하고 이 책에는 여기에서 주된 질문인 각에서 변을 얻는 법과 변에서 각을 얻는 문제에 대한 답은 나오지 않는다.

대응하는 현의 척도는 각도가 아니고, 각도가 직선에 의해 측정되지도 않는다. 반대로, 척도는 호이다. 따라서 임의의 호에 대한 현을 구하는 방법이 알려져 있다. 이 현으로 각에 대응하는 호를 구할 수 있고, 반대로 호에서 각을 잘라내는 현을 구할 수 있다. 그러므로 다음의 권에서 내가 이 직선들에 대해 논하는 것이 부적절하지 않으며, 프톨레마이오스가 산발적인 예에서 다루었던 평면의 변과 각도와 구면삼각형도 마찬가지이다. 나는 이 주제를 여기에서 한 번만 다룰 것이며, 이것으로 내가 나중에 말할 것들을 명확하게 할 것이다.

12

원에 대응하는 직선

나는 수학자들이 일반적으로 하는 대로, 원을 360도로 나누었다. 그러나 고대인들은 예를 들어 지름을 120단위로 나누었다.알마게스트 I, 10 그러나 나중의 저자들은 원에 대응하는 현에 수를 곱하고 나누면서 분수로 복잡해지는 것을 원하지 않았다. 이 수들의 대부분은 길이로 약분되지 않고, 제곱해도 약분되지 않았기 때문이다. 후대의 저자들 중 어떤 이는 1,200,000단위를 사용하기도 했고, 또 다른 이들은 인도 숫자 기호를 사용하게 된 뒤부터 다른 실용적인 수를 쓰기도 했다. 인도의 표기 체계는 그리스 체계나 로마 체계나 간에 어떤 표기 체계보다 확실히 우월하고, 예외적인 빠르기로 계산할 수 있다. 이런 이유로 나도 모든 명백한 오류를 배제하기에 충분하도록 지름에 200,000단위를 사용했다. 양들이 한 정수에서 다른 정수로 서로 연관되어 있지 않은 경우에, 이것은 근사값을 얻기에 충분하다. 나는 이 주제를 프톨레마이오스에 가깝게 여섯 가지 정리와 한 가지 문제로 설명하겠다.

정리 I

원의 지름이 주어지면, 그 원에 내접하는 삼각형, 사각형, 오각형, 육각형, 십각형의 변도 주어진다.

왜냐하면 반지름, 즉 지름의 절반은 육각형의 한 변의 길이와 같기 때문이다. 그러나 정삼각형의 한 변의 제곱은 정육각형의 한 변의 제곱의 세 배이고, 정사각형의 한 변의 제곱은 두 배임이 유클리드의 『원론』에 증명되어 있다. 그러므로 정육각형의 한 변의 길이는 100,000단위이고, 정사각형의 한 변의 제곱은 141,422이며, 정삼각형의 한 변의 길이는 173,205이다.

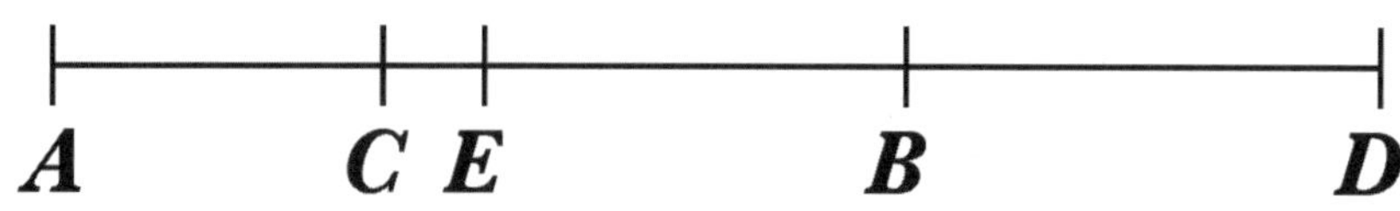

Figure.5

이제 정육각형의 한 변을 AB라고 하자. 이것을 유클리드 II권, 문제 1 또는 VI ,10에 따라 점 C에서 황금비로 분할한다고 하자. 그 중에서 긴 선분을 CB라고 하고, 같은 길이만큼 연장한 선분을 BD라고 하자. 그러면 전체의 선분 ABD도 황금비로 분할된다. 짧은 선분인, 연장된 BD는 원에 내접하는 정십각형의 한 변과 같으며, 여기에서 AB는 내접하는 정육각형의 한 변의 길이이다. 이것은 유클리드 XIII, 5와 9에 의해 명확하다.

이제 BD를 다음과 같이 얻을 수 있다. 점 E에서 AB를 이등분한다. 유클리드 XII, 3에서, EBD의 제곱이 EB의 제곱의 다섯 배와 같다. 그러나 EB는 50,000단위의 길이로 주어진다. 이것의 제곱의 다섯 배에서 EBD의 길이가 나오며, 이것은 111,803단위이다. EB의 50,000을 빼면, 남는 것은 BD의 61,803단위이고, 이것이 우리가 구하는 십각형의 한 변의 길이이다.

그러므로 원의 지름을 알면 그 원에 내접하는 정삼각형, 정사각형, 정오각형, 정육각형, 정십각형의 한 변의 길이를 알 수 있다. 증명 끝.

따름정리

결과적으로 임의의 호에 대한 현의 길이를 알면, 그 호를 반원에서 뺀 나머지 호에 대한 현의 길이도 구할 수 있다.

반원에 내접하는 각은 직각이다. 이제 직각삼각형에서 직각의 대변, 즉 지름의 제곱은 직각을 이루는 두 변의 제곱과 같다. 이제 정십각형의 변, 즉 36도인 호의 대변이 61,803단위임이 정리 1에서 알려졌고, 여기에서 지름은 200,000이다. 따라서 나머지 144°에 대한 현의 길이는 190,211로 주어진다. 그리고 정오각형의 한 변은 72°에 대응하는 현으로 117,557이고, 반원에서 뺀 나머지인 108°에 대응하는 선분은 161,803이다.

정리 II (정리 III의 예비)

사각형이 원에 내접하면, 그 대각선들의 곱은 대변들의 곱의 합과 같다.

사각형 ABCD가 원에 내접한다고 하자. 나는 대각선

의 곱 AC × DB가 AB × DC와 AD × BC의 합과 같다고 말한다. 각 ABE가 각 CBD와 같도록 하자. 그러면 각 EBD가 양쪽에 공통이므로, 전체 각 ABD는 전체 각 EBC와 같다. 그러므로 닮은꼴인 두 삼각형(BCE와 BDA)의 변들이 비례하므로 BC : BD = EC : AD이고, EC × BD는 곱 BC × AD와 같다. 그러나 삼각형 ABE와 CBD도 닮은꼴인데, 각 ABE와 CBD가 구성에 따라 같기 때문이며, 각 BAG와 BDC는 원에서 같은 호를 자르기 때문에 같다. 결과적으로 전과 같이 AB : BD = AE : CD이며, AB × CD는 AE × BD과 같다. 그러나 AD × BC는 BD × EC임을 이미 보였다. 이것들을 더해서, BD × AC는 AD × BC와 AB × CD의 합과 같다. 이것은 증명하기에 유용한 것이었다.

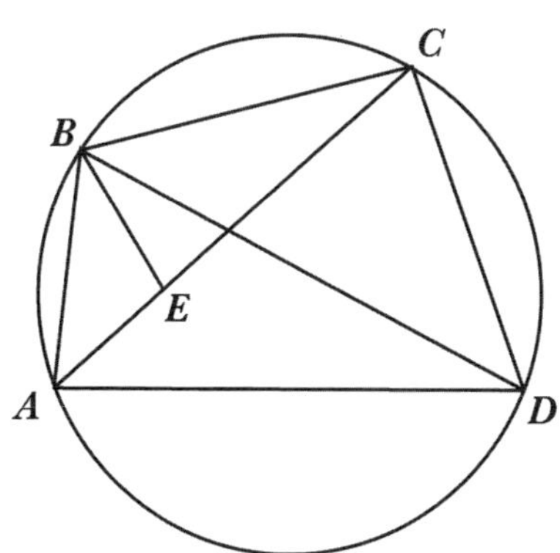

Figure.6

정리 III

앞의 정리에 따라 반원에서 길이가 같지 않은 두 호에 대응하는 현이 주어지면, 큰 호에서 작은 호를 뺀 나머지 호에 대응하는 현도 주어진다.

지름이 AD인 반원 ABCD에서, 서로 다른 호에 대응하는 현 AB와 AC를 그리자. 우리가 구하려고 하는 것은 BC에 대응하는 현이다. 앞에서 말한 것에 의해[정리 1, 따름정리] 현 BD와 CD, 즉 반원에서 남은 부분에 대응하는 현을 구할 수 있다. 그 결과로, 반원에서 사각형 ABCD가 만들어진다. 이 사각형의 대각선 AC와 BD를 알 수 있고, 세 변 AB, AD, CD도 알 수 있다. 이 사각형에서, 이미 증명한 대로[정리 2], 곱 AC × BD는 AB × CD와 AD × BC의 합과 같다. 따라서 곱 AB × CD에서 AC × BD를 빼면, 남는 것은 AD × BC와 같다. 그러므로 이것을 AD로 나누면, 이것이 가능한 한, 현 BC의 값을 얻는데 이것이 우리가 찾던 값이다.

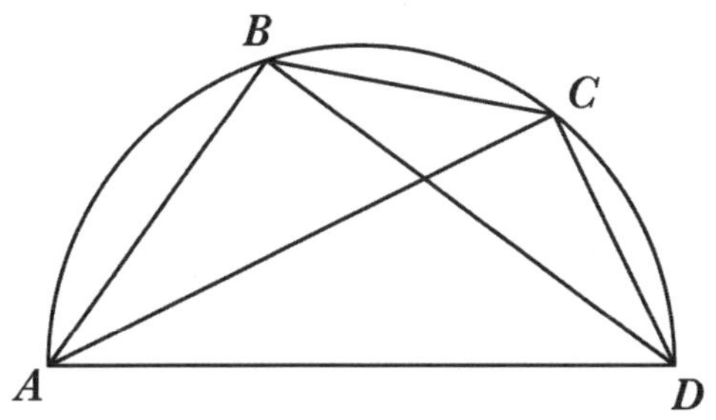

Figure.7

계속해서, 예를 들어 정오각형과 정육각형의 변이 주어진다. 결과적으로 둘의 차이(72°-60°)인 12°에 대응하는 현의 길이는 20,905단위이다.

정리 IV

임의의 호에 대응하는 현의 길이를 알면, 그 호의 반에 대응하는 현의 길이도 주어진다.

원 ABC를 그리고, 지름을 AC라고 하자. BC를 대응하는 현과 함께 주어진 호라고 하자. 유클리드 III, 3에 따라, 선분 EF는 현 BC를 F에서 이등분하며, EF를 연장하면 D에서 호 BC를 이등분한다. 현 AB와 BD도 그리자. 삼각형 ABC와 삼각형 EFC는 모두 직각삼각형이다. 게다가, 각 ECF가 공통이므로 서로 닮은꼴이다. 그러므로, CF가 BFC의 절반이듯이, EF는 AB의 절반이다. 그러나 AB는 반원에서 남는 호에 대응하므로, 길이를 구할 수 있다정리 I, 따름정리. 따라서 직선 EF의 길이도 알 수 있고, 반지름의 나머지인 DF의 길이도 알 수 있다. 지름 DEG를 완성하고, BG를 잇는다. 그 다음에 삼각형 BDG에서, 직각 B로부터 밑변의 점 F로 수선을 내린다. 결과적으로 곱 GD × DF는 BD의 제곱과 같다. 그러므로 BD는 호 BDC의 절반에 대응하는 현의 길이로 주어진다.

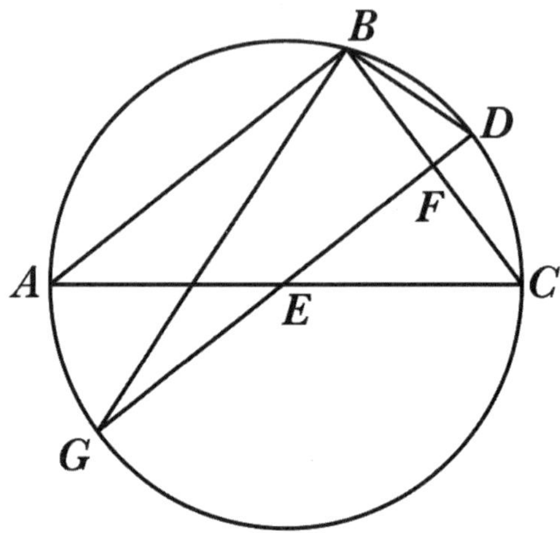

Figure.8

12°에 대응하는 현의 길이가 주어졌으므로[정리 III], 6°에 대응하는 현의 길이는 10,467단위이고, 3°는 5,235단위, 1 1/2°는 2,618단위, 3/4°는 1,309단위이다.

정리 V

두 호에 대응하는 현의 길이가 주어지면, 두 호로 구성되는 전체 호에 대응하는 현의 길이를 구할 수 있다.

호 AB와 호 BC에 대응하는 두 현이 원 안에 있다고 하자. 나는 호 ABC에 대응하는 현의 길이를 구할 수 있다고 말한다. 지름 AFD와 BFE, 현 AB와 BC를 그리자. 이 현들의 길이가 앞에서 주어졌으므로[정리 I, 따름정리] AB와 BC가 주어졌고, DE는 AB와 같다. CD를 이으면, 사각형 BCDE가 완성된다. 이 사각형의 두 대각선 BD, CE와 세 변 BC, DE, BE의 길이를 알고 있다. 나머지 변 CD의 길이는 정리 II에 의해 구할 수 있다. 따라서 반원의 나머지 호에 대응하는 현 CA의 길이는, 전체 호 ABC에 대응하는 현이다. 이것이 우리가 구하려고 했던 것이다.

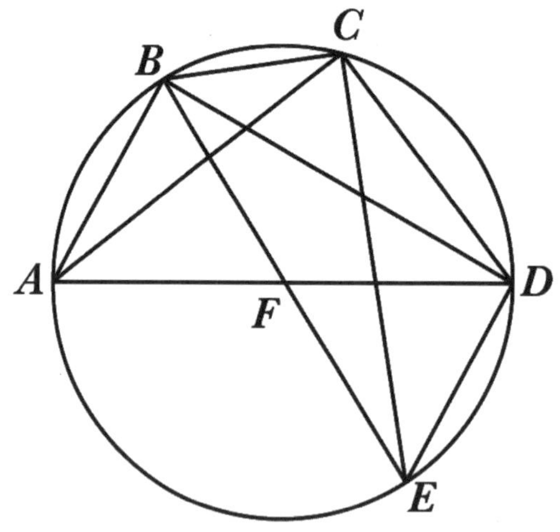

Figure.9

지금까지 3°, 1 1/2°, 3/4°에 대응하는 현의 길이를 얻었다. 이 간격을 사용하면 매우 정확한 관계를 가진 표를 만들 수 있다. 그러나 1도씩 진행하면서 서로 더하거나, 1/2도나 어떤 다른 방식으로 진행하려면, 이 호들에 대응하는 현에 대해 근거 없는 의심은 있을 것인데, 그림으로 이루어진 증명이 없기 때문이다. 그러나 인지 가능한 오류가 없고 매우 작은 부정확성만을 가진 수를 가정하는 다른 방법으로 결과를 얻지 못할 이유가 없다. 프톨레마이오스도 알마게스트, I, 10 다음과 같은 것을 먼저 우리에게 알려준 뒤에, 1°와 1/2°에 대응하는 현을 구했다.

정리 VI

큰 호와 작은 호의 비는 대응하는 현들의 비보다 크다.

원에서 길이가 같지 않고 붙어 있는 두 호 AB와 BC가 있고, BC가 더 크다고 하자. 나는 호 BC : 호 AB가 각 B를 이루는 현들의 비인 BC : AB보다 크다고 말한다. 각 B를 직선 BD로 이등분하자. AC를 연결해서, 직선 BD와 점 E에서 교차하게 한다. 같은 방식으로 AD와 CD를 연결한다. 이 선분들은 같은 호에 대응하므로 같다. 이제 삼각형 ABC에서, 각 B를 이등분하는 직선도 직선 AC와 E에서 교차한다. 따라서 밑변의 선분의 비 EC : AE는 BC : AB와 같다. BC는 AB보다 크므로, EC도 EA보다 크다. DF를 AC에 직각으로 그린다. DF는 AC를 점 F에서 이등분하며, 점 F는 반드시 더 큰 선분 EC 위에도 있어야 한다. 모든 삼각형에서 더 큰 각은 더 큰 변에 대응한다. AD는 DE보다 크다. 그러므로

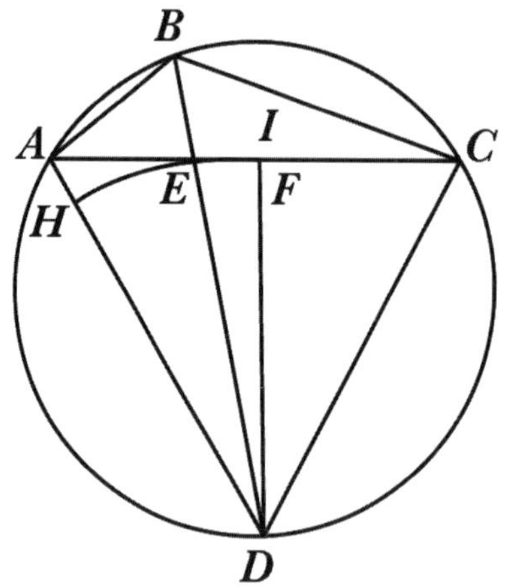

Figure.10

D를 중심으로 반지름 DE로 그린 호는 AD와 교차하며, DF 위로 지나간다. 이 호가 AD와 H에서 교차하게 하고, 직선 DFI까지 연장한다. 그러면 부채꼴 EDI는 삼각형 EDF보다 크다. 그러나 삼각형 DEA는 부채꼴 DEH보다 크다. 그러므로 삼각형 DEF : 삼각형 DEA는 부채꼴 EDI : 부채꼴 DEH보다 작다. 그러나 부채꼴의 넓이는 그 호의 길이나 중심각에 비례하는 반면에, 같은 정점을 가진 삼각형들의 넓이는 그 밑변의 길이에 비례한다. 결과적으로 각 EDF : 각 ADE는 밑변 EF : 밑변 AE보다 크다. 따라서 이것들을 더해서, 각 FDA

: 각 ADE는 밑변 AF : 밑변 AE보다 크고, 같은 방법으로 각 CDA : 각 ADE는 AC : AE보다 크다. 또한 빼서, 각 CDE : 각 EDA는 밑 CE : EA보다 크다. 그러나 각 CDE와 EDA는 서로에게 호 CB : 호 AB와 같지만, 호 CB : 호 AB는 현 BC : 현 AB보다 크다. 증명 끝.

문제

호는 언제나 대응하는 직선보다 길며, 직선은 끝점이 같은 선들 중에서 가장 짧다. 그러나 그 차이는 원의 부분이 작아질수록 줄어들면서 점점 같아지며, 직선과 둥근 선은 원에 접하는 마지막 점에서 결국 사라진다. 그러므로, 그 이전에는 둘의 차이를 알아볼 수 없을 정도일 것이다.

예를 들어 호 AB가 3°이고, 호 AC가 1 1/2°라 하자. AB에 대응하는 현은 5,235임이 알려졌고정리 IV, 여기에서 지름은 200,000이며, AC에 대응하는 현은 2618이다. 호 AB는 호AC의 두 배이고, 한편으로 현 AB는 현 AC의 두 배보다 작아서, 이것은 2617보다

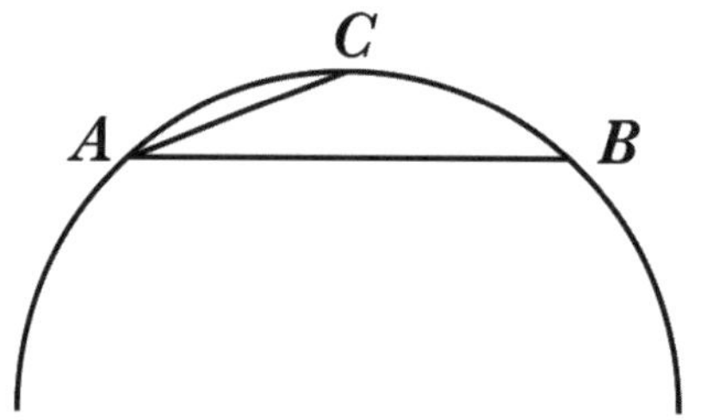

Figure.11

1이 더 크다. 그러나 AB를 1 1/2°로 하고, AC를 3/4°로 하면, 현 AB는 2,618이고, 현 AC는 1,309이다. AC가 현 AB의 절반보다 길어야 하지만, 절반과 차이가 없으며, 이제 호와 현의 길이의 비가 같아 보인다. 따라서 이제 직선과 둥근 선이 하나의 선으로 붙은 것처럼, 차이를 절대적으로 식별 불가능하게 되었다. 그래서 나는 주저 없이 1,309를 3/4°의 값으로 취할 수 있고, 1도와 더 작은 값에 대응되는 현에 같은 비(比)를 적용할 수 있다. 따라서 3/4°와 1/4°를 더해서, 1°에 대응하는 현의 길이 1,745를 얻으며, 1/2°는 872 1/2, 1/3°는 약 582를 얻는다.

그러나 나는 표에서 단지 두 배의 호에 대응하는 현의 절반을 적어 놓으면 충분하다고 생각한다. 이러한 축약으로 전에는 반원에 퍼져 있던 것을 사분원으로 줄일 것이다. 이렇게 하는 주된 이유는 증명과 계산에서 현의 절반이 온전한 현보다 더 많이 쓰이기 때문이다. 나는 1도의 1/6씩 증가하는 표를 만들었다. 이 표는 세 열로 되어 있다. 첫째 열은 원주의 부분 또는 도와 1/6도의 배수이다. 둘째 열은 두 배의 호에 대응하는 현의 절반의 길이이다. 셋째 열은 각각의 도에 대해서, 이 값들 사이의 차이이다. 이 차이를 이용하여 도의 개별적인 분에 비례하는 양을 내삽interpolation할 수 있다. 이 표는 다음과 같다.

호에 대응하는 현 조견표								
호		두 배의 호에 대응하는 현의 절반	1도 보다 작은 값을 위한 차이		호		두 배의 호에 대응하는 현의 절반	1도 보다 작은 값을 위한 차이
도	분				도	분		
0	10	291	291		6	10	10742	289
0	20	582			6	20	11031	
0	30	873			6	30	11320	
0	40	1163			6	40	11609	
0	50	1454			6	50	11898	
1	0	1745			7	0	12187	
1	10	2036			7	10	12476	
1	20	2327			7	20	12764	288
1	30	2617			7	30	13053	
1	40	2908			7	40	13341	
1	50	3199			7	50	13629	
2	0	3490			8	0	13917	
2	10	3781			8	10	14205	
2	20	4071			8	20	14493	
2	30	4362			8	30	14781	
2	40	4653			8	40	15069	
2	50	4943	290		8	50	15356	287
3	0	5234			9	0	15643	
3	10	5524			9	10	15931	
3	20	5814			9	20	16218	
3	30	6105			9	30	16505	
3	40	6395			9	40	16792	
3	50	6685			9	50	17078	
4	0	6975			10	0	17365	
4	10	7265			10	10	17651	286
4	20	7555			10	20	17937	
4	30	7845			10	30	18223	
4	40	8135			10	40	18509	
4	50	8425			10	50	18795	
5	0	8715			11	0	19081	
5	10	9005			11	10	19366	285
5	20	9295			11	20	19652	
5	30	9585			11	30	19937	
5	40	9874			11	40	20222	
5	50	10164	289		11	50	20507	
6	0	10453			12	0	20791	

호에 대응하는 현 조견표								
호 도	호 분	두 배의 호에 대응하는 현의 절반	1도 보다 작은 값을 위한 차이		호 도	호 분	두 배의 호에 대응하는 현의 절반	1도 보다 작은 값을 위한 차이
12	10	21076	284		18	10	31178	276
12	20	21360			18	20	31454	
12	30	21644			18	30	31730	
12	40	21928			18	40	32006	
12	50	22212			18	50	32282	275
13	0	22495	283		19	0	32557	
13	10	22778			19	10	32832	
13	20	23062			19	20	33106	
13	30	23344			19	30	33381	274
13	40	23627			19	40	33655	
13	50	23910	282		19	50	33929	
14	0	24192			20	0	34202	
14	10	24474			20	10	34475	273
14	20	24756			20	20	34748	
14	30	25038	281		20	30	35021	
14	40	25319			20	40	35293	272
14	50	25601			20	50	35565	
15	0	25882			21	0	35837	
15	10	26163			21	10	36108	271
15	20	26443	280		21	20	36379	
15	30	26724			21	30	36650	
15	40	27004			21	40	36920	270
15	50	27284			21	50	37190	
16	0	27564	279		22	0	37460	
16	10	27843			22	10	37730	269
16	20	28122			22	20	37999	
16	30	28401			22	30	38268	
16	40	28680			22	40	38537	268
16	50	28959	278		22	50	38805	
17	0	29237			23	0	39073	
17	10	29515			23	10	39341	267
17	20	29793			23	20	39608	
17	30	30071	277		23	30	39875	
17	40	30348			23	40	40141	266
17	50	30625			23	50	40408	
18	0	30902			24	0	40674	

호		두 배의 호에 대응하는 현의 절반	1도보다 작은 값을 위한 차이		호		두 배의 호에 대응하는 현의 절반	1도보다 작은 값을 위한 차이
도	분				도	분		
24	10	40939	265		30	10	50252	251
24	20	41204			30	20	50503	
24	30	41469			30	30	50754	250
24	40	41734	264		30	40	51004	
24	50	41998			30	50	51254	
25	0	42262			31	0	51504	249
25	10	42525	263		31	10	51753	
25	20	42788			31	20	52002	248
25	30	43051			31	30	52250	
25	40	43313	262		31	40	52498	247
25	50	43575			31	50	52745	
26	0	43837			32	0	52992	246
26	10	44098	261		32	10	53238	
26	20	44359			32	20	53484	
26	30	44620	260		32	30	53730	245
26	40	44880			32	40	53975	
26	50	45140	259		32	50	54220	244
27	0	45399			33	0	54464	
27	10	45658			33	10	54708	243
27	20	45916	258		33	20	54951	
27	30	46175			33	30	55194	242
27	40	46433			33	40	55436	
27	50	46690	257		33	50	55678	241
28	0	46947			34	0	55919	
28	10	47204	256		34	10	56160	240
28	20	47460			34	20	56400	
28	30	47716	255		34	30	56641	239
28	40	47971			34	40	56880	
28	50	48226	254		34	50	57119	238
29	0	48481			35	0	57358	
29	10	48735	253		35	10	57596	
29	20	48989			35	20	57833	237
29	30	49242	252		35	30	58070	
29	40	49495			35	40	58307	236
29	50	49748			35	50	58543	
30	0	50000			36	0	58779	235

호에 대응하는 현 조견표

호 도	호 분	두 배의 호에 대응하는 현의 절반	1도보다 작은 값을 위한 차이		호 도	호 분	두 배의 호에 대응하는 현의 절반	1도보다 작은 값을 위한 차이
36	10	59014	235		42	10	67129	215
36	20	59248	234		42	20	67344	
36	30	59482			42	30	67559	214
36	40	59716	233		42	40	67773	
36	50	59949			42	50	67987	213
37	0	60181	232		43	0	68200	212
37	10	60413			43	10	68412	
37	20	60645	231		43	20	68624	211
37	30	60876			43	30	68835	
37	40	61107	230		43	40	69046	210
37	50	61337			43	50	69256	
38	0	61566	229		44	0	69466	209
38	10	61795			44	10	69675	
38	20	62024			44	20	69883	208
38	30	62251	228		44	30	70091	207
38	40	62479			44	40	70298	
38	50	62706	227		44	50	70505	206
39	0	62932			45	0	70711	205
39	10	63158	226		45	10	70916	
39	20	63383			45	20	71121	204
39	30	63608	225		45	30	71325	
39	40	63832			45	40	71529	203
39	50	64056	224		45	50	71732	202
40	0	64279	223		46	0	71934	
40	10	64501	222		46	10	72136	201
40	20	64723			46	20	72337	200
40	30	64945	221		46	30	72537	
40	40	65166	220		46	40	72737	199
40	50	65386			46	50	72936	
41	0	65606	219		47	0	73135	198
41	10	65825			47	10	73333	197
41	20	66044	218		47	20	73531	
41	30	66262			47	30	73728	196
41	40	66480	217		47	40	73924	195
41	50	66697			47	50	74119	
42	0	66913	216		48	0	74314	194

호에 대응하는 현 조견표								
호		두 배의 호에 대응하는 현의 절반	1도보다 작은 값을 위한 차이		호		두 배의 호에 대응하는 현의 절반	1도보다 작은 값을 위한 차이
도	분				도	분		
48	10	74508	194		54	10	81072	170
48	20	74702			54	20	81242	169
48	30	74896			54	30	81411	
48	40	75088	192		54	40	81580	168
48	50	75280	191		54	50	81748	167
49	0	75471	190		55	0	81915	
49	10	75661			55	10	82082	166
49	20	75851	189		55	20	82248	165
49	30	76040			55	30	82413	164
49	40	76229	188		55	40	82577	
49	50	76417	187		55	50	82741	163
50	0	76604			56	0	82904	162
50	10	76791	186		56	10	83066	
50	20	76977			56	20	83228	161
50	30	77162	185		56	30	83389	160
50	40	77347	184		56	40	83549	159
50	50	77531			56	50	83708	
51	0	77715	183		57	0	83867	158
51	10	77897	182		57	10	84025	157
51	20	78079			57	20	84182	
51	30	78261	181		57	30	84339	156
51	40	78442	180		57	40	84495	155
51	50	78622			57	50	84650	
52	0	78801	179		58	0	84805	154
52	10	78980	178		58	10	84959	153
52	20	79158			58	20	85112	152
52	30	79335	177		58	30	85264	
52	40	79512	176		58	40	85415	151
52	50	79688			58	50	85566	150
53	0	79864	175		59	0	85717	
53	10	80038	174		59	10	85866	149
53	20	80212			59	20	86015	148
53	30	80386	173		59	30	86163	147
53	40	80558	172		59	40	86310	
53	50	80730			59	50	86457	146
54	0	80902	171		60	0	86602	145

호에 대응하는 현 조견표

호		두 배의 호에 대응하는 현의 절반	1도보다 작은 값을 위한 차이		호		두 배의 호에 대응하는 현의 절반	1도보다 작은 값을 위한 차이
도	분				도	분		
60	10	86747	144		66	10	91472	118
60	20	86892			66	20	91590	117
60	30	87036	143		66	30	91706	116
60	40	87178	142		66	40	91822	115
60	50	87320			66	50	91936	114
61	0	87462	141		67	0	92050	113
61	10	87603	140		67	10	92164	
61	20	87743	139		67	20	92276	112
61	30	87882			67	30	92388	111
61	40	88020	138		67	40	92499	110
61	50	88158	137		67	50	92609	109
62	0	88295			68	0	92718	
62	10	88431	136		68	10	92827	108
62	20	88566	135		68	20	92935	107
62	30	88701	134		68	30	93042	106
62	40	88835			68	40	93148	105
62	50	88968	133		68	50	93253	
63	0	89101	132		69	0	93358	104
63	10	89232	131		69	10	93462	103
63	20	89363			69	20	93565	102
63	30	89493	130		69	30	93667	
63	40	89622	129		69	40	93769	101
63	50	89751	128		69	50	93870	100
64	0	89879			70	0	93969	99
64	10	90006	127		70	10	94068	98
64	20	90133	126		70	20	94167	
64	30	90258			70	30	94264	97
64	40	90383	125		70	40	94361	96
64	50	90507	124		70	50	94457	95
65	0	90631	123		71	0	94552	94
65	10	90753	122		71	10	94646	93
65	20	90875	121		71	20	94739	
65	30	90996			71	30	94832	92
65	40	91116	120		71	40	94924	91
65	50	91235	119		71	50	95015	90
66	0	91354	118		72	0	95105	

호에 대응하는 현 조견표								
호 도	호 분	두 배의 호에 대응하는 현의 절반	1도보다 작은 값을 위한 차이		호 도	호 분	두 배의 호에 대응하는 현의 절반	1도보다 작은 값을 위한 차이
72	10	95195	89		78	10	97875	59
72	20	95284	88		78	20	97934	58
72	30	95372	87		78	30	97992	
72	40	95459	86		78	40	98050	57
72	50	95545	85		78	50	98107	56
73	0	95630			79	0	98163	55
73	10	95715	84		79	10	98218	54
73	20	95799	83		79	20	98272	
73	30	95882	82		79	30	98325	53
73	40	95964	81		79	40	98378	52
73	50	96045			79	50	98430	51
74	0	96126	80		80	0	98481	50
74	10	96206	79		80	10	98531	49
74	20	96285	78		80	20	98580	
74	30	96363	77		80	30	98629	48
74	40	96440			80	40	98676	47
74	50	96517	76		80	50	98723	46
75	0	96592	75		81	0	98769	45
75	10	96667	74		81	10	98814	44
75	20	96742	73		81	20	98858	43
75	30	96815	72		81	30	98902	42
75	40	96887			81	40	98944	
75	50	96959	71		81	50	98986	41
76	0	97030	70		82	0	99027	40
76	10	97099	69		82	10	99067	39
76	20	97169	68		82	20	99106	38
76	30	97237			82	30	99144	
76	40	97304	67		82	40	99182	37
76	50	97371	66		82	50	99219	36
77	0	97437	65		83	0	99255	35
77	10	97502	64		83	10	99290	34
77	20	97566	63		83	20	99324	33
77	30	97630			83	30	99357	
77	40	97692	62		83	40	99389	32
77	50	97754	61		83	50	99421	31
78	0	97815	60		84	0	99452	30

호에 대응하는 현 조견표								
호		두 배의 호에 대응하는 현의 절반	1도보다 작은 값을 위한 차이		호		두 배의 호에 대응하는 현의 절반	1도보다 작은 값을 위한 차이
도	분				도	분		
84	10	99842	29		87	10	99878	14
84	20	99511	28		87	20	99892	13
84	30	99539	27		87	30	99905	12
84	40	99567			87	40	99917	
84	50	99594	26		87	50	99928	11
85	0	99620	25		88	0	99939	10
85	10	99644	24		88	10	99949	9
85	20	99668	23		88	20	99958	8
85	30	99692	22		88	30	99966	7
85	40	99714			88	40	99973	6
85	50	99736	21		88	50	99979	
86	0	99756	20		89	0	99985	5
86	10	99776	19		89	10	99989	4
86	20	99795	18		89	20	99993	3
86	30	99813			89	30	99996	2
86	40	99830	17		89	40	99998	1
86	50	99847	16		89	50	99999	0
87	0	99863	15		90	0	100000	0

13

평면 삼각형의 변과 각

I

삼각형의 각들이 주어지면, 변의 길이가 주어진다.

삼각형 ABC가 있다고 하자. 유클리드 IV권, 문제 5에 따라 이 삼각형에 외접하는 원을 그린다. 그러면 360°가 두 직각에 해당하는 체계에 따라 호 AB, BC, CA도 주어질 것이다. 호가 주어지면, 원에 내접하는 삼각형의 변이 호에 대응하는 현으로 주어지며, 위의 표에서 지름이 200,000으로 가정하는 단위로 주어진다.

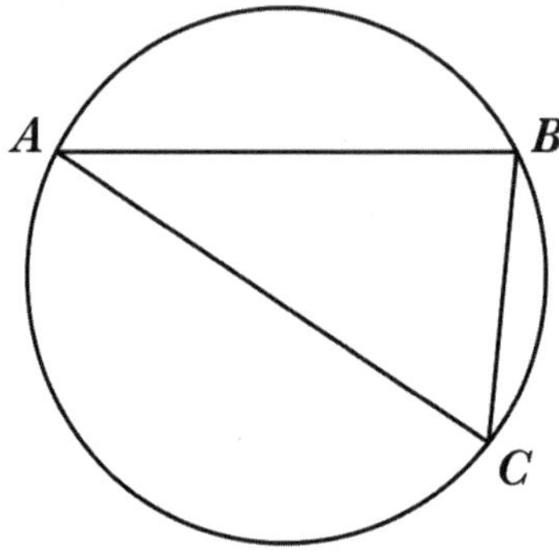

Figure.12

II

삼각형의 한 각과 두 변이 주어지면, 나머지 변과 다른 두 각도 알 수 있다.

주어진 변이 같거나 같지 않고, 주어진 각이 직각이거나 예각이거나 둔각이며, 주어진 변들은 주어진 각을 끼거나 끼지 않는다.

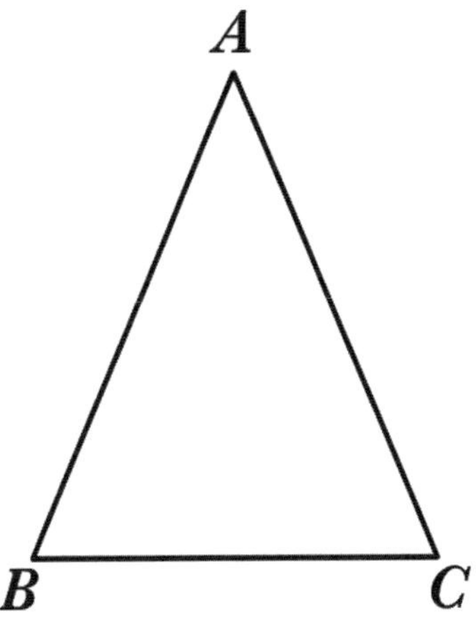

Figure.13

II A

먼저, 삼각형 ABC에서 주어진 두 변 AB와 AC가 같고, 주어진 각 A를 낀다. 그러면 나머지 각은 밑변 BC의 옆에 있고, 두 각이 같으므로, 2직각에서 각 A의 크기를 뺀 나머지의 반으로 주어진다. 그리고 밑변의 각이 먼저 주어지면, 같은 각이 주어지고, 이것들로부터, 2직각에서 뺀 값이 주어진다. 그러나 삼각형의 각들이 주어지면, 변이 주어지고, 밑변 BC가 표에서 주어지는데, AB 또는 AC가 반지름 100,000 또는 지름 200,000의 단위로 주어진다.

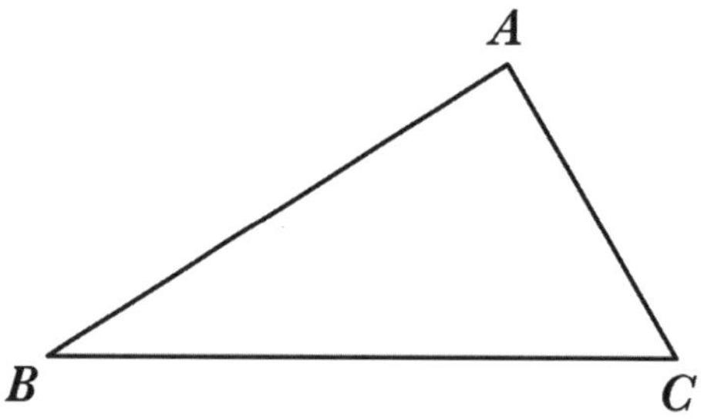

Figure.14

II B

BAC가 직각이고 이 각도를 이루는 두 변이 주어지면, 같은 결과가 나온다.

AB의 제곱과 AC의 제곱이 밑변 BC의 제곱과 같다는 것은 명백하다. 그러므로 BC의 길이를 구할 수 있으며, 따라서 변들을 서로의 관계에 의해 구할 수 있다. 그러나 직각을 감싸는 활꼴은 반원이므로, 그 지름이 밑변 BC이다. 그러므로, BC가 200,000인 단위로, 나머지 각 B와 C의 대변으로 AB와 BC를 구할 수 있다. 표에서 이 값이 나오는 곳을 찾아서 각들의 도를 180이 2직각과 같은 단위로 알 수 있다. BC가 직각을 이루는 한 변으로 주어져도 같은 결과가 나온다. 내 판단으로는, 이제는 이것이 아주 명확하다.

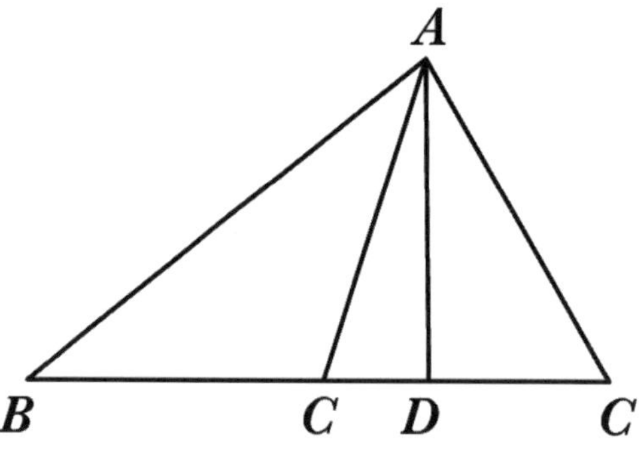

Figure.15

II C

이제 주어진 각 ABC가 예각이고, 이 각을 이루는 두 변 AB와 BC가 주어진다고 하자. 점 A로부터 밑변 BC에 수선을 내리고, 수선이 삼각형의 안쪽 또는 바깥쪽으로 떨어지는지에 따라 필요하면 밑변을 연장한다. 이 수선을 AD라고 하자. 이 수선에 의해 두 직각삼각형 ABD와 ADC가 생긴다. 삼각형 ABD에서 D가 직각이므로 각이 주어지고, B는 가정에 의해 주어진다. 따라서 AD와 BD가 각 A와 B의 대변으로 표에서 원의 지를 AB가 200,000인 단위로 주어진다. 그리고 AB의 길이가 주어진 것과 같은 단위로, AD와 BD가 주어지고, BD에서 BC를 뺀 길이 CD가 주어진다. 그러므로 직각삼각형 ADC에서, 변 AD와 CD가 주어지며 우리가 찾는 변 AC와 각 ACD도 위의 증명과 같이 주어진다.

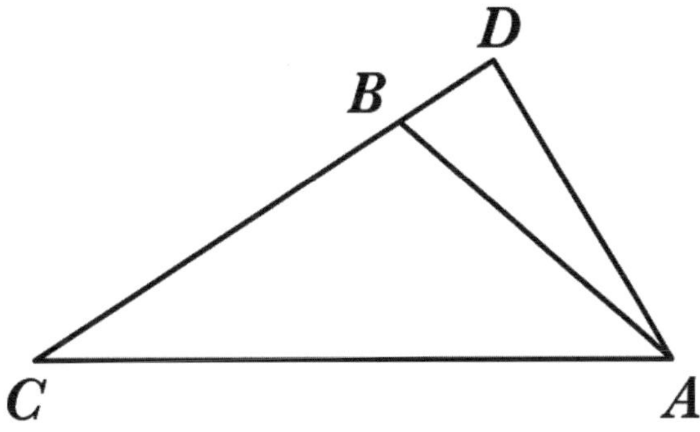

Figure.16

II D

각 B가 둔각일 때도 결과는 달라지지 않는다. 점 A로부터 직선 BC의 연장선 위로 내린 수선 AD가 삼각형 ABD를 만들며, 이 삼각형의 각도들이 주어진다. 왜냐하면, 각 ABD는 각 ABC의 보각이고, 각 D는 직각이기 때문이다. 그러므로 AB가 200,000인 단위로 BD와 AD가 주어진다. 그리고 BA와 BC의 비가 주어졌으므로, BC도 BD와 같은 단위로 주어지며, 전체 CBD도 주어진다. 그러므로 직각 삼각형 ADC에서도 마찬가지이다. 두 변 AD와 CD가 주어지고, 우리가 찾던 AC도 주어지고, 각 BAC는 각 ACB의 여각으로 주어지며, 이것이 우리가 찾던 것이다.

II E

이제 주어진 두 변 중의 하나가 주어진 각 B의 대변이라고 하자. 이 대변이 AC이고 주어진 다른 변이 AB라고 하자. 그러면 AC는 삼각형 ABC에 외접하는 원의 지름이 200,000인 단위로 표에서 주어진다. 게다가 AC와 AB의 주어진 비에 따라, AB도 같은 단위로 주어진다. 그리고 표에 의해 각 ACB와 나머지 각 BAC도 주어진다. 후자에 의해, 현 CB도 주어진다. 이 비가 주어지면, 변들의 길이가 같은 단위로 주어진다.

III

삼각형의 모든 변이 주어지면, 모든 각이 주어진다.

정삼각형의 경우에, 모든 각이 2직각의 1/3이라는 것이 언급할 필요가 없을 정도로 잘 알려져 있다.

이등변 삼각형의 경우에도 상황은 명확하다. 왜냐하면, 등변 대 밑변의 비는 반지름 대 두 등변의 사이각에 대응하는 현chord의 길이의 비와 같기 때문이다. 호를 통해서, 등변의 사이각은 표에서 360°의 중심각이 4직각과 같은 단위로 주어진다. 밑변의 각들은, 2직각에서 등변의 사이각을 뺀 값의 절반으로 주어진다.

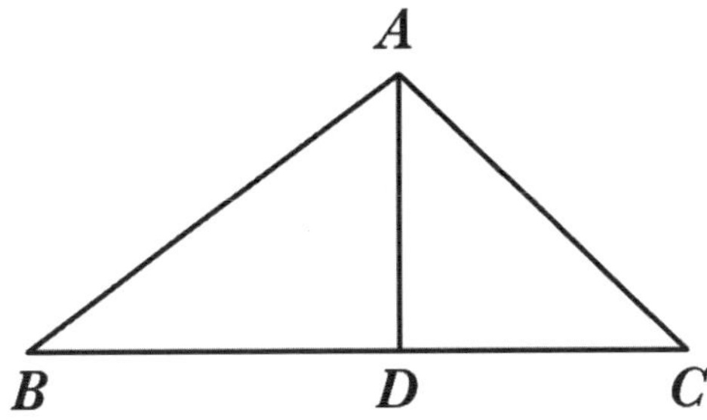

Figure.17

그러므로 이제 부등변 삼각형에 대해 증명해야 한다. 이것도 비슷하게 두 직각삼각형으로 나눌 것이다. 부등변 삼각형 ABC의 변들이 주어져 있다고 하자. 가장 긴 변을 BC라고 하고, 이 변 위에 수선 AD를 내린다. 그러나 유클리드 II, 13에 의하여, 예각의 대변인 AB의 제곱은 다른 두 변의 합보다 작으며, 그 차이는 BC × AD의 두 배이다. 왜냐하면, C는 예각이어야 하며, 그렇지 않으면 유클리드 I, 17에 의해 변 AB의 길이가 가장 길어야 하고, 이는 가정과 모순되기 때문이다. 그러므로 BD와 DC가 주어진다. 그리고 이제까지 우리가 자주 되돌아갔던 상황에서, ABC와 ADC는 변들과 각들이 주어진 직각삼각형이다. 이것들로부터, 삼각형 ABC의 필요한 각들도 알려진다.

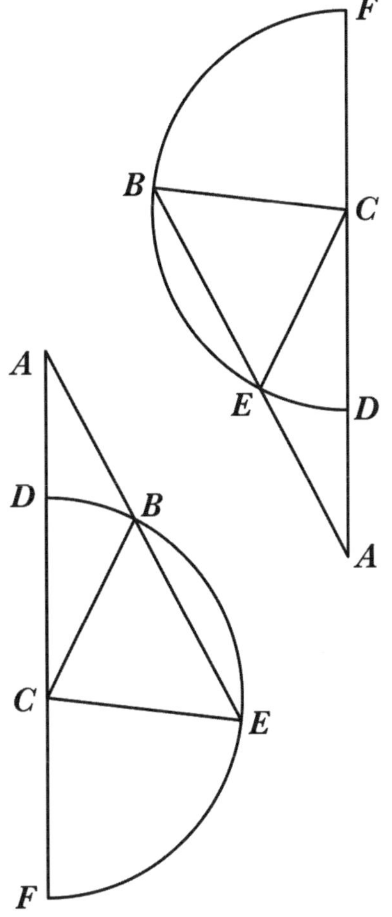

Figure.18

다른 방법으로, 유클리드 III의 마지막에서 바로 앞의 정리를 이용하면 같은 결과를, 어쩌면 더 쉽게 얻을 수 있다. C를 중심으로, BC를 반지름으로, 나머지 두 변 또는 둘 중 하나를 자르는 원을 그린다.

먼저 이 원이 두 변을 모두 자르고, AB를 점 E에서, AC를 점 D에서 자른다고 하자. 직선 ADC를 점 F까지 연장하여 지름 DCF를 완성하자. 이 구성에서 유클리드의 정리에 따라, 곱 FA × AD는 곱 BA × AE와 같다. 두 곱이 모두 A에서 원에 그은 접선의 제곱과 같기 때문이다. 그러나 전체 AF가 주어지는데, 모든 부분이 주어지기 때문이다. CF와 CD는 반지름이므로 당연히 BC와 같고, AD는 CA에서 CD를 뺀 길이이다. 그러므로 곱 BA × AE도 주어진다. 따라서 직선 AE의 길이도 구할 수 있고, 호 BE에 대응하는 현 BE의 길이도 구할 수 있다. EC를 연결해서, 세 변의 길이가 모두 알려진 직각삼각형 BCE를 만들 수 있다. 그러므로 각 EBC가 주어진다. 따라서 삼각형 ABC에서 나머지 각 C와 A도 앞의 방법으로 구할 수 있다.

이번에는 원이 AB를 자르지 않게 해서, 두 번째 그림처럼 AB가 원주를 만나게 하자. 이 경우에도 BE가 주어질 것이다. 게다가, 이등변삼각형 BCE에서 각 CBE가 주어지고, 그 외각인 ABC도 주어진다. 앞과 정확히 똑같은 과정으로, 나머지 각들도 구할 수 있다.

이제까지 말한 것들은 측지학의 상당한 부분을 차지하는 것으로, 평면삼각형들에 대해서는 이것으로 충분할 것이다. 이제 구면삼각형을 살펴보자.

14

구면삼각형에 대하여

나는 여기에서 구면에서 대원의 호 세 개로 둘러싸인 도형을 구면삼각형으로 간주한다. 그러나 각의 크기와 각들 사이의 차이는, 각의 교점을 극으로 해서 그린 대원의 호로 측정한다. 이 호는 그 각을 이루는 사분원에 의해 잘린다. 그리고 이렇게 잘린 호와 전체 원주의 비는 교점에서의 각과 4직각의 비와 같다. 4직각을 나는 360도라고 말한다.

I

구면에서 대원의 호 세 개가 있고, 어느 둘을 더해도 세 번째 호보다 크면, 이 세 호는 명백히 구면삼각형을 이룬다.

호에 대한 이 명제는 유클리드 XI, 26에 의해 각에 대해서도 증명되었다. 각들과 호들의 비가 같고, 대원은 구의 중심을 통과하므로 세 호가 속하는 세 부채꼴이 구의 중심에서 입체각을 이룬다는 것은 명백하다. 따라서 이 정리가 증명되었다.

II

구면삼각형의 모든 호는 반드시 반원의 둘레보다 작아야 한다.

왜냐하면 반원은 중심에서 각을 만들지 않고, 직선이 되기 때문이다. 반면에, 호를 이루는 나머지 두 각들도 중심에서 입체각을 이룰 수 없으므로 구면삼각형을 만들 수 없다. 프톨레마이오스가 특히 구면 섹터의 형태와 관련해서 삼각형의 이 경우를 설명할 때 호가 반원보다 클 수 없다고 말한 것도 알마게스트, I, 13 이런 이유 때문이라고 나는 생각한다.

III

구면직각삼각형에서 직각의 대변의 두 배에 대응하는 현 대 직각을 끼는 한 변의 두 배에 대응하는 현의 비는 구의 지름 대 나머지 변과 빗변 사이에서 구의 대원 위에서 만들어지는 각의 두 배에 대응하는 현의 비와 같다.

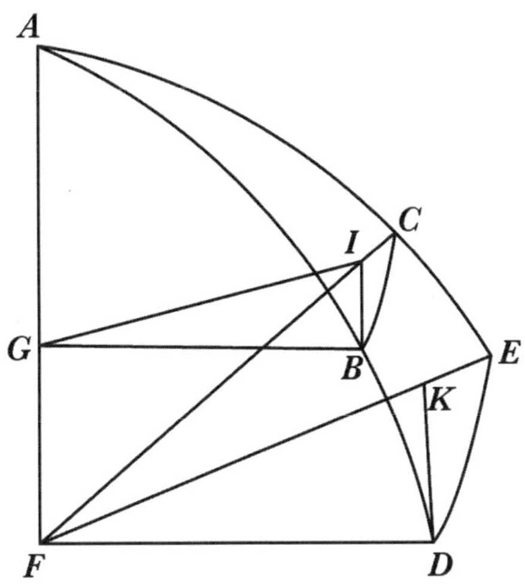

Figure.19

구면삼각형 ABC가 있고 C가 직각이라고 하자. 나는 AB의 두 배에 대응하는 현 대 BC의 두 배에 대응하는 현의 비가 구의 지름 대 대원에서 각 BAC의 두 배에 대응하는 현의 비와 같다고 말한다.

A를 극으로 대원의 호 DE를 그린다. ABD와 ACE의 사분원을 완성한다. 구의 중심인 F로부터 원들의 교선을 그린다. 직선 FA는 원 ABD와 ACE의 교선, 직선 FE는 원 ACE 와 DE의 교선, 직선 FD는 원 ABD와 DE의 교선, 직선 FC는 원 AC와 BC의 교선이 된다. 그 다음에는 직선 FA에 직각으로 직선 BG를, 직선 FC에 직각으로 직선 BI를, 직선 FE에 직각으로 직선 DK를 그린다. GI를 연결한다.

어떤 원이 다른 원을 자르면서 그 극을 통과하면 이 원은 다른 원을 수직으로 자른다. 그러므로 각 AED는 직각이다. 각 ACB도 가정에 의해 직각이다. 따라서 평면 EDF와 BCF는 평면 AEF에 각각 수직이다. 평면 AEF의 점 K에서 교선 FKE에 수직으로 직선을 그린다. 그러면 이 수선은 서로 수직인 평면의 정의에 따라 KD와 또 다른 직각을 이룬다. 그러므로 유클리드 XI, 4에 의해 직선 KD는 평면 AEF에 수직이다. 같은 방식으로 BI를 같은 평면을 향해 수직으로 그리면 유클리드 XI, 6에 의해 DK와 BI는 평행하다. 마찬가지로 GB와 FD는 평행하다. 왜냐하면 FGB와 GFD가 직각이기 때문이다. 유클리드 XI, 10에 의해 각 FDK는 GBI와 같다. 그러나 FKD는 직각이고 수직선의 정의에 따라 GIB도 직각이다. 닮은 삼각형의 변들이 비례하므로 DF 대 BG는 DK 대 BI이다. 그러나 BI는 호 CB의 두 배에 대응하는 현의 절반인데 BI는 반지름 CF에 대해 수직이기 때문이다. 같은 방식으로 BG는 변 BA의 두 배에 대응하는 현의 절반이다. DK는 DE 또는 각 A의 두 배에 대응하는 현의 절반이다. 그리고 DF는 구의 반지름이다. 그러므로 명백히, AB의 두 배에 대응하는 현과 BC의 두 배에 대응하는 현의 비는 지름과 각 A 또는 잘린 호 DE의 두 배에 대응하는 현의 비와 같다. 이 정리의 증명은 유용한 것으로 알려질 것이다.

Ⅳ

모든 직각삼각형에서 다른 각과 한 변이 주어지면 나머지 각과 변들도 주어진다.

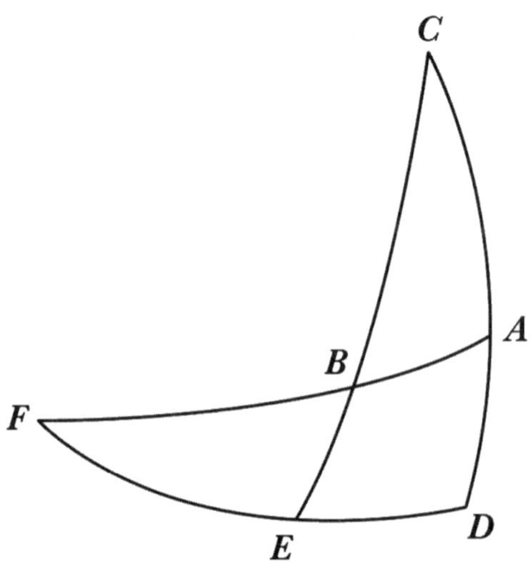

Figure.20

삼각형 ABC에서 A가 직각이고, 다른 한 각, 예를 들어 B도 주어져 있다고 하자. 주어진 변에 대하여 세 가지 경우를 생각해 보아야 한다. 그 변은 주어진 두 각에 모두 인접한 변 AB일 수도 있고, 직각에 인접한 변 AC일 수도 있고, 또는 직각의 대변 BC일 수도 있다.

먼저 AB가 주어진 변이라고 하자. C를 극으로 대원의 호 DE를 그린다. 사분원 CAD와 CBE를 완성한다. AB와 DE가 점 F에서 만날 때까지 연장한다. 그러면 A와 D가 직각이므로 F도 CAD의 극이 된다. 구면에서 서로를 직각으로 자르는 두 대원은 서로를 이등분하고 서로의 극을 통과한다. 따라서 ABF와 DEF는 사분원이다. AB가 주어졌으므로 사분원의 나머지 호 BF도 구할 수 있으며, 각 EBF는 주어진 각 ABC와 같다. 그런데 위의 정리에 의해, BF의 두 배에 대응하는 현 대 EF의 두 배에 대응하는 현의 비는 구의 지름 대 각 EBF의 두 배에 대응하는 현의 비와 같다. 그러나 그 중에서 세 가지, 즉 구의 지름, BF의 두 배, 각 EBF의 두 배 또는 절반이 주어졌다. 그러므로 유클리드 VI , 15에 따라 EF의 두 배에 대응하는 현의 절반을 구할 수 있다. 표에 의해 호 EF가 주어진다. 그러므로 사분원의 나머지인 DE 또는 우리가 찾던 각 C도 구할 수 있다.

같은 방식으로, 호 DE와 AB의 두 배에 대응하는 현들의 비가 EBC 대 CB와 같다. 그 중에서 세 가지, 즉 DE,

AB, 사분원 CBE를 알고 있다. 따라서 네 번째인 CB의 두 배에 대응하는 현도 구할 수 있고 또한 우리가 찾던 변 CB도 구할 수 있다. 그리고 호의 두 배에 대응하는 현에 대해서, CB 대 CA는 BF 대 EF이다. 왜냐하면, 이 두 비는 구의 지름 대 CBA의 두 배에 대응하는 현과 같으며, 같은 비와 동일한 비들은 서로 같기 때문이다. 그러므로 BF, EF, CB가 주어졌으므로 네번째인 CA도 구할수 있고, CA가 삼각형 ABC의 세번째 변이다.

이번에는 변 AC가 주어졌다고 하고, 변 AB와 BC, 나머지 각 C를 구해야 한다고 하자. 다시 논증을 뒤집어서, CA의 두 배에 대응하는 현 대 CB의 두 배에 대응하는 현의 비는 각 ABC의 두 배에 대응하는 현 대 지름과 같다. 이것으로부터, 변 CB를 구할 수 있고 AD와 사분원의 나머지 BE도 구할 수 있다. 따라서 다시 AD의 두 배에 대응하는 현 대 BE의 두 배에 대응하는 현의 비는 ABF의 두 배에 대응하는 현 즉 지름 대 BF의 두 배에 대응하는 현의 비이다. 그러므로 호 BF를 구할 수 있고, 사분원의 나머지인 AB도 구할 수 있다. 앞과 비슷한 추론 과정으로 BC, AB, FBE의 두 배에 대응하는 현으로부터, DE의 두 배에 대응하는 현 또는 나머지 각 C를 구할 수 있다.

게다가 한 번 더 앞과 같이 BC를 가정하면 AC와 나머지 AD와 BE도 구할 수 있다. 이것들로부터, 자주 설명했듯이 직선과 지름의 대응을 통해서 BF와 나머지인 AB를 구할 수 있다. 그 다음에는 앞의 정리에 따라, BC, AB, CBE가 주어지고, ED를 구할 수 있는데, 말하자면 이것은 나머지 각 C이며 우리가 찾던 것이다.

그리고 한 번 더 삼각형 ABC에서 두 각 A와 B가 주어지고 A가 직각이며, 세 변들 중 한 변이 주어지면, 세 번째 각도 나머지 두 변과 함께 구할 수 있다. 증명 끝.

V

삼각형의 각들이 주어지고, 그 중 하나가 직각이면, 변들을 구할 수 있다.

앞의 그림에서 각 C가 주어졌으므로 호 DE가 주어지고, 사분면의 나머지인 EF도 주어진다. BEF는 직각삼각형인데, BE는 DEF의 극으로부터 그려지기 때문이다. EBF는 주어진 각의 맞꼭지각이다. 그러므로 삼각형 BEF에서 각 E는 직각이고, 또 다른 주어진 각 B와, 주어진 변 EF가 있으므로 앞의 정리에 따라 나머지 변과 각이 주어진다. 그러므로 변 BF가 주어지고 사분원의 나머지인 AB도 주어진다. 마찬가지로 삼각형 ABC에서 나머지 변인 AC와 BC도 앞에서 보인 바와 같이 주어진다.

VI

같은 구면에서 두 직각삼각형이 대응하는 한 각과 대응하는 한 변이 같으면, 그 변이 같은 각에 이웃각인지 대각인지에 무관하게 나머지 변들도 같으며, 나머지 각도 같다.

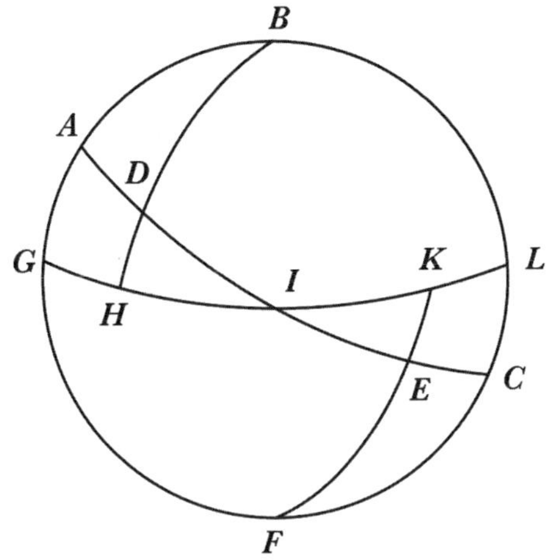

Figure. 21

반구 ABC가 있다고 하자. 이 반구 위에서 두 삼각형 ABD와 CEF를 취한다. A와 C가 직각이라 하자. 또한 각 ADB가 CEF와 같고, 한 변이 같다고 하자. 먼저 같은 변이 같은 각들에 인접한다고 하자. 다시 말해 AD = CE라고 하자. 나는 변 AB가 CF와 같고, BD는 EF와 같으며, 나머지 각 ABD는 나머지 각 CFE와 같다고 말한다. 점 B와 F를 극으로 하여 대원의 사분원 GHI와 IKL을 그린다. ADI와 CEI를 완성한다. 이 호들은 반드시 반구의 극인 점 I에서 교차한다. A와 C가 직각이고,

GHI와 CEI가 원 ABC의 극들을 지나기 때문이다. 그러므로, AD와 CE가 같은 변이라고 가정했으므로, 나머지 호 DI와 EI가 같고, IDH와 IEK는 같다고 가정한 각들의 맞꼭지각이기 때문에 같다. H와 K는 직각이다. 동일한 비와 같은 비들은 또한 서로 같다. ID의 두 배에 대응하는 현 대 HI의 두 배에 대응하는 현의 비는 EI의 두 배에 대응하는 현 대 IK의 두 배에 대응하는 현과 같다. 왜냐하면, 이 각각의 비는 위의 정리 III에 따라 구의 지름 대 각 IDH의 두 배에 대응하는 현 또는 IEK의 두 배에 대응하는 현의 비이기 때문이다. 그러므로, 유클리드의 『원론』 V, 4에 따라 IK와 HI의 두 배의 경우에도 현이 같다. 같은 원에서, 같은 직선들은 같은 호들을 자르고, 분수에 같은 인자를 곱해도 같은 비를 유지한다. 그러므로 단순한 호로서 IH와 IK는 같다. 마찬가지로 사분원의 나머지 호인 GH와 KL도 같다. 그러므로 B와 F는 명확히 같다. 따라서 AD의 두 배에 대응하는 현 대 BD의 두 배에 대응하는 현의 비와 CE의 두 배에 대응하는 현 대 BD의 두 배에 대응하는 현의 비는 EC의 두 배에 대응하는 현 대 EF의 두 배에 대응하는 현의 비와 같다. 왜냐하면, 정리 III의 역(逆)에 따라 이 두 비들은 HG 또는 그것과 같은 KL의 두 배에 대응하는 현 대 BDH의 두 배에 대응하는 현, 즉 지름의 비와 같기 때문이다. AD는 CE와 같다. 그러므로, 유클리드 『원론』 V, 14에 따라 호들의 두 배에 대응하는 직선들이므로 BD는 EF와 같다.

BD와 EF가 같으므로, 나는 같은 방식으로 나머지 변들과 각들도 같음을 보일 것이다. 그리고 AB와 CF가 같다고 가정해도 비가 같기 때문에 같은 결과를 얻을 것이다.

VII

이제 직각이 없어도 같은 각들에 인접한 변이 대응하는 변과 같으면 같은 결과가 나온다.

두 삼각형 ABD와 CEF에서 임의의 두 각 B와 D가 대응되는 두 각 E와 F와 같다고 하자. 또한 같은 각에 인접한 변 BD가 변 EF와 같다고 하자. 나는 다시 이 두 삼각형의 변들과 각들이 같다고 말한다.

다시 한번, B와 F를 극으로 하여 대원의 호 GH와 KL을 그린다. 호 AD와 GH를 연장해서 N에서 교차하도록 하고, EC와 LK를 비슷하게 연장해서 M에서 교차하도록 한다. 그러면 두 삼각형 HDN과 EKM에서 같다고 가정한 각의 맞꼭지각이므로 각 HDN과 KEM이 같다. H와 K는 극들을 지나므로 직각이다. 게다가, 변 DH와 EK는 같다. 그러므로 이 삼각형들은 앞의 증명에 의해 모든 변과 각이 같다.

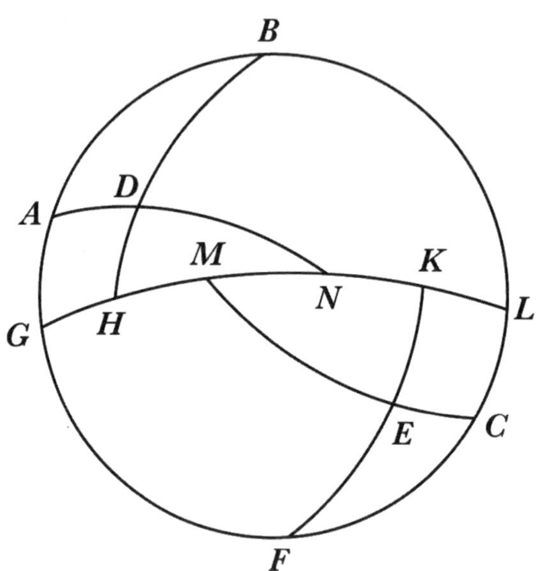

Figure. 22

그리고 다시, 각 B와 각 F가 같다고 가정했으므로 GH와 KL은 같은 호이다. 따라서 같은 것에 같은 것을 더하는 공리에 따라 전체 GHN은 전체 MKL과 같다. 결과적으로 여기에서도 두 삼각형 AGN과 MCL에서 한 변 GN이 한 변 ML과 같고, 각 ANG가 각 CML과 같고, G와 L은 직각이다. 이런 이유로 이 삼각형들도 변과 각이 모두 같다. 같은 것을 같은 것에서 빼면 나머지도 같으며, AD는 CE와, AB는 CF와, 각 BAD는 나머지 각 ECF와 같다. 증명 끝.

VIII

게다가, 두 삼각형의 두 변이 대응하는 변들과 같고, 또 한 각이 같으면, 그 각이 같은 각들에 끼인 각이거나 밑변의 각이거나에 무관하게 밑변은 밑변과 같으며, 나머지 각은 나머지 각과 같다.

앞의 그림에서와 같이 변 AB가 CF와 같고, AD는 CE와 같다고 하자. 먼저, 같다고 놓은 두 변이 이루는 각 A가 각 C라고 하자. 나는 밑변 BD도 밑변 EF와 같고, 각

B는 각 F와 같고, 나머지 각 BDA는 나머지 각 CEF와 같다고 말한다. 두 삼각형 AGN과 CLM에서 G와 L은 직각이다. GAN과 MCL은 BAD와 ECF의 보각이므로 같다. 그리고 GA는 MC와 같다. 그러므로 이 삼각형들은 대응하는 변들과 각들이 같다. 그러므로 AD와 CE가 같고, 나머지 DN과 ME가 같다. 그러나 각 DNH와 EMK가 같음이 이미 증명되었다. H와 K가 직각이고, 두 삼각형 DHN과 EMK도 대응하는 변들과 각들이 같다. 그러므로 또한 나머지 BD는 EF와 같고, GH는 KL과 같다. 각 B는 F와 같고, 나머지 각 ADB도 FEC와 같다.

그러나 변 AD와 CE 대신에 밑변 BD와 EF가 같다고 하자. 이 밑변들의 대각이 같지만, 다른 조건들이 모두 같으므로 증명은 앞에서와 똑같다. 왜냐하면 GAN과 MCL이 같은 각의 보각이어서 같기 때문이다. G와 L은 직각이다. AG는 CL과 같다. 따라서, 앞과 같은 방식으로 두 삼각형 AGN과 MCL의 대응하는 변들과 각들이 같음을 증명할 수 있다. 이것들보다 작은 삼각형 DNH

와 MEK에 대해서도 같은 것이 성립한다. 왜냐하면, H와 K가 직각이고, DNH는 KME와 같고, DH와 EK는 사분원의 나머지로 같기 때문이다. 이러한 같음으로부터 내가 말했던 것과 같은 결과가 나온다.

IX

구면에서도, 이등변삼각형의 밑변의 두 각은 같다.

삼각형 ABC에서 AB와 AC가 같다고 하자. 나는 밑변의 두 각 ABC와 ACB도 같다고 말한다. 꼭지점 A에서, 밑변을 직각으로 자르는 대원, 다시 말해서 밑변의 극을

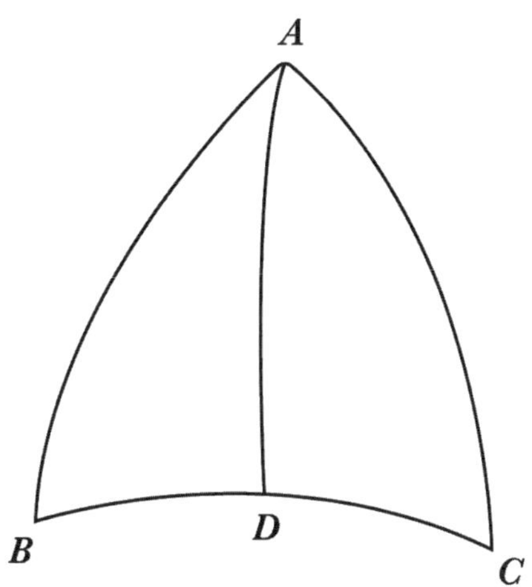

Figure. 23

통과하는 원을 그린다. 이 대원을 AD라고 하자. 그러면 두 삼각형 ABD와 ADC에서 변 BA는 변 AC와 같고, AD는 두 삼각형에 공통이며, D에서 각들은 직각이다. 그러므로 앞의 정리에 따라, 각 ABC와 ACB가 같음은 명백하다. 증명 끝.

따름정리

그러므로 이등변삼각형의 꼭지점으로부터 밑변에 수직으로 그린 호는 밑변을 이등분하며, 동시에 두 등변에 끼인 각을 이등분한다. 이의 역도 성립하며 이는 이 정리와 앞의 정리에 따라 명백하다.

X

대응하는 변들이 같은 모든 두 삼각형은 대응하는 각들끼리도 각각 같다.

왜냐하면 두 경우에서 대원의 세 활꼴은 각뿔을 이루며, 그 꼭지점은 구의 중심에 있기 때문이다. 이 각뿔의 밑면은 구면삼각형의 각 호에 대응하는 직선들에 둘러싸인 평면삼각형이다. 이 각뿔들은 입체 도형의 닮음과 합동의 정의에 따라 닮은꼴이면서 합동이다. 두 도형이 닮음이면, 대응하는 각은 같다. 그러므로 이 삼각형들의 대응하는 각들이 같다. 특히, 도형의 닮음을 더 일반적으로 정의하는 사람들은 닮은 구성으로 대응하는 각들이 서로 같기만 하면 닮은 도형이라고 말한다. 그러므로 나는 평면삼각형의 경우에서와 마찬가지로 대응하는 변들이 같은 두 구면삼각형이 닮은꼴이라는 것은 명백하다고 생각한다.

XI

두 변과 한 각이 주어진 모든 삼각형은 모든 변들과 각들이 주어진 삼각형이 된다.

주어진 변들의 길이가 같으면 밑변의 각들도 같다. 꼭지점으로부터 밑변에 수직으로 호를 그리면 정리 9의 따름정리에 따라 위의 명제를 쉽게 증명할 수 있다.

그러나 삼각형 ABC에서처럼 주어진 변들이 같지 않을 수 있다. 각 A가 두 변과 함께 주어져 있다고 하자. 이 두 변은 주어진 각을 이루거나 그렇지 않을 수 있다.

먼저, 주어진 변 AB와 AC가 주어진 각을 이룬다고 하자. C를 극으로 대원의 호 DEF를 그린다. 사분원 CAD와 CBE를 완성한다. AB를 연장하여 DE를 점 F에서 자르도록 한다. 삼각형 ADF에서도 변 AD는 사분원에서 AC를 뺀 나머지로 주어진다. 게다가, 각 BAD는 2직각에서 각 CAB를 뺀 나머지로 주어진다. 왜냐하면 이 각들의 비와 크기는 평면과 직선이 교차할 때 나타나는 각들의 비와 크기와 같기 때문이다. D는 직각이다. 그러므로 정리 4에 의해 ADF는 각들과 변들이 주어진 삼각형이 된다. 다시, 삼각형 BEF에서 각 F를 알고 있고, E는 그 변들이 극들을 지나므로 직각이며 변 BF는 전체 ABF에서 AB에서 뺀 나머지이므로 알 수 있다. 따라서 같은 정리에 의해 BEF도 각들과 변들을 알 수 있는 삼각형이 된다. 그러므로 BE, BC는 사분원과 우리가 찾던 변의 나머지로 주어진다. EF를 통해서 전체 DEF의 나머지가 DE로 주어지며, 이것이 각 C이다. 각 EBF를 통해서 맞꼭지각 ABC가 주어지며, 이것이 우리가 찾던 것이다.

AB, CB 대신에 주어진 각의 대변이 주어진다고 가정해도 같은 결과가 나올 것이다. 왜냐하면 AD와 BE가 사분원의 나머지로 주어지기 때문이다. 같은 논의로 두 삼각형 ADF와 BEF에서 전과 같이, 변들과 각들이 주어진다. 그러므로 의도했던 대로 삼각형 ABC의 각들과 변들이 주어진다.

XII

또한 임의의 두 각과 한 변이 주어지면, 같은 결과가 나온다.

앞의 정리의 구성을 그대로 유지하고 삼각형 ABC에서 두 각 ACB와 BAC가 주어지고, 이 두 각에 모두 인접하는 변 AC가 주어졌다고 하자. 또한 두 각 중 한 각이 직각이면 다른 모든 것들을 앞의 정리 4에 의해서 구할 수 있다. 그러나 나는 어느 각도 직각이 아닌 경우에 대해서 같은 것을 얻으려고 한다. 그러면 AD가 사분원 CAD의 나머지이고, 위의 정리 IV에 따라 각 BAD는

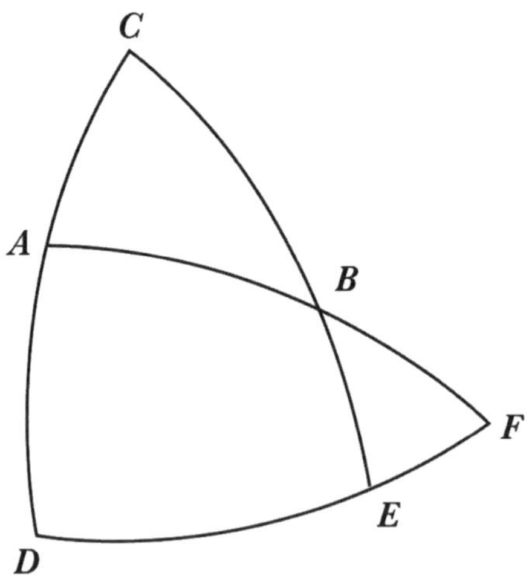

Figure. 24

2직각에서 각 BAC를 뺀 나머지이며, 각 D는 직각이다. 그러므로 정리 IV에 따라 삼각형 AFD의 각들과 변들이 주어진다. 그런데 각 C가 주어졌고, 호 DE가 주어졌으며, 나머지 EF도 주어졌다. BEF는 직각이고, F는 두 삼각형에 공통이다. 같은 방식으로, 위의 정리 IV에 따라 BE와 BF가 주어지고, 이것들로부터 우리가 구하던 나머지 변 AB와 BC를 알 수 있다.

한편으로, 주어진 각 중 하나의 대변이 주어질 수 있다. 예를 들어, 앞의 경우와 모든 것이 같고 다만 각

ABC가 아니라 각 ACB가 주어진 경우, 전과 같은 증명으로 삼각형 ADF의 모든 변과 각을 구할 수 있다. 작은 삼각형 BEF의 모든 변과 각도 구할 수 있다. 왜냐하면, 각 F는 두 삼각형에 공통이고, EBF는 주어진 각의 맞꼭지각이며, E는 직각이기 때문이다. 그러므로 위에서 증명된 바와 같이 모든 변이 주어진다. 이로부터 마침내, 내가 말한 것과 같은 결론이 나온다. 왜냐하면 이 모든 성질들은 언제나 구의 형태에 맞도록 불변하는 상호 관계로 서로 결합되어 있기 때문이다.

XIII

마지막으로, 삼각형의 모든 변이 주어지면 모든 각이 주어진다.

삼각형 ABC의 모든 변이 주어졌다고 하자. 나는 모든 각도 알아낼 수 있다고 말한다. 삼각형에는 변들의 길이가 같은 것과 그렇지 않은 것이 있다. 먼저, AB와 AC가 같다고 하자. 명백히 AB와 AC의 두 배에 대응하는 현의 절반은 같다. 이 반현들을 BE와 CE라고 하자. 이

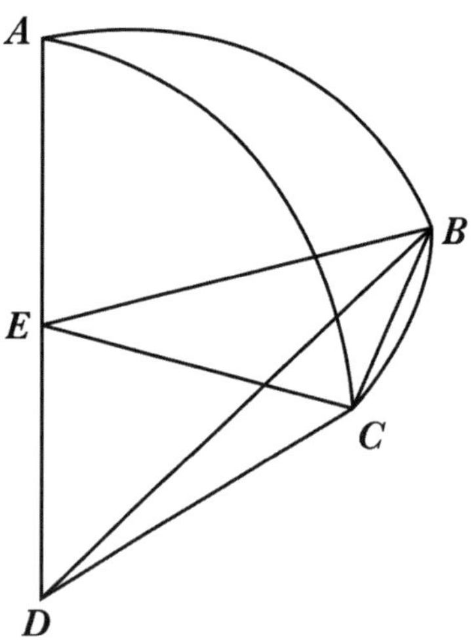

Figure.25

들은 점 E에서 서로를 자르는데, 그들의 원들의 교선인 DE 위에서 구의 중심으로부터 같은 거리에 있기 때문이다. 이것은 유클리드 III, 정의 4와 그 역(逆)에 의해 명백하다. 그런데 유클리드 III, 3에 따라 평면 ABD에서 DEB가 직각이고, 평면 ACD에서 DEC도 직각이다. 그러므로 유클리드 XI, 정의 3에 따라 BEC는 두 평면의 교각이다. 우리는 각 BEC를 다음과 같은 방법으로 구할 것이다. 그런 다음에 우리는 평면삼각형 BEC을 얻는다. 그 호들이 주어져 있으므로 변들도 알 수 있다.

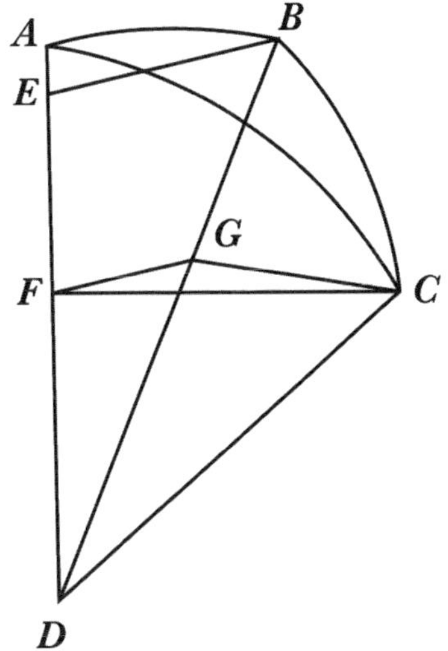

Figure.26

또한 삼각형 BEC의 각들도 주어지며, 우리가 찾던 각 BEC도 알 수 있다. 다시 말해, 구면각 BAC와 다른 각들도 위와 같이 구할 것이다.

그런데 두번째 그림처럼 삼각형의 세 변의 길이가 모두 다를 수 있다. 명백히 변들의 두 배에 대응하는 현들의 절반은 서로를 자르지 않는다. 호 AC가 AB보다 크다고 하고 CF가 AC의 두 배에 대응하는 현의 절반이라고 하자. 그러면 CF는 아래로 지나간다. 그러나 호가 작으면, 유클리드, III, 15에 따라 이 선들이 중심에서 가깝거나 멀리 가기 때문에 반현이 더 높다. 그 다음에 FG를 직선 BE에 평행하게 그린다. FG가 원들의 교선인 BG를 점 G에서 자르도록 한다. GC를 연결한다. 그러면, EFG가 직각이고, 당연히 AEB와 같고, EFG도 직각이다. CF가 AC의 두 배에 대응하는 현의 절반이기 때문이다. 그 다음으로 CFG는 원 AB와 AC의 교각이다. 그러므로 CFG도 얻는다. 왜냐하면 삼각형 DFG와 DEB가 닮은꼴이므로 DF 대 FG는 DE 대 EB이기 때문이다. 따라서 직선 FG는 주어진 FC와 같은 단위로 주어진다. 같은 비가 DG 대 DB에도 성립한다. 또한 DG는 DC가 100,000인 단위로 주어진다. 게다가 각 GDC가 호 BC를 통해 주어진다. 그러므로 평면삼각형에 대한 정리 II에 따라, 변 GC가 평면삼각형 GFC의 나머지 변들과 같은 단위로 주어진다. 결과적으로 평면삼각형에 대한 마지막 정리에 따라 각 GFC를 알 수 있다. 이 각은 우리가 찾던 구면각 BAC이며, 나머지 각들을 구면삼각형에 대한 정리 XI에 따라 구할 수 있다.

XIV

어떤 원에서 주어진 호를 어디에선가 분할해서 두 호의 합이 반원보다 작고 한 호의 두 배에 대응하는 현의 절반 대 다른 호의 두 배에 대응하는 현의 절반의 비가 주어지면, 각 호의 길이도 구할 수 있다.

호 ABC가 주어졌다고 하고 D가 중심이라고 하자. ABC를 임의의 점 B에서 자르되, 각 부분이 모두 반원보다 작게 하자. AB의 두 배에 대응하는 현의 절반 대 BC의 두 배에 대응하는 현의 절반의 비가 주어졌다고

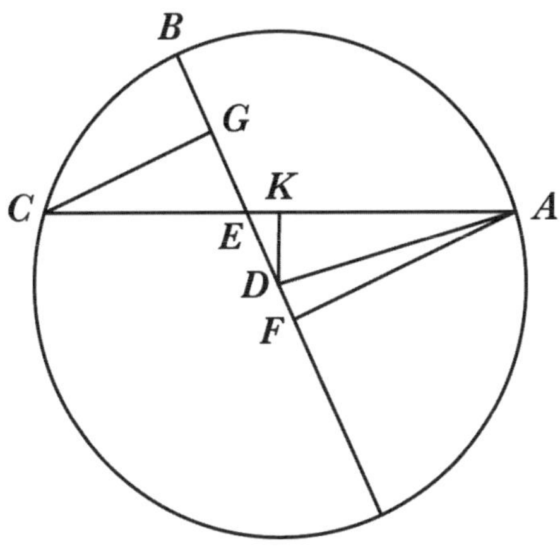

Figure.27

하자. 나는 호 AB와 BC도 주어진다고 말한다.

직선 AC를 그려서 지름을 점 E에서 자르도록 한다. 이제 끝점 A와 C로부터 지름 위로 수선을 내린다. 이 수선들을 AF와 CG라고 하자. 이것들은 AB와 BC의 두 배에 대응하는 현의 절반이 되어야 한다. 그러면 직각삼각형 AEF와 CEG에서 E의 맞꼭지각들은 같다. 그러므로 이 삼각형들의 대응하는 각들이 같다. 닮은 삼각형에서 같은 각들의 대변끼리 비례하므로 AF 대 CG가 AE 대 EC가 같다. 따라서 AE와 EC를 AF와 GC가 주어진 단위로 구할 수 있다. AE와 EC로부터 전체 AEC가 같은 단위로 주어진다. 그러나 호 ABC에 대응하는 현 AEC는 반지름 DEB가 주어진 단위로 주어진다. 같은 단위로 AK는 AC의 절반으로 주어지고, 나머지 EK도 주어진다. DA와 DK를 연결하면 이 길이도 BD가 주어진 단위로 구할 수 있다. 왜냐하면 DK는 반원에서 ABC를 뺀 나머지 부분에 대응하는 현의 길이의 절반이기 때문이다. 이 나머지 부분은 각 DAK를 이룬다. 그러므로 각 ADK는 호 ABC의 절반을 이루는 각으로 주어진다. 그러나 삼각형 EDK에서 두 변의 길이가 주어지고, EKD가 직각이므로, EDK도 구할 수 있다. 그러므로 전체의 각 EDA를 구할 수 있다. 이것은 호 AB를 이루며 그에 의해서 나머지 CB도 구할 수 있다. 이것이 우리가 증명하고자 했던 것이다.

XV

삼각형의 모든 각이 주어지면 그 중에 직각이 없어도 모든 변을 구할 수 있다.

삼각형 ABC에서 모든 각이 주어졌지만 어느 각도 직각이 아니라고 하자. 나는 모든 변을 구할 수 있다고 말한다. 한 각에서, 예를 들어 각 A에서, BC의 극을 통과해서 호 AD를 그린다. 이 호는 BC를 수직으로 자른다. AD는 밑변의 두 각 중 한 각이 둔각이고 다른 각이 예각이 아닌 한, 삼각형 안으로 떨어질 것이다. 이 경우에는 둔각으로부터 밑변으로 수선을 내려야 할 것이다. 사분원 BAF, CAG, DAG를 완성한다. 그러므로 F와 G도

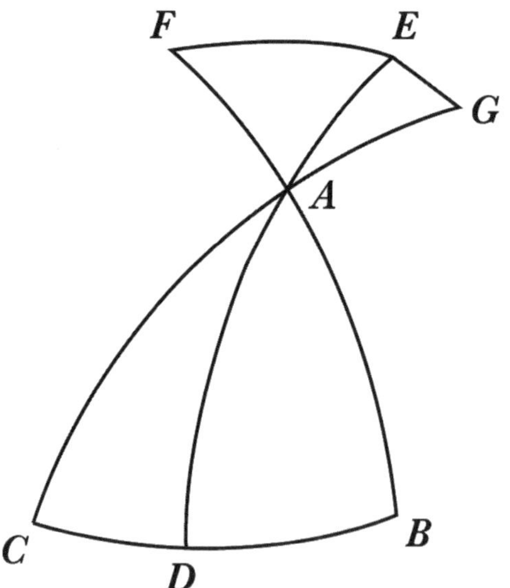

Figure.28

직각이 된다. 그러면 이 직각삼각형들에서, AE의 두 배에 대응하는 현의 절반 대 EF의 두 배에 대응하는 현의 절반의 비는 구의 반지름 대 EAF의 두 배에 대응하는 현의 절반의 비와 같다. 비슷하게 삼각형 AEG에서, G가 직각이며, AE의 두 배에 대응하는 현의 절반 대 EG의 두 배에 대응하는 현의 절반의 비는 구의 반지름 대 EAG의 두 배에 대응하는 현의 절반의 비와 같다. FE와 EG는 주어진 호이고, 직각에서 B와 C를 뺀 나머지이다. 그 다음에는 FE와 EG에서 각 EAF와 EAG의 비를 얻을 것인데, 다시 말해 이것들의 맞꼭지각인 BAD와 CAD의 비이다. 그러나 전체 BAC가 주어진다. 그러므로 앞의 정리에 따라 각 BAD와 CAD도 구할 수 있다. 그러면 정리 V에 따라 변 AB, BD, AC, CD와 전체 BC를 구할 수 있다.

지금으로서는 삼각형에 대해서는 우리에게 필요한 목적으로 충분하다. 더 자세하게 다룬다면 별도의 권이 필요할 것이다.

1권의 끝.

1 원들과 그 이름

2 황도의 경사, 회귀선들 사이의 거리, 이 양들을 결정하는 방법

3 적도, 황도, 자오선의 호의 교점과 각에 관하여,
이 호와 각으로 적위와 적경을 유도하고 계산하는 방법

4 황도 밖에 있는 모든 천체들에 대해서,
천체의 위도와 경도가 알려졌다고 가정하고, 이 천체의 적위,
적경, 남중했을 때 황도상의 도를 구하는 방법

5 지평선의 교점

6 정오의 그림자 차이

7 가장 긴 낮, 일출 사이의 거리, 천구의 경사, 낮의 길이 차이

8 시와 주야의 부분

9 황도의 도의 기울어진 적경,
임의의 도가 뜰 때 중천에서 몇 도인지 결정하는 방법

10 황도가 지평선과 교차하는 각도

11 이 표의 사용

12 지평선의 극을 지나서 황도로 그린 원들의 각도와 호

13 천체들의 출몰

14 별들의 위치 조사와 목록에서의 항성들의 배열

De revolutionibus orbium coelestium

제 2 권

Book Two

서론

나는 지구의 세 가지 운동에 대해 전반적으로 설명했고, 이것들로 천체들의 모든 현상을 설명하겠다고 약속했다.I, 11 이제 이것들을 하나씩 분석하고 조사해서 최선을 다해 설명해 보겠다. 먼저 회전 중에 가장 익숙한, 낮과 밤의 주기에서 시작하겠다. 앞에서 말했듯이I, 4, 이것은 그리스인들이 뉴구데메론이라고 부른 것이다. 나는 이 회전이 특별히 직접적으로 지구라는 구체의 운동이라고 말했다. 한 달, 1년, 그리고 여러 가지 이름의 시간 간격들이 이 회전으로 일어나며, 숫자가 1에서 시작하듯이 시간은 운동의 척도이다. 따라서 밤낮의 길이 차이, 태양과 황도십이궁의 출몰, 그리고 이 회전에 따른 결과들에 대해서, 나는 몇 가지를 언급하겠다. 많은 저자들이 이 주제들에 대해 상당히 자세히 썼고, 이것들은 나의 견해와 조화되고 일치한다. 나는 지구가 움직인다는 전제로 설명하고, 그들의 설명은 지구가 움직이지 않는다는 것을 바탕으로 하지만, 이것은 아무 차이가 없으며 동일한 목표에 도달한다. 그러므로, 상호 연관된 현상들이 하필 반대로도 일치한다. 그러나 필수적인 것은 아무것도 빠뜨리지 않겠다. 내가 해와 별들이 뜨고 진다고 말하거나 그 비슷한 현상을 그대로 단순하게 말한다고 해도 놀라지 말기 바란다. 나는 관습적인 용어를 그대로 사용할 것이며, 누구나 이것을 받아들일 수 있다. 나는 다음과 같은 것을 언제나 마음에 새긴다.

우리는 지구에서 태어났기에,
해와 달이 지나가며, 별들이 둥글게 돌아오고,
다시 시야에서 사라진다.

1

원들과 그 이름

앞에서 말한 적도[I, 11]는, 지구라는 공의 일주회전의 극 주위에 그려진 위도 중에서 가장 긴 평행선이다. 반면에 황도ecliptic는 황도상의 별자리들 가운데를 지나가는 원이며, 황도 아래에서 지구 중심이 원을 따라 연주회전을 한다. 그러나 황도는 적도를 비스듬하게 만나서, 지축이 황도 쪽으로 기울어진 경사와 일치한다. 따라서 일주운동의 결과로, 적도의 양쪽으로 기울진 황도가 가장 먼 점에 접하는 원이 그려진다. 이 두 원을 "회귀선tropics"이라고 부르는데, 여름과 겨울에 태양이 가는 방향이 여기에서 역전trope되기 때문이다. 지구의 회전에 대한 전반적인 설명[I, 11]에 따라, 대개 북쪽에 놓인 것을 "하지점"이라고 하고, 남쪽에 있는 것을 "동지점"이라고 부른다.

그 다음에는 "지평선horizon"이 있는데, 이것은 로마 용어로 "경계"라는 뜻이고, 지평선이 우주를 우리에게 보이는 부분과 숨겨진 부분으로 나누기 때문이다. 모든 떠오르는 천체들은 지평선에서 뜨는 것으로 보이고, 모든 천체들은 지평선으로 지는 것으로 보인다. 지평선의 중심은 지구 표면이고, 그 극은 우리의 천정에 있다. 그러나 지구는 광대한 우주와 비교할 수 없다. 내가 파악하기로는, 해와 달 사이의 전체 공간도 광대한 하늘과 같은 등급으로 놓을 수 없다. 그러므로 내가 앞에서 보였듯[I, 6], 지평선은 우주의 중심을 지나는 원처럼 하늘을 이등분하는 것으로 보인다. 그러나 지평선은 적도를 비스듬하게 만난다. 그러므로 지평선도 적도의 어느 한 쪽에서 한 쌍의 위도 평행선에 접한다. 북쪽에서는 이 원이 언제나 보이는 별들의 한계가 되며, 남쪽에서는 전혀 뜨지 않는 별들의 한계가 된다. 프로클루스Proclus와 대부분의 그리스 저자들에 따라 앞의 것을 "북극원arctic"이라고 하고, 뒤의 것을 "남극원antarctic"이라고 한다. 북극원과 남극원은 지평선의 경사 또는 적도의 극의 고도에 비례해서 커지거나 작아진다.

이제 자오선meridan이 남았는데, 이것은 지평선의 극과 적도의 극을 통과한다. 따라서 자오선은 이 두 원 모두에 대해 수직이다. 태양이 자오선에 이르렀을 때가 정오 또는 자정이다. 그러나 지평선과 자오선의 두 원의 중심은 지구 표면에 있어서, 우리가 어디에 있어도, 이것들은 절대적으로 지구의 운동과 우리의 시야에 따라 달라진다. 왜냐하면 어디에서나 우리의 눈은 주위의 모든 방향으로 보이는 모든 천체들의 구의 중심 역할을 하기 때문이다. 그러므로, 에라토스테네스Eratosthnes, 포시도니우스Posidonius, 그리고 다른 천지학cosmography의 저자들과 지구의 크기에 따라 명백하게 증명되듯이, 지구에서 가정된 모든 원들은 또한 하늘에 대해서도 비슷하게 대응하는 원들의 기초가 된다. 이것들도 특별한 이름을 가지며, 그 외에도 무수한 방식으로 원을 지정할 수 있다.

2

황도의 경사, 회귀선들 사이의 거리, 이 양들을 결정하는 방법

황도는 두 회귀선과 적도를 비스듬하게 지나간다. 따라서 두 회귀선 사이의 거리와, 이와 관련하여, 적도와 황도가 교차하는 각도를 알아낼 필요가 있다고 나는 믿는다. 이 정보는 물론 감각과 함께 이 가치 있는 결과를 얻을 수 있는 장치의 도움을 받아서 인지해야 한다. 그러므로 나무로 정사각형을 만드는데, 돌이나 금속처럼 더 단단한 재질로 만들면 더 좋다. 나무는 공기 중에서 변형될 수 있어서, 관측에 오류가 생길 수 있기 때문이다. 정사각형의 표면을 완벽하게 매끄럽게 다듬고, 분할하기에 충분할 정도로 길게 해서, 대략 5 내지 6피트쯤 되게 한다. (1피트는 30센티미터이므로, 1.5 내지 1.8미터이다 — 옮긴이) 그 크기에 맞춰서, 꼭지점 하나를 중심으로 해서, 사분원을 그린다. 이것을 90도로 똑같이 나눈다. 1도를 다시 같은 방식으로 60분으로 나누거나, 어떤 크기로든 1도에 들어가기에 알맞도록 나눈다. 그런 다음에 정밀하게 원통형으로 다듬은 핀을 중앙에 붙인다. 이 핀을 표면에 수직으로 조금 튀어나오게 장착해서, 대략 한 손가락의 폭이나 그보다 적게 나오게 한다.

이런 방식으로 만든 장치를 바닥의 어느 방향으로도 기울지 않도록 하이드로스코프나 수준계로 최대한 맞춰서 수평으로 설치하면 자오선을 추적하기에 좋다. 이제 바닥에 원을 그리고, 중심에 포인터를 세운다. 정오 이전에 포인터의 그림자가 원주에 닿는 것을 관측하고, 여기에 점을 찍는다. 오후에도 비슷한 관측을 하고, 앞에서 표시했던 두 점 사이의 원호를 이등분한다. 이 방법으로 중심으로부터 이등분된 점으로 그린 직선은 확실히 어떤 오차도 없이 남북을 가리킬 것이다.

그 다음에는 이 직선을 바탕으로, 장치의 평면을 세우고 수직으로 고정시켜서, 중심을 남쪽으로 돌린다. 중심에서 추에 실을 매달아 내려뜨린 선은 자오선과 직각으로 만난다. 이 방법의 결과는 물론 장치의 표면이 자오선을 포함하는 것이다.

이렇게 한 다음에, 동지와 하지 날에, 정오에 중심에 세운 핀 또는 원통이 태양에 의해 드리우는 그림자가 그대로 관측되어야 한다. 앞에서 말한 사분원의 호를 이 그림자의 위치에 매우 정밀하게 고정시키기 위해 어떤 물건이든 사용할 수 있다. 그림자의 중심에 오는 도와 분을 최대한 정확하게 기록한다. 이렇게 하면, 하지와 동지에 표시한 두 그림자 사이의 호로 두 회귀선 사이의 거리와 황도의 전체 경사를 알 수 있다. 이것을 반으로 나눠서, 적도에서 회귀선까지의 거리를 알 수 있고, 적도와 황도가 만나는 경사각의 크기도 확실하게 할 수 있다.

이제 앞에서 말한 남쪽과 북쪽 한계의 간격은 프톨레마이오스가 결정한 값으로, 원을 360°로 해서 47° 42' 40"이다[알마게스트, I, 12]. 그는 또한 이전 시대의 히파르코스와 에라토스테네스의 관측도 일치함을 알아냈다. 이 결정은 원 전체를 83단위로 했을 때 11단위와 동등하다. 이 간격의 반인 23° 51' 20"가 회귀선에서 적도까지의 거리이며, 이것은 원을 360°로 할 때 황도와의 교각이다. 그러므로 프톨레마이오스는 이것이 상수이며, 언제나 그대로라고 생각했다. 그러나 그 때 이후로 이 값들은 우리 시대까지 계속해서 줄어들었다는 것이 알려졌다. 왜냐하면, 우리의 특정한 동시대 학자들과 나는 회귀선 사이의 거리가 46° 58', 교각은 23° 29'이 넘지 않음을 알아냈기 때문이다. 그러므로 이제 황도의 경사도 변한다는 것이 확실하다. 이 주제에 대해서는 나중에 더 말할 것이며[III, 10], 황도의 경사가 23° 52'을 넘은 적이 없고 23° 28'보다 작아지지 않을 것 이라는 상당히 그럼직한 추측도 보여주겠다.

3

적도, 황도, 자오선의 호의 교점과 각에 관하여, 이 호와 각으로 적위와 적경을 유도하고 계산하는 방법

방금 말했듯이[II, 1], 우주의 일부가 지평선에서 뜨고 지며, 따라서 나는 이제 자오선이 하늘을 이등분한다고 말한다. 또한 자오선은 24시간 주기로 황도와 적도를 모두 통과한다. 자오선은 봄 또는 가을의 교차점에서 시작해서 이 대원들을 잘라서 분할한다. 자오선은 또한 반대로 자오선의 호에 의해 잘려서 분할된다. 이것들은 모두 대원이므로, 구면삼각형을 이룬다. 이것은 직각삼각형인데, 자오선이 적도의 극들을 통과하므로 정의상 적도와 만나는 각도가 직각이기 때문이다. 이 삼각형에서 자오선의 호, 또는 적도의 극들을 지나는 임의의 원주상의 호를 황도의 이 부분의 "적위declination"라고 부른다. 여기에 대응하는 적도의 호, 즉 황도에서 해당하는 호와 함께 뜨는 호를 "적경right ascension"이라고 부른다.

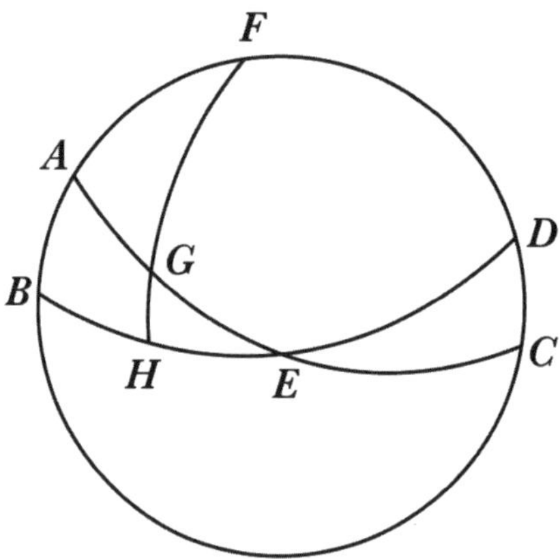

Figure.1

이 모든 것은 구면삼각형 위에서 쉽게 보일 수 있다. 적도와 황극을 모두 통과하는 원 ABCD를 생각하자. 이것을 일반적으로 "분지경계선colure"(분지경계선은 춘분점과 추분점을 통과하는 대원, 하지점과 동지점을 통과하는 대원의 두 가지가 있으며, 여기에서는 황극을 통과하므로 두 번째 경우이다 — 옮긴이)이라고 부른다. 황도의 반을 AEC라 하고, 적도의 반을 BED라고 하고, 춘분점을 E, 하지점을 A, 동지점을 C라고 하자. F가 일주회전의 극이라고 하고, 황도상의 EG가 예를 들어 30°인 호라고 하자. 그 끝에서 사분원 FGH를 그리자. 그러면 삼각형 EGH에서, 변 EG

는 명백히 30°로 주어진다. 각 GEH도 주어진다. 이 각의 최소는 360° = 4직각일 때 23° 28'으로, AB의 최소 적위와 일치한다. GHE는 직각이다. 그러므로 구면삼각형에 대한 정리 IV에 따라, EGH는 각들과 변들을 알고 있는 삼각형이다. EG의 두 배에 대응하는 현과 GH의 두 배에 대응하는 현의 비는 앞에서 보였듯이 구면삼각형의 정리 III, AGE의 두 배에 대응하는 현 또는 구의 지름에 대한 AB의 두 배에 대응하는 현의 비와 같다. 그것들의 반의 현들도 비슷한 관계가 있다. AGE의 두 배에 대응하는 현의 절반은 반지름으로 100,000이다. 같은 단위로, AB와 EG의 두 배에 대응하는 현의 절반은 39,822와 50,000이다. 네 수가 비례하면, 중간의 두 값의 곱은 최소와 최대의 곱과 같다. 따라서 호 GH의 두 배에 대응하는 현의 절반은 19,911이다. 이 반현을 표에서 찾아서 호 GH는 11° 29'이며, 이것은 호의 부분 EG의 적위이다. 따라서 삼각형 AFG에서도, 변 FG와 AG는 사분원의 나머지로 78° 31'과 60°이며, FAG는 직각이다. 같은 방식으로, FG, AG, FGH, BH의 두 배에 대응하는 현 또는 그 반현들이 비례한다. 이제 그 중의 세 가지가 주어졌으므로, 네 번째인 BH는 62° 6'으로 주어진다. 이것은 하지점에서 취한 적경이며, 춘분점에서 취하면 HE가 되어서 27° 54'이다. 비슷하게, 주어진 변 FG는 78° 31'이고, AF는 66° 32'이며, 사분원이 있으므로 각 AGF는 약 69° 23 1/2'이다. 그 맞꼭지각 HGE도 크기가 같다. 우리는 다른 모든 경우에서도 이 예를 따를 것이다.

그러나 황도가 회귀선에 접하는 점에서 자오선과 황도가 직각으로 교차한다는 것을 무시해서는 안 된다. 이 때는 앞에서 말했듯이 자오선이 황극을 지나가기 때문이다. 그러나 분점에서는 황도가 적도와 교차하는 각이 직각에서 벗어나서 훨씬 작은 각도로 교차하므로, 자오선과 황도의 각도가 66° 32'이다. 분점이나 지점에서 측정한 황도의 호가 같으면, 삼각형의 같은 각과 같은 변을 동반한다는 것도 주목해야 한다. 따라서 적도의 호 ABC를 그리고, 황도의 호 DBE를 그려서, B에서 교차하게 하자. 이것을 분점이라고 하자. FB와 BG를 같은 호로 잡자. 일주회전의 극인 K와 H를 통과해서, 두 사분원 KFL과 HGM을 그리자. 그러면 두 삼각형 FLG, BMG가 생긴다. 이 삼각형들에서 변 BF와 BG가 같고, B는 맞꼭지각이고, L과 M은 직각이다. 그러므로 구면 삼각형의 정리 IV에 따라, 이 삼긱형들의 변들과 각들이 같다. 따라서 적위 FL, MG와, 적경 LB, FM이 같고, 나머지 각 F는 나머지 각 G와 같다.

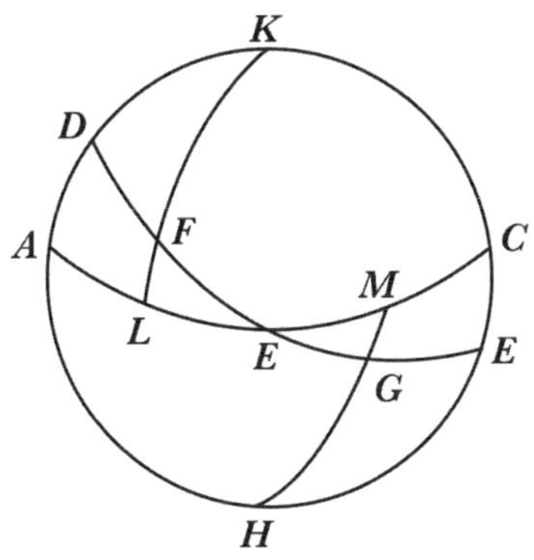

Figure.2

같은 방식으로, 지점에서 측정한 같은 호들에서도 상황은 명확하다. AB와 BC를 B의 양쪽으로 길이가 같은 호라고 하고, B에서 회귀선이 황도에 접한다고 하자. 황극 D에서 사분원 DA와 DC를 그리고, DB도 연결한다. 같은 방식으로 두 삼각형 ABD, DBC가 생긴다. 밑변 AB, BC는 같다. BD는 두 삼각형에 공통이다. B는 직각이다. 구면삼각형 정리 VIII에 따라, 이 삼각형들은 변과 각이 같음을 보일 수 있다. 그러므로 이 각들과 호들을 황도에서 하나의 사분원에서 대해서 표를 만들면, 전체 원의 나머지 사분원에 대해서도 잘 맞는다.

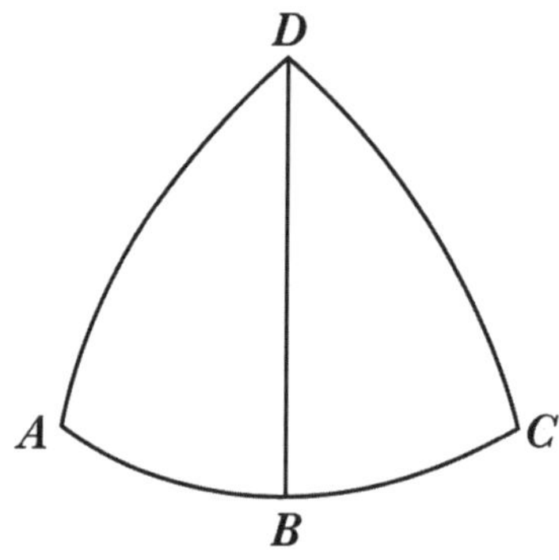

Figure. 3

나는 이러한 관계들을 다음에 나오는 표의 설명에서 예시하겠다. 첫째 열은 황도의 도이다. 둘째 열은 그 값에 해당하는 적위이다. 셋째 열은 황도의 경사가 최대일 때의 적위와 이 부분적인 적위의 차이를 분으로 나타낸 값이며, 그 최대 차이는 24'이다. 적경과 자오선의 각도에 대해서도 같은 방식으로 표를 작성한다. 황도의 경사가 변함에 따라 모든 것이 변해야 한다. 그러나 적경에서 이 변이는 극단적으로 작다고 알려졌는데, 이 값이 "시간time"의 1/10을 넘지 않기 때문이며, 한 시간에 대해서 겨우 1/150에 해당한다. 고대인들은 적도의 도를 "시간"으로 표기했고, 황도를 도로 표기했다. 여러 번 말했듯이예를 들어 I, 12, 두 원이 모두 360단위이다. 그러나 두 가지를 구별하기 위해 많은 사람들이 황도의 단위를 "도"로 하고 적도의 단위를 "시간"이라는 용어로 표시했는데, 우리도 이 표기법을 따르겠다. 앞에서 말했듯이 이 변이는 매우 작아서 무시해도 좋지만, 나는 이것을 더하는 것을 수고롭게 여기지 않는다. 그러면 이 변이들로부터, 황도의 다른 경사에서도 이 최대와 최소 경사의 차이에 비례하므로, 각각의 항목에서 대응하는 분수를 적용하면 같은 결과를 얻을 수 있다. 따라서 예를 들어 경사가 23° 34'일 때, 분점에서 측정한 황도 30°에서 적위를 알려고 한다면, 표에서 11° 29'을 얻고, 차이에서 11'을 얻는다. 이것을 황도의 경사가 최대일 때 한 덩어리로 더한다. 이것은 앞에서 말했듯이 23° 52'이다. 그러나 지금으로서는 이것을 23° 34'으로 가정하는데, 이것은 최소보다 6'만큼 크다. 이 6'은 24'의 1/4이고, 최대 경사가 최소보다 이만큼 크다. 11'을 비슷한 비로 나눈 값은 약 3'이다. 이 3'을 11° 29'에 더해서, 분점에서 측정해서 적도에서 30° 떨어진 시간의 적위는 11° 32'이다. 자오선의 각도와 적경에 대해서도 같은 방식으로 할 수 있으며, 다만 시간에 관련하여 모든 것을 더 정확하게 하기 위해 적경에 대해서는 항상 차이를 더해야 하고, 자오선의 경우에는 차이를 빼야 한다.

적위표 [황도의 도에 대해]

황도	적위		차이	황도	적위		차이	황도	적위		차이
도	도	분	분	도	도	분	분	도	도	분	분
1	0	24	0	31	11	50	11	61	20	23	20
2	0	48	1	32	12	11	12	62	20	35	21
3	1	12	1	33	12	32	12	63	20	47	21
4	1	36	2	34	12	52	13	64	20	58	21
5	2	0	2	35	13	12	13	65	21	9	21
6	2	23	2	36	13	32	14	66	21	20	22
7	2	47	3	37	13	52	14	67	21	30	22
8	3	11	3	38	14	12	14	68	21	40	22
9	3	35	4	39	14	31	14	69	21	49	22
10	3	58	4	40	14	50	14	70	21	58	22
11	4	22	4	41	15	9	15	71	22	7	22
12	4	45	4	42	15	27	15	72	22	15	23
13	5	9	5	43	15	46	16	73	22	23	23
14	5	32	5	44	16	4	16	74	22	30	23
15	5	55	5	45	16	22	16	75	22	37	23
16	6	19	6	46	16	39	17	76	22	44	23
17	6	41	6	47	16	56	17	77	22	50	23
18	7	4	7	48	17	13	17	78	22	55	23
19	7	27	7	49	17	30	18	79	23	1	24
20	7	49	8	50	17	46	18	80	23	5	24
21	8	12	8	51	18	1	18	81	23	10	24
22	8	34	8	52	18	17	18	82	23	13	24
23	8	57	9	53	18	32	19	83	23	17	24
24	9	19	9	54	18	47	19	84	23	20	24
25	9	41	9	55	19	2	19	85	23	22	24
26	10	3	10	56	19	16	19	86	23	24	24
27	10	25	10	57	19	30	20	87	23	26	24
28	10	46	10	58	19	44	20	88	23	27	24
29	11	8	10	59	19	57	20	89	23	28	24
30	11	29	11	60	20	10	20	90	23	28	24

적경 표											
황도	적위		차이	황도	적위		차이	황도	적위		차이
도	도	분	분	도	도	분	분	도	도	분	분
1	0	55	0	31	28	54	4	61	58	51	4
2	1	50	0	32	29	51	4	62	59	54	4
3	2	45	0	33	30	50	4	63	60	57	4
4	3	40	0	34	31	46	4	64	62	0	4
5	4	35	0	35	32	45	4	65	63	3	4
6	5	30	0	36	33	43	5	66	64	6	3
7	6	25	1	37	34	41	5	67	65	9	3
8	7	20	1	38	35	40	5	68	66	13	3
9	8	15	1	39	36	38	5	69	67	17	3
10	9	11	1	40	37	37	5	70	68	21	3
11	10	6	1	41	38	36	5	71	69	25	3
12	11	0	2	42	39	35	5	72	70	29	3
13	11	57	2	43	40	34	5	73	71	33	3
14	12	52	2	44	41	33	6	74	72	38	2
15	13	48	2	45	42	32	6	75	73	43	2
16	14	43	2	46	43	31	6	76	74	47	2
17	15	39	2	47	44	32	5	77	75	52	2
18	16	34	3	48	45	32	5	78	76	57	2
19	17	31	3	49	46	32	5	79	78	2	2
20	18	27	3	50	47	33	5	80	79	7	2
21	19	23	3	51	48	34	5	81	80	12	1
22	20	19	3	52	49	35	5	82	81	17	1
23	21	15	3	53	50	36	5	83	82	22	1
24	22	10	4	54	51	37	5	84	83	27	1
25	23	9	4	55	52	38	4	85	84	33	1
26	24	6	4	56	53	41	4	86	85	38	0
27	25	3	4	57	54	43	4	87	86	43	0
28	26	0	4	58	55	45	4	88	87	48	0
29	26	57	4	59	56	46	4	89	88	54	0
30	27	54	4	60	57	48	4	90	90	0	0

자오선 표

황도	적위		차이	황도	적위		차이	황도	적위		차이
도	도	분	분	도	도	분	분	도	도	분	분
1	66	32	24	31	69	35	21	61	78	7	12
2	66	33	24	32	69	48	21	62	78	29	12
3	66	34	24	33	70	0	20	63	78	51	11
4	66	35	24	34	70	13	20	64	79	14	11
5	66	37	24	35	70	26	20	65	79	36	11
6	66	39	24	36	70	39	20	66	79	59	10
7	66	42	24	37	70	53	20	67	80	22	10
8	66	44	24	38	71	7	19	68	80	45	10
9	66	47	24	39	71	22	19	69	81	9	9
10	66	51	24	40	71	36	19	70	81	33	9
11	66	55	24	41	71	52	19	71	81	58	8
12	66	59	24	42	72	8	18	72	82	22	8
13	67	4	23	43	72	24	18	73	82	46	7
14	67	10	23	44	72	39	18	74	83	11	7
15	67	15	23	45	72	55	17	75	83	35	6
16	67	21	23	46	73	11	17	76	84	0	6
17	67	27	23	47	73	28	17	77	84	25	6
18	67	34	23	48	73	47	17	78	84	50	5
19	67	41	23	49	74	6	16	79	85	15	5
20	67	49	23	50	74	24	16	80	85	40	4
21	67	56	23	51	74	42	16	81	86	5	4
22	68	4	22	52	75	1	15	82	86	30	3
23	68	13	22	53	75	21	15	83	86	55	3
24	68	22	22	54	75	40	15	84	87	19	3
25	68	32	22	55	76	1	14	85	87	53	2
26	68	41	22	56	76	21	14	86	88	17	2
27	68	51	22	57	76	42	14	87	88	41	1
28	69	2	21	58	77	3	13	88	89	6	1
29	69	13	21	59	77	24	13	89	89	33	0
30	69	24	21	60	77	45	13	90	90	0	0

4

황도 밖에 있는 모든 천체들에 대해서, 천체의 위도와 경도가 알려졌다고 가정하고, 이 천체의 적위, 적경, 남중했을 때 황도상의 도를 구하는 방법

여기에서는 황도, 적도, 자오선과 그 교차를 설명한다. 그러나 일주회전과의 관계에서, 황도에서 보이는 것은 태양의 현상에 의해서만 일어난다는 것을 알아야 한다. 또한 황도 바깥에 있는 항성과 행성의 위도와 경도를 알고 있을 때, 비슷한 방법으로 적도에서의 적위와 적경을 구할 수 있다.

따라서, 적도의 극과 황극을 지나가는 원 ABCD를 그린다. AEC를 적도의 반원이라고 하고, 적도의 극을 F라고 하고, BED를 황도의 반원이라고 하고, 황극을 G라고 하고, 교점을 E라고 하자. 이제 황극 G에서, 별을 통과하는 호 GHKL을 그리자. 별이 점 H에 있다고 하고, 이 점을 통과해서 사분원 FHMN을 일주회전의 극에서부터 그리자. 그러면 분명히, H에 있는 별은 두 점

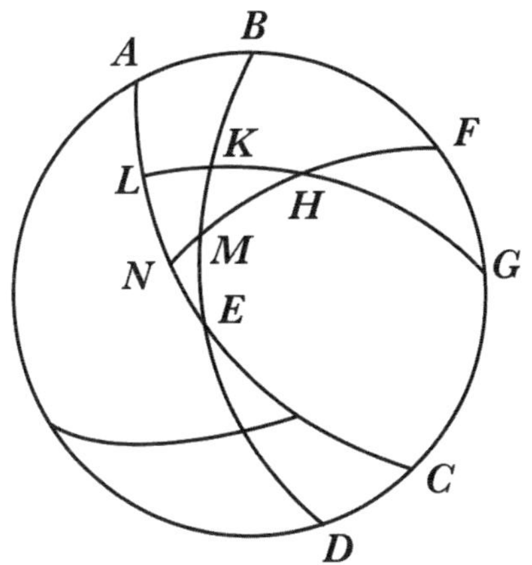

Figure.4

M과 N을 지나는 자오선을 만난다. 호 HMN은 이 별의 적도로부터의 적위이고, EN은 천구에서의 적경이다. 이것이 우리가 찾던 좌표이다.

이제 삼각형 KEL에서 변 KE와 각 KEL이 주어졌고, EKL은 직각이다. 그러므로 구면삼각형 정리 IV에 따라, 변 KL과 EL, 남는 각 KLE가 주어진다. 그러므로 HKL 전체가 주어진다. 결과적으로 삼각형 HLN에서 각 HLN이 주어지고, LNH는 직각이고, 변 HL이 주어진다. 따라서 동일한 구면삼각형 정리 IV에 따라 나머지 각 HN, 즉 별의 적위와 LN이 주어진다. EL에서

LN을 빼면, 남는 값 NE가 적경이며, 춘분점으로부터 별까지 천구가 이 호를 따라 회전한다.

다른 방법으로, 황도의 호 KE를 취해서 그 적경 LE를 구할 수도 있다. 그러면 LE는 다시 적경 표에서 주어진다. LK는 LE에 대응하는 적위로 주어진다. 각 KLE는 자오선 각도 표에서 주어진다. 이 양들로부터, 앞에서 보인 것처럼 다른 것들을 알아낼 수 있다. 그러므로 적경 EN으로부터 EM을 황도의 도degree로 구할 수 있고, 별은 이 각도에서 점 M과 함께 남중한다.

5
지평선의 교점

바른 천구에서의 지평선은 비스듬한 천구의 지평선과 다르다. 바른 천구에서는 적도가 수직이거나, 적도의 극을 지나는 원을 지평선이라고 부르기 때문이다. 그러나 비스듬한 천구에서는 적도가 우리가 지평선이라고 부르는 원 쪽으로 기울어져 있다. 그러므로 바른 천구의 지평선에서는 모든 천체들이 뜨고 지며, 낮과 밤의 길이가 언제나 같다. 왜냐하면, 지평선이 일주회전에 따라 그려지는 모든 위도 평행선을 이등분하기 때문이다. 물론, 지평선은 위도 평행선들의 극을 통과한다. 그리고 이러한 상황에서 앞에서 자오선에 대해 설명했던 현상들이 일어난다[II, 1, 3]. 그러나 이 경우에는 일출에서 일몰까지를 낮으로 해야 하며, 일반적으로 이해하듯이 햇빛이 있을 때와 어두울 때를 어떤 방식으로 나눠서 새벽에서 처음 인공조명을 밝힐 때까지를 낮으로 해서는 안 된다. 이 주제에 대해서는 황도십이궁의 출몰과 관련해서 더 알아볼 것이다[II, 13].

반면에 지구의 극이 지평선과 수직인 곳에서는, 어떤 천체도 뜨고 지지 않는다. 이 경우에는 모든 천체들이 원을 그리면서 회전하며, 항상 보이거나 항상 숨겨져 있다. 일주회전이 아닌 다른 운동, 즉 태양 주위를 도는 연주회전과 같은 운동에 의해 일어나는 현상은 예외이다. 그 결과로 이런 조건에서는 6개월 동안 낮이 지속되고, 나머지 시간 동안 밤이 지속된다. 겨울과 여름은 어떤 차이도 없는데, 적도가 지평선과 일치하기 때문이다.

그러나 비스듬한 천구에서는 어떤 천체들은 출몰하고, 다른 천체들은 영원히 보이거나 영원히 숨겨져 있다. (하늘에 항상 떠 있는 별을 주극성, 뜨고 지는 별을 출몰성, 항상 보이지 않는 별을 전몰성이라고 부른다 — 옮긴이) 또한 낮과 밤의 길이가 달라진다. 이런 상황에서는 지평선이 비스듬해서, 경사에 따라 두 위도 평행선에 접한다. 이 두 평행선 중에서 보이는 극을 향하는 평행선은 주극성의 경계선이고, 반대편의 숨겨진 극으로 향하는 평행선은 전몰성의 경계선이다. 따라서 지평선은 이 두 한계 사이의 위도에 걸쳐 있고, 그 사이에 있는 모든 위도 평행선을 길이가 다른 두 호로 나눈다. 적도만 예외인데, 적도는 대원이고, 대원끼리는 서로를 이등분하기 때문이다. 그러면 위쪽 반구에서, 지평선이 위도 평행선들을 자른 두 호 중에서 더 큰 호가 보이는 극을 향하고, 남쪽의 숨겨진 극을 향하지 않는다. 숨겨진 반구에서는 반대로 된다. 이 호에서 일어나는 태양의 겉보기 일주운동에 의해 밤과 낮의 길이가 달라진다.

6
정오의 그림자 차이

정오의 그림자에도 차이가 있고, 이 차이에 따라 그 지역 사람들을 페리시언periscian, 앰피시언amphiscian, 헤테로시언heteroscian이라고 부른다. 페리시언들에게는 해의 그림자가 모든 방향으로 드리워지기 때문에, 그들을 "서커멈브래틸circumumbratile"이라고 부를 수 있다. 그리고 그들에게는 천정 즉 지평선의 극이 적도에서 회귀선의 거리보다 지구의 극에 더 가깝거나, 멀지 않다. 이 지역에서 지평선이 접하는 위도 평행선은 주극성 또는 전몰성의 경계이며, 이 평행선은 회귀선보다 크거나 같다. 그래서 여름에는 해가 주극성들(항상 떠 있는 별) 사이에 높이 뜨고, 이 계절에는 해시계의 그림자가 모든 방향으로 드리워진다. 그러나 지평선이 회귀선에 접하는 지역에서는, 지평선 자체가 주극성과 전몰성의 경계가 된다. 그러므로 하지 때에는 한밤중에도 태양이 지구를 옆으로 지나가는 것으로 보인다. 이때는 황도 전체가 지평선과 일치하고, 황도6궁이 동시에 빠르게 뜨고, 반대편의 6궁이 함께 진다. 또 황극이 지평선의 극과 일치한다.

앰피시언에게는 정오의 그림자가 양쪽에 드리워진다. 그들은 두 회귀선 사이에 사는 사람들이고, 고대인들은 이 지역을 중간 지대라고 불렀다. 유클리드 『현상』 정리 II에서 증명된 것과 같이, 이 지역 전체에 걸쳐 황도가 바로 머리 위를 하루에 두 번 지나간다. 그러므로 이 지역에서는 태양이 어느 한쪽으로 이동함에 따라 해시계의 그림자가 두 번 사라지고, 해시계의 그림자는 어떨 때는 남쪽으로, 다른 때는 북쪽으로 드리워진다.

앰피시언과 페리시언 사이에 사는 지구상의 나머지 주민들, 즉 우리는 헤테로시언이고, 우리에게 태양의 그림자는 두 방향 중 한쪽인 북쪽으로만 드리워진다.

고대의 수학자들은 예를 들어 메로Meroe(고대 에티오피아의 수도 — 옮긴이), 시에네Syene(현재의 아스완 — 옮긴이), 알렉산드리아, 로도스, 흑해 중간의 헬레스폰트, 드네프르Dnieper, 콘스탄티노플 등과 같은 위도를 통과하는 몇 개의 평행선으로 지구를 일곱 개의 기후 지역으로 나눴다.

이 평행선들은 다음과 같은 세 가지 기준으로 선택되었다. 1년 동안 그 지역에서 가장 긴 날의 차이와 증가, 춘분 · 추분 · 동지 · 하지 날 정오에 해시계로 잰 그림자의 길이, 극의 고도 또는 각 지역의 폭. 이 양들은 시간이 지나면서 부분적으로 변했으므로, 지금은 이전과 정확히 같지 않다. 그 이유는 앞에서 말했듯이[II, 2], 황도의 경사가 변하기 때문이며, 이전의 천문학자들은 이것을 간과했다. 더 정확하게 말하면, 황도면에 대한 적도의 경사가 변하기 때문이다. 이 양들은 이 경사에 따라 달라진다. 그러나 극의 고도, 또는 그 장소의 위도, 춘분과 추분 날의 그림자는 고대의 관찰 기록과 일치한다. 이런 일이 일어나는 이유는, 적도가 지구의 극을 따르기 때문이다. 그러므로 이러한 지역 구분은 하루의 길이와 그림자 같이 영구적이지 않은 성질로는 충분히 정밀하게 경계를 정할 수 없다. 반면에 적도에서의 거리에 의해 더 정확하게 구분할 수 있는데, 이 거리는 영원히 그대로이기 때문이다. 그러나 회귀선의 변이는 남부 지방에서 하루의 길이와 그림자에 아주 작지만 차이를 일으키며, 이것은 북쪽으로 여행하는 사람들에게 더 잘 감지된다.

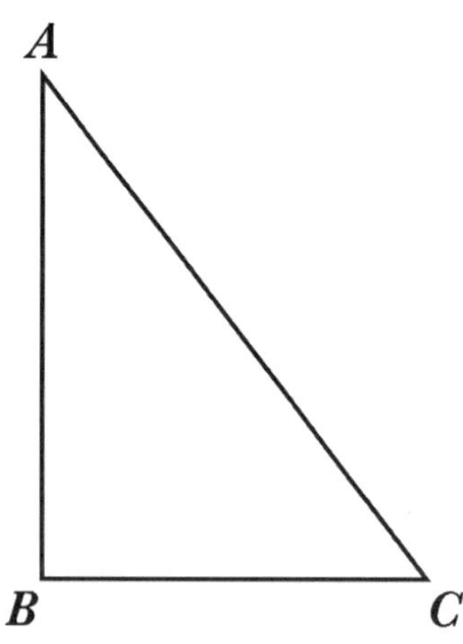

Figure.5

이제 해시계의 그림자에 대해서는, 태양의 어떤 고도에서도 그림자의 길이를 확실히 얻을 수 있고, 반대로도 마찬가지다. 그러므로, 해시계 AB가 있다고 하고, 이것이 그림자 BC를 드리운다고 하자. 포인터는 지평면에 수직이기 때문에, 평면에 수직인 직선의 정의에 따라 ABC는 항상 직각이다. 그러므로 AC를 연결하면 ABC는 직각삼각형이고, 태양의 고도가 주어지므로 각 ACB도 주어진다. 평면삼각형의 정리 I에 따라 포인터 AB와 그림자 BC의 비율이 주어지고, BC의 길이도 주어진다. 계속해서 평면삼각형의 정리 III에 따라 AB와 BC가 주어지면, 각 ACB와 그 시각에 그림자를 드리운 태양의 고도도 알 수 있다. 이런 방식으로 지구상의 지역들을 설명하면서, 고대인들은 각 지역에 대해 춘분과 추분뿐만 아니라 하지와 동지에 대해서도 정오의 그림자를 지정했다.

7
가장 긴 낮, 일출 사이의 거리, 천구의 경사, 낮의 길이 차이

따라서 천구의 경사 또는 지평선의 경사가 어떤 각도이든, 나는 가장 긴 낮과 가장 짧은 낮, 일출 사이의 거리, 낮의 길이 차이를 한꺼번에 보여주겠다. 이제 일출 사이의 거리는 하지와 동지 때 일출이 지평선을 자르는 호이거나, 분점으로부터 두 일출까지 거리의 합이다.

이제 자오선 ABCD를 그리자. 동반구에서 BED를 지평선의 반원이라 하고, AEC를 적도의 반원이라고 하자. 적도의 북극을 F라고 하자. 하지 때 일출이 점 G에서 일어난다고 하자. 대원의 호 FGH를 그리자. 이제 지구의 회전이 적도의 극인 F 주위에서 일어나기 때문에, 점 G와 점 H가 자오선 ABCD에 함께 도달해야 한다. 왜냐하면, 둘의 위도 평행선이 동일한 극 주위로 그려지고, 이 극들을 통과하는 모든 대원은 이 평행선들의 닮은 호를 자르기 때문이다. 그러므로 호 AEH는 점 G에서 뜬 뒤에 정오까지의 경과 시간을 가리키며, 똑같이 지평선 아래에 있는 반원의 나머지 CH는 자정부터 해가 뜰 때까지의 시간을 가리킨다. 이제 AEC는 반원이고, AE와 EC는 사분원이며, ABCD의 극으로부터 그려진다. 따라서 EH는 가장 긴 낮과 분점에서의 낮 길이의 차이의 반이고, EG는 분점의 일출과 지점의 일출 사이의 거리이다. 그러므로 삼각형 EGH에서 천구의 경사인 GEH는 호 AB를 통해 알 수 있다. GHE는 직각이다. 또한 변 GH는 적도에서 하지점까지의 거리로 알 수 있다. 따라서 구면삼각형에 대한 정리 IV에 따라, 나머지 변도 주어진다. EH는 분점의 낮 길이와 가장 긴 날의 낮 길이 차이의 반이고, GE는 일출들 사이의 거리이다. 또한 변 GH, 변 EH, 가장 긴 낮과 분점에서의 낮의 차이의 반, 또는 EG가 주어지면, 천구의 경사각 E가 주어지며, 지평선 위의 극의 고도인 FD도 주어진다.

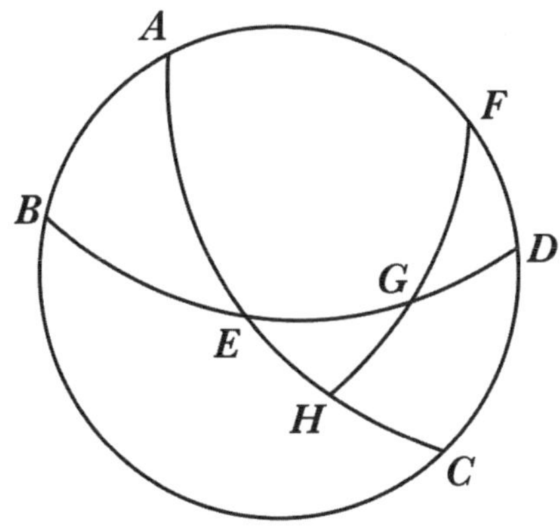

Figure.6

다음으로, G가 지점이 아니라 황도상의 다른 어떤 점이라고 가정해 보자. 이때도 호 EG와 EH를 둘 다 알 수 있다. 위에 있는 적경 표에서, 황도의 도에 해당하는 적경의 호로 GH를 구할 수 있고, 다른 모든 양들을 동일한 증명 방법으로 구할 수 있다. 또한, 춘분의 일출이 지평선을 자르는 호만큼 하지점으로부터 같은 방향으로 떨어진 황도의 도도 알 수 있다. 그것들은 또한 낮과 밤의 길이가 같게 만든다. 이렇게 되는 이유는 같은 위도 평행선이 황도의 도를 둘 다 포함하기 때문인데, 적위가 동일하고 같은 방향이기 때문이다. 그러나 적도와의 교차점에서 양쪽 방향으로 같은 호를 취했을 때, 일출들 사이의 거리는 다시 같게 나오지만 반대 방향이고, 역순으로 낮과 밤의 길이도 같다. 왜냐하면 이 호들은 양쪽에서 위도 평행선의 똑같은 호를 그리기 때문이며, 황도에서 분점으로부터 같은 거리에 있는 점들이 적도로부터의 적위가 같은 것과 마찬가지이다.

이제 같은 그림에서, 위도 평행선의 호들을 그리자. 점 G와 K에서 지평선 BED와 교차하는 두 호를 GM과 KN이라고 하자. 남극 L에서 대원의 사분원 LKO를 그리자. 그러면 HG의 적위는 KO와 같다. 따라서 두 삼각형 DFG와 BLK가 생기는데, 이 삼각형에서 변 FG와

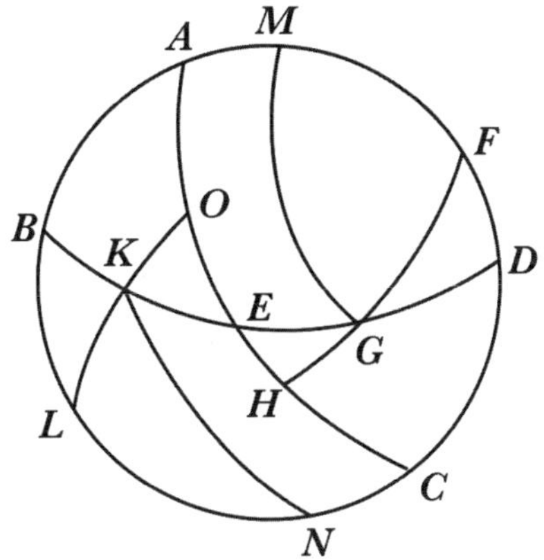

Figure.7

LK가 같고 극의 고도 FD와 LB가 같아서 두 변이 같다. B와 D는 직각이다. 따라서 세 번째 변인 DG와 BK가 같다. 나머지인 GE와 EK, 즉 일출 사이의 거리도 같다. 여기에서도, 두 변 EG와 GH가 두 변 EK와 KO와 같다. E에서 맞꼭지각이 같다. 따라서 나머지 한 변 EH와 EO가 같다. 같은 것을 같은 것에 더해서, 합으로서 전체 호 OEC는 전체 호 AEH와 같다. 그러나 극을 통해 그려진 대원들은 천구의 평행 원에서 닮은 호를 자르기 때문에, GM과 KN도 닮음이고 같다. 증명 끝.

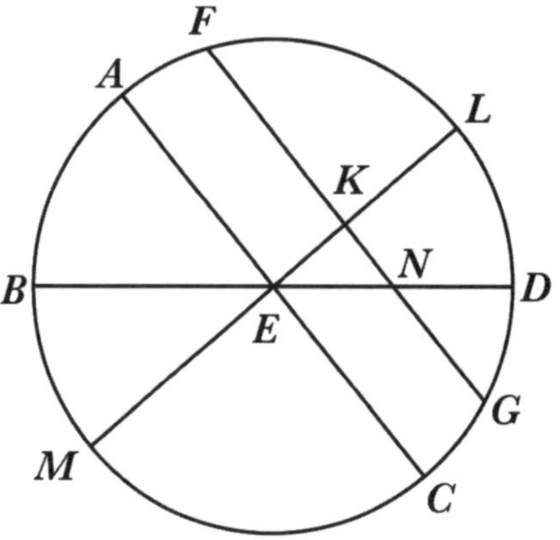

Figure.8

이 모든 것을 다른 방법으로도 증명할 수 있다. 자오선 ABCD를 같은 방식으로 그리자. 그 중심을 E라고 하자. 적도의 지름과 자오선의 교선을 AEC라고 하자. 지평선의 지름과 자오선을 BED라고 하자. 천구의 극을 LEM, 보이는 극을 L, 숨겨진 극을 M이라고 하자. 하지점의 거리 또는 어떤 다른 적위를 AF라고 하자. 이 적위에서 위도 평행선의 지름이면서 이 평행선과 자오선의 교선이기도 한 FG를 그리자. FG는 K에서 극과 교차하고 N에서 자오선과 교차한다. 포시도니우스의 정의에 따르면 평행선들은 수렴하지도 발산하지도 않으며, 그 사이의 수직선분은 어디에서나 같다. 따라서 선분 KE는 호 AF의 두 배인 호에 대응하는 현의 절반과 같다. 마찬가지로, 반지름이 FK인 위도 평행선에 대해, KN은 춘분 또는 추분인 날과 그렇지 않은 날 사이의 차이를 표시하는 호에 대응하는 현의 절반이 된다. 그 이유는 이 선분들이 교차하는 모든 반원, 즉 이 선분들이 지름이 되는, 비스듬한 지평선 BED, 바른 지평선 LEM, 적도 AEC, 위도 평행선 FKG가 원 ABCD의 평면에 수직이기 때문이다. 그리고, 유클리드의 원론 XI, 19에 따라, 이 반원들과 서로 교차하는 선분들은 점 E, K, N에서 같은 평면에 수직이다. 같은 책의 정리 6에 따르면, 이 수직선들은 서로 평행하다. K는 위도 평행선의 중심이고, E는 구의 중심이다. 따라서 EN은 위도 평행선의 일출과 분점의 일출 사이의 차이를 표시하는 지평선의 호의 두 배에 대응하는 현의 절반이다. 적위 AF와 함께, 사분원의 나머지인 FL이 주어진다. 따라서 KE와 FK는 호 AF와 FL의 두 배에 대응하는 현의 절반이며,

AE가 100,000인 단위로 주어진다. 그러나 직각삼각형 EKN에서, 각 KEN은 극의 고도인 DL을 통해 주어지고, 보각인 KNE는 AEB와 같은데, 비스듬한 천구의 위도 평행선들이 지평선에 대해 똑같이 기울어지기 때문이다. 따라서 변들이 천구 반지름이 100,000인 것과 같은 단위로 주어진다. 이제 위도 평행선의 반지름 FK가 100,000인 단위로, KN도 주어진다. 그리고 춘분 또는 추분인 날과 위도 평행선의 날의 전체 차이에 대응하는 현의 절반으로, KN이 평행선에서와 같은 방식으로 원이 360인 단위로 주어진다. 따라서 FK 대 KN의 비는 분명히 두 가지 비율로 이루어진다. 말하자면 FL의 두 배에 대응하는 현과 AF의 두 배에 대응하는 현의 비, 즉 FK : KE와, 호 AB의 두 배에 대응하는 현과 호 DL의 두 배에 해당하는 현의 비이다. 후자의 비는 EK : KN과 같고, EK는 물론 FK와 KN 사이의 비례 중항으로 얻는다. 비슷하게 BE 대 EN의 비도 비 BE : EK와 KE : EN으로 이루어지며, 프톨레마이오스가 구면의 선분을 통해 이것을 매우 자세히 보여주었다알마게스트, I, 13.

이런 방식으로, 낮과 밤의 다름이 발견된다고 나는 믿는다. 그러나 달과 적위가 알려진 별들의 경우에, 그 천체가 일주회전하면서 그리는 지평선 위의 위도 평행선 부분과 지평선 아래의 부분이 구별된다. 이러한 부분들로부터 그 천체들의 출몰을 쉽게 알 수 있다.

비스듬한 천구에서 적경의 차이 표												
적위	극의 고도											
	31		32		33		34		35		36	
도	도	분	도	분	도	분	도	분	도	분	도	분
1	0	36	0	37	0	39	0	40	0	42	0	44
2	1	12	1	15	1	18	1	21	1	24	1	27
3	1	48	1	53	1	57	2	2	2	6	2	11
4	2	24	2	30	2	36	2	42	2	48	2	55
5	3	1	3	8	3	15	3	23	3	31	3	39
6	3	37	3	46	3	55	4	4	4	13	4	23
7	4	14	4	24	4	34	4	45	4	56	5	7
8	4	51	5	2	5	14	5	26	5	39	5	52
9	5	28	5	41	5	54	6	8	6	22	6	36
10	6	5	6	20	6	35	6	50	7	6	7	22
11	6	42	6	59	7	15	7	32	7	49	8	7
12	7	20	7	38	7	56	8	15	8	34	8	53
13	7	58	8	18	8	37	8	58	9	18	9	39
14	8	37	8	58	9	19	9	41	10	3	10	26
15	9	16	9	38	10	1	10	25	10	49	11	14
16	9	55	10	19	10	44	11	9	11	35	12	2
17	10	35	11	1	11	27	11	54	12	22	12	50
18	11	16	11	43	12	11	12	40	13	9	13	39
19	11	56	12	25	12	55	13	26	13	57	14	29
20	12	38	13	9	13	40	14	13	14	46	15	20
21	13	20	13	53	14	26	15	0	15	36	16	12
22	14	3	14	37	15	13	15	49	16	27	17	5
23	14	47	15	23	16	0	16	38	17	17	17	58
24	15	31	16	9	16	48	17	29	18	10	18	52
25	16	16	16	56	17	38	18	20	19	3	19	48
26	17	2	17	45	18	28	19	12	19	58	20	45
27	17	50	18	34	19	19	20	6	20	54	21	44
28	18	38	19	24	20	12	21	1	21	51	22	43
29	19	27	20	16	21	6	21	57	22	50	23	45
30	20	18	21	9	22	1	22	55	23	51	24	48
31	21	10	22	3	22	58	23	55	24	53	25	53
32	22	3	22	59	23	56	24	56	25	57	27	0
33	22	57	23	54	24	19	25	59	27	3	28	9
34	23	55	24	56	25	59	27	4	28	10	29	21
35	24	53	25	57	27	3	28	10	29	21	30	35
36	25	53	27	0	28	9	29	21	30	35	31	52

비스듬한 천구에서 적경의 차이 표												
적위	극의 고도											
	37		38		39		40		41		42	
도	도	분	도	분	도	분	도	분	도	분	도	분
1	0	45	0	47	0	49	0	50	0	52	0	54
2	1	31	1	34	1	37	1	41	1	44	1	48
3	2	16	2	21	2	26	2	31	2	37	2	42
4	3	1	3	8	3	15	3	22	3	29	3	37
5	3	47	3	55	4	4	4	13	4	22	4	31
6	4	33	4	43	4	53	5	4	5	15	5	26
7	5	19	5	30	5	42	5	55	6	8	6	21
8	6	5	6	18	6	32	6	46	7	1	7	16
9	6	51	7	6	7	22	7	38	7	55	8	12
10	7	38	7	55	8	13	8	30	8	49	9	8
11	8	25	8	44	9	3	9	23	9	44	10	5
12	9	13	9	34	9	55	10	16	10	39	11	2
13	10	1	10	24	10	46	11	10	11	35	12	0
14	10	50	11	14	11	39	12	5	12	31	12	58
15	11	39	12	5	12	32	13	0	13	28	13	58
16	12	29	12	57	13	26	13	55	14	26	14	58
17	13	19	13	49	14	20	14	52	15	25	15	59
18	14	10	14	42	15	15	15	49	16	24	17	1
19	15	2	15	36	16	11	16	48	17	25	18	4
20	15	55	16	31	17	8	17	47	18	27	19	8
21	16	49	17	27	18	7	18	47	19	30	20	13
22	17	44	18	24	19	6	19	49	20	34	21	20
23	18	39	19	22	20	6	20	52	21	39	22	28
24	19	36	20	21	21	8	21	56	22	46	23	38
25	20	34	21	21	22	11	23	2	23	55	24	50
26	21	34	22	24	23	16	24	10	25	5	26	3
27	22	35	23	28	24	22	25	19	26	17	27	18
28	23	37	24	33	25	30	26	30	27	31	28	36
29	24	41	25	40	26	40	27	43	28	48	29	57
30	25	47	26	49	27	52	28	59	30	7	31	19
31	26	55	28	0	29	7	30	17	31	29	32	45
32	28	5	29	13	30	54	31	31	32	54	34	14
33	29	18	30	29	31	44	33	1	34	22	35	47
34	30	32	31	48	33	6	34	27	35	54	37	24
35	31	51	33	10	34	33	35	59	37	30	39	5
36	33	12	34	35	36	2	37	34	39	10	40	51

비스듬한 천구에서 적경의 차이 표

적위	극의 고도											
	43		44		45		46		47		48	
도	도	분	도	분	도	분	도	분	도	분	도	분
1	0	56	0	58	1	0	1	2	1	4	1	7
2	1	52	1	56	2	0	2	4	2	9	2	13
3	2	48	2	54	3	0	3	7	3	13	3	20
4	3	44	3	52	4	1	4	9	4	18	4	27
5	4	41	4	51	5	1	5	12	5	23	5	35
6	5	37	5	50	6	2	6	15	6	28	6	42
7	6	34	6	49	7	3	7	18	7	34	7	50
8	7	32	7	48	8	5	8	22	8	40	8	59
9	8	30	8	48	9	7	9	26	9	47	10	8
10	9	28	9	48	10	9	10	31	10	54	11	18
11	10	27	10	49	11	13	11	37	12	2	12	28
12	11	26	11	51	12	16	12	43	13	11	13	39
13	12	26	12	53	13	21	13	50	14	20	14	51
14	13	27	13	56	14	26	14	58	15	30	16	5
15	14	28	15	0	15	32	16	7	16	42	17	19
16	15	31	16	5	16	40	17	16	17	54	18	34
17	16	34	17	10	17	48	18	27	19	8	19	51
18	17	38	18	17	18	58	19	40	20	23	21	9
19	18	44	19	25	20	9	20	53	21	40	22	29
20	19	50	20	35	21	21	22	8	22	58	23	51
21	20	59	21	46	22	34	23	25	24	18	25	14
22	22	8	22	58	23	50	24	44	25	40	26	40
23	23	19	24	12	25	7	26	5	27	5	28	8
24	24	32	25	28	26	26	27	27	28	31	29	38
25	25	47	26	46	27	48	28	52	30	0	31	12
26	27	3	28	6	29	11	30	20	31	32	32	48
27	28	22	29	29	30	38	31	51	33	7	34	28
28	29	44	30	54	32	7	33	25	34	46	36	12
29	31	8	32	22	33	40	35	2	36	28	38	0
30	32	35	33	53	35	16	36	43	38	15	39	53
31	34	5	35	28	36	56	38	29	40	7	41	52
32	35	38	37	7	38	40	40	19	42	4	43	57
33	37	16	38	50	40	30	42	15	44	8	46	9
34	38	58	40	39	42	25	44	18	46	20	48	31
35	40	46	42	33	44	27	46	23	48	36	51	3
36	42	39	44	33	46	36	48	47	51	11	53	47

비스듬한 천구에서 적경의 차이 표

적위	극의 고도											
	49		50		51		52		53		54	
도	도	분	도	분	도	분	도	분	도	분	도	분
1	1	9	1	12	1	14	1	17	1	20	1	23
2	2	18	2	23	2	28	2	34	2	39	2	45
3	3	27	3	35	3	43	3	51	3	59	4	8
4	4	37	4	47	4	57	5	8	5	19	5	31
5	5	47	5	50	6	12	6	26	6	40	6	55
6	6	57	7	12	7	27	7	44	8	1	8	19
7	8	7	8	25	8	43	9	2	9	23	9	44
8	9	18	9	38	10	0	10	22	10	45	11	9
9	10	30	10	53	11	17	11	42	12	8	12	35
10	11	42	12	8	12	35	13	3	13	32	14	3
11	12	55	13	24	13	53	14	24	14	57	15	31
12	14	9	14	40	15	13	15	47	16	23	17	0
13	15	24	15	58	16	34	17	11	17	50	18	32
14	16	40	17	17	17	56	18	37	19	19	20	4
15	17	57	18	39	19	19	20	4	20	50	21	38
16	19	16	19	59	20	44	21	32	22	22	23	15
17	20	36	21	22	22	11	23	2	23	56	24	53
18	21	57	22	47	23	39	24	34	25	33	26	34
19	23	20	24	14	25	10	26	9	27	11	28	17
20	24	45	25	42	26	43	27	46	28	53	30	4
21	26	12	27	14	28	18	29	26	30	37	31	54
22	27	42	28	47	29	56	31	8	32	25	33	47
23	29	14	30	23	31	37	32	54	34	17	35	45
24	31	4	32	3	33	21	34	44	36	13	37	48
25	32	26	33	46	35	10	36	39	38	14	39	59
26	34	8	35	32	37	2	38	38	40	20	42	10
27	35	53	37	23	39	0	40	42	42	33	44	32
28	37	43	39	19	41	2	42	53	44	53	47	2
29	39	37	41	21	43	12	45	12	47	21	49	44
30	41	37	43	29	45	29	47	39	50	1	52	37
31	43	44	45	44	47	54	50	16	52	53	55	48
32	45	57	48	8	50	30	53	7	56	1	59	19
33	48	19	50	44	53	20	56	13	59	28	63	21
34	50	54	53	30	56	20	59	42	63	31	68	11
35	53	40	56	34	59	58	63	40	68	18	74	32
36	56	42	59	59	63	47	68	26	74	36	90	0

비스듬한 천구에서 적경의 차이 표												
적위	극의 고도											
	55		56		57		58		59		60	
도	도	분	도	분	도	분	도	분	도	분	도	분
1	1	26	1	29	1	32	1	36	1	40	1	44
2	2	52	2	58	3	5	3	12	3	20	3	28
3	4	17	4	27	4	38	4	49	5	0	5	12
4	5	44	5	57	6	11	6	25	6	41	6	57
5	7	11	7	27	7	44	8	3	8	22	8	43
6	8	38	8	58	9	19	9	41	10	4	10	29
7	10	6	10	29	10	54	11	20	11	47	12	17
8	11	35	12	1	12	30	13	0	13	32	14	5
9	13	4	13	35	14	7	14	41	15	17	15	55
10	14	35	15	9	15	45	16	23	17	4	17	47
11	16	7	16	45	17	25	18	8	18	53	19	41
12	17	40	18	22	19	6	19	53	20	43	21	36
13	19	15	20	1	20	50	21	41	22	36	23	34
14	20	52	21	42	22	35	23	31	24	31	25	35
15	22	30	23	24	24	22	25	23	26	29	27	39
16	24	10	25	9	26	12	27	19	28	30	29	47
17	25	53	26	57	28	5	29	18	30	35	31	59
18	27	39	28	48	30	1	31	20	32	44	34	19
19	29	27	30	41	32	1	33	26	34	58	36	37
20	31	19	32	39	34	5	35	37	37	17	39	5
21	33	15	34	41	36	14	37	54	39	42	41	40
22	35	14	36	48	38	28	40	17	42	15	44	25
23	37	19	39	0	40	49	42	47	44	57	47	20
24	39	29	41	18	43	17	45	26	47	49	50	27
25	41	45	43	44	45	54	48	16	50	54	53	52
26	44	9	46	18	48	41	51	19	54	16	57	39
27	46	41	49	4	51	41	54	38	58	0	61	57
28	49	24	52	1	54	58	58	19	62	14	67	4
29	52	20	55	16	58	36	62	31	67	18	73	46
30	55	32	58	52	62	45	67	31	73	55	90	0
31	59	6	62	58	67	42	74	4	90	0		
32	63	10	67	53	74	12	90	0				
33	68	1	74	19	90	0						
34	74	33	90	0								
35	90	0										
36												

8

시와 주야의 부분

따라서 앞의 논의에 따라, 정해진 극의 고도에 대해, 표에 나타난 태양의 적위로 낮의 차이를 알 수 있다는 것은 명백하다. 적위가 북쪽일 때는 이 차이를 사분원에 더하고, 남쪽일 때는 뺀다. 그 결과의 두 배가 낮의 길이이고, 원의 나머지 부분이 밤의 길이이다.

이 둘을 적도의 15도로 나누면 균분시equal time로 나타낸 낮 또는 밤의 길이가 된다. 낮의 길이를 12등분하면 계절시의 길이가 된다. 이제 시時는 그 날의 이름을 가지며, 그 길이는 언제나 그 날 낮 길이의 1/12이다. 따라서 고대인들은 "동지시, 분점시, 하지시"와 같은 용어를 사용했다. 새벽박명부터 여명까지 원래 사용했던 12시간 외에 다른 시간은 없었다. 하지만 그들은 밤을 네 비질vigil 또는 워치watch로 나누었다. 이 시간의 규정은 모든 나라들의 암묵적 합의로 오랫동안 지속되었다. 이 규정을 지키기 위해 물시계가 발명되었다. 물시계에서 떨어지는 물을 빼고 더해서, 날이 흐려도 낮 동안의 시간 길이가 불분명해지지 않도록 맞추었다. 나중에는 낮과 밤에 대해 똑같은 균분시가 일반적으로 채택되었다. 균분시가 더 측정하기 쉬우므로 계절시는 사용하지 않게 되었다. 그러므로 보통 사람에게 하루 중 첫 번째, 세 번째, 여섯 번째, 아홉 번째, 또는 열한 번째 시간이 무엇인지 묻는다면 그는 대답하지 못하거나, 이 주제와 아무 관련이 없는 엉뚱한 대답을 할 것이다. 균분시의 시작에 대해서도, 어떤 사람은 정오부터, 어떤 사람은 일몰부터, 또 어떤 사람은 자정부터, 다른 사람은 일출부터 각각의 사회의 결정에 따른다.

9

황도의 도의 기울어진 적경, 임의의 도가 뜰 때 중천에서 몇 도인지 결정하는 방법

이제 낮과 밤의 길이와 그 길이의 차이를 설명했고, 이번에는 기울어진 적경oblique ascension에 대해 설명하는 것이 적절한 순서이다. 황도십이궁의 하나 또는 황도의 어떤 다른 호가 뜨는 시간을 말하겠다. 적경right ascension과 기울어진 적경oblique ascension 사이에, 앞에서 설명한 대로 춘분 또는 추분인 날과 낮과 밤 길이가 같지 않은 날 사이의 낮의 길이 차이 외에 다른 점은 없다. 이제 움직이지 않는 별들로 이루어진 황도 별자리에 살아있는 것들의 이름을 붙였다. 춘분점부터 시작해서, 이 별자리들을 순서대로 양, 황소, 쌍둥이, 게 등으로 불렀다.

더 명료하게 하기 위해, 다시 자오선 ABCD를 그리자. 적도의 반원 AEC, 지평선 BED가 점 E에서 서로 만난다. 점 H는 춘분점이다. 황도 FHI가 점 H를 통과해서 점 L에서 지평선을 만난다. 이 교점을 통과해서 적도의 극 K로부터 대원의 사분원 KLM을 그린다. 그러므로 황도의 호 HL이 적도의 HE와 함께 뜬다는 것은 명백하다. 그러나 우반구에서는 HL이 HEM과 함께 뜬다. 그 사이의 차이가 EM인데, 앞에서 보였듯이[II, 7] 춘분 날과 그렇지 않은 날의 낮 길이 차이의 반이다. 그러나 북쪽 적위에서는 더했던 것을 여기에서는 뺀다. 반면에, 남쪽 적위에서는 적경에 이것을 더해서 기울어진 적경을 얻기 위해 구한다. 이렇게 해서 황도십이궁 전체 또는 황도의 다른 호가 뜨는 데 얼마나 걸리는지를 별자리 또는 호의 처음부터 끝까지 계산한 적경으로 명확히 알 수 있다.

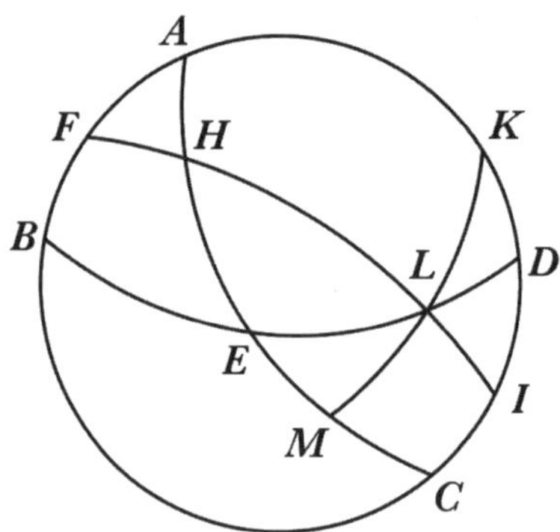

Figure.9

따라서 황도의 임의의 점이 뜨는 것이 분점으로부터 잰 도로 주어지면, 중천에서의 도도 주어진다. 왜냐하면, 점 L이 황도에서 뜨는 점일 때, HL을 통해 분점으로부터의 거리인 적위, 적경 HEM, 낮의 반에 해당하는 호인 AHEM 전체가 주어지고, 그 다음에 나머지 AH가 주어진다. 이것은 FH의 적경이고, 표에 의해 주어진다. 또는 경사각 AHF가 주어지고, 변 AH도 함께 주어지며, FAH는 직각이다. 따라서 황도의 호 FHL이 뜰 때의 도와 중천에서의 도의 차이로 주어진다.

반대로, 예를 들어 호 FH가 중천에 있을 때의 도가 먼저 주어지면, 뜰 때의 도도 알 수 있다. 왜냐하면 적위 AF가 얻어질 것이고, 구의 경사각을 통해 AFB도 알려지며, 나머지 FB도 알 수 있다. 이제 삼각형 BFL에서, 각 BFL은 앞의 논의에 따라 주어지고, 변 FB도 주어지며, FBL은 직각이다. 따라서 필요한 변 FHL이 주어진다. 이것을 얻는 다른 방법이 아래의 II, 10에 나올 것이다.

10

황도가 지평선과 교차하는 각도

게다가, 황도는 천구의 극에 대해 기울어진 원이기 때문에, 지평선과 여러 가지 각도를 이룬다. 두 회귀선 사이에 사는 사람들에게 황도는 지평선에 대해 두 번 수직이 되는데, 이것은 이미 그림자의 차이에 대해 설명할 때 말했다[II, 6]. 그러나, 나는 헤테로시언 지역에 살고 있는 우리에게 해당되는 각도들만 보여주면 충분하다고 생각한다. 이 각도들로, 각도에 대한 모든 이론을 쉽게 이해할 수 있을 것이다. 이제 비스듬한 천구에서 춘분점 또는 양자리의 첫점이 뜰 때, 황도는 더 낮고, 남쪽의 최대 적위가 더해진 만큼 지평선 쪽을 향하는데, 이것은 염소자리 첫점이 중천에 있을 때이다. 반대로 더 높은 고도에서 황도는 천칭자리의 첫점이 뜰 때와 게자리가 중천에 있을 때 뜨는 각도가 더 커진다. 나는 앞의 말이 아주 명백하다고 생각한다. 적도, 황도, 지평선의 세 원은 같은 교점을 지나면서, 자오선의 극에서 만난다. 이 원들에 의해 잘린 자오선의 호들은 뜨는 각도가 얼마나 큰지 알 수 있게 해준다.

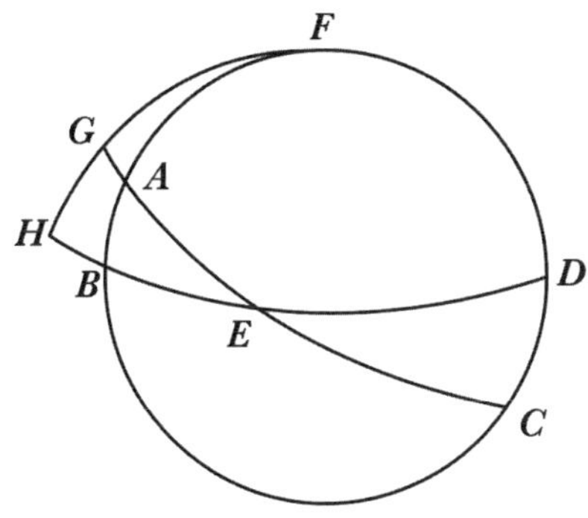

Figure.10

황도의 다른 각에 대해서도 뜨는 각도를 알 수 있다. 다시, 자오선을 ABCD, 지평선의 반을 BED, 황도의 반을 AEC라고 하자. 황도가 E에서 어떤 각도로 뜬다고 하자. 우리는 각 AEB의 크기를 4직각이 360°인 단위로 알아내야 한다. 뜨는 각도에 의해 E가 주어지므로, 앞의 논의에 따라 중천에서의 도degree도 주어지며, 또한 호 AE와 함께 자오선의 고도 AB도 주어진다. ABE는 직각이므로, AE의 두 배에 대응하는 현과 AB의 두 배에 대응하는 현의 비는 구의 지름과 각 AEB의 척도인 호에 대응하는 현의 비와 같다. 따라서 각 AEB도 주어진다.

그러나, 뜰 때가 아니라 중천일 때의 도가 주어질 수도 있다. 이것을 A라고 하자. 그러나 뜨는 각도를 알아낼 수 있다. 이 각도를 알아내기 위해 E를 극으로 대원의 사분원 FGH를 그린다. 사분원 EAG와 EBH를 완성한다. 이제 자오선의 고도 AB가 주어지고, 사분원의 나머지인 AF도 주어진다. 각 FAG도 앞의 논의에 따라 주어지고, FGA는 직각이다. 그러므로 호 FG가 주어진다. 나머지인 GH도 주어지는데, 이것이 우리가 구하는 뜨는 각도의 척도이다. 이제 여기에서도, 중천의 도가 주어지면 뜨는 각도가 주어진다는 것이 명백하다. 왜냐하면 구면삼각형I, 14, 정리 II에서와 같이, GH의 두 배에 대응하는 현과 AB의 두 배에 대응하는 현의 비는 지름과 AE의 두 배에 대응하는 현의 비와 같기 때문이다.

이 관계들을 위해서 나는 세 가지 표를 만들었다. 첫 번째는 양자리에서 시작해서 황도에서 6°씩 진행하면서 바른 천구의 적경을 나타낼 것이다. 두 번째는 비스듬한 구의 적경을 마찬가지로 6°씩 옮겨가면서 극의 고도가 39°인 위도 평행선에서 절반 간격인 3°씩 극의 고도가 57°인 위도 평행선까지 나타낼 것이다. 나머지 표는 지평선과의 각도를 마찬가지로 6°씩 7줄로 나타낼 것이다. 이 모든 계산은 황도 경사가 최소인 23° 28'을 바탕으로 했는데, 이 값은 우리 시대에 근사적으로 바른 값이다.

바른 천구의 회전에서 황도십이궁의 적경 표												
황도		적경		단일한 도에 대해			황도		적경		단일한 도에 대해	
별자리	도	도	분	도	분		별자리	도	도	분	도	분
♈	6	5	30	0	55		♎	6	185	30	0	55
	12	11	0	0	55			12	191	0	0	55
	18	16	34	0	56			18	196	34	0	56
	24	22	10	0	56			24	202	10	0	56
	30	27	54	0	57			30	207	54	0	57
♉	6	33	43	0	58		♏	6	213	43	0	58
	12	39	35	0	59			12	219	35	0	59
	18	45	32	1	0			18	225	32	1	0
	24	51	37	1	1			24	231	37	1	1
	30	57	48	1	2			30	237	48	1	2
♊	6	64	6	1	3		♐	6	244	6	1	3
	12	70	29	1	4			12	250	29	1	4
	18	76	57	1	5			18	256	57	1	5
	24	83	27	1	5			24	263	27	1	5
	30	90	0	1	5			30	270	0	1	5
♋	6	96	33	1	5		♑	6	276	33	1	5
	12	103	3	1	5			12	283	3	1	5
	18	109	31	1	5			18	289	31	1	5
	24	115	54	1	4			24	295	54	1	4
	30	122	12	1	3			30	302	12	1	3
♌	6	128	23	1	2		♒	6	308	23	1	2
	12	134	28	1	1			12	314	28	1	1
	18	140	25	1	0			18	320	25	1	0
	24	146	17	0	59			24	326	17	0	59
	30	152	6	0	58			30	332	6	0	58
♍	6	157	50	0	57		♓	6	337	50	0	57
	12	163	26	0	56			12	343	26	0	56
	18	169	0	0	56			18	349	0	0	56
	24	174	30	0	55			24	354	30	0	55
	30	180	0	0	55			30	360	0	0	55

비스듬한 천구의 회전에서 황도십이궁의 적경 표

황도		극의 고도													
		39		42		45		48		51		54		57	
		적경		적경		적경		적경		적경		적경		적경	
별자리	도	도	분	도	분	도	분	도	분	도	분	도	분	도	분
♈	6	3	34	3	20	3	6	2	50	2	32	2	12	1	49
	12	7	10	6	44	6	15	5	44	5	8	4	27	3	40
	18	10	50	10	10	9	27	8	39	7	47	6	44	5	34
	24	14	32	13	39	12	43	11	40	10	28	9	7	7	32
	30	18	26	17	21	16	11	14	51	13	26	11	40	9	40
♉	6	22	30	21	12	19	46	18	14	16	25	14	22	11	57
	12	26	39	25	10	23	32	21	42	19	38	17	13	14	23
	18	31	0	29	20	27	29	25	24	23	2	20	17	17	2
	24	35	38	33	47	31	43	29	25	26	47	23	42	20	2
	30	40	30	38	30	36	15	33	41	30	49	27	26	23	22
♊	6	45	39	43	31	41	7	38	23	35	15	31	34	27	7
	12	51	8	48	52	46	20	43	27	40	8	36	13	31	26
	18	56	56	54	35	51	56	48	56	45	28	41	22	36	20
	24	63	0	60	36	57	54	54	49	51	15	47	1	41	49
	30	69	25	66	59	64	16	61	10	57	34	53	28	48	2
♋	6	76	6	73	42	71	0	67	55	64	21	60	7	54	55
	12	83	2	80	41	78	2	75	2	71	34	67	28	62	26
	18	90	10	87	54	85	22	82	29	79	10	75	15	70	28
	24	97	27	95	19	92	55	90	11	87	3	83	22	78	55
	30	104	54	102	54	100	39	98	5	95	13	91	50	87	46
♌	6	112	24	110	33	108	30	106	11	103	33	100	28	96	48
	12	119	56	118	16	116	25	114	20	111	58	109	13	105	58
	18	127	29	126	0	124	23	122	32	120	28	118	3	115	13
	24	135	4	133	46	132	21	130	48	128	59	126	56	124	31
	30	142	38	141	33	140	23	139	3	137	38	135	52	133	52
♍	6	150	11	149	19	148	23	147	20	146	8	144	47	143	12
	12	157	41	157	1	156	19	155	29	154	38	153	36	153	24
	18	165	7	164	40	164	12	163	41	163	5	162	24	162	47
	24	172	34	172	21	172	6	171	51	171	33	171	12	170	49
	30	180	0	180	0	180	0	180	0	180	0	180	0	180	0

비스듬한 천구의 회전에서 적경 표															
황도		극의 고도													
		39		42		45		48		51		54		57	
		적경		적경		적경		적경		적경		적경		적경	
별자리	도	도	분	도	분	도	분	도	분	도	분	도	분	도	분
♎	6	187	26	187	39	187	54	188	9	188	27	188	48	189	11
	12	194	53	195	19	195	48	196	19	196	55	197	36	198	23
	18	202	21	203	0	203	41	204	30	205	24	206	25	207	36
	24	209	49	210	41	211	37	212	40	213	52	215	13	216	48
	30	217	22	218	27	219	37	220	57	222	22	224	8	226	8
♏	6	224	56	226	14	227	38	229	12	231	1	233	4	235	29
	12	232	31	234	0	235	37	237	28	239	32	241	57	244	47
	18	240	4	241	44	243	35	245	40	248	2	250	47	254	2
	24	247	36	249	27	251	30	253	49	256	27	259	32	263	12
	30	255	6	257	6	259	21	261	52	264	47	268	10	272	14
♐	6	262	33	264	41	267	5	269	49	272	57	276	38	281	5
	12	269	50	272	6	274	38	277	31	280	50	284	45	289	32
	18	276	58	279	19	281	58	284	58	288	26	292	32	297	34
	24	283	54	286	18	289	0	292	5	295	39	299	53	305	5
	30	290	35	293	1	299	45	298	50	302	26	306	42	311	58
♑	6	297	0	295	24	302	6	305	11	308	45	312	59	318	11
	12	303	4	305	25	308	4	311	4	314	32	318	38	323	40
	18	308	52	311	8	313	40	316	33	319	52	323	47	328	34
	24	314	21	316	29	318	53	321	37	324	45	328	26	332	53
	30	319	30	321	30	323	45	326	19	329	11	332	34	336	38
♒	6	324	21	326	13	328	16	330	35	333	13	336	18	339	58
	12	329	0	330	40	332	31	334	36	336	58	339	43	342	58
	18	333	21	334	50	336	27	338	18	340	22	342	47	345	37
	24	337	30	338	48	340	3	341	46	343	35	345	38	348	3
	30	341	34	342	39	343	49	345	9	346	34	348	20	350	20
♓	6	345	29	346	21	347	17	348	20	349	32	350	53	352	28
	12	349	11	349	51	350	33	351	21	352	14	353	16	354	26
	18	352	50	353	16	353	45	354	16	354	52	355	33	356	20
	24	356	26	356	40	356	23	357	10	357	53	357	48	358	11
	30	360	0	360	0	360	0	360	0	360	0	360	0	360	0

황도와 지평선이 이루는 각도 표

황도		극의 고도 39 각		42 각		45 각		48 각		51 각		54 각		57 각		황도	
별자리	도	도	분	도	분	도	분	도	분	도	분	도	분	도	분	도	별자리
	0	27	32	24	32	21	32	18	32	15	32	12	32	9	32	30	
♈	6	27	37	24	36	21	36	18	36	15	35	12	35	9	35	24	
	12	27	49	24	49	21	48	18	47	15	45	12	43	9	41	18	
	18	28	13	25	9	22	6	19	3	15	59	12	56	9	53	12	
	24	28	45	25	40	22	34	19	29	16	23	13	18	10	13	6	♎
	30	29	27	26	15	23	11	20	5	16	56	13	45	10	31	30	
♉	6	30	19	27	9	23	59	20	48	17	35	14	20	11	2	24	
	12	31	21	28	9	24	56	21	41	18	23	15	3	11	40	18	
	18	32	35	29	20	26	3	22	43	19	21	15	56	12	26	12	
	24	34	5	30	43	27	23	24	2	20	41	16	59	13	20	6	♏
	30	35	40	32	17	28	52	25	26	21	52	18	14	14	26	30	
♊	6	37	29	34	1	30	37	27	5	23	11	19	42	15	48	24	
	12	39	32	36	4	32	32	28	56	25	15	21	25	17	23	18	
	18	41	44	38	14	34	41	31	3	27	18	23	25	19	16	12	
	24	44	8	40	32	37	2	33	22	29	35	25	37	21	26	6	♐
	30	46	41	43	11	39	33	35	53	32	5	28	6	23	52	30	
♋	6	49	18	45	51	42	15	38	35	34	44	30	50	26	36	24	
	12	52	3	48	34	45	0	41	8	37	55	33	43	29	34	18	
	18	54	44	51	20	47	48	44	13	40	31	36	40	32	39	12	
	24	57	30	54	5	50	38	47	6	43	33	39	43	35	50	6	♑
	30	60	4	56	42	53	22	49	54	46	21	42	43	38	56	30	
♌	6	62	40	59	27	56	0	52	34	49	9	45	37	41	57	24	
	12	64	59	61	44	58	26	55	7	51	46	48	19	44	48	18	
	18	67	7	63	56	60	20	57	26	54	6	50	47	47	24	12	
	24	68	59	65	52	62	42	59	30	56	17	53	7	49	47	6	♒
	30	70	38	67	27	64	18	61	17	58	9	54	58	52	38	30	
♍	6	72	0	68	53	65	51	62	46	59	37	56	27	53	16	24	
	12	73	4	70	2	66	59	63	56	60	53	57	50	54	46	18	
	18	73	51	70	50	67	49	64	48	61	46	58	45	55	44	12	
	24	74	19	71	20	68	20	65	19	62	18	59	17	56	16	6	♓
	30	74	28	71	28	68	28	65	28	62	28	59	28	56	28	0	

11

이 표의 사용

이제까지 살펴본 것으로부터, 이 표의 사용 방법은 명확하다. 태양의 도가 알려지면, 우리는 적경을 얻은 것이다. 여기에, 균분시에 대해 시간당 15°를 더한다. 총합이 360°를 넘으면 360을 뺀다. 이렇게 해서 남은 값이 정오부터 해당 시각에 황도에 관련된 도를 알려준다. 여러분의 지역에서 기울어진 적경에 대해 똑같이 하면, 일출부터 더한 시간에서 황도가 뜨는 도를 얻게 될 것이다. 게다가 황도의 밖에 있고 적경이 알려진 어떤 별에 대해서, 위에서 보였듯이[II, 9], 양자리 첫점에서 시작해서 같은 적경을 통해서, 이 별이 중천에 있을 때 황도의 도degree를 이 표가 보여준다. 별의 기울어진 적경은 그 별과 함께 뜨는 황도의 도를 보여주는데, 황도의 적경과 도가 표에 직접 나오기 때문이다. 몰沒에 대해서도 같은 방식으로 진행하지만, 언제나 반대편의 위치에서 한다. 게다가, 중천의 적경에 사분원을 더한 합이 뜨는 도의 기울어진 적경이다. 그러므로 중천에서의 도를 통해서 뜰 때의 도가 주어지고, 반대로도 마찬가지다. 그 다음의 표는 황도가 지평선과 이루는 각도를 나타낸다. 이 각도들은 황도가 뜰 때의 도에 의해 결정된다. 이 값들에서 황도의 90도의 고도가 지평선에서부터 얼마나 큰지도 알 수 있다. 고도에 대한 지식은 절대적으로 필요하다.

12
지평선의 극을 지나서 황도로 그린 원들의 각도와 호

이번에는 지평선의 천정을 지나는 원들이 지평선보다 높은 고도에서 황도와 교차하면서 생겨나는 각도와 호들에 대해 설명하겠다. 그러나 정오의 태양 고도 또는 중천에서 황도의 어떤 도degree, 황도와 자오선의 교각에 대해서는 이미 설명했다[II, 10]. 자오선도 지평선의 천정을 지나는 원이기 때문이다. 뜨는 각도도 이미 논의했다. 직각에서 이 각도를 뺀 나머지는, 뜨는 황도가 지평선의 천정을 지나가는 사분원과 형성하는 각도이다.

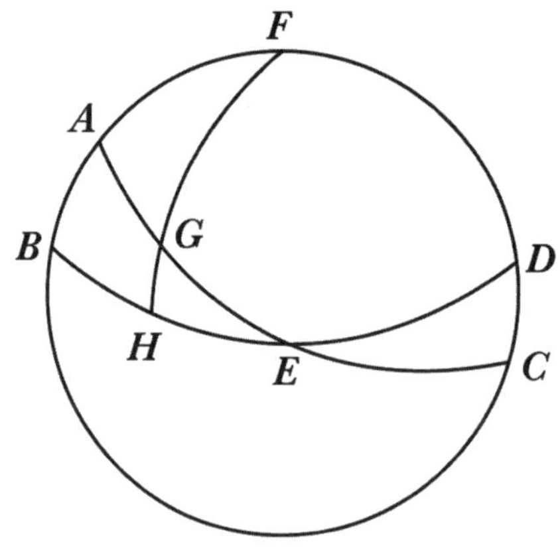

Figure.11

그러므로 이제 남은 것은, 자오선이 황도와 지평선을 만나는 교각을 살펴보는 일이다. 앞의 그림II, 10을 다시 그리고, 황도에서 정오와 출 또는 몰 사이에서 임의의 점을 선택하자. 이 점을 G라고 하자. 이 점을 통해 지평선의 극인 F로부터 사분원 FGH를 그리자. 지정된 시간을 통해 자오선과 지평선 사이에 있는 황도의 전체 호 AGE가 주어진다. AG는 가정에 의해 주어진다. 같은 방식으로 AF도 주어지는데, 정오의 고도 AB가 주어지기 때문이다. 마찬가지로 자오선의 각 FAG도 주어진다. 따라서 구면삼각형과 관련된 증명에 의해 FG도 주어진다. G의 고도인 GH는 각 FGA의 여각으로 주어진다. 이것들이 우리가 찾던 것이다.

황도와 관련된 각도와 교차를 다루는 방법에 대해, 나는 구면삼각형을 일반적으로 논의하면서 프톨레마이오스를 간략하게 요약했다. 이 주제에 대해 연구하고 싶은 사람이 있으면, 그는 내가 단지 예로 논의한 것보다 더 많은 것을 스스로 알아낼 수 있을 것이다.

13
천체들의 출몰

천체들의 출몰도 일주회전에 속한다는 것은 명백하다. 이것은 방금 논의한 단순한 출몰뿐만 아니라, 천체가 새벽 별과 저녁 별이 되는 방식에도 적용된다. 후자의 현상은 연주회전과 관련되어 일어나지만, 여기에서 다루는 것이 더 적절하다.

고대의 수학자들은 겉보기와 실제의 출몰을 구별한다. 실제의 출몰은 다음과 같다. 천체가 아침에 뜨는 것은 태양과 동시에 나타날 때이다. 반면에 천체가 아침에 지는 것은 일출 때 이 천체가 지는 것이다. 그 전체 시간 동안에 이 천체를 "새벽 별morning star"이라고 부른다. 저녁에 뜨는 것은 일몰 때 천체가 뜨는 것이다. 반면에 저녁에 지는 것은 천체가 태양과 동시에 질 때 일어난다. 그 중간의 시기에 이 천체를 "저녁 별"이라고 부르는데, 낮에 보이지 않다가 밤에 보이기 때문이다.

반면에 겉보기 출몰은 다음과 같다. 천체가 아침에 뜨는 것은 이 천체가 일출 전의 새벽에 떠서 보이기 시작할 때이다. 반면에, 아침에 지는 것은 태양이 막 떠오를 무렵에 이 천체가 지는 것이 보일 때이다. 이 천체가 저녁에 뜨는 것은 해질녘에 어두워지면서 처음으로 보이는 것이다. 그러나 저녁에 지는 것은 일몰 이후에 이 천체가 더 이상 보이지 않을 때이다. 그 뒤로 태양의 존재로 천체가 보이지 않다가, 위에 설명한 순서대로 그 천체가 아침에 뜨게 된다.

항성들에 대해서도 이러한 현상이 똑같은 방식으로 일어나고, 토성, 목성, 화성에 대해서도 마찬가지이다. 그러나 금성과 수성의 출몰은 다르다. 이 행성들은 다른 행성들과 달리 태양에 가까이 가도 가려지지 않고, 태양에서 멀어져도 더 잘 보이지는 않는다. 반대로, 태양에 앞설 때 이 천체들은 태양의 광휘에 스스로 잠기고 자기를 드러낸다. 다른 행성들이 저녁에 뜨고 아침에 질 때는 어떤 시간에도 가려지지 않고, 거의 밤새도록 빛난다. 반면에 금성과 수성은 저녁에 질 때부터 아침에 뜰 때까지 완전히 사라지며 어디에서도 볼 수 없다. 다른 차이도 있다. 토성, 목성, 화성의 경우, 진정한 출몰은 아침에 보이기 전과 저녁 늦게 일어나며, 첫 번째 경우는 일출에 앞서고, 두 번째 경우에는 일몰에 뒤따른다. 반면에, 내행성들이 아침에 보이는 것과 저녁에 뜨는 것은 실제보다 늦은 반면에, 지는 것은 실제보다 더 이르다.

이제 출몰을 결정하는 방법은 위치가 알려진 별의 기

울어진 적경과 그 별이 뜨거나 질 때 황도의 도에 대해 앞에서 설명한 것으로 이해할 수 있다[II, 9]. 그 시간에 태양이 그 도나 반대의 도에서 나타나면, 그 별은 실제로 아침 또는 저녁에 뜨거나 지는 것이다.

이 사실들로 보아, 겉보기 출몰은 각 천체들의 밝기와 크기에 따라 달라진다. 그러므로 밝은 천체는 어두운 천체보다 햇빛에 가려 보이지 않는 시간이 더 짧다. 게다가, 나타남과 사라짐의 한계는 태양이 지평선 아래로 내려간 거리에 의해 결정된다. 1등급 항성의 경우에 이 한계는 거의 12°이다. 토성은 11°, 목성은 10°, 화성은 11 1/2°, 금성은 5°이고, 수성은 10°이다. 그러나 햇빛의 잔재가 밤까지 이어지는 전체 띠, 즉 황혼이나 새벽을 감싸는 띠는 지평선 아래의 18°에 이른다. 태양이 18° 이상 내려가면 더 작은 별들도 보이기 시작한다. 어떤 이들은 지평선 아래에서 지평선과 평행한 평면에 대해 말한다. 태양이 이 평면에 닿으면 낮이 시작되거나 밤이 끝난다고 말한다. 우리는 황도의 몇 도에서 별이 뜨거나 지는지 알 수 있을 것이다. 또한 같은 도에서 황도가 지평선과 교차하는 각도도 찾아낼 수 있을 것이다. 우리는 또한 그 시각에 황도상의 뜨는 도와 태양 사이에 황도의 그만큼의 도가 충분하며, 앞에서 말한 각 천체의 한계만큼 지평선 아래로 태양이 내려간 깊이와 관련이 있음을 알 수 있을 것이다. 만약 그렇다면, 우리는 그 천체의 첫 번째 나타남이나 사라짐이 일어난다고 말할 것이다. 그러나, 내가 땅 위의 태양의 고도에 대해 앞에서 한 설명이 모든 면에서 태양이 땅 아래로 내려가도 들어맞는데, 위치 외에 어떤 차이도 없기 때문이다. 따라서, 보이는 반구에서 지는 천체와 숨겨진 반구에서 뜨는 천체에 대해서, 모든 것이 반대로 일어난다는 것을 쉽게 이해할 수 있다. 천체의 출몰에 대해, 또 이와 관련된 지구의 일주회전에 대해서는 이제까지의 설명으로 충분할 것이다.

14

별들의 위치 조사와 목록에서의 항성들의 배열

이제 지구의 일주회전과 그 귀결에 대해서 밤과 낮, 그 부분과 변이에 관련해서 설명했으므로, 그 다음으로 연주회전에 대한 설명이 나와야 마땅하다. 그러나 적지 않은 수의 천문학자들이 항성의 현상을 이 과학의 토대를 우선으로 해야 한다고 동의한다. 그래서 나는 이 판단을 존중해야 한다고 생각했다. 나의 원리들과 근본 명제들에서 항성천구가 절대적으로 움직이지 않으며, 행성들의 운행을 이 천구와 바르게 비교할 수 있다고 가정했다. 그러나 어떤 이들은 내가 왜 이런 순서를 따르는지 의아하게 생각할 수 있다. 반면에 프톨레마이오스는 알마게스트III, 1, 서론에서 항성에 대한 설명은 해와 달에 대한 지식이 선행되지 않으면 할 수 없다고 보았고, 이런 이유로 그는 항성에 대한 논의를 그 뒤로 미루어야 한다고 보았다. (여기까지의 내용은 코페르니쿠스가 자필로 쓴 초고에 있다가 인쇄본에서는 사라졌지만, 남아있는 편이 더 명확해

서 로젠이 살려두었다 — 옮긴이)

프톨레마이오스의 이러한 견해는, 내가 믿기에, 반대되어야 한다. 반면에, 이것이 해와 달의 겉보기 운동 계산에 관한 것이라고 해석한다면 프톨레마이오스의 견해가 맞을지도 모른다. 왜냐하면 기하학자 메넬라우스 Menelaus도 항성들과 그 위치를 달과의 합을 바탕으로 하는 계산으로 추적했기 때문이다.

그러나 장치의 도움으로 해와 달의 위치를 세심하게 시험해서 항성의 위치를 정한다면 우리는 훨씬 더 잘할 수 있고, 곧 이것을 보여줄 것이다. 나는 또한 태양년의 길이를 단순히 분점이나 지점으로만 제한하고 항성에 따르지 말아야 한다고 생각한 이들의 효과가 없었던 시도에 대해서도 주의했다. 우리 시대로 올 때까지 이들의 노력은 결코 합의에 도달하지 못했고, 그 어디에도 이보다 더 큰 불화는 없을 정도였다. 이것이 프톨레마이오스에게 알려졌다. 그는 자기 시대의 태양년을 계산하며 시간에서 오차가 날 수 있다는 의심을 가지고 있었고, 후대에게 이 문제에서 계속해서 더 나은 정밀도를 찾으라고 충고했다. 그래서 이 책에서 장치를 이용해서 해와 달의 위치를 정하는 것, 즉 춘분점 또는 우주의 다른 방위기점에서 거리를 정하는 방법을 보여주는 것이 가치가 있다고 여겨졌다. 그런 다음에 이 위치들은 다른 천체들의 탐구를 가능하게 할 것이며, 이것을 이용해서 항성천구에 박혀있는 별자리들과 그 표현을 눈앞에 펼칠 수 있을 것이다.

이제 나는 이미 회귀선들 사이의 거리, 황도의 경사, 천구의 경사 또는 적도의 극의 고도를 결정하는 장치들을 설명했다[II,2]. 같은 방식으로 정오에 해의 다른 어떤 고도도 얻을 수 있다. 천구의 경사에 대한 차이를 통해서, 이 고도는 황도로부터 해의 적위를 알려준다. 그런 다음에는 이 적위를 통해서 정오 때 분점 또는 지점으로부터 잰 해의 위치가 명확해진다. 이제 24시간의 기간 동안에 해가 거의 1°를 이동하는 것으로 보이고, 따라서 한 시간은 2 1/2'에 해당한다. 따라서 정오가 아닌 어떤 시각이든, 해의 위치를 쉽게 유도할 수 있다.

그러나 달과 별의 위치를 관측하기 위해 다른 장치를

만들었는데, 프톨레마이오스는 이것을 '아스트롤라베'라고 불렀다알마게스트, V, 1. 이제 두 링, 또는 사변형의 틀이 있는 링을, 편평한 면이 요철면에 직각이 되게 한다. 이 링들은 모든 면에서 똑같고 닮았으며, 편리한 크기로 만들어야 한다. 다시 말해 너무 크면 다루기가 어려워진다. 너무 크지만 않다면 넉넉한 치수가 작은 것보다 부분들로 나누기에 더 좋다. 따라서 링의 폭과 두께를 적어도 지름의 1/13으로 한다. 그런 다음에 이것들을 합치고 지름을 따라 서로 직각으로 연결해서, 요철면이 마치 하나의 구처럼 둥글게 맞물리게 한다. 사실, 둘 중 하나가 황도의 역할을 하고, 다른 것이 극을 둘 다 (말하자면, 적도와 황도이다) 통과하는 원의 역할을 한다. 그런 다음에 황도 링의 가장자리에 눈금을 새기는데, 대개 360등분하며, 장치의 크기에 따라 더 잘게 나눌 수도 있다. 또한 다른 링 위에서, 황도로부터 사분원을 측정해서, 황극을 가리킨다. 이 극들로부터 황도의 경사에 비례해서 거리를 하나 잡고, 적도의 극도 표시한다.

이 링들을 이런 방식으로 배치한 뒤에, 다른 두 링을

만든다. 이것들을 황극에 고정시키는데, 링이 하나는 바깥쪽으로, 다른 하나는 안쪽으로 움직인다. 이 링들을 평평한 두 면 사이에서 다른 것들과 같은 두께로 만들고, 테의 폭은 비슷하게 한다. 이것들을 함께 맞춰서 큰 링의 오목한 면과 황도의 볼록한 면이 완전히 닿게 하고, 작은 링의 볼록한 면과 황도의 오목한 면 사이도 똑같이 한다. 또한 링이 걸리지 않고 돌아가게 하고, 황도와 자오선이 자유롭고 쉽게 링 위에서 미끄러지도록 해야 하고, 반대로도 똑같이 한다. 그리하여 우리는 이 링들로 황도에서 지름 방향으로 마주보는 양쪽 극을 깔끔하게 뚫을 것이며, 이것들을 부착하고 지지할 굴대를 넣을 것이다. 안쪽 링을 360도로 균일하게 나눠서 눈금을 새기고, 각 사분원이 극에 대해 90°가 되게 한다.

게다가 이 링의 오목한 면 위에 또 다른 다섯 번째 링을 두어서, 같은 면에서 돌아갈 수 있게 한다. 이 링의 테에, 지름 방향의 맞은편에 개구부와 접안경이 있는 브라켓을 부착한다. 여기에서 별빛이 들어와서 링의 지름을 따라 지나가는데, 이것은 디옵트라에서 하는 것과 같다. 또한, 링의 양쪽에 블록을 설치해서, 계수 링 쪽을 향하는 포인터가 있어서 위도를 측정할 수 있게 한다.

마지막으로 여섯 번째 링을 붙여서, 적도의 극에 고정시켜 아스트롤라베 전체를 잡아서 지지한다. 이 여섯 번째 링을 스탠드에 부착하고, 지평선의 평면에 수직이 되게 한다. 극을 천구의 경사에 맞췄을 때, 아스트롤라베의 자오선 위치를 자연의 자오선과 비슷하게 유지하며, 조금도 틀어지지 않게 한다.

이런 방식으로 만든 장치로 별의 위치를 측정할 수 있다. 저녁 또는 해가 막 지기 시작하고 달이 보일 때, 바깥쪽 링을 해가 보일 때 미리 알아둔 황도의 도에 정렬한다. 또한 링의 교점이 해를 향하도록 돌리는데, 둘다, 즉 황도와 극들을 지나가는 바깥쪽 링이 서로에게 같은 그림자를 드리울 때까지 돌린다. 그 다음에는 안쪽 링이 달을 향하도록 돌린다. 눈을 안쪽 링의 면에 두고 반대편의 달을 보면서, 달이 같은 평면에 의해 이등분되도록 맞춰서, 장치의 황도에 점을 표시한다. 이것이 그 시각에 관측한 달의 경도이다. 사실 달이 없으면 별의 위치를 이해할 방법이 없다. 낮에도 보이고 밤에도 보이는 천체는 달뿐이기 때문이다. 그런 다음에 밤이 오면, 우리가 위치를 찾는 별들이 보이게 된다. 바깥쪽 링을 달의 위치에 맞춘다. 이 링을 사용해서 태양의 경우에 했듯이, 아스트롤라베의 위치를 달에 맞춘다. 그 다음에는 안쪽 링을 별을 향해, 뜨는 평면에 거의 닿을 때까지, 작은 링이 들어있는 접안경을 통해 별이 보일 때까지 돌린다. 이런 방식으로, 별의 경도와 위도를 알 수 있다. 이런 조작들을 수행하는 동안에, 중천에서 황도의 도를 눈앞에 두므로, 어느 시각에 관측을 수행하는지는 수정처럼 분명할 것이다.

예를 들어, 안토니누스 피우스 황제 재위 2년 즉 이집트력 파르무티의 달인 8월 9일 해가 질 무렵에, 알렉산드리아의 프톨레마이오스는 바실리스커스 또는 레굴루스라고 부르는 사자자리 가슴에 있는 별의 위치를 관측했다알마게스트 VII, 2. 아스트롤라베를 미리 해에 정렬해서, 오후 5 1/2 분점시equinoctial hour가 지나 해가 이미 진 뒤에, 해의 위치가 물고기자리 3 1/24°임을 알아냈다. 그러므로 달은 쌍둥이자리 5 1/6°에서 보였다. 반 시간 뒤인 오후 6시가 지나자 이미 이 별이 보이기 시작해서, 중천에 위치한 쌍둥이자리 4°에 있었다. 프톨레마이오스는 장치의 바깥쪽 링을 달이 이미 발견된 곳으로 돌렸다. 안쪽 링을 사용해서, 그는 달에서 이 별까지 거리를 황도십이궁의 순서로 57 1/10°로 결정했다. 앞에서 말했듯이 달이 지는 해에서 92 1/8°만큼 떨어져 있었으므로, 달의 위치는 쌍둥이자리 5 1/6°로 확정되었다. 그러나 달은 시간당 1/2°쯤 이동하므로, 반 시간에 1/4°씩 이동한다. 그러나 달의 시차 때문에 이동이 줄어드는데, 그는 이 차이를 약 1/12°로 결정했다. 따라서 달은 쌍둥이자리 5 1/3°에 있어야 한다. 그러나 내가 달의 시차를 설명할 때, 차이가 그렇게 크지 않음이 명확해질 것이다[IV, 16]. 따라서 달이 관측되는 위치는 쌍둥이자리 5°에서 1/3°보다 크고 2/5°도보다 아주 조금 작다. 여기에 57 1/10°를 더해서, 이 별의 위치는 사자자리 2 1/2°로 정해지며, 태양의 하지점에서 약 32° 떨어져 있고, 북위 1/6°이다. 이것이 바실리스쿠스의 위치였고, 이것으로부터 다른 모든 항성들에 접근할 수 있게 되었다. 이 관측은 프톨레마이오스에 의해 229번째 올림픽의 첫해인 로마력 서기 139년 2월 23일에 수행되었다.

이런 방식으로 대부분의 뛰어난 천문학자들이 당시의 춘분점으로부터 각각의 별들의 거리를 기록했고, 그는 천계의 피조물celestial creatures의 별자리를 설명했다. 이러한 업적으로 그는 나의 연구에 적지 않은 도움을 주었고, 나는 고된 일을 덜게 되었다. 나는 분점을 기준으로 별들의 위치를 정해서는 안 된다고 믿는데, 시간이 지나면서 분점의 위치가 변하기 때문이며, 반대로 항성천구를 기준으로 분점의 위치를 정해야 한다고 믿는다. 따라서 나는 다른 어떤 불변하는 시작으로 쉽게 항성 목록의 작성을 시작할 수 있을 것이다. 나는 황도십이궁 중에서 첫 번째 별자리인 양자리의 첫 번째 별인 양의 머리부터 시작하기로 결정했다. 나의 목적은 이런 방식으로 한 번 영구적인 위치를 정하고 나면 천체들이 하나의 무리로 고정되고 서로 묶여 있는 것처럼 언제나 동일하게 유지되는 확정적인 모습을 보여주는 것이다. 이제 고대인들이 놀라운 열정과 재주로 이것들을 48개의 별자리로 분류했다. 예외는 네 번째 지역clime 에서 로도스 근처를 지나는 전몰성들의 원으로, 여기에 속하는 별들은 고대인들에게 알려지지 않았고, 별자리에 포함되지 않은 채 남아있다. 젊은 테온Yonger Teon이 남긴 아라투스Aratus에 대한 주석에서 제시한 의견에 따르면, 별들로 별자리를 형성하는 데에 특별한 이유는 없고, 수가 너무 많아서 부분으로 나눠야 했기에 이런 방법을 사용해 별을 하나씩 특정하게 지정했다는 것이다. 이 관행은 꽤 오래 되어서, 욥, 헤시오도스, 호메로스에서도 플레이아데스, 하이에데스, 아크투루스, 오리온에 대해 말하는 것을 읽을 수 있다. 그러므로 나는 경도에 따라 별들의 목록을 작성할 때 황도십이궁을 사용하지 않을 것이다. 황도십이궁은 분점과 지점에서 유도되었기 때문이고, 나는 단순하고 익숙한 도degree를 사용할 것이다. 다른 모든 면에서 나는 프톨레마이오스를 따르겠지만 몇 가지는 따르지 않을 것인데, 내가 보기에 이것들은 어떤 방식으로든 망치거나 왜곡하는 것들이다. 그러나 이러한 방위기점들에서 별까지의 거리를 결정하는 방법은 다음 권에서 설명할 것이다.

별자리와 별의 설명 목록						
I: 북부 지역에 있는 별들						
별자리	경도		위도			등급
	도	분		도	분	
작은 곰 또는 개의 꼬리						
꼬리 끝	53	30	N.	66	0	3
꼬리에서 동쪽	55	50	N.	70	0	4
꼬리의 시작 부분	69	20	N.	74	0	4
사각형 서쪽 변에서 더 남쪽 [별]	83	0	N.	75	20	4
같은 변의 북쪽 [별]	87	0	N.	77	40	4
[사각형의] 동쪽에 있는 더 남쪽 [별]	100	30	N.	72	40	2
같은 변의 북쪽 [별]	109	30	N.	74	50	2
별 7개 : 2등성 2개, 3등성 1개, 4등성 4개						
개 꼬리 근처, 별자리의 바깥쪽, [사각형]의 동쪽 변을 연장한 직선상, 남쪽으로 꽤 멀리	103	20	N.	71	10	4
큰 곰, (또는) 국자라고 부름						
주둥이	78	40	N.	39	50	4
두 눈[에 있는 별들] 중에서, 서쪽	79	10	N.	43	0	5
앞의 동쪽	79	40	N.	43	0	5
이마의 [두 별 중에서], 서쪽 별	79	30	N.	47	10	5
이마의 동쪽 [별]	81	0	N.	47	0	5
서쪽 귀 끝	81	30	N.	50	30	5
목의 두 [별] 중에서, 서쪽 별	85	50	N.	43	50	4
동쪽 별	92	50	N.	44	20	4
가슴의 두 [별] 중에서, 북쪽 별	94	20	N.	44	0	4
가장 남쪽 별	93	20	N.	42	0	4
왼쪽 앞다리 무릎	89	0	N.	35	0	3
왼쪽 앞발의 두 [별들] 중에서, 북쪽 별	89	50	N.	29	0	3
더 남쪽 별	88	40	N.	28	30	3
오른쪽 앞다리 무릎	89	0	N.	36	0	4
무릎 아래	101	10	N.	33	30	4
어깨	104	0	N.	49	0	2
사타구니	105	30	N.	44	30	2
꼬리 시작 부분	116	30	N.	51	0	3
왼쪽 뒷다리	117	20	N.	46	30	2
왼쪽 뒷발의 두 [별들] 중에서, 서쪽 별	106	0	N.	29	38	3
앞의 동쪽	107	30	N.	28	15	3

Book Two

별자리	경도		위도			등급
	도	분		도	분	
왼쪽 [뒷다리] 연결부	115	0	N.	35	15	4
오른쪽 뒷다리 두 [별들 중에서] 북쪽별	123	10	N.	25	50	3
더 남쪽 별	123	40	N.	25	0	3
꼬리의 세 [별들] 중에서,						
[꼬리] 시작에서 동쪽으로 첫 번째 별	125	30	N.	53	30	2
이 [셋] 중에서 가운데의 별	131	20	N.	55	40	2
꼬리 끝, 마지막 별	143	10	N.	54	0	2
별 27개 : 2등성 6개, 3등성 8개, 4등성 8개, 5등성 5개						
국자 근처, 별자리 바깥						
꼬리 남쪽	141	10	N.	39	45	3
앞의 서쪽 더 어두운 [별]	133	30	N.	41	20	5
곰 앞발과 사자 머리 사이	98	20	N.	17	15	4
앞보다 더 북쪽의 [별]	96	40	N.	19	10	4
희미한 세 [별들] 중에서 마지막	99	30	N.	20	0	어두움
앞의 서쪽	95	30	N.	22	45	어두움
더 서쪽	94	30	N.	23	15	어두움
앞발과 쌍둥이 사이	100	20	N.	22	15	어두움
별자리 바깥의 별 8개 : 3등성 1개, 4등성 2개, 5등성 1개, 희미한 별 4개						
용자리						
혀 안	200	0	N.	76	30	4
입 안	215	10	N.	78	30	4 더 밝음
눈 위	216	30	N.	75	40	3
뺨	229	40	N.	75	20	4
머리 위	223	30	N.	75	30	3
목이 처음 꼬인 부분, 북쪽 별	258	40	N.	82	20	4
이 [별들] 중에서, 남쪽 별	295	50	N.	78	15	4
같은 [별들] 중에서 가운데의 별	262	10	N.	80	20	4
앞의 동쪽, [목이] 두 번째 꼬인 곳	282	50	N.	81	10	4
사각형 서쪽 변의 남쪽 [별]	331	20	N.	81	40	4
같은 변의 북쪽 [별]	343	50	N.	83	0	4
동쪽 변의 북쪽 [별]	1	0	N.	78	50	4
같은 변의 남쪽 [별]	346	10	N.	77	50	4
[목이] 세 번째 꼬인 곳, 삼각형의 남쪽 [별]	4	0	N.	80	30	4
삼각형의 나머지 [별들] 중, 서쪽 별	15	0	N.	81	40	5
동쪽 별	19	30	N.	80	15	5
삼각형 왼쪽 세 [별들] 중, 남쪽 별	66	20	N.	83	30	4
같은 삼각형의 남은 [별들] 중, 남쪽 별	43	40	N.	83	30	4

별자리	경도		위도			등급
	도	분		도	분	
앞의 두 [별들]에서 북쪽 별	35	10	N.	84	50	4
삼각형의 작은 두 [서쪽 별들] 중, 동쪽 별	110	0	N.	87	30	6
이 [두 별들] 중 서쪽 별	105	0	N.	86	50	6
직선으로 따르는 세 [별들] 중, 남쪽 별	152	30	N.	81	15	5
셋 중 가운데	152	50	N.	83	0	5
더 북쪽 별	151	0	N.	84	50	3
앞의 서쪽 두 [별들] 중, 더 북쪽 별	153	20	N.	78	0	3
더 남쪽 [별]	156	30	N.	74	40	4 더 밝음
앞의 서쪽, 말린 꼬리 안	156	0	N.	70	0	3
매우 먼 거리의 두 [별들] 중, 서쪽 별	120	40	N.	64	40	4
앞의 동쪽	124	30	N.	65	30	3
동쪽, 꼬리	102	30	N.	61	15	3
꼬리 끝	96	30	N.	56	15	3
그러므로, 별 31개 : 3등성 8개, 4등성 17개, 5등성 4개, 6등성 2개						
케페우스						
오른쪽 발	28	40	N.	75	40	4
왼쪽 발	26	20	N.	64	15	4
허리띠 아래 오른쪽	0	40	N.	71	10	4
오른쪽 어깨 위와 거기에 닿는 곳	340	0	N.	69	0	3
오른쪽 고관절에 닿는 곳	332	40	N.	72	0	4
오른쪽 엉덩이 동쪽과 거기에 닿는 곳	333	20	N.	74	0	4
가슴	352	0	N.	65	30	5
왼쪽 팔	1	0	N.	62	30	4 더 밝음
왕관의 세 [별들] 중에서, 오른쪽 별	339	40	N.	60	15	5
이 세 [별들] 중에서, 가운데의 별	340	40	N.	61	15	4
이 세 [별들] 중에서, 북쪽 별	342	20	N.	61	30	5
별 11개 : 3등성 1개, 4등성 7개, 5등성 3개						
별자리 바깥의 두 [별들] 중에서, 왕관의 서쪽 별	337	0	N.	64	0	5
앞의 동쪽 별	344	40	N.	59	30	4
목동 또는 곰지기						
왼손의 세 [별들] 중, 서쪽 별	145		N.	58	40	5
셋 중에서 가운데, 더 남쪽 별	147		N.	58	20	5
셋 중에서, 동쪽 별	149		N.	60	10	5
왼쪽 고관절	143		N.	54	40	5
왼쪽 어깨	163		N.	49	0	3
머리	170		N.	53	50	4 더 밝음
오른쪽 어깨	179		N.	48	40	4

별자리	경도		위도			등급
	도	분		도	분	
지팡이의 두 [별들] 중에서 더 남쪽 별	179	0	N.	53	15	4
지팡이 끝, 더 북쪽 별	178	20	N.	57	30	4
어깨 아래 창의 두 [별들] 중에서, 북쪽 별	181	0	N.	46	10	4 더 밝음
이 [둘] 중에서, 더 남쪽 별	181	50	N.	45	30	5
오른손 끝	181	35	N.	41	20	5
손바닥의 두 [별들] 중에서, 서쪽 별	180	0	N.	41	40	5
앞의 동쪽	180	20	N.	42	30	5
지팡이 손잡이 끝	181	0	N.	40	20	5
오른 다리	173	20	N.	40	15	3
허리띠의 두 [별들] 중에서, 동쪽 별	169	0	N.	41	40	4
서쪽 별	168	20	N.	42	10	4 더 밝음
오른쪽 발꿈치	178	40	N.	28	0	3
왼쪽 다리 세 [별들] 중에서, 북쪽 별	164	40	N.	28	0	3
셋 중에서 가운데	163	50	N.	26	30	4
더 남쪽 별	164	50	N.	25	0	4
별 22개 : 3등성 4개, 4등성 9개, 5등성 9개						
별자리 바깥, 다리 사이, "아르크투루스"로 불림	170	20	N.	31	30	1
북쪽왕관자리						
왕관 안의 밝은 [별]	188	0	N.	44	30	2 더 밝음
모든 별들 중 [가장] 서쪽 별	185	0	N.	46	10	4 더 밝음
[앞의 별에서], 동쪽의 북쪽	185	10	N.	48	0	5
[앞의 별에서] 동쪽에서 더 먼 북쪽	193	0	N.	50	30	6
밝은 [별]의 동쪽, 남쪽	191	30	N.	44	45	4
[앞의 별] 바로 옆 동쪽	190	30	N.	44	50	4
앞의 별에서 조금 떨어진 동쪽	194	40	N.	46	10	4
왕관에서 모든 [별들] 중에서 가장 동쪽	195	0	N.	49	20	4
헤라클레스자리						
머리	221	0	N.	37	30	3
오른쪽 팔꿈치	207	0	N.	43	0	3
오른팔	205	0	N.	40	10	3
사타구니 오른쪽	201	20	N.	37	10	4
왼쪽 어깨	220	0	N.	48	0	3
왼팔	225	20	N.	49	30	4 더 밝음

별자리	경도		위도			등급
	도	분		도	분	
타구니 왼쪽	231	0	N.	42	0	4
왼쪽 손바닥의 세 [별들] 중에서, [동쪽 별]	238	50	N.	52	50	4 더 밝음
다른 두 별들 중에서, 북쪽 별	235	0	N.	54	0	4 더 밝음
더 남쪽 별	234	50	N.	53	0	4
오른쪽	207	10	N.	56	10	3
왼쪽	213	30	N.	53	30	4
왼쪽 궁둥이	213	20	N.	56	10	5
같은 다리 맨 위	214	30	N.	58	30	5
왼쪽 다리의 세 [별들] 중에서, 서쪽 별	217	20	N.	59	50	3
앞의 동쪽	218	40	N.	60	20	4
세 번째 별, [앞의 별에서] 동쪽	219	40	N.	61	15	4
왼쪽 무릎	237	10	N.	61	0	4
왼쪽 넓적다리	225	30	N.	69	20	4
왼발의 세 [별들] 중에서, 서쪽 별	188	40	N.	70	15	6
[세] 별들 중에서 가운데의 별	220	10	N.	71	15	6
셋 중에서, 동쪽 별	223	0	N.	72	0	6
오른다리 맨 위	207	0	N.	60	15	4 더 밝음
같은 다리의 더 북쪽 [별]	198	50	N.	63	0	4
오른쪽 무릎	189	0	N.	65	30	4 더 밝음
같은 무릎 아래 두 [별들] 중에서, 더 남쪽 별	186	40	N.	63	40	4
더 북쪽 별	183	30	N.	64	15	4
오른쪽 정강이	184	30	N.	60	0	4
오른발 끝, 목동의 지팡이 끝의 [별과] 같음	178	20	N.	57	30	4
앞의 것을 제외하고, 별 28개: 3등성 6개, 4등성 17개, 5등성 2개, 6등성 3개						
별자리 바깥, 오른팔 남쪽	206	0	N.	38	10	5
거문고자리						
"수금" 또는 "작은 류트"라고 부르는 밝은 [별]	250	40	N.	62	0	1
이웃의 두 [별들] 중에서, 북쪽 별	253	40	N.	62	40	4 더 밝음
더 남쪽 별	253	40	N.	61	0	4 더 밝음
틀의 곡선 사이	262	0	N.	60	0	4
동쪽에서 서로 가까운 두 [별들] 중에서, 북쪽 별	265	20	N.	61	20	4
더 남쪽 별	265	0	N.	60	20	4
가로대 서쪽의 두 [별들] 중에서, 북쪽 별	254	20	N.	56	10	3
더 남쪽 별	254	10	N.	55	0	4 더 어두움
같은 가로대 동쪽의 두 [별들] 중에서, 북쪽 별	257	30	N.	55	20	3
더 남쪽 별	258	20	N.	54	45	4 더 어두움
별 10개 : 1등성 1개, 3등성 2개, 4등성 7개						

별자리	경도		위도			등급
	도	분		도	분	
백조자리 혹은 새자리						
부리	267	50	N.	49	20	3
머리	272	20	N.	50	30	5
목 중간	279	20	N.	54	30	4 더 밝음
가슴	291	50	N.	56	20	3
꼬리에서 밝은 [별]	302	30	N.	60	0	2
오른 날개 휜 곳	282	40	N.	64	40	3
오른 날개 펼친 곳의 세 [별들] 중에서, 더 남쪽 별	285	50	N.	69	40	4
가운데의 별	284	30	N.	71	30	4 더 밝음
날개 끝의 세 별들 중 마지막	280	0	N.	74	0	4 더 밝음
왼 날개 휜 곳	294	10	N.	49	30	3
그 날개의 중간	298	10	N.	52	10	4 더 밝음
같은 [날개] 끝	300	0	N.	74	0	3
왼쪽 발	303	20	N.	55	10	4 더 밝음
왼쪽 무릎	307	50	N.	57	0	4
오른발의 두 [별들] 중에서, 서쪽 별	294	30	N.	64	0	4
동쪽 별	296	0	N.	64	30	4
오른쪽 무릎의 흐린 [별]	305	30	N.	63	45	5
별 17개 : 2등성 1개, 3등성 5개, 4등성 9개, 5등성 2개						
백조자리 근처, 별자리 바깥의 다른 [별] 두 개						
왼 날개 아래 두 별들 중에서, 더 남쪽 [별]	306	0	N.	49	40	4
더 북쪽 별	307	10	N.	51	40	4
카시오페아						
머리	1	10	N.	45	20	4
가슴	4	10	N.	46	45	3 더 밝음
거들(girdle)	6	20	N.	47	50	4
의자 위, 엉덩이	10	0	N.	49	0	3 더 밝음
무릎	13	40	N.	45	30	3
다리	20	20	N.	47	45	4
발끝	355	0	N.	48	20	4
왼팔	8	0	N.	44	20	4
왼쪽 팔꿈치	7	40	N.	45	0	5
의자 다리	357	40	N.	50	0	6
[의자] 등받이 중간	8	20	N.	52	40	4
[의자 등받이의] 가장자리	1	10	N.	51	40	3 더 어두움
	357	10	N.	51	40	6
별 13개 : 3등성 4개, 4등성 6개, 5등성 1개, 6등성 2개						

별자리	경도		위도			등급
	도	분		도	분	
페르세우스자리						
오른손 끝, 흐린 감개 안	21	0	N.	40	30	흐림
오른 팔꿈치	24	30	N.	37	30	4
오른쪽 어깨	26	0	N.	34	30	4 더 어두움
왼쪽 어깨	20	50	N.	32	20	4
머리 또는 구름	24	0	N.	34	30	4
어깨날	24	50	N.	31	10	4
오른쪽의 밝은 [별]	28	10	N.	30	0	2
같은쪽 세 [별들] 중에서, 서쪽 별	28	40	N.	27	30	4
가운데의 별	30	20	N.	27	40	4
셋 중 남은 [하나]	31	0	N.	27	30	3
왼쪽 팔꿈치	24	0	N.	27	0	4
왼손의 밝은 [별], 그리고 메두사의 머리	23	0	N.	23	0	2
같은 머리, 동쪽 별	22	30	N.	21	0	4
같은 머리, 서쪽 별	21	0	N.	21	0	4
앞에서 더 서쪽	20	10	N.	22	15	4
오른쪽 무릎	38	10	N.	28	15	4
무릎에서, 앞의 서쪽	37	10	N.	28	10	4
배의 두 [별들] 중에서, 서쪽 별	35	40	N.	25	10	4
동쪽 별	37	20	N.	26	15	4
오른쪽 엉덩이	37	30	N.	24	30	5
오른쪽 허벅지	39	40	N.	28	45	5
왼쪽 엉덩이	30	10	N.	21	40	4 더 밝음
왼쪽 무릎	32	0	N.	19	50	3
왼다리	31	40	N.	14	45	3 더 밝음
왼쪽 정강이	24	30	N.	12	0	3 더 어두움
발 위, 왼쪽	29	40	N.	11	0	3 더 밝음
별 26개: 2등성 2개, 3등성 5개, 4등성 16개, 5등성 2개, 흐린 별 1개						
페르세우스자리 근처, 별자리 바깥						
왼쪽 무릎 동쪽	34	10	N.	31	0	5
오른쪽 무릎 북쪽	38	20	N.	31	0	5
메두사의 머리 서쪽	18	0	N.	20	40	어두움
별 3개 : 5등성 2개, 어두운 별 1개						

별자리	경도		위도			등급
	도	분		도	분	
말안장 또는 마차부자리						
머리의 두 [별들] 중에서, 더 남쪽 별	55	50	N.	30	0	4
더 북쪽 별	55	40	N.	30	50	4
왼쪽 어깨의 밝은 [별], "카펠라(Capella)"라고 부름	78	20	N.	22	30	1
오른쪽 어깨	56	10	N.	20	0	2
오른쪽 팔꿈치	54	30	N.	15	15	4
오른쪽 손바닥	56	10	N.	13	30	4 더 밝음
왼쪽 팔꿈치	45	20	N.	20	40	4 더 밝음
염소에서, 왼쪽 별	45	30	N.	18	0	4 더 어두움
왼쪽 손바닥의 염소에서, 동쪽 별	46	0	N.	18	0	4 더 밝음
왼쪽 허벅지	53	10	N.	10	10	3 더 어두움
오른쪽 허벅지, 그리고 황소의 북쪽 뿔 끝	49	0	N.	5	0	3 더 밝음
발목	49	20	N.	8	30	5
엉덩이	49	40	N.	12	20	5
왼발의 작은 [별]	24	0	N.	10	20	6
별 14개 : 1등성 1개, 2등성 1개, 3등성 2개, 4등성 7개, 5등성 2개, 6등성 1개						
땅꾼자리						
머리	228	10	N.	36	0	3
오른쪽 어깨의 두 [별들] 중에서, 서쪽 별	231	20	N.	27	15	4 더 밝음
동쪽 별	232	20	N.	26	45	4
왼쪽 어깨의 두 [별들] 중에서, 서쪽 별	216	40	N.	33	0	4
동쪽 별	218	0	N.	31	50	4
왼쪽 팔꿈치	211	40	N.	34	30	4
왼손의 두 [별들] 중에서, 서쪽 별	208	20	N.	17	0	4
동쪽 별	209	20	N.	12	30	3
오른쪽 팔꿈치	220	0	N.	15	0	4
오른손의 서쪽 별	205	40	N.	18	40	4 더 어두움
동쪽 별	207	40	N.	14	20	4
오른쪽 무릎	224	30	N.	4	30	3
오른쪽 정강이	227	0	N.	2	15	3 더 밝음
오른발의 네 [별들] 중에서, 서쪽 별	226	20	S.	2	15	4 더 밝음
동쪽 별	227	40	S.	1	30	4 더 밝음
세 번째 별, 동쪽으로	228	20	S.	0	20	4 더 밝음
남은 별, 동쪽으로	229	10	S.	0	45	5 더 밝음
발꿈치에 닿음	229	30	S.	1	0	5

Venus
apogee
48°20´

별자리	경도		위도			등급
	도	분		도	분	
왼쪽 무릎	215	30	N.	11	50	3
왼쪽 다리의 세 [별들] 중에서, 직선으로, 북쪽 별	215	0	N.	5	20	5 더 밝음
이 [셋] 중에서 가운데의 별	214	0	N.	3	10	5
셋 중에서, 더 남쪽 별	213	10	N.	1	40	5 더 밝음
왼쪽 발꿈치	215	40	N.	0	40	5
왼발 안쪽에 닿음	214	0	S.	0	45	4
별 24개 : 3등성 5개, 4등성 13개, 5등성 6개						
땅꾼자리 근처, 별자리 바깥						
오른쪽 어깨 동쪽의 세 [별들] 중에서, 가장 북쪽 별	235	20	N.	28	10	4
셋 중에서 가운데의 별	236	0	N.	26	20	4
셋 중에서 남쪽 별	233	40	N.	25	0	4
셋 중에서 더 동쪽 별	237	0	N.	27	0	4
네 별에서 떨어져서, 북쪽 별	238	0	N.	33	0	4
따라서, 별자리 바깥의 [별] 5개 모두 4등성						
땅꾼자리의 뱀자리						
사변형, 빰 안	192	10	N.	38	0	4
코에 닿은 별	201	0	N.	40	0	4
관자노리	197	40	N.	35	0	3
목이 시작하는 곳	195	20	N.	34	15	3
입의 사변형 가운데	194	40	N.	37	15	4
머리 북쪽	201	30	N.	42	30	4
목이 첫 번째 휜 곳	195	0	N.	29	15	3
동쪽의 세 [별들] 중에서, 북쪽 별	198	10	N.	26	30	4
셋 중에서 가운데의 별	197	40	N.	25	20	3
셋 중에서 가장 남쪽	199	40	N.	24	0	3
땅꾼의 왼[손]에 있는 두 [별들] 중에서, 서쪽 별	202	0	N.	16	30	4
같은 손의 앞의 별 동쪽	211	30	N.	16	15	5
오른쪽 엉덩이 동쪽	227	0	N.	10	30	4
[앞의] 동쪽의 두 [별들] 중에서, 남쪽 별	230	20	N.	8	30	4 더 밝음
북쪽 별	231	10	N.	10	30	4
말린 꼬리에서 오른손의 동쪽	237	0	N.	20	0	4
꼬리에서 [앞의] 오른쪽	242	0	N.	21	10	4 더 밝음
꼬리 끝	251	40	N.	27	0	4
별 18개 : 3등성 5개, 4등성 12개, 5등성 1개						

별자리	경도		위도			등급
	도	분		도	분	
화살자리						
끝부분	273	30	N.	39	20	4
화살 대의 세 [별들] 중에서, 동쪽 별	270	0	N.	39	10	6
이 [세 별] 중에서 가운데	269	10	N.	39	50	5
셋 중에서 서쪽 별	268	0	N.	39	0	5
오늬(notch)	266	40	N.	38	45	5
별 5개: 4등성 1개, 5등성 3개, 6등성 1개						
독수리자리						
머리 중간	270	30	N.	26	50	4
목	268	10	N.	27	10	3
어깻날, "독수리(eagle)"라고 부르는 밝은 [별]	267	10	N.	29	10	2 더 밝음
앞의 별에서 매우 가까운, 더 북쪽	268	0	N.	30	0	3 더 어두움
왼쪽 어깨에서, 서쪽 별	266	30	N.	31	30	3
동쪽 별	269	20	N.	31	30	5
오른쪽 어깨에서, 서쪽 별	263	0	N.	28	40	5
동쪽 별	264	30	N.	26	40	5 더 밝음
꼬리에서, 은하수에 닿은 곳	255	30	N.	26	30	3
별 9개 : 2등성 1개, 3등성 4개, 4등성 1개, 5등성 3개						
독수리자리 근처, 별자리 바깥						
머리 남쪽, 서쪽 별	272	0	N.	21	40	3
동쪽 별	272	10	N.	29	10	3
오른쪽 어깨의 남서쪽	259	20	N.	25	0	4 더 밝음
[앞의] 남쪽	261	30	N.	20	0	3
더 남쪽	263	0	N.	15	30	5
[별자리 바깥의 여섯 별들 중에서] 가장 서쪽	254	30	N.	18	10	3
별 6개 : 3등성 4개, 4등성 1개, 5등성 1개						
돌고래자리						
꼬리의 세 [별들] 중에서, 서쪽 별	281	0	N.	29	10	3 더 어두움
다른 둘 중에서, 더 북쪽 별	282	0	N.	29	0	4 더 어두움
더 남쪽 별	282	0	N.	26	40	4
장사방형(rhomboid) 서쪽 변에서, 더 남쪽 별	281	50	N.	32	0	3 더 어두움
같은 변에서, 북쪽 별	283	30	N.	33	50	3 더 어두움
동쪽 변에서, 남쪽 별	284	40	N.	32	0	3 더 어두움
같은 변에서, 북쪽 별	286	50	N.	33	10	3 더 어두움
꼬리와 장사방형 사이의 세 [별들] 중에서, 더 남쪽 별	280	50	N.	34	15	6
북쪽의 다른 두 별들 중에서, 서쪽 별	280	50	N.	31	50	6
동쪽 별	282	20	N.	31	30	6
별 10개 : 3등성 5개, 4등성 2개, 6등성 3개						

별자리	경도		위도			등급
	도	분		도	분	
말 부분(HORSE SEGMENT)						
머리의 두 [별들] 중에서, 서쪽 별	289	40	N.	20	30	어두움
동쪽 별	292	20	N.	20	40	어두움
입의 두 [별들] 중에서, 서쪽 별	289	40	N.	25	30	어두움
동쪽 별	291	0	N.	25	0	어두움
별 4개, 모두 어두움						
날개 달린 말 또는 페가수스자리						
벌린 입	298	40	N.	21	30	3 더 밝음
머리에서 서로 가까운 두 [별들] 중에서, 북쪽 별	302	40	N.	16	50	3
더 남쪽 별	301	20	N.	16	0	4
갈기의 두 [별들] 중에서, 더 남쪽 별	314	40	N.	15	0	5
더 남쪽 별	313	50	N.	16	0	5
목의 두 [별들] 중에서, 서쪽 별	312	10	N.	18	0	3
동쪽 별	313	50	N.	19	0	4
뒷다리 왼쪽 무릎	305	40	N.	36	30	4 더 밝음
왼쪽 무릎	311	0	N.	34	15	4 더 밝음
뒷다리 오른쪽 무릎	317	0	N.	41	10	4 더 밝음
가슴의 서로 가까운 두 [별들] 중에서, 서쪽 별	319	30	N.	29	0	4
동쪽 별	320	20	N.	29	30	4
오른쪽 무릎의 두 [별들] 중에서, 북쪽 별	322	20	N.	35	0	3
더 남쪽 별	321	50	N.	24	30	5
날개 아래 몸의 두 [별들] 중에서, 북쪽 별	327	50	N.	25	40	4
더 남쪽 별	328	20	N.	25	0	4
어깻날과 날개 붙은 곳	350	0	N.	19	40	2 더 어두움
오른쪽 어깨와 다리 위	325	30	N.	31	0	2 더 어두움
날개 끝	335	30	N.	12	30	2 더 어두움
횡경막, 또한 안드로메다의 머리	341	10	N.	26	0	2 더 어두움
별 20개 : 2등성 4개, 3등성 4개, 4등성 9개, 5등성 3개						
안드로메다자리						
어깻날	348	40	N.	24	30	3
오른쪽 어깨	349	40	N.	27	0	4
왼쪽 어깨	347	40	N.	23	0	4
오른팔의 세 [별들] 중에서, 더 남쪽 별	347	0	N.	32	0	4
더 북쪽 별	348	0	N.	33	30	4
세 별들 중에서 가운데의 별	348	20	N.	32	20	5
오른손 끝의 세 [별들] 중에서, 더 남쪽 별	343	0	N.	41	0	4
이 [세 별들] 중에서 가운데의 별	344	0	N.	42	0	4

별자리	경도		위도			등급
	도	분		도	분	
이 [세 별들] 중에서 북쪽 별	345	30	N.	44	0	4
왼쪽 팔	347	30	N.	17	30	4
왼쪽 팔꿈치	349	0	N.	15	50	3
거들(girdle)의 세 [별들] 중에서, 남쪽 별	357	10	N.	25	20	3
가운데의 별	355	10	N.	30	0	3
세 별들 중에서 북쪽 별	355	20	N.	32	30	3
왼발	10	10	N.	23	0	3
오른발	10	30	N.	37	20	4 더 밝음
이 별들의 남쪽	8	30	N.	35	20	4 더 밝음
무릎 뒤쪽 아래의 두 [별들] 중에서, 북쪽 별	5	40	N.	29	0	4
남쪽 별	5	20	N.	28	0	4
오른쪽 무릎	5	30	N.	35	30	5
가운 또는 그 옷자락의 두 [별들] 중에서, 북쪽 별	6	0	N.	34	30	5
남쪽 별	7	30	N.	32	30	5
오른손에서 떨어져서 별자리 바깥쪽	5	0	N.	44	0	3
별 23개 : 3등성 7개, 4등성 12개, 5등성 4개						
삼각형자리						
삼각형 꼭지점	4	20	N.	16	30	3
밑변의 두 [별들] 중에서, 서쪽 별	9	20	N.	20	40	3
가운데의 별	9	30	N.	20	20	4
셋 중에서, 동쪽 별	10	10	N.	19	0	3
별 4개 : 3등성 3개, 4등성 1개						
따라서, 북쪽 지역에 모두 360개의 별: 1등성 3개, 2등성 18개, 3등성 81개, 4등성 177개, 5등성 58개, 6등성 13개, 흐린 별 1개, 어두운 별 9개						
[II:] 황도의 중간과 황도 근처의 별들						
양자리						
뿔의 두 [별들] 중에서, 왼쪽 별, 그리고 모든 [별들] 중에서 첫 번째	0	0	N.	7	20	3 더 어두움
뿔에서, 동쪽 별	1	0	N.	8	20	3
벌린 입의 두 [별들] 중에서, 북쪽 별	4	20	N.	7	40	5
더 북쪽 별	4	50	N.	6	0	5
목	9	50	N.	5	30	5
허리	10	50	N.	6	0	6
꼬리의 시작	14	40	N.	4	50	5
꼬리의 세 [별들] 중에서, 서쪽 별	17	10	N.	1	40	4
가운데의 별	18	40	N.	2	30	4

별자리	경도		위도			등급
	도	분		도	분	
셋 중에서, 동쪽 별	20	20	N.	1	50	4
엉덩이	13	0	N.	1	10	5
무릎 뒤	11	20	S.	1	30	5
뒷다리 끝	8	10	S.	5	15	4 더 밝음
별 13개 : 3등성 2개, 4등성 4개, 5등성 6개, 6등성 1개						
양자리 근처, 별자리 바깥						
머리 위의 밝은 [별]	3	50	N.	10	0	3 더 밝음
등 위, 가장 북쪽	15	0	N.	10	10	4
나머지 어두운 세 [별들] 중에서, 북쪽	14	40	N.	12	40	5
가운데의 별	13	0	N.	10	40	5
이 [셋] 중에서, 남쪽 별	12	30	N.	10	40	5
별 5개 : 3등성 1개, 4등성 1개, 5등성 3개						
황소자리						
이 부분의 네 [별들] 중에서, 가장 북쪽 별	19	40	S.	6	0	4
앞의 별 다음의 두 번째 별	19	20	S.	7	15	4
세 번째 별	18	0	S.	8	30	4
네 번째 별, 가장 남쪽	17	50	S.	9	15	4
오른쪽 어깨	23	0	S.	9	30	5
가슴	27	0	S.	8	0	3
오른쪽 무릎	30	0	S.	12	40	4
뒷다리 오른쪽 무릎	26	20	S.	14	50	4
왼쪽 무릎	35	30	S.	10	0	4
뒷다리 왼쪽 무릎	36	20	S.	13	30	4
히아데스에서, "새끼돼지"라고 부르는 얼굴의 다섯 [별들] 중에서, 콧구멍에 있는 별	32	0	S.	5	45	3 더 어두움
앞의 별과 북쪽 눈 사이	33	40	S.	4	15	3 더 어두움
같은 [별]과 남쪽 눈 사이	34	10	S.	0	50	3 더 어두움
눈에서, 로마인들이 "팔리키움"이라고 부른 밝은 [별]	36	0	S.	5	10	1
북쪽 눈	35	10	S.	3	0	3 더 어두움
남쪽 뿔의 시작과 귀 사이	40	30	S.	4	0	4
같은 뿔의 두 [별들] 중에서, 더 남쪽 별	43	40	S.	5	0	4
더 북쪽 별	43	20	S.	3	30	5
같은 [뿔]의 끝	50	30	S.	2	30	3
북쪽 뿔의 시작	49	0	S.	4	0	4
같은 [뿔]의 끝, 마차부의 오른발이기도 함	49	0	N.	5	0	3
북쪽 귀의 두 [별들] 중에서, 북쪽 별	35	20	N.	4	30	5
이 [둘] 중에서, 남쪽 별	35	0	N.	4	0	5

Saturn's apogee 226°30´

De revolutionibus orbium coelestium

별자리	경도		위도			등급
	도	분		도	분	
목의 두 작은 [별들] 중에서, 서쪽 별	30	20	N.	0	40	5
동쪽 별	32	20	N.	1	0	6
목에서 사변형의 서쪽 [별들] 중에서, 남쪽 별	31	20	N.	5	0	5
같은 변의 북쪽 별	32	10	N.	7	10	5
동쪽 변의 남쪽 별	35	20	N.	3	0	5
같은 변의 북쪽 별	35	0	N.	5	0	5
플레이아데스의 서쪽에서, 북쪽 끝 "베르길리아"라고 부르는 별	25	30	N.	4	30	5
같은 변의 남쪽 끝	25	50	N.	4	40	5
동쪽, 프레이아데스의 매우 좁은 끝	27	0	N.	5	20	5
플레이아데스의 작은 [별], 가장 바깥쪽에서 떨어진 곳	26	0	N.	3	0	5
별 32개, 북쪽 뿔 끝의 별 1개를 포함하지 않음 : 1등성 1개, 3등성 6개, 4등성 11개, 5등성 13개, 6등성 1개						
황소자리 근처, 별자리 바깥						
아래, 발과 어깨 사이	18	20	S.	17	30	4
남쪽 뿔 근처의 세 [별들] 중에서, 서쪽 별	43	20	S.	2	0	5
셋 중에서 중간 별	47	20	S.	1	45	5
셋 중에서 동쪽 별	49	20	S.	2	0	5
같은 뿔 끝 아래의 두 [별들] 중에서, 북쪽 별	52	20	S.	6	20	5
남쪽 별	52	20	S.	7	40	5
북쪽 별 아래의 다섯 [별들] 중에서, 서쪽 별	50	20	N.	2	40	5
동쪽으로 두 번째 별	52	20	N.	1	0	5
동쪽으로 세 번째 별	54	20	N.	1	20	5
남은 둘 중에서, 북쪽 별	55	40	N.	3	20	5
남쪽 별	56	40	N.	1	15	5
별자리 바깥쪽의 별 11개 : 4등성 1개, 5등성 10개						
쌍둥이자리						
서쪽 쌍둥이 머리, 카스토르(Castor)	76	40	N.	9	30	2
동쪽 쌍둥이 머리의 노란 [별], 폴룩스(Pollux)	79	50	N.	6	15	2
서쪽 쌍둥이의 왼쪽 팔꿈치	70	0	N.	10	0	4
같은 팔	72	0	N.	7	20	4
같은 쌍둥이의 어깻날	75	20	N.	5	30	4
같은 [쌍둥이의] 오른쪽 어깨	77	20	N.	4	50	4
같은 쌍둥이의 왼쪽 어깨	80	0	N.	2	40	4
서쪽 쌍둥이의 오른쪽 옆	75	0	N.	2	40	5
동쪽 쌍둥이의 왼쪽 옆	76	30	N.	3	0	5

별자리	경도		위도			등급
	도	분		도	분	
서쪽 쌍둥이의 왼쪽 무릎	66	30	N.	1	30	3
동쪽 [쌍둥이의] 왼쪽 무릎	71	35	S.	2	30	3
같은 [쌍둥이의] 왼쪽 사타구니	75	0	S.	0	30	3
같은 [쌍둥이의] 오른쪽 다리 연결부	74	40	S.	0	40	3
서쪽 쌍둥이 발의 서쪽 [별]	60	0	S.	1	30	4 더 밝음
같은 발의 동쪽 [별}	61	30	S.	1	15	4
서쪽 쌍둥이 발 끝	63	30	S.	3	30	4
동쪽 [쌍둥이] 발 위	65	20	S.	7	30	3
같은 발의 바닥	68	0	S.	10	30	4
별 18개 : 2등성 2개, 3등성 5개, 4등성 9개, 5등성 2개						
쌍둥이자리 근처, 별자리 바깥						
서쪽 쌍둥이 발 위의 서쪽 [별]	57	30	S.	0	40	4
같은 [쌍둥이] 무릎 서쪽 밝은 [별]	59	50	N.	5	50	4 더 밝음
동쪽 쌍둥이 왼쪽 무릎의 서쪽	68	30	S.	2	15	5
동쪽 쌍둥이 오른손의 동쪽 세 [별들] 중에서, 북쪽 별	81	40	S.	1	20	5
가운데의 별	79	40	S.	3	20	5
오른팔 근처의 세 [별들] 중에서, 남쪽 별	79	20	S.	4	30	5
셋 중에서 동쪽의 밝은 [별]	84	0	S.	2	40	4
별 7개 : 4등성 3개, 5등성 4개						
게자리						
가슴의 흐린 곳 가운데 "프레세페"라고 부르는 [별]	93	40	N.	0	40	흐림
사변형 서쪽의 두 [별들] 중에서, 북쪽 별	91	0	N.	1	15	4 더 어두움
남쪽 별	91	20	S.	1	10	4 더 어두움
"당나귀들"이라고 부르는 동쪽의 두 [별들] 중에서 북쪽 별	93	40	N.	2	40	4 더 밝음
남쪽 당나귀	94	40	S.	0	10	4 더 밝음
남쪽의 집게발 또는 앞발	99	50	S.	5	30	4
북쪽의 앞발	91	40	N.	11	50	4
오른쪽 발 끝	86	0	N.	1	0	5
왼쪽 발 끝	90	30	S.	7	30	4 더 밝음
별 9개 : 4등성 7개, 5등성 1개, 흐릿한 별 1개						
게자리 근처, 별자리 바깥						
남쪽 집게발 관절위	103	0	S.	2	40	4 더 어두움
같은 집게발 끝의 동쪽	105	0	S.	5	40	4 더 어두움

별자리	경도		위도			등급
	도	분		도	분	
작게 흐린 곳 우의 두 [별들] 중에서, 서쪽별	97	20	N.	4	50	5
앞의 동쪽	100	20	N.	7	15	5
별자리 바깥의 [별] 4개 : 4등성 2개, 5등성 2개						
사자자리						
콧구멍	101	40	N.	10	0	4
벌린 입	104	30	N.	7	30	4
머리의 두 [별들] 중에서, 북쪽 별	107	40	N.	12	0	3
남쪽 별	107	30	N.	9	30	3 더 밝음
목의 세 [별들] 중에서, 북쪽 별	113	30	N.	11	0	3
가운데의 별	115	30	N.	8	30	2
셋 중에서, 남쪽 별	114	0	N.	4	30	3
심장, "작은 왕" 또는 "레굴루스"로 부름	115	50	N.	0	10	1
가슴의 두 [별들] 중에서, 남쪽 별	116	50	S.	1	50	4
심장에 있는 별에서 약간 동쪽	113	20	S.	0	15	5
오른쪽 앞 무릎	110	40	S.	0	0	5
오른쪽 앞발	117	30	S.	3	40	6
왼쪽 앞 무릎	122	30	S.	4	10	4
왼쪽 앞발	115	50	S.	4	15	4
왼쪽 앞 겨드랑이	122	30	S.	0	10	4
배의 세 [별들] 중에서, 서쪽 별	120	20	N.	4	0	6
동쪽의 둘 중에서, 북쪽 별	126	20	N.	5	20	6
남쪽 별	125	40	N.	2	20	6
허리의 두 [별들] 중에서, 서쪽 별	124	40	N.	12	15	5
동쪽 별	127	30	N.	13	40	2
엉덩이의 두 [별들] 중에서, 북쪽 별	127	40	N.	11	30	5
남쪽 별	129	40	N.	9	40	3
뒤쪽 엉덩이	133	40	N.	5	50	3
[다리의] 굽은 곳	135	0	N.	1	15	4
뒷[다리] 연결부	135	0	S.	0	50	4
뒷발	134	0	S.	3	0	5
꼬리 끝	137	50	N.	11	50	1 더 어두움
별 27개 : 1등성 2개, 2등성 2개, 3등성 6개, 4등성 8개, 5등성 5개, 6등성 4개						
사자자리 근처, 별자리 바깥						
등 위의 두 [별들] 중에서, 서쪽 별	119	20	N.	13	20	5
동쪽 별	121	30	N.	15	30	5
배 아래의 세 [별들] 중에서, 북쪽 별	129	50	N.	1	10	4 더 어두움

Mars' apogee 109°50′

별자리	경도		위도			등급
	도	분		도	분	
가운데의 별	130	30	S.	0	30	5
셋 중에서, 남쪽 별	132	20	S.	2	40	5
사자자리와 곰자리 가장 바깥쪽 [별들] 사이의 흐린 영역에서,						
가장 북쪽 별, "베르니케의 머리털"	138	10	N.	30	0	빛남
남쪽의 두 [별들] 중에서, 서쪽 별	133	50	N.	25	0	어두움
동쪽 별, 담쟁이 잎 모양 속	141	50	N.	25	30	어두움
별자리 바깥, [별] 8개: 4등성 1개, 5등성 4개, 빛남 1개, 어두움 2개						
처녀 자리						
머리 윗부분의 두 [별들] 중에서, 서쪽과 남쪽의 별	139	40	N.	4	15	5
동쪽과 더 북쪽의 별	140	20	N.	5	40	5
얼굴의 두 [별들] 중에서, 북쪽별	144	0	N.	8	0	5
남쪽 별	143	30	N.	5	30	5
왼쪽 끝에서, 남쪽 날개	142	20	N.	6	0	3
왼쪽 날개의 네 [별들] 중에서, 서쪽 별	151	35	N.	1	10	3
두 번째 별, 동쪽으로	156	30	N.	2	50	3
세 번째	160	30	N.	2	50	5
넷 중 마지막, 동쪽으로	164	20	N.	1	40	4
거들 아래 오른쪽	157	40	N.	8	30	3
오른쪽의 세 [별들] 중에서, 북쪽 날개, 서쪽 별	151	30	N.	13	50	5
다른 둘 중에, 남쪽 별	153	30	N.	11	40	6
두 [별] 중에서, 북쪽 별, "포도압착기"라고 부름	155	30	N.	15	10	3 더 밝음
왼손, "스피카"라고 부름	170	0	S.	2	0	1
거들 아래와 오른쪽 엉덩이	168	10	N.	8	40	3
왼쪽 엉덩이 사변형의 서쪽 [별들] 중에서, 북쪽 별	169	40	N.	2	20	5
남쪽 별	170	20	N.	0	10	6
동쪽의 두 [별들] 중에서, 북쪽 별	173	20	N.	1	30	4
남쪽 별	171	20	N.	0	20	5
왼쪽 무릎	175	0	N.	1	30	5
오른쪽 엉덩이의 동쪽 [변]	171	20	N.	8	30	5
가운에서, 가운데의 별	180	0	N.	7	30	4
남쪽 별	180	40	N.	2	40	4
북쪽 별	181	40	N.	11	40	4
왼쪽에서, 남쪽 발	183	20	N.	0	30	4
오른쪽에서, 북쪽 발	186	0	N.	9	50	3
별 26개 : 1등성 1개, 3등성 7개, 4등성 6개, 5등성 10개, 6등성 2개						

Jupiter's apogee 154° 20′

Mercury's apogee 183° 20′

별자리	경도		위도			등급
	도	분		도	분	
처녀자리 근처, 별자리 바깥						
왼쪽 팔 아래 직선으로 늘어선 세 [별들] 중에서, 서쪽 별	158	0	S.	3	30	5
가운데의 별	162	20	S.	3	30	5
동쪽 별	165	35	S.	3	20	5
스피카 아래 직선으로 늘어선 세 [별들] 중에서, 서쪽 별	170	30	S.	7	20	6
가운데, 이중[성]	171	30	S.	8	20	5
셋 중에서, 동쪽 별	173	20	S.	7	50	6
별자리 바깥의 [별] 6개 : 5등성 4개, 6등성 2개						
집게발자리 (현재는 천칭자리임)						
남쪽 집게발 끝의 두 [별들] 중에서, 밝은 별	191	20	N.	0	40	2 더 밝음
북쪽의 더 어두운 별	190	20	N.	2	30	5
북쪽 집게발 끝의 두 [별들] 중에서, 밝은 별	195	30	N.	8	30	2
더 어두운 별, 앞의 서쪽	191	0	N.	8	30	5
남쪽 집게발의 가운데	197	20	N.	1	40	4
같은 [집게발에서], 서쪽의 별	194	40	N.	1	15	4
북쪽 집게발에서 가운데	200	50	N.	3	45	4
같은 [집게발에서] 동쪽 [별]	206	20	N.	4	30	4
별 8개 : 2등성 2개, 4등성 4개, 5등성 2개						
집게발자리 근처, 별자리 바깥						
북쪽 집게발의 세 [별들] 중에서, 서쪽 별	199	30	N.	9	0	5
동쪽의 둘 중에서, 남쪽 별	207	0	N.	6	40	4
이 [둘] 중에서, 북쪽 별	207	40	N.	9	15	4
집게발 사이의 세 [별들] 중에서, 동쪽 별	205	50	N.	5	30	6
서쪽의 다른 둘 중에서, 북쪽 별	203	40	N.	2	0	4
남쪽 별	204	30	N.	1	30	5
남쪽 집게발 아래의 세 [별들] 중에서, 서쪽 별	196	20	S.	7	30	3
동쪽의 다른 둘 중에서, 북쪽 별	204	30	S.	8	10	4
남쪽 별	205	20	S.	9	40	4
별자리 바깥의 [별] 9개 : 3등성 1개, 4등성 5개, 5등성 2개, 6등성 1개						
전갈자리						
이마의 밝은 세 [별들] 중에서, 북쪽 별	209	40	N.	1	20	3 더 밝음
가운데의 별	209	0	S.	1	40	3
셋 중에서, 남쪽 별	209	0	S.	5	0	3
더 남쪽과 발	209	20	S.	7	50	3
서로 가까운 두 [별들] 중에서, 북쪽의 밝은 별	210	20	N.	1	40	4
남쪽 별	210	40	N.	0	30	4
몸의 밝은 세 [별들] 중에서, 서쪽 별	214	0	S.	3	45	3
가운데의 붉은 [별], "안타레스"라고 부름	216	0	S.	4	0	2 더 밝음
셋 중에서, 동쪽 별성 1개	217	50	S.	5	30	3

별자리	경도		위도			등급
	도	분		도	분	
마지막 집게발의 두 [별들] 중에서, 서쪽 별	212	40	S.	6	10	5
동쪽 별	213	50	S.	6	40	5
몸의 첫 번째 부분	221	50	S.	11	0	3
두 번째 부분	222	10	S.	15	0	4
세 번째 [부분]의 이중[성]에서, 북쪽 별	223	20	S.	18	40	4
이중[성]에서, 남쪽 별	223	30	S.	18	0	3
네 번째 부분	226	30	S.	19	30	3
다섯 번째 [부분]	231	30	S.	18	50	3
여섯 번째 부분	233	50	S.	16	40	3
일곱 번째 [부분]에서, 침 옆의 별	232	20	S.	15	10	3
침 옆의 두 [별들] 중에서, 동쪽 별	230	50	S.	13	20	3
서쪽 별	230	20	S.	13	30	4
별 21개 : 2등성 1개, 3등성 13개, 4등성 5개, 5등성 2개						
전갈자리 근처, 별자리 바깥						
흐린 [별], 침의 동쪽	234	30	S.	13	15	흐림
침 북쪽의 두 [별들] 중에서, 서쪽 별	228	50	S.	6	10	5
동쪽 별	232	50	S.	4	10	5
별자리 바깥의 [별] 3개 : 5등성 2개, 흐린 별 1개						
궁수자리						
화살 끝	237	50	S.	6	30	3
왼손 손잡이	241	0	S.	6	30	3
활의 남쪽 부분	241	20	S.	10	50	3
북쪽 [활 부분]의 두 [별들] 중에서, 남쪽 별	242	20	S.	1	30	3
활 끝에서 더 북쪽	240	0	N.	2	50	4
왼쪽 어깨	248	40	S.	3	10	3
앞의 서쪽, 화살	246	20	S.	3	50	4
이중성, 눈 안의 흐린 [별]	248	30	N.	0	45	흐림
머리의 세 [별들] 중에서, 서쪽 별	249	0	N.	2	10	4
가운데의 별	251	0	N.	1	30	4 더 밝음
동쪽 별	252	30	N.	2	0	4
옷의 북쪽 [부분]의 세 [별들] 중에서, 더 남쪽 별	254	40	N.	2	50	4
가운데의 별	255	40	N.	4	30	4
셋 중에서, 북쪽 별	256	10	N.	6	30	4
[앞의] 셋 중에서 동쪽의 어두운 [별]	259	0	N.	5	30	6
옷의 남쪽 [부분]의 두 [별들] 중에서, 북쪽 별	262	50	N.	5	50	5
남쪽 별	261	0	N.	2	0	6
오른쪽 어깨	255	40	S.	1	50	5

별자리	경도		위도			등급
	도	분		도	분	
오른쪽 팔꿈치	258	10	S.	2	50	5
어깻날	253	20	S.	2	30	5
등의 넓은 부분	251	0	S.	4	30	4 더 밝음
겨드랑이 아래	249	40	S.	6	45	3
왼쪽 앞[다리]의 비절	251	0	S.	23	0	2
같은쪽 뒷다리의 무릎	250	20	S.	18	0	2
오른쪽 앞[다리] 비절	240	0	S.	13	0	3
왼쪽 어깻날	260	40	S.	13	30	3
오른쪽 앞[다리] 무릎	260	0	S.	20	10	3
꼬리가 시작되는 북쪽 네 [별들] 중에서, 서쪽 별	261	0	S.	4	50	5
같은 변에서, 동쪽 별	261	10	S.	4	50	5
남쪽 변에서, 서쪽 별	261	50	S.	5	50	5
같은 쪽에서, 동쪽 별	263	0	S.	6	30	5
별 31개 : 2등성 2개, 3등성 9개, 4등성 9개, 5등성 8개, 6등성 2개, 흐린 별 1개						
염소자리						
왼쪽 뿔의 세 [별들] 중에서, 북쪽 별	270	40	N.	7	30	3
가운데의 별	271	0	N.	6	40	6
셋 중에서, 남쪽 별	270	40	N.	5	0	3
동쪽 뿔의 끝	272	20	N.	8	0	6
벌린 입의 세 [별들] 중에서, 남쪽 별	272	20	N.	0	45	6
다른 둘 중에서, 서쪽 별	272	0	N.	1	45	6
동쪽 별	272	10	N.	1	30	6
오른쪽 눈 아래	270	30	N.	0	40	5
목의 두 [별들] 중에서, 북쪽 별	275	0	N.	4	50	6
남쪽 별	275	10	S.	0	50	5
오른쪽 무릎	274	10	S.	6	30	4
왼쪽에서, 굽은 무릎	275	0	S.	8	40	4
왼쪽 어깨	280	0	S.	7	40	4
배 아래 서로 가까운 두 [별들] 중에서, 서쪽 별	283	30	S.	6	50	4
몸 중간의 세 [별들] 중에서, 동쪽 별	283	40	S.	6	0	5
동쪽 별	282	0	S.	4	15	5
몸의 중간에 있는 세 [별들] 중에서, 동쪽 별	280	0	S.	4	0	5
서쪽의 다른 둘 중에서, 남쪽 별	280	0	S.	2	50	5
이 [둘] 중에서, 북쪽 별	280	0	S.	0	0	4
등의 두 [별들] 중에서, 서쪽 별	284	20	S.	0	50	4
동쪽 별	286	40	S.	4	45	4

별자리	경도		위도			등급
	도	분		도	분	
동쪽 별	288	20	S.	4	30	4
흉곽 [남쪽] 부분의 두 [별들] 중에서, 서쪽 별	288	10	S.	2	10	3
동쪽 별	289	40	S.	2	0	3
꼬리 북쪽 부분의 네 [별들] 중에서, 서쪽 별	290	10	S.	2	20	4
다른 셋 중에서, 남쪽 별	292	0	S.	5	0	5
가운데의 별	291	0	S.	2	50	5
북쪽 별, 꼬리 끝	292	0	N.	4	20	5
별 28개 : 3등성 4개, 4등성 9개, 5등성 9개, 6등성 6개						
물병자리						
머리	293	40	N.	15	45	5
오른쪽 어깨, 더 밝은 별	299	44	N.	11	0	3
더 어두운 별	298	30	N.	9	40	5
왼쪽 어깨	290	0	N.	8	50	3
겨드랑이 아래	290	40	N.	6	15	5
왼손 아래 옷 안의 세 [별들] 중에서, 동쪽 별	280	0	N.	5	30	3
가운데의 별	279	30	N.	8	0	4
셋 중에서, 서쪽 별	278	0	N.	8	30	3
오른쪽 팔꿈치	302	50	N.	8	45	3
오른손에서, 북쪽 별	303	0	N.	10	45	3
남쪽의 다른 둘 중에서, 서쪽 별	305	20	N.	9	0	3
동쪽 별	306	40	N.	8	30	3
오른쪽 엉덩이의 서로 가까운 두 [별들] 중에서, 서쪽 별	299	30	N.	3	0	4
동쪽 별	300	20	N.	2	10	5
오른쪽 둔부	302	0	S.	0	50	4
왼쪽 둔부의 두 [별들] 중에서, 남쪽 별	295	0	S.	1	40	4
더 북쪽 별	295	30	N.	4	0	6
오른쪽 정강이, 남쪽 별	305	0	S.	7	30	3
북쪽 별	304	40	S.	5	0	4
왼쪽 엉덩이	301	0	S.	5	40	5
왼쪽 정강이의 두 [별들] 중에서, 남쪽 별	300	40	S.	10	0	5
북쪽 별, 무릎 아래	302	10	S.	9	0	5
손으로 붓는 물 속에서, 첫 번째 [별]	303	20	N.	2	0	4
동쪽으로, 더 남쪽	308	10	N.	0	10	4
동쪽으로, 물의 첫 번째 굴곡	311	0	S.	1	10	4
앞의 동쪽	313	20	S.	0	30	4
두 번째 굴곡, 남쪽 별	313	50	S.	1	40	4
동쪽의 두 [별들] 중에서, 북쪽 별	312	30	S.	3	30	4
남쪽 별	312	50	S.	4	10	4
남쪽으로 떨어져서	314	10	S.	8	15	5

별자리	경도		위도			등급
	도	분		도	분	
앞의 동쪽의 서로 가까운 두 [별들] 중에서, 서쪽 별	316	0	S.	11	0	5
동쪽 별	316	30	S.	10	50	5
물의 세 번째 굴곡의 세 [별들] 중에서, 북쪽 별	315	0	S.	14	0	5
가운데의 별	316	0	S.	14	45	5
셋 중에서, 동쪽 별	316	30	S.	15	40	5
비슷한 형태의 동쪽 세 [별들] 중에서, 북쪽 별	310	20	S.	14	10	4
가운데의 별	310	50	S.	15	0	4
셋 중에서, 남쪽 별	311	40	S.	15	45	4
마지막 굴곡의 세 [별들] 중에서, 서쪽 별	305	10	S.	14	50	4
동쪽의 두 [별들] 중에서, 남쪽 별	306	0	S.	15	20	4
북쪽 별	306	30	S.	14	0	4
물 속의 마지막 [별], 남쪽물고기자리의 입이기도 함	300	20	S.	23	0	1
별 42개 : 1등성 1개, 3등성 9개, 4등성 18개, 5등성 13개, 6등성 1개						
물병자리 근처, 별자리 바깥						
물의 굴곡 동쪽의 세 [별들] 중에서, 서쪽 별	320	0	S.	15	30	4
다른 둘 중에서, 북쪽 별	323	0	S.	14	20	4
이 [둘] 중에서, 남쪽 별	322	20	S.	18	15	4
별 3개 : 4등성보다 밝음						
물고기자리						
서쪽 물고기: 입 안	315	0	N.	9	15	4
머리 뒤의 두 [별들] 중에서, 남쪽 별	317	30	N.	7	30	4 더 밝음
북쪽 별	321	30	N.	9	30	4
등의 두 [별들] 중에서, 서쪽 별	319	20	N.	9	20	4
동쪽 별	324	0	N.	7	30	4
배에서, 서쪽 별	319	20	N.	4	30	4
동쪽 별	323	0	N.	2	30	4
같은 물고기의 꼬리	329	20	N.	6	20	4
그 선에서, 꼬리로부터 첫 번째 [별]	334	20	N.	5	45	6
동쪽 별	336	20	N.	2	45	6
[앞의 둘]의 동쪽 밝은 세 [별들] 중에서, 서쪽 별	340	30	N.	2	15	4
가운데의 별	343	50	N.	1	10	4
동쪽 별	346	20	S.	1	20	4
휜 곳의 작은 두 [별들] 중에서, 북쪽 별	345	40	S.	2	0	6
남쪽 별	346	20	S.	5	0	6
휜 곳 동쪽의 세 [별들] 중에서, 서쪽 별	350	20	S.	2	20	4
가운데의 별	352	0	S.	4	40	4
동쪽 별	354	0	S.	7	45	4

별자리	경도		위도			등급
	도	분		도	분	
두 선이 꼬인 곳	356	0	S.	8	30	3
북쪽 선에서, 꼬인 곳의 서쪽	354	0	S.	4	20	4
앞의 동쪽의 세 [별들] 중에서, 남쪽 별	353	30	N.	1	30	5
가운데의 별	353	40	N.	5	20	3
셋 중에서, 북쪽과 선의 마지막 별	353	50	N.	9	0	4
동쪽 물고기: 입의 두 [별들] 중에서, 북쪽 별	355	20	N.	21	45	5
남쪽 별	355	0	N.	21	30	5
머리의 작은 세 [별들] 중에서, 동쪽 별	352	0	N.	20	0	6
가운데의 별	351	0	N.	19	50	6
셋 중에서, 서쪽 별	350	20	N.	23	0	6
남쪽 지느러미의 세 [별들] 중에서, 서쪽 별, 안드로메다의 왼쪽 팔꿈치 근처	349	0	N.	14	20	4
가운데의 별	349	40	N.	13	0	4
셋 중에서, 동쪽 별	351	0	N.	12	0	4
배의 두 [별들] 중에서, 북쪽 별	355	30	N.	17	0	4
더 남쪽 별	352	40	N.	15	20	4
동쪽 지느러미에서, 꼬리 근처	353	20	N.	11	45	4
별 34개 : 3등성 2개, 4등성 22개, 5등성 3개, 6등성 7개						
물고기자리 근처, 별자리 바깥						
서쪽 물고기 아래 사변형 북쪽 변, 서쪽 별	324	30	S.	2	40	4
동쪽 별	325	35	S.	2	30	4
남쪽 변, 서쪽 별	324	0	S.	5	50	4
동쪽 별	325	40	S.	5	30	4
별자리 바깥의 [별] 4개, 4등성						
따라서, 황도에는 모두 별 346개가 있으며, 1등성 5개, 2등성 9개, 3등성 64개, 4등성 133개, 5등성 105개, 6등성 27개, 흐린 별 3개이다. 이 숫자에 더해서, 머리자리가 있어서, 위에서 언급했듯이, 천문학자 코논이 "베레니케의 머리털"이라고 불렀다.						
[III:] 남쪽 영역						
고래자리						
콧수염 끝	11	0	S.	7	45	4
턱의 세 [별들] 중에서, 동쪽 별	11	0	S.	11	20	3
입 중간에서, 가운데의 별	6	0	S.	11	30	3
셋 중에서 서쪽 별, 뺨	3	50	S.	14	0	3
눈	4	0	S.	8	10	4
북쪽, 털	5	30	S.	6	20	4

별자리	경도		위도			등급
	도	분		도	분	
갈기, 서쪽	1	0	S.	4	10	4
가슴의 네 [별들] 중에서, 서쪽의 북쪽 별	355	20	S.	24	30	4
남쪽 별	356	40	S.	28	0	4
동쪽의 별들 중에서, 북쪽 별	0	0	S.	25	10	4
남쪽 별	0	20	S.	27	30	3
몸의 세 [별들] 중에서, 가운데의 별	345	20	S.	25	20	3
남쪽 별	346	20	S.	30	30	4
셋 중에서, 북쪽 별	348	20	S.	20	0	3
꼬리 근처의 두 [별들] 중에서, 동쪽 별	343	0	S.	15	20	3
서쪽 별	338	20	S.	15	40	3
꼬리의 사변형에서, 동쪽의 [별들] 중에서, 북쪽 별	335	0	S.	11	40	5
남쪽 별	334	0	S.	13	40	5
서쪽의 남은 [별들] 중에서, 북쪽 별	332	40	S.	13	0	5
남쪽 별	332	20	S.	14	0	5
꼬리의 북쪽 끝	327	40	S.	9	30	3
꼬리의 남쪽 끝	329	0	S.	20	20	3
별 22개 : 3등성 10개, 4등성 8개, 5등성 4개						
오리온자리						
머리의 흐린 [별]	50	20	S.	16	30	흐림
오른쪽 어깨의 밝고 붉은 [별]	55	20	S.	17	0	1
왼쪽 어깨	43	40	S.	17	30	2 더 밝음
앞의 동쪽	48	20	S.	18	0	4 더 어두움
오른쪽 팔꿈치	57	40	S.	14	30	4
오른쪽 앞팔	59	40	S.	11	50	6
오른손의 네 [별들] 중에서, 남쪽에서, 동쪽 별	59	50	S.	10	40	4
서쪽 별	59	20	S.	9	45	4
북쪽 변에서, 동쪽 별	60	40	S.	8	15	6
같은 변에서, 서쪽 별	59	0	S.	8	15	6
곤봉의 두 [별들] 중에서, 서쪽 별	55	0	S.	3	45	5
동쪽 별	57	40	S.	3	15	5
등의 직선의 네 [별들] 중에서, 동쪽 별	50	50	S.	19	40	4
두 번째, 서쪽으로	49	40	S.	20	0	6
세 번째, 서쪽으로	48	40	S.	20	20	6
네 번째 위치, 서쪽으로,	47	30	S.	20	30	5
방패의 아홉 [별들] 중에서, 가장 북쪽	43	50	S.	8	0	4
두 번째	42	40	S.	8	10	4
세 번째	41	20	S.	10	15	4
네 번째	39	40	S.	12	50	4
다섯 번째	38	30	S.	14	15	4
여섯 번째	37	50	S.	15	50	3

별자리	경도		위도			등급
	도	분		도	분	
일곱 번째	38	10	S.	17	10	3
여덟 번째	38	40	S.	20	20	3
남아 있는 별등 중에서, 가장 남쪽	39	40	S.	21	30	3
허리띠의 밝은 세 [별들] 중에서, 서쪽 별	48	40	S.	24	10	2
가운데의 별	50	40	S.	24	50	2
직선의 세 [별들] 중에서, 동쪽 별	52	40	S.	25	30	2
칼자루	47	10	S.	25	50	3
칼의 세 [별들] 중에서, 북쪽 별	50	10	S.	28	40	4
가운데의 별	50	0	S.	29	30	3
남쪽 별	50	20	S.	29	50	3 더 어두움
칼 끝의 두 [별들] 중에서, 동쪽 별	51	0	S.	30	30	4
서쪽 별	49	30	S.	30	50	4
왼발의 밝은 [별], 강자리 안이기도 함	42	30	S.	31	30	1
왼쪽 정강이	44	20	S.	30	15	4 더 밝음
왼쪽 발꿈치	46	40	S.	31	10	4
오른쪽 무릎	53	30	S.	33	30	3
별 38개 : 1등성 2개, 2등성 4개, 3등성 8개, 4등성 15개, 5등성 3개, 6등성 5개, 흐림 1개						
강자리						
오리온의 왼발을 넘어서, 강자리 시작	41	40	S.	31	50	4
오리온의 다리에서 굽은 곳, 가장 북쪽 별	42	10	S.	28	15	4
앞의 별 동쪽의 두 [별들] 중에서, 동쪽 별	41	20	S.	29	50	4
서쪽 별	38	0	S.	28	15	4
다음의 둘 중에서, 동쪽 별	36	30	S.	25	15	4
서쪽 별	33	30	S.	25	20	4
앞의 별 다음의 셋 중에서, 동쪽 별	29	40	S.	26	0	4
가운데의 별	29	0	S.	27	0	4
셋 중에서, 서쪽 별	26	10	S.	27	50	4
떨어져 있는 넷 중에서, 동쪽 별	20	20	S.	32	50	3
앞의 서쪽	18	0	S.	31	0	4
세 번째 별, 서쪽으로	17	30	S.	28	50	3
넷 모두 중에서, [가장 먼] 서쪽	15	30	S.	28	0	3
네 개의 [다른 별들] 중에서, 다시 같은 방식으로, 동쪽 별	10	30	S.	25	30	3
앞의 서쪽	8	10	S.	23	50	4
앞에서 더 먼 서쪽	5	30	S.	23	10	3
넷 중에서, 가장 먼 서쪽	3	50	S.	23	15	4
강의 굴곡에서, 고래의 가슴에 닿는 곳	358	30	S.	32	10	4
앞의 동쪽	359	10	S.	34	50	4
동쪽의 세 [별들] 중에서, 서쪽 별	2	10	S.	38	30	4

별자리	경도		위도			등급
	도	분		도	분	
가운데의 별	7	10	S.	38	10	4
셋 중에서, 동쪽 별	10	50	S.	39	0	5
사변형 서쪽의 두 [별들] 중에서, 북쪽 별	14	40	S.	41	30	4
남쪽 별	14	50	S.	42	30	4
동쪽 변에서, 서쪽 별	15	30	S.	43	20	4
넷 중에서, 동쪽 별	18	0	S.	43	20	4
동쪽을 향해서, 서로 가까운 두 [별들] 중에서, 북쪽 별	27	30	S.	50	20	4
더 남쪽 별	28	20	S.	51	45	4
굽은 곳의 두 [별들] 중에서, 동쪽 별	21	30	S.	53	50	4
서쪽 별	19	10	S.	53	10	4
남아있는 거리의 세 [별들] 중에서, 동쪽 별	11	10	S.	53	0	4
가운데의 별	8	10	S.	53	30	4
셋 중에서, 서쪽 별	5	10	S.	52	0	4
강자리 끝의 밝은 [별]	353	30	S.	53	30	1
별 34개 : 1등성 1개, 3등성 5개, 4등성 27개, 5등성 1개						
머리털자리						
귀의 사변형에서, 서쪽 [별들] 중에서 북쪽 별	43	0	S.	35	0	5
남쪽 별	43	10	S.	36	30	5
동쪽 변에서, 북쪽 별	44	40	S.	35	30	5
남쪽 별	44	40	S.	36	40	5
뺨	42	30	S.	39	40	4 더 밝음
왼쪽 앞발 끝	39	30	S.	45	15	4 더 밝음
몸의 가운데	48	50	S.	41	30	3
배 아래	48	10	S.	44	20	3
뒷다리 안의 두 [별들] 중에서, 북쪽 별	54	20	S.	44	0	4
더 남쪽 별	52	20	S.	45	50	4
허리	53	20	S.	38	20	4
꼬리 끝	56	0	S.	38	10	4
별 12개 : 3등성 2개, 4등성 6개, 5등성 4개						
개자리						
가장 밝은 [별], 입 안, "개의 별(천랑성)"이라고 불림	71	0	S.	39	10	1 가장 밝음
귀	73	0	S.	35	0	4
머리	74	40	S.	36	30	5
목의 두 [별들] 중에서, 북쪽 별	76	40	S.	37	45	4
남쪽 별	78	40	S.	40	0	4
가슴	73	50	S.	42	30	5
오른쪽 무릎의 두 [별들] 중에서, 북쪽 별	69	30	S.	41	15	5
남쪽 별	69	20	S.	42	30	5
앞발 끝	64	20	S.	41	20	3

별자리	경도		위도			등급
	도	분		도	분	
왼쪽 무릎의 두 [별들] 중에서, 서쪽 별	68	0	S.	46	30	5
동쪽 별	69	30	S.	45	50	5
왼쪽 어깨의 두 [별들] 중에서, 동쪽 별	78	0	S.	46	0	4
서쪽 별	75	0	S.	47	0	5
왼쪽 엉덩이	80	0	S.	48	45	3 더 어두움
배 아래, 사타구니 사이	77	0	S.	51	30	3
오른 발 안쪽	76	20	S.	55	10	4
그쪽 발 끝	77	0	S.	55	40	3
꼬리 끝	85	30	S.	50	30	3 더 어두움
별 18개 : 1등 성 1개, 3등성 5개, 4등성 5개, 5등성 7개						
개자리 근처, 별자리 바깥						
개 머리 북쪽	72	50	S.	25	15	4
뒷발 아래 직선에서, 북쪽 [별]	63	20	S.	60	30	4
더 북쪽 별	64	40	S.	58	45	4
앞에서 더 북쪽	66	20	S.	57	0	4
넷 중에서, 마지막 [별], 가장 북쪽	67	30	S.	56	0	4
서쪽의 거의 직선의 세 [별들] 중에서, 서쪽 별	50	20	S.	55	30	4
가운데의 별	53	40	S.	57	40	4
셋 중에서, 동쪽 별	55	40	S.	59	30	4
앞의 아래 밝은 두 [별들] 중에서, 동쪽 별	52	20	S.	59	40	2
서쪽	49	20	S.	57	40	2
마지막 별, 앞의 것보다 더 남쪽	45	30	S.	59	30	4
별 11개 : 2등성 2개, 4등성 9개						
작은개자리 또는 프로키온						
목	78	20	S.	14	0	4
넓적다리에서 가장 밝은 별: 프로키온 또는 작은 개	82	30	S.	16	10	1
[별] 2개 : 1등성 개, 4등성 1개						
아르고자리 또는 배자리						
배 끝의 두 [별들] 중에서, 서쪽 별	93	40	S.	42	40	5
동쪽 별	97	40	S.	43	20	3
고물의 두 [별들] 중에서, 북쪽 별	92	10	S.	45	0	4
더 남쪽 별	92	10	S.	46	0	4
[앞의] 둘 중 서쪽	88	40	S.	45	30	4
방패 가운데의 밝은 [별]	89	40	S.	47	15	4
방패 아래 세 [별들] 중에서, 서쪽 별	88	40	S.	49	45	4
동쪽 별	92	40	S.	49	50	4
셋 중에서, 가운데의 별	91	50	S.	49	15	4
키 끝	97	20	S.	49	50	4
고물의 용골의 두 [별들] 중에서, 북쪽 별	87	20	S.	53	0	4
남쪽 별	87	20	S.	58	30	3

별자리	경도		위도			등급
	도	분		도	분	
물의 갑판에서, 북쪽 별	93	30	S.	55	30	5
같은 갑판의 세 [별들] 중에서, 서쪽 별	95	30	S.	58	30	5
가운데의 별	96	40	S.	57	15	4
동쪽 별	99	50	S.	57	45	4
가로판(crossbank) 동쪽의 밝은 [별]	104	30	S.	58	20	2
앞의 별 아래의 희미한 두 [별들] 중에서, 서쪽 별	101	30	S.	60	0	5
동쪽 별	104	20	S.	59	20	5
앞의 밝은 [별] 위의 두 [별들] 중에서, 서쪽 별	106	30	S.	56	40	5
동쪽 별	107	40	S.	57	0	5
작은 방패와 마스트 대좌의 세 [별들] 중에서, 북쪽 별	119	0	S	51	30	4 더 밝음
가운데의 별 더 밝음	119	30	S.	55	30	4 더 밝음
셋 중에서, 남쪽 별	117	20	S.	57	10	4
앞의 별 아래 서로 가까운 두 [별들] 중에서, 북쪽 별	122	30	S.	60	0	4
더 남쪽 별	122	20	S.	61	15	4
마스트 중간의 두 [별들] 중에서, 남쪽 별	113	30	S.	51	30	4
북쪽 별	112	40	S.	49	0	4
돛 꼭대기의 두 [별들] 중에서, 서쪽 별	111	20	S.	43	20	4
동쪽 별	112	20	S.	43	30	4
세 번째 [별] 아래에서, 방패의 동쪽	98	30	S.	54	30	2 더 어두
갑판 연결부	100	50	S.	51	15	움
용골의 노 사이	95	0	S.	63	0	2
앞의 동쪽 희미한 [별]	102	20	S.	64	30	4
앞의 동쪽 밝은 [별], 갑판 안	113	20	S.	63	50	6
더 남쪽의 밝은 [별], 용골 아래	121	50	S.	69	40	2
앞의 동쪽 세 [별들] 중에서, 서쪽 별	128	30	S.	65	40	2
중간의 별	134	40	S.	65	50	3
동쪽 별	139	20	S.	65	50	3
동쪽의 두 [별들] 중에서, 연결부위에서, 서쪽 별	144	20	S.	62	50	2
동쪽 별	151	20	S.	62	15	3
북쪽에서, 서쪽의 노, 서쪽의 별	57	20	S.	65	50	3
동쪽 별	73	30	S.	65	40	4 더 밝음
남은 노에서, 서쪽의 [별]: 카노푸스	70	30	S.	75	0	3 더 밝음
남은 [별], 앞의 동쪽	82	20	S.	71	50	1
						3 더 밝음

별 45개 : 1등성 1개, 2등성 6개, 3등성 8개, 4등성 22개, 5등성 7개, 6등성 1개

바다뱀자리

별자리	도	분		도	분	등급
머리의 다섯 [별들] 중에서, [그리고] 서쪽의 둘 중에서, 콧구멍 안의 남쪽 별	97	20	S.	15	0	4
둘 중에서, 북쪽 별, 눈 안	98	40	S.	13	40	4
동쪽의 둘 중에서, 북쪽 별, 머리 뒤에서	99	0	S.	11	30	4

별자리	경도		위도			등급
	도	분		도	분	
이것들 중에서, 남쪽 별, 벌린 입에서	98	50	S.	14	45	4
앞의 모든 별들의 동쪽, 뺨	100	50	S.	12	15	4
목의 시작의 두 [별들] 중에서, 서쪽 별	103	40	S.	11	50	5
동쪽 별	106	40	S.	13	30	4
목이 휜 곳의 세 [별들] 중에서, 가운데의 별	111	40	S.	15	20	4
앞의 동쪽	114	0	S.	14	50	4
가장 남쪽	111	40	S.	17	10	4
남쪽으로, 서로 가까이 있는 두 [별들] 중에서, 북쪽의 희미	112	30	S.	19	45	6
한 별	113	30	S.	20	30	2
이것들 중에서 더 밝은 별, 동쪽과 남쪽	119	20	S.	26	30	4
목의 휜 곳 동쪽의 세 [별들] 중에서, 서쪽 별	124	30	S.	23	15	4
동쪽 별	122	0	S.	26	0	4
이 [셋 중에서] 가운데의 별	131	20	S.	24	30	3
직선의 세 [별들] 중에서, 서쪽 별	133	20	S.	23	0	4
가운데의 별	136	20	S.	22	10	3
동쪽 별	144	50	S.	25	45	4
컵자리 바닥의 아래 두 [별들] 중에서, 북쪽 별	145	40	S.	30	10	4
남쪽 별	155	30	S.	31	20	4
앞의 동쪽 삼각형에서, 서쪽 별	157	50	S.	34	10	4
이것들 중에서, 남쪽 별	159	30	S.	31	40	3
같은 세 [별들] 중에서, 동쪽 별	173	20	S.	13	30	4
까마귀자리 동쪽, 꼬리 다음	186	50	S.	17	30	4
꼬리 끝						
별 25개 : 2등성 1개, 3등성 3개, 4등성 19개, 5등성 1개, 6등성 1개						
바다뱀자리 근처, 별자리 바깥						
머리 남쪽	96	0	S.	23	15	3
목의 [별들] 동쪽	124	20	S.	26	0	3
별자리 바깥의 [별] 2개, 3등성						
컵자리						
컵 바닥, 바다뱀자리이기도 함	139	40	S.	23	0	4
컵 가운데의 두 [별들] 중에서, 남쪽 별	146	0	S.	19	30	4
이것들 중에서, 북쪽 별	143	30	S.	18	0	4
입술의 남쪽 끝	150	20	S.	18	30	4 더 밝음
북쪽 끝	142	40	S.	13	40	4
남쪽 손잡이	152	30	S.	16	30	4 더 어두움
북쪽 손잡이	145	0	S.	11	50	4
4등성 7개						

별자리	경도		위도			등급
	도	분		도	분	
까마귀자리						
부리, 바다뱀자리기이기도 함	158	40	S.	21	30	3
목	157	40	S.	19	40	3
가슴	160	0	S.	18	10	5
오른쪽, 서쪽 날개	160	50	S.	14	50	3
동쪽 날개의 두 [별들] 중에서, 서쪽 별	160	0	S.	12	30	3
동쪽 별	161	20	S.	11	45	4
발톱, 바다뱀자리이기도 함	163	50	S.	18	10	3
별 7개 : 3등성 5개, 4등성 1개, 5등성 1개						
센타우루스자리						
머리의 네 [별들] 중에서, 가장 남쪽	183	50	S.	21	20	5
더 북쪽	183	20	S.	13	50	5
가운데의 둘 중에서, 서쪽 별	182	30	S.	20	30	5
동쪽 별, 넷 중에서 마지막	183	20	S.	20	0	5
왼쪽, 서쪽 어깨	179	30	S.	25	30	3
오른쪽 어깨	189	0	S.	22	30	3
등의 왼쪽	182	30	S.	17	30	4
방패 안의 네 [별들] 중에서, 서쪽의 둘 중에서 북쪽 별	191	30	S.	22	30	4
남쪽 별	192	30	S.	23	45	4
나머지 둘 중에서, 방패 꼭대기의 별	195	20	S.	18	15	4
더 남쪽	196	50	S.	20	50	4
오른쪽 변의 세 [별들] 중에서, 서쪽 별	186	40	S.	28	20	4
가운데의 별	187	20	S.	29	20	4
동쪽 별	188	30	S.	28	0	4
오른팔	189	40	S.	26	30	4
오른 팔꿈치	196	10	S.	25	15	3
오른손 끝	200	50	S.	24	0	4
사람의 몸이 시작하는 부분의 밝은 [별]	191	20	S.	33	30	3
희미한 두 [별들] 중에서, 동쪽 별	191	0	S.	31	0	5
서쪽 별	189	50	S.	30	20	5
등의 연결부	185	30	S.	33	50	5
앞의 서쪽, 말등	182	20	S.	37	30	5
사타구니의 세 [별들] 중에서, 동쪽	179	10	S.	40	0	3
가운데의 별	178	20	S.	40	20	4
셋 중에서, 서쪽 별	176	0	S.	41	0	5
오른쪽 엉덩이의 서로 가까운 두 [별들] 중에서, 서쪽 별	176	0	S.	46	10	2
동쪽 별	176	40	S.	46	45	4
말 날개 아래 가슴	191	40	S.	40	45	4

별자리	경도		위도			등급
	도	분		도	분	
배의 두 [별들] 중에서, 서쪽 별	179	50	S.	43	0	2
동쪽 별	181	0	S.	43	45	3
오른발 안쪽	183	20	S.	51	10	2
같은 [다리]의 종아리	188	40	S.	51	40	2
왼발 안쪽	188	40	S.	55	10	4
같은 [다리]의 근육 아래	184	30	S.	55	40	4
오른쪽 앞발 맨 위	181	40	S.	41	10	1
왼쪽 무릎	197	30	S.	45	20	2
[별자리] 바깥의 오른쪽 넓적다리 아래	188	0	S.	49	10	3

별 37개 : 1등성 1개, 2등성 5개, 3등성 7개, 4등성 15개, 5등성 9개

센타우루스가 들고 있는 짐승

별자리	경도 도	경도 분	위도	위도 도	위도 분	등급
센타우르스의 손 근처의 뒷발 맨 위	201	20	S.	24	50	3
같은 발의 안쪽	199	10	S.	20	10	3
어깨의 두 [별들] 중에서, 서쪽 별	204	20	S.	21	15	4
동쪽 별	207	30	S.	21	0	4
몸의 가운데	206	20	S.	25	10	4
배	203	30	S.	27	0	5
엉덩이	204	10	S.	29	0	5
엉덩이 연결부의 두 [별들] 중에서, 북쪽 별	208	0	S.	28	30	5
남쪽 별	207	0	S.	30	0	5
허리 맨 위	208	40	S.	33	10	5
꼬리 끝의 세 [별들] 중에서, 남쪽 별	195	20	S.	31	20	5
가운데의 별	195	10	S.	30	0	4
셋 중에서, 북쪽 별	196	20	S.	29	20	4
목구멍의 두 [별들] 중에서, 남쪽 별	212	10	S.	17	0	4
북쪽 별	212	40	S.	15	20	4
벌린 입의 두 [별들] 중에서, 서쪽 별	209	0	S.	13	30	4
동쪽 별	210	0	S.	12	50	4
앞발의 두 [별들] 중에서, 남쪽 별	240	40	S.	11	30	4
더 북쪽	239	50	S.	10	0	4

별 19개 : 3등성 2개, 4등성 11개, 5등성 6개

화로자리 또는 게자리

별자리	경도 도	경도 분	위도	위도 도	위도 분	등급
받침대의 두 [별들] 중에서, 북쪽 별	231	0	S.	22	40	5
남쪽 별	233	40	S.	25	45	4
작은 제단 가운데	229	30	S.	26	30	4

별자리	경도		위도			등급
	도	분		도	분	
화로 가운데의 세 [별들] 중에서, 북쪽 별	224	0	S.	30	20	5
서로 가까운 두 [별들] 중에서, 남쪽 별	228	30	S.	34	10	4
북쪽 별	228	20	S.	33	20	4
불꽃 가운데	224	10	S.	34	10	4
별 7개 : 4등성 5개, 5등성 5개						
남쪽왕관자리						
남쪽 가장자리 바깥, 서쪽	242	30	S.	21	30	4
앞의 동쪽, 왕관 안	245	0	S.	21	0	5
앞의 동쪽	246	30	S.	20	20	5
더 동쪽	248	10	S.	20	0	4
앞의 동쪽, 궁수의 무릎 서쪽	249	30	S.	18	30	5
무릎의 밝은 [별들] 중에서, 북쪽	250	40	S.	17	10	4
더 북쪽	250	10	S.	16	0	4
더 먼 북쪽	249	50	S.	15	20	4
북쪽 가장자리 두 [별들] 중에서, 동쪽 별	248	30	S.	15	50	6
서쪽 별	248	0	S.	14	50	6
[앞의 둘]에서 서쪽으로 떨어진 곳	245	10	S.	14	40	5
더 서쪽	343	0	S.	15	50	5
남은 [별], 더 남쪽	242	30	S.	18	30	5
별 13개 : 4등성 5개, 5등성 6개, 6등성 2개						
남쪽물고기자리						
입 안, 강자리의 가장자리이기도 함	300	20	S.	23	0	1
머리의 세 [별들] 중에서, 서쪽 별	294	0	S.	21	20	4
가운데의 별	297	30	S.	22	15	4
동쪽 별	299	0	S.	22	30	4
아가미	297	40	S.	16	15	4
남쪽 지느러미와 등	288	30	S.	19	30	5
배의 두 [별들] 중에서, 동쪽 별	294	30	S.	15	10	5
서쪽 별	292	10	S.	14	30	4
북쪽 지느러미 세 [별들] 중에서, 동쪽 별	288	30	S.	15	15	4
가운데의 별	285	10	S.	16	30	4
셋 중에서, 서쪽 별	284	20	S.	18	10	4
꼬리 끝	289	20	S.	22	15	4
첫 번째 [별]을 제외하고, 별 11개 : 4등성 9개, 5등성 2개						

별자리	경도		위도			등급
	도	분		도	분	
남쪽물고기자리 근처, 별자리 바깥						
물고기자리 서쪽의 밝은 [별들] 중에서, 서쪽 별	271	20	S.	22	20	3
가운데의 별	274	30	S.	22	10	3
셋 중에서, 동쪽 별	277	20	S.	21	0	3
앞의 서쪽 어두운 [별]	275	20	S.	20	50	5
북쪽을 향하는 다른 별들 중에서, 더 남쪽 별	277	10	S.	16	0	4
더 북쪽 별	277	10	S.	14	50	4
별 6개 : 3등성 3개, 4등성 2개, 5등성 1개						
남쪽 영역의 별 316개: 1등성 7개, 2등성 18개, 3등성 60개, 4등성 167개, 5등성 54개, 6등성 9개, 흐린 별 1개. 그러므로, 모두 1,022개: 1등성 15개, 2등성 45개, 3등성 208개, 4등성 474개, 5등성 216개, 6등성 50개, 어두운 별 9개, 흐린 별 5개.						

1 분점과 지점의 세차

2 분점과 지점의 세차가 균일하지 않음을 입증하는 관측의 역사

3 분점 이동과 황도와 적도의 경사 변화를 설명하는 가설

4 원운동에 의해 진동 또는 칭동 운동이 일어나는 방식

5 분점과 경사의 세차가 불균일함의 증명

6 분점 세차와 황도 경사 세차의 균일한 운동

7 분점의 균일한 세차와 겉보기 세차 사이에 가장 큰 차이는 얼마인가?

8 이 운동들 사이의 개별적 차이, 이 차이들을 보여주는 표

9 분점의 세차 논의에 대한 검토와 수정

10 적도와 황도의 교차에서 가장 큰 변이는?

11 분점의 균일한 운동과 이상 운동의 역기점 결정

12 춘분점과 경사의 세차 계산

13 태양년의 길이와 불균일성

14 지구 중심의 회전에서 균일한 평균 운동

15 태양의 겉보기 운동의 불균일성을 증명하기 위한 예비 정리들

16 태양의 겉보기 불균일성

17 태양의 첫 번째와 연간 부등성과, 그 특별한 변이에 대한 설명

18 경도상의 균일한 운동에 대한 분석

19 태양의 균일한 운동에 대한 역기점과 위치 결정

20 지점들의 변이에 의해 일어나는 태양의 두 번째이자 이중의 부등성

21 태양 부등성의 두 번째 변이는 얼마나 큰가?

22 태양 원지점의 균일한 운동과 불균일한 운동의 유도

23 태양 이상의 결정과 위치 확립

24 태양의 균일한 운동과 겉보기 운동의 변이를 표로 나타냄

25 겉보기 태양의 계산

26 뉴구데메론, 즉 가변적인 자연일

De revolutionibus orbium coelestium

제 3 권

Book Three

1

분점과 지점의 세차

항성들의 출현에 대해 설명했으므로, 이번에는 연주회전에 관련된 주제로 넘어가야 한다. 그래서 나는 먼저 분점의 이동에 대해 논할 것인데, 이로 인해 항성들도 움직인다고 믿어진다. (지구의 운동으로 생기는 원과 극이 하늘에서도 똑같은 형태로 같은 방식으로 나타난다고 나는 언제나 생각했고, 자주 언급했으며II, 1, 이것이 여기에서 다룰 주제이다. — 코페르니쿠스가 여백에 썼다가 나중에 지운 문장이다.)

나의 발견에 따르면, 고대의 천문학자들은 회귀년 또는 자연적인 한 해, 즉 분점이나 지점으로 측정한 1년과 항성 중의 하나를 기준으로 하는 한 해를 구별하지 않았다. 따라서 그들은 프로키온Procyon이 뜨면서 시작하는 올림픽의 해가 분점으로 잰 해와 같다고 생각했다(둘 사이의 차이가 아직 발견되지 않았기 때문에).

이제, 놀라운 감각을 갖춘 로도스의 히파르코스가 둘이 서로 다르다는 것을 처음으로 알아냈다. 그는 1년의 길이를 더 자세히 조사했고, 1년을 항성을 기준으로 재면 분점이나 지점을 기준으로 잴 때보다 더 길다는 것을 알아냈다. 따라서 그는 항성들도 황도십이궁의 순서에 따라 움직이는데, 너무 느려서 바로 알아볼 수 없다고 생각했다프톨레마이오스, 알마게스트, III, 1. 그러나 이제는, 세월이 지나면서 절대적으로 확실해졌다. 이것 때문에 지금은 별자리들과 별들이 고대인들이 가리켰던 것과 상당히 다른 위치에서 출몰하며, 황도십이궁은 이름과 위치에서 고대인들이 일치한다고 했던 항성들의 별자리에서 상당한 거리를 이동했다.

게다가 이 운동은 균일하지 않은 것으로 알려졌다. 이 불균일성을 설명하기 위해 여러 가지 견해가 나왔다. 어떤 이들은 우주가 떠 있어서 특정한 진동이 있고, 이 진동에 의해 행성들이 위도상의 운동을 한다고 보았다VI, 2. 행성의 양쪽에 고정된 범위가 있어서, 벗어나다가도 되돌아오며, 중간에서 양쪽 방향으로의 각변위가 8°를 넘지 않는다는 것이다. 그러나 이 생각은 이미 시대에 뒤떨어졌고, 살아남지 못했다. 주된 이유는 지금은 상당히 명확해졌는데, 양자리의 첫점이 춘분점으로부터 8°의 세 배가 넘게 벗어났기 때문이다. 다른 별들도 마찬가지이며, 그 동안 수백 년이 지나도록 되돌아가는 흔적은 인지되지 않았다. 다른 이들은 항성천구가 앞으로 나아가는 폭이 똑같지 않으며, 일정한 패턴이 없다고 보았다. 게다가, 여기에 또 다른 자연의 마법이 끼어들었다. 앞에서 말했듯이, 우리 시대에는 황도의 경사가 프톨레마이오스 이전만큼 크지 않다.

이 관측을 설명하기 위해 어떤 이들은 아홉 번째 천구를 고안했고, 다른 이들은 열 번째를 고안해서, 그들은 이 현상들이 이런 방식으로 설명될 것으로 생각했다. 그러나 그들은 자기들이 약속했던 것을 얻지 못했다. 이렇게 많은 원들로도 충분하지 않다는 듯이, 이미 열한 번째 천구가 햇빛 속에 나타나려고 하고 있다. 나는 지구가 운동한다고 말함으로써, 이렇게 많은 원들이 항성천구와 아무 관련이 없다고 쉽게 논박할 것이다. 왜냐하면 이미 1권 2장에서 설명했듯이, 두 회전이, 다시 말해 1년 동안 일어나는 경사의 회전과 지구 중심의 회전이 정확히 같지 않은데, 물론 그 이유는 경사 운동의 주기가 중심 운동의 주기보다 조금 빠르기 때문이다. 그러므로, 분점과 지점이 앞으로 이동하는 것처럼 보이는 것은 당연하다. 그 이유는 항성천구가 동쪽으로 움직여서가 아니라, 적도가 서쪽으로 이동하기 때문이며, 적도가 황도면에 지구축의 경사에 비례해서 기울어진다. 그러므로 적도가 황도 쪽으로 기울어 있다고 말하는 것이 황도가 적도 쪽으로 기울어 있다고 하는 것보다 더 적절하다(작은 것을 큰 것에 비교하기 때문에). 진정으로, 앞에서 말했듯이I, 11 황도는 태양과 지구의 거리 사이에서 연주회전으로 그려지므로, 지구의 일주회전으로 만들어지는 적도보다 훨씬 크다. 그리고 이런 방식으로 분점에서의 교차점들이 황도의 전체 경사와 함께, 시간이 지남에 따라 앞으로 이동하는 것으로 보이고, 반면에 별들이 뒤처지는 것으로 보인다. 이 운동의 측정과 이 변이에 대한 설명은 이전의 천문학자들에게 알려지지 않았다. 그 이유는 이 회전의 주기가 예측할 수 없이 느려서 발견되지 않았기 때문이다. 죽을 수밖에 없는 사람이 최초로 발견한 뒤로 수백 년 동안, 이 회전은 겨우 원의 1/15을 돌았다. 그럼에도 불구하고 내가 할 수 있는 한, 우리 시대까지의 관측의 역사에서 배운 것으로 이 문제를 명확히 하겠다.

2

분점과 지점의 세차가 균일 하지 않음을 입증하는 관측의 역사

이제 칼리푸스에 따른 76년의 첫 번째 주기에, 그리고 그로부터 36년이 되는 해에, 즉 알렉산드로스 대왕이 죽은 지 30년이 되는 해에, 최초로 항성들의 위치를 고려했던 알렉산드리아의 티모카리스는 처녀자리의 스피카가 하지점에서 82 1/3° 떨어져 있고, 위도가 남위 2°라고 보고했다. 전갈자리 앞머리에 있는 세 별 중 가장 북쪽에 있는 별이면서 황도십이궁이 형성되는 첫 번째 순서인 별은, 위도가 북위 1도, 추분점과의 거리가 32°였다. 다시, 같은 시기의 48년째에도 그는 처녀자리 스피카를 하지점에서 82 1/2°의 거리에서 발견했고, 위도는 그대로였다. 그러나 세번째 칼리푸스 주기의 50번째 해이면서 알렉산드로스가 죽고 196년이 지났을 때, 사자자리 가슴의 레굴루스가 히파르코스에 의해 하지점에서 29° 50'이 뒤처져 있는 것으로 관측되었다. 그 다음으로 트라야누스 황제 원년이면서 그리스도가 태어난 지 99년, 알렉산드로스가 죽은 지 422년인 해에, 로마의 기하학자 메넬라오스는 하지점에서 처녀자리 스피카까지의 경도 거리가 86 1/4°이고, 전갈자리 앞머리의 별은 추분점에서 35 11/12° 떨어져 있다고 보고했다. 그 뒤를 이어, 앞에서 말한 안토니누스 피우스 2년[II, 14]이면서 알렉산드로스가 죽은 지 462년 된 해에, 프톨레마이오스는 사자자리 레굴루스가 하지점에서 경도 거리가 32 1/2°였고, 스피카는 86 1/2°, 그리고 앞에서 말한 전갈자리 앞머리 별은 추분점에서 36 1/3° 떨어져 있음을 알게 되었다. 위도는 변화가 없어서 위의 항성 목록에 나타낸 것과 같았다. 나는 이러한 결정들을 천문학자들이 보고한 그대로 재검토했다.

그러나 긴 시간이 지난 뒤에, 말하자면 알렉산드로스가 죽은 지 1202년이 지난 뒤에 라카의 알 바타니가 그 다음의 관측을 했는데. 이 관측의 신뢰성이 가장 높다. 이 해에 사자자리의 레굴루스 또는 바실리스쿠스가 하지점에서 44° 5' 떨어져 있었고, 전갈자리 앞머리의 별은 추분점에서 47° 50' 떨어져 있었다. 이러한 모든 관측에서 각각의 별의 위도는 항상 똑같이 유지되었기에, 이 점에서 천문학자들에 대해 더 이상 의심이 없다.

따라서 서기 1525년, 로마 달력에 따라 윤년이 지난 첫 해, 그리고 알렉산드로스가 죽은 후 이집트력으로 1849년이 지난 뒤에 프러시아의 프롬보르크에서, 나도 자주 언급되어 온 스피카를 관측했다. 자오선에서 이 별의 최대 고도는 약 27°로 보였다. 그러나 프롬보르크의 위도는 54° 19 1/2'이다. 그러므로 적도에서 스피카의 적경은 확실히 8° 40'이다. 이에 따라 그 위치가 다음과 같이 정해졌다.

황도와 적도의 극을 둘 다 통과해서 자오선 ABCD를 그린다. 자오선이 지름 AEC의 적도와 교차하고, 지름

BED의 황도와 교차한다고 하자. 황도의 북극을 F, 축을 FEG라고 하자. B를 염소자리 첫점이라고 하고, D를 게자리 첫 점이라고 하자. 이제 별의 남위 2°와 같은 호를 BH라고 하자. 점 H에서 HL을 BD에 평행하게 그린다. HL이 I에서 황도의 축에 교차하고 K에서 적도와 교차하도록 하자. 또한 8° 40'의 호 MA가 별의 남쪽 적경과 일치하도록 하자. 점 M에서 MN을 AC와 평행하게 그린다. MN은 황도와 평행한 HIL과 점 O에서 교차한다. MN에 수직인 선분 OP는, 적경 AM의 두 배에 대응하는 현의 절반과 같아진다. 그러나 지름이 FG, HL, MN인 원은 평면 ABCD와 수직이다. 유클리드의 『원론』XI, 19에 따라 이 교선들은 점 O와 I에서 동일한 평면에 대해 수직이다. 같은 책의 명제 6에 따라 이 교선들은 서로 평행하다. 게다가 I는 지름이 HL인 원의 중심이다. 따라서 OI는 지름이 HL인 원에서, 천칭자리 첫 번째 점에서 별까지의 경도 거리와 닮은 호의 두 배에 대응하는 현의 절반과 같을 것이다. 이것이 우리가 찾고 있는 호이다.

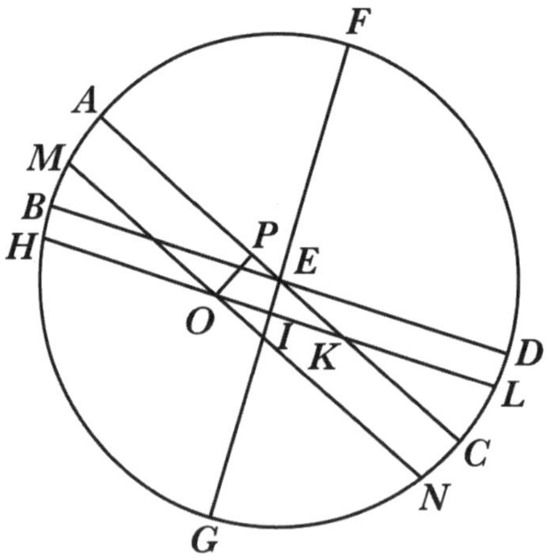

Figure.1

이제 이것을 다음과 같은 방법으로 찾아낸다. 각 OKP와 AEB는 엇각이므로 같고, OPK는 직각이다. 따라서 OP 대 OK의 비는 AB의 두 배에 대응하는 현의 절반 대 BE의 비와 같고, 또 AH의 두 배에 대응하는 현의 절반 대 HIK의 비와 같은데, 관련된 삼각형이 OPK와 닮음이기 때문이다. 그러나 AB는 23° 28 1/2'이고, AB의 두 배에 대응하는 현의 절반은 39,832단위이며, 여기에서 BE는 10,000이다. ABH는 25° 28 1/2'이며, ABH의 두 배에 대응하는 현의 절반은 43,010이다. 적경의 두 배에 대응하는 현의 절반인 MA는 15,069단위이다. 따라서 전체 HIK는 107,978단위이고, OK는 37,831단위이며, 나머지 HO는 70,147이다. 그러나 HOI의 두 배는 176°인 원의 부분 HGL에 대응하는 현이다. HOI는 99,939가 될 것이고, 여기에서 BE는 100,000이다. 따라서 나머지 OI는 29,792가 될 것이다. 그러나 반지름 HOI = 100,000이고, OI는 약 17° 21'의 호에 해당하는 29,810단위가 될 것이다. 이것이 처녀자리 스피카의 천칭자리 첫점으로부터의 거리이고, 이것이 이 별의 위치였다.

또한 10년 전에, 다시 말해 1515년에 나는 이 별의 적경이 8° 36'이고, 천칭자리 첫점에서의 거리가 17° 14'인 것을 발견했다. 그러나 프톨레마이오스는 이 별의 적경이 겨우 1/2°라고 보고했다알마게스트, VII, 3. 그러므로 그 위치는 처녀자리 26° 40'에 있었을 것이고, 이것은 이전의 관찰에 비해 더 정확한 것으로 보인다.

그러므로 티모카리스에서 프톨레마이오스까지 432년에 이르는 전체 기간 동안 분점과 지점이 100년에 1°씩 일정하게 이동했다는 것은 분명해 보인다. 시간과 이동 거리의 비는 언제나 일정했고, 전체적으로 4 1/3°에 달했다. 또한 히파르코스와 프톨레마이오스까지 하지점과 사자자리 바실리스쿠스 사이의 거리를 비교하면, 266년 동안 추분점이 2 2/3° 이동했다. 여기에서도, 시간과 비교하면 100년에 1°씩 전진한 것을 알 수 있다. 반면에, 알바타니와 메넬라오스 사이의 782년 동안에 전갈자리 앞머리 별은 11° 55'을 이동했다. 앞으로 볼 것처럼, 1°에 100년이 아니라 66년을 할당해야 한다. 게다가 프톨레마이오스에서 알바타니까지 741년 동안에는 1°에 65년만 할당된다. 마지막으로, 나머지 기간 645년을 내가 관측한 9° 11'의 차이와 비교하면, 1°에 71년이 할당될 것이다. 따라서 프톨레마이오스 이전의 400년 동안은, 분명히 분점의 세차가 프톨레마이오스에서 알바타니 사이보다 느렸고, 알바타니에서 우리 시대까지는 더 빨랐다.

마찬가지로 경사의 운동에서도 차이가 발견되었다. 왜냐하면, 사모스의 아리스타르쿠스가 황도와 적도의 경사가 23° 51' 20"임을 발견했고, 프톨레마이오스도 같았다. 알바타니는 23° 36'이었고, 190년 뒤의 스페인 사람 알자르칼리는 23° 34'이었고, 다시 230년 뒤의 유대인 프로파티우스도 2'쯤 작다고 했다. 그러나 우리 시대에는 23° 28 1/2°보다 크지 않음이 발견되었다. 따라서 아리스타르쿠스에서 프톨레마이오스까지는 이 운동이 최소였고, 프톨레마이오스에서 알바타니까지는 최대였다는 것도 명확하다.

3
분점 이동과 황도와 적도의 경사 변화를 설명하는 가설

앞의 논의에 따라, 분점과 지점이 불균일한 운동으로 이동한다는 것이 분명해 보인다. 지구의 축과 적도의 극이 방황한다는 것보다 더 나은 설명은 없을 것이다. 이것은 지구가 움직인다는 가설에서 따라 나오기 때문이다. 적도가 이동하는 반면에, 항성들이 계속 같은 위도에 있다는 사실로 증명된 것처럼, 황도는 영원히 변하지 않는다. 앞에서 말했듯이I, 11, 지축의 운동이 단순하고 정확하게 지구 중심의 운동과 일치한다면, 분점과 지점의 세차는 절대로 나타나지 않을 것이다. 그러나 이 운동들은 서로 다르고 변하기 때문에, 지점과 분점도 불균일한 운동으로 별들의 위치보다 앞서서 이동해 왔다. 경사의 운동에서도 같은 일이 일어난다. 이 운동에 의해서 황도의 경사가 불균일하게 변하지만, 이것은 황도가 아니라 적도의 운동 때문이라고 보아야 한다.

이런 이유로, 구 위의 극들과 원들이 서로 연결되고 맞물려 있으므로, 전적으로 극들이 수행하는 두 가지 운동이 있고, 그 운동은 흔들리는 칭동libration과 비슷하며, 두 운동이 상호작용한다고 보아야 한다. 한 가지 운동은 극이 아래위로 흔들려서 교각 주위에서 원의 경사가 바뀌는 것이다. 다른 운동은 양쪽으로 왔다갔다하는 운동에 의해 지점과 분점의 세차가 증가하거나 감소하는 것이다. 이제 나는 이 운동들을 "칭동"이라고 부르는데, 두 한계 사이에서 같은 경로를 따라 흔들리는 물체처럼, 가운데에서 빨라지고 가장자리에서 느려지기 때문이다. 이 운동은 행성의 위도상의 운동과 비슷한데, 적절한 곳에서 이것을 살펴볼 것이다[VI, 2]. 게다가 이 운동들은 주기가 달라서, 분점의 불균일성의 순환 두 번이 경사의 순환 한 번 동안에 일어난다. 이제 모든 불균일한 운동에 대해 평균을 취하면, 이를 통해 불균일성의 형태를 파악할 수 있다. 이와 비슷하게 평균 극, 평균 적도, 평균 분점 교차, 평균 지점도 잡아야 한다. 이 평균들을 중심으로 일정한 한계 안에서 방향을 바꾸는 운동이 일어나므로, 극과 지구 적도의 원은 균일하게 운동하지만 균일하지 않은 운동을 하는 것으로 보이게 된다. 이렇게 해서 서로 연결되어 있는 두 칭동에 의해 시간이 지나면서 지구의 극이 비틀린 작은 왕관을 닮은 선을 그린다.

그러나 이것을 말로 쉽게 설명할 수 없으며, 눈으로 보지 않고 듣기만 해서는 이해할 수 없을 것을 나는 두려워한다. 그러므로 구에 황도 ABCD를 그리자. 북극을 E, 염소자리 첫점을 A, 게자리 첫점을 C, 양자리를 B, 천칭자리를 D라고 하자. 점 A와 C, 극 E를 통과해서 원 AEC를 그린다. 황도의 북극과 적도까지의 가장 먼 거리를 EF, 가장 짧은 거리를 EG라고 하고, 극의 평균 위치를 I라고 하자. I 주위로 적도 BHD를 그리자. 이것을 평균적도라고 하고, B와 D를 평균분점이라고 하자. 이 모든 것들이 극 E 주위에서 항상 균일하게 운동하도록, 앞에서 말했듯이[III, 1] 항성천구에서 황도십이궁의 반대 순서로 천천히 운동한다고 하자. 이제 지구의 극이 흔들리는 물체의 운동처럼 상호작용하는 두 운동을 하게 한다. 이 두 운동 중에서 하나는 한계 F와 G 사이에서 일어나고, 이것을 "운동 이상motion of anomaly"이라고 부를 것인데, 경사의 불균일한 운동이다. 다른 하나는, 앞서다가 뒤처지고, 뒤처지다 앞서면서 왔다갔다 하는 것으로, 나는 이것을 "분점 이상anomaly of equinoxes"이라고 부를 것이다. 이것은 첫 번째 운동보다 두 배 더 빠르다. 이 두 운동이 지구의 극에서 만나서, 극이 놀라운 방식으로 비틀거리게 된다.

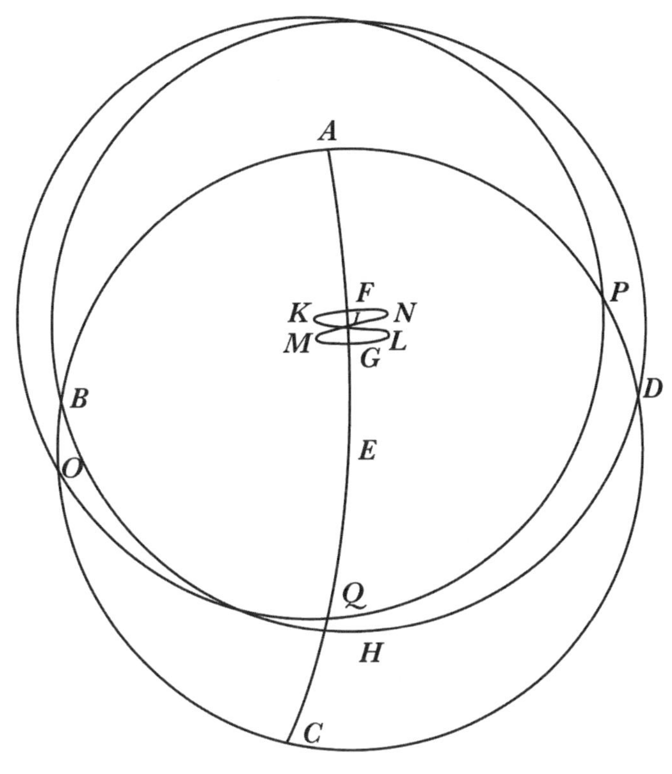

Figure.2

이제 지구의 북극을 F라고 하자. 그 주위에 그린 적도는 같은 교차점 B와 D를 통과해서, 말하자면 원 AFEC의 극을 통과한다. 그러나 경사각은 호 FI에 비례해서 더 커진다. 지구의 극이 이 가정된 출발점에서 I의 평균 경사까지 진행할 때, 다른 운동이 끼어들어서 극은 FI를 따라 바로 가지 못하며, 두 번째 운동에 의해 편향되어 가장 크게 벗어나게 된다. 이것을 K라고 하자. 이 점 주위에 겉보기 적도 OQP를 그리면, 교차점은 B가 아니라 그 뒤에 있는 O가 될 것이고, 분점의 세차는 BO의 양에 비례해서 줄어든다. 극은 이 점에서 방향을 바꿔서, 함께 작용하는 두 운동에 의해 평균 위치 I로 간다. 이 운동이 일어나는 동안에 겉보기 적도는 균일한 적도 또는 평균 적도와 일치한다. 지구의 극이 이 점을 통과함에 따라, 앞서가는 세차 운동을 한다. 이렇게 해서 겉보기 적도가 평균 적도에서 벗어나고, 분점의 세차가 반대편 한계점인 L까지 증가한다. 극이 이 위치에서 멀어지면 분점에 더해졌던 것이 다시 덜어져서, 점 G에 도달한다. 동일한 교차점 B에서 경사가 최소가 되며, 이때 분점과 지점의 운동이 다시 매우 느려져서 거의 점 F에 있을 때와 같아진다. 이 시점에서 이 운동들의 불균일성이 명확히 한 번의 회전을 끝내는데, 평균으로부터 양쪽 극단을 모두 통과했기 때문이다. 그러나 경사의 운동은 최대 경사에서 최소까지로 한 주기의의 절반만 통과했다. 그런 다음에 극이 뒤처지는 쪽으로 진행해서, 가장 바깥쪽 한계인 M에 닿는다. 극이 되돌아와서, 평균 위치 I와 일치하게 된다. 극이 다시 한 번 앞서가는 세차 운동을 하고, 한계 N을 지나서, 최종적으로 내가 비틀린 선이라고 부르는 FKLGMINF를 일주한다. 따라서 경사 운동의 한 주기 동안에, 지축은 명백히 앞서는 쪽 한계에 두 번 닿고, 뒤처지는 쪽 한계에 두 번 닿는다.

4

원운동에 의해 진동 또는 칭동 운동이 일어나는 방식

Book Three

이번에는 이 운동이 실제로 일어나는 현상[III, 6]과 일치한다는 것을 보여주겠다. 그러나 한편으로 어떻게 이 칭동들이 균일하다고 이해할 수 있는지 의문을 품을 수 있는데, 처음에[I, 4] 하늘에서의 운동이 균일하거나 균일한 원(운동)으로 이루어져 있다고 했기 때문이다. 그러나 이 경우에, 두 운동이 모두 양쪽 한계 안의 단일한 운동으로 보이므로, 운동의 중단이 있어야 한다. 나는 진정으로 그것들이 짝을 이룬다고 인정하겠지만, 균일한 운동에서 진동이 일어난다는 것이 다음과 같이 증명된다.

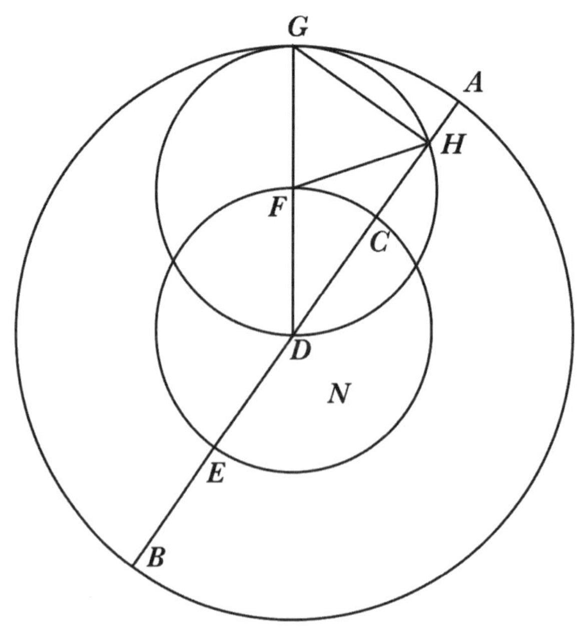

Figure.3

선분 AB가 있다고 하자. 이 선분을 4등분하는 점 C, D, E가 있다고 하자. D 주위에 원 ADB와 CDE를 동일한 평면에서 중심이 같도록 그린다. 안쪽 원의 둘레에 임의의 점 F를 찍는다. F를 중심으로 반지름을 FD로 해서 원 GHD를 그린다. 이 원이 선분 AB를 점 H에서 자르도록 한다. 지름 DFG를 그린다. 원 GHD와 원 CFE가 함께 하는 운동 때문에 움직이는 점 H가 동일한 선분 AB를 따라 미끄러진다는 것을 보여야 한다. H가 F에서 반대 방향으로 2배 만큼 이동한다고 이해하면 이런 일이 일어날 것이다. 같은 각 CDF가 원 CFE의 중심에 있으면서 GHD의 둘레에 있어서, 같은 원의 호 FC와 GH를 둘 다 자르며, GH는 FC의 두 배이다. 선분 ACD와 DFG가 일치하는 어느 순간에, 움직이는 점 H가 G와 A에 일치하고, F가 C에 일치한다고 가정하자. 그러나 이제, 중심 F가 FC를 따라 오른쪽으로 이동하고, H가 호 GH를 따라 왼쪽으로 CF보다 두 배 더 멀리 이동하거나, 방향이 반대로 될 수도 있다. 그러면 선분 AB가 H의 궤적이 될 것이다. 그렇지 않으면, 부분이 전체보다 더 커질 수 있다. 나는 이것을 쉽게 이해할 수 있다고 믿는다. 이제 꺾어진 선분 DFH는 선분 AD와 같아지면, H가 이전의 위치 A에서 길이 AH만큼 멀어지는데, 이 거리는 지름 DFG가 현 DH를 초과하는 거리이다. 이런 방식으로 H의 중심을 D로 잡을 수 있을 것이다. 이것은 원 DHG가 선분 AB에 접하고, GD는 당연히 AB에 수직일 때 일어난다. 그러면 H는 반대쪽 한계 B에 도달하고, 같은 이유로 다시 돌아올 것이다.

그러므로 이러한 방식으로 동시에 작용하는 두 개의 원운동에서 직선 운동이 만들어지며, 균일한 운동에서 불균일하게 진동하는 운동이 나온다는 것이 명백하다. 증명 끝.

이 증명으로부터 직선 GH는 항상 AB에 수직이 된다. 왜냐하면 선분 DH와 HG가 반원에서 직각에 대응하기 때문이다. 따라서 GH는 호 AG의 두 배에 대응하는 현의 절반이 된다. 다른 선분 DH는 사분원에서 AG를 뺀 나머지 호의 두 배에 대응하는 현의 절반이다. 원 AGB의 지름이 원 HGD의 지름의 두 배이기 때문이다.

5
분점과 경사의 세차가 불균일함의 증명

따라서 어떤 사람들은 이것을 "원의 폭을 따라 일어나는 운동" 즉, 지름을 따라 일어나는 운동이라고 부른다. 그러나 그들은 주기와 균일성을 둘레의 용어로 다루었지만, 크기는 현의 용어로 다루었다. 그래서 이것이 균일하지 않아 보이고, 중심 주위에서 빠르고 둘레 주위에서 느리게 보이며, 이것을 쉽게 보일 수 있다.

이제 반원 ABC가 있고, 중심이 D이고 지름이 ADC라고 하자. 점 B가 이 반원을 이등분한다. 같은 호 AE와 BF를 취하고, 점 F와 E에서 수선 EG와 FK를 ADC에 떨어뜨린다. 이제 DK의 두 배가 호 BF의 두 배에 대응하고, EG의 두 배가 호 AE의 두 배에 대응한다. 따라서 DK와 EG는 같다. 그러나 유클리드의 『원론』, III, 7에 따라 AG는 GE보다 작으므로, 또한 DK보다 작다. 그러나 GA와 KD가 같은 시간에 지나가는데, AE와 BF가 같기 때문이다. 따라서 가장자리인 A 근처에서 운동이 중심인 D 근처에서보다 느리다.

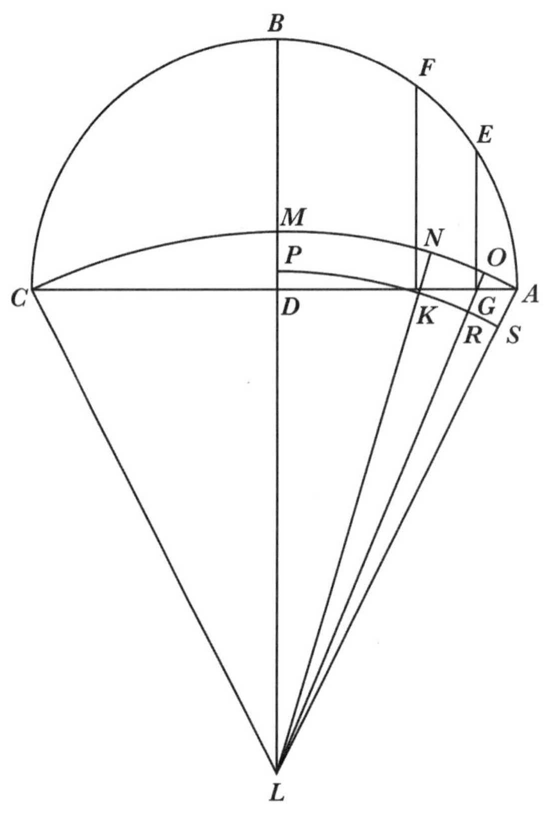

Figure.4

이제 이것이 증명되었으니, L을 지구의 중심으로 잡아서, 선분 LD가 반원의 평면 ABC에 수직이 되게 한다. 점 A와 C를 통과해서, 중심을 L로, 원의 호 AMC를 그린다. 선분 LD를 연장해서 선분 LDM을 그린다. 따라서 반원 ABC의 극은 M에 있고, ADC는 이 원과 교차할 것이다. LA와 LC를 연결한다. 같은 방식으로 LK와 LG를 연결한다. 이것들을 직선으로 연장해서, 호 AMC와 N과 O에서 교차하게 한다. 이제 LDK는 직각이다. 따라서 각 LKD는 예각이며, 선분 LK는 LD보다 길다. 또한 둔각 삼각형의 변 LG는 LK보다 길고, LA는 LG보다 길다.

이제 중심이 L에 있고 반지름이 LK인 원을 그리면, 이 원은 LD를 넘어가지만 선분 LG와 LA를 자른다. 이 원을 그리고, 이것을 원 PKRS라고 하자. 삼각형 LDK는 부채꼴 LPK보다 작다. 그러나 삼각형 LGA는 부채꼴 LRS보다 크다. 따라서 삼각형 LDK 대 부채꼴 LPK의 비는 삼각형 LGA 대 부채꼴 LRS의 비보다 작다. 다시, 삼각형 LDK 대 삼각형 LGA의 비도 부채꼴 LPK 대 부채꼴 LRS의 비보다 작다. 유클리드의 『원론』, VI, 1에 따라, 밑변 DK 대 밑변 AG는 삼각형 LKD 대 삼각형 LGA와 같다. 그러나 부채꼴 대 부채꼴의 비는 각 DLK

대 각 RLS, 또는 호 MN 대 호 OA와 같다. 따라서 DK 대 GA의 비는 MN 대 OA의 비보다 작다. 하지만 나는 이미 DK가 GA보다 크다는 것을 보였다. 그렇다면 다른 무엇보다, MN이 OA보다 클 것이다. 지구의 극은 같은 시간 동안에 세차 이상anomaly의 동일한 호 AE와 BF를 그린다고 알려져 있다. 증명 끝.

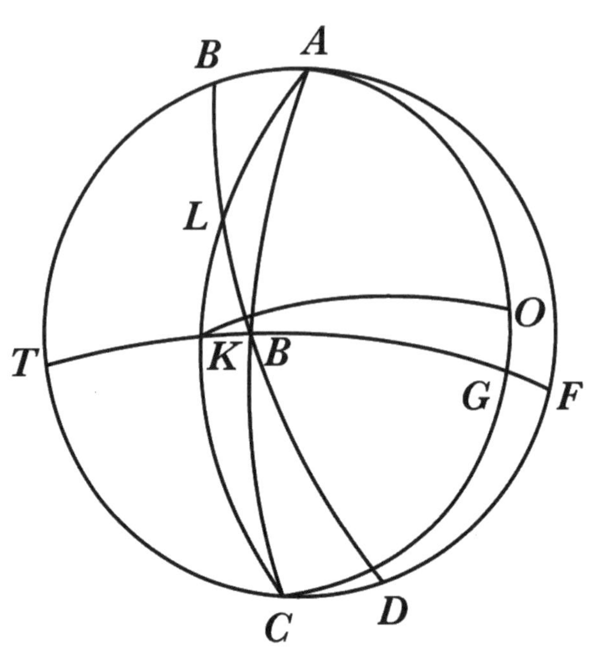

Figure.5

그러나 최대와 최소 경사의 차이는 매우 작아서, 2/5°

를 넘지 않는다. 따라서 곡선 AMC와 선분 ADC의 차이는 감지할 수 없다. 그러므로 단순히 선분 ADC와 반원 ABC로 계산해도 오차가 발생하지 않을 것이다. 분점에 영향을 미치는 극의 다른 운동에 대해서도 마찬가지이다. 아래에서 명확히 할 것처럼, 이 운동이 1/2°에 미치지 않기 때문이다.

다시 황도와 평균적도의 극을 통과하는 원 ABCD가 있다고 하자. 우리는 이 원을 "게자리의 평균분지경계선"이라고 부를 수 있다. 황도의 반을 DEB라고 하자. 평균적도를 AEC라고 하자. 이 원들이 평균분점이 될 점 E에서 서로 교차하게 한다. 적도의 극을 F라고 하고, 이 점을 통과해서 FET를 그린다. 따라서 이것은 평균 또는 균일한 분점의 분지경계선이 될 것이다. 이제 증명을 더 쉽게 하기 위해, 분점의 칭동과 황도의 경사의 칭동을 분리하자. 분지경계선 EF에서, 호 FG를 취한다. 적도의 겉보기 극 G가 평균 극 F로부터 FG를 통과해서 이동한다고 이해하자. G를 극으로, 겉보기 적도의 반원 ALKC를 그린다. 이것이 황도와 L에서 교차할 것이다. 따라서 점 L은 겉보기 분점일 것이다. 이 점과 평균분점의 거리는 호 LE가 될 것이고, EK와 FG가 같다는 점에 의해 지배된다. 그러나 우리는 K를 극으로 삼아서 원 AGC를 그릴 수 있다. 또한 칭동 FG가 일어나는 동안에 적도의 극이 진정한 극인 G에 남아있지 않는다고 볼 수 있다. 반면에 두 번째 칭동의 영향으로 극이 호 GO를 따라 황도의 경사를 향해 벗어난다. 따라서 황도 BED가 정지해 있는 동안에, 실제의 겉보기 적도가 극 O의 변위에 따라 이동할 것이다. 그리고 같은 방식으로 겉보기 적도와의 교차점 L의 운동은 평균분점 E 주위에서 더 빠를 것이고, 가장자리에서 가장 느려서, 극의 칭동에 대략 비례할 것이며, 이것을 이미 보여 주었다[III, 3]. 이것을 아는 것은 가치가 있는 일이다.

6

분점 세차와 황도 경사 세차의 균일한 운동

이제 균일하지 않아 보이는 모든 원형 운동은 네 가지 경계 영역을 차지한다. 느리게 보이는 영역이 있고, 빠른 영역이 있으며, 가장 빠른 영역이 있다. 또 그 중간의 영역이 있는데, 이것이 평균이다. 감속이 끝나고 가속이 시작될 때 평균 속도의 방향이 바뀐다. 평균에서 가장 빠른 속도로 증가하며, 빠른 속도에서 다시 평균으로 바뀌고, 나머지는 균일한 속도에서 이전의 느린 속도로 되돌아간다. 이러한 고려에 의해 주어진 시간에 원의 어느 부분에 불균일성 또는 이상anomaly이 있는지 알 수 있다. 이 성질로부터 이상의 순환에 대해서도 이해할 수 있다.

예를 들어, 4개의 동일한 부분으로 나누어진 원에서 A가 가장 느린 곳이고, B가 평균 속도로 증가하는 곳이며, C에서 증가가 끝나고 감소가 시작하고, D에서 감소해서 평균 속도가 된다고 하자. 위에서[III, 2] 언급했듯이, 티모카리스에서 프톨레마이오스까지가 다른 모든 시대보다 분점의 겉보기 세차 운동이 가장 느렸다는 것이 알려졌다. 그 중간 시대의 아리스틸루스, 히파르코스, 아그리파, 메넬라우스의 관찰에서 알 수 있듯이, 한 동안은 세차 운동이 규칙적이고 균일하게 보였다. 따라서 이것은 분점의 겉보기 운동이 가장 느렸음을 증명한다. 이 기간의 중간에 가속이 시작되었다. 이 시기에 감속의 중단이 가속의 시작과 결합하여, 서로가 반대로 작용해서 한 동안 운동이 균일해 보였다. 따라서 티모카리스의 관측은 원에서 DA의 마지막 부분에 있어야 한다. 그러나 프톨레마이오스의 관측은 AB의 첫번째 사분원에 있을 것이다. 게다가 프톨레마이오스에서 알바타니까지의 두 번째 기간에 운동이 세 번째 기간보다 더 빨라진 것이 발견되었다. 따라서 이는 가장 빠른 속도, 즉 점 C를 두 번째 기간 동안에 통과했음을 나타낸다. 이제 이상이 세 번째 사분원인 CD에 도달했다. 세 번째 기간에서 우리 시대로 오는 동안 이상의 순환이 거의 완료되어 티모카리스에서 시작하던 곳으로 되돌아온다. 왜냐하면 티모카리스에서 우리까지 1819년의 전체 주기를

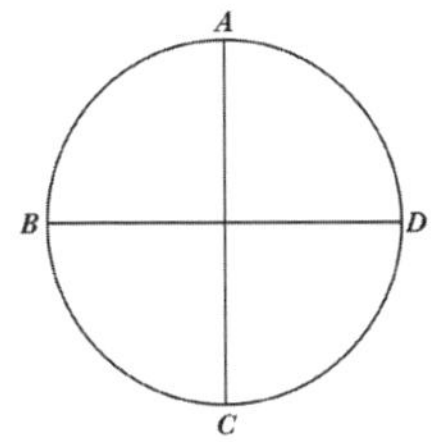

Figure.6

관례적으로 360°로 보기 때문이다. 432년이 85 1/2°의 호에 대응되고, 742년에 대해 146° 51'이 대응되며, 나머지 645년에 대해서는 나머지 호 127° 39'의 호가 대응된다. 나는 간단한 추측에 의해 바로 이 결과들을 얻지만, 더 정밀한 계산으로 이것들을 재검토해서 관찰과 더 정확히 맞게 했다. 나는 이집트력으로 1819년에 이상 운동이 회전을 완료했고, 21° 24'을 초과했다는 것을 발견했다. 한 주기의 시간은 이집트력 1717년만을 포함한다. 이 계산에 의해 원의 첫 번째 부채꼴은 90° 35', 두 번째 부채꼴은 155° 34'이고, 세 번째인 543년은 원의 나머지인 113° 51'으로 결정된다.

이러한 방식으로 이 결과들을 확정한 뒤에는, 분점 세차의 평균 운동도 분명해진다. 이것은 전체 불균일성이 원래 상태로 되돌아오는 1717년 동안 23° 57'이다. 1819년 동안에 약 25° 1'의 겉보기 운동이 있었기 때문이다. 그러나 1819년과 1717년 사이의 차이는 102이고, 티모카리스에서 102년 뒤에 겉보기 운동은 약 1° 4'이어야 한다. 그러므로 감소하지만 감속의 끝에 도달하지 못했을 때 100년 동안에 1°가 조금 넘는 만큼 진행할 것이다. 따라서 25° 1'에서 1 1/15°를 빼면, 그 나머지는 내가 언급했듯이, 이집트력 1717년의 균일한 평균 운동이 될 것이며, 이는 23° 57'의 불균일한 겉보기 운동과 같을 것이다. 따라서 분점 세차의 균일한 전체 회전은 모두 25816년에 이른다. 이 기간 동안에 대략 15 1/28회의 이상 순환이 완료된다.

이 계산은 경사의 운동과도 일치하며, 경사의 순환은 내가 말한 대로 분점 세차보다 두 배 느리다[III, 3]. 프톨레마이오스는 사모스의 아리스타르코스 이후 그의 시대까지 400년 동안 23° 51' 20"의 경사가 전혀 변하지 않았다고 보고했다. 따라서 최대 경사의 한계 근처에서 거의 일정하게 머물렀다는 것을 보여주는데, 이때는 물론 분점의 세차도 가장 느린 움직임을 보였다. 지금은 똑같은 느린 운동으로의 복귀가 다가오고 있다. 그러나 축의 경사는 같은 방식으로 최대가 아니라 최소를 향해 가고 있다. 그 사이의 기간 동안에 관측된 경사는 내가 말한 대로[III, 2], 알바타니는 23° 35', 190년 뒤에 스페인의 알자르칼리는 23° 34'으로 보고했다. 같은 방식으로 230년 뒤에, 유대인 프로파티우스는 2'이 더 적다고 했다. 마지막으로 우리 시대에 대해서, 나는 지난 30년 동안 여러 번의 관측을 통해 약 23° 28 2/5'임을 발견했다. 이렇게 결정된 값으로 볼 때, 나의 바로 앞의 선배인 게오르그 푸에르바흐와 요하네스 레지오몬타누스의 관찰은 거의 차이가 없다.

여기에서 다시, 프톨레마이오스 이후 900년 동안 경사의 변화는 다른 어떤 시기보다 더 컸음은 절대적으로 명확하다. 따라서 우리는 이미 1717년이라는 세차 이상의 순환을 알고 있으며, 이 시간이 경사의 주기의 반이므로, 그 완전한 주기는 3434년이다. 따라서 같은 숫자 3434년을 360°로 나누거나 1717년을 180°로 나누면, 이 단순한 이상의 연간 운동은 6' 17" 24'" 9""이 될 것이다. 이 양을 다시 365일로 나누면 하루의 운동은 1" 2'" 2""가 된다. 비슷하게 분점 세차의 평균 운동(이것은 23° 57'이다)을 1717년으로 나누면 연간 운동은 50" 12'" 5""이며, 이 양을 365일로 나누면 일일 운동은 8'" 15""가 될 것이다.

이제 이 운동을 더 명료하게 하고 필요할 때 쉽게 찾아볼 수 있도록 표를 작성하였다. 연간 운동은 계속해서 똑같이 더한다. 숫자가 60이 넘으면 더 높은 단위로 자리를 올린다. 나는 (편리함을 위해) 표를 60년 선까지 연장했다. 60년을 주기로 동일한 수가 반복되기 때문이다(도와 도의 분수 값을 그대로 옮기면 된다). 따라서 이전에 초였던 것이 분이 되는 등이다. 이 간략한 표에 나오는 단 두 개의 항목으로 3600년 동안의 균일한 운동을 구할 수 있다. 날의 수에 대해서도 마찬가지이다.

천체의 운동을 계산할 때 나는 언제나 이집트력의 해를 사용할 것이다. 상용년들 중에서 이집트력의 해만이 균일하다고 알려져 있다. 측정하는 단위가 측정하는 것과 일치해야 하기 때문이다. 로마, 그리스, 페르시아력의 해에서는 이러한 조화가 나오지 않는다. 이 달력 체계에서는 윤일을 끼워 넣는데, 어느 한 가지 방식이 아니라, 각각의 나라에서 선호하는 대로 했다. 그러나 이집트력의 해는 365일이라는 확실한 숫자로 모호함이 없다. 이것들은 12개의 같은 달로 구성되며, 순서대로 다음과 같은 이름으로 부른다. 이집트력에서 달의 이름은 토트Thoth, 파오피Phaophi, 아티르Athyr, 코이아크Choiach, 티비Tybi, 메키르Mechyr, 파메노트Phamenoth, 파르무티Pharmuthi, 파콘Pachon, 파우니Pauni, 에피피Ephiphi, 메소리Mesori이다. 이와 같은 방식으로 60일씩 6개의 무리를 이루고, 나머지 5일을 윤일intercalary이라고 한다. 이러한 이유로 균일한 운동의 계산에서, 이집트력의 해가 가장 편리하다. 다른 달력의 해는 날짜 수를 옮겨서 쉽게 변환할 수 있다.

해와 60년 기간에서 분점 세차의 균일한 운동

서기 5° 32′

년	경도						년	경도				
	60°	°	′	″	‴			60°	°	′	″	‴
1	0	0	0	50	12		31	0	0	25	56	14
2	0	0	1	40	24		32	0	0	26	46	26
3	0	0	2	30	36		33	0	0	27	36	38
4	0	0	3	20	48		34	0	0	28	26	50
5	0	0	4	11	0		35	0	0	29	17	2
6	0	0	5	1	12		36	0	0	30	7	15
7	0	0	5	51	24		37	0	0	30	57	27
8	0	0	6	41	36		38	0	0	31	47	39
9	0	0	7	31	48		39	0	0	32	37	51
10	0	0	8	22	0		40	0	0	33	28	3
11	0	0	9	12	12		41	0	0	34	18	15
12	0	0	10	2	25		42	0	0	35	8	27
13	0	0	10	52	37		43	0	0	35	58	39
14	0	0	11	42	49		44	0	0	36	48	51
15	0	0	12	33	1		45	0	0	37	39	3
16	0	0	13	23	13		46	0	0	38	29	15
17	0	0	14	13	25		47	0	0	39	19	27
18	0	0	15	3	37		48	0	0	40	9	40
19	0	0	15	53	49		49	0	0	40	59	52
20	0	0	16	44	1		50	0	0	41	50	4
21	0	0	17	34	13		51	0	0	42	40	16
22	0	0	18	24	25		52	0	0	43	30	28
23	0	0	19	14	37		53	0	0	44	20	40
24	0	0	20	4	50		54	0	0	45	10	52
25	0	0	20	55	2		55	0	0	46	1	4
26	0	0	21	45	14		56	0	0	46	51	16
27	0	0	22	35	26		57	0	0	47	41	28
28	0	0	23	25	38		58	0	0	48	31	40
29	0	0	24	15	50		59	0	0	49	21	52
30	0	0	25	6	2		60	0	0	50	12	5

날과 60일 기간에서 분점 세차의 균일한 운동

일	운동					일	운동				
	60°	°	′	″	‴		60°	°	′	″	‴
1	0	0	0	0	8	31	0	0	0	4	15
2	0	0	0	0	16	32	0	0	0	4	24
3	0	0	0	0	24	33	0	0	0	4	32
4	0	0	0	0	33	34	0	0	0	4	40
5	0	0	0	0	41	35	0	0	0	4	48
6	0	0	0	0	49	36	0	0	0	4	57
7	0	0	0	0	57	37	0	0	0	5	5
8	0	0	0	1	6	38	0	0	0	5	13
9	0	0	0	1	14	39	0	0	0	5	21
10	0	0	0	1	22	40	0	0	0	5	30
11	0	0	0	1	30	41	0	0	0	5	38
12	0	0	0	1	39	42	0	0	0	5	46
13	0	0	0	1	47	43	0	0	0	5	54
14	0	0	0	1	55	44	0	0	0	6	3
15	0	0	0	2	3	45	0	0	0	6	11
16	0	0	0	2	12	46	0	0	0	6	19
17	0	0	0	2	20	47	0	0	0	6	27
18	0	0	0	2	28	48	0	0	0	6	36
19	0	0	0	2	36	49	0	0	0	6	44
20	0	0	0	2	45	50	0	0	0	6	52
21	0	0	0	2	53	51	0	0	0	7	0
22	0	0	0	3	1	52	0	0	0	7	9
23	0	0	0	3	9	53	0	0	0	7	17
24	0	0	0	3	18	54	0	0	0	7	25
25	0	0	0	3	26	55	0	0	0	7	33
26	0	0	0	3	34	56	0	0	0	7	42
27	0	0	0	3	42	57	0	0	0	7	50
28	0	0	0	3	51	58	0	0	0	7	58
29	0	0	0	3	59	59	0	0	0	8	6
30	0	0	0	4	7	60	0	0	0	8	15

해와 60년 기간에서 분점 세차의 균일한 운동

서기 6° 45′

년	운동					년	운동				
	60°	°	′	″	‴		60°	°	′	″	‴
1	0	0	6	17	24	31	0	3	14	59	28
2	0	0	12	34	48	32	0	3	21	16	52
3	0	0	18	52	12	33	0	3	27	34	16
4	0	0	25	9	36	34	0	3	33	51	41
5	0	0	31	27	0	35	0	3	40	9	5
6	0	0	37	44	24	36	0	3	46	26	29
7	0	0	44	1	49	37	0	3	52	43	53
8	0	0	50	19	13	38	0	3	59	1	17
9	0	0	56	36	37	39	0	4	5	18	42
10	0	1	2	54	1	40	0	4	11	36	6
11	0	1	9	11	25	41	0	4	17	53	30
12	0	1	15	28	49	42	0	4	24	10	54
13	0	1	21	46	13	43	0	4	30	28	18
14	0	1	28	3	38	44	0	4	36	45	42
15	0	1	34	21	2	45	0	4	43	3	6
16	0	1	40	38	26	46	0	4	49	20	31
17	0	1	46	55	50	47	0	4	55	37	55
18	0	1	53	13	14	48	0	5	1	55	19
19	0	1	59	30	38	49	0	5	8	12	43
20	0	2	5	48	3	50	0	5	14	30	7
21	0	2	12	5	27	51	0	5	20	47	31
22	0	2	18	22	51	52	0	5	27	4	55
23	0	2	24	40	15	53	0	5	33	22	20
24	0	2	30	57	39	54	0	5	39	39	44
25	0	2	37	15	3	55	0	5	45	57	8
26	0	2	43	32	27	56	0	5	52	14	32
27	0	2	49	49	52	57	0	5	58	31	56
28	0	2	56	7	16	58	0	6	4	49	20
29	0	3	2	24	40	59	0	6	11	6	45
30	0	3	8	42	4	60	0	6	17	24	9

날과 60일 기간에서 분점 세차의 균일한 운동

일	운동					일	운동				
	60°	°	′	″	‴		60°	°	′	″	‴
1	0	0	0	1	2	31	0	0	0	32	3
2	0	0	0	2	4	32	0	0	0	33	5
3	0	0	0	3	6	33	0	0	0	34	7
4	0	0	0	4	8	34	0	0	0	35	9
5	0	0	0	5	10	35	0	0	0	36	11
6	0	0	0	6	12	36	0	0	0	37	13
7	0	0	0	7	14	37	0	0	0	38	15
8	0	0	0	8	16	38	0	0	0	39	17
9	0	0	0	9	18	39	0	0	0	40	19
10	0	0	0	10	20	40	0	0	0	41	21
11	0	0	0	11	22	41	0	0	0	42	23
12	0	0	0	12	24	42	0	0	0	43	25
13	0	0	0	13	26	43	0	0	0	44	27
14	0	0	0	14	28	44	0	0	0	45	29
15	0	0	0	15	30	45	0	0	0	46	31
16	0	0	0	16	32	46	0	0	0	47	33
17	0	0	0	17	34	47	0	0	0	48	35
18	0	0	0	18	36	48	0	0	0	49	37
19	0	0	0	19	38	49	0	0	0	50	39
20	0	0	0	20	40	50	0	0	0	51	41
21	0	0	0	21	42	51	0	0	0	52	43
22	0	0	0	22	44	52	0	0	0	53	45
23	0	0	0	23	46	53	0	0	0	54	47
24	0	0	0	24	48	54	0	0	0	55	49
25	0	0	0	25	50	55	0	0	0	56	51
26	0	0	0	26	52	56	0	0	0	57	53
27	0	0	0	27	53	57	0	0	0	58	55
28	0	0	0	28	56	58	0	0	0	59	57
29	0	0	0	29	58	59	0	0	1	0	59
30	0	0	0	31	1	60	0	0	1	2	2

7

분점의 균일한 세차와 겉보기 세차 사이에 가장 큰 차이는 얼마인가?

이러한 방식으로 평균 운동을 설명했고, 이번에는 분점의 균일한 운동과 겉보기 운동 사이에서 차이의 최대가 얼마인지, 또는 이상 운동에 의해 만들어지는 작은 원의 지름이 얼마나 큰지 물어보아야 한다. 이것이 알려지면, 이 운동들 사이의 다른 모든 차이를 쉽게 알 수 있기 때문이다. 앞에서 나왔듯이[III, 2], 티모카리스의 첫 번째 관측과 안토니누스 피우스 2년에 수행한 프톨레마이오스의 관측 사이는 432년이다. 이 기간 동안에 평균 운동은 6°이다. 그러나 겉보기 운동은 4° 20'이었다. 둘 사이의 차이는 1° 40'이다. 게다가, 이중 이상double anomaly의 운동은 90° 35'이었다. 게다가 이미 보았듯이[III, 6], 이 기간의 중간 또는 그 무렵에 겉보기 운동이 가장 느린 극단에 도달했다. 이 기간에 겉보기 운동이 평균 운동과 일치해야 하는 반면에, 평균적인 진분점이 원들의 동일한 교점에 있어야 한다. 따라서 운동과 시간을 반으로 나누면 양쪽에서 불균일한 운동과 균일한 운동 사이의 차이는 5/6°가 된다. 이 차이가 이상의 원에서 45° 17'인 호의 어느 한 쪽의 안에 들어간다.

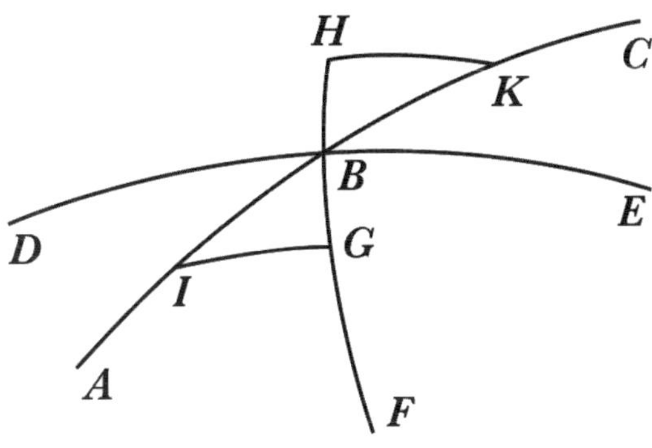

Figure.7

이제 이것들이 이런 방식으로 확립되었고, ABC가 황도의 호, DBE가 평균적도, B가 겉보기 분점의 평균 교차점이며, 양자리 또는 천칭자리일 수 있다고 하자. DBE의 극을 통과해서, FB를 그린다. 이제 ABC 양쪽에서 5/6°로 같은 호 BI와 BK를 취해서, IBK 전체가

1° 40'이 되도록 한다. 또한 겉보기 적도인 두 호 IG와 HK를 FB에 직각으로 그리고, FBH를 연장한다. 나는 "직각"이라고 말하겠지만, 가설III, 3에서 보였듯이 경사의 운동들이 뒤섞이므로, IG와 HK의 극이 원 BF 밖에 있는 경우가 많다. 이 거리가 아주 작고, 최대가 직각의 1/450을 넘지 않으므로, 거의 감지할 수 없기 때문에, 이 각들을 직각처럼 다룰 것이다. 이 부분에서는 오류가 나타나지 않을 것이기 때문이다. 이제 삼각형 IBG에서, 각 IBG가 66° 20'으로 주어진다. 여각 DBA가 황도의 평균 경사인 23° 40'이기 때문이다. BGI는 직각이다. 또한 각 BIG는 엇각 IBD와 거의 정확하게 같다. 변 IB는 50'으로 주어진다. 따라서 평균적도의 극과 겉보기 적도의 극 사이의 거리인 BG는 20'과 같다. 비슷하게, 두 각 BHK와 HBK는 두 각 IBG와 IGB와 같고, 변 BK는 변 BI와 같다. 또한 BH는 BG의 20'과 같을 것이다. 그러나 이 모든 것은 매우 작은 양에 대한 것이고, 황도의 1 1/2°에 미치지 못한다. 이 양들에서 선분들은 대응하는 호와 거의 같고, 차이가 있다고 해도 60분

의 1초가 겨우 될 정도다. 하지만 나는 분에 만족하며, 호 대신에 직선을 사용해도 오차가 생기지 않을 것이다. GB와 BH는 IB와 BK에 비례할 것이며, 같은 비가 두 극의 운동과 두 교차점의 운동에서도 올바르다.

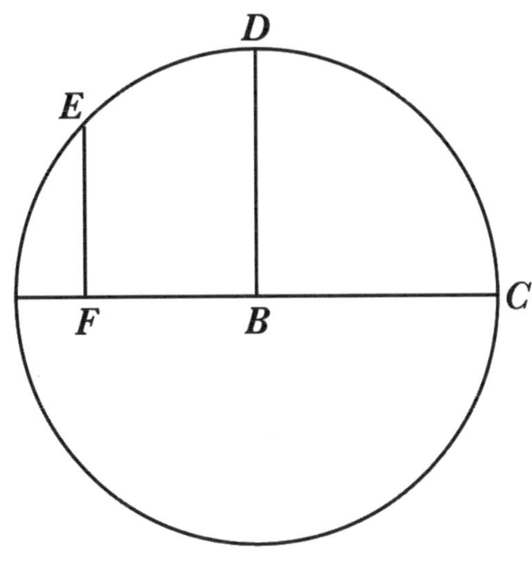

Figure.8

ABC가 황도의 일부라고 하고, 그 위에 평균분점 B가 있다고 하자. 이 점을 중심으로 반원 ADC를 그려서, 황도와 점 A와 C에서 교차한다고 하자. 또한 이 점에서 DB를 그려서, 앞의 반원을 D에서 이등분하도록 한다.

D에서 큰 감속과 가속이 시작된다고 생각하자. 사분원 AD에서, 45° 17 1/2'인 호 DE를 취한다. 황극으로부터 점 E를 통과해서 EF를 내리고, BF를 50'으로 한다. 이 특정한 것에서 BFA 전체를 찾는 방법이 제안되었다. 이제 BF의 두 배가 호 DE의 두 배에 대응한다는 것은 명백하다. 그러나 BF의 7107 단위 대 AFB의 10,000 단위는 BF의 50' 대 AFB의 70'이다. 따라서 AB는 1° 10'으로 주어진다. 이것이 분점의 평균 운동과 겉보기 운동 사이의 최대 차이이다. 이것이 우리가 찾던 것이고, 극의 최대 변이가 28'라는 사실에서 따라나온다. 이 28'은 적도의 교차점에서, 분점의 이상anomaly 70'에 대응한다. 나는 이것을 경사의 "단순 이상"과 비교해서 "이중 이상"이라고 부른다.

8

이 운동들 사이의 개별적 차이, 이 차이들을 보여주는 표

이제 AB가 70'으로 주어지며, 이것은 대응하는 선분과 길이가 다르지 않은 호로 보인다. 따라서 평균과 겉보기 운동 사이의 개별적 차이를 보이기는 어렵지 않을 것이다. 이러한 차이, 즉 이것을 더하거나 뺀 것을 질서 있게 보여주는 것을, 그리스인들은 "가감차prosthaphaeresis"라고 불렀고, 현대인들은 "균차equation"라고 부른다. 나는 그리스 용어를 사용하는 것이 더 적절하다고 생각하며, 이것을 사용하겠다.

이제 AB 대 BF에 대응하는 현의 비에 따라, ED가 3°이면, 4'의 가감차로 BF를 얻을 것이고, 6°일 경우 7', 9°일 경우 11' 등을 얻는다. 또한 앞에서 말했듯이[III, 5] 경사의 변이에 대해서도 같은 방식으로 해나가야 한다고 믿으며, 여기에서 최대와 최소의 차이가 24'임이 발견되었다. 단순 이상anomaly의 반원에서 이 24'이 1717년 동안에 지나갔다. 원의 사분원에서 이 기간의 반은 12'이 될 것이다. 이 이상의 작은 원의 극은 23° 40'으로 기울어져 있을 것이다. 앞에서 말했듯이 이러한 방식으로 다른 차이들에 대해서도 정확하게 계산해서, 첨부한 표에 넣었다.

이 증명을 통해 겉보기 운동을 여러 가지 방식으로 결합해서 나타낼 수 있다. 그러나 그 중에서 가장 만족스러운 방법은 각각의 가감차를 분리해서 취급하는 것이다. 이 방식에서는 운동의 계산이 이해하기 쉬워지고, 증명된 것에 대한 설명과 더 가깝게 일치한다. 그래서 나는 한 번에 3°씩 커지는 60줄의 표를 작성했다. 이 배열에서는 표가 너무 길지도 않고 너무 짧지도 않기 때문이다. 다른 비슷한 경우에 대해서도 나는 똑같이 할 것이다. 지금의 표에는 4개의 열만 있다. 그 중에서 처음의 2개는 양쪽 반원의 도를 포함한다. 나는 이 도들을 "공통수common number"라고 부른다. 이 숫자는 황도의 경사를 나타내며, 이 숫자의 두 배는 분점의 가감차 역할을 한다. 이 숫자들의 시작은 가속의 출발에서 잡는다. 세 번째 열은 3°마다 대응되는 분점의 가감차이다. 이 가감차들을 평균 운동에 더하거나 빼야 하며, 평균 운동을 나는 춘분점에 있는 양자리 머리에 있는 첫 번째 별에서 출발시킨다. 빼는 가감차는 작은 반원 또는 첫 번째 열의 이상에 관련되며, 더하는 가감차는 두 번째 열과 그 다음의 반원에 관련된다. 마지막의 열은 분이고, "경사 비 사이의 차이the differences between the proportions of the obliquity"라고 부르며, 최대는 60이다. 최대 경사와 최소 경사의 차이인 24'을 60으로 두었기 때문이다. 나머지 차이들도 여기에 비례해서 조정한다. 그러므로 이상의 시작과 끝이 60이 된다. 그러나 33°의 이상에서와 같이 차이가 22'이 되면, 22'의 자리에 55'을 넣는다. 따라서 20'에 대해, 48°의 이상에서와 같이 50을 넣고, 나머지에 대해서도 첨부된 표처럼 같은 방식으로 한다.

분점의 가감차와 황도 경사의 표

공통수		분점의 가감차		경사에 비례하는 분	공통수		분점의 가감차		경사에 비례하는 분
도	도	도	분		도	도	도	분	
3	357	0	4	60	93	267	1	10	28
6	354	0	7	60	96	264	1	10	27
9	351	0	11	60	99	261	1	9	25
12	348	0	14	59	102	258	1	9	24
15	345	0	18	59	105	255	1	8	22
18	342	0	21	59	108	252	1	7	21
21	339	0	25	58	111	249	1	5	19
24	336	0	28	57	114	246	1	4	18
27	333	0	32	56	117	243	1	2	16
30	330	0	35	56	120	240	1	1	15
33	327	0	38	55	123	237	0	59	14
36	324	0	41	54	126	234	0	56	12
39	321	0	44	53	129	231	0	54	11
42	318	0	47	52	132	228	0	52	10
45	315	0	49	51	135	225	0	49	9
48	312	0	52	50	138	222	0	47	8
51	309	0	54	49	141	219	0	44	7
54	306	0	56	48	144	216	0	41	6
57	303	0	59	46	147	213	0	38	5
60	300	1	1	45	150	210	0	35	4
63	297	1	2	44	153	207	0	32	3
66	294	1	4	42	156	204	0	28	3
69	291	1	5	41	159	201	0	25	2
72	288	1	7	39	162	198	0	21	1
75	285	1	8	38	165	195	0	18	1
78	282	1	9	36	168	192	0	14	1
81	279	1	9	35	171	189	0	11	0
84	276	1	10	33	174	186	0	7	0
87	273	1	10	32	177	183	0	4	0
90	270	1	10	30	180	180	0	0	0

9

분점의 세차 논의에 대한 검토와 수정

내가 추측한 가정에 따르면, 불균일한 운동은 첫 번째 칼리푸스 주기의 36년째와 안토니누스 피우스 2년 사이의 중간쯤에서 가속하기 시작했다(나는 이것을 이상 운동의 시작으로 보고 논의했다). 그러므로 나는 여전히 내 추측이 옳은지, 관측과 일치하는지 조사해야 한다.

티모카리스, 프톨레마이오스, 라카의 알바타니가 관측한 세 별을 보자. 첫 번째 기간(티모카리스와 프톨레마이오스 사이)은 분명히 이집트력으로 432년이고, 두 번째 기간(프톨레마이오스와 알바타니 사이)은 742년이다. 첫 번째 기간의 균일한 운동은 6°였고, 불균일한 운동은 4° 20'이어서 균일한 운동에서 1° 40'을 뺀 것과 같으며, 이중 이상은 90° 35'이었다. 두 번째 기간에 균일한 운동은 10° 21'이었고, 불균일한 운동은 11° 1/2'이어서 균일한 운동에 1° 9'이 더해졌고, 이중 이상은 155° 34'이었다.

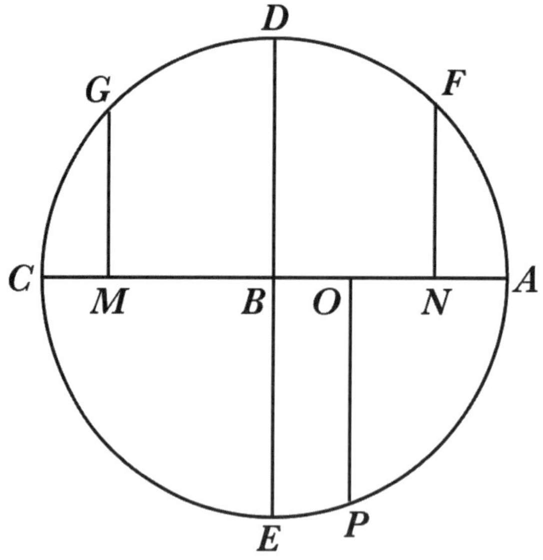

Figure.9

앞에서와 같이, ABC를 황도의 호라고 하자. B를 평균춘분점이라고 하자. B를 중심으로 원 ADCE를 그려서, 호 AB가 1° 10'이 되도록 한다. B가 앞쪽의 A를 향해 균일하게 이동한다고 하자. A를 서쪽 한계라고 하고, 춘분점이 B으로부터 앞쪽으로 가장 멀어지는 점이라고 하자. C를 동쪽 한계라고 하고, 춘분점이 B로부터 뒤쪽으로 가장 멀어지는 점이라고 하자. 이제 황극으로부터 점 B를 통과해서 수선 DBE를 그린다. 황도와 DBE

는 작은 원 ADCE를 사등분한다. 두 원이 그 극들을 통해서 서로 직각으로 교차하기 때문이다. 반원 ADC에서는 운동이 뒤처지고, 반대쪽의 반원 CEA에서는 앞선다. 따라서 B의 운동에 대한 반작용으로, 겉보기 춘분점이 늦어지는 시기의 중간이 D에 있을 것이다. 반면에 속력이 가장 빠른 점은 E인데, 같은 방향의 운동이 서로 강화하기 때문이다. 여기에서 D의 앞과 뒤로 각각 45° 17 1/2'인 호 FD와 DG를 잡는다. F를 이상의 첫 번째 끝점, 즉 티모카리스가 관측한 시점이라고 하자. G는 두 번째 끝점인 프톨레마이오스가 관측한 시점이고, P를 세 번째 끝점인 알 바타니가 관측한 시점이라고 하자. 이 점들(F, G, P)은 황극을 통과해서 대원 FN, GM, OP를 그리는데, 작은 원 안에 들어있는 이 호들은 거의 직선이다. 그러면 원 ADCE는 360°이고, 호 FDG는 90° 35'이며, 평균 운동이 MN의 1° 40'만큼 줄어들고, ABC는 2° 20'이 된다. GCEP는 155° 34'이 될 것이고, 평균 운동이 MO의 1° 9'만큼 증가한다. 따라서 남아있는 PAF의 113° 51'(= 360° - (90° 35' + 155° 34'))도 평균 운

Book Three

동이 나머지 ON의 31'(= MN - MO = 1° 40' - 1 09')만큼 증가할 것이며, 여기에서 AB도 비슷하게 70'이다. 전체 호 DGCEP는 200° 51 1/2'(= 45° 17 1/2' + 155° 34')이 될 것이고, 반원을 넘어서 초과하는 EP는 20° 51 1/2'이 될 것이다. 따라서 원에 대응하는 선분의 표에 따라, 직선 BO는 356단위가 될 것이며, 여기에서 AB는 1000이다. 그러나 AB가 70'이면 BO는 24'쯤 될 것이고, BM은 50'으로 잡았다. 따라서 전체로서의 MBO는 74'이고 나머지 NO는 26'이다. 그러나 앞에서 MBO는 1° 9'이었고, 나머지 NO는 31'이었다. 후자의 경우에(31' -26') 5'이 부족하고, 전자의 경우는 그만큼 초과한다(74' - 69'). 따라서 원 ADCE를 두 경우가 맞을 때까지 회전시켜야 한다. 이것은 호 DG를 42 1/2°로 해서, 다른 호 DF가 48° 5'이 될 때 일어날 것이다. 이러한 방식으로 두 오류가 모두 바로잡히고, 다른 모든 데이터도 바로잡힌다는 것을 보일 것이다. 지연의 한계인 D에서 출발해서, 첫 번째 기간의 불균일 운동은 전체 호 DGCEPAF의 311° 55'이 되고, 두 번째 기간의 DG는 42 1/2°이고, 세 번째 기간의 DGCEP는 198° 4'이다. 그리고 첫 번째 기간에서, 앞의 증명에 따라, BN은 더하는 가감차 52'이 될 것이고, 여기에서 AB는 70'이다. 두 번째 기간에서 MB는 빼는 가감차로 약 47 1/2'이 될 것이고, 세 번째 기간의 BO은 다시 더하는 가감차로 약 21'이 될 것이다. 그러므로 첫 번째 기간에서 전체 MN은 1° 40'이고, 두 번째 구간에서 전체 MBO는 1° 9'이며, 이 값들은 관측과 상당히 정확하게 일치한다. 따라서 첫 번째 기간의 단순 이상은 명확히 155° 57 1/2'이고, 두 번째 기간은 21° 15', 세 번째 기간의 단순 이상은 99° 2'이다. 증명 끝.

10

적도와 황도의 교차에서 가장 큰 변이는?

황도와 적도의 경사가 나타내는 변이에 대한 나의 논의도 같은 방식으로 확인할 것이고, 정확하다고 판명될 것이다. 프톨레마이오스의 시기에는 안토니누스 피우스 2년에 보정된 단순 이상이 21 1/4°였고, 최대 경사는 23° 51' 20"였다. 나의 관측은 약 1387년 뒤에 수행되었고, 그 동안에 단순 이상의 크기는 144° 4'으로 계산되며, 경사는 약 23° 28 2/5'으로 측정되었다.

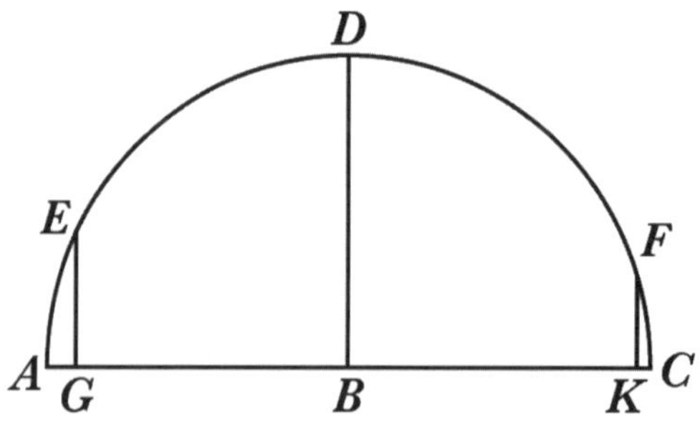

Figure.10

이것을 바탕으로 황도의 호 ABC를 다시 그리는데, 크기가 작으므로 직선으로 취급할 수 있다. ABC에서 이전과 같이 B를 중심으로 다시 단순 이상의 작은 반원을 그린다. A를 경사의 최대 한계로 하고, C를 경사의 최소 한계로 해서, 그 사이에 우리가 조사하는 대상이 있다고 하자. 따라서 작은 원에서 21° 15'의 호 AE를 잡는다.

사분원의 나머지 ED는 68° 45'이 될 것이다. EDF 전체는 144° 4'으로 계산되며, 뺄셈에 의해 DF는 75° 19'이 될 것이다. 지름 ABC에 수직으로 EG와 FK를 내린다. 프톨레마이오스로부터 우리에게 이르기까지 경사의 변이를 고려하면, GK는 22' 56"인 대원의 호로 인지될 것이다. 그러나 비슷한 선분 GB는 ED의 두 배 또는 그와 같은 호에 대응하는 현의 절반이며, 932단위이고, 여기에서 AC는 2000이다. 또한 DF의 두 배에 대응하는 현의 절반인 KB는 같은 단위로 967이 될 것이다. 합계인 GK는 1899단위이며, 여기에서 AC는 2000이다. 그러나 GK가 22' 56"로 간주될 때, AC는 대략 24'이 될 것이며, 이것이 우리가 찾는 최대 경사와 최소 경사 사이의 차이이다. 그러므로 이 경사는 분명히, 티모카리스와 프톨레마이오스 사이에서 완전히 23° 52'이 되었을 때 최대에 이르렀으며, 지금은 최소인 23° 28'에 가까워지고 있다. 또한 이 체계에서 이 원들의 중간의 경사도 세차에 대해 설명할 때와[III, 8] 같은 방법으로 얻을 수 있다.

11

분점의 균일한 운동과 이상 운동의 역기점 결정

이제 이 모든 주제들을 이런 방식으로 설명했고, 이번에 다룰 주제는 춘분점의 운동이다. 어떤 과학자들은 이것을 "역기점epoch"이라고 부르며, 이 위치로부터 다른 모든 시간을 계산한다. 프톨레마이오스는 이 계산의 절대적인 시작을 바빌로니아의 나보나사르Nabonassar의 통치 시작으로 정했다알마게스트, III, 7. 많은 학자들이 이름이 비슷해서 그를 네부카드네자르Nebuchadnezzar라고 생각해 왔지만, 연대기의 조사와 프톨레마이오스의 계산으로 알려졌듯이, 그는 훨씬 더 나중의 사람이다. 역사학자들에 따르면 나보나사르의 뒤를 이은 통치자는 칼데아Chaldea의 왕 샬마네세르Shalmaneser였다. 그러나 나보나사르보다 28년 앞선 것으로 알려진 첫 번째 올림픽이 더 유명하므로, 시작하는 점으로 적합하다고 생각된다. 켄소리누스Censorinus를 비롯한 다른 저명한 권위자들이 언급했듯이, 올림픽 경기가 거행되던 때는 하지와 함께 시작하며, 그리스에 시리우스가 뜬 다음이었다. 그러므로, 천체의 운행을 정확하게 계산하기 위해 필요한 연대기적 계산에 따라, 그리스력 헤카톰바에온Hecatombaeon (아테네에서 사용한 달 이름, 하지 다음의 초승달에 시작함 ― 옮긴이) 달의 첫날 정오의 첫 번째 올림픽에서 이집트력 토트의 달 첫날 정오까지는 27년 247일이다. 그 때부터 알렉산드로스가 죽을 때까지는 424이집트년이다. 알렉산드로스의 죽음부터 카이사르력의 해가 시작되는 해의 1월 1일, 율리우스 카이사르가 제정한 해의 시작을 명령한 날의 자정까지는 278이집트년과 118 1/2일이다. 대제사장으로서 카이사르는 세 번째로 집정관에 올랐을 때 이 해를 제정했고, 이때의 공동 집정관은 마르쿠스 아밀리우스 레피두스Marcus Aemilius Lepidus였다. 율리우스 카이사르에 의해 정해진 해에 이어지는 다음의 해들을 "율리우스력Julian"이라고 부른다. 카이사르의 네 번째 집정에서부터 옥타비아누스 아우구스투스까지 18년을 로마인들은 1월 1일부터 세지만, 신격화된 율리우스 카이사르의 아들이 일곱 번째 집정기에 무나티우스 플랑쿠스의 동의로 원로원과 다른 시민들에게서 아우구스투스 황제 칭호를 부여받은 것은 1월 17일이었고, 이때의 공동 집정관은 마르쿠스 빕사니우스(아그리파)였다. 그러나 이집트인들은 안토니우스가 죽고 클레오파트라가 죽은 후 2년이 지났을 때부터 로마의 지배로 넘어갔기 때문에 토트 달의 첫날 정오까지 15년과 246 1/2일로 세었으며, 이 날은 로마력으로 8월 30일이다. 따라서 로마력에 따르면 27년이지만, 이집트력에 따르면 29년과 130 1/2일이 아우구스투스로부터 그리스도의 해까지이며, 이 해도 마찬가지로 1월에 시작된다. 이때부터 안토니누스 피우스 2년에 클라디우스 프톨레마이오스가 직접 관측하여 항성 목록을 작성할 때까지는 로마력으로 138년과 55일이며, 이집트인들은 이 기간에 34일을 더한다. 첫 번째 올림픽부터 이때까지의 기간은 총 913년 101일이다. 이 기간 동안에 분점의 균일한 세차는 12° 44'이고, 단순 이상은 95° 44'이다. 그러나 프톨레마이오스알마게스트 VII, 5에서 알려졌듯이 안토니누스 피우스 2년에, 춘분점이 양자리 머리의 첫 번째 별보다 6° 40' 앞섰다. 이중 이상이 42 1/2°III, 9

였으므로, 균일한 운동에서 겉보기 운동을 뺀 차이는 48' 이었다. 이 차이를 6° 40'의 겉보기 운동에 더하면, 춘분점의 평균 위치는 7° 28'이 된다. 이 위치에서 원의 360°를 더하고 총합에서 12° 44'을 빼면 첫 번째 올림픽의 위치를 얻을 수 있다. 올림픽은 아테네의 헤카톰바에온 달 첫날 정오에 시작했고, 이때 춘분점의 평균 위치는 354° 44'이며, 양자리 첫째 별에서 5° 16'(= 360° - 354° 44') 뒤에 있게 된다. 비슷하게, 단순 이상의 21° 15'에서 95° 45'을 빼면, 그 나머지는 이 올림픽이 시작할 때의 단순 이상의 위치인 285° 30'이 된다. 다시, 다양한 기간 동안 일어난 운동을 더하고, 360°가 누적될 때마다 빼서, 위치 또는 역기점을 구할 수 있다. 알렉산드로스에 대해서는, 균일한 운동이 1° 2'이고 단순 이상은 332° 52'이다. 카이사르에 대해서는 평균 운동이 4° 55', 이상이 2° 2'이다. 그리스도에 대해서는 평균 운동이 5° 32'이고 이상은 6° 45'이다. 이러한 방식으로 시대의 시작을 어떻게 선택해도, 운동의 역기점을 구할 수 있다.

12

춘분점과 경사의 세차 계산

그 다음에는, 춘분점의 위치를 계산할 때, 선택된 시작점으로부터 계산하려는 시점까지의 햇수가 흔히 사용하는 로마력처럼 균일하지 않으면, 우리는 이것을 균일한 해 또는 이집트력으로 변환할 것이다. 균일한 운동을 계산하기 위해서 나는 이집트력의 해만을 사용할 것이며, 그 이유는 앞에서 말했다III, 6의 마지막쯤.

년수가 60년이 넘어가면, 이것을 60년의 기간으로 나눌 것이다. 60년의 기간에 대해서III, 6 뒤 분점의 운동 표를 참조할 때, 첫 번째 열은 관련이 없으므로 이때는 사용하지 않는다. 두 번째인 도의 열에서 시작해서, 0이 아닌 값이 있으면 남는 도와 함께 취하여 60을 곱해서 동반하는 분에 합산한다. 그런 다음에, 표의 두 번째에서, 60년의 전체 기간을 소거한 뒤에 남은 해에 대해서 첫 번째 열에 적힌 대로 60° 더하기 도와 분의 덩어리를 취한다. 날들과 60일 기간에 대해서도 날과 분의 표에 따라 이것들을 균일한 운동에 더하려고 할 때 같은 방식으로 할 것이다. 그럼에도 불구하고 날들의 분 또는 하루 전체의 분에 대한 계산에서, 이 운동들이 느리기 때문에 무시해도 아무런 해로움이 없다. 이것은 하루의 운동으로 초 또는 초의 60분의 1에 해당하기 때문이다. 이 모든 항목들을 그 역기점과 함께 수집했을 때, 각각의 종류마다 별도로 더하고 60°가 여섯 번 모여서 360°가 넘으면 소거해서, 주어진 시간에 대해 춘분점의 평균 위치와, 이것이 양자리 첫째 별에서 앞서는 거리 또는 분점에서 뒤처진 거리를 얻을 것이다.

같은 방식으로 이상의 값도 얻을 것이다. 단순 이상에서, 가감차의 표[III, 8 뒤] 마지막 열에서 비례하는 분을 찾을 것이며, 이것을 한 쪽에 보관할 것이다. 그런 다음에 이중 이상에 대해서, 같은 가감차 표의 세 번째 열, 즉 실제의 운동과 평균 운동의 차이를 찾을 것이다. 이중 이상이 반원보다 작으면 평균 운동에서 가감차를 뺀다. 이중 이상이 180°와 반원을 넘으면, 이것을 평균 운동에 더한다. 이 합 또는 차는 춘분점의 실제와 겉보기 세차, 또는 반대로 그 시간의 춘분점에서 양자리 첫째 별의 거리를 담고 있을 것이다. 다른 어떤 별로부터의 거리를 찾는다면, 여기에 항성 목록에 지정된 경도를 더한다.

예를 들어 설명해야 방법을 확실하게 알 수 있으므로, 1525년 4월 16일에 춘분점의 실제 위치, 처녀자리 스피카의 춘분점에서의 거리, 황도의 경사를 구해보자. 로마력 1524년과 106일은, 그리스도의 해의 시작부터 이때까지, 분명히 윤일이 381회, 즉 1년 16일이 있었다. 전체는 균일한 해로 1525년과 122일이며, 60년 25주기와 25년 60일 두 주기 더하기 2일과 같다. 균일한 운동의 표에서[III, 6 뒤], 60년의 25주기는 20° 55' 2"에 해당하고, 25년은 20' 55"에 해당하며, 60일의 두 주기는 16'에 해당하고, 나머지 2일은 60분의 2초에 해당한다. 이 모든 값들에 역기점의 5° 32' [III, 11의 끝]을 더해서, 춘분점 평균 세차 26° 48'에 달한다.

비슷하게, 60년의 25주기에 대해 단순 이상의 운동은 60°와 37° 15' 3"의 두 부분이고, 25년에 대해서는 2° 37' 15"이며, 60일 두 주기에 대해서는 2' 4", 2일은 2"

이다. 이 값들을 역기점의 6°45'과 더하면III, 11의 끝, 단순 이상은 60°와 46° 40'의 두 부분이 된다. 가감차 표III, 8 다음의 마지막 열에서 대응하는 비례 분은 경사를 계산하기 위해 필요하며, 이 경우에 단지 1'이다. 이번에는 이중 이상에 대해, 이것은 60°의 다섯 무리 더하기 33° 20'이며, 나는 가감차가 32'임을 알아냈고, 이중 이상이 반원보다 크므로 이것을 더해야 한다. 이 가감차를 평균 운동에 더하면, 춘분점의 진정한 겉보기 세차는 27° 21'으로 나온다. 마지막으로, 여기에 양자리 첫째 별로부터 처녀자리 스피카까지의 거리인 170°를 더하면, 춘분점을 기준으로 한 위치(197° 21')는 천칭자리의 동쪽 17° 21'에 있을 것이고, 이 별은 나의 시대의 관측에서도 이 자리에서 발견된다III, 2에서 보고됨.

황도의 경사와 적위는 다음과 같은 규칙을 따른다. 비례하는 분이 60에 달하면, 적위표II, 3 다음에 적힌 증가, 즉 최대와 최소 경사의 차이를 한 덩어리로 개별적인 적위의 도에 더한다. 그러나 이 경우에 이 비례적인 분의 하나가 단지 24"를 경사에 더한다. 따라서 표에 나와

Book Three

있는 황도의 적위의 도는, 이 때는 변하지 않는데, 지금 최소 경사에 접근하고 있기 때문이다. 그러나 다른 때는 적위가 더 잘 알아볼 수 있을 만큼 크게 변한다.

따라서, 예를 들어, 그리스도 이후로 이집트력 880년에 단순 이상이 99°이면, 이것은 25분의 비례 분과 연결된다. 그러나 60' : 24'(24'은 최대와 최소 경사의 차이이다) = 25' : 10'이다. 이 10'을 28'에 더하면, 합계는 23° 38'인데, 이는 그 당시의 경사이다. 이번에는 황도에서 임의의 도의 적위를 알고 싶다고 하고, 예를 들어 황소자리 3°라고 하면, 이것은 분점에서 33°이며, II, 3 뒤에 나오는 황도의 적위 표에서 나는 12° 32'을 찾았고, 차이가 12'이다. 그러나 60 : 25 = 12 : 5이다. 이 5'을 적위의 도에 더하면, 총합은 황도의 33°에 대해 12° 37'이 된다. 황도와 적도의 교각에 사용한 것과 같은 방법을 적경에도 사용할 수 있고(우리가 구면삼각형의 비를 선호하지 않는다면), 다만 교각에서는 더했던 것을 적경에는 언제나 빼야 하는데, 모든 결과가 연대年代에 대해 더 정확하게 하기 위해서이다.

13

태양년의 길이와 불균일성

분점과 지점의 세차(이것은 앞에서 말했듯이III, 3의 시작, 지축이 기울어져 있기 때문이다)가 이런 방식으로 진행한다는 진술은, 앞에서 설명했듯이, 이 운동이 태양에 반영됨에 따라 지구 중심의 연주운동에 의해서도 확인될 것인데, 이것이 내가 논해야 할 주제이다. 분점 또는 지점으로 계산할 때 1년의 길이는 가변적이며, 당연히 그렇게 되는 이유는, 방위기점cardinal point들이 불균일하게 이동하기 때문이며, 이 현상들은 서로 연결되어 있다.

따라서 우리는 계절년과 항성년을 구별해야 하며, 이것들을 정의해야 한다. 나는 네 계절로 표시되는 것을 "자연적인" 또는 "계절적인" 해라고 하고, 항성들 중 하나로 되돌아오는 해를 "항성년"이라고 하겠다. 자연적인 해는 "회귀년"이라고도 부르며, 이것이 균일하지 않다는 것은 고대인들이 수많은 관측으로 명확해졌다. 회귀년은 365일에 1/4일이 포함되며, 이것은 칼리푸스,

사모스의 아리스타쿠스, 아테네의 방식으로 하지를 한 해의 시작으로 놓은 시라쿠사의 아르키메데스에 의해 결정되었다. 그러나 클라우디우스 프톨레마이오스는 지점을 정확하게 정하기가 어렵고 불확실하다는 것을 알고 있었고, 이들의 관측을 믿지 못하고 히파르코스의 관측을 받아들였다. 히파르코스는 로도스에서 태양의 지점뿐만 아니라 분점에 대한 기록도 남겼고, 1/4일에 조금 모자란다고 선언했다. 이것은 나중에 프톨레마이오스에 의해 다음과 같은 방식으로 1/300일로 확립되었다알마게스트, III, 1.

프톨레마이오스는 알렉산드로스 대왕이 죽은 지 177년째 해 세 번째 윤일 자정에 알렉산드리아에서 히파르코스가 세심하게 관찰한 추분점을 취했는데, 이집트력에 따르면 다음에 네 번째 윤일이 온다. 그런 다음에 프톨레마이오스는 안토니누스 피우스 3년, 알렉산드로스가 죽은 지 463년이 되는 해에 이집트력의 세 번째 달인 아티르 9일에, 해가 뜬 지 1시간쯤 뒤에 알렉산드리아에서 스스로 관찰한 추분점을 제시했다. 따라서 이 관측과 히파르코스의 관측 사이의 기간은 이집트력 285년 70일 7 1/5시간이다. 한편으로, 회귀년이 365일보다 1/4일이 더 길다면, 71일과 6시간이 더 있어야 했다. 그러므로 285년에 19/20일이 부족했다. 따라서 300년이면 하루가 모자란다.

프톨레마이오스는 춘분점에 대해서도 같은 결론을 내렸다. 그는 알렉산드로스 이후 178년, 이집트력으로 여섯 번째 달인 메키르 27일에 해가 뜰 때 히파르코스가 보고한 관측을 언급했기 때문이다. 프톨레마이오스 자신은 알렉산드로스 이후 463년, 이집트의 아홉 번째 달인 파콘 7일 정오에서 한 시간이 조금 더 지났을 때 춘분점을 관측했다. 비슷하게 285년에 19/20일이 부족했다. 이 정보의 도움으로, 프톨레마이오스는 회귀년을 365일, 하루의 14분, 하루의 48초로 측정했다.

그 뒤로 시리아의 라카에서 알 바타니는 적지 않은 근면함으로 알렉산드로스가 죽은 뒤 1206년 되는 해에 추분점을 관측했다. 그는 추분점이 파콘의 달 일곱 번째 날 다음에 오는 밤 7 2/5시에 일어나는 것을 보았는데, 이것은 파콘의 여덟 번째 날 해 뜨기 4 3/5 시간 전이다. 그런 다음에 그는 프톨레마이오스가 라카에서 서쪽으로 10°(2/3시간) 떨어진 알렉산드리아에서 안토니누스 피우스 3년에 해가 뜬 지 1시간 뒤에 수행한 관측과 비교했다. 그는 프톨레마이오스의 관측을 자신의 라카 자오선으로 환산했는데, 프톨레마이오스의 분점은 해가 뜬 뒤 1 2/3 시간(1시간 + 2/3시간) 뒤가 될 것이었다. 따라서, 743년(1206 - 463)의 균일한 기간은 1/4일들이 누적된 185 3/4일이 아니라 178일과 17 3/5시간일 것이다. 7일과 2/5시간(185일 18시간 - 178일 17 3/5시간)이 빠졌기 때문에, 1/4일에 1/106일이 부족함이 명백하다. 여기에 따라 그는 7일 2/5시간을 날 수인 743으로 나눠서, 몫이 13분 36초가 되었다. 이 양을 1/4일에 빼서, 그는 자연적인 해가 365일 5시간 46분 24초(+ 13분 36초 = 6시간)라고 주장했다.

나도 서기 1515년 9월 14일에 프롬보르크에서 추분점을 관측했다. 관측한 시각은 알렉산드로스가 죽은 후 이집트력 1840년, 파오피의 달 6일, 해가 뜬 지 1시간 30분 뒤였다. 그러나, 라카는 나의 지역에서 1시간 30분에 해당하는 동쪽 25°에 위치해 있다. 따라서 나의 분점과 알바타니의 분점 사이의 간격은 이집트력 633년에 158일 6시간이 아니라 153일 6 3/4시간이다. 알렉산드리아에서 수행한 프톨레마이오스의 관측으로부터 나의 관측까지의 기간은, 같은 위치로 환산해서 이집트력 1376년 332일 1/2시간인데, 알렉산드리아와 우리 사이의 차이는 약 1시간이기 때문이다. 따라서, 알바타니부터 우리까지 633년 동안 4일과 22 3/4시간이 빠질 것이고, 128년에 하루가 빠질 것이다. 반면에 프톨레마이오스 이후 1376년 동안 약 12일이 빠지고, 115년에 1일이 빠진다. 두 경우 모두에서 다시 1년이 균일하지 않은 것으로 드러났다.

또한 나는 다음 해인 서기 1516년 3월 11일 자정이 지난 뒤 4 1/3시간 뒤에 춘분점도 관찰했다. 프톨레마이오스의 춘분점으로부터의 기간은 (알렉산드리아의 자오선을 우리의 자오선과 비교해서) 이집트력 1376년 332일 16 1/3시간이다. 따라서 춘분점과 추분점의 간격이 동일하지 않다는 것도 명백하다. 이러한 방식을 취할 때, 태양년은 균일함과 아주 멀다.

추분점의 경우에, 프톨레마이오스와 우리 사이에(지적했듯이) 해의 균일한 분포와 비교하면 1/4일에 1/115일이 부족하다. 이 부족은 알바타니의 분점과 1/2일만큼 틀린다. 반면에 알바타니에서 우리까지(1/4일에 1/128일이 부족해야 할 때) 사이에 일치하는 것이 프톨레마이오스와 맞지 않는데, 계산 결과가 그의 관측보다 하루 이상 앞서고, 히파르코스는 2일 이상 앞선다. 같은 방식으로 프톨레마이오스에서 알바타니까지의 기간에 대한 계산은 히파르코스의 분점보다 이틀이 길다.

따라서 태양년의 균일한 길이는 타비트 이븐 쿠라Thabit ibn Qurra가 처음 발견한 대로 항성천구를 기준으로 할 때 더 정확해진다. 그는 태양년의 길이가 365일, 하루의 15분, 하루의 23초이거나, 대략 6시간 9분 12초라는 것을 발견했다. 그는 아마도 분점과 지점이 더 느리게 돌아오면, 한 해가 더 빨리 돌아올 때보다, 확정적인 비에 따를 때 해가 더 길게 보인다는 사실을 근거로 했을 것이다. 이것은 항성천구와의 비교로 균일한 길이를 이용할 수 없다면 일어날 수 없다. 결과적으로 이 경우, 프톨레마이오스에 주의를 기울이지 말아야 한다. 그는 태양의 균일한 연주운동을 항성들 중 어느 하나가 돌아오는 것으로 측정하는 것은 터무니없고 기이한 일이라고 보았고, 목성이나 토성을 기준으로 측정하는 것만큼이나 적절하지 않다고 생각했다알마게스트, III, 1. 따라서 왜 프톨레마이오스 이전에는 회귀년이 더 길었는지, 반면에 프톨레마이오스 이후에는 가변적인 감소로 더 짧아졌는지가 설명된다.

그러나 항성년과 관련해서도 변이가 생길 수 있다. 그렇지만 이것은 내가 방금 설명한 것보다 제한적이고 훨씬 작다. 그 이유는 지구 중심의 운동이 태양에도 반영되므로, 또 다른 이중의 변이에 의해 균일하지 않기 때문이다. 이 변이들 중 첫 번째는 단순하고, 1년 주기를 가진다. 두 번째가 번갈아가면서 작용하여 첫 번째에 부등성을 일으키며, 금방이 아니라 오랜 시간이 지난 뒤에 인지된다. 따라서 균일한 해의 계산은 기초적이지도 않고 이해하기 쉽지도 않다. 누군가가 균일한 해의 길이를 위치가 알려진 별의 확정된 거리만으로 유도하려고 한다고 하자. 이것은 아스트롤라베를 사용하고 달을 매개로 해서 수행할 수 있으며, 나는 사자자리 레굴루스와 관련하여 이 방법에 대해 설명했다[II, 14]. 변이를 완전히 피할 수는 없으며, 지구의 운동을 고려하는 시점에 태양이 가감차를 가지지 않거나, 두 방위기점 모두에서 비슷하고 같은 가감차를 가질 때만 그렇지 않다. 이렇게 되지 않고, 방위기점들에 균일하지 않은 변이가 있으면, 같은 시간 동안에 균일한 회전이 일어나지 않는다는 것은 명백할 것이다. 반면에, 두 방위기점에서 모든 변이에 비례해서 빼거나 더하면, 이 과정이 완전해질 것이다.

게다가, 불균일성을 이해하려면 평균 운동에 대한 사전 지식이 필요하며, 이런 이유로 우리는 원의 넓이와 같은 정사각형을 작도하려고 했던 아르키메데스처럼 이 주제에 매달린다. 그럼에도 불구하고, 이 문제의 궁극적인 해법에 도달하기 위해, 나는 겉보기 불균일성의 원인이 모두 네 가지임을 알아냈다. 첫 번째는 분점 세차의 불균일성으로, 앞에서 이것을 설명했다III, 3. 두 번째는 태양이 횡단하는 것으로 보이는 황도의 호에서의 부등성이며, 이것은 거의 1년 주기의 부등성이다. 이것은 세 번째 원인에 의한 변이에도 영향을 받는데, 이것을 "두 번째 부등성"이라고 부르겠다. 마지막인 네 번째 원인은 지구 중심의 원지점과 근지점의 이동이며, 나중에 명확히 설명할 것이다III, 20. 이 모든 네 가지 원인 중에서, 프톨레마이오스알마게스트, III, 4는 두 번째만 알고 있었는데, 이것은 그 자체로 연간 불균일성을 일으킬 수 없고, 다른 원인과 섞였을 때 모두 설명할 수 있다 그러나, 태양에서 균일함과 겉보기의 불균일성의 차이를 입증하기 위해서는, 1년의 길이에 대한 절대적으로 정밀한 측정은 불필요해 보인다. 반대로, 이 증명을 위해서는 1년의 길이를 365 1/4일로 잡으면 만족스러울 것이고, 이것으로 첫 번째 부등성의 주기가 완성된다. 왜냐하면, 완전한 원 하나에 아주 조금 미치지 못하는 것은, 더 작은 크기에 흡수되어 완전히 없어지기 때문이다. 그러나 질서 있는 절차와 쉬운 이해를 위해, 나는 이제 지구 중심의 연주회전의 균일한 운동을 제시한다. 나중에 나는 필요한 증명의 기초 위에서 균일한 운동과 겉보기 운동 사이의 구별로 이 운동을 보충할 것이다[III, 15].

14

지구 중심의 회전에서 균일한 평균 운동

내가 발견한 균일한 해의 길이는, 타비트 이븐 쿠라의 값보다 겨우 1 10/60일-초[day-second, ds] 더 길다[III, 13]. 따라서 이것은 365일 15일-분, 24일-초에 60분의 10 일-초로, 균일한 6시간, 9분, 40초와 같으며, 1년의 정밀한 균일성은 명확히 항성천구와 연결되어 있다. 따라서, 원의 360°에 365일을 곱하고, 그 곱을 365일, 15일-분, 24 10/60일-초로 나누면, 이집트력 1년 동안의 운동으로 5 × 60° + 59° 44' 49" 7'" 4""을 얻는다. 비슷하게 60년 동안의 운동은, 완전한 원을 뺀 뒤에 5 × 60° + 44° 49' 7'" 4""이다. 게다가, 1년의 운동을 365일로 나누면, 하루의 운동 59' 8" 11''' 22''''을 얻는다. 이 값에 분점의 균일한 평균 세차를 더하면III, 6, 우리는 또한 회귀년의 균일한 1년의 운동 5 × 60° + 59° 45' 39" 19''' 9''''와, 하루의 운동 59' 8" 19''' 37''''를 얻는다. 이러한 이유로 우리는 전자의 태양 운동을 "단순 균일" 운동이라고 불러서 낯익을 표현을 사용하고, 후자의 운동을 "복합 균일" 운동이라고 부를 수 있다. 나는 또한 이것을 분점의 세차 운동에 대해 한 것과 같이 표로 나타냈다III, 6. 이 표에는 균일한 태양 운동의 이상the uniform solar motion in anomaly이 추가되어 있는데, 이 주제에 대해서는 나중에 논의할 것이다III, 18.

연도와 60년 주기의 태양의 단순 균일 운동 표

서기 272° 31´

년	운동						년	운동				
	60°	°	′	″	‴			60°	°	′	″	‴
1	5	59	44	49	7		31	5	52	9	22	39
2	5	59	29	38	14		32	5	51	54	11	46
3	5	59	14	27	21		33	5	51	39	0	53
4	5	58	59	16	28		34	5	51	23	50	0
5	5	58	44	5	35		35	5	51	8	39	7
6	5	58	28	54	42		36	5	50	53	28	14
7	5	58	13	43	49		37	5	50	38	17	21
8	5	57	58	32	56		38	5	50	23	6	28
9	5	57	43	22	3		39	5	50	7	55	35
10	5	57	28	11	10		40	5	49	52	44	42
11	5	57	13	0	17		41	5	49	37	33	49
12	5	56	57	49	24		42	5	49	22	22	56
13	5	56	42	38	31		43	5	49	7	12	3
14	5	56	27	27	38		44	5	48	52	1	10
15	5	56	12	16	46		45	5	48	36	50	18
16	5	55	57	5	53		46	5	48	21	39	25
17	5	55	41	55	0		47	5	48	6	28	32
18	5	55	26	44	7		48	5	47	51	17	39
19	5	55	11	33	14		49	5	47	36	6	46
20	5	54	56	22	21		50	5	47	20	55	53
21	5	54	41	11	28		51	5	47	5	45	0
22	5	54	26	0	35		52	5	46	50	34	7
23	5	54	10	49	42		53	5	46	35	23	14
24	5	53	55	38	49		54	5	46	20	12	21
25	5	53	40	27	56		55	5	46	5	1	28
26	5	53	25	17	3		56	5	45	49	50	35
27	5	53	10	6	10		57	5	45	34	39	42
28	5	52	54	55	17		58	5	45	19	28	49
29	5	52	39	44	24		59	5	45	4	17	56
30	5	52	24	33	32		60	5	44	49	7	4

일, 60일 주기와 하루의 분의 태양의 단순 균일 운동 표

일	운동						일	운동				
	60°	°	′	″	‴			60°	°	′	″	‴
1	0	0	59	8	11		31	0	30	33	13	52
2	0	1	58	16	22		32	0	31	32	22	3
3	0	2	57	24	34		33	0	32	31	30	15
4	0	3	56	32	45		34	0	33	30	38	26
5	0	4	55	40	56		35	0	34	29	46	37
6	0	5	54	49	8		36	0	35	28	54	49
7	0	6	53	57	19		37	0	36	28	3	0
8	0	7	53	5	30		38	0	37	27	11	11
9	0	8	52	13	42		39	0	38	26	19	23
10	0	9	51	21	53		40	0	39	25	27	34
11	0	10	50	30	5		41	0	40	24	35	45
12	0	11	49	38	16		42	0	41	23	43	57
13	0	12	48	46	27		43	0	42	22	52	8
14	0	13	47	54	39		44	0	43	22	0	20
15	0	14	47	2	50		45	0	44	21	8	31
16	0	15	46	11	1		46	0	45	20	16	42
17	0	16	45	19	13		47	0	46	19	24	54
18	0	17	44	27	24		48	0	47	18	33	5
19	0	18	43	35	35		49	0	48	17	41	16
20	0	19	42	43	47		50	0	49	16	49	28
21	0	20	41	51	58		51	0	50	15	57	39
22	0	21	41	0	9		52	0	51	15	5	50
23	0	22	40	8	21		53	0	52	14	14	2
24	0	23	39	16	32		54	0	53	13	22	13
25	0	24	38	24	44		55	0	54	12	30	25
26	0	25	37	32	55		56	0	55	11	38	36
27	0	26	36	41	6		57	0	56	10	46	47
28	0	27	35	49	18		58	0	57	9	54	59
29	0	28	34	57	29		59	0	58	9	3	10
30	0	29	34	5	41		60	0	59	8	11	22

연도와 60년 주기의 태양의 복합 균일 운동표

이집트력	운동						이집트력	운동				
	60°	°	′	″	‴			60°	°	′	″	‴
1	5	59	45	39	19		31	5	52	35	18	53
2	5	59	31	18	38		32	5	52	20	58	12
3	5	59	16	57	57		33	5	52	6	37	31
4	5	59	2	37	16		34	5	51	52	16	51
5	5	58	48	16	35		35	5	51	37	56	10
6	5	58	33	55	54		36	5	51	23	35	29
7	5	58	19	35	14		37	5	51	9	14	48
8	5	58	5	14	33		38	5	50	54	54	7
9	5	57	50	53	52		39	5	50	40	33	26
10	5	57	36	33	11		40	5	50	26	12	46
11	5	57	22	12	30		41	5	50	11	52	5
12	5	57	7	51	49		42	5	49	57	31	24
13	5	56	53	31	8		43	5	49	43	10	43
14	5	56	39	10	28		44	5	49	28	50	2
15	5	56	24	49	47		45	5	49	14	29	21
16	5	56	10	29	6		46	5	49	0	8	40
17	5	55	56	8	25		47	5	48	45	48	0
18	5	55	41	47	44		48	5	48	31	27	19
19	5	55	27	27	3		49	5	48	17	6	38
20	5	55	13	6	23		50	5	48	2	45	57
21	5	54	58	45	42		51	5	47	48	25	16
22	5	54	44	25	1		52	5	47	34	4	35
23	5	54	30	4	20		53	5	47	19	43	54
24	5	54	15	43	39		54	5	47	5	23	14
25	5	54	1	22	58		55	5	46	51	2	33
26	5	53	47	2	17		56	5	46	36	41	52
27	5	53	32	41	37		57	5	46	22	21	11
28	5	53	18	20	56		58	5	46	8	0	30
29	5	53	4	0	15		59	5	45	53	39	49
30	5	52	49	39	34		60	5	45	39	19	9

일, 60일 주기와 하루의 분의 태양의 복합 균일 운동 표

일	운동						일	운동				
	60°	°	′	″	‴			60°	°	′	″	‴
1	0	0	59	8	19		31	0	30	33	18	8
2	0	1	58	16	39		32	0	31	32	26	27
3	0	2	57	24	58		33	0	32	31	34	47
4	0	3	56	33	18		34	0	33	30	43	6
5	0	4	55	41	38		35	0	34	29	51	26
6	0	5	54	49	57		36	0	35	28	59	46
7	0	6	53	58	17		37	0	36	28	8	5
8	0	7	53	6	36		38	0	37	27	16	25
9	0	8	52	14	56		39	0	38	26	24	45
10	0	9	51	23	16		40	0	39	25	33	4
11	0	10	50	31	35		41	0	40	24	41	24
12	0	11	49	39	55		42	0	41	23	49	43
13	0	12	48	48	15		43	0	42	22	58	3
14	0	13	47	56	34		44	0	43	22	6	23
15	0	14	47	4	54		45	0	44	21	14	42
16	0	15	46	13	13		46	0	45	20	23	2
17	0	16	45	21	33		47	0	46	19	31	21
18	0	17	44	29	53		48	0	47	18	39	41
19	0	18	43	38	12		49	0	48	17	48	1
20	0	19	42	46	32		50	0	49	16	56	20
21	0	20	41	54	51		51	0	50	16	4	40
22	0	21	41	3	11		52	0	51	15	13	0
23	0	22	40	11	31		53	0	52	14	21	19
24	0	23	39	19	50		54	0	53	13	29	39
25	0	24	38	28	10		55	0	54	12	37	58
26	0	25	37	36	30		56	0	55	11	46	18
27	0	26	36	44	49		57	0	56	10	54	38
28	0	27	35	53	9		58	0	57	10	2	57
29	0	28	35	1	28		59	0	58	9	11	17
30	0	29	34	9	48		60	0	59	8	19	37

연도와 60년 주기의 태양의 단순 균일 운동 표

서기 211° 19′

이집트력	운동					이집트력	운동				
	60°	°	′	″	‴		60°	°	′	″	‴
1	5	59	44	24	46	31	5	51	56	48	11
2	5	59	28	49	33	32	5	51	41	12	58
3	5	59	13	14	20	33	5	51	25	37	45
4	5	58	57	39	7	34	5	51	10	2	32
5	5	58	42	3	54	35	5	50	54	27	19
6	5	58	26	28	41	36	5	50	38	52	6
7	5	58	10	53	27	37	5	50	23	16	52
8	5	57	55	18	14	38	5	50	7	41	39
9	5	57	39	43	1	39	5	49	52	6	26
10	5	57	24	7	48	40	5	49	36	31	13
11	5	57	8	32	35	41	5	49	20	56	0
12	5	56	52	57	22	42	5	49	5	20	47
13	5	56	37	22	8	43	5	48	49	45	33
14	5	56	21	46	55	44	5	48	34	10	20
15	5	56	6	11	42	45	5	48	18	35	7
16	5	55	50	36	29	46	5	48	2	59	54
17	5	55	35	1	16	47	5	47	47	24	41
18	5	55	19	26	3	48	5	47	31	49	28
19	5	55	3	50	49	49	5	47	16	14	14
20	5	54	48	15	36	50	5	47	0	39	1
21	5	54	32	40	23	51	5	46	45	3	48
22	5	54	17	5	10	52	5	46	29	28	35
23	5	54	1	29	57	53	5	46	13	53	22
24	5	53	45	54	44	54	5	45	58	18	9
25	5	53	30	19	30	55	5	45	42	42	55
26	5	53	14	44	17	56	5	45	27	7	42
27	5	52	59	9	4	57	5	45	11	32	29
28	5	52	43	33	51	58	5	44	55	57	16
29	5	52	27	58	38	59	5	44	40	22	3
30	5	52	12	23	25	60	5	44	24	46	50

하루와 60일 주기의 태양 이상

일	운동						일	운동				
	60°	°	′	″	‴			60°	°	′	″	‴
1	0	0	59	8	7		31	0	30	33	11	48
2	0	1	58	16	14		32	0	31	32	19	55
3	0	2	57	24	22		33	0	32	31	28	3
4	0	3	56	32	29		34	0	33	30	36	10
5	0	4	55	40	36		35	0	34	29	44	17
6	0	5	54	48	44		36	0	35	28	52	25
7	0	6	53	56	51		37	0	36	28	0	32
8	0	7	53	4	58		38	0	37	27	8	39
9	0	8	52	13	6		39	0	38	26	16	47
10	0	9	51	21	13		40	0	39	25	24	54
11	0	10	50	29	21		41	0	40	24	33	2
12	0	11	49	37	28		42	0	41	23	41	9
13	0	12	48	45	35		43	0	42	22	49	16
14	0	13	47	53	43		44	0	43	21	57	24
15	0	14	47	1	50		45	0	44	21	5	31
16	0	15	46	9	57		46	0	45	20	13	38
17	0	16	45	18	5		47	0	46	19	21	46
18	0	17	44	26	12		48	0	47	18	29	53
19	0	18	43	34	19		49	0	48	17	38	0
20	0	19	42	42	27		50	0	49	16	46	8
21	0	20	41	50	34		51	0	50	15	54	15
22	0	21	40	58	42		52	0	51	15	2	23
23	0	22	40	6	49		53	0	52	14	10	30
24	0	23	39	14	56		54	0	53	13	18	37
25	0	24	38	23	4		55	0	54	12	26	45
26	0	25	37	31	11		56	0	55	11	34	52
27	0	26	36	39	18		57	0	56	10	42	59
28	0	27	35	47	26		58	0	57	9	51	7
29	0	28	34	55	33		59	0	58	8	59	14
30	0	29	34	3	41		60	0	59	8	7	22

15

태양의 겉보기 운동의 불균일성을 증명하기 위한 예비 정리들

그러나 태양의 겉보기 운동의 불균일성을 더 잘 이해하기 위해, 우주의 중간점인 태양 주위를 지구가 돌고, 앞에서 말했듯이[I, 5, 10], 태양과 지구의 거리가 거대한 항성천구에 비해 인지할 수 없을 정도로 작으면, 항성천구의 어떤 주어진 점에서도 태양이 균일하게 운동하는 것으로 보인다는 것을 훨씬 더 명료하게 보여주겠다.

AB가 우주에서 황도의 자리에 있는 대원이라고 하자. C를 그 중심이라고 하고, 여기에 태양이 있다. 반지름 CD, 즉 태양과 지구 사이의 거리(여기에 비하면 우주의 크기는 막대하다)에 대해, 같은 황도 평면에 지구 중심의 연주회전이 일어나는 원 DE를 그리자. 나는 태양이 원 AB 위의 어느 점이나 별에 대해서 태양이 균일하게 운동하는 것으로 보인다고 말한다. 주어진 점을 A라고 하면, 지구에서 볼 때 태양이 여기에 있다. 지구가 D에 있다고 하자. ACD를 그린다. 이제 지구가 DE의 임의의 호를 통과해서 운동한다고 하자. 지구 운동의 끝점인 E에서 AE와 BE를 그린다. 그러므로 태양을 E에서 보면 점 B에서 보인다. AC는 CD 또는 똑같은 길이인 CE와 비교할 때 막대하기 때문에, AE도 CE와 비교했을 때 막대할 것이다. AC에서 임의의 점 F를 잡고, EF를 연결한다. 그런 다음에 밑변의 끝점인 C와 E에서, 점 A로 두 직선을 그려서 삼각형 EFC를 만든다. 따라서 유클리드의 『원론』, I, 21의 역에 따라, 각 FAE는 각 EFC보다 작을 것이다. 결과적으로, 직선이 막대하게 길어지면, 궁극적으로 각 CAE는 더 이상 인식할 수 없을 정도로 작아질 것이다. 각 CAE는 각 BCA가 각 AEC를 초과하는 차이가 된다. 이 각들은 둘 사이의 차이가 너무 작기 때문에 같아 보인다. 선분 AC와 AE는 평행하게 보이고, 태양은 항성천구의 임의의 점에 대해 균일하게 운동하는 것으로 보여서, 태양이 마치 E를 중심으로 회전하는 것처럼 보인다. 증명 끝.

그러나 태양의 운동은 명백히 균일하지 않은데, 지구

중심의 연주회전 운동이 정확히 태양 중심을 주위로 일어나지 않기 때문이다. 이것은 물론 이심원, 즉 중심이 태양의 중심과 같지 않은 원, 또는 동심원(즉, 중심이 태양의 중심에 있고 주전원의 균륜deferent역할)을 하는 원 위의 주전원에 의해 두 가지 방법으로 설명할 수 있다.

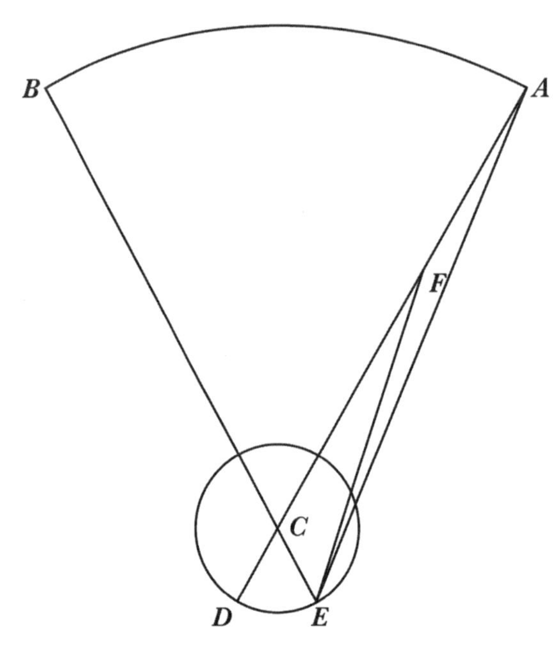

Figure.11

이심원을 이용한 설명은 다음과 같다. 황도면에서 ABCD가 이심원이라고 하자. 중심 E에서 무시할 수 없는 거리 F에, 태양 또는 우주의 중심이 있다고 하자. 이심원의 지름 AEFD가 두 중심을 모두 통과하도록 한다. A를 원지점이라고 하자. 이것을 라틴어로 "higer apse"라고 하며, 우주의 중심에서 가장 먼 위치이다. 반면에, D를 근지점이라고 하자. 이것은 "lower apse"이고, 우주의 중심에 가장 가까운 위치이다. 그 다음에, 지구가 균일하게 원 ABCD를 따라 E를 중심으로 운동하는 동안, F에서는(방금 말했듯이) 운동이 균일하지 않게 보일 것이다. 동일한 호 AB와 CD를 잡고, 선분 BE, CE, BF, CF를 그리면, 각 AEB와 CED가 같고, 중심 E 주위에서 동일한 호를 자른다. 그러나, 관찰된 각 CFD는 외각으로, 내각 CED보다 크다. 따라서 각 CFD도 각 AEB보다 크며, 이것은 각 CED와 같다. 그러나 각 AEB는 외각으로, 마찬가지로 내각 AFB보다 크다. 역시 마찬가지로 각 CFD는 각 AFB보다 더 크다. 그러나 둘 다 같은 시간 동안에 그려지는데, AB와 CD가 같은 호이기 때문이다. 그러므로, E 주위에서의 균일한 움직임이 F 주위에서는 균일하지 않게 보일 것이다.

같은 결과를 더 단순하게 보일 수 있는데, 호 AB가 호 CD보다 F에서 더 멀리 떨어져 있기 때문이다. 유클리드의 『원론』 III, 7에 따르면, 이 호들과 교차하는 선분들을 기준으로, AF와 BF가 CF와 DF보다 길다. 동일한 크기가 멀리 떨어져 있을 때보다 가까이 있을 때 더 크게 보인다는 것이 광학에서 증명되었다. 그러므로, 이심원에 관한 명제가 증명된다.

동심원 위의 주전원으로도 같은 결과를 얻을 수 있다. 우주의 중심이면서 태양이 위치한 E를 중심으로 동심원 ABCD를 그리자. 같은 평면에서 A가 주전원 FG의 중심이라고 하자. 두 중심을 통과해서 선분 CEAF를 그리고, 주전원의 원지점을 F, 근지점을 I라고 하자. 그러면 명백히, A에서는 균일한 운동이 일어나지만, 주전원 FG에서는 겉보기의 불균일성이 있다. 왜냐하면, A가 B의 방향으로, 앞으로 이동한다고 가정하며, 반면에 지구 중심은 원지점 F로부터 뒤로 이동하기 때문이다. E의 운동은 근지점 I에서 더 빠르게 보일 것인데, A와 I가 모두 같은 방향으로 운동하기 때문이다. 반면에, 원지점 F

에서, E가 느려 보일 것인데, 반대되는 두 운동의 균형이 맞지 않을 때만 이동하기 때문이다. 지구가 G에 있을 때, 균일한 운동보다 빨라질 것이고, K에 있을 때는 뒤처질 것이다. 어느 경우든 차이는 호 AG나 AK가 될 것이며, 따라서 태양도 불균일하게 운동하는 것으로 보일 것이다.

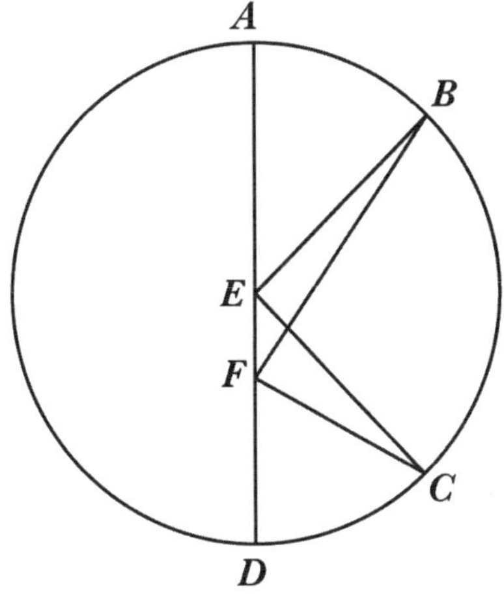

Figure.12

그러나 주전원으로 할 수 있는 것은 이심원으로도 같은 방식으로 할 수 있다. 이심원은 동심원과 똑같이 그려지며, 행성이 주전원을 따라 이동하는 것과 같은 평면에 있고, 이심원의 중심에서 동심원의 중심까지의 거리가 주전원의 반지름이 된다. 게다가 이것은 세 가지 방식으로 일어난다.

동심원 위의 주전원과 주전원 위의 행성이 반대 방향으로 똑같이 회전한다고 하자. 그러면 행성의 운동은 고정된 이심원을 따라갈 것이며, 원지점과 근지점의 위치는 변하지 않을 것이다. 그러므로 ABC를 동심원이라고 하자. D가 우주의 중심이고, ADC가 지름이라고 하자. 주전원이 A에 있고, 행성이 주전원의 원지점에 있다고 하자. 이것을 G라고 하고, 주전원의 반지름이 선분 DAG에 일치하도록 하자. 동심원의 호 AB를 잡는다. 주전원 EF를 그리는데, B를 중심으로 하고, 반지름은 AG와 같도록 한다. 선분 DB와 EB를 그린다. AB와 닮은 호 EF를 취하는데, 운동 방향은 반대이다. 행성 또는 지구를 F에 두고, BF를 연결한다. AD에서 선분 DK를 BF와 같도록 취한다. 그러면 각 EBF와 BDA가 같고, 따라서 BF와 DK가 평행하고 같다. 그러나 평행하고 같은 직선으로 연결된 직선들은 유클리드, I, 33에 따라, 그것들도 평행하고 같다. DK와 AG가 같도록 잡았고, AK가 공통이므로, GAK는 AKD와 같으며, 따라서 KF와도 같다. 그러므로 K를 중심으로 반지름을 KAG로 그린 원은 F를 통과한다. AB와 EF의 합성 운동에 의해 F는 동심원과 같은 이심원을 그리며, 또한 따라서 고정된다. 주전원이 동심원과 똑같이 회전하는 동안, 이심원의 원지점과 근지점은 동일한 위치에 남아있어야 한다. (EBF와 BDK의 각도가 같으므로 BF와 AD가 항상 평행하기 때문이다 — 이 구절은 나중에 삭제되었다).

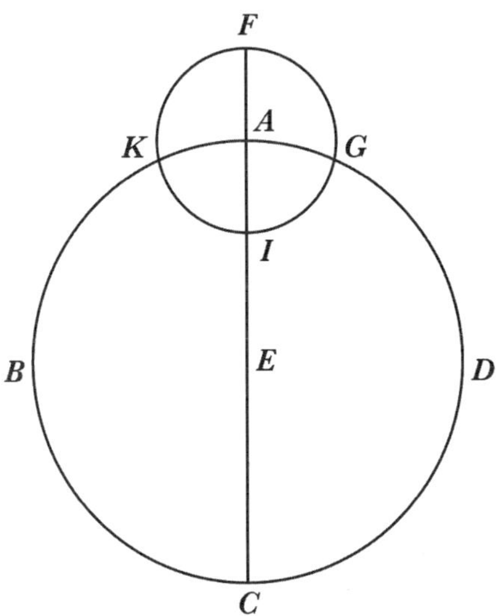

Figure.13

그러나 주전원의 중심과 그 둘레의 회전이 같지 않으면, 행성의 운동은 더 이상 고정된 이심원을 따라가지 않을 것이다. 그 대신에, 행성의 운동이 주전원의 중심보다 더 빠르거나 더 느림에 따라 이심원의 중심, 원지점, 근지점에 앞서거나 뒤처져서 운동하게 된다. 따라서 각 EBF가 각 BDA보다 크고, 각 BDM이 각 EBF와 같도록 구성된다고 하자. 마찬가지 방식으로, 선분 DM 위의 DL을 BF와 같게 잡으면, L을 중심으로 하고 AD와 같은 LMN을 반지름으로 그려지는 원이 F에서 행성을 통과한다는 것을 보여줄 것이다. 따라서 이 행성의 복합 운동이 분명히 이심원의 호 NF를 그리며, 한편으로 이심원의 원지점이 점 G의 뒤에서 GN을 통과해 이동한다. 반면에, 주전원 위의 행성의 운동이 주전원 중심의 운동보다 느리면, 이심원의 중심이 주전원 중심이 운동하는 만큼 앞서서 운동할 것이다. 예를 들어 각 EBF가 각 BDA보다 작고 각 BDM과 같다면, 분명히 내가 말한 일이 일어난다.

이 모든 분석으로부터, 동심원 위의 주전원을 통해서

든 동심원과 동일한 이심원을 통해서든 겉보기 불균일성이 언제나 똑같이 일어난다는 것은 명백하다. 주전원의 반지름이 이 원들의 중심 사이의 거리와 같다면, 이들 사이에는 차이가 없다.

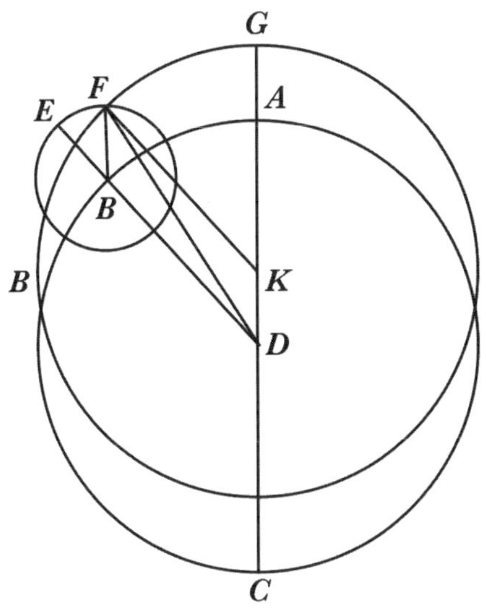

Figure.14

따라서 둘 중 어느 것이 실제로 하늘에서 존재하는지 결정하기는 쉽지 않다. 프톨레마이오스는 이심원 모형이 적절하다고 믿었는데, 이 모형에서는 태양의 경우처럼 단순한 부등성이 있고, 지점들의 위치가 고정되어 불변한다고 이해했기 때문이다알마게스트, III, 4. 그러나 달과 다른 다섯 행성들은 이중의 또는 여러 겹의 불균일성으로 운행하기에, 그는 이심원 위의 주전원을 채택했다. 더 나아가 이 모형들에서, 균일한 운동과 겉보기 운동의 최대 차이는 이심원 모형에서는 행성이 원지점과 근지점 사이의 중간에 있을 때이며, 주전원 모형에서는 프톨레마이오스가 분명히 했듯이, 행성이 균륜에 닿을 때임을 쉽게 보일 수 있다알마게스트, III, 6.

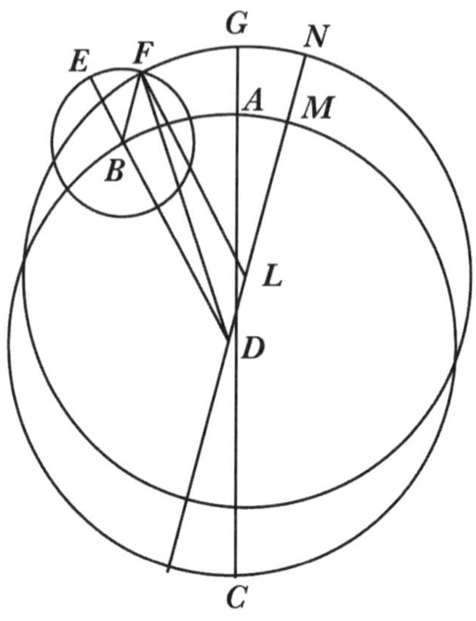

Figure.15

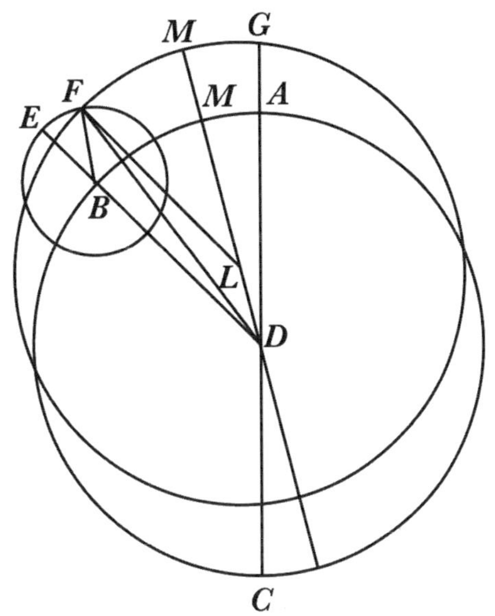

Figure.16

이심원의 경우에 증명은 다음과 같다. ABCD를 이심원이라고 하자. 이 원의 중심은 E이고, 지름 AEC가 중심 바깥의 점 F에 있는 태양을 통과한다. F를 통과해서 지름 AEC에 직각으로 BFD를 그리고, BE와 ED를 연결한다. A를 원지점, C를 근지점, 둘 사이의 겉보기 중점을 B와 D라고 하자. 삼각형 BEF의 외각 AEB는, 명확하게, 균일한 운동을 구성하며, 한편으로 내각 EFB는 겉보기 운동을 구성한다. 이들 사이의 차이는 각 EBF

이다. 나는 각 B 또는 각 D보다 큰 어떤 각도도 원주에서 선분 EF로 그릴 수 없다고 말한다. 이를 증명하기 위해, B의 앞과 뒤에 점 G와 H를 잡는다. GD, GE, GF와 HE, HF, HD를 연결한다. 그러면, 중심에 더 가까운 FG가 DF보다 길다. 따라서 각 GDF가 각 DGF보다 클 것이다. 그러나 각 EDG와 EGD는 같다(밑변 DG에 떨어지는 변 EG와 ED가 같기 때문이다). 따라서 각 EBF는 각 EDF와 같고, 각 EGF보다 크다. 같은 방식으로 DF도 FH보다 길고, 각 FHD는 각 FDH보다 크다. 그러나 전체의 각 EHD는 전체의 각 EDH와 같은데, EH가 ED와 같기 때문이다. 따라서 나머지인 각 EDF는 각 EBF와 같으며, 또한 나머지 EHF보다 크다. 그러므로 어디에서도 점 B와 D에서보다 선분 EF에 더 큰 각도를 그릴 수 없다. 그러므로, 균일한 운동과 겉보기 운동 사이의 최대 차이는 원지점과 근지점 사이의 겉보기 중점에서 발생한다.

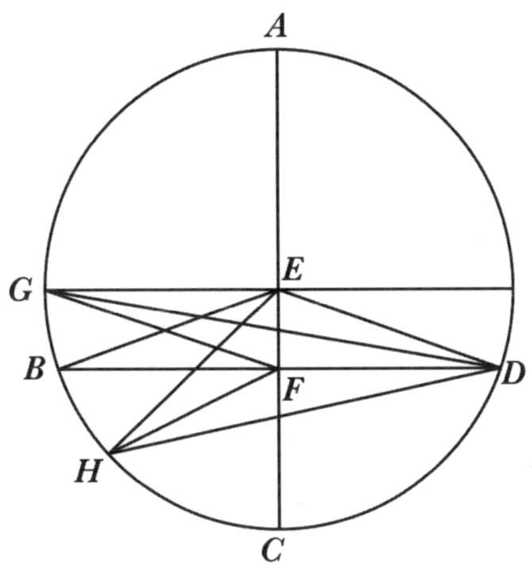

Figure.17

16

태양의 겉보기 불균일성

앞의 설명은 태양 현상뿐만 아니라 다른 천체들의 불균일성에도 적용할 수 있는 일반적인 증명이다. 여기에서는 태양과 지구의 현상을 살펴볼 것이다. 이 주제에서 먼저 프톨레마이오스와 다른 고대의 저자들로부터 우리가 무엇을 받아들였는지와, 더 최근의 시대와 경험으로부터 무엇을 배웠는지에 대해 논의할 것이다.

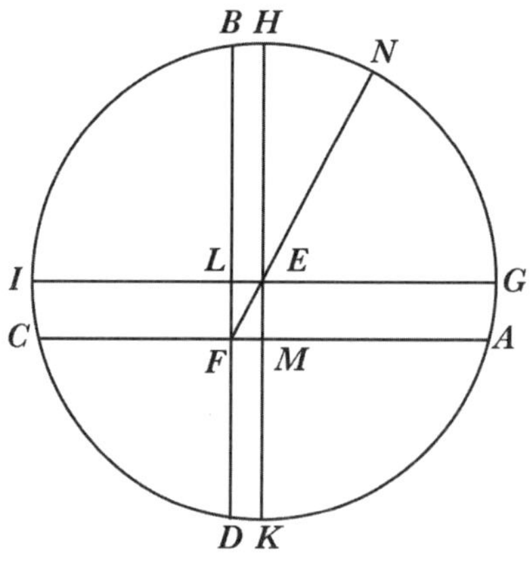

Figure.18

프톨레마이오스는 춘분점부터 하지점까지가 94 1/2일이고, 하지점부터 추분점까지가 92일이라는 것을 알아냈다알마게스트, III, 4. 경과한 시간을 바탕으로, 균일한 평균 운동이 첫 번째 구간에서 93° 9'이고, 두 번째 구간에서는 91° 11'이었다. 1년의 원을 이 값으로 나눈다. 이 것을 ABCD라고 하자. 원의 중심은 E이고, 첫 번째 기간인 AB = 93° 9'이고, 두 번째 기간 BC = 91° 11'이다. 춘분점이 A에서 관측된다고 하고, 하지점이 B에서, 추분점이 C에서, 나머지 방위기점인 동지는 D에서 관측된다고 하자. AC와 BD를 그린다. 두 선분은 F에서 직각으로 교차하며, 우리는 여기에 태양을 둔다. 그러면 호 ABC는 반원보다 크며, 또한 AB는 BC보다 크다. 따라서 프톨레마이오스는 원의 중심인 E가 선분 BF와 FA 사이에 있고, 원지점이 춘분점과 태양의 하지점 사이에 있다고 추론했다[알마게스트, III, 4]. 이제 중심 E를 통과하고 AFC에 평행하게 IEG를 그리면, 이 선분은 BFD와 L에서 교차한다. BFD에 평행하게, HEK를 그리는데, 이 선분은 AF를 M에서 가로지른다. 이러한 방식으로 직사각형이 구성된다. 그 대각선 FE를 직선 FEN으로 연장하면, 지구에서 태양까지의 최대 거리와, 원지점의 위치 N이 표시된다. 그러면, 호 ABC가 184° 20'(= 93° 9' + 91° 11')이므로, 그 절반인 AH는 92° 10'이다. 이것을 AGB에서 빼면, 나머지 HB는 59'(= 93° 9' - 92° 10')이 남는다. 게다가, 사분원인 HG의 90도를 AH에서 빼면, 나머지 AG는 2° 10'이 된다. 그러나 호 AG의 두 배에 대응하는 현의 절반은 378단위이고, 그 반지름은 10,000이며, 이것은 LF와 같다. 호 BH의 두 배에 대응하는 현의 절반은 LE이며, 이것은 같은 단위로 172이

Book Three

다. 따라서, 삼각형 ELF의 두 변이 주어졌고, 빗변 EF는 같은 단위로 414이며, 이때 반지름은 10,000이거나, 반지름 NE의 약 1/24이다. 그러나 EF : EL은 반지름 NE 대 호 NH의 두 배에 대응하는 현의 절반의 비이다. 따라서 NH는 24 1/2°로 주어지고, 각 NEH도 마찬가지이며, 이것은 겉보기 운동의 각도인 LFE와 같다. 그러므로, 이것이 프톨레마이오스 이전의 하지점에 앞선 원지점의 거리였다.

반면에 IK는 사분원이다. 이 사분원에서 IC와 DK를 뺀다. 한편으로 이것들은 각각 AG(= 2° 10')와 HB(= 59')와 같다. 사분원에서 두 호를 뺀 나머지 CD는 86° 51'(=90° - 3° 9')이다. CDA(= 175° 40' = 360° - 184° 20')에서 이 값을 빼면, 나머지 DA는 88° 49'(= 175° 40'- 86° 51')이 된다. 그러나 88 1/8일은 86° 51'에 해당하며, 88° 49'는 90일에 1/8일 = 3시간을 더해야 한다. 지구의 균일한 운동으로 볼 때, 태양이 이 기간 동안에 추분점에서 동지점으로 진행하고, 1년의 나머지 기간 동안에 동지점에서 춘분점으로 돌아오는 것으로 보인다.

프톨레마이오스는 자신도 히파르코스가 이전에 보고했던 것과 다르지 않은 값을 알아냈다고 말한다알마게스트, III, 4. 따라서 그는 하지 이전의 남은 기간 동안에 원지점이 24 1/2°에 남아있을 것이고, 내가 언급한 이심거리eccentricity(eccentricity: 여기서는 타원의 이심률이 아니라 이심원 중심이 실제 중심에서 벗어난 거리이다. — 옮긴이)인 반지름의 1/24이 영원히 지속될 것이라고 생각했다. 지금은 두 값이 모두 인지할 수 있는 차이로 변했다는 것이 알려졌다.

알바타니는 추분점부터 하지점까지를 93d 35dmday-minute(하루를 60등분한 길이, 1dm은 24분 — 옮긴이)으로 기록했고, 추분점까지는 186d 37dm 으로 기록했다. 이 값들로부터 그는 프톨레마이오스의 방법으로 이심거리가 346단위보다 크지 않다고 추론했고, 이때 반지름은 10,000이다. 스페인의 알자르칼리는 이 이심거리에 대해서는 알바타니에 동의했지만, 지점 이전의 원지점을 12° 10'으로 보고한 반면에, 알 바타니는 같은 지점 이전에 7° 43'이라고 보았다. 이 결과들로부터 지구 중심의 운동에 또 다른 불균일성이 여전히 남아 있다는 추론이 나왔고, 이는 우리 시대의 관측으로도 확인되었다.

내가 이 주제들의 탐구에 관심을 쏟은 이후 10년 또는 그 이상 동안, 특히 서기 1515년에, 나는 186d 5 1/2dm이 춘분과 추분 사이에 완성된다는 것을 발견했다. 나의 이전 사람들이 때때로 저질렀다고 몇몇 학자들이 의심하는, 동지점과 하지점을 결정할 때의 오류를 피하기 위해, 나의 연구에서는 태양의 다른 위치를 추가했다. 이렇게 해서 분점들 외에도 관측하기에 전혀 어렵지 않은 황소자리, 처녀자리, 사자자리, 전갈자리, 물병자리의 중간을 추가했다. 이렇게 해서 추분점부터 전갈자리의 중간까지가 45d 16dm이라는 것과, 춘분점까지 178d 53 1/2dm인 것을 알아냈다.

이제 첫 번째 기간에서 균일한 운동은 44° 37'이고, 두 번째 기간은 176° 19'이다. 이 정보를 바탕으로, 다시 원 ABCD를 그리자. A를 춘분에 태양이 나타난 점으로 하고, B를 추분이 관찰된 지점으로 하고, C를 전갈자리의 중간으로 하자. AB와 CD를 그리면, 이들은

F에서 서로 교차하며, 여기에 태양의 중심이 있다. AC를 그린다. 그러면 호 CB가 알려지며, 이것은 44° 37'이다. 여기에서 각 BAC 는 360° = 2직각의 단위로 주어진다. BFC는 겉보기 운동의 각도로, 360° = 4직각의 단위로 45°이지만, 360° = 2직각을 바탕으로 하면 각 BFC = 90°이다. 따라서 나머지인, 각 ACD(= BFC - BAC)는, 호 ACD와 교차하며, 45° 23'이다. 그러나 전체인 ACB = 176° 19'이다. ACB에서 BC를 빼면, 나머지 AC = 131° 42'이다. 이 값에 AD(= 45 ° 23')를 더하면, 합은 호 CAD이며, = 177° 5 1/2'이다. 그러므로 각각의 조각 ACB(= 176° 19')와 CAD가 반원보다 작기 때문에, 중심은 명백히 원의 나머지 부분인 BD에 있다. 중심을 E라고 하고, F를 통과해서 지름 LEFG를 그린다. L을 원지점, G를 근지점이라고 하자. EK를 CFD에 직각으로 그린다. 이제 주어진 호에 대응하는 현을 표에서 얻는다. AC = 182,494이고, CFD = 199,934단위이며, 여기에서 지름 = 200,000이다. 그러면 삼각형 ACF의 각도가 주어진다. 평면삼각형의 정리 I[I, 13]에 따

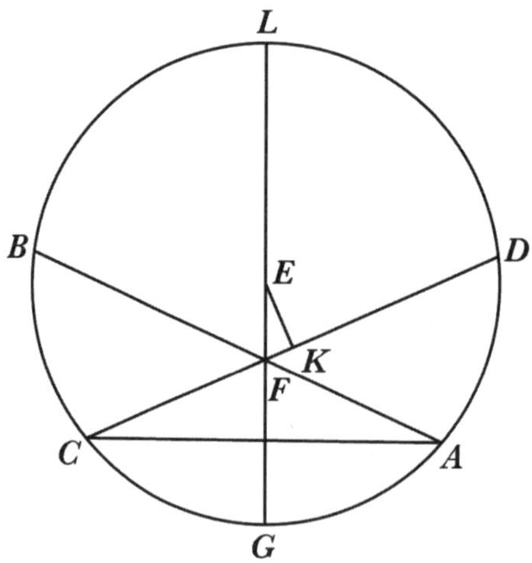

Figure.19

라, 변들의 비도 주어진다. CF = 97,967단위이고, AC = 182,494단위이다. 따라서 FD가 절반(CFD = 199,934 ÷ 2 또는 99,967)을 초과하며, 초과량은 같은 단위로 FK = 2,000(101,967 - 99,967)이다. 호의 부분 CAD(≅ 177 ° 6')는 반원보다 2° 54'만큼 작다. 이 호에 대응하는 현의 절반은 EK와 같고 2,534단위이다. 그러므로, 삼각형 EFK에서 직각을 이루는 두 변 FK와 KE가 주어진다. 주어진 변과 각으로, EF는 323단위가 될 것이며, 여기에서 EL은 10,000이고, 각 EFK는 51 2/3°이며, 이때 360° = 4직각이다. 그러므로, 전체의 각 AFL(= EFK + (AFD =

BFC = 45°))은 96 2/3°(= 51 2/3° + 45°)이고, 나머지인 각 BFL(= 180° - AFL)은 83 1/3°이다. EL이 60단위이면, EF는 약 1단위와, 1단위의 56분이 된다. 이것은 원의 중심에서 태양까지의 거리이며, 이제 겨우 1/31이 되며, 반면에 프톨레마이오스에게는 이것이 1/24로 보였다. 게다가 원지점은 하지점에서 24 1/2° 앞서 있었고, 이제 6 2/3°로 하지점을 따라간다.

17

태양의 첫 번째와 연간 부등성과, 그 특별한 변이에 대한 설명

따라서, 태양의 부등성에서 여러 가지 변이가 발견되었기 때문에, 먼저 연간 변이를 고려해야 한다고 생각하는데, 이것이 다른 것들보다 더 잘 알려져 있기 때문이다. 이를 위해 다시 원 ABC를 그리고, 중심이 E, 지름이 AEC, 원지점이 A, 근지점이 C, 태양이 D에 있다고 하

자. 이제 균일한 운동과 겉보기 운동 사이의 가장 큰 차이가 원지점과 근지점 사이의 겉보기 중점에서 발생한다는 것을 보였다[III, 15]. 이러한 이유로, AEC 위에 직각으로 BD를 그려서, 원주의 한 점 B에 교차하도록 한다. BE를 연결한다. 직각삼각형 BDE에서 두 변이 주어지는데, 원의 반지름인 BE와, 태양에서 중심까지의 거리 DE이다. 따라서 삼각형의 각도도 주어지는데, 각 DBE는 균일한 운동의 각도인 BEA와 겉보기 운동의 각도이고 직각인 EDB의 차이로 주어진다.

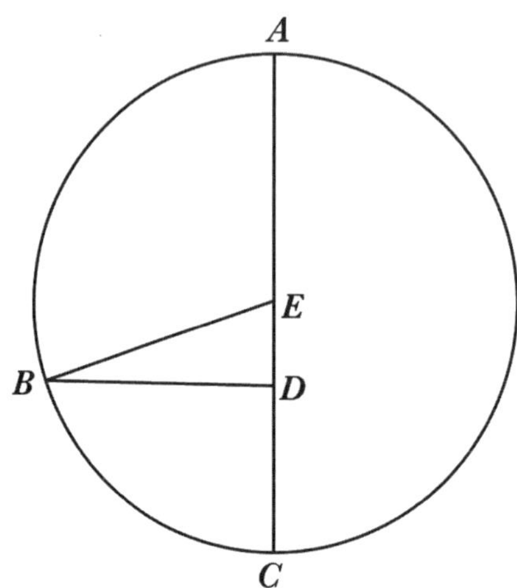

Figure. 20

그러나 DE가 증가하고 감소하면서, 삼각형의 전체 모양이 바뀌어 왔다. 따라서 각 B는 프톨레마이오스 이전에 2° 23'이었고, 알바타니와 알자르칼리 시대에는 1° 59'이었으며, 현재는 1° 51'이다. 프톨레마이오스에 따르면알마게스트, III, 4 호 AB는, 각 AEB에 의해 잘라지며, 이것은 92° 23'이었고, BC는 87° 37'이었다. 알바타니에 따르면 AB는 91° 59', BC는 88° 1'이었으며, 현재는 AB가 91° 51', BC가 88° 9'이다.

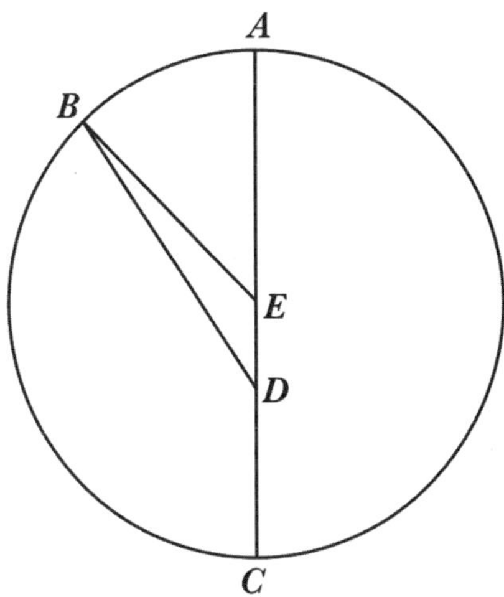

Figure. 21

이 사실들로부터 나머지 변이들은 분명하다. 두 번째 그림처럼 임의의 다른 호 AB를 취하면, 각 AEB와, 여각 BED와, 두 변 BE와 ED가 주어지기 때문이다. 평면 삼각형의 정리들에 따라, EBD의 가감차와 균일한 운동과 겉보기 운동의 차이가 주어질 것이다. 이 차이들은 또한 방금 말한 변 ED가 변함에 따라 변해야 한다.

18

경도상의 균일한 운동에 대한 분석

앞에서 설명한 태양의 연간 부등성은 단순 변이가 아니라(앞에서 분명히 했다), 단순 변이와 뒤섞여서 긴 시간이 지나면서 알려진 변이이다. 나중에[III, 20] 나는 이 변이들을 각각 분리할 것이다. 한편으로 지구 중심의 균일한 평균 운동을 더 정밀하게 확립해서, 불균일한 운동과 더 잘 구별할 수 있게 하고, 운동이 진행되는 기간을 더 길게 할 것이다. 이제 이 탐구는 다음과 같이 진행된다.

나는 알렉산드리아에서 히파르코스가 세번째 칼리푸스 주기 제32년에 관측한 추분점을 취했는데, 앞에서 언급했듯이[III, 13] 이때는 알렉산드로스가 죽은 뒤 177년째이고, 5일의 윤일 중 세 번째 윤일 자정이고, 바로 다음이 네 번째 윤일이었다. 그러나 알렉산드리아는 경도상으로 크라쿠프에서 동쪽으로 약 1시간쯤 떨어져 있기 때문에, 크라쿠프에서 시각은 자정에서 약 한 시간 전이었다. 그러므로 앞에 나온 계산에 따라, 항성천구에서 추분점의 위치는 양자리의 시작에서부터 176° 10′이었고, 이것이 태양의 겉보기 위치였으며, 원지점에서 114 1/2°(= 24° 30′ + 90°) 떨어져 있었다. 이 상황을 설명하기 위해, 중심을 D로 ABC를 그리는데, 이것은 지구 중심이 그리는 원이다. ADC가 지름이고, 태양이 E에 있고, 원지점이 A에, 근지점이 C에 있다고 하자. B가 태양이 추분점에 있는 것으로 보이는 점이라고 하자. 선분 BD와 BE를 그린다. 그러면 원지점에서 태양까지의 겉보기 거리인 각 DEB는 144 1/2°이다. 이때 DE는 416단위이고, BD = 10,000이다. 그러므로 평면삼각형의 정리 IV[II, E]에 따라 삼각형 BDE의 각도가 주어진다. 각 DBE는 각 BED와 각 BDA의 차이로, 2° 10'이다. 그러나 각 BED = 114° 30'이므로, 각 BDA는 116° 40'(= 114° 30' + 2° 10')이 될 것이다. 그러므로, 태양의 평균 또는 균일한 위치는 항성천구에서 양자리의 시작으로부터 178° 20'(= 176° 10' + 2° 10')이다.

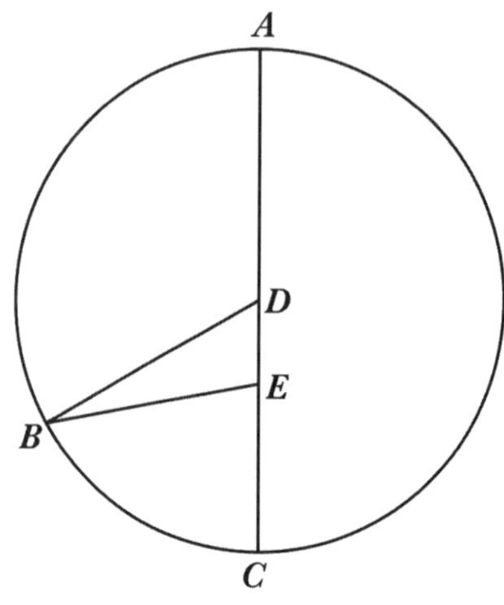

Figure. 22

나는 이 관찰을 프롬보르크의 크라쿠프와 같은 자오선에서 서기 1515년 9월 14일, 알렉산드로스가 죽은 후 이집트력 1840년째 되는 해 두 번째 이집트 달인 파오피 6일 일출 후 반 시간 뒤의 관측과 비교했다[III, 13]. 이때 추분점의 위치는, 계산과 관측에 따르면, 항성천구에서 152° 45'이었고, 앞의 분석에 따라[III, 16 끝], 원지점에서의 거리가 83° 20'이었다. 각 BEA = 83° 20'을 구성하는데, 이때 180° = 2직각이다. 삼각형 BDE에서, 두 변이 주어진다. BD = 10,000단위이고, DE = 323단위이다. 평면삼각형의 정리 IV[II, E]에 따라, 각 DBE는 약 1°50'이 될 것이다. 삼각형 BDE에 외접하는 원을 그리면, 각 BED는 166° 40'의 호를 자르며, 이때 360° = 2직각이다. 변 BD는 19,864단위가 될 것이며, 여기에서 지름 = 20,000이다. 주어진 BD 대 DE의 비에 따라, DE의 길이가 약 640단위로 확정될 것인데, 이것은 원주에서 각 DBE = 3° 40'의 호에 대응하지만, 중심각으로는 1° 50'(= 3° 40' ÷ 2)이다. 이것이 균일한 운동과 겉보기 운동 사이의 차이인 가감차이다. 여기에 각 BED = 83° 20'을 더해서, 원지점에서 균일한 운동의 거리인 각 BDA와 호 AB = 85° 10'(= 83° 20' + 1° 50')을 얻는다. 따라서 항성천구에서 태양의 평균 위치는 154° 35'(= 152°

45' + 1° 50')이다. 두 관측의 사이는 이집트력 1662년, 37일, 18일-분, 45일-초이다. 이 기간 동안의 균일한 평균 운동은 1,660회전과 336° 15'이었고, 이것은 내가 균일한 운동의 표에 제시한 숫자와 일치한다[III, 14].

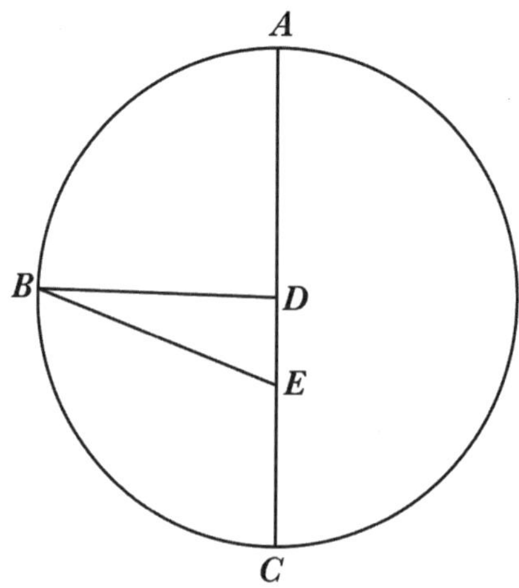

Figure. 23

19

태양의 균일한 운동에 대한 역기점과 위치 결정

알렉산드로스 대왕의 죽음에서 히파르코스의 관측까지 경과 시간은 176년, 362일, 27 1/2일-분이고, 하루의 평균 운동은 312° 43'으로 계산된다. 이 값을 히파르코스가 관측한[III, 18] 178° 20'에서 빼고, 원의 360°를 더한다. 나머지 225° 37'(360° + 178° 20' = 538° 20' - 312° 43' = 225° 37')은, 알렉산드로스 대왕이 죽은 이집트 첫 달인 토트 첫날 정오에 크라쿠프와 프롬보르크의 자오선이 될 것이다. 이때부터 율리우스 카이사르의 로마 시대까지 278년과 118 1/2일 동안에, 완전한 회전을 제거한 후의 평균 운동은 46° 27'이다. 이 값을 알렉산드로스의 위치(225° 37' + 46° 27')에 더해서, 그 합계인 272° 4'이 1월 1일 자정의 카이사르의 위치이며, 로마력의 해와 날의 관례적인 시작이다. 그런 다음에 45년 12일, 또는 알렉산드로스 대왕 이후 323년 130 1/2일(278Y 118 1/2d + 45Y 12d) 뒤에 그리스도의 위치 272° 31'이 온다. 그리스도는 194번째 올림픽 이후 세 번째 해(193 × 4 = 772 + 3)에 태어났다. 이것은 775년 12 1/2일에 이르며, 첫 번째 올림픽 시작부터 그리스도가 탄생한 해 1월 1일 자정까지이다. 이것은 마찬가지로 첫 번째 올림픽의 위치를 헤카톰바에온 달의 첫 날 정오에 96° 16'으로 하는데, 이 날은 현재의 로마력 7월 1일에 해당한다. 이런 방식으로 단순한 태양 운동의 시대들은 항성천구와 관련되어 있다. 게다가, 복합 운동의 위치는 분점의 세차를 적용해서 얻는다. 단순 위치에 대해, 복합 위치는, 올림픽에 대해서는 90° 59'(= 96° 16' - 5° 16')III, 11, 끝이고, 알렉산드로스는 226° 38'(= 225° 37' + 1° 2'), 카이사르는 276° 59'(= 272° 4' + 4° 55'), 그리스도는 278° 2'(= 272° 31' + 5° 32')이다. 이 모든 위치들은 (앞에서 말한 대로) 크라쿠프의 자오선으로 환산했다.

20

지점들의 변이에 의해 일어나는 태양의 두 번째이자 이중의 부등성

이제 태양의 지점들의 변이가 더 중요한 문제인데, 프톨레마이오스가 지점들이 고정된 것으로 본 반면에, 다른 이들은 항성들도 함께 움직인다는 신조에 따라, 지점들이 항성천구의 운동을 동반한다고 생각했다. 알자르칼리는 이 운동의 불균일성을 믿었고, 심지어 후퇴하기도 한다고 보았다. 그는 다음과 같은 증거에 의존했다. 앞에서 언급했듯이[III, 16], 알바타니가 원지점이 지점에 7° 43' 앞선 것을 발견했다. 프톨레마이오스 이후 740년 동안 거의 17°(≅ 24° 30' - 7° 43')나 앞섰다. 193년 뒤에 알자르칼리는 원지점이 4 1/2°(≅ 12° 10' - 7° 43')쯤 후퇴한 것으로 보았다. 따라서 그는 연주 궤도의 중심에 작은 원을 도는 부가적인 운동이 있다고 믿었다. 그 결과로 원지점이 앞뒤로 편향되며, 한편으로 궤도 중심과 우주의 중심 사이의 거리가 변한다.

알자르칼리의 아이디어는 상당히 기발했지만, 전체적으로 보아 다른 발견들과 일치하지 않아서 받아들여지지 않았다. 따라서, 이 운동의 순차적인 단계를 고려하자. 프톨레마이오스 이전의 어느 때 이 운동이 정지해 있었다. 740년 또는 그 남짓 동안 이 운동이 17° 전진했다. 그 뒤로 200년 동안 4° 또는 5° 역행했다. 그 뒤로 우리 시대까지 이 운동이 전진했다. 전체 기간 동안 운동이 방향을 반대로 할 때 두 한계에서 일어나야 하는 다른 역행이나 정지점은 목격되지 않았다. 이 역행과 정지점이 없음은 규칙적이고 순환적인 운동으로는 이해할 수 없다. 따라서 많은 이들은 이러한 천문학자, 즉 알바타니와 알자르칼리의 관측에서 어떤 오류가 있었다고 믿는다. 둘 다 똑같이 능숙하고 주의 깊은 관측자였기에 어느 쪽을 따라야 좋을지 의심스럽다.

나로서는 태양의 원지점을 이해하는 것보다 더 큰 어려움은 어디에도 없다고 인정한다. 미세하고 거의 인지하기 어려운 크기에서 큰 양을 추론해야 하기 때문이다. 원지점과 근지점 근체에서 전체 1도의 변화가 가감차에는 겨우 2'쯤의 변화를 일으킨다. 반면에, 중간 거리 근처에서는 1'에 5° 또는 6°를 이동한다. 따라서 작은 오차가 큰 오차로 발전할 수 있다. 그러므로 원지점을 게자리 6 2/3°에 둔다고 해도[III, 16] 시간 측정 장치를 만족스럽게 신뢰할 수 없으며, 일식과 월식으로도 확인하여야 한다. 장치의 어떤 오류도 의심할 바 없이 식蝕에 의해 드러나기 때문이다. 그러므로 운동의 일반적인 구조에서 추론할 수 있듯이, 운동이 직접적이지만 균일하지 않을 가능성이 아주 크다. 히파르코스에서 프톨레마이오스까지의 정지 기간 뒤에 원지점이 현재까지 연속적이고 규칙적으로 전진하고 있는 것으로 보이기 때문이다. 알바타니와 알자르칼리 사이에 실수 때문에 예외가 생겼는데(그렇게 믿어진다), 다른 모든 것이 들어맞아 보이기 때문이다. 비슷한 방식으로, 태양의 가감차도 마찬가지로 아직 감소가 멈추지 않았다. 따라서 이것은 동일한 순환적인 패턴을 따르는 것으로 보이며, 두 불균일성이 황도 경사의 첫 번째이자 단순 이상 또는 비슷한 불균일성과 같은 위상인 것으로 보인다.

상황을 더 명확하게 하기 위해 황도면에 원 AB를 그리고, 중심을 C라고 하고, 지름을 ACB로 하고, 그 위의 D에 태양의 구를 우주의 중심으로 둔다. C를 중심으로, 태양을 포함하지 않은 작은 원 EF를 그린다. 이 작은 원 위에서 지구 중심의 연주회전의 중심이 매우 천천히 운동하는 것으로 이해하자. 작은 원 EF가 선분 AD와 함께 앞으로 나아가며, 반면에 연주회전의 중심은 작은 원 EF를 따라 역행하는데, 둘 다 상당히 느리다. 따라서 연주 궤도의 중심이 한 때는 태양으로부터 가장 먼 거리인 DE에서, 또 다른 때는 가장 가까운 거리인 DF에서 발견될 것이다. 이 운동은 E에서 더 느리고 F에서 더 빠를 것이다. 이 작은 원의 호(연주 궤도의 중심)가 중심들 사이의 거리를 시간에 따라 증가시키고 감소시키며, 이것이 원지점이 번갈아가면서 선분 ACD 위에 있는 지점 또는 원지점에서 앞서고 뒤처지게 하며, 평균 원지점 역할을 한다. 그러므로, 호 EG를 취한다. G를 중심으로, AB와 같은 원을 그린다. 그러면 원지점은 선분 DGK에 있을 것이고, 거리 DG는 유클리드의 『원론』, III, 8에 따

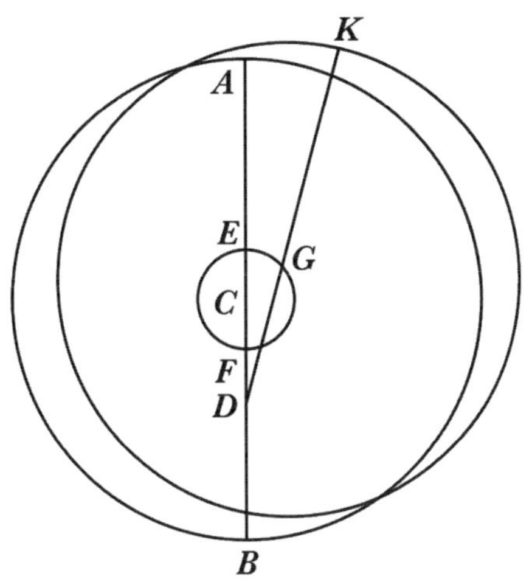

Figure.24

라 DE보다 짧을 것이다. 이러한 관계는 이심원의 이심원에 의해, 또한 주전원의 주전원에 의해, 다음과 같이 증명된다.

AB를 우주와 태양의 동심원이라고 하자. ACB를 원지점이 놓인 지름이라고 하자. A를 중심으로, 주전원 DE를 그린다. 다시 D를 중심으로, 소주전원 FG를 그리는데, 그 위에서 지구가 회전한다. 모든 것을 같은 평면에 두는데, 황도면에 두자. 첫 번째 주전원을 1년쯤 뒤로 이동시키자. 소주전원 D도 마찬가지로 1년쯤 이동시키는데, 반대로 이전으로 이동시킨다. 두 주전원의 회전이 선분 AC에 대해 똑같도록 한다. 또한, 지구 중심을 움직여서 F에서 앞서는 쪽으로 멀리 가도록 D에 조금 더한다. 따라서 지구가 F에 있을 때, 이것은 분명히 태양의 원지점을 최대로, G에 있을 때 최소로 할 것이다. 게다가, 이것은 원지점을 평균 원지점에 앞서거나 뒤처지게, 가속시키거나 감속되게, 증가하거나 감소하도록 한다. 따라서 이 운동은 앞에서 주전원의 이심원에서 보였듯이 균일하지 않은 것으로 보인다.

이제 호 AI를 취한다. I를 중심으로, 주전원의 주전원을 재구성한다. CI를 연결하고, 이것을 연장해서 선분 CIK를 만든다. 각 KID는 회전의 동일함 때문에 ACI와 같다. 따라서 앞에서 보였듯이[III, 15], 점 D는 L을 중심으로 CL = DI만큼 벗어나서 동심원 AB와 같은 이심원을 그린다. 또한 F는 CLM = IDF만큼 벗어나서 그 자신의 이심원을 그리며, G도 마찬가지로 IG = CN만큼 벗어나서 이심원을 그린다. 한편으로 지구의 중심이 이미 소주전원 위에서 임의의 호 FO를 지나갔다고 하자. 이제 O가 그리는 이심원은 중심이 선분 AC가 아니라 LP와

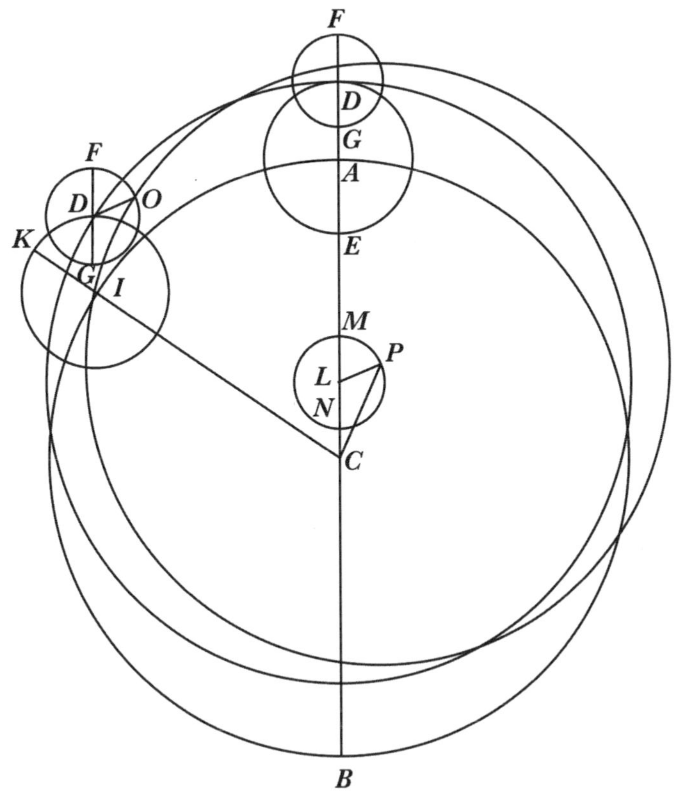

Figure.25

같은, DO에 평행한 선분 위에 있다. 게다가 OI와 CP를 이으면 둘은 같지만, IF와 CM보다 작으며, 유클리드의 『원론』, I, 8에 따라 각 DIO는 각 LCP와 같다. 선분 CP 위의 태양의 원지점은 A보다 그만큼 앞선 것으로 보인다.

그러므로 이심원 위의 주전원으로도 같은 일이 일어난다는 것이 명확하다. 앞에서 L을 중심으로 그린 소주전원 D만을 취하자. 지구 중심이 호 FO를 따라 앞의 조건으로, 다시 말해 연주회전을 조금 넘어서서 회전한다고 하자. P를 중심으로, 이것은 두 번째 원을 그리는데, 첫 번째 이심원에 대해 중심이 벗어나 있으며, 그러므로 똑같은 현상이 반복될 것이다. 여러 가지 배열에서 같은 결과가 나오므로, 나는 어느 것이 진짜인지 말하지 않을 것이며, 계산과 현상이 영구적으로 일치하여 그 중 하나가 맞다고 확실해질 때만 그렇게 할 것이다.

21

태양 부등성의 두 번째 변이는 얼마나 큰가?

이미 보았듯이[III, 20] 두 번째 부등성은 황도 경사의 첫 번째이며 단순 이상 또는 그 비슷한 것에 따른다. 따라서 이전 관측자의 어떤 오류에 방해를 받지 않는다면,

우리는 그 변이를 정밀하게 얻을 것이다. 그리하여, 계산에 의해 단순 이상을 서기 1515년에 약 165° 39'으로 얻었고, 거꾸로 계산했을 때 그 시작은 기원전 64년쯤이었다. 그때부터 우리 시대까지 총합은 1580년이다. 그 시기에 이상이 시작되었을 때 이심거리eccentricity는 최대 = 417단위였고, 반지름 = 10,000이었다. 반면에 우리의 이심거리는 323단위로 나타났다.

이제 AB가 직선이고, 그 위에서 B가 태양이고 우주의 중심이라고 하자. 최대 이심거리가 AB이고, 최소 이심거리가 DB라고 하자. 지름 AD로, 작은 원을 그린다. 그 위에서 첫 번째 단순 이상의 척도로 호 AC를 취하는데, 이것은 165° 39'이었다. AB는 417단위로 주어졌고, 단순 이상의 시작인 A에서 측정되었다. 반면에 현재에 해당하는 BC는 323단위이다. 따라서 삼각형 ABC가 있고, 변 AB와 BC가 주어져 있다. 한 각 CAD도 주어졌는데, 호 CD는 반원의 (호 AC = 165° 39'을 뺀) 나머지이므로 14° 21'이다. 그러므로 평면삼각형의 정리에 따라 나머지 변 AC가 주어지고, 각 ABC도 주어지는데, 이것은 원지점의 균일한 평균 운동의 차이이다. AC가 주어진 호에 대응하므로, 원 ACD의 지름 AD도 주어진다. 그러므로 각 CAD = 14° 21'에서, CB = 2486단위를 얻고, 여기에서 삼각형에 외접하는 원의 지름은 100,000이다. 비 BC : AB에서 같은 단위로 AB = 3225가 나온다. 선분 AB는 각 ACB = 341° 26'을 자른다. 그 나머지는, 360° = 2직각으로, 각 CBD = 4° 13'(= 360° - (341° 26' + 14° 21' = 355° 47'))이며, 이것은 선분 AC = 735단위에 의해 잘린다. 따라서 AB = 417인 단위로, AC는 약 95단위임이 알려진다. AC는 주어진 호에 대응하므로, 이것의 비는 AD 대 지름과 같다. 그러므로 AD는 96단위로 주어지고, 여기에서 ADB = 417이다. 나머지인 DB(= ADB - AD = 417 - 96) = 321단위는 이심거리의 최소이다. 각 CBD는 원주에서 4° 13'으로 알려지지만, 중심에서는 2° 6 1/2'이고, 이것은 B를 중심으로 하는 AB의 균일한 운동에서 빼야 하는 가감차이다.

이제 원 위의 점 E에서 접선 BE를 그린다. F를 중심을 하고, EF를 잇는다. 직각삼각형 BEF에서 변 EF는 48단위(= 1/2 × 96 = 지름 AD)로 주어지고, BDF는 369단위(FD = 48 + 321 = DB)이다. FDB가 반지름 = 10,000인 단위로, EF = 1300이다. 이것은 각 EBF의 두 배에 대응하는 현의 절반이며, 360° = 4직각으로, 7° 28'이고, 균일한 운동 F와 겉보기 운동 E 사이의 최대 가감차이다.

따라서 다른 모든 개별적인 차이를 얻을 수 있다. 그러므로 각 AFE = 6°라고 가정하자. 우리는 변 EF와 FB와 함께 각 EFB가 주어진 삼각형을 얻는다. 이 정보로부터 가감차 EBF는 41'이 될 것이다. 그러나 각 AFE = 12°이면, 가감차 = 1° 23'이며, 18°이면 2° 3'이 되고, 이렇게 나머지도 같은 방법으로 얻을 수 있으며, 연간 가감차와 관련해서 위에서 말한 것과 같다[III, 17].

22

태양 원지점의 균일한 운동과 불균일한 운동의 유도

이집트인들에 따르면, 최대 이심거리가 첫 번째 단순

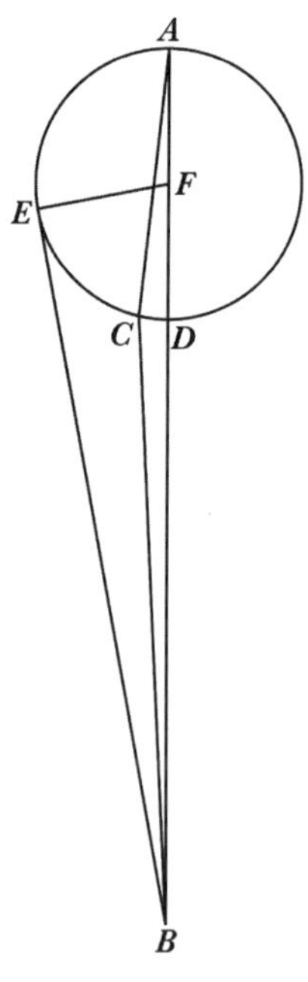

Figure. 26

이상의 시작과 일치했던 때는 178번째 올림픽의 세 번째 해이며 알렉산드로스 대왕 이후 259년(기원전 64년) III, 21 이었다고 한다. 따라서 원지점의 진정한 위치와 평균 위치는 둘 다 쌍둥이자리 5 1/2°였고, 이것은 춘분점으로부터 65 1/2°였다. 진정한 분점 세차는, 당시의 평균 세차와도 일치했고, 4° 38'이었다. 이 값을 65 1/2°에서 빼면, 나머지는 양자리의 시작으로부터 60° 52'이고, 이것이 원지점의 위치였다. 게다가, 원지점의 위치는 573번째 올림픽 두 번째 해 또는 서기 1515년에 게자리 6 2/3°로 알려졌다. 계산에 따른 춘분점의 세차는 27 1/4°였다. 이 값을 96 2/3°에서 빼면, 나머지 값은 69° 25'이다. 이때의 첫 번째 이상은 165° 39'이었다. 진정한 위치가 평균 위치에 대해 앞선 값인 가감차는 2° 7'(≅ 2° 6 1/2')[III, 21]으로 나타났다. 그러므로 태양 원지점의 평균 위치는 71° 32'(= 69° 25' + 2° 7')으로 알려졌다. 따라서 균일한 이집트력 1580년 동안 원지점의 평균 균일 운동은 10° 41'(≅ 71° 32' - 60° 52')이었다. 이 값을 햇수로 나누면, 24" 20'" 14""의 연간 비율을 얻는다.

23

태양 이상의 결정과 위치 확립

앞의 값들을 단순 연주운동인 359° 44' 49" 7'" 4""[III, 14]에서 빼면, 나머지인 359° 44' 24" 46'" 50""는, 1년 동안의 균일한 이상 운동이 될 것이다. 게다가 이것을

365로 나누면, 하루의 비율은 59' 8" 7''' 2''''가 될 것이며, 이 값은 위의 표와 일치한다[III, 14의 뒤]. 그러므로 우리는 또한 역기점인 첫 번째 올림픽의 시작에 대해 알 수 있다. 573번째 올림픽은 71° 37'으로 나타났고, 여기로부터 평균 태양 거리는 83° 3'(71° 32' + 83° 3' = 154° 35')[III, 18]이었다. 첫 번째 올림픽부터 이때까지 이집트력 2290년, 281일, 46일-분이 지났다. 이 기간 동안에 이상 운동은 전체 원을 뺀 뒤에, 42° 49'이었다. 이 값을 83° 3'에서 뺀 나머지인 40° 14'는 첫 번째 올림픽 때의 이상의 위치이다. 같은 방식으로 알렉산드로스의 시대의 위치는 166° 38'이었고, 카이사르는 211° 11', 그리스도는 211° 19'이다.

24
태양의 균일한 운동과 겉보기 운동의 변이를 표로 나타냄

태양의 균일한 운동과 겉보기 운동의 변이에 대해 증명된 것들을 쉽게 이용할 수 있도록, 나는 이것을 60줄과 6열의 표로 정리할 것이다. 처음 두 열에는 두 반원에서 연간 이상의 도의 값이 나오고, 다시 말해, 0°에서 180°까지 오르고 360°에서 180°까지 내리는 반원에서 3° 간격으로, 앞에서 분점의 운동의 가감차를 다룬 것처럼 배열할 것이다III, 8의 뒤. 세 번째 열에는 태양의 원지점 운동 또는 이상의 도(와 분)을 기록할 것이고, 3도마다 값을 기록할 이 변이는 최대 약 7 1/2°까지 오른다. 네 번째 열은 비례하는 분을 위해 남겨 두었으며, 이것은 최대가 60이다. 이것들은 여섯번째 열의 연간 이상의 가감차 증가와 관련된 추정에, 태양과 우주 중심 사이의 최소 거리에서 커지는 가감차보다 이것들이 더 클 때 사용된다. 이 가감차증가의 최대는 32'이므로, 그

Book Three

1/60은 32"이다. 그 다음에, 증가의 크기에 맞춰서, 이것을 나는 이심거리로부터 앞에서 설명한 방법으로 유도할 것이며[III, 21], 나는 3도마다 1/60의 값을 기록할 것이다. 다섯 번째 열에는 연간과 첫 번째 변이의 개별적인 가감차가 나올 것이고, 이것은 태양과 우주 중심 사이의 최소 거리를 바탕으로 한다. 여섯 번째이며 마지막 열은 최대 이심거리에서 일어나는 가감차의 증가를 보여줄 것이다. 표는 다음과 같다.

태양의 가감차 표							
공통수		중심 가감차		비례분	궤도 가감차		증가
도	도	도	분		도	도	분
3	357	0	21	60	0	6	1
6	354	0	41	60	0	11	3
9	351	1	2	60	0	17	4
12	348	1	23	60	0	22	6
15	345	1	44	60	0	27	7
18	342	2	5	59	0	33	9
21	339	2	25	59	0	38	11
24	336	2	46	59	0	43	13
27	333	3	5	58	0	48	14
30	330	3	24	57	0	53	16
33	327	3	43	57	0	58	17
36	324	4	2	56	1	3	18
39	321	4	20	55	1	7	20
42	318	4	37	54	1	12	21
45	315	4	53	53	1	16	22
48	312	5	8	51	1	20	23
51	309	5	23	50	1	24	24
54	306	5	36	49	1	28	25
57	303	5	50	47	1	31	27
60	300	6	3	46	1	34	28
63	297	6	15	44	1	37	29
66	294	6	27	42	1	39	29
69	291	6	37	41	1	42	30
72	288	6	46	40	1	44	30
75	285	6	53	39	1	46	30
78	282	7	1	38	1	48	31
81	279	7	8	36	1	49	31
84	276	7	14	35	1	49	31
87	273	7	20	33	1	50	31
90	270	7	25	32	1	50	32

태양의 가감차 표							
공통수		중심 가감차		비례분	궤도 가감차		증가
도	도	도	분		도	도	분
93	267	7	28	30	1	50	32
96	264	7	28	29	1	50	33
99	261	7	28	27	1	50	32
102	258	7	27	26	1	49	32
105	255	7	25	24	1	48	31
108	252	7	22	23	1	47	31
111	249	7	17	21	1	45	31
114	246	7	10	20	1	43	30
117	243	7	2	18	1	40	30
120	240	6	52	16	1	38	29
123	237	6	42	15	1	35	28
126	234	6	32	14	1	32	27
129	231	6	17	12	1	29	25
132	228	6	5	11	1	25	24
135	225	5	45	10	1	21	23
138	222	5	30	9	1	17	22
141	219	5	13	7	1	12	21
144	216	4	54	6	1	7	20
147	213	4	32	5	1	3	18
150	210	4	12	4	0	58	17
153	207	3	48	3	0	53	14
156	204	3	25	3	0	47	13
159	201	3	2	2	0	42	12
162	198	2	39	1	0	36	10
165	195	2	13	1	0	30	9
168	192	1	48	1	0	24	7
171	189	1	21	0	0	18	5
174	186	0	53	0	0	12	4
177	183	0	27	0	0	6	2
180	180	0	0	0	0	0	0

25

겉보기 태양의 계산

이제 태양의 겉보기 위치를 앞의 표로 임의의 시각에 대해 계산하는 방법이 확실해졌다고 나는 믿는다. 그 시각에 대해, 앞에서 설명한 대로III, 12, 진정한 춘분점이나 그 세차를 첫 번째 단순 이상과 함께 찾아보자. 그 다음에는 지구 중심의 평균 단순 운동(원한다면 태양의 운동이라고 불러도 좋다)과 연간 이상을 균일한 운동의 표에서III, 14, 찾는다. 이 값을 알려진 시대III, 23에 주어졌다에 추가한다. 그런 다음에, 첫 번째이자 단순 이상과 그 값 옆에, 앞의 표에서 첫 번째나 두 번째 열에 기록된 대로, 세 번째 열에서 대응되는 연간 이상의 가감차를 발견할 것이다. 그에 따르는 비례 분을 알아 놓는다. 원래의 연간 이상이 반원 또는 첫 번째 열의 값보다 작으면, 가감차를 연간 이상에 더한다. 그렇지 않으면, 가감차를 원래의 연간 이상에서 뺀다. 나머지 또는 합계가 보정된 태양 이상이다. 그 다음에 이것과 함께 동반하는 증가로 연간 궤도의 가감차를 구하는데, 이것은 동반하는 증가와 함께 다섯 번째 열에 있다. 이 증가는, 앞에서 알아둔 비례 분과 결합해서, 이 궤도 가감차에 언제나 더하는 양이 된다. 이 합이 보정된 가감차가 될 것인데, 연간 이상의 값이 첫 번째 열에서 발견되거나 반원보다 작으면, 태양의 평균 위치에서 뺀다. 반면에, 연간 이상이 반원 보다 크거나 공통 수의 두 번째 열에 한 줄을 차지하면, 조정된 가감차를 태양의 평균 위치에 더한다. 이렇게 얻은 나머지 또는 합은 양자리 시작을 기준으로 태양의 실제 위치를 결정한다. 마지막으로, 춘분점의 실제 세차는, 태양의 실제 위치에 더하면, 또한 분점을 기준으로 한 태양의 위치를 황도십이궁과 황도의 도로 즉시 보여줄 것이다.

이 결과를 다른 방식으로 얻고 싶다면, 단순 운동 대신에 균일한 복합 운동을 취하면 된다. 앞에서 말한 모든 절차를 수행하는데, 상황에 따라 필요했던 더하거나 빼는 것만 하지 않고, 세차 자체가 아니라 분점 세차의 가감차만을 수행하는 것이다. 이런 방식으로 겉보기 태양 계산은 고대와 현대 기록이 일치하는 지구의 운동을 통해서 얻고, 덧붙여서 미래의 운동도 이미 예측되었다.

그러나 연주회전 중심이 우주 중심과 마찬가지로 정지해 있고, 이심원의 중심과 관련해서 설명했던 것과 비슷하고 똑같은 방식으로 태양이 두 가지 운동을 한다고[III, 20] 누군가가 생각한다면, 모든 현상이 전과 같이 (값들이 같고 증명이 같아) 보일 것임을 나도 모르지 않는다. 그것들에서 위치만 제외하고 아무것도 변하지 않을 것이며, 특히 태양에서 나타나는 현상은 그대로일 것이다. 그러면 우주 중심 주위의 지구 중심의 운동이 규칙적이고 단순할 것이다(나머지 두 운동은 태양의 운동이 된다). 이런 이유로, 내가 처음에 우주의 중심이 태양이라고[I, 9, 10] 또는 그 근처라고[I, 10] 애매하게 말했듯이, 두 위치 중 어느 것이 우주의 중심을 차지하는지 여전히 의심이 남아 있다. 이 질문에 대해서 다섯 행성을 다룰 때[V, 4] 더 자세히 살펴볼 것이다. 거기에서 나는 겉보기 태양의 계산이 신뢰할 만하고 결코 미심쩍지 않다는 입장에서 최선을 다해 충분하다고 생각할 만큼 우주의 중심을 결정할 것이다.

26

뉴구데메론, 즉 가변적인 자연일

태양과 관련하여, 자연적인 하루의 변화에 대해 여전히 논의할 것이 남아있다. 자연적인 하루는 24 등분시의 주기 안에 들어가는 시간이고, 우리가 지금까지 천체의 운동에 대해 일반적이고 정밀한 측정에 사용하는 시간이다. 그러나 하루는 사람마다 다르게 정의된다. 바빌로니아인과 고대 히브리인들은 두 일출 사이의 기간으로 정의하고, 아테네인들은 두 일몰 사이로, 로마인들은 자정에서 자정까지로, 이집트인들은 정오에서 정오까지로 정의했다.

이 기간 동안에, 명백히, 지구가 한 바퀴를 완전히 회전하고 한편으로 태양의 겉보기 운동에 관련된 연주회전으로 추가된 만큼 더 회전한다. 그러나 이렇게 더해지는 것은 가변적인데, 첫째로 태양의 겉보기 운동의 변이 때문이며, 둘째로 연주회전이 황도를 따라 진행하는 반면에 자연적인 하루는 적도의 극 주위로의 회전과 관련되기 때문이다. 이런 이유로 겉보기 시간은 일반적이고 정밀한 운동 측정이 될 수 없는데, 하루들이 자연적인 날과 다른 날들끼리 모든 세부에서 균일하지 않기 때문이다. 따라서 이 하루들에서 평균적이고 균일한 날을 선택할 필요가 있으며, 이것으로 균일한 운동을 불확실하지 않게 측정할 수 있게 될 것이다.

이제 지구의 축 주위로 1년 전체 동안 365회전이 일어난다. 이 회전들이 대략 한 번의 부가적인 회전이 늘어나는데, 태양의 겉보기 전진에 의해 하루가 길어지기 때문이다. 따라서 자연적인 하루는 균일한 하루보다 부가적인 회전의 1/365만큼 더 길다. 결과적으로 우리는 균일한 하루를 정의하고 불균일한 겉보기 하루와 구별해야 한다. 따라서, 나는 적도의 완전한 한 회전에, 그 시간 동안에 태양이 균일한 운동으로 지나간 것으로 보이는 만큼 더한 것을, "균일한 하루"라고 부른다. 여기에 비해, 적도의 360° 회전에 지평선 또는 자오선에서 태양의 겉보기 전진과 함께 떠오른 만큼을 더한 것으로 구성되는 하루를 "불균일한 겉보기의" 하루라고 부른다.

이 균일하고 불균일한 하루들 사이의 차이는 아주 작고 인지할 수 없을 정도이지만, 그럼에도 불구하고 여러 날을 함께 하면, 차이가 축적되어서 인지할 수 있게 된다.

이 현상에는 두 가지 원인이 있다. 그것은 겉보기 태양의 불균일성과, 기울어진 황도가 불균일하게 뜨는 것이다. 첫 번째 원인은 태양의 겉보기 운동이 불균하기 때문이며, 앞에서 명확히 밝혔다[III, 16-17]. 중점이 원지점에 있는 반원에 대해, 두 평점 사이의 중간은, 황도의 도에 비해, 프톨레마이오스[알마게스트 III, 9]에 따르면, 4 3/4시-도時度(time-degree, 1시-도는 하루의 360등분, 즉 4분 — 옮긴이)가 부족하다. 근지점을 포함하는 다른 반원에 대해서는 같은 값만큼 초과한다. 그러므로 두 반원에 대해 전체의 초과량은 9 1/2시-도이다.

그러나 (뜨고 지는 것에 관련된) 두 번째 원인의 경우에 원지점과 근지점을 포함하는 반원들 사이에 매우 큰 차이가 생긴다. 이것이 가장 짧은 날과 가장 긴 날의 차이이다. 이 차이는 모든 지역에 따라 매우 크게 달라진다. 반면에 정오나 자정에 관련된 차이는 모든 곳에서 네 한계 안에 제한된다. 황소자리 16°부터 사자자리 14°까지의 88°는 대략 93시-도에서 자오선을 횡단한다. 사자자리 14°부터 전갈자리 16°까지의 92°는 87시-도에서 자오선을 횡단한다. 그러므로 후자의 경우에 5시-도가 부족하고(92° - 87°), 전자의 경우에 같은 값이 초과된다(93° - 88°). 따라서 첫 번째 기간에서 하루의 합은 두 번째 기간보다 10시-도 = 2/3시간을 초과한다. 이것은 다른 반원에도 비슷하게 일어나고, 지름 방향으로 반대인 한계에서는 상황이 역전된다.

이제 천문학자들은 자연적인 하루의 시작을 일출이나 일몰이 아니라 정오나 자정으로 결정하기 시작했다. 왜냐하면, 지평선과 관련된 불균일성은 더 복잡하고, 몇 시간으로 연장되기 때문이다. 게다가 지평선의 불균일성은 모든 곳에서 같지 않고, 천구의 경사에 따라 복잡한 방식으로 변한다. 반면에, 자오선에 관련된 불균일성은 모든 곳에서 같고, 더 단순하다.

결과적으로, 앞에서 언급한 두 가지 원인에서 오는 모든 차이(태양의 불균일한 겉보기 운동과 불균일한 자오선 횡단)

는, 프톨레마이오스 이전에, 감소가 물병자리 중간에서 시작되고, 전갈자리의 처음에서 증가할 때, 합해서 8 1/3시-도였다[알마게스트, III, 9]. 현재는, 감소가 물병자리 20° 또는 전갈자리 10°쯤부터 연장되고 증가가 전갈자리 10°에서 물병자리 20° 안에서 연장될 때, 그 차이는 7° 48'으로 줄어든다. 왜냐하면, 이 현상들도 근지점과 이심거리의 변이에 따라 시간에 따라 변하기 때문이다.

마지막으로, 분점 세차의 최대 변이가 또한 앞의 것에 더해지면, 자연적인 하루의 전체 부등성은 몇 년 동안에 10시-도를 넘을 수 있다. 여기에서 불균일성의 세 번째 원인이 숨어 있다. 왜냐하면, 적도의 회전이 균일한 평균 분점에 대해 균일하다고 알려졌고, 겉보기 분점에 대해서가 아니며, 겉보기 분점은 완전히 균일하지 않기 때문이다(이것은 매우 명확하다). 그러므로, 10시-도의 두 배 = 1 1/3 시간이고, 긴 날은 짧은 날보다 때때로 이만큼 길어질 수 있다. 태양의 겉보기 연주운동과 다른 행성의 비교적 느린 운동에 관련하여, 어쩌면 이 현상들을 무시해도 명백한 오류가 없을 것이다. 그러나 달의 빠른 운동에 대해서는 이 현상을 완전히 무시해서는 안 되며, 이것은 5/6°의 불일치를 일으킬 수 있다.

이제 균일한 시간을 겉보기의 불균일한 시간과 모든 변이가 조정된 방법으로 다음과 같이 비교할 수 있다. 임의의 시간을 고른다. 이 시간의 양쪽 한계로, 다시 말해 시작과 끝에서, 평균 분점으로부터 내가 태양의 복합 균일 운동이라고 부르는 것의 결과로 태양의 평균 변위를 찾는다. 또한 실제 분점에서의 실제 겉보기 변위를 찾는다. 정오 또는 자정에 얼마나 많은 시-도가 적경으로 횡단하는지, 또는 첫 번째 실제 위치에서 두 번째 실제 위치 사이에 놓인 적경을 결정한다. 그 시-도가 두 평균 위치 사이의 도와 같으면, 주어진 겉보기 시간은 평균 시간과 같을 것이다. 그러나 시-도가 초과하면, 초과한 만큼 주어진 시간에 더한다. 반면에, 그 시-도가 더 작으면, 차이를 겉보기 시간에서 뺀다. 이렇게 해서, 합 또는 차로부터 모든 시-도마다 한 시간의 4분 또는 하루의 10/60초(10ds, day-second)를 취해서, 균일한 시간으로 환산한 시간을 얻을 것이다. 그러나, 균일한 시간이 주어지고, 여기에 얼마나 많은 겉보기 시간이 동등한지 알고 싶다면, 반대의 절차를 따른다.

이제 첫 번째 올림픽에 대해서 우리는 아테네의 첫 번째 달인 헤카톰바에온 첫날 정오의 평균 춘분점으로부터 태양의 평균 거리가 90° 59'이며, 겉보기 분점으로부터 게자리 0° 36'임을 알고 있다. 그리스도 이후로, 태양의 평균 운동이 염소자리 8° 2'이고(= 278° 2')[III, 19], 실제 운동은 같은 별자리 8° 48'이다. 그러므로, 바른 천구에서 게자리 0° 36'부터 염소자리 8도 48'까지 178시-도 54'이 떠오르고, 평균 위치 사이의 거리를 1시-도 51' = 7 시분hour-minute만큼 초과한다. 나머지에 대해서도 절차는 같고, 이 방법으로 달의 운동을 매우 정밀하게 시험할 수 있으며, 다음 권에서 이것을 다룬다.

Book Three

1 달의 원에 대한, 고대인들의 믿음에 따른 가설

2 이 가정들의 결점

3 달의 운동에 대한 다른 견해

4 달의 회전과 달의 움직임의 세부 사항

5 초승달과 보름달에 일어나는 달의 첫번째 부등성에 대한 설명

6 경도와 이상에서 달의 균일한 운동에 대한 진술의 입증

7 달의 경도와 이상의 역기점

8 달의 두 번째 부등성과, 두 번째 주전원에 대한 첫 번째 주전원의 비

9 달이 첫번째 주전원의 원지점으로부터 불균일하게 멀어지는 것으로 보이게 하는, 남아있는 변이

10 달의 주어진 균일한 운동에서 겉보기 운동을 유도하는 방법

11 표로 나타낸 달의 가감차 또는 정규화

12 달의 운동 계산

13 위도에서의 달의 운동을 분석하고 증명하는 방법

14 위도에서 달의 이상의 위치

15 시차 측정 장치의 구성

16 달의 시차를 구하는 방법

17 달의 지구로부터의 거리, 지구 반지름 = 1일 때의 비에 대한 증명

18 달의 지름과 달이 통과하는 위치에서의 지구 그림자의 지름

19 해와 달의 지구로부터의 거리, 그 지름, 달이 통과하는 그림자의 지름,
그림자의 축을 동시에 증명하는 방법

20 해, 달.지구, 세 천체의 크기와 비교

21 태양의 겉보기 지름과 시차

22 달의 변하는 겉보기 지름과 그 시차

23 지구의 그림자는 얼마나 변하는가?

24 지평선의 극을 통과하는 원 안에서 해와 달의 개별적인 시차를 표로 나타냄

25 해와 달의 시차 계산

26 경도와 위도의 시차를 서로에게서 분리하는 방법

27 달의 시차에 대한 주장들의 확인

28 해와 달의 평균 합과 충

29 해와 달의 실제 합과 충에 대한 조사

30 일식이 일어나는 해와 달의 합과 충을 다른 것들과 구별하는 방법

31 일식과 월식의 크기

32 식의 지속에 대한 예측

De revolutionibus orbium coelestium

제 4 권

Book Four

서론

앞 권에서 나는 한정된 능력의 최선을 다해 지구가 태양 주위를 돌기 때문에 일어나는 현상들을 설명했고, 같은 방법으로 모든 행성들의 운동을 분석하려고 한다. 그러므로 이번에는 달의 운동이 내 앞에 있다. 이것을 해야 하는 것은, 달은 낮과 밤에 참여하며, 달을 통해서 모든 천체들을 발견하고 입증하기 때문이다. 두 번째로, 모든 천체들 중에서 달만이 유일하게 전체의 회전이, 불규칙하기는 하지만, 지구 중심에 관련되며, 지구에 가장 가깝다. 따라서 달은 그 자체로 지구가 움직인다는 것을 가리키지는 않으며, 어쩌면 지구의 일주회전만은 예외일 것이다. 이 모든 이유로 지구가 우주의 중심이고 모든 회전의 공통 중심이라고 믿게 되었다. 달의 운동에 대해 설명하면서 나는 달이 지구 주위를 돈다는 고대인들의 믿음을 부인하지 않는다. 그러나 나는 또한 이전 사람들에게 받은 것과 다른 면들과 서로 밀접하게 일치하는 것들을 보여주겠다. 이러한 특징들로 나는 달의 운동도 가능한 한 정밀하게 결정할 것이며, 그 비밀을 더 명확하게 이해할 수 있도록 할 것이다.

1

달의 원에 대한, 고대인들의 믿음에 따른 가설

달의 운동의 성질은, 달이 황도의 중간 원을 따라가지 않고, 자기의 원을 따라가며, 이 원은 중간 원에 대해 기울어져 있고, 중간 원을 이등분하며, 중간 원에 의해 이등분되고, 중간 원을 두 경도에서 횡단한다는 것이다. 이 현상들은 태양의 연주운동에서 회귀선과 매우 비슷한데, 물론, 1년과 태양의 관계가 1개월과 달의 관계와 같다. 교차하는 평균 위치를 어떤 천문학자들은 "식ecliptic"라고 부르고, 다른 이들은 "교점node"이라고 부른다. 이 점들에서 일어나는 해와 달의 합과 충衝을 "식"이라고 부른다. 일식과 월식이 일어날 수 있는 이 점들을 제외하면, 두 원은 어떤 점도 공유하지 않는다. 그러므로 달이 다른 곳으로 가면, 그 결과는 이 두 발광체가 서로의 빛을 가리지 않고, 지나가면서, 서로를 방해하지 않는다.

게다가, 이 경사진 달의 원은, 여기에 속한 네 개의 방위기점과 함께, 지구의 중심을 균일하게 하루에 약 3'씩 이동해서, 19년에 한 번 회전한다. 이 원과 이 평면에서 달이 언제나 동쪽으로 이동하는 것으로 보인다. 그러나 때때로 운동이 아주 느려지고, 다른 때에는 아주 빨라진다. 느릴 때는 달이 높이 있고, 빠를 때는 지구에 가까이 있다. 달은 지구에 가까이 있기 때문에 이러한 변이를 다른 천체들보다 쉽게 알 수 있다.

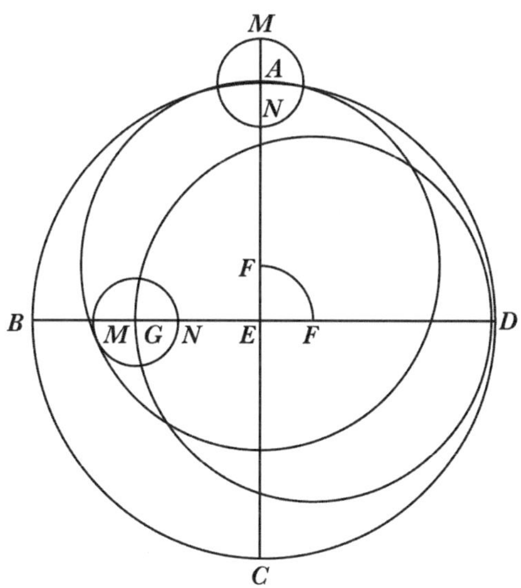

Figure.1

이 현상들은 주전원을 통해 이해할 수 있다. 달이 주전원의 위쪽 원주를 돌 때, 균일한 속력보다 느리고, 주전원의 낮은 부분의 원주를 돌 때는 균일한 속력보다 빠르다. 이 결과를 주전원 하나로 이룰 수 있고, 또한 앞에서 증명했듯이[III, 5] 이심원으로도 이룰 수 있다. 그러나 주전원을 선택한 이유는 달이 이중의 불균일성을 보이기 때문이다. 왜냐하면 주전원의 원지점과 근지점에서는, 균일한 속력에서 벗어나는 것이 명백하지 않기 때문이다. 반면에, 달이 균일한 운동이 일어나는 균륜과 주전원의 교차점 근처에 있을 때는, 한 가지 방식이 아니다. 반대로, 반달이 차고 기울 때가 보름달이나 초승달일 때보다 훨씬 더 빠르며, 이 변이는 확실하고 규칙적인 패턴으로 일어난다. 이런 이유로 주전원이 이동하는 균륜은 지구의 동심원이 아니라고 믿어졌다. 이러한 이유로, 달을 설명하기 위해 이심원 위의 주전원이 받아들여졌다. 달은 다음과 같은 규칙에 따라 주전원 위를 운동한다. 해와 달의 모든 평균 충과 합의 위치에서, 주전원은 이심원의 원지점에 있는 반면에, 달이 충과 합의 중간에 있을 때는 주전원이 근지점에 있다. 그 결과로 지구 중심 주위로 서로 반대 방향으로 두 가지 균일한 운동이 함께 일어난다. 말하자면, 주전원은 동쪽으로 가고, 이심원의 중심과 지점들은 서쪽으로 가며, 태양의 평균 위치의 선은 언제나 둘의 중간에 있다. 이런 방식으로 주전원은 이심원을 한 달에 두 번 지나간다.

이 배열을 눈앞에 보여주기 위해, 지구를 중심으로 하는, 달의 기울어진 원을 ABCD라고 하고, 이 원이 지름 AEC와 BED에 의해 사등분된다고 하자. 지구의 중심을 E라고 하자. 해와 달의 평균 합이 선분 AC 위에 있다고 하고, 중심이 F인 이심원의 원지점에 주전원 MN의 중심이 같은 시간에 같은 위치에 있다고 하자. 이제 주전원이 동쪽으로 이동하는 만큼 이심원의 원지점이 서쪽으로 이동하게 하고, 한편으로 둘 다 균일하게 E 주위를 평균 합 또는 충으로 측정해서 동일한 월간 회전을 수행하도록 한다. 태양의 평균 위치가 있는 선분 AEC가 언제나 둘의 중간에 있게 하고, 달이 주전원의 원지점으로부터 서쪽으로 운동하게 한다. 이렇게 배열해서,

이 현상을 조리 있게 생각할 수 있다. 그러므로 한 달의 절반 기간 동안에 주전원이 태양으로부터 원의 절반만큼 멀어지지만, 주전원의 원지점으로부터 완전히 한 번 회전한다. 그 결과로, 이 시간의 절반, 즉 대략 반달일 때, 주전원과 이심원의 원지점이 지름 BD를 따라 맞은편에 있고, 이심원의 주전원은 근지점인 G에 있다. 거기에서, 지구에 가깝기 때문에, 불균일성의 변이가 더 확대된다. 같은 크기를 다른 거리에서 보면 가까운 것이 눈에 더 크게 보이기 때문이다. 따라서 변이는 주전원이 A에 있을 때 가장 작고, 주전원이 G에 있을 때 가장 크다. 주전원의 지름 MN은 다른 모든 선분들 중에서 선분 AE와의 비가 가장 작고, GE와의 비가 가장 크다. 지구 중심에서 이심원까지 그릴 수 있는 선분들 중에서 GE가 가장 짧고, AE 또는 그와 동등한 DE가 가장 길기 때문이다.

2
이 가정들의 결점

이러한 원들의 조합은 우리의 선배들이 달의 현상과 일치한다고 가정했던 것이다. 그러나 상황을 좀 더 주의 깊게 분석하면, 이 가설이 충분히 적절하지도 적합하지도 않다는 것을 알게 될 것이며, 이성과 감각으로 이것을 증명할 수 있다. 선배들은 주전원 중심의 운동이 지구 중심을 둘레로 균일하다고 했지만, 그들은 또한 그 자신의 이심원(이것이 그리는)에서는 이 운동이 균일하지 않다는 것을 인정해야 한다.

예를 들어 각 AEB = 45°, 즉 직각의 절반이라고 하고, 각 AED와 같게 해서, 전체의 각 BED가 직각이 되도록 하자. 주전원의 중심을 G에 놓고, GF를 잇는다. GFD는 외각이어서, 반대쪽의 내각인 GEF보다 확실히 더 크다. 또한 호 DAB와 DG는 같은 시간에 그려지지만, 같지 않다. 따라서 DAB는 사분원이고, DG는 주전원의 중심에 의해 그려지며, 사분원보다 크다. 그러나 반달일

Book Four

때 DAB와 DG가 모두 반원으로 보인다[IV, 1, 끝]. 그러므로, 이심원을 따라 일어나는 주전원의 운동이 균일하지 않다. 그러나 만약 그렇다면, 천체들의 운동이 균일하고 겉보기로만 불균일하다는 공리에 대해 어떻게 말해야 하는가? 주전원의 겉보기의 균일한 운동은 실제로 불균일하고, 이렇게 된다는 것은 확립된 원리와 가정에 절대적으로 모순되지 않는가? 그러나 주전원이 지구 중심에 대해 균일하게 운동한다고 말하고, 이것으로 균일성을 수호하기에 충분하다고 가정하자. 이 경우에, 어떤 균일한 운동이 주전원의 이심원에서 일어나지 않는다면 다른 원에서 일어날 수 있다는 말인가?

나는 마찬가지로 주전원을 따라 일어나는 달의 균일한 운동에도 방해를 받았다. 이전의 학자들은 이것이 지구 중심과 무관하다고 해석하기로 결정했지만, 주전원의 중심으로 측정되는 균일한 운동을 지구 중심에, 말하자면 선분 EGM을 통해서 적절하게 관련시켜야 한다. 그러나 그들은 주전원 위의 달의 균일한 운동을 어떤 다른 점에 관련시켰다. 이 점과 이심원 중심의 중간에 지구를 놓고,

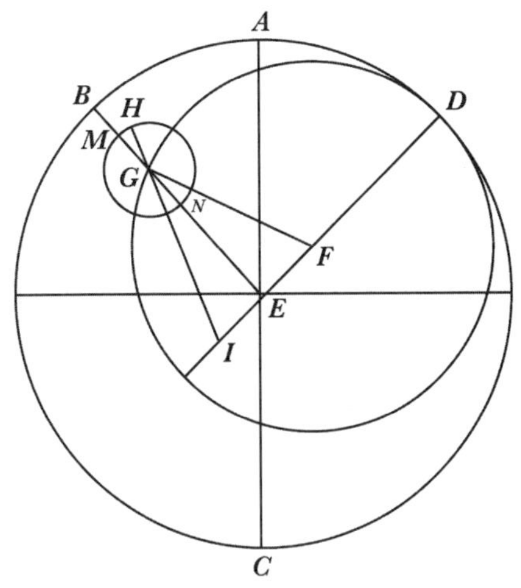

Figure.2

선분 IGH가 주전원 위의 달의 균일한 운동의 표식 역할을 하게 했다. 그 자체로, 이것으로 이 운동이 불균일하다는 것을 증명하기에 충분하며, 이것이 부분적으로 이 가설을 따를 때 현상이 필요로 하는 결론이다. 따라서, 주전원을 따라 일어나는 달의 운동도 불균일하다. 이제 우리가 겉보기 불균일성을 실제로 불균일한 운동으로 설명하려고 한다면, 우리의 추론의 본성이 어떠해야 하는지 확실하다. 그러면 우리가 할 수 있는 일은 이 과학을 비난하는 사람들에게 기회를 주는 것뿐이지 않은가?

둘째로, 경험과 우리의 감각 자체가 우리에게 달의 시차는 원들의 비가 가리키는 것과 다르다는 것을 알려준다. 이 시차는, "공동변이commutation"라고도 부르며, 지구의 크기에 비해 달이 가깝기 때문에 생긴다. 그러므로 지구 표면에서 달의 중심을 향해 그린 직선이 평행하지 않으며, 달의 몸체에서 감지할 수 있는 각도를 이루면서 만난다. 그러므로 이것 때문에 달의 모습이 달라진다. 지구가 휘어져서 각도가 있는 곳에서 관찰하는 사람과 지구 중심 또는 바로 달 아래에서 직선으로 보는 사람에게 달은 다르게 보일 것이다. 그러므로 시차는 지구에서 달까지의 거리에 따라 달라진다. 모든 천문학자들의 의견 일치로, 달의 최대 거리는 64 1/6단위이고, 이때 지구의 반지름 = 1이다. 이전의 학자들의 모형에 따르면, 가장 짧은 거리는 33단위, 33'이 되어야 한다. 그 결과로 달이 거의 절반이나 우리에게로 다가온다. 이 결과의 비에 따르면 시차가 가장 가까울 때와 가장 멀 때 거의 1 : 2의 차이가 있어야 한다. 그러나 나의 관측에 따르면 상현달과 하현달에 대해서, 주전원의 근지점에 있을 때조차, 일식과 월식 때 일어나는 시차에서 거의 또는 아무 차이가 없었다. 이것을 나는 적절한 곳에서 만족스러울 만큼 증명할 것이다[IV, 22]. 그러나 이 오류는 무엇보다 달의 크기만 보아도 명확하다. 시차와 마찬가지로 달의 지름이 두 배로 보이다가 반으로 보이다가 해야 하기 때문이다. 이제, 원들의 비는 서로에게 지름의 제곱과 같다. 따라서 달이 전체 원반으로 보인다고 하면, 구矩(지구에서 볼 때 천체가 태양과 직각 방향에 있는 것 — 옮긴이)일 때, 지구에 가장 가까울 때가 해와 충일 때보다 일반적으로 네 배 크게 보여야 한다. 그러나 구矩일 때 달이 원반의 반만 빛을 내기 때문에, 그럼에도 불구하고 달은 보름달이 거기에 있을 때에 비해 두 배의 빛을 내야 한다. 그 반대가 자명하지만, 누군가가 보통의 시각에 만족하지 못하고 히파르코스의 디옵트라 또는 다른 어떤 장치로 관측하면서 달의 지름을 측정하고 싶어 한다면, 그는 이심원이 없는 주전원에 필요한 만큼만 변한다는 것을 알아낼 것이다. 그러므로, 달의 위치를 통해서 항성들을 조사하면서, 메넬라우스와 티모카리스는 모든 시간에 대해 달의 지름으로 동일한 값 1/2°를 사용했고, 이것이 달이 보통 점유하는 것으로 보이는 값이다.

3
달의 운동에 대한 다른 견해

따라서 주전원이 커 보이고 작아져 보이는 것은 이심원 때문이 아니라 다른 어떤 원 체계 때문임이 명확하다. AB가 주전원이라고 하고, D를 지구의 중심이라고 하고, 여기에서 직선 DC를 주전원의 원지점 A까지 그린다. A를 중심으로, 또 다른 소주전원 EF를 작은 크기로 그린다. 이 모든 구성이 같은 평면에 있게 하고, 즉 달의 기울어진 원과 같은 평면에 있게 한다. C가 동쪽으로 이동하게 하고, A는 서쪽으로 이동시킨다. 반면에, EF의 상부에 있는 F에서 달이 다음과 같은 패턴을 유지하면서 동쪽으로 가게 한다. 선분 DC가 태양의 평균 위치에 정렬될 때, 달이 언제나 중심 C에서 가장 가까워서, 말하자면 점 E에 있게 한다. 그러나 구矩일 때는중심 C로부터 가장 먼 F에 있다.

나는 달의 현상이 이 모형과 일치한다고 말한다. 달이 이 모형에서 소주전원 EF를 한 달에 두 번 돌고, 그 시간 동안에 C가 태양에 대해 한 번 돌아오기 때문이다. 초승달과 보름달일 때, 달은 가장 작은 원, 말하자면 반지름이 CE인 원을 따라가는 것으로 보일 것이다. 반면에 구矩일 때는 달이 가장 큰 원인, 반지름이 CF인 원을 그릴 것이다. 따라서, 이것은 또한 균일한 운동과 겉보기 운동 사이의 차이를 앞의 위치에서 작게 만들고 뒤의 위치에서 크게 만들며, 한편으로 달이 중심 C 주위로 닮음이지만 같지 않은 호를 지나갈 것이다. 첫번째 주전원 중심 C는 언제나 지구의 동심원에 있을 것이다. 그러므로 달은 그리 크게 변하지 않는 시차를 보일 것이고, 주전원에만 연결된다. 이것이 달의 크기가 거의 변하지 않는 이유를 곧바로 제공한다. 달의 운동에 관련된 다른 모든 현상들도 관찰된 그대로 드러날 것이다.

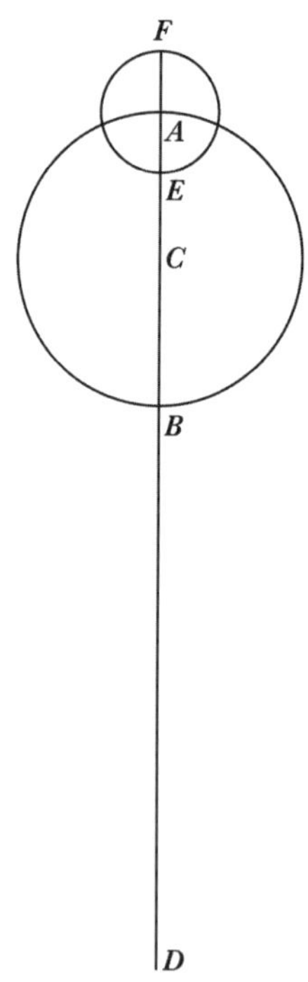

Figure.3

나중에 나의 가설로 이 일치를 증명할 것이다. 그러나 태양에 대해 했듯이, 필요한 비를 유지하기만 하면, 동일한 현상을 이심원으로도 만들 수 있다[III, 15]. 그러나 나는 앞에서 했듯이[III, 13-14] 균일한 운동으로 시작할 것이며, 이것이 없으면 불균일한 운동을 확인할 수 없다. 그러나 여기에서는 앞에서 말한 시차에 따른 평균 문제가 일어나지 않는다. 이것들 때문에 달의 위치는 아스트롤로베와 다른 어떤 장치로도 관측할 수 없다. 그러나 자연의 친절함은 여기에서도 인간의 욕망을 배려해서, 장치를 사용하기보다 월식을 통해 달의 위치를 더 신뢰성 있게, 어떤 오류의 의심도 없이 결정할 수 있다. 우주의 나머지 부분이 낮에는 밝고 빛으로 가득 차 있지만, 밤에는 명료하게 지구의 그림자만 있고, 이 그림자가 원뿔 모양으로 뻗어나가서 하나의 점으로 끝난다. 달이 이 그림자와 마주치면 어두워지고, 달이 어둠의 한가운데에 이르면 의심할 여지 없이 해의 충衝에 도달한 것으로 알려진다. 반면에, 일식은 지구와 해 사이에 달이 끼어들어서 일어나고, 달의 위치에 대한 정확한 증거를 제공하지 못한다. 왜냐하면 우리가 해와 달의 합을 보게 되는 때에, 지구 중심에 대해, 둘 중 하나가 이미 지나갔거나 아직 도달하지 못하는데, 앞에서 말한 시차 때문이다. 따라서 일식은 관측하는 지역에 따라 범위와 지속시간이 달라지며, 세부적인 것들도 같지 않다. 반면에 월식에서는 그러한 장애가 나타나지 않는다. 월식은 모든 곳에서 똑같은데, 어둡게 하는 그림자의 축이 지구에 의해 해의 방향으로부터 중심을 통해서 드리워지기 때문이다. 그러므로 월식은 달의 움직임을 확인하는 데 가장 적합하며, 가장 확실하게 계산할 수 있다.

4

달의 회전과 달의 움직임의 세부 사항

이 주제에 대한 수치적 정보를 후세에 전달하기 위해 노력한 초기의 천문학자들 중에 87번째 올림픽 무렵에 살았던 아테네인 메톤이 있다. 그는 235개월이 19태양년에 완성된다고 선언했다. 따라서 이 긴 기간을 메톤 주기Metonic enneadekaeteris라고 부르며, 이것은 19년 순환이다. 이 숫자는 매우 인기가 있어서 아테네와 다른 유명한 도시들의 시장에 전시되었다. 심지어 현재까지도 이것이 널리 받아들여지고 있는데, 달의 시작과 끝을 정확한 순서로 고정시키고, 또한 태양년의 365 1/4일을 달로 나눌 수 있게 한다고 믿어지기 때문이다. 여기에서

76년의 칼리푸스 기간이 나왔는데, 이 기간 중에 윤일이 19번 들어가며, 이것을 "칼리푸스 순환"이라고 부른다. 그러나 히파르코스가 뛰어난 재능으로 304년에 하루가 초과된다는 것을 발견했고, 이는 태양년을 하루의 1/300일만큼 줄이는 것으로만 수정되었다. 그래서 어떤 천문학자들은 3760개월의 연장된 기간을 "히파르코스 순환"이라고 불렀다.

이 계산들은 이상과 위도의 순환에 대한 질문일 때 너무 단순하고 너무 조잡하게 서술된다. 따라서 이러한 주제들에 대해 히파르코스가 더 자세히 조사했다알마게스트, IV, 2-3. 그는 바빌로니아 사람들에게 받은 월식 관측과 그 자신이 주의 깊게 관찰한 기록을 비교했다. 그는 달의 주기와 이상의 주기가 동시에 완료되는 기간을 이집트력 345년, 82일, 1시간으로 결정했다. 그 기간 동안에 4267개월과 4573 주기의 이상이 완료된다. 표시된 일수, 즉 126007일과 1시간을 달의 수로 나누면, 1개월은 29일 31' 50" 8''' 9'''' 20''''' 이 된다. 이 결과는 또한 어떤 시간에든 운동을 명료하게 한다. 한 달 동안에 일어나는 360°의 회전을 한 달의 지속 시간으로 나누면, 달이 하루 동안에 태양으로부터 멀어지는 운동은 12° 11' 26" 41'" 20"" 18'"" 이다. 이 숫자에 365를 곱하면, 연간 운동은 12회의 회전 외에 129° 37' 21" 28'" 29""가 된다. 또한, 4267개월과 이상의 4573회전은 17을 공약수로 나눌 수 있는 숫자이다. 가장 작은 수로 약분해서, 그 비는 251 : 269이다. 이것은 유클리드, V, 15에 따라, 달의 운동과 달의 이상의 비를 준다. 달의 운동을 269로 곱하고, 곱을 251로 나누면, 이상의 연간 운동을 얻으며, 이것은 13회전에 88° 43' 8" 40'" 20'"이다. 따라서 하루의 운동은 13° 3' 53" 56'" 29""이 될 것이다.

위도의 순환은 다른 리듬을 가지는데, 이상이 되돌아오는 정확한 기간과 일치하지 않기 때문이다. 우리가 달의 위도가 반복됨을 아는 것은 나중에 일어나는 월식이 모든 면에서 이전의 월식과 비슷하고 똑같아서, 예를 들어 같은 면에서 두 어두운 영역이 똑같은, 다시 말해 범위와 지속 시간이 같을 때를 통해서뿐이다. 이것은 원지점 또는 근지점에서 달의 거리가 똑같을 때이다. 그러므로 그 때에 달이 같은 시간 동안에 같은 그림자를 통과한 것을 알 수 있다. 이러한 반복은, 히파르코스에 따르면, 5458개월에 일어나며, 위도의 5923순환에 해당한다. 이 비는 또한 다른 운동과 마찬가지로 세밀한 위도 운동을 몇 년과 며칠로 명확하게 했다. 달이 해에서 멀어지는 운동에 5923개월을 곱하고, 이 곱을 5458개월로 나누면, 달의 1년 동안의 위도 운동을 얻는데, 13회전 뒤에 148° 42' 46" 49'" 3""이며, 하루 동안은 13° 13' 45" 39'" 40""이다. 이런 방식으로 히파르코스는 달의 균일한 움직임을 계산했는데, 히파르코스 이전의 어느 누구도 이 계산에 더 가까이 가지 못했다. 그럼에도 불구하고, 그 뒤로 여러 세기가 지나는 동안에 이것이 여전히 완전히 정확하게 결정되지 않았음에 알려졌다. 프톨레마이오스가 히파르코스와 같이 태양으로부터 멀어지는 평균 운동을 발견했기 때문이다. 이상에 대한 프톨레마이오스의 값은 히파르코스보다 1" 11'" 39"" 더 낮았지만, 연간 위도 운동은 53'" 41"" 더 높았다. 시간이 더 지난 뒤에 나는 히파르코스의 평균 연간 운동의 값이 1" 2'" 49""만큼 낮고, 반면에 이상에 대해서는 그의 값이 24'" 49""만 부족하다는 것을 알게 되었다. 따라서 달의 연간 균일 운동은 지구에 대해 129° 37' 22" 32'" 40""만큼 다르고, 이상 운동은 88° 43' 9" 5'" 9""만큼 다르며, 위도의 운동은 148° 42' 45" 17"" 21""만큼 다르다.

연간 및 60년 주기의 달의 운동

서기 209° 58′

이집트력	운동						이집트력	운동				
	60°	°	′	′′	′′′			60°	°	′	′′	′′′
1	2	9	37	22	36		31	0	58	18	40	48
2	4	19	14	45	12		32	3	7	56	3	25
3	0	28	52	7	49		33	5	17	33	26	1
4	2	38	29	30	25		34	1	27	10	48	38
5	4	48	6	53	2		35	3	36	48	11	14
6	0	57	44	15	38		36	5	46	25	33	51
7	3	7	21	38	14		37	1	56	2	56	27
8	5	16	59	0	51		38	4	5	40	19	3
9	1	26	36	23	27		39	0	15	17	41	40
10	3	36	13	46	4		40	2	24	55	4	16
11	5	45	51	8	40		41	4	34	32	26	53
12	1	55	28	31	17		42	0	44	9	49	29
13	4	5	5	53	53		43	2	53	47	12	5
14	0	14	43	16	29		44	5	3	24	34	42
15	2	24	20	39	6		45	1	13	1	57	18
16	4	33	58	1	42		46	3	22	39	19	55
17	0	43	35	24	19		47	5	32	16	42	31
18	2	53	12	46	55		48	1	41	54	5	8
19	5	2	50	9	31		49	3	51	31	27	44
20	1	12	27	32	8		50	0	1	8	50	20
21	3	22	4	54	44		51	2	10	46	12	57
22	5	31	42	17	21		52	4	20	23	35	33
23	1	41	19	39	57		53	0	30	0	58	10
24	3	50	57	2	34		54	2	39	38	20	46
25	0	0	34	25	10		55	4	49	15	43	22
26	2	10	11	47	46		56	0	58	53	5	59
27	4	19	49	10	23		57	3	8	30	28	35
28	0	29	26	32	59		58	5	18	7	51	12
29	2	39	3	55	36		59	1	27	45	13	48
30	4	48	41	18	12		60	3	37	22	36	25

일간, 60일 주기, 일-분의 달의 운동

일	운동					일	운동				
	60°	°	′	″	‴		60°	°	′	″	‴
1	0	12	11	26	41	31	6	17	54	47	26
2	0	24	22	53	23	32	6	30	6	14	8
3	0	36	34	20	4	33	6	42	17	40	49
4	0	48	45	46	46	34	6	54	29	7	31
5	1	0	57	13	27	35	7	6	40	34	12
6	1	13	8	40	9	36	7	18	52	0	54
7	1	25	20	6	50	37	7	31	3	27	35
8	1	37	31	33	32	38	7	43	14	54	17
9	1	49	43	0	13	39	7	55	26	20	58
10	2	1	54	26	55	40	8	7	37	47	40
11	2	14	5	53	36	41	8	19	49	14	21
12	2	26	17	20	18	42	8	32	0	41	3
13	2	38	28	47	0	43	8	44	12	7	44
14	2	50	40	13	41	44	8	56	23	34	26
15	3	2	51	40	22	45	9	8	35	1	7
16	3	15	3	7	4	46	9	20	46	27	49
17	3	27	14	33	45	47	9	32	57	54	30
18	3	39	26	0	27	48	9	45	9	21	12
19	3	51	37	27	8	49	9	57	20	47	53
20	4	3	48	53	50	50	10	9	32	14	35
21	4	16	0	20	31	51	10	21	43	41	16
22	4	28	11	47	13	52	10	33	55	7	58
23	4	40	23	13	54	53	10	46	6	34	40
24	4	52	34	40	36	54	10	58	18	1	21
25	5	4	46	7	17	55	11	10	29	28	2
26	5	16	57	33	59	56	11	22	40	54	43
27	5	29	9	0	40	57	11	34	52	21	25
28	5	41	20	27	22	58	11	47	3	48	7
29	5	53	31	54	3	59	11	59	15	14	48
30	6	5	43	20	45	60	12	11	26	41	31

연간 및 60년 주기 이상의 달의 운동

서기 207° 7′

년	운동						년	운동				
	60°	°	′	″	‴			60°	°	′	″	‴
1	1	28	43	9	7		31	3	50	17	42	44
2	2	57	26	18	14		32	5	19	0	51	52
3	4	26	9	27	21		33	0	47	44	0	59
4	5	54	52	36	29		34	2	16	27	10	6
5	1	23	35	45	36		35	3	45	10	19	13
6	2	52	18	54	43		36	5	13	53	28	21
7	4	21	2	3	50		37	0	42	36	37	28
8	5	49	45	12	58		38	2	11	19	46	35
9	1	18	28	22	5		39	3	40	2	55	42
10	2	47	11	31	12		40	5	8	46	4	50
11	4	15	54	40	19		41	0	37	29	13	57
12	5	44	37	49	27		42	2	6	12	23	4
13	1	13	20	58	34		43	3	34	55	32	11
14	2	42	4	7	41		44	5	3	38	41	19
15	4	10	47	16	48		45	0	32	21	50	26
16	5	39	30	25	56		46	2	1	4	59	33
17	1	8	13	35	3		47	3	29	48	8	40
18	2	36	56	44	10		48	4	58	31	17	48
19	4	5	39	53	17		49	0	27	14	26	55
20	5	34	23	2	25		50	1	55	57	36	2
21	1	3	6	11	32		51	3	24	40	45	9
22	2	31	49	20	39		52	4	53	23	54	17
23	4	0	32	29	46		53	0	22	7	3	24
24	5	29	15	38	54		54	1	50	50	12	31
25	0	57	58	48	1		55	3	19	33	21	38
26	2	26	41	57	8		56	4	48	16	30	46
27	3	55	25	6	15		57	0	16	59	39	53
28	5	24	8	15	23		58	1	45	42	49	0
29	0	52	51	24	30		59	3	14	25	58	7
30	2	21	34	33	37		60	4	43	9	7	15

일간, 60일 주기, 일-분의 달의 이상 운동

일	운동						일	운동				
	60°	°	′	″	‴			60°	°	′	″	‴
1	0	13	3	53	56		31	6	45	0	52	11
2	0	26	7	47	53		32	6	58	4	46	8
3	0	39	11	41	49		33	7	11	8	40	4
4	0	52	15	35	46		34	7	24	12	34	1
5	1	5	19	29	42		35	7	37	16	27	57
6	1	18	23	23	39		36	7	50	20	21	54
7	1	31	27	17	35		37	8	3	24	15	50
8	1	44	31	11	32		38	8	16	28	9	47
9	1	57	35	5	28		39	8	29	32	3	43
10	2	10	38	59	25		40	8	42	35	57	40
11	2	23	42	53	21		41	8	55	39	51	36
12	2	36	46	47	18		42	9	8	43	45	33
13	2	49	50	41	14		43	9	21	47	39	29
14	3	2	54	35	11		44	9	34	51	33	26
15	3	15	58	29	7		45	9	47	55	27	22
16	3	29	2	23	4		46	10	0	59	21	19
17	3	42	6	17	0		47	10	14	3	15	15
18	3	55	10	10	57		48	10	27	7	9	12
19	4	8	14	4	53		49	10	40	11	3	8
20	4	21	17	58	50		50	10	53	14	57	5
21	4	34	21	52	46		51	11	6	18	51	1
22	4	47	25	46	43		52	11	19	22	44	58
23	5	0	29	40	39		53	11	32	26	38	54
24	5	13	33	34	36		54	11	45	30	32	51
25	5	26	37	28	32		55	11	58	34	26	47
26	5	39	41	22	29		56	12	11	38	20	44
27	5	52	45	16	25		57	12	24	42	14	40
28	6	5	49	10	22		58	12	37	46	8	37
29	6	18	53	4	18		59	12	50	50	2	33
30	6	31	56	58	15		60	13	3	53	56	30

연간 및 60년 주기 이상의 달의 위도 운동

서기 129° 45′

년	운동					년	운동				
	60°	°	′	′′	′′′		60°	°	′	′′	′′′
1	2	28	42	45	17	31	4	50	5	23	57
2	4	57	25	30	34	32	1	18	48	9	14
3	1	26	8	15	52	33	3	47	30	54	32
4	3	54	51	1	9	34	0	16	13	39	48
5	0	23	33	46	26	35	2	44	56	25	6
6	2	52	16	31	44	36	5	13	39	10	24
7	5	20	59	17	1	37	1	42	21	55	41
8	1	49	42	2	18	38	4	11	4	40	58
9	4	18	24	47	36	39	0	39	47	26	16
10	0	47	7	32	53	40	3	8	30	11	33
11	3	15	50	18	10	41	5	37	12	56	50
12	5	44	33	3	28	42	2	5	55	42	8
13	2	13	15	48	45	43	4	34	38	27	25
14	4	41	58	34	2	44	1	3	21	12	42
15	1	10	41	19	20	45	3	32	3	58	0
16	3	39	24	4	37	46	0	0	46	43	17
17	0	8	6	49	54	47	2	29	29	28	34
18	2	36	49	35	12	48	4	58	12	13	52
19	5	5	32	20	29	49	1	26	54	59	8
20	1	34	15	5	46	50	3	55	37	44	26
21	4	2	57	51	4	51	0	24	20	29	44
22	0	31	40	36	21	52	2	53	3	15	1
23	3	0	23	21	38	53	5	21	46	0	18
24	5	29	6	6	56	54	1	50	28	45	36
25	1	57	48	52	13	55	4	19	11	30	53
26	4	26	31	37	30	56	0	47	54	16	10
27	0	55	14	22	48	57	3	16	37	1	28
28	3	23	57	8	5	58	5	45	19	46	45
29	5	52	39	53	22	59	2	14	2	32	2
30	2	21	22	38	40	60	4	42	45	17	21

일간, 60일 주기, 일-분의 달의 위도 운동

일	운동					일	운동				
	60°	°	′	′′	′′′		60°	°	′	′′	′′′
1	0	13	13	45	39	31	6	50	6	35	20
2	0	26	27	31	18	32	7	3	20	20	59
3	0	39	41	16	58	33	7	16	34	6	39
4	0	52	55	2	37	34	7	29	47	52	18
5	1	6	8	48	16	35	7	43	1	37	58
6	1	19	22	33	56	36	7	56	15	23	57
7	1	32	36	19	35	37	8	9	29	9	16
8	1	45	50	5	14	38	8	22	42	54	56
9	1	59	3	50	54	39	8	35	56	40	35
10	2	12	17	36	33	40	8	49	10	26	14
11	2	25	31	22	13	41	9	2	24	11	54
12	2	38	45	7	52	42	9	15	37	57	33
13	2	51	58	53	31	43	9	28	51	43	13
14	3	5	12	39	11	44	9	42	5	28	52
15	3	18	26	24	50	45	9	55	19	14	31
16	3	31	40	10	29	46	10	8	33	0	11
17	3	44	53	56	9	47	10	21	46	45	50
18	3	58	7	41	48	48	10	35	0	31	29
19	4	11	21	27	28	49	10	48	14	17	9
20	4	24	35	13	7	50	11	1	28	2	48
21	4	37	48	58	46	51	11	14	41	48	28
22	4	51	2	44	26	52	11	27	55	34	7
23	5	4	16	30	5	53	11	41	9	19	46
24	5	17	30	15	44	54	11	54	23	5	26
25	5	30	44	1	24	55	12	7	36	51	5
26	5	43	57	47	3	56	12	20	50	36	44
27	5	57	11	32	43	57	12	34	4	22	24
28	6	10	25	18	22	58	12	47	18	8	3
29	6	23	39	4	1	59	13	0	31	53	43
30	6	36	52	49	41	60	13	13	45	39	22

5

초승달과 보름달에 일어나는 달의 첫번째 부등성에 대한 설명

나는 달의 균일한 운동을 지금의 시대까지 나 자신이 익숙해질 정도로 설명했다. 이제 나는 불균일성의 이론을 공격해야 하며, 주전원을 이용해서 이것을 설명할 것이다. 합과 충일 때 일어나는 부등성부터 시작하겠다. 이러한 부등성과 관련하여 고대의 천문학자들은 경이로운 재주로 세 차례의 월식을 사용했다. 나도 그들이 우리를 위해 준비해준 방법을 따르겠다. 나는 프톨레마이오스가 주의 깊게 관측한 세 월식을 사용하겠다. 나는 이 관측에 못지않게 주의 깊게 관측된 세 월식을 비교해서 앞에서 설명한 균일한 운동을 보정하겠다. 이것들을 설명하면서 나는 고대인들을 흉내내어 춘분점으로부터 해와 달의 평균 운동이 균일한 것으로 보겠다. 왜냐하면, 분점의 불균일한 세차로 일어나는 불규칙성이 짧은 기간에 인지되지 않으며, 10년 동안에도 인지되지 않기 때문이다.

프톨레마이오스는 첫 번째 월식으로 하드리아누스 황제 17년, 이집트력 파우니 달 20일의 끝이 지난 뒤에 일어난 월식을 선택했다. 이것은 서기 133년 5월 6일 = 5월 7일인 논Nones(한 달의 가운데인 이데스에서 8일 전의 날. 3, 5, 7, 10월은 7일, 그밖의 날은 5일 — 옮긴이) 전날이었다. 이 월식은 개기월식이었고, 최대 시간은 알렉산드리아에서 자정이 되기 3/4 균일시uniform hour 전이었다. 그러나 프롬보르크나 크라쿠프에서는 자정이 되기 1 3/4시간 전이었고, 그 다음 날은 5월 7일이었다. 해는 황소자리 13 1/4°에 있었지만, 평균 운동에 따르면 황소자리 12° 21'이었다.

프톨레마이오스는 두 번째 월식이 하드리아누스 19년 이집트력의 네 번째 달 코이아크의 둘째 날이 끝난 뒤에 일어났다고 말한다. 이것은 134년 10월 20일이었다. 어두운 영역이 북쪽으로부터 달의 지름 5/6에 걸쳐 퍼졌다. 중간 시간은 알렉산드리아에서 자정 1시간 전이었고, 크라쿠프에서는 2시간 전이었다. 태양은 천칭자리 25 1/6°에 있었지만, 평균 운동에 따르면 같은 별자리 26° 43'이었다.

세 번째 월식은 하드리아누스 20년, 이집트력 8월(파르무티) 19일이 끝난 뒤에 일어났다. 이것은 서기 136년 3월 6일이 끝난 뒤였다. 달이 다시 북쪽에서 지름의 절반까지 그림자 속에 들어갔다. 최대 시간은 알렉산드리아에서 자정 전 4시간이었고, 크라쿠프에서 자정 전 3시간이었으며, 이어지는 날이 3월 7일이었다. 그때 해가 물고기자리 14° 5'에 있었고, 평균 운동에 따르면 물고기자리 11° 44'에 있었다.

첫 번째 월식과 두 번째 월식 사이의 시간 동안 태양이 겉보기 운동을 하는 만큼 달도 분명히 이동했고, 이것은 (말하자면, 완전한 원을 뺀 다음에) 161° 55'이었고, 두 번째와 세 번째 월식 사이는 138° 55'이었다. 첫 번째 간격은 겉보기 운동으로 1년, 166일, 23 3/4 균일시였지만, 보정하면 23 5/8시간이었다. 두 번째 간격은 1년, 137일, 단순하게는 5시간이었지만, 보정하면 5 1/2시간이었다. 첫 번째 기간의 해와 달의 결합된 운동은, 완전한 원을 뺀 후에, 169° 37'이었고, 이상의 운동은 110° 21'이었다.

두 번째 간격에서도, 비슷하게, 해와 달의 결합된 운동은 137° 34'이었고, 이상의 운동은 81°36'이었다. 그렇다면 명백히, 첫 번째 간격에서 주전원의 110° 21'에서 달의 평균 운동 7° 42'을 빼고, 두 번째 간격에서 주전원의 81° 36'에 달의 평균 운동 1° 21'을 더한다.

이제 이 정보를 제시했으므로, 달의 주전원 ABC를 그리자. 그 위에 첫 번째 월식이 A에서, 두 번째 월식이 B에서, 마지막 월식은 C에서 일어났다고 하자. 달의 운동도 그 방향으로 일어나서, 주전원의 상부에서 서쪽으로 간다고 하자. 호 AB = 110° 21'으로 하고, 여기에서 앞에서 말했듯이 황도상의 달의 평균 운동에서 7° 42'을 뺀다. BC = 81° 36'으로 하고, 황도상의 달의 평균 운동에 1° 21'을 더한다. 원의 나머지 부분인 CA는 168° 3'(360° - (110° 21' + 81° 36'))이 되고, 여기에 나머지 6° 21'(가감차, 1° 21' + 6° 21' = 7° 42')을 더한다. 주전원의 원지점은 호 BC와 CA에 있지 않다. 왜냐하면 이것들이 더해지고 반원보다 작기 때문이다. 따라서 원지점은 AB 안에 있어야 한다.

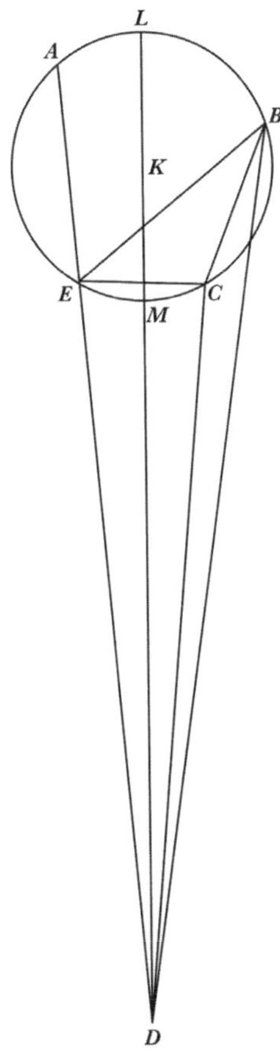

Figure.4

이제 D를 지구의 중심으로 하면, 그 주위로 주전원이 균일하게 운동한다. D에서 월식이 일어난 점까지 선분 DA, DB, DC를 그린다. BC, BE, CE를 연결한다. 호 AB는 황도의 7° 42'에 대응하므로, 각 ADB는 180° = 2직각으로 7° 42'이고, 360° = 2직각으로는 15° 24'(=

2 × 7° 42')이 된다. 비슷한 각도로, 원주에서의 각도 AEB = 110° 21'이며, 이것은 삼각형 BDE에 대한 외각이다. 따라서 각 EBD는 94° 57'(= 110° 21' - 15° 24')으로 주어진다. 그러나 삼각형의 각도가 주어지면 변이 주어지고, DE = 147,396단위, BE = 26,798단위이며, 여기에서 삼각형에 외접하는 원의 지름은 200,000이다. 또한 호 AEC는 황도의 6° 21'에 대응하므로, 각 EDC는 180° = 2직각으로 6° 21'이고, 360° = 2직각으로는 12° 42'이 된다. 이 각도에서 각 AEC = 191° 57'(= 110° 21' + 81° 36')이다. 삼각형 CDE의 외각으로, 각도 D를 뺀 뒤에, 세 번째 각도 ECD = 179° 15'(= 191° 57' - 12° 42')이며, 같은 각도이다. 따라서 변 DE와 CE는 199,996와 22,120단위로 주어지며, 여기에서 외접원의 지름은 200,000이다. 그러나 이 단위로 DE = 147,396, BE = 26,798, CE = 16,302이다. 따라서 다시 한 번, 삼각형 BEC에서 두 변 BE와 EC의 두 변이 주어지고, 각 E = 81° 36' = 호 BC이다. 따라서 평면삼각형의 정리들에 따라 세 번째 변 BC = 17,960임을 알 수 있다. 주전원

의 지름 = 200,000단위일 때, 현 BC는 81° 36'인 호에 대응하며, 130,684단위가 된다. 주어진 비의 다른 선분들에 대해서, 같은 단위로 ED = 1,072,684이고 CE = 118,637이며, 호 CE = 72° 46' 10"이다. 그러나 구성에 의해 호 CEA = 168° 3'이다. 따라서 나머지 EA = 95° 16' 50"(= 168° 3' - 72° 46' 10")이며, 대응하는 현 = 147,786단위이다. 따라서 전체의 선분 AED는 같은 단위로 1,220,470(= 147,786 + 1,072,684)이다. 그러나 호의 부분 EA는 반원보다 작기 때문에, 주전원의 중심은 그 안에 있지 않고, 나머지 ABCE 안에 있을 것이다.

주전원의 중심을 K라고 하자. 원지점과 근지점을 통과해서 DMKL을 그린다. L을 원지점, M을 근지점이라고 하자. 분명히, 유클리드의 『원론』, III, 30에 따라, 직사각형 AD × DE = 직사각형 LD × DM이다. 그러나 K는 원의 지름 LM의 중점이며, DM은 이것을 연장한 선분이다. 따라서 직사각형 LD × DM + $(KM)^2$ = $(DK)^2$. 결과적으로 DK는 1,250,556단위로 주어지며, LK = 100,000이다. 따라서, DKL = 100,000인 단위로,

LK는 8,706이 되며, 이것이 주전원의 반지름이다.

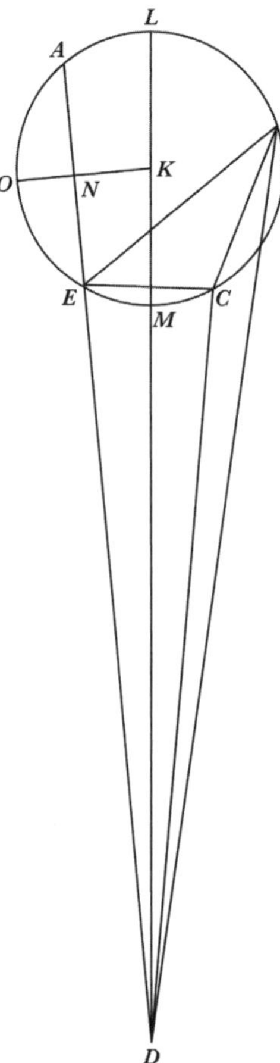

Figure.5

이 단계를 끝낸 뒤에, AD에 수직으로 KNO를 그린다. KD, DE , EA의 서로에 대한 비가 LK = 100,000인 단위로 주어진다. 같은 단위로 NE = 1/2(AE= 147,786) = 73,893이다. 그러므로 전체 선분 DEN = 1,195,577(= DB + BN = 1,072,684 + 73,893)이다. 그러나 삼각형 DKN에서 두 변 DK와 ND가 주어지고, N은 직각이다. 그러므로, 중심각 NKD = 86° 38 1/2' = 호 MEO이다. 반원의 나머지 LA = 93° 21'(= 180° - 86° 38 1/2')이다. LAO에서 AO = 1/2 (AOE = 95° 16' 50") = 47° 38 1/2'을 뺀다. 나머지 LA = 45° 43'(= 93° 21 1/2' - 47° 38 1/2')이다. 이것은 첫 번째 월식 때 달의 이상 또는 주전원의 원지점에서 달의 거리이다. 그러나 전체 AB = 110° 21'이다. 그러므로 나머지 LB = 두 번째 월식에서의 이상 = 64° 38'(= 110° 21' - 45° 43')이다. 전체 호 LBC = 146° 14'(= 64° 38' + 81° 36')이며, 여기에서 세 번째 월식이 일어났다. 이제 360° = 4직각으로, 각 DKN = 86° 38'이다. 이것을 직각에서 빼면, 명백히 나머지 각도 KDN = 3° 22'(= 90° - 86° 38')이다. 이것은 첫 번째 월식에서 이상에 의해

더하는 가감차이다. 그러나 전체 각도 ADB = 7° 42'이다. 그러므로 나머지 LDB = 4° 20'이다. 이것은 두 번째 월식 때 달의 균일한 운동에서 호 LB를 뺀 값이다. 각 BDC = 1° 21'이다. 그러므로 CDM = 2° 59'이고, 이것은 세 번째 월식에서 호 LBC에서 빼는 가감차이다. 따라서 첫 번째 월식 때 달의 평균 위치, 즉 중심 K는 전갈자리 9° 53'(= 13° 15' - 3° 22')이었는데, 왜냐하면 달의 겉보기 위치가 정확히 13° 15'이어서, 지름 방향으로 정반대의, 정확히 황소자리 태양 위치만큼이기 때문이다. 같은 방식으로 두 번째 월식에서 달의 평균 운동은 양자리 29 1/2°(= 천칭자리 25 1/6 ° + 180° + 4° 20')였고, 세 번째 월식 때는 처녀자리 17° 4'(= 물고기자리 14° 5' + 180° + 2° 59')이었다. 태양에서 달까지의 균일한 거리는 첫 번째 월식에서 177° 33', 두 번째 월식에서 182° 47', 마지막 월식에서 185° 20'이었다. 이제까지 말한 것이 프톨레마이오스의 방법이다알마게스트 IV, 6.

그의 예를 따라, 이제 또 다른 세 월식의 조합을 보자. 나도 그와 같이 이 세 월식을 매우 주의 깊게 관찰했다.

첫 번째 월식은 서기 1511년 10월 6일의 마지막에 일어났다. 월식은 자정 1 1/8 균일시 전부터 시작되었고, 자정에서 2 1/3 시간 뒤에 다시 완전히 밝아졌다. 따라서, 월식의 중간은 자정에서 7/12 시간 뒤였고, 그 날은 10월 7일 = 10월의 논Nones이었다. 이것은 개기월식이었고, 태양이 천칭자리 22° 25'에 있었지만, 균일한 운동으로는 천칭자리 24° 13'에 있었다.

내가 관측한 두 번째 월식은 1522년 9월 5일 마지막에 일어났다. 이것도 개기월식이었다. 이 월식은 자정 전 2/5균일시에 시작되었지만, 중간 시간은 자정 이후 1 1/3시였고, 그 날은 9월 6일 = 9월 이데스Ides(로마에서 한 달의 중간 날을 뜻함 — 옮긴이)의 8일 전이었다. 태양은 처녀자리 22 1/5°였지만, 균일한 운동으로는 처녀자리 23° 59'이었다.

세 번째 월식은 서기 1523년 8월 25일의 끝에 일어났다. 이 월식은 자정에서 2 4/5 시간 뒤에 시작되었다. 월식의 최대 시간은 8월 26일 자정 이후 4 5/12시간이었고, 이번에도 개기월식이었다. 태양이 처녀자리 11°

21'에 있었지만, 균일한 운동으로는 처녀자리 13° 2'이었다.

다시 한 번, 첫 번째 월식과 두 번째 월식 사이에서 해와 달의 실제 위치가 지나간 거리는 명백히 329° 47'이었고, 두 번째 월식과 세 번째 월식 사이의 거리는 349° 9'이었다. 첫 번째 월식부터 두 번째 월식까지의 시간은 10균일년uniform years, 337일 더하기 겉보기 시간에 따른 3/4 시간이지만, 보정된 균일한 시간으로는 4/5시간이었다. 두 번째에서 세 번째 월식까지 354일 더하기 3시간 5분이었지만, 균일한 시간으로는 3시간 9분이었다. 첫 번째 구간에서 해와 달의 평균 결합 운동은, 완전한 원들을 제거한 뒤에, 334° 47'이고, 이상의 달의 운동은 250° 36'에 이르며, 균일한 운동에서 약 5°(334° 47' -329° 47')를 빼야 한다. 두 번째 구간에서 해와 달의 평균 운동은 346° 10'이고, 달의 이상은 306° 43'이며, 평균 운동에 2° 59'(+ 346° 10' = 349° 9')을 더한다.

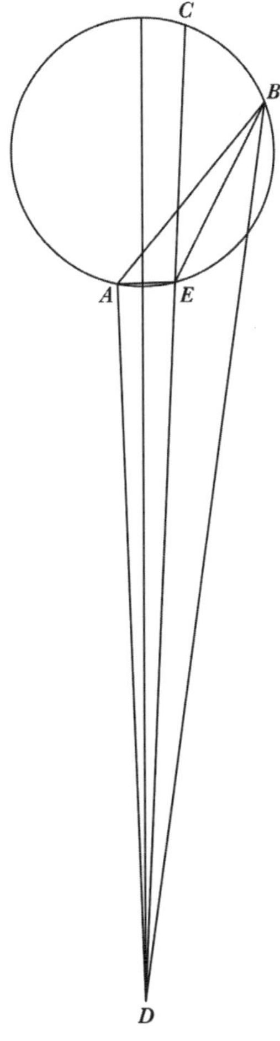

Figure.6

이제 ABC를 주전원이라고 하자. A가 첫 번째 월식의 중간이라고 하고, B가 두 번째, C가 세 번째라고 하자. 주전원이 C에서 B로, 그리고 B에서 A로 이동한다고 하자. 다시 말해 원의 상부가 서쪽으로, 하부가 동쪽으로 이동한다고 하자. 호 ACB = 250° 36'이라고 하고, 앞에서 말했듯이, 첫 번째 기간에서 달의 평균 운동에 5°를 뺀다. 호 BAC = 306° 43'이라고 하고, 달의 평균 운동에 2° 59'을 더한다. 그러므로 나머지 호 AC(= 197° 19')이고, 남는 2° 1'을 뺀다. AC는 반원보다 커서 빼야 하므로, 여기에 원지점이 있어야 한다. 왜냐하면 원지점은 BA 또는 CBA에 있을 수 없으며, 각각 반원보다 작아서 더해지는 반면에, 줄어드는 운동이 원지점 근처에서 일어나기 때문이다.

반대로 이것은 D를 지구의 중심으로 한다. AD, DB, DEC, AB, AE, EB를 연결한다. 삼각형 DBE와 관련하여, 주어진 외각 CEB = 53° 17' = 호 CB이며, 원에서 BAC를 뺀 나머지이다. 중심에서 각 BDE = 2° 59'이지만 원주에서는 5° 58'이다. 따라서 나머지 각 EBD = 47° 19'(= 53° 17' - 5° 58')이다. 결과적으로 변 BE = 1,042단위, 변 DE = 8,024 단위이며, 삼각형에 외접하는 원의 반지름은 10,000단위이다. 같은 방식으로 AEC = 197° 19'인데, 이것이 호 AC를 자르기 때문이다. 중심에서 각 ADC = 2° 1'이지만, 원주에서는 4° 2'이다. 그러므로 삼각형 ADE에서 나머지 각 DAE = 193° 17'이고, 여기에서 360° = 2직각이다. 결과적으로 변들도 주어진다. 삼각형에 외접하는 원의 반지름 ADE = 10,000인 단위로, AE = 702, DE = 19,865이다. 그러나 이 단위로 DE = 8024, EB = 1042, AE = 283이다.

그러면 다시 한 번, 삼각형 ABE에서 변 AE와 EB가 주어지고, 전체 각 AEB = 250° 36'이며, 이 때 360° = 2직각이다. 따라서 평면삼각형의 정리들에 따라, AB = 1227단위이고, EB = 1042이다. 따라서 세 선분 AB, EB, ED의 비를 얻는다. 주전원의 반지름이 10,000인 단위에서, 그리고 주어진 호 AB가 16,323단위에 대응하는 경우에, 이 비는 ED = 106,751와 EB = 13,853이다. 따라서 호 EB = 87° 41'도 주어진다. 이것을 BC(= 53° 17')에 더하면, 전체 EBC = 140° 58'이다. 여기에 대응하는 현 CE = 18,851단위이고, 전체 CED = 125,602(= ED + CE = 106,751 + 18,851)단위이다.

이제 주전원의 중심을 배치하는데, 호의 부분 EAC가 반원보다 크기 때문에 주전원의 중심이 여기에 있어야 한다. 중심을 F라고 하자. 선분 DIFG가 근지점 I, 원지점 G를 둘 다 통과하도록 연장한다. 다시 한 번, 명백히, 직사각형 CD × DE = 직사각형 GD × DI이다. 그러나 직사각형 GD × DI + $(FI)^2$ = $(DF)^2$이다. 따라서 길이 DIF는 = 116,226 단위로 주어지며, 여기에서 FG = 10,000이다. 그러면, DF = 100,000, FG = 8,604단위여서, 내가 본 프톨레마이오스 이후부터 나의 관측 직전까지 다른 천문학자들의 관측 중에서 내가 찾아본 대부분의 자료와 일치한다.

이제 중심 F에서 EC에 수직으로 FL을 내리고, 직선 FLM으로 연장한다. 이 직선은 선분 CE를 점 L에서 이등분한다. 직선 ED = 106,751단위이다. CE의 절반인 LE = 9,426단위이다. 총합인 DEL = 116,480단위이며, FG = 10,000, DF = 116,226단위이다. 따라서 삼각형 DFL에서 두 변 DF과 DL이 주어진다. 각 DFL = 88° 21'으로 주어지고, 나머지 각 FDL = 1° 39'으로 주어진다. 마찬가지로 호 IEM = 88° 21'도 주어진다. MC = 1/2 EBC(= 140° 58') = 70° 29'이다. 전체의 IMC = 158° 50'(= 88° 21' + 70° 29')이다. 반원의 나머지 = GC = 21° 10'(= 180° - 158° 50')이다.

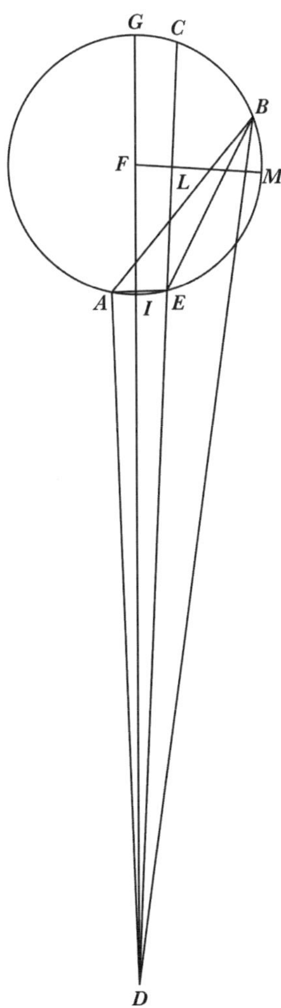

Figure.7

이것은 주전원의 원지점에서 달까지, 또는 세 번째 월식의 이상 위치까지의 거리이고, 두 번째 월식에서는 GCB = 74° 27'(= GC + CB = 21° 10' + 53° 17')이며, 첫 번째 월식에서는 전체 호 GBA = 183° 51'(= GB + BA = 74° 27' + (109° 24' = 360° - 250° 36'))이다. 또한, 세 번째 월식에서 중심각 IDE = 1° 39'는 빼는 가감차이다. 두 번째 월식에서 전체 각도 IDB도 또한 빼는 가감차이고, 4° 38'인데, 이것은 GDC = 1° 39'과 CDB = 2° 59'으로 구성되기 때문이다. 그러므로 IDB에서 전체 각도 ADB = 5°를 빼면, 나머지 ADI = 22'이며, 이것이 첫 번째 월식에서 균일 운동에 더해진다. 따라서, 첫 번째 월식에서 달의 균일한 위치는 양자리 22° 3'이었지만, 겉보기 위치는 22° 25'으로, 반대편의 별자리인 천칭자리의 안의 태양의 각도와 값이 같다. 따라서 두 번째 월식에서도 달의 평균 위치는 물고기자리 26° 50'이었고, 세 번째 월식 때는 물고기자리 13°였다. 달의 평균 운동은, 지구의 연주운동에서 분리되어, 첫 번째 월식에서는 177° 51', 두 번째 월식에서는

182° 51', 세 번째 월식에서는 179° 58'이었다.

6
경도와 이상에서 달의 균일한 운동에 대한 진술의 입증

이제까지 월식에 대해 말해온 것들을 우리가 위에서 말한 달의 균일한 움직임에 대한 진술이 정확한지 시험할 수 있게 해 준다. 처음 3회의 월식의 경우에, 두 번째 월식에서 해에서 달까지의 거리가 182° 47'이고, 이상은 64° 38'으로 알려졌다. 나중의 우리 시대의 월식에서는, 두 번째 월식에서 달이 태양으로부터 멀어지는 운동은 182° 51'이었고, 이상은 74° 27'이었다. 분명히, 그 중간 기간에 완전한 17,166개월 더하기 약 4분이 있는 반면에, 이상 운동은 완전한 원들을 제거한 후에 9° 49'(= 74° 27' - 64° 38')이었다. 하드리아누스 19년, 이집트력 코이아크의 달 2일 자정

2시간 전부터 서기 1522년 9월 5일 오전 1시 20분까지 이집트 해로 1,388년, 302일 더하기 겉보기의 3 1/3시간이고 균일한 시간 = 3h 34m이다. 히파르코스와 프톨레마이오스에 따르면 이 기간 동안에 균일한 17,165개월의 완전한 회전 뒤에, 359° 38'이 있었을 것이다. 반면에, 이상은 히파르코스에 따르면 9° 39'이지만 프톨레마이오스에 따르면 9° 11'이다. 두 경우 모두에서 달의 운동이 26'(= 360° 4' - 359° 38') 부족한 반면에, 이상은 프톨레마이오스의 경우에 38'(= 9° 49' - 9° 11'), 히파르코스의 경우에 10'(= 9° 49' - 9° 39')이 부족하다. 이러한 부족을 더하면, 결과는 위에서 설명한 계산과 일치한다.

7

달의 경도와 이상의 역기점

여기에서도 앞에서와 같이[III, 23], 나는 확립된 시대의 시작에서 달의 경도와 이상의 위치를 결정해야 하며, 이 시점은 올림픽, 알렉산드로스, 카이사르, 그리스도, 원하는 어떤 때도 될 수 있다. 고대의 세 월식에서, 두 번째 월식을 고려하자. 이것은 하드리아누스 19년, 이집트력 코이아크의 달 2일, 알렉산드리아에서 자정 1시간 전 = 우리의 크라쿠프 자오선에서는 자정에 일어났다. 서기의 시작부터 지금 순간까지는, 이집트 해로 133년, 325일, 더하기 단순하게는 22시간이지만, 정확하게는 21시간 37분이다. 이 시간 동안에, 내 계산에 따르면, 달의 운동은 332° 49'이고 이상 운동은 217° 32이다. 이 각각의 값을 월식에서 해당되는 값에서 빼면, 해에서 달까지 평균 거리의 나머지는 서기가 시작되는 해 1월 1일 자정 때 209° 58'이고, 이상은 207° 7'이다.

서기 이전에는 193번째 올림픽 2년, 194 1/2일 = 이

Book Four

집트 해 775년, 12일, 더하기 1/2일이지만, 정확한 시간은 12시간 11분이었다. 비슷하게, 알렉산드로스의 죽음부터 그리스도의 탄생까지는 이집트 해로 323년, 130일, 겉보기 시간으로 더하기 1 1/2일이지만, 정확한 시간은 12시간 16분이다. 카이사르에서 그리스도까지는 이집트 해로 45년, 12일이며, 균일한 시간과 겉보기 시간에 대한 계산이 일치한다.

이 시간의 차이에 해당하는 운동들을 각각의 범주에서, 그리스도의 위치로부터 뺀다. 첫번째 올림픽의 해 헤카톰바에온의 달 1일 정오에 대해, 해에서 달까지 균일한 거리는 39° 48'이고, 이상은 46° 20'이며, 알렉산드로스의 시대에 대해, 토트의 달 1일 정오에, 해에서 달까지의 거리는 310° 44'이었고, 이상은 85° 41'이었으며, 줄리어스 카이사르 시대에 대해, 1월 1일 자정에, 해에서 달까지 거리가 350° 39'이었고, 이상은 17° 58'이었다. 이 모든 값들은 크라쿠프의 자오선으로 환산했다. 그러므로, 대개 프롬보크라고 부르는 지노폴리스 Gynopolis는 내가 일반적으로 관찰한 곳으로, 비스와 강

Vistula River 하구에 있고 크라쿠프의 자오선에 놓여 있다는 것을, 나는 이 두 곳에서 동시에 관측된 월식과 월식을 통해 알 수 있다. 고대에 에피담누스Epidamnus라고 불리던 마케도니아의 디르하치움Dyrrhachium도 이 자오선에 놓여 있다.

8
달의 두 번째 부등성과, 두 번째 주전원에 대한 첫 번째 주전원의 비

이렇게 해서 달의 균일한 운동과 첫 번째 부등성이 설명되었다. 이제 나는 첫 번째와 두 번째 주전원의 비와, 둘의 지구 중심으로부터의 거리 비를 탐구해야 한다. 달의 평균과 겉보기 운동 사이의 가장 큰 부등성은, 내가 말했듯이, 달의 원지점과 근지점 사이의 중간의 구矩에서 발견되며, 상현달 또는 하현달이 반달이 될 때이다. 이 부등성은 고대인들도 보고한 바와 같이 7 2/3°이다

프톨레마이오스, 알마게스트, V, 3. 그들은 반달이 주전원의 평균 거리에 가장 가까이 접근하는 시간을 관측했기 때문이다. 위에서 설명한 계산에서 쉽게 알 수 있듯이, 이것은 지구 중심에서 그린 접선 근처에서 일어난다. 달이 뜨거나 질 때 황도와 약 90°이기 때문에, 경도 운동에서는 시차에 의한 오류가 일어나지 않는다. 그때는 지평선의 천정을 통과하는 원이 황도와 직각으로 교차하므로, 경도의 변이가 없고, 변이가 완전히 위도에서 일어나기 때문이다. 그러므로 그들은 해에서 달까지의 거리를 아스트롤라베라는 장치의 도움으로 측정했다. 비교가 이루어진 뒤에, 달은 내가 말했듯이, 균일한 운동이 5°가 아니라 7 2/3°의 변이가 있음이 알려졌다.

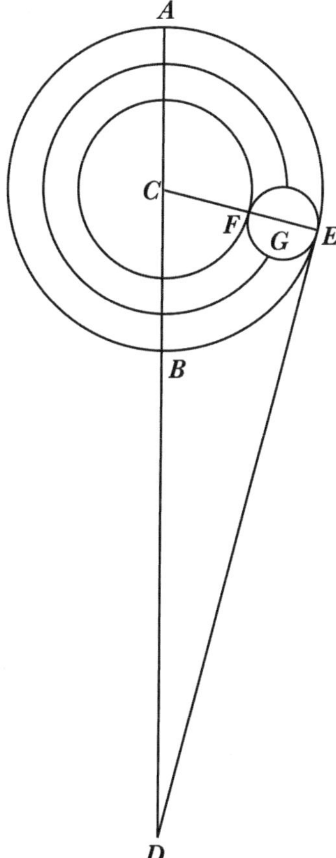

Figure. 8

이제 주전원 AB를 중심을 C로 그린다. 지구의 중심인 D에서, 선분 DBCA를 그린다. 주전원의 원지점을 A라고 하고, 근지점을 B라고 하자. 주전원에 접하는 DE를 그리고, CE를 연결한다. 접선에서 가감차가 가장 크다. 이 경우에 이것을 7° 40' = 각 BDE라고 하자. 각 CED는 원 AB의 접점에 있으므로 직각이다. 따라서 CE는 1,334단위이며, 이때 반지름 CD = 10,000이다. 그러나 보름달과 초승달에서 이 거리는 같은 단위로 861이어서 훨씬 짧다. CE를 분할해서, CF = 860단위로 한다. 같은 중심으로(C), F는 초승달과 보름달이 따라가는 원주를 그릴 것이다. 그러므로 나머지 FE = 474(= 1334 - 860)단위는 두 번째 주전원의 지름이 된다. FE를 중점 G에서 이등분한다. 전체 선분 CFG = 1097(= CF + FG) 단위는 두 번째 주전원의 중심에서 그려지는 원의 반지름이다. 따라서 비 CG : GE = 1097 : 237이며, CD = 10,000인 단위이다.

9
달이 첫번째 주전원의 원지점으로부터 불균일하게 멀어지는 것으로 보이게 하는, 남아있는 변이

앞의 증명은 또한 달이 첫 번째 주전원 위에서 어떻게 불균일한 운동을 하는지 이해할 수 있게 해 주며, 이러한 부등성은 반달일 때 외에도 초승달과 그믐달일 때도 최대가 된다. 다시 한 번 AB를 첫 번째 주전원이라고 하고, 두 번째 주전원 중심의 평균 운동이 이 원을 그린다고 하자. 첫 번째 주전원의 중심을 C라고 하고, 원지점을 A라고 하고, 근지점을 B라고 하자. 원주의 아무 곳에나 점 E를 찍고, CE를 연결한다. CE : EF = 1097 : 237이라고 하자. E를 중심으로, 반지름을 EF로, 두 번째 주전원을 그린다. 양쪽에 접하는 선분 CL과 CM을 그린다. 이 소주전원이 A에서 E로 이동하도록, 즉 첫 번째 주전원의 원주 상부가 서쪽으로 이동하게 한다. 달이 F에서 L로, 똑같이 서쪽으로 이동하게 한다. 운동 AE는 균일하며, 두 번째 주전원의 FL을 통과하는 운동은 명확히 균일한 운동에 호 FL을 더하며, MF를 통과할 때는 뺀다. 삼각형 CEL에서, L은 직각이다. EL = 237단위이고, CE = 1097이다. CE = 10,000인 단위로, EL = 2160이다. 이 호는 각 ECL에 대응하며, 표에 따라, = 12°28' = 각 MCF인데, 삼각형들(ECL과 ECM)이 닮음이고 합동이기 때문이다. 이것은 달이 첫 번째 주전원의 원지점에서 달이 가장 크게 벗어나는 부등성이다. 이것은 달이 평균 운동에서 지구의 평균 운동의 선에서 어느 한쪽으로 38° 46'만큼 벗어날 때 일어난다. 따라서 이 최대 가감차는 달이 태양으로부터 평균 거리 38° 46'에 있고 평균 충에서 어느 한쪽으로 같은 거리에 있을 때 일어난다.

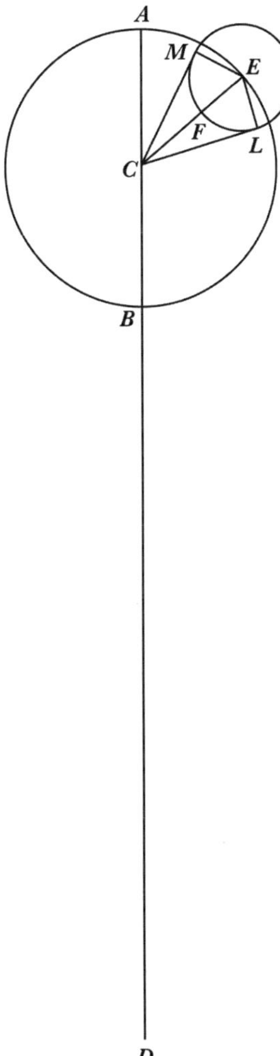

Figure.9

10

달의 주어진 균일한 운동에서 겉보기 운동을 유도하는 방법

이 모든 주제들을 설명했으므로, 이번에는 그림을 통해 어떻게 달의 균일한 운동에서 겉보기 운동이 나오는지 알아보자. 나는 히파르코스의 관측에서 예를 선택했는데, 이것으로 이 이론을 경험으로도 확인할 수 있다프톨레마이오스, 알마게스트, V, 5.

알렉산드로스가 죽은 지 197년째 해인 이집트력 10월 파우니 17일, 하루 중 9 1/3시에, 로도스에서 히파르코스가 아스트롤라베로 관찰해서, 해와 달이 48 1/10° 떨어져 있으며, 달이 해의 뒤에 있는 것을 발견했다. 그는 해의 위치가 게자리 10 9/10°라고 생각했고, 따라서 달은 사자자리 29°라고 생각했다. 그때 전갈자리 29°가 뜨고 있었고, 처녀자리 10°가 로도스에서 천정에 이르렀고, 북극의 고도가 36°였다프톨레마이오스, 알마게스트, II, 2. 이러한 상황에서 달은, 지평선에서 황도와 약 90°에 있어서, 그 시간에는 경도상의 시차나 다른 어떤 감지할 수 없는 시차도 없음이 분명했다. 이 관측은 로도스에서 17일 오후 3 1/3 시 = 4균일시에 수행되었다. 이것은 크라쿠프에서 3 1/6균일시였을 것인데, 로도스는 우리에게 알렉산드리아보다 1/6시간쯤 가깝기 때문이다. 알렉산드로스 대왕의 죽음으로부터 196년, 286일, 더하기 3 1/6 단순 시간simple hours이고, 약 3 1/3균분시equal hours였다. 그때 태양은 평균 운동으로 게자리 12° 3'에 도달했지만, 겉보기 운동은 게자리 10° 40'에 있었다. 그러므로 달이 실제로 사자자리 28° 37'에 있었음이 명백하다. 나의 계산에 따르면, 월간 회전에 따른 달의 균일한 운동은 45° 5'이었고, 이상은 원지점에서 333° 벗어났다.

이 예를 살펴보기 위하여, 첫 번째 주전원 AB를, 중심을 C로 그리자. 지름 ACB를 지구 중심까지 연장해서 직선 ABD를 그린다. 주전원에서 호 ABE = 333°로 한다. CE를 연결하고 F에서 분할해서, EF = 237단위, EC = 1097단위가 되게 한다. E를 중심으로, 반지름을 EF로, 소주전원 FG를 그린다. 달이 점 G에 있다고 하고, FG = 90° 10' = 태양에서 멀어지는 균일한 운동의 두 배 = 45° 5'으로 하자. CG, EG, DG를 연결한다. 삼각형 CEG에서 두 변이 주어져서, CE = 1097이고, EG = EF = 237이며, 각 GEC = 90° 10'이다. 따라서, 평면삼각형의 정리에 따라 나머지 변 CG는 동일한 단위로 1123으로 주어지며, 각 ECG = 12° 11'도 주어진다. 또한 이것으로 호 EI와 이상의 더하는 가감차가 명확해지고, 전체 ABEI = 345° 11'(ABE + EI = 333°+12° 11')도 알 수 있다. 나머지인 각 GCA = 14° 49'(= 360° - 345° 11') = 주전원 AB의 원지점에서 달의 실제 거리이고, 각 BCG = 165° 11'(= 180° - 14° 49')이다. 결과적으로 삼각형 GDC에서도 두 변이 주어져서, GC = 1123단위이고, 여기에서 CD = 10,000단위이며, 각 GCD = 165° 11'이 주어진다. 이것들로부터 우리는 또한 각 CDG = 1° 29'과 가감차를 얻는데, 이것을 달의 평균 운동에 더한다. 그 결과로 해의 평균 운동으로부터 달까지의 실제 거리 = 46° 34'(= 45° 5' + 1° 29')이고, 달의 겉보기 위치인 사자자리

28° 37'은 태양의 실제 위치와 47° 57'은 히파르코스가 관측한 값보다 9'이 작았다(48° 6' - 47° 57' = 9').

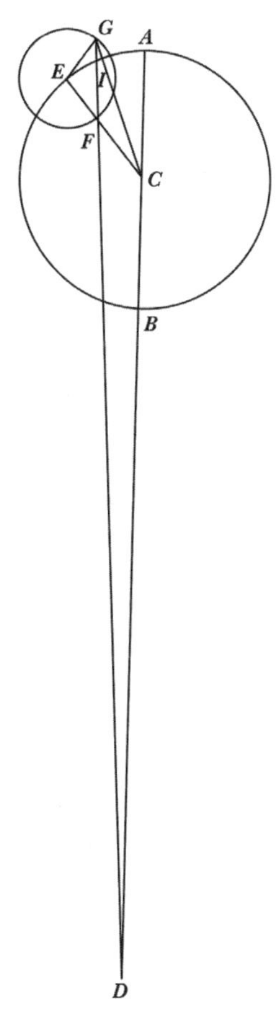

Figure.10

그러나, 이런 이유로 그의 조사나 나의 계산이 잘못되었다고 의심하는 사람이 아무도 없게 하자. 살짝 벗어나기는 하지만, 그럼에도 불구하고, 그와 내가 둘 다 오류를 저지르지 않았고, 실제로 그렇다는 것을 보여주겠다. 달이 지나가는 원이 기울어져 있다는 것을 기억하자. 그런 다음에 우리는 황도에서 이 원이 경도상으로, 특히 양쪽 한계 사이의 중간에 가까운 영역, 남쪽과 북쪽, 그리고 양쪽 교점에서 약간의 부등성을 일으킨다는 것을 받아들일 수 있을 것이다. 이 상황은 황도와 적도의 경사와 비슷하며, 나는 이것을 자연적인 하루의 불균일성을 다룰 때 설명했다[III, 26]. 그러므로, 이 비를 달의 원에도 적용하면, 이 원에 대해 프톨레마이오스가 황도 쪽으로 기울어져 있다고 주장했고[알마게스트, V, 5], 우리는 이 위치에서 황도상의 경도 7'의 차이를 만든다는 것을 알게 될 것이고, 이것을 두 배로 하면 14'이다. 이것을 같은 방식으로 더하고 빼게 된다. 왜냐하면, 경도의 남쪽 또는 북쪽 한계가 그 중간에 있다면, 해와 달이 사분원만큼 떨어져 있으므로, 황도와 교차하는 호는 달의 원의 사분원보다 14' 더 크다. 반대로, 다른 사분원에서, 교점node이 중점이고, 황극을 통과하는 원들은 사분원보다 작으면서 같은 양을 자른다. 현재 경우가 이러한 상황이다. 달은 남쪽 한계와 뜰 때의 황도와의 교차점 사이의 중간쯤에 있었다(요즘은 이 교차점을 "용자리의 머리"라고 부른다). 태양은 이미 다른 교차점을 지났고, 이것은 질 때의 교차점이다(요즘은 "용자리의 꼬리"라고 부른다). 그러므로, 일몰에 접근할 때 태양도 약간의 빼는 시차에 기여한다는 점을 제외하고도, 기울어진 원에서 달의 거리 47° 57'이 황도에 대해 적어도 7'이 증가했다고 해도, 놀랄 일이 아니다. 이 주제에 대해서는 시차를 설명할 때 더 자세히 논할 것이다[IV, 16]. 따라서 발광체들 사이의 거리 48° 6'은, 히파르코스가 장치로 얻은 것으로, 나의 계산과 주목할 만큼 근접해서, 말하자면 일치한다.

11

표로 나타낸 달의 가감차 또는 정규화

달의 운동을 계산하는 방법은, 내가 믿기로는, 지금의 예로부터 일반적으로 이해할 수 있다. 삼각형 CEG에서 두 변 GE와 CE는 언제나 같다. 계속 변하지만 값이 주어지는 각 GEC를 통해서 나머지 변 GC를 얻고, 각 ECG도 얻는데, 이것은 이상을 정규화하는 가감차이다. 둘째, 삼각형 CDG에서 두 변 DC와 CG와 함께 각 DCE가 숫자로 결정될 때, 같은 방법으로 지구 중심의 각 D도 알 수 있으며, 이것이 균일한 운동과 실제 운동의 차이이다.

이 정보를 더 이용하기 쉽게 하기 위해, 6열의 가감차 표를 만들 것이다. 균륜의 공통 수가 포함된 두 열 뒤에, 세 번째 열에는 소주전원이 한 달에 2회전하면서 발생하고 첫 번째 이상에 의해 균일성이 변하는 가감차를 보여준다. 그 다음 열은 나중에 수를 기입하기 위해 임시로 비워두었고, 나는 이것을 다섯 번째 열로 볼 것이다. 여기에 나는 첫 번째이면서 큰 주전원에서 해와 달이 평균 합과 충일 때 생기는 가감차를 기입할 것이다. 이 가감차들 중에서 가장 큰 값은 4° 56'이다. 마지막의 옆에 있는 열에 있는 수는 반달일 때 4열에 있는 가감차를 초과하는 수이다. 이 값들 중에서 가장 큰 것은 2° 44' (= 7° 40' - 4° 56')이다. 초과하는 다른 숫자를 확인할 목적으로, 비례하는 분을 다음과 같은 비로 계산했다. 초과하는 최대 수 2° 44'은 소주전원의 지구 중심에서 그린 접선의 접점과 관련한 다른 초과와 관련하여 60'으로 처리했다. 따라서, 같은 예[IV, 10]에서, 선분 CG = 1123 단위이고 여기에서 CD = 10,000이다. 여기에서 소주전원의 접점 6° 29'에서 가감차가 최대가 되며, 첫 번째 최댓값보다 1° 33'(+ 4° 56' = 6° 29')만큼 초과한다. 그러나 2° 44' : 1° 33' = 60' : 34'이다. 그러므로 소주전원의 반원에서 일어나는 초과와 주어진 호 90° 10'에 의한 초과의 비를 얻는다. 따라서, 표에서 90°의 반대쪽에 나는 34'이라고 쓸 것이다. 이러한 방식으로 표에 들어간 동일한 원의 모든 호에 대해 비례하는 분을 찾을 수 있으며, 이것을 비어있는 네 번째 열에 기록한다. 마지막으로, 나는 마지막 열에 남위와 북위를 추가했는데, 여기에 대해서는 나중에 다루겠다[IV, 13-14]. 절차와 실제적인 편리함을 위해, 나는 이 배열이 좋다고 본다.

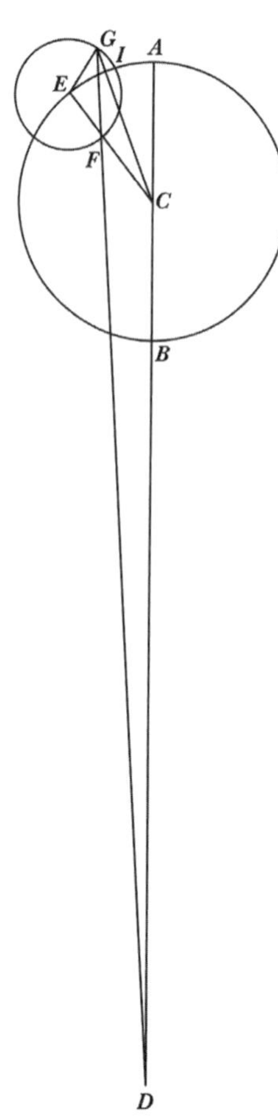

Figure.11

달의 가감차 표

공통 수		두 번째 주전원의 가감차		비례분	첫 번째 주전원의 가감차		증가		북위	
°	′	°	′		°	′	°	′	°	′
3	357	0	51	0	0	14	0	7	4	59
6	354	1	40	0	0	28	0	14	4	58
9	351	2	28	1	0	43	0	21	4	56
12	348	3	15	1	0	57	0	28	4	53
15	345	4	1	2	1	11	0	35	4	50
18	342	4	47	3	1	24	0	43	4	45
21	339	5	31	3	1	38	0	50	4	40
24	336	6	13	4	1	51	0	56	4	34
27	333	6	54	5	2	5	1	4	4	27
30	330	7	34	5	2	17	1	12	4	20
33	327	8	10	6	2	30	1	18	4	12
36	324	8	44	7	2	42	1	25	4	3
39	321	9	16	8	2	54	1	30	3	53
42	318	9	47	10	3	6	1	37	3	43
45	315	10	14	11	3	17	1	42	3	32
48	312	10	30	12	3	27	1	48	3	20
51	309	11	0	13	3	38	1	52	3	8
54	306	11	21	15	3	47	1	57	2	56
57	303	11	38	16	3	56	2	2	2	44
60	300	11	50	18	4	5	2	6	2	30
63	297	12	2	19	4	13	2	10	2	16
66	294	12	12	21	4	20	2	15	2	2
69	291	12	18	22	4	27	2	18	1	47
72	288	12	23	24	4	33	2	21	1	33
75	285	12	27	25	4	39	2	25	1	18
78	282	12	28	27	4	43	2	28	1	2
81	279	12	26	28	4	47	2	30	0	47
84	276	12	23	30	4	51	2	34	0	31
87	273	12	17	32	4	53	2	37	0	16
90	270	12	12	34	4	55	2	40	0	0

달의 가감차 표										
공통 수		두 번째 주전원의 가감차		비례분	첫 번째 주전원의 가감차		증가		남위	
°	′	°	′		°	′	°	′	°	′
93	267	12	3	35	4	56	2	42	0	16
96	264	11	53	37	4	56	2	42	0	31
99	261	11	41	38	4	55	2	43	0	47
102	258	11	27	39	4	54	2	43	1	2
105	255	11	10	41	4	51	2	44	1	18
108	252	10	52	42	4	48	2	44	1	33
111	249	10	35	43	4	44	2	43	1	47
114	246	10	17	45	4	39	2	41	2	2
117	243	9	57	46	4	34	2	38	2	16
120	240	9	35	47	4	27	2	35	2	30
123	237	9	13	48	4	20	2	31	2	44
126	234	8	50	49	4	11	2	27	2	56
129	231	8	25	50	4	2	2	22	3	9
132	228	7	59	51	3	53	2	18	3	21
135	225	7	33	52	3	42	2	13	3	32
138	222	7	7	53	3	31	2	8	3	43
141	219	6	38	54	3	19	2	1	3	53
144	216	6	9	55	3	7	1	53	4	3
147	213	5	40	56	2	53	1	46	4	12
150	210	5	11	57	2	40	1	37	4	20
153	207	4	42	57	2	25	1	28	4	27
156	204	4	11	58	2	10	1	20	4	34
159	201	3	41	58	1	55	1	12	4	40
162	198	3	10	59	1	39	1	4	4	45
165	195	2	39	59	1	23	0	53	4	50
168	192	2	7	59	1	7	0	43	4	53
171	189	1	36	60	0	51	0	33	4	56
174	186	1	4	60	0	34	0	22	4	58
177	183	0	32	60	0	17	0	11	4	59
180	180	0	0	60	0	0	0	0	5	0

12
달의 운동 계산

달의 겉보기 운동을 계산하는 방법은 앞의 설명에 따라 명확해졌고, 다음과 같다. 우리가 달의 위치를 찾아야 할 시간은 균일한 시간으로 환산할 것이다. 이렇게 함으로써, 우리가 태양의 경우에 했듯이III, 25, 경도상의 평균 운동, 이상 운동, 위도상의 운동을 그리스도 또는 다른 주어진 시대에 대해 유도할 것이고, 여기에 대해서는 곧 설명할 것이다IV, 13. 우리는 제안된 시간에 대해 각각의 운동의 위치를 정할 것이다. 그 다음에는, 표에서 달의 균일한 이각elongation 또는 태양에서의 거리의 두 배를 찾아볼 것이다. 우리는 3열에 적절한 가감차와, 그에 따르는 비례 분을 기록할 것이다. 우리가 시작한 값이 1열에서 발견되거나 180° 미만일 경우, 달의 이상에 가감차를 더한다. 이 값이 180°보다 크거나 2열에 있으면, 이상에서 가감차를 뺀다. 이렇게 해서 달의 정규화된 이상을 얻고, 첫 번째 주전원의 원지점에서 달까지의 실제 거리를 얻는다. 이것으로 다시 표를 참조해서 5열에 해당되는 가감차와, 6열에 나오는 초과값을 취한다. 두 번째 주전원에 의한 초과값을 첫 번째에 더한다. 여기에 비례하는 부분은, 발견된 분과 60분의 비로 계산하고, 항상 이 가감차에 더한다. 이렇게 해서 얻은 합을, 정규화된 이상이 180° 또는 반원보다 작으면, 경도와 위도의 평균 운동에서 빼고, 이상이 180°보다 크면 더한다. 이런 방식으로 해의 평균 위치에서 달의 실제 거리와, 정규화된 위도 운동을 얻는다. 그러므로 태양의 단순 운동을 통해서 양자리 첫째 별부터이거나, 복합 운동을 통하는 춘분점(분점의 세차에 영향을 받는다)부터이거나, 달의 실제 거리에는 불확실성이 없다. 마지막으로, 표의 일곱 번째이자 마지막 열에 있는 정규화된 위도 운동을 통해서 우리는 달이 황도에서 벗어나는 위도의 도를 알 수 있다. 경도의 운동이 표의 첫 번째 부분에서 발견되면, 말하자면 90°보다 작거나 270°를 넘으면 위도는 북위이다. 그렇지 않으면 위도는 남위이다. 그러므로, 180°까지, 달이 북쪽으로부터 내려가고, 그 다음에 남쪽 한계에서부터 원의 남아있는 도를 완료할 때까지 올라간다. 달의 겉보기 운동의 특정한 방식은 지구 중심이 해와 관련되듯이 지구 중심과 여러 가지로 관련이 있다.

13

위도에서의 달의 운동을 분석하고 증명하는 방법

이번에는 위도에서의 달의 운동을 설명해야 하는데, 더 많은 상황들이 길을 막고 있어서 설명하기가 더 어려워 보인다. 그러므로, 앞에서 말했듯이[IV, 4], 두 월식이 모든 면에서 닮았고 똑같다고 가정하자. 즉, 어두운 영역이 북쪽 또는 남쪽의 똑같은 위치를 차지하고, 달이 상승하거나 하강하는 가까운 교점이 같고, 지구 또는 원지점에서 달까지 거리가 같다. 두 월식이 이만큼 일치하면, 달의 실제 운동이 전체 위도 원을 완성하는 것으로 알려져 있다. 지구의 그림자가 원뿔 모양이기 때문이다.

직원뿔이 밑면과 평행한 평면에 의해 절단되면, 그 단면은 원이다. 이 원은 밑면에서 멀어지면 더 작고, 밑면에 가까우면 더 크며, 따라서 거리가 같으면 크기가 같다. 그러므로, 지구에서 같은 거리에서, 달이 같은 그림자의 원을 통과하고, 우리의 시야에 같은 원반을 보여준다. 그 결과로, 그림자의 중심에서 동일한 거리에 동일한 부분이 보이면, 위도가 동일하다는 것을 알 수 있다. 이것으로부터 필연적으로 달이 이전과 같은 위도로 되돌아왔고, 같은 시간에 같은 교점까지의 거리가 같다는 사실이 따르며, 특히 달의 위치가 마찬가지로 동일하다면 더욱 그러하다. 왜냐하면, 달 또는 지구가 접근하거나 멀어지면 그림자의 전체 크기가 바뀌기 때문이다. 그러나 이 변화는 매우 작고 거의 확인할 수 없다. 그러므로 태양과 관련하여 말했듯이III, 20, 두 월식 사이에 경과한 기간이 길수록, 위도에서 달의 운동을 더 정확하게 얻을 수 있다. 그러나 이러한 면에서 두 월식의 일치는 드물게 발견된다(나는 이런 것을 한 번도 보지 못했다).

그럼에도 불구하고, 나는 이것을 할 수 있는 다른 방법이 있다는 것을 알고 있다. 다른 조건들이 같고, 반대편에서 월식이 일어나고 달이 반대편 교점 가까이에 있다고 가정하자. 이것은 두 번째 월식 때 달이 첫 번째 월식의 정반대 위치에 도달했고, 전체 원에 더하여 반원을 그렸다는 것을 나타낸다. 이 상황은 이 주제를 탐구하기에 만족스러워 보인다. 마침, 나는 거의 정확하게 이러한 관계를 가진 두 월식을 발견했다.

첫 번째 월식은 프톨레마이오스 6세 필로메토르 Ptolemy VI Philometor 7년 = 알렉산드로스 이후 150년에, 이집트력 7월 파메노트 27일에, 그 다음 날이 28일인 밤에 일어났다고 클라디우스 프톨레마이오스가 말했다 알마게스트, VI, 5. 이 월식은 알렉산드리아 계절시로 밤 8시에 시작해서 10시에 끝났다. 강교점 근처에서 일어난 이 월식은 최대일 때 북쪽에서 달 지름의 7/12를 가렸다. 그러므로 월식의 최대 시간은 자정 이후 2계절시 (프톨레마이오스에 따르면) = 2 1/3 균일시였는데, 태양이 황소자리 6°였기 때문이다. 크라쿠프에서는 1 1/3시(균일시)였을 것이다.

두 번째 월식은 서기 1509년 6월 2일에 크라쿠프와 같은 자오선에서 내가 관측했고, 태양이 쌍둥이자리 21°에 있을 때였다. 이 월식의 최대 시간은 정오 이후 11 3/4 균일시였다. 달의 남쪽에서 지름의 약 8/12이 어두워졌다. 월식은 승교점ascending node 근처에서 일어났다.

그러므로 알렉산드로스의 시대에서 시작해서, 첫 번째 월식까지 이집트 해로 149년, 206일, 더하기 알렉산드로스에서 14 1/3시간이었다. 그러나 크라쿠프에서는 현지 시간으로 13 1/3시였고, 균일한 시간으로는 13 1/2시간이었다. 그 순간에 이상의 균일한 위치는, 나의 계산에 따르면 프톨레마이오스의 월식과 거의 일치해서(= 163° 40') 163° 33'이었고, 가감차는 1° 23'으로, 달의 실제 위치가 균일한 위치보다 이만큼 작았다. 똑같이 확립된 알렉산드로스의 시대로부터 두 번째 월식까지 이집트 해로 1832년, 295일, 더하기 겉보기 시간 11시간, 45분 = 균일한 시간 11시간 55분이다. 따라서 달의 균일한 운동은 182° 18'이었고, 이상 = 159° 55' =

161° 13'으로, 정규화된 값이다. 가감차는 균일한 운동이 겉보기 운동보다 작은 값으로, 1° 44'이었다.

그러므로, 두 월식 모두, 분명히 달이 지구와 같은 거리에 있었고, 해는 두 경우 모두에서 거의 원지점에 있었지만, 어두운 영역 사이에는 1 디지트digit의 차이가 있었다. 달의 지름은 대개 1/2°를 차지하며, 여기에 대해서는 나중에 보이겠다[IV,18]. 1디지트 = 지름의 1/12 = 2 1/2'이며, 교점 근처의 달의 기울어진 원에서 대략 1/2°에 대응한다. 두 번째 월식에서 달은 첫 번째 월식 때 승교점으로부터의 위치보다 강교점descending node으로부터 1/2° 더 멀리 있었다. 따라서, 완전한 회전들 뒤의 달의 위도에서의 실제 운동은 179 1/2°였다. 그러나 첫 번째와 두 번째 월식 사이에 달의 이상에 균일한 운동 21'이 더해졌고, 한 가감차가 다른 가감차를 이만큼 초과한다(1° 44' - 1° 23). 따라서 위도에서의 달의 균일한 운동은 완전한 원들을 돈 뒤에 179° 51'(= 179° 30' + 21')이었다. 두 월식 사이의 간격은 1683년, 88일, 22시간, 25분의 겉보기 시간이고, 균일한 시간과 일치했다. 이 기간 동안에 22,577회의 균일한 회전이 일어났고, 방금 말한 것과 일치하는 값 179° 51'이 더 있다.

14
위도에서 달의 이상의 위치

앞에서 받아들인 시대에서 이 운동의 위치를 결정하기 위해, 여기에서도 두 월식을 취한다. 이 두 월식은 전의 사례처럼 같은 교점에서 일어나지 않았고[IV, 13], 정반대의 영역에서 일어나지도 않았으며, 북쪽 또는 남쪽의 같은 영역에서 일어났다(앞에서 말한 대로 다른 조건은 일치한다). 프톨레마이오스의 방법을 사용하여[알마게스트, IV, 9], 이 월식들로 오류 없이 목표를 이룰 것이다.

첫 번째 월식은, 내가 달의 다른 운동을 조사할 때 사용한 것으로[IV, 5], 클라우디우스 프톨레마이오스가 관측했고, 하드리아누스 19년, 코이아크의 달 2일이 끝나갈 무렵, 자정에서 1균일시 전에 일어났고, 알렉산드리아에서 다음 날이 3일이었다. 크라쿠프에서는 자정 2시간 전이었다. 월식의 최대 시간에 지름의 5/6 = 10디지트가 북쪽에서 어두워졌다. 태양은 천칭자리 25° 10'에 있었다. 달의 이상의 위치는 64° 38'이고, 빼는 가감차는 4° 20'이었다. 이 월식은 강교점 근처에서 일어났다.

내가 관측한 두 번째 월식은, 마찬가지로 매우 주의 깊게 관측했고, 로마에서 서기 1500년 11월 6일 자정 두 시간 뒤에 일어났다. 크라쿠프는 동쪽으로 5° 떨어져 있으므로, 자정이 지나고 2 1/3 시간 뒤였다. 태양은 전갈자리 23° 16'에 있었다. 다시 한 번, 북쪽의 10디지트가 어두워졌다. 알렉산드로스의 죽음으로부터 이집트 해로 총 1824년, 84일, 더하기 겉보기 시간으로 14시간 20분이고, 균일한 시간으로 14시간 16분이다. 달의 평균 운동은 174° 14'이었고, 달의 이은 294° 44'이었으며, 정규화해서 291° 35'이었다. 더하는 가감차는 4° 28'이었다.

이 두 월식에서도, 명백히, 원지점에서 달까지의 거리가 거의 같았다. 두 경우 모두에서 태양은 지점들의 중점middle apse에 가까웠고, 그림자의 크기는 10디지트로 같았다. 이러한 사실들로 보아 달의 위도가 남위이고 같으므로, 교점들로부터 달까지의 거리가 같고, 후자의 경우 승교점이고 전자의 경우에는 강교점이다. 두 월식의 사이는 이집트 해로 1366년, 358일, 겉보기 시간으로 4시간 20분, 균일한 시간으로 4시간 24분이며, 이 기간 동안 위도의 평균 운동은 159° 55'이다.

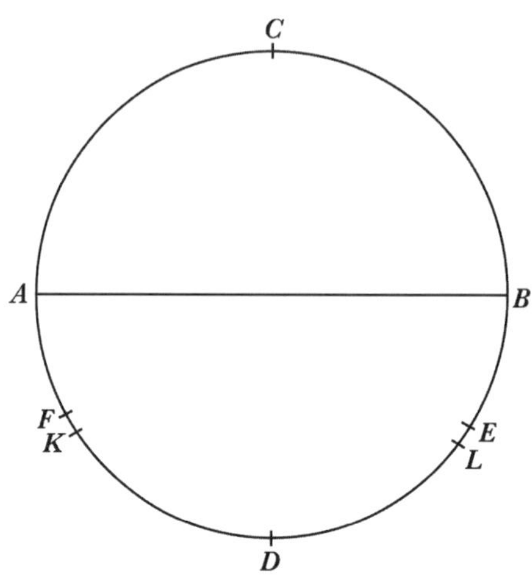

Figure.12

이제 달의 기울어진 원에서 지름 AB가 황도와의 교점이라고 하자. C가 북쪽 한계, D가 남쪽 한계라고 하고, A

가 강교점, B가 승교점이라고 하자. 남쪽 영역에서 길이가 같은 두 호 AF와 BE를 선택하고, 첫 번째 월식이 점 F에서 일어났고, 두 번째 월식이 점 E에서 일어났다고 하자. 또한, FK를 첫 번째 월식의 빼는 가감차, EL을 두 번째 월식에서 더하는 가감차라고 하자. 호 KL = 159° 55'이다. 여기에 FK = 4° 20'과 EL = 4° 28'을 더한다. 전체의 호 FKLE = 168° 43'이고, 반원의 나머지 = 11° 17'이다. 이것의 절반인 5° 39' = AF = BE는 교점 A와 B에서 달까지의 실제 거리이고, 따라서 AFK = 9° 59'(= 4° 20' + 5° 39')이다. 그러므로 CAFK = 북쪽 한계에서 위도 평균 위치의 거리 = 99° 59'(= 90° + 9° 59')임이 확실하다. 알렉산드로스의 죽음에서 프톨레마이오스가 이곳에서 관측할 때까지 이집트 해로 457년, 91일, 더하기 겉보기 시간으로 10시간이지만, 균일한 시간으로는 9시간 54분이 된다. 이 기간 동안 위도의 평균 운동은 50° 59'이다. 이 값에서 99° 59'을 빼면, 나머지인 49°는 알렉산드로스 시대의 이집트력 첫달인 토트 첫날 정오이지만, 이것은 크라쿠프의 자오선에 대한 값이다.

따라서 위도에서의 달의 운동의 위치는, 내가 운동의 원점으로 삼았던 북쪽 한계에서 시작해서, 기간의 차이에 따라 다른 모든 시대에 대해서 주어진다. 첫 번째 올림픽부터 알렉산드로스의 죽음까지 이집트 해로 451년, 247일이며, 정규화를 위해 이로부터 7분을 빼야 한다. 이 기간 동안 위도의 운동 = 136° 57'이다. 게다가, 첫 번째 올림픽부터 카이사르까지가 이집트 해로 730년, 12시간이며, 정규화를 위해 이 기간에 10분을 더한다. 이 기간 동안 균일한 운동 = 206° 53'이다. 그때부터 그리스도까지는 45년, 12일이다. 49°에서 136° 57'을 빼고 원의 360°를 더해서, 나머지 = 272° 3'은 첫 번째 올림픽의 첫 해 헤카톰바에온의 정오에 해당한다. 다시, 이 값에 206° 53'을 더해서, 합계 = 118° 56'(=272° 3' + 206° 53' = 478° 56' - 360°)은 율리우스 시대 1월 1일 자정에 해당한다. 마지막으로 10° 49'을 더해서, 합계 = 129° 45'는 그리스도 시대의 위치이며, 마찬가지로 1월 1일 자정이다.

15

시차 측정 장치의 구성

달의 가장 큰 위도는, 달의 원과 황도 사이의 교각에 해당하며, = 5°이고, 이 때 원 = 360°이다. 이 관측을 수행할 기회는 운명에 의해 나에게 주어지지 않았는데, 달의 시차 때문이고, 클라우디우스 프톨레마이오스에게도 마찬가지였다. 북극의 고도가 30° 58'인 알렉산드리아에서, 그는 달이 정점에 가장 근접했을 때에 주목했는데, 달이 게자리의 시작이면서 북쪽 한계에 있을 때였고, 그는 미리 계산으로 이것을 결정할 수 있었다알마게스트, V, 12. 그는 이 관측을 위해 장치를 사용했다. 그가 "시차 장치 parallactic instrument"라고 부른 이 장치는 달의 시차를 결정하기 위해 만든 것으로, 그는 이 장치로 그때 천정에서의 최소 거리가 2 1/8°에 불과하다는 것을 알아냈다. 이 거리가 시차에 의해 영향을 받았다면, 이것은 매우 짧은 거리였으므로 필연적으로 매우 작았을 것이다. 그런 다음에, 30° 58'에서 2 1/8°를 빼면 나머지 28° 50 1/2'이 남는다. 이 값은 황도의 최대 경사(당시에 23° 51' 20")를 5도쯤 초과한다. 달의 이 위도가, 마침내, 현재까지의 다른 세부 사항들과 일치하는 것으로 밝혀졌다.

시차 장치는 자 세 개로 이루어진다. 그 중 둘의 길이가 같고, 적어도 4큐빗cubit(1큐빗은 손가락 끝에서 팔꿈치까지의 길이로 약 45cm ― 옮긴이)인 반면에, 세 번째 자는 조금 더 크다. 이 긴 자와 짧은 두 자 중 하나를 핀이나 나사로 세 번째 자의 양쪽 끝에 접합하고, 주의 깊게 구멍을 맞춰서 자들이 같은 평면에서 움직일 수 있지만, 이음매에서는 전혀 흔들리지 않게 한다. 긴 자의 연결부 중심으로부터 길이 전체로 직선을 그린다. 이 직선의 부분을 이음매와 이음매 사이의 선분과 같도록 최대한 정확하게 측정한다. 이 부분을 1,000개의 동일한 단위 또는 가능하면 그 이상으로 나눈다. 같은 단위로 자의 나머지 부분을 계속 분할해서 1,414단위가 될 때까지 계속한다. 이것은 반지름 = 1,000단위인 원에 내접하는 정사각형의 한 변이 된다. 자의 남는 부분은 넘치는 부분으로 잘라낸다. 다른 자의 이음매 중심에서도 1,000단위와 같은 선분을 그리거나, 이음매 중심 사이의 거리에 선분을 그린다. 이 자의 옆면에 디옵트라에 하듯이 조준기eyepiece를 부착해서 시선이 지나가도록 한다. 이 조준기를 조정해서 시선이 자를 따라 미리 그려 둔 선에서 벗어나지 않도록 하되, 선에서 똑같은 거리를 유지한다. 또한 이 선을 긴 자 쪽으로 옮길 때, 자의 끝부분이 눈금을 매긴 선에 확실히 닿을 수 있게 한다. 이러한 방식으로 자들이 이등변삼각형을 이루고, 밑면이 눈금을 매긴 선이 된다. 그 다음에는 직각이 매우 잘 맞고 잘 연마한 기둥을 세우고 단단히 고정한다. 이 기둥에 자를 두 이음매에 돌쩌귀로 죄고, 그 위에서 장치가 문처럼 회전할 수 있게 한다. 그러나 자의 이음매 중심을 통과하는 직선은 항상 수직이고, 이것이 지평선의 축처럼 천정을 향하게 한다. 그러므로, 천정에서 별까지의 거리를 찾을 때, 자의 조준기를 통해서 직선을 따라 별을 본다. 자를 아래에 있는 눈금선에 두어서, 원의 지름 = 20,000 단위로, 시선과 지평선의 축 사이의 각도에 대응하는 눈금을 읽는다. 대응하는 선분 표에서 별과 천정 사이의 원하는 대원의 호를 얻을 수 있다.

16

달의 시차를 구하는 방법

내가 말한 장치로[IV, 15], 프톨레마이오스는 달의 최대 위도 = 5°임을 알아냈다. 그 다음에는, 시차의 확인에 관심을 돌려서[V, 13], 그는 알렉산드리아에서 시차가 1° 7'이고, 해가 천칭자리 5° 28'에 있었으며, 해에서 달까지 평균 거리 = 78° 13'이고, 균일한 이상 = 262° 20, 운동의 위도 = 354° 40', 더해지는 가감차가 7° 26'임을 알아냈다. 그러므로 달의 위치는 염소자리 3° 9', 정규화된 위도의 운동 = 2° 6', 달의 북위 = 4° 59, 적도로부터 달의 적위 = 23° 49, 알렉산드리아의 위도 = 30° 58'이었다. 그는 자오선 근처에서 달이 이 장치를 통해서 천정에서 50° 55'에서 보였고, 이것은 계산에 필요한 것보다 1° 7' 더 컸다고 말했다. 이 정보로, 그는 고대인들의 달에 대한 이심원 위의 주전원 이론에 따라, 그때의 지구 중심에서 달까지 거리가 지구의 반지름을 1단위로 39단위, 45분이었음을 보여주었다. 그 다음에 그는 원들의 비에 의해 나오는 것들을 증명했다. 예를 들어, 지구에서 달까지의 최대 거리(이것은 주전원의 원지점에서 초승달과 보름달일 때 일어난다고 그들은 말한다)는 64단위 + 10분(10분은 10/60이라는 뜻이다 — 옮긴이) = 1단위의 1/6이다. 그러나 반달이 주전원의 근지점에 있을 때, 지구로부터 달의 최소 거리(이것은 구矩에서 일어난다)는 33단위, 33분에 불과하다. 따라서 그는 천정에서 90°쯤일 때의 시차도 추정했다. 그 값은 최소 = 53' 34"이고, 최대 = 1° 43'이었다(그의 추론으로부터 더 충분히 보여줄 수 있다).

그러나 지금 이 문제를 고려하려는 사람들을 위해, 상황이 내가 자주 발견했던 것과 상당히 다르다는 것이 분명하다. 그러나 나의 달 이론이 현상에 더 잘 일치하고 의심의 여지가 없음을 보여주어 그들의 이론보다 더 정확함을 다시 입증하는 두 가지 관측을 검토하겠다.

서기 1522년 9월 27일, 오후 5 2/3 균일시에, 해가

질 무렵에 프롬보크에서 시차 장치를 통해서 나는 자오선 위에서 달의 중심을 겨냥했고, 천정에서의 거리 = 82° 50'임을 알아냈다. 서기의 시작부터 이 순간까지는 이집트 해로 1522년, 284일, 더하기 겉보기 시간 17 2/3시간이지만, 균일한 시간으로는 17시간 24분이다. 따라서 태양의 겉보기 위치는 천칭자리 13° 29'으로 계산되었고, 해에서 달까지의 균일한 거리 = 87° 6', 균일한 이상uniform anomaly = 357° 39', 실제의 이상true anomaly = 358°40', 더하는 가감차 = 7'으로 계산되었다. 따라서 달의 실제 위치 = 염소자리 12°33'이었다. 북쪽 한계로부터 위도의 평균 운동 = 197° 1', 위도에서의 실제 운동 = 197° 8'(= 197°1' + 7'), 달의 남쪽 위도 = 4° 47', 적도로부터의 적위 = 27° 41', 나의 관측 위치의 위도 = 54° 19'이었다. 이것을 달의 적위에 더하면, 달의 정점으로부터의 실제 거리 82°(= 54° 19' + 27° 41')가 된다. 그러므로 나머지 50'(겉보기 정점 거리, 82° 50')의 시차이며, 프톨레마이오스의 원칙에 따르면 이것은 1° 17'이 되어야 한다.

게다가, 나는 1524년 8월 7일 오후 6시에 같은 장소에서 또 다른 관측을 했고, 같은 장치를 통해 달이 천정에서 81° 55'에 있는 것을 보았다. 서기의 시작부터 이 시간까지 이집트 해로 1524년, 234일, 겉보기 시간으로 18시간, 그리고 균일한 시간으로 18시간이었다. 태양의 위치는 사자자리 24° 14', 달의 태양으로부터의 평균 거리 = 97° 5', 균일한 이상 = 242° 10', 보정된 이상 = 239° 40'으로, 평균 운동에 약 7°가 더해졌다. 그러므로 달의 실제 위치 = 궁수자리 9° 39', 위도에서의 평균 운동 = 193° 19', 실제 위도에서의 운동 = 200° 17', 달의 남위 = 4° 41', 남쪽 적위 = 26° 36'이다. 이것을 관측 위치의 위도 54° 19'에 더하면, 합계 = 지평선의 극으로부터 달의 거리 = 80° 55'(= 26° 36' + 54° 19')이다. 그러나 이것은 81° 55'으로 보였다. 그러므로 초과하는 1°는 달의 시차로 넘어가고, 프톨레마이오스와 나의 선배들의 생각에 따르면, 이 값은 1° 38'이 되어야 하므로, 그들의 이론의 일관성을 검토하기 위해 계산이 필요하다.

17

달의 지구로부터의 거리, 지구 반지름 = 1일 때의 비에 대한 증명

앞에서 다룬 정보로부터 지구에서 달까지 거리의 크기를 명확하게 하겠다. 이 거리가 없으면 시차에 확실한 값을 줄 수 없는데, 두 양이 서로 연관되어 있기 때문이다. 거리는 다음과 같이 결정된다. AB가 지구의 대원이라고 하고 중심을 C라고 하자. C 주위로 또 다른 원 DE를 지구 크기에 비교할 만한 정도로 그린다. D를 지평선의 축이라고 하자. 달의 중심을 E라고 하고, 여기에서 천정까지의 거리 DE는 알려져 있다. 첫 번째 관측에서[IV, 16] 각 DAE = 82° 50'이고, ACE는 82°에 불과하다고 계산되었고, 둘 사이의 차이 AEC = 50' = 시차이다. 삼각형 ACE에서 각도가 주어지므로 변도 알 수 있다. 각 CAE(= 97° 10' = 180° - 82° 50')가 주어지므로, 변 CE = 99,219단위이며, 여기에서 삼각형 AEC에 외접하는 원의 지름 = 100,000이다. 같은 단위로 AC = 1,454 ≅

1/68 CE(= 약 68단위)이고, 여기에서 지구의 반지름 AC = 1이다. 이것이 첫 번째 관측에서 달의 지구 중심으로부터의 거리였다.

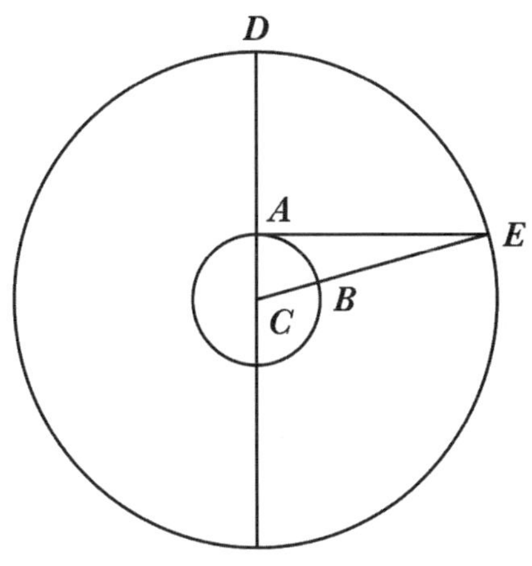

Figure.13

그러나 두 번째IV, 16의 관측에서 겉보기 각도 DAE = 81° 55', 계산된 각도 ACE = 80° 55'이고, 차이인 각도 AEC = 60'이다. 그러므로 변 EC = 99,027단위이고, AC = 1891단위이며, 여기에서 삼각형에 외접하는 원의 반지름은 100,000이다. 따라서 지구 중심으로부터 달의 거리 CE는 56단위 42분이며, 여기에서 지구의 반지름 AC = 1이다.

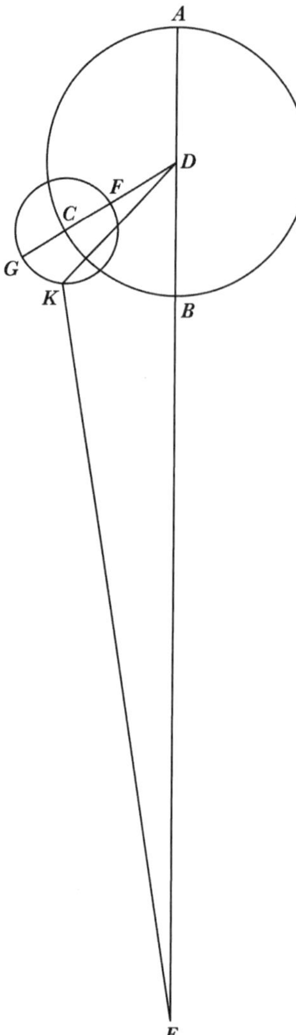

Figure.14

이제 달의 큰 주전원을 ABC라고 하고, 중심이 D라고 하자. E를 지구의 중심이라고 하고. 여기에서 직선 EBDA를 원지점 A까지 그리고, 근지점이 B라고 하자. 호 ABC = 242° 10'을 계산된 균일한 달의 이상에 따라 측정한다IV, 16의 코페르니쿠스의 두 번째 관측에서. C를 중심으로 두 번째 소주전원 FGK를 그린다. 그 위에 호 FGK = 194° 10'= 해에서 달까지의 두 배(= 2 × 97° 5')로 한다. DK를 연결하는데, 이상에서 2° 27'을 빼서, KDB = 정규화된 이상의 각도 = 59° 43'을 남긴다. 전체 각도 CDB = 62° 10'(= 59° 43' + 2° 27')이고, 반원을 초과한다(ABC = 242° 10' = 62° 10' +180°). 각 BEK = 7°이다. 그러므로 삼각형 KDE에서, 각도가 180° = 2직각으로 주어진다. 변들의 비도 주어진다. DE = 91,856단위, EK = 86,354단위이며, 여기에서 삼각형 KDE에 외접하는 원의 지름 = 100,000이다. 그러나 DE = 100,000인 단위로 KE = 94,010이다. 그러나 DF = 8600단위, 전체 선분 DFG = 13,480단위임을 위에서 증명했다. 이렇게 주어진 비에서, 위의 IV, 17에서 보였듯이, EK = 56

42/60단위이며, 여기에서 지구 반지름은 1단위(p)이다. 그러므로 여기에서 같은 단위로 DE = 60 18/60, DF = 5 11/60, DFG = 8 2/60이고, 마찬가지로 전체 EDG도, 이것이 직선으로 연장되면 = 68 1/3 단위(60 p 18' + 8 p 2')= 반달의 최대 높이이다. ED에서 DG를 빼면(60 p 18' - 8 p 2') 나머지 52 17/60은 반달의 지구로부터 최소 거리이다. 따라서 전체 EDF는, 보름달과 초승달의 높이 = 최대 65 1/2 단위(60 p 18' + 5 p 11' ≅ 65 p 30'), 최소 = 55 8/ 60 단위이며, 이것은 DF를 뺀 값이다(60 p 18' - 5 p 11'). 지구로부터 보름달과 초승달의 최대 거리를 다른 사람들이 64 10/60 단위라고 생각한다는 것[IV, 16], 특히 달이 머무는 위치에 따른 시차에 대해 부분적으로만 친숙한 사람들 때문에 우리가 방해를 받아서는 안 된다. 나는 달이 지평선에 더 가까이 접근했을 때를 고려했고, 시차는 명백히 가까울 때 최대가 되므로, 그것들을 더 완전하게 이해하도록 허락받았다. 그렇지만 나는 이 차이를 고려해서 시차가 1' 이상 변하지 않는다는 것을 알아냈다.

18

달의 지름과 달이 통과하는 위치에서의 지구 그림자의 지름

달의 겉보기 지름과 그림자의 지름도 지구로부터 달의 거리에 따라 달라지기 때문에, 이 주제에 대한 논의도 매우 중요하다. 확실히 하기 위해, 해와 달의 지름을 히파르코스의 디옵트라에 의해 정확하게 측정한다. 그럼에도 불구하고, 달의 경우에 훨씬 더 정확하게 할 수 있으며, 달이 원지점과 근지점에서 같은 거리에 있을 때 일어나는 특수한 두 월식을 이용해서 그렇게 할 수 있다고 믿어진다. 두 월식이 일어나는 동안에 해의 위치도 서로 비슷해서, 두 경우 모두에서 달이 지나가는 그림자의 원이 같고, 어두운 영역의 넓이만 다르면 특별히 더 잘 결정할 수 있다. 분명히, 그림자 부분의 넓이와 달의 위도 비교하면, 그 차이로 달의 지름에 대응하는 지구 중심 둘레의 호가 얼마나 큰지 알 수 있다. 이것을 알면 그림자의 반지름을 빠르게 얻을 수 있으며, 예를 들어서 그 방법을 명확히 설명하겠다.

따라서, 앞의 월식의 최대에 달의 위도가 47' 54"일 때 3디지트(또는 1/12)의 달 지름이 어두워졌고, 두 번째 월식에서 위도가 29' 37"일 때 10디지트가 어두워졌다고 가정하자. 어두운 영역의 차이는 7디지트(= 10 - 3)이고 위도 차이는 18' 17"(= 47' 54" - 29' 37")이다. 비교를 위해, 달의 지름에 대응하는 호의 비는 12디지트 대 31' 20"이다. 그러므로, 첫 번째 월식의 중간에, 달의 중심은 분명히 그림자 바깥으로 지름의 1/4(어두운 영역이 3디지트이므로) = 위도 7' 50"(= 31' 20" ÷ 4)만큼 벗어나 있었다. 전체 위도인 47' 54"에서 이 값을 빼면, 나머지 = 40' 4" (= 47'54" - 7' 50") = 그림자의 반지름이다. 마찬가지로, 두 번째 월식에서는 달의 위도 외에도, 그림자가 달 지름의 1/3(어두운 영역이 10디지트이므로, 1/2을 제외하면 4/12(= 1/3)이다) = 10' 27"(≅ 31' 20" ÷ 3)를 차지했다. 여기에 29' 37"를 더해서, 합계는 다시 40' 4" = 그림자의 반지름이다. 프톨레마이오스는 달이 지구에서 가장 멀리 있을 때 해와 달이 합이나 충이면, 달의 지름 = 31

1/ 3'이라고 믿는다. 그는 히파르코스의 디옵트라로 해의 지름도 같음을 발견했지만, 그림자의 지름은 1° 21 1/3'이라고 말했다. 그는 이 값들 사이의 비가 13 : 5 = 2 3/5 : 1이라고 생각했다알마게스트, V, 14.

19
해와 달의 지구로부터의 거리, 그 지름, 달이 통과하는 그림자의 지름, 그림자의 축을 동시에 증명하는 방법

태양에도 약간의 시차가 있다. 이것은 매우 작아서 쉽게 인지되지 않으며, 지구로부터 해와 달의 거리, 그것들의 지름, 달이 통과하는 그림자의 지름, 그림자의 축이 서로 연관되어 있을 때만 그렇지 않다. 그러므로 이 양들은 분석적인 증명에서 서로를 드러낸다. 먼저, 나는 이 양들에 대한 프톨레마이오스의 결론과 그것들을 증명하기 위한 그의 방법알마게스트, V, 15을 살펴보고, 그 중에서 전적으로 옳다고 여겨지는 것을 선택할 것이다.

그는 태양의 겉보기 지름 = 31 1/3'으로 가정했고, 이것을 변하지 않는 값으로 사용했다. 이것으로 그는 원지점에 있을 때의 보름달과 초승달의 지름이 같다고 보았다. 또한 지구 반지름 = 1p로 했을 때 달까지의 거리는 64 10/60p라고 말했다. 그는 나머지를 다음과 같은 방법으로 증명했다.

ABC가 태양의 구체의 원이고, 그 중심이 D라고 하자. EFG가 지구의 구체의 원이며, 태양으로부터 최대 거리에 있고, 그 중심이 K라고 하자. 두 원에 함께 접하는 직선 AG와 CE를 그리고, 이 직선들을 그림자의 정점 S에서 만나게 한다. 태양과 지구의 중심을 통과해서 직선 DKS를 그린다. AK와 KC도 그린다. AC와 GE를 연결하는데, 두 지름 사이의 거리가 엄청나게 멀기 때문에 이 두 선분의 길이가 똑같아야 한다. 프톨레마이오스의 견해에 따라 EK = 1p일 때, DKS에서 원지점 = 64 10 / 60 p에 있는 보름달과 초승달의 거리에 LK = KM을 잡는다. QMR을 동일한 조건에서 달이 통과하는 그림자의 지름이 되도록 하자. NLO를 DK에 수직인 달의 지름이 되게 하고, 이것을 연장해서 LOP를 그린다.

첫 번째 문제는 비 DK : KE를 찾는 것이다. 4직각 = 360°로, 각 NKO = 31 1/3'이고, 그 절반 = LKO = 15 2/3'이다. L은 직각이다. 그러므로, 삼각형 LKO의 각도가 주어지므로, 변 KL : LO의 비가 주어진다. LK = 64p 10' 또는 KE = 1p일 때, 길이로서 LO = 17' 33"이다. LO : MR = 5 : 13이고, 같은 단위로 MR = 45' 38"이기 때문이다. LOP와 MR은 KE와 평행이면서 같은 거리에 있다. 그러므로 LOP + MR = 2KE이다. MR + LO(45' 38" + 17' 33" = 1p 3' 11")를 2KE(= 2p)에서 빼면 나머지 OP = 56' 49"이다. 유클리드의 『원론』, VI, 2에 따라, EC : PC = KC : OC = KD : LD = KE : OP = 60' : 56' 49"이다. 비슷하게 전체 DLK = 1p일 때 LD = 56' 49"로 주어진다. 그러므로 나머지 KL = 3' 11"(= 1p - 56' 49")이다. 그러나 KL = 64p 10'이고 FK = 1p인 단위로, 전체 KD = 1210p이다. 이러한 단위로 MR = 45' 38"은 이미 확립되었다. 이것으로 KE : MR(60' : 45' 38")과 KMS : MS의 비가 명확해진다. 또한 전체 KMS에서 KM = 14'

22"(= 60' - 45'38")이다. 다른 방법으로, KM = 64p 10'인 단위로, 전체 KMS = 268p = 그림자의 축이다. 지금까지 말한 것은 프톨레마이오스가 한 것이다.

그러나 프톨레마이오스 이후의 다른 천문학자들은 앞의 결론들이 현상에 충분히 일치하지 않는다는 것을 발견했고, 이 주제들에 대해 다른 발견들을 보고했다. 그러나 그들은 지구에서 보름달과 초승달의 최대 거리 = 64p 10'과, 원지점에서에서 태양의 겉보기 지름 = 31 1/3'을 받아들인다. 그들은 또한 프톨레마이오스가 주장했듯이 달이 통과하는 그림자의 지름이 달의 지름과 관련해서 13 : 5라는 것을 인정한다. 그럼에도 불구하고 그들은 그 시간의 달의 겉보기 지름이 29 1/2'보다 크다는 것을 부인한다. 그러므로 그들은 그림자의 지름을 약 1° 16 3/4'으로 잡는다. 따라서 그들은 지구의 반지름 = 1p일 때 지구로부터 원지점에 있는 태양까지의 거리 = 1146p이고, 그림자의 축 = 254p라고 믿는다. 그들은 라카 출신의 과학자 알바타니가 이러한 값들을 처음 제시했다고 보지만, 그럼에도 불구하고 이 값들을 어떤 방식으로도 조정할 수 없다.

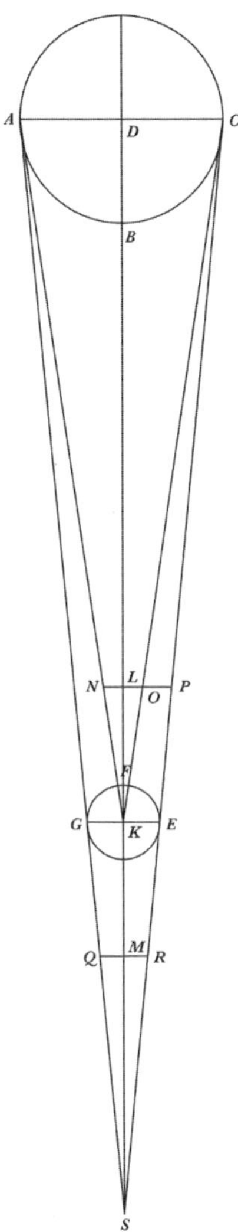

Figure.15

이 값들을 조정하고 보정할 목적으로, 나는 원지점에서 태양의 겉보기 거리 = 31' 40"으로 잡았다. 그 이유는 다음과 같은 몇 가지이다. 지금은 이 값이 프톨레마이오스 이전보다 조금 더 커져야 한다. 원지점에서 보름달 또는 초승달의 겉보기 지름 = 30'이다. 달이 통과하는 그림자의 지름 = 80 3/5'인데, 왜냐하면 그것들 사이의 비가 5 : 13보다 조금 커서 예를 들어 150 : 403(≅ 5:13 2/5)이기 때문이다. 달에서 지구까지의 거리가 62지구반지름보다 작지 않은 한, 원지점에서 태양 전체가 달에 가려지지 않는다. 달이 해와 합이나 충일 때 지구에서 달까지의 최대 거리 = 65 1/2 지구반지름이기 때문이다[IV, 17]. 이 값들을 가정하면, 그것들은 서로뿐만 아니라 다른 현상들과도 정확하게 조화를 이루는 것으로 보이고, 관측되는 일식과 월식과도 일치한다. 따라서 앞의 설명에 따라, 지구 반지름 KE = 1인 단위로, LO = 17' 8"이고, 따라서 MR = 46' 1"(≅ 17' 8" × 2.7)이고, 결과적으로 OP = 56' 51"(= 2p - (17' 8" + 46' 1"))이며, LK = 65 1/2p일 때 전체 DLK = 원지점에서 태양과 지구의 거리 = 1179이고, KMS = 그림자의 축 = 265p이다.

20

해, 달.지구, 세 천체의 크기와 비교

결과적으로 KL = KD/18과 LO = DC/18도 명확하다. 그러나 18 × LO ≅ 5p 27'이며, KE = 1p이다. 다른 방법으로, SK : KE = 265 : 1이므로, 비슷하게 전체의 SKD : DC = 1444 : 5p 27'인데, 이 변들이 서로 같은 비로 관련되기 때문이다. 이것이 태양과 지구의 지름의 비가 될 것이다. 구들의 비는 지름의 세제곱과 같다. 따라서 $(5p\ 27')^3$ = 161 7/8이고, 이것이 태양이 지구 구체를 초과하는 비이다.

게다가, 달의 반지름 = 17' 9"이며, 여기에서 KE = 1p이다. 그러므로 지구 지름 대 달의 지름의 비 = 7 : 2 = 3 1/2 : 1(3.498 : 1의 편리한 비)이다. 이것을 세제곱하면, 지구가 달보다 42 7/8배 더 크고, 그러므로 해가 달보다 6937배 더 크다는 것을 보여준다.

21

태양의 겉보기 지름과 시차

같은 크기가 멀리 있으면 가까이 있을 때보다 더 작아 보인다. 그러므로 해, 달, 지구의 그림자가 지구와의 거리 차이 때문에 시차만큼이나 변한다. 앞의 결과를 바탕으로 이러한 모든 변이들을 어떤 거리에서도 쉽게 결정할 수 있다. 태양의 경우에, 무엇보다 명확하다. 지구의 연주회전 반지름 = 10,000p일 때 태양에서 지구까지의 최대 거리 = 10,322p임을 보여 주었기 때문이다 III, 21. 연주회전 원의 다른 부분의 지름에서 지구의 최근접 거리 = 9,678p(= 10,000 - 322)이다. 그러므로 원점 = 1179 지구-반지름III, 19, 근점 = 1105, 평점mean apse = 1142이다. 1,000,000을 1179로 나눠서, 직각삼각형에서 최소각 = 2' 55"에 대응하는 848p를 얻는데, 이것은 지평선 근처에서 일어나는 최대 시차이다. 비슷하게, 1,000,000을 최소 거리인 1105로 나눠서, 3' 7"에 대응하는 905p를 얻으며, 이것은 근지점에서의 최대 시차이다. 그러나 앞에서IV, 20 태양 지름 = 5 27/60 지구-지름이고, 원지점에서 태양 지름 = 31' 48"임을 보였다. 왜냐하면, 1179 : 5 27/60 = 2,000,000 : 9245 = 원의 지름 : 31' 48"에 대응하는 변이기 때문이다. 결과적으로 최소 거리 = 1,105 지구-반지름이고, 태양의 겉보기 지름 = 33' 54"이다. 그러므로 이 값들의 차이(33' 54" - 31' 48")는 2' 6"이지만 시차들 사이의 차이는 12"(3' 7" - 2' 55")에 불과하다. 프톨레마이오스는알마게스트, V, 17 이 두 차이가 모두 너무 작아서 무시할 수 있다고 보았는데, 감각은 1' 또는 2'을 쉽게 인지하지 못하며, 초의 경우에는 더 감지하기 어렵다는 이유였다. 그러므로, 태양에서 모든 곳에서 최대 시차 = 3'이라고 해도 아무런 오류가 없는 것으로 보일 것이다. 하지만 나는 태양의 평균 겉보기 지름을 태양의 평균 거리로부터, 또는 (일부의 천문학자들이 하듯이) 태양의 겉보기 시간당 운동으로부터 취할 것인데, 그들이 생각하기에 이것은 태양 지름에 대해 5 : 66 = 1 : 13 1/5이다. 왜냐하면, 시간당 운동이 태양의 거리에 거의 비례하기 때문이다.

22

달의 변하는 겉보기 지름과 그 시차

달은 가장 가까운 천체이므로 겉보기 지름과 시차가 모두 변이가 크다는 것이 명백하다. 왜냐하면, 초승달과 보름달일 때, 지구로부터의 달의 최대 거리 = 65 1/2 지구-반지름이고, 앞의 증명[IV, 17]을 바탕으로, 최소 거리 = 55 8/60이기 때문이다. 반달의 경우, 최대 거리 = 68 21/60이고, 최소 거리 = 52 17/60지구-반지름이다. 왜냐하면, 지구 둘레의 반지름을 지구-달 거리로 나누면, 그 네 한계(최대 거리, 최소 거리, 보름과 초승, 가장 가까운 반달 ― 옮긴이)에서 달의 출몰시의 시차를 구할 수 있기 때문이다. 달이 가장 멀리 있을 때, 반달에서 50' 18"이고, 보름달과 초승달에서 52' 24"이며, 가장 가까이 있을 때 62' 21"이고, 가장 가까운 반달에서 65' 45"이다.

이 시차들로부터 달의 겉보기 지름도 명확해진다. 왜냐하면, 앞에서 보았듯이[IV, 20] 지구-지름 : 달-지름 = 7 : 2이기 때문이다. 마찬가지로, 지구-반지름 : 달-지름 =

7 : 4이며, 이것은 시차 대 달의 겉보기 지름의 비이기도 하다. 왜냐하면, 동일한 달의 경로passage에서 더 큰 시차의 각도와 겉보기 지름의 각도를 끼는 직선들이 서로 완전히 다를 수 없기 때문이다. 이 각도들은 대응하는 현들에 거의 비례하며, 그것들 사이에 어떤 인지할 수 있는 차이도 없다. 이 간단한 요약으로 위에서 말한 시차들의 첫 번째 한계에서 달의 겉보기 지름 = 288 3/4', 두 번째 한계에서 약 30', 세 번째 한계에서 35' 38", 마지막 한계에서 37' 34"임이 명확해진다. 이 마지막 값은 프톨레마이오스와 다른 이들의 이론에 따르면 거의 1°에 가까울 것이고, 그때 표면의 절반이 빛나는 달은, 보름달만큼 많은 빛을 지구에 비출 것이다.

23

지구의 그림자는 얼마나 변하는가?

나는 또한 위에서[IV, 19] 그림자 지름 대 달의 지름의 비 = 403 : 150이라고 말했다. 그러므로, 해가 원지점에 있을 때 보름달과 초승달에서, 최소 그림자-지름 = 80' 36", 최대 그림자-지름 = 95' 44", 최대 차이 = 15' 8" (=95' 44" - 80' 36")이다. 달이 같은 위치를 지날 때도, 태양으로부터 지구의 거리가 달라짐에 따라 지구 그림자가 다음과 같은 방식으로 변한다.

다시, 앞의 그림에서와 같이, 태양과 지구의 중심을 통과하는 직선 DKS를 그리고, 접선 CES도 그린다. DC와 KE를 연결한다. 앞에서 보인 것처럼, 거리 DK = 1179지구-반지름이고 KM = 62지구-반지름이며, MR = 그림자의 반지름 = 지구-반지름 KE의 46 1/60'이고, K와 R을 연결해서 만든 MKR = 겉보기 지구 그림자 반지름의 각도 = 42' 32"이며, KMS = 그림자의 축 = 265지구-반지름이다.

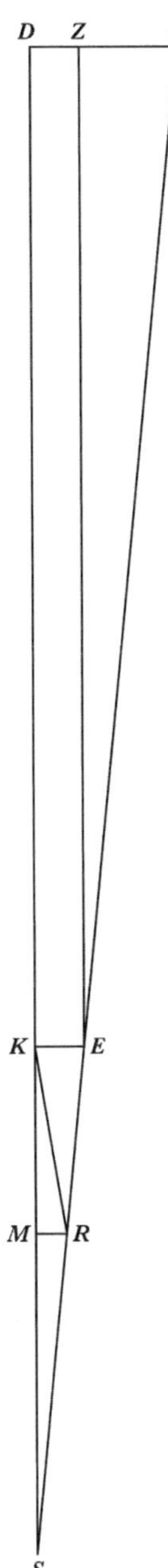

Figure.16

그러나 지구가 태양에 가장 가까울 때, DK = 1105지구-반지름으로, 달이 지나가는 같은 위치에서 지구의 그림자를 다음과 같이 계산할 수 있다. EZ를 DK에 평행하게 그린다. CZ : ZE = EK : KS. 그러나 CZ = 4 27/60 지구-반지름이고, ZE = 1105지구-반지름이다. 왜냐하면, ZE와 나머지 DZ(= CD - CZ = 5 27/60 - 4 27/60 = 1)가 DK와 KE(= 1)와 같은데, KZ가 평행사변형이이기 때문이다. 따라서 KS = 248 19/60 지구-반지름이다. 그러나 KM = 62 지구-반지름이고, 그러므로 나머지 MS = 186 19/60지구-반지름(= 248P 19' - 62p)이다. 그러나 SM : MR = SK : KE이므로, MR = 지구-반지름의 45 1/60'이고, MKR = 지구 그림자 반지름의 겉보기 각도 = 41' 35"이다.

이러한 이유로 달이 해와 지구에 대해 접근하는지 멀어지는지에 따라 같은 위치에서 그림자의 지름이 KE = 1p일 때 최대 1/60'으로 변화하며, 이것은 360° = 4직각일 때 57"로 보인다. 게다가, 그림자 지름 대 달 지름의 비는 첫 번째 경우(46' 1")에 더 크고, 두 번째 경우(45'

1")에 13 : 5보다 작은데, 이 값은 일종의 평균값이었다. 그러므로 언제나 같은 값을 사용해도 무시할 수 있는 오차만 생길 것이고, 따라서 고대인들의 의견에 따르면 수고를 줄일 수 있다.

24

지평선의 극을 통과하는 원 안에서 해와 달의 개별적인 시차를 표로 나타냄

이제 모든 단일한 해와 달의 시차 확인에 어떤 불확실성도 없을 것이다. 지구 둘레의 호 AB를 중심이 C이고 천정 아래의 점을 통과하도록 그린다. 같은 평면에서 달의 원 DE, 해의 원 FG, 천정 아래의 점을 통과하는 선분 CDF, 해와 달의 실제 위치를 취하는 선분 CEG를 그린다. 이 위치들에 대한 시선 AG와 AE를 그린다.

그러면 태양의 시차가 각 AGC로 표시되고, 달의 시차가 각 AEC로 표시된다. 게다가, 해와 달의 시차 차이는 각 GAE = 각 AGC와 AEC의 차이로 측정된다. 이제 ACG를 다른 각도와 비교하는 각도로 취해서, 예를 들어 ACG를 30°라고 하자. 평면삼각형의 정리에 따라, AC = 1p일 때 CG = 1142p로 하면, 명확하게 각 AGC = 태양의 실제 고도와 겉보기 고도의 차이 = 1 1/2'이다. 그러나 각 ACG = 60°일 때, AGC = 2' 36"이다. 비슷하게 다른 각 ACG의 값들에 대해서, 태양 시차가 명확해질 것이다.

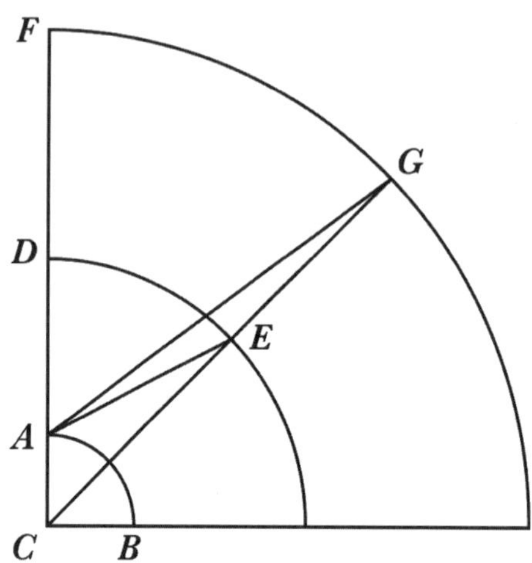

Figure.17

그러나 달의 경우에는 네 한계를 사용한다. 왜냐하면, 360° = 4직각으로 각 DCE 또는 호 DE = 30°라고 가정하고, 달이 지구에서 최대 거리에 있을 때, 앞에서 말했듯이[IV, 22] CE = 68p 21'이고 CA = 1p이기 때문이다. 그러면 삼각형 ACE에 대해서 두 변 AC와 CE가 주어지고, 각 ACE도 주어진다. 이 정보로부터 AEC = 시차각 = 25' 28"임을 알아낼 수 있다. CE = 65 1/2p일 때, 각 AEC = 26' 36"이다. 비슷하게 세 번째 한계에서도, CE = 55p 8'일 때, 시차각 AEC = 31' 42"이다. 마지막으로, 지구로부터 달의 최소 거리에서, CE = 52p 17'일 때 각 AEC = 33' 27"이다. 또한 호 DE = 60°일 때의 시차는, 같은 순서로 첫째는 43' 55", 둘째는 45' 51", 셋째는 54 1/2', 넷째는 57 1/2'이 된다.

나는 이 모든 값을 다음 표의 순서에 따라 적을 것이다. 편리함을 위해 다른 것들과 마찬가지로 이것을 6° 간격으로 30열로 확장할 것이다. 이 도들은 천정에서 최대 90°까지로 계산한 도의 두 배로 이해해야 한다. 나는 이 표를 9열로 배열했다. 1열과 2열에는 원의 공통

수가 포함된다. 3열에는 태양 시차를 넣을 것이다. 그 다음에는 달의 시차(4-9열)가 나온다. 4열에서는 반달이 원지점에 있을 때 발생하는 최소 시차가 그 다음 열에 나오는 보름달과 초승달의 시차보다 작은 차이를 보여줄 것이다. 6열은 근지점에서 보름달이나 초승달의 시차들을 보여줄 것이다. 그 다음에 나오는 분들(7열)은 우리와 가장 가까울 때 반달의 시차가 주변의 시차보다 큰 차이이다. 그 다음의 나머지 두 열은 비례 분을 위해 남겨두어서, 이 네 한계 사이의 시차를 계산할 수 있게 했다. 나는 또한 이 분들에 대해서도 설명할 것인데, 첫 번째는 원지점 근처이고, 그 다음은 첫 번째 두 한계(구矩일 때와 삭망일 때 원지점에 있는 달) 사이에서의 시차이다. 설명은 다음 같이 계속된다.

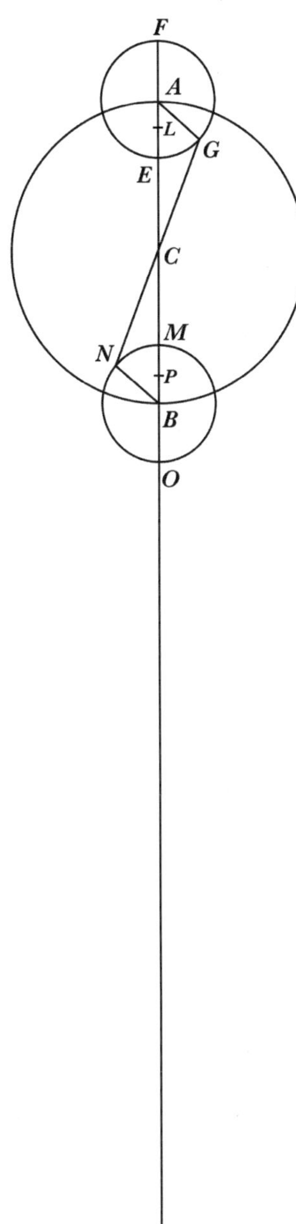

Figure.18

원 AB를 달의 첫 번째 주전원이라고 하고, 중심을 C라고 하자. D를 지구의 중심으로 하고, 직선 DBCA를 그린다. 원지점 A를 중심으로, 두 번째 주전원 EFG을 그린다. 호 EG = 60°를 취한다. AG와 CG를 연결한다. 위에서 보인 대로[IV, 17], 직선 CE = 5 11/60 지구-반지름이다. 게다가 DC = 60 18/60 지구-반지름이다. 그러므로 삼각형 ACG에서, 변 GA = 1p 25', 변 AC = 6p 36'이고, 두 변 사이의 각 CAG도 주어진다. 따라서 평면삼각형의 정리에 따라, 동일한 단위로 세 번째 변 CG = 6p 7'이다. 결과적으로 전체 DCG는 직선으로 형성되거나, 또는 이와 동등한 DCL = 66p 25'(= 60p 18' + 6p 7')이다. 그러나 DCE = 65 1/2p(= 60p 18' + 5p 11')이다. 따라서 나머지(DCL - DCE) = EL ≅ 55 1/2'(= 66p 25' - 65p 30')이다. 이렇게 주어진 비를 통해서, DCE = 60p일 때, 동일한 단위로 EF = 2p 37'이고, EL = 46'이다. 따라서 EF = 60'을 바탕으로, 초과하는 EL ≅ 18'이다. 나는 이 값을 표의 60°(1열)에서 반대편 8열에 적을 것이다.

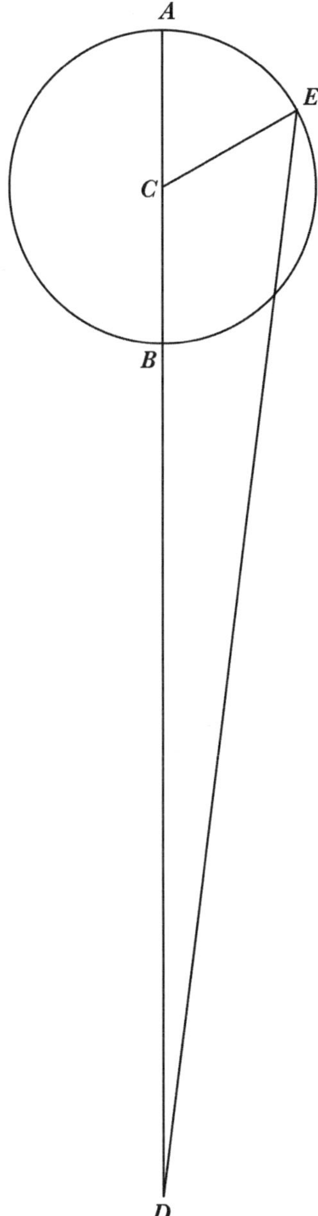

Figure. 19

근지점 B에 대해서도 비슷하게 증명할 것이다. B를 중심으로, 두 번째 주전원 MNO를 그리고, 각 MBN = 60°로 하겠다. 이전과 마찬가지로, 삼각형 BCN에 대해서 변과 각도가 주어질 것이다. 마찬가지로 지구-반지름 = 1p일 때 초과하는 MP ≅ 55 1/2'이다. 같은 단위로 DBM = 55 p 8'이다. 그러나 DBM = 60p이면, 같은 단위로 MBO = 3p 7'이고, 초과하는 MP = 55'이다. 그러나 3p 7' : 55' ≅ 60 :1 8이고, 원지점에 대해 몇 초의 차이는 있지만, 이전과 같은 결과를 얻었다. 나는 다른 경우에도 이 방법을 사용할 것이며, 표의 8열을 채울 것이다. 그러나 만약에, 이 값들 대신에 가감차 표[IV, 11 이후]에서 비례하는 분의 열에 열거된 값을 사용한다면, 우리는 아무런 오류도 저지르지 않을 것인데, 그것들은 거의 동일하고 아주 작은 양이 관련되기 때문이다.

살펴보아야 할 남은 것은 중간 한계의 비례 분, 즉 두 번째와 세 번째이다. 이제 보름달과 초승달이 중심을 C로 첫 번째 주전원 AB를 그리도록 하자. D를 지구의 중심으로 하고, 직선 DBCA를 그린다. 원지점 A에서 시작해서, 예를 들어 호 AE = 60°를 취한다. DE와 CE를 연결한다. 삼각형 DCE에서 두 변이 주어진다. CD = 60p 19'이고, CE = 5p 11'이다. 내각 DCE = 180° - ACE도 주어진다. 삼각형의 정리에 따라, DE = 63p 4'이다. 그러나 전체 DBA = 65 1/2p로, ED를 2p 27'(≅ 65p 30' - 63p 4') 초과한다. 그러나 전체 (2 × CE =) AB = 10p 22' : 2p 27 = 60 : 14이고, 이것을 표에서 60°의 반대편(9열)에 기록한다. 이 예를 마지막으로 나는 남은 것들을 모두 설명했고, 다음의 표를 완성했다. 나는 또 다른 해, 달, 지구 그림자의 표를 작성해서 가능한 한 이 표들을 많이 사용할 수 있도록 했다.

해와 달의 시차 표													
공통 수		태양 시차		달의 첫 번째 한계에서 [시차]에서 [시차를 구하기 위해] 첫 번째 한계를 뺀 차이		두 번째 한계에서 달의 시차		세 번째 한계에서 달의 시차		세 번째 한계에서 달의 시차에 네 번째 한계의 시차를 구하기 위해 더하는 차이		비례분	
												작은 주전원	큰 주전원
°	′	°	′	°	′	°	′	°	′	°	′		
6	354	0	10	0	7	2	46	3	18	0	12	0	0
12	348	0	19	0	14	5	33	6	36	0	23	1	0
18	342	0	29	0	21	8	19	9	53	0	34	3	1
24	336	0	38	0	28	11	4	13	10	0	45	4	2
30	330	0	47	0	35	13	49	16	26	0	56	5	3
36	324	0	56	0	42	16	32	19	40	1	6	7	5
42	318	1	5	0	48	19	5	22	47	1	16	10	7
48	312	1	13	0	55	21	39	25	47	1	26	12	9
54	306	1	22	1	1	24	9	28	49	1	35	15	12
60	300	1	31	1	8	26	36	31	42	1	45	18	14
66	294	1	39	1	14	28	57	34	31	1	54	21	17
72	288	1	46	1	19	31	14	37	14	2	3	24	20
78	282	1	53	1	24	33	25	39	50	2	11	27	23
84	276	2	0	1	29	35	31	42	19	2	19	30	26
90	270	2	7	1	34	37	31	44	40	2	26	34	29
96	264	2	13	1	39	39	24	46	54	2	33	37	32
102	258	2	20	1	44	41	10	49	0	2	40	39	35
108	252	2	26	1	48	42	50	50	59	2	46	42	38
114	246	2	31	1	52	44	24	52	49	2	53	45	41
120	240	2	36	1	56	45	51	54	30	3	0	47	44
126	234	2	40	2	0	47	8	56	2	3	6	49	47
132	228	2	44	2	2	48	15	57	23	3	11	51	49
138	222	2	59	2	3	49	15	58	36	3	14	53	52
144	216	2	52	2	4	50	10	59	39	3	17	55	54
150	210	2	54	2	4	50	55	60	31	3	20	57	56
156	204	2	56	2	5	51	29	61	12	3	22	58	57
162	198	2	58	2	5	51	56	61	47	3	23	59	58
168	192	2	59	2	6	52	13	62	9	3	23	59	59
174	186	3	0	2	6	52	22	62	19	3	24	60	60
180	180	3	0	2	6	52	24	62	21	3	24	60	60

해, 달, [지구] 그림자의 반지름 표								
공통 수		태양의 반지름		달의 반지름		그람자의 반지름		그림자의 변이
°	°	′	″	′	″	′	″	분
6	354	15	50	15	0	40	18	0
12	348	15	50	15	1	40	21	0
18	342	15	51	15	3	40	26	1
24	336	15	52	15	6	40	34	2
30	330	15	53	15	9	40	42	3
36	324	15	55	15	14	40	56	4
42	318	15	57	15	19	41	10	6
48	312	16	0	15	25	41	26	9
54	306	16	3	15	32	41	44	11
60	300	16	6	15	39	42	2	14
66	294	16	9	15	47	42	24	16
72	288	16	12	15	56	42	40	19
78	282	16	15	16	5	43	13	22
84	276	16	19	16	13	43	34	25
90	270	16	22	16	22	43	58	27
96	264	16	26	16	30	44	20	31
102	258	16	29	16	39	44	44	33
108	252	16	32	16	47	45	6	36
114	246	16	36	16	55	45	20	39
120	240	16	39	17	4	45	52	42
126	234	16	42	17	12	46	13	45
132	228	16	45	17	19	46	32	47
138	222	16	48	17	26	46	51	49
144	216	16	50	17	32	47	7	51
150	210	16	53	17	38	47	23	53
156	204	16	54	17	41	47	31	54
162	198	16	55	17	44	47	39	55
168	192	16	56	17	46	47	44	56
174	186	16	57	17	48	47	49	56
180	180	16	57	17	49	47	52	57

25

해와 달의 시차 계산

나는 또한 표로 해와 달의 시차를 계산하는 방법을 간략히 설명하겠다. 천정에서 태양의 거리 또는 천정에서 달까지 거리의 두 배로, 표에서 해당되는 시차를 취한다. 태양의 경우에는 값이 하나이지만, 달의 경우에는 네 한계의 시차가 있다. 또한, 달의 운동의 두 배 또는 태양에서의 거리로, 첫 번째(비례 분의 열, 즉 8열)에서 비례 분을 찾는다. 이렇게 얻은 비례 분은 60에 비례하는 부분으로, 첫 번째와 마지막 한계의 초과분이다. 60에 비례하는 부분의 첫 번째를 언제나 이 배열의 다음 시차(즉, 두 번째 한계의 시차)에서 뺀다. 그리고 이 60에 비례하는 부분들의 두 번째를 언제나 마지막의 바로 앞 한계의 시차에 더한다. 이 절차에 의해 한 쌍의 달 시차를 얻는데, 원지점과 근지점에 대해 환산한 값이고, 소주전원에 의해 증가하거나 감소한다. 그 다음에는 달의 시차로 마지막 열에서 비례 분을 취한다. 이 비례 분으로 우리는 다음으로 방금 찾은 시차들과의 차이를 비례 분으로 구한다. 이 60의 비례 분을 언제나 환산된 첫 번째, 원지점의 시차에 더한다. 이 결과가 주어진 위치와 장소에서 찾는 달의 시차이고, 다음의 예와 같다.

달에서 천정까지의 거리 = 54°라고 하자. 달의 평균 운동 = 15°이고, 정규화된 이상 운동 = 100°이다. 나는 표를 이용해서 달의 시차를 구하려고 한다. 천정 거리의 도를 두 배로 해서, 108°로 만든다. 표에서 108°에 해당하는, 두 번째 한계의 첫 번째 한계에 대한 초과는 1' 48"이고, 두 번째 한계의 시차 = 42' 50", 세 번째 한계의 시차 = 50' 59", 네 번째 한계의 세 번째 한계에 대한 초과는 2' 46"이다. 이 값들을 일일이 적어둔다. 달의 운동은, 두 배이면 = 30°이다. 이 값에 대해서 비례 분의 1열에서 5'을 찾는다. 이 5'으로 두번째 한계의 첫 번째(1' 48" × 5/60 = 9")에 대한 초과로 60에 비례하는 부분 = 9"를 취한다. 이 9'을 두번째 한계의 시차 42' 50"에서 뺀다. 그 나머지는 42' 41"이다. 비슷하게, 두 번째 초과 = 2' 46"이고, 비례 부분 = 14"(2' 46" × 1/12 ≅ 14")이다. 이 14"를 50'

59" = 세 번째 한계의 시차에 더해서, 합계 = 51' 13"이 된다. 이 시차들 사이의 차이 = 8' 32"(= 51' 13" - 42' 41")이다. 그 다음에, 정규화된 이상의 100도로, 마지막 열에서 비례 분 = 34를 선택한다. 이 값을 사용하여 8' 32" 차이의 비례하는 부분 = 4' 50"(= 8' 32" × 34/60)을 찾아낸다. 이 4' 50"를 첫 번째 보정된 시차(42' 41")에 더하면, 합이 47' 31"가 된다. 이것이 우리가 찾으려고 하던 수직 원(달 궤도, 즉 백도를 이렇게 부르고 있음 — 옮긴이)에서의 달의 시차이다.

그러나, 달의 시차는 모두 보름달과 초승달에 일어나는 시차와 아주 조금만 다르기 때문에 모든 곳에서 중간 한계 사이를 유지하면 충분해 보인다. 이것들은 특히 식蝕을 예측하는 데 필요하다. 다른 것들은 그렇게 광범위하게 탐구할 만한 가치가 없으며, 아마도 유용성보다는 호기심을 위한 것으로 생각된다.

26

경도와 위도의 시차를 서로에게서 분리하는 방법

시차는 쉽게 경도와 위도로 분리된다. 즉, 해와 달 사이 거리는 서로 교차하는 황도와 수직 원의 호와 각도로 측정된다. 수직 원이 황도와 직각으로 만날 때는, 분명히 경도의 시차가 생기지 않는다. 반대로, 전체 시차가 위도로 넘겨지는데, 위도의 원과 고도의 원이 같기 때문이다. 그러나 다른 한편으로, 황도가 지평선과 직각으로 교차하고 고도의 원과 같을 때, 그때 달의 위도가 없으면, 달의 시차가 경도에서만 발생한다. 그러나 달이 조금이라도 위도가 있으면, 경도로도 약간의 시차가 생기는 것을 피할 수 없다. 따라서 ABC를 황도라고 하고, 지평선에 직각으로 교차한다고 하자. A가 지평선의 축이라고 하자. 그러면 ABC는 달의 수직 원과 같고, 달은 위도가 없다. 달의 위치가 B이면, 전체 시차 BC는 경도로만 발생한다.

그러나 달에도 위도가 있다고 가정하자. 황극을 통과

해서 원 DBE를 그리고, DB 또는 BE를 달의 위도라고 하자. 분명히, 변 AD와 AE 중 어느 쪽도 AB와 같지 않을 것이다. D와 E가 둘 다 직각이 아닌데, 원 DA와 AE가 DBE의 극을 통과하지 않기 때문이다. 시차가 위도로도 얼마간 생기며, 달이 천정에 가까울수록 더 커질 것이다. 왜냐하면 삼각형 ADE의 밑변인 DE가 일정하게 유지되는 동안에, 변 AD와 AE가 짧아질수록 이 변들과 밑변이 이루는 각도가 더 예리해지기 때문이다. 달이 천정에서 멀어짐에 따라 이 각도들이 점점 더 직각에 가까워진다.

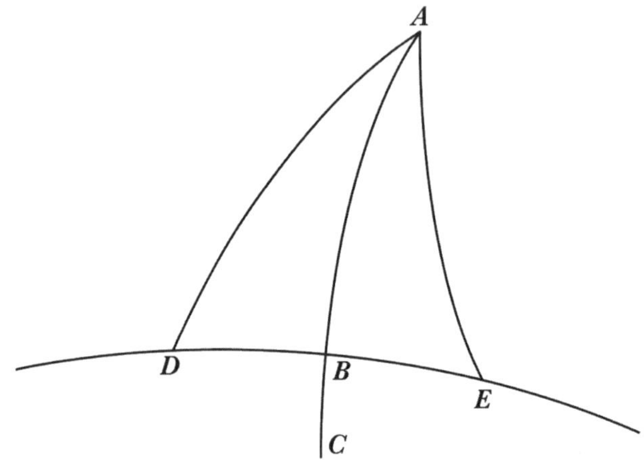

Figure.20

이제 달의 수직 원인 DBE가 황도 ABC와 비스듬히 교차하도록 하자. 달이 황도와 교차하는 점 B에 있을 때, 달의 위도가 없도록 한다. BE를 수직 원의 시차라고 하자. 호 EF를 이 원에서 ABC의 극을 통과하도록 그린다. 그러면 삼각형 BEF에서, 각 EBF가 주어지며(앞에서 보인 것처럼), F는 직각이고, 변 BE도 주어진다. 구면삼각형의 정리에 따라, 나머지 변 BF, FE가 주어지고, 시차 BE에 대해서, 위도는 FE이고, 경도는 BF이다. 그러나 BE, EF, FB의 크기가 작기 때문에 이것들의 직선과의 차이는 인지할 수 없을 정도이다. 그러므로 직각삼각형을 평면에 있는 것으로 다루면 계산이 쉬워지고, 오류도 생기지 않을 것이다.

달의 위도가 어느 정도 있으면 계산이 더 어렵다. 황도 ABC를 다시 그려서, 지평선의 극을 통과하는 원 DB와 비스듬히 교차하도록 한다. B가 경도상에서 달의 위치라고 하자. 이때의 위도를 북위 BF 또는 남위 BE로 한다. 천정 D로부터 달로 수직 원 DEK와 DFG를 그리면, 그 위의 EK와 FG가 시차이다. 왜냐하면, 달의 경도와 위도상의 실제 위치는 점 E와 F이기 때문이다. 그러나 달은 K와 G에서 보일 것이며, 여기에서 호 KM과 LG를 수직으로 황도 ABC에 그린다. 달의 경도와 위도가 알려지고, 물론 지역의 위도도 알려져 있다. 그러므로 삼각형 DEB에서 두 변 DB와 BE가 주어지고, 황도와 수직 원의 교각 ABD도 주어진다. ABD를 직각 ABE에 더해서, 전체 각도 DBE를 얻는다. 결과적으로 나머지 변 DE가 주어질 것이고, 각 DEB도 주어질 것이다.

비슷하게 삼각형 DBF에서도 두 변 DB와 BF가 주어지며, 각 DBF도 주어지는데, 이것은 각 ABD를 직각 ABF에서 뺀 나머지이다. 그러면 DF와 함께 각 DFB도 주어진다. 그러므로 두 호 DE와 DF의 시차 EK와 FG가 표에서 주어진다. 달의 천정으로부터의 실제 거리 DE 또는 DF도 표에서 주어지며, 겉보기 거리 DEK 또는 DFG도 마찬가지이다.

그러나 DE는 황도와 점 N에서 교차한다. 삼각형 EBN에서, NBE가 직각이고, 각 NEB가 주어지며, 밑변 BE도 주어진다. 나머지 각 BNE를 알 수 있고, 나머지 변 BN과 NE도 알 수 있다. 비슷하게 전체 삼각형 NKM에서도, 주어진 각 M과 N과 전체 변 KEN, 밑변 KM을 알 수 있다. 이것은 달의 겉보기 남위이다. 이것의 EB에 대한 초과가 위도의 시차이다. 나머지 변 NBM은 주어진다. NB를 NBM에서 빼면, 나머지 BM이 경도의 시차이다.

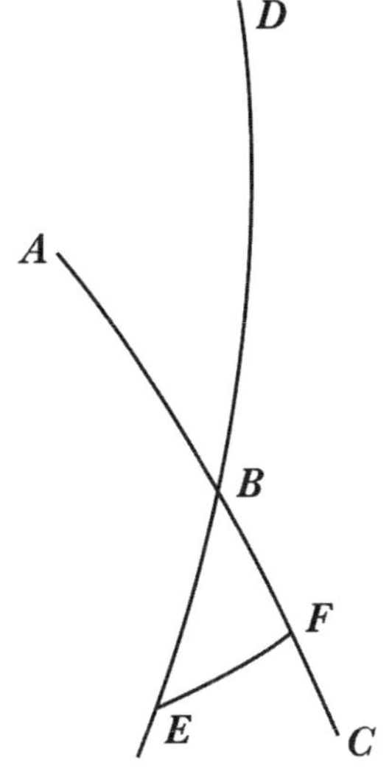

Figure. 21

비슷하게 북쪽 삼각형 BFC에서도, B는 직각이고, 변 BF와 각 BFC가 주어진다. 그러므로 나머지 변 BLC와

FGC가 주어지고, 나머지 각 C도 주어진다. FGC에서 FG를 빼서 남는 GC는 삼각형 GLC에서 주어지는 변이고, 이 삼각형에서 CLG는 직각이고, 각 LCG는 주어진다. 결과적으로 나머지 변 GL과 LC가 주어진다. 마찬가지로 BC에서 LC를 뺀 나머지도 주어지며, 이것은 경도의 시차인 BL이다. 또한 겉보기 위도 GL도 주어지며, 이것의 시차는 실제의 위도 BF의 GL에 대한 초과이다.

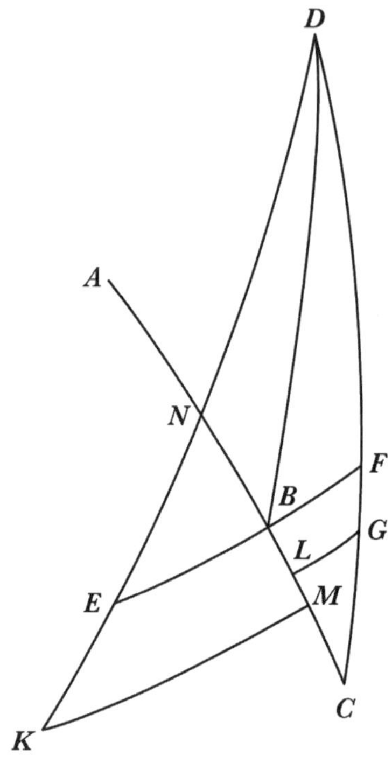

Figure. 22

그러나 (지금 보는 것처럼) 이 계산은 매우 작은 규모에서 이루어지며, 노력에 비해 얻는 것이 적다. 그러므로 각 ABD를 DCB로, DBF를 DEB로 하고, 단순히 (이전처럼) 언제나 평균 호 DB를 호 DE와 EF로 사용해서, 달의 시차를 무시해도 충분하다. 이렇게 해도 아무런 오차가 생기지 않으며, 특히 지구의 북쪽 지역에서 그러하다. 반면에 남쪽에 매우 치우친 지역에서는, B가 달의 최대 위도 5°로 천정에 닿고 달이 지구와 가장 가까울 때, 그 차이는 약 6'이다. 그러나 월식이 일어나는 동안에는 달이 해와 합을 이루고 위도가 1 1/2°를 초과할 수 없으므로, 이 차이가 1 3/4'에 불과할 수 있다. 그러므로 이러한 사항들을 고려하여 황도의 동쪽 사분원에서 경도의 시차가 언제나 달의 실제 위치에 더해지고, 다른 사분원에서는 언제나 빼야 달의 겉보기 경도를 얻을 수 있음이 명확해진다. 달의 겉보기 위도는 위도의 시차를 통해서 구한다. 왜냐하면 그것들이 황도의 같은 쪽에 있으면, 그것들을 더하기 때문이다. 그러나 만약 그것들이 황도의 반대쪽에 있으면, 큰 것에서 작은 것을 빼서, 그 나머지가 같은 쪽에서 더 큰 것의 겉보기 위도이다.

27

달의 시차에 대한 주장들의 확인

달의 시차는, 위에서 설명했듯이[IV, 22, 24-26] 현상들과 일치하며, 서기 1497년 3월 9일 일몰 후에 내가 볼로냐에서 수행한 것과 같은 여러 가지 관측으로 입증할 수 있다. 나는 히아데스 성단의 밝은 별이며 로마인들이 팔릴리치움Palilicium이라고 부르는 알데바란을 달이 막 엄폐하려는 것을 관측했다. 시간이 지나서, 밤의 다섯 번째 시간(= 오후 11시)에 이 별이 달의 구체의 어두운 부분에 닿아서, 별빛이 달의 뿔(초승달 등의 끝부분-옮긴이) 사이에서 사라지는 것을 보았다. 이 별은 남쪽 뿔에 달의 폭 또는 지름의 1/3쯤 가까이 있었다. 이것은 쌍둥이 자리 2° 52'이고 남위 5 1/6°로 계산되었다. 그러므로, 명백히 겉보기의 달 중심은 이 별의 서쪽에 지름의 절반만큼 떨어져 있었다. 결과적으로, 달 중심의 겉보기 위치는 경도 2° 36'(쌍둥이자리 = 2° 52' - 1/2(32')), 위도가 약 5° 6'이었다. 따라서, 볼로냐에서 서기의 시작부터 관측 시점까지 이집트 해 1497년, 76일, 더하기 23시간이 경과했다. 그러나 크라쿠프는 동쪽으로 9°쯤 떨어져 있어서, 균일한 시간을 얻기 위해 23시간 36분과 4분을 더야 할 것인데, 해가 물고기자리 28 1/2°에 있었기 때문이다. 그러면 해와 달의 균일한 거리는 74°이고, 정규화된 이상은 111° 10'이며, 위도의 실제 운동은 203° 41'이다. 게다가 그때 볼로냐에서 전갈자리 26°가 59 1/2°의 각도로 뜨고 있었고, 달이 천정에서 84°에 있었으며, 수직원과 황도의 교각이 약 29°였고, 달의 시차는 경도 51', 위도 30'이었다. 이 값들은 관측과 철저히 일치해서 아무도 나의 가설과 그 가설을 바탕으로 한 진술의 정확성을 의심할 필요가 없다.

28

해와 달의 평균 합과 충

달과 해의 운동에 관한 위의 진술들은 그것들의 합과 충을 조사하는 방법을 알려준다. 그러므로 충이나 합이 곧 일어날 것으로 생각되는 때에 대해서, 달의 균일한 운동을 살펴볼 것이다. 달이 방금 원을 완전히 돌았다는 것을 알게 되면, 우리는 이것 합이라는 것을 알게 되고, 반원이면, 달이 충에서 보름달이 된다는 것을 알게 된다. 그러나 이런 정확함은 거의 볼 수 없기 때문에, 우리는 두 천체 사이의 거리를 조사해야 한다. 이 거리를 달의 일일 운동으로 나눌 때, 삭망이 일어날 때까지 또는 일어난 후의 시간을 운동이 남거나 부족한 것으로 알 수 있다. 그러면 이 시간에, 우리는 운동과 위치를 조사할 것이고, 이것으로 초승달과 보름달의 실제 위치를 계산할 것이며, 일식 또는 월식이 일어날 수 있는 합을, 나중에 설명할 방법으로IV, 30 구별한다. 이 단계를 확립한 뒤에, 이것을 다른 달로 확장하고 12개월 표를 사용하여 여러 해에 걸쳐 이 단계를 수행한다. 이 표에는 부분적partial 시간, 이상에서 해와 달의 균일한 운동, 달의 위도가 포함되며, 각각의 값은 앞에서 발견된 각각의 균일한 값uniform value과 연결되어 있다. 그러나 태양의 이상과 관련하여, 이것을 바로 알 수 있도록, 이것을 적절하게 정규화된 형태로 기록하겠다. 왜냐하면, 불균일성은 한 해만으로 인지할 수 없고, 여러 해로도 알 수 없는데, 그 이유는 그 근원인 원지점이 느리기 때문이다.

해와 달의 합과 충의 표												
월	부분 시간				달의 이상 운동				위도의 달의 운동			
	일	일-분	일-초	일-초의 1/60	60°	°	′	″	60°	°	′	″
1	29	31	50	9	0	25	49	0	0	30	40	14
2	59	3	40	18	0	51	38	0	1	1	20	28
3	88	35	30	27	1	17	27	1	1	32	0	42
4	118	7	20	36	1	43	16	1	2	2	40	56
5	147	39	10	45	2	9	5	2	2	33	21	10
6	177	11	0	54	2	34	54	2	3	4	1	24
7	206	42	51	3	3	0	43	2	3	34	41	38
8	236	14	41	12	3	26	32	3	4	5	21	52
9	265	46	31	21	3	52	21	3	4	36	2	6
10	295	18	21	30	4	18	10	3	5	6	42	20
11	324	50	11	39	4	43	59	4	5	37	22	34
12	354	22	1	48	5	9	48	4	0	8	2	48
보름달과 초승달 사이의 반 개월												
	14	45	55	4 1/2	3	12	54	30	3	15	20	7
태양의 이상 운동												
월	60°	°	′	″				월	60°	°	′	″
1	0	29	6	18				7	3	23	44	7
2	0	58	12	36				8	3	52	50	25
3	1	27	18	54				9	4	21	56	43
4	1	56	25	12				10	4	51	3	1
5	2	25	31	31				11	5	20	9	20
6	2	54	37	49				12	5	49	15	38
반개월												
								1/2	0	14	33	9

29

해와 달의 실제 합과 충에 대한 조사

(앞에서 설명한 방법에 따라) 이 천체들의 평균 합과 충뿐만 아니라 운동을 구한 뒤에, 실제의 삭망을 얻기 위해 서쪽 또는 동쪽에서 서로의 실제 거리를 알아야 한다. 왜냐하면 평균 합 또는 충일 때 달이 해의 서쪽에서 있으면, 명백히 실제 삭망이 일어나기 때문이다. 해가 달의 서쪽에 있으면, 우리가 찾는 실제 삭망이 이미 일어난 뒤이다. 이러한 진행은 두 천체의 가감차에 의해 명확해진다. 가감차가 0이거나 크기가 같고 같은 방향이면, 다시 말해 둘 다 더하거나 둘 다 빼는 것이면, 실제의 합 또는 충이 명백히 평균 삭망과 같은 순간에 일치한다. 그러나 가감차가 방향이 같고 크기가 다른 경우에, 가감차 사이의 차이가 천체들 사이의 거리를 나타낸다. 더하거나 빼는 가감차가 더 큰 천체가 다른 천체보다 서쪽 또는 동쪽에 있다. 그러나 가감차들이 서로 반대 방향이면, 빼는 가감차를 가진 천체가 훨씬 더 서쪽에 있는데, 가감차의 합이

천체들 사이의 거리이기 때문이다. 이 거리에 관해서, 우리는 달이 몇 시간 동안에 그 거리를 지나갈 수 있는지 고려할 것이다(1도 거리에 2시간이 소요된다).

따라서 천체들 사이의 거리가 약 6°이면, 그 도를 지나가는 데 12시간이 걸린다고 가정할 것이다. 이렇게 결정한 시간 간격에 대해서, 우리는 해에서 달까지의 실제 거리를 조사할 것이다. 달의 평균 운동 = 두 시간에 1° 1'이고, 보름달과 초승달의 이상에서 시간에 따른 실제 운동 ≅ 50'임을 알면 거리를 쉽게 알 수 있다. 6시간에 균일한 운동은 3° 3'(=3 × 1° 1')이고, 이상에서 실제 운동은 5°(=6 × 50')이다. 이 값들을 가지고, 달의 가감차 표 IV, 11에서, 가감차들 사이의 차이를 알아보자. 이 차이는 이상이 원의 하부일 경우에 평균 운동에 더하며, 원의 상부에 있으면, 이 차이를 뺀다. 그 합 또는 나머지는 가정된 시간에 달의 실제 운동이다. 이 운동이 앞에서 결정한 거리와 같으면 충분하다. 그렇지 않으면 이 거리에 추정된 시간을 곱하고, 이 운동으로 나눈다. 또는 이 거리를 우리가 얻은 실제의 시간당 운동으로 나눈다.

그 몫은 평균과 실제 합 또는 충의 시 단위의 실제 시간 차이다. 달이 해 또는 해의 반대 위치에 대해 서쪽에 있으면, 이 차이를 평균 합 또는 충의 시간에 더할 것이다. 달이 그 위치에서 동쪽에 있으면, 이 차이를 뺀다. 그러면 실제의 합 또는 충의 시간을 얻는다.

그러나 나는 태양의 불균일성을 고려하여 뭔가를 더하거나 빼야 한다는 것도 인정한다. 그러나 이 양은 무시해도 좋은데, 이것은 전체 시간 동안에 1'에도 미치지 못하며, 두 천체가 삭망인 동안에 가장 거리가 멀 때조차, 7도를 넘지 않기 때문이다. 태음월lunation(삭망월이라고도 하지만 천문용어로는 태음월이다 — 옮긴이)을 정하는 이 방법이 더 신뢰성이 있다. 왜냐하면, 달의 시간당 운동에 배타적으로 의존하는 이들을 위해, 그들이 "시간당 초과hourly surplus"라고 부르는 것은, 때때로 잘못되고 자주 계산을 반복해야 하는데, 달의 운동이 시간마다 변하며 일정하지 않기 때문이다. 그러므로, 실제 합 또는 충의 시간에 대해 우리는 달의 위도를 구하기 위해 위도에서의 실제 운동을 확립할 것이고, 또한 춘분점으로부터 태양의 실제 거리를 구할 것인데, 말하자면, 달의 위치를 얻는 황도십이궁의 별자리에서, 같은 쪽이거나 지름 방향으로 반대쪽이다.

이러한 방식으로 크라쿠프의 자오선에 대해 균일한 시간이 알려지고, 우리는 이것을 위에서 설명한 방법으로 겉보기 시간으로 환산한다. 그러나 이 현상들을 크라쿠프가 아닌 어떤 곳에 대해 결정하려고 하면, 경도를 고려해야 한다. 경도의 각 도마다 한 시간의 4분을 취하고, 경도의 각 분마다 한 시간의 4초를 취한다. 그 장소가 더 동쪽이면 이 간격을 크라쿠프 시간에 더하고, 더 서쪽이면 이 간격을 뺀다. 그 나머지 또는 합이 해와 달의 실제 합 또는 충의 시간이 될 것이다.

30

일식이 일어나는 해와 달의 합과 충을 다른 것들과 구별하는 방법

식이 삭망에 일어나는지 여부는 달의 경우로 쉽게 결정된다. 왜냐하면 달의 위도가 달과 그림자의 지름의 절반의 합보다 작으면 월식이 일어나지만, 위도가 이 지름의 합보다 크면, 월식이 일어나지 않기 때문이다.

그러나 태양의 경우에는 매우 어려운데, 해와 달 둘 다의 시차에 관련되기 때문이며, 이로 인해 겉보기 합이 실제의 합과 달라진다. 따라서 우리는 실제 합의 시간에 해와 달의 경도 차이를 조사한다. 마찬가지로, 황도의 동쪽 사분원에서 실제의 합이 일어나기 1시간 전이나, 서쪽 사분원에서 실제의 합이 일어나고 1시간 뒤에, 달의 해로부터의 겉보기 경도 거리를 알아보는데, 한 시간 동안에 달이 해에서 겉보기에 얼마나 멀어지는지 알아보기 위해서이다. 경도의 이 차이를 시간당 운동으로 나눠서, 실제와 겉보기 합 사이의 차이를 얻는다. 이 시간의 차이를 황도 동쪽의 실제 합의 시간에서 빼거나, 서쪽에서 더한다(앞의 경우에 겉보기 합이 실제의 합에 앞서지만, 뒤의 경우에는 뒤따르기 때문이다). 그 결과는 원하는 겉보기 합의 시간이 될 것이다. 그런 다음에 이 시간으로 달의 해로부터의 겉보기 위도를 계산하거나, 해의 시차를 뺀 뒤에, 겉보기 합일 때의 해와 달 사이의 거리를 계산할 것이다. 이 위도가 해와 달의 지름의 합의 절반보다 크면 일식이 일어나지 않을 것이고, 위도가 이 지름들의 합의 절반보다 작으면 일식이 일어날 것이다. 이 결론으로, 실제의 합일 때 달의 경도상의 시차가 없으면, 실제와 겉보기 합이 일치함이 명확해진다. 이것은 동쪽에서 또는 서쪽에서 잿을 때 황도의 90°에서 일어난다.

31

일식과 월식의 크기

일식이나 월식이 일어난다는 것을 알아낸 다음에는, 식이 얼마나 클지에 대해서도 쉽게 알 수 있을 것이다. 일식의 경우에 겉보기 합일 때 해와 달의 겉보기 위도를 사용한다. 이 위도를 해와 달의 지름의 합의 절반에서 빼서, 나머지가 지름을 따라 잴 때 해가 가려지는 부분이기 때문이다. 이 나머지에 12를 곱하고, 이 곱을 해의 지름으로 나누면, 해에서 가려지는 부분의 디지트 값을 구할 수 있다. 그러나 해와 달의 중간에 위도가 없으면, 해 전체가 가려지거나 달이 가려질 수 있는 최대한으로 가려진다.

월식의 경우에도 비슷한 방식으로 진행하며, 겉보기 위도가 아니라 단순한 위도를 사용하는 것만 다르다. 이 값을 달과 그림자의 지름의 합의 절반에서 빼서, 그 나머지가 달이 가려지는 부분이며, 달의 위도가 달 지름으로 이 지름들의 합의 절반보다 작아야 한다. 왜냐하면 달의 위도가 이 합보다 작은 달의 반지름이라면 개기월식이 되기 때문이다. 게다가, 위도가 작으면 달이 그림자에 머무는 시간이 좀 더 늘어날 것이다. 이 시간은 위도가 없을 때 최대가 될 것이며, 이것은 이 문제를 고려하는 사람들에게 완전히 명확하다고 나는 생각한다. 그 다음에는 부분월식에서, 가려지는 부분에 12를 곱하고, 이 곱을 달의 지름으로 나눠서, 가려지는 부분의 디지트를 구할 수 있다. 이것은 태양의 경우에 대해 설명한 것과 정확히 똑같다.

32

식의 지속에 대한 예측

식이 얼마나 오래 지속될지를 알아보는 것이 남았다. 이와 관련해서 우리는 해, 달, 그림자 사이의 호를 직선으로 취급한다는 것을 알아야 하는데, 호들의 크기가 작아서, 직선과 다르지 않기 때문이다.

따라서, 태양 또는 그림자의 중심에 점 A를 잡고, 선분 BC를 달의 구체가 지나가는 경로라고 하자. 달이 태양이나 그림자에 닿았을 때 달의 중심을 B라고 하고, 식이 완전히 끝날 때 달의 중심을 C라고 하자. AB와 AC를 연결한다. AD를 BC에 수직으로 그린다. 달의 중심이 D에 있을 때는, 분명히 달이 식의 중간에 있을 것이다. 왜냐하면, AD가 A에서 BC로 내린 다른 선분들보다 짧기 때문이다. BD = DC인데, AB = AC이기 때문이며, 각각이 일식에서 해와 달의 지름의 절반을 이루고, 월식에서는 달과 그림자의 지름의 합의 절반을 이룬다. AD는 식이 일어나는 동안의 달의 실제 또는 겉보기 위도이다. $(AB)^2 - (AD)^2 = (BD)^2$이다. 따라서 BD의 길이가 주어질 것이다. 이 길이를 월식에서 달의 실제 시간당 운동, 또는 일식에서 달의 겉보기 시간당 운동으로 나누면, 식의 지속 시간의 절반을 얻게 될 것이다.

그러나 달은 자주 그림자 안에 머문다. 앞에서 말했듯이[IV, 31], 이것은 달과 그림자의 지름의 합의 절반이 달의 위도보다 더 클 때 일어난다. 따라서 달이 막 완전히 가려졌을 때, 즉 그림자의 안쪽에서 그림자의 둘레에 닿아 있을 때 달의 중심을 E라고 하고, 달이 그림자에서 처음으로 빠져나와서 두 번째 닿을 때의 달의 중심을 F라고 하자. AE와 AF를 연결한다. 그 다음에는, 전과 같은 방법으로, ED와 DF는 분명히 그림자 속에서 보내는 시간의 절반이 될 것이다. 왜냐하면, AD는 달의 위도로 알려지며, AE 또는 AF는 그림자의 반지름이 달의 반지름에 대한 초과량으로 알려지기 때문이다. 그러므로 ED 또는 DF가 결정될 것이다. 둘 중 하나를 다시 달의 시간당 실제 운동으로 나누면, 우리가 찾던, 그림자 속에 머무는 시간의 절반을 얻을 것이다.

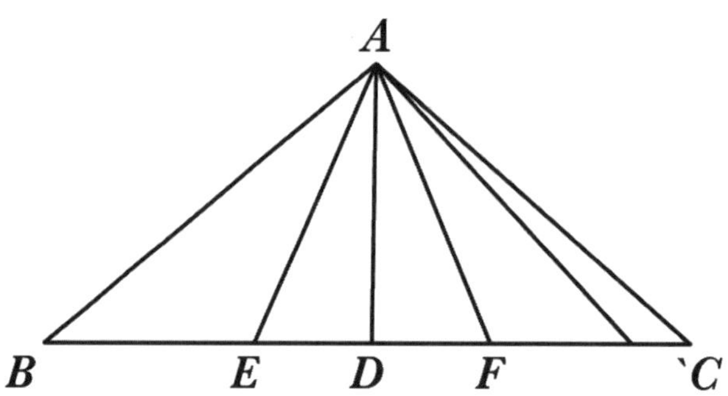

Figure.23

그러나 여기에서 주목해야 할 점은 달이 자기의 원에서 운동할 때, 달은 그 자신의 원에서 도는 도와 정확히 똑같이 황도의 경도의 도로 돌지 않는다는 것이다(황극을 통과하는 원으로 쟀을 때). 그러나 그 차이는 아주 미세하다. 황도와의 교차점에서 식의 가장 바깥쪽 한계에 이르는 전체 거리 12°에서, 2' = 1/15시간 이상 차이가 나지 않는다. 이런 이유로 나는 그것들이 동일하다고 보고 서로 맞바꿔서 사용하기도 한다. 마찬가지로 나는 또한 달이 식의 한계에 있을 때의 위도를 식의 중간 위도로 사용한다. 달의 위도는 늘 증가하거나 감소하므로, 달이 그림자에 잠기기 시작하는 부분과 그림자에서 빠져나오는 부분이 절대적으로 같지 않다. 그러나 그것들 사이의 차이가 매우 작아서 세밀한 것까지 정밀하게 조사하는 것은 시간 낭비이다. 식의 시간, 지속, 크기가 앞의 방식으로 지름과 관련하여 설명되었다.

그러나 많은 천문학자들은 식의 부분을 지름이 아니라 표면으로 결정해야 한다고 보는데, 선이 아니라 면이 가려지기 때문이다. 따라서 태양 또는 그림자의 원을 ABCD라고 하고, 중심을 E라고 하자. 달의 원을 AFCG라고 하고, 중심을 I라고 하자. 이 두 원이 점 A와 C에서 서로 교차한다고 하자. 두 중심을 통과해서 직선 BEIF를 그린다. AE, EC, AI, IC를 연결한다. 선분 AKC를 BF에 수직으로 그린다. 이 원들로부터 가려진 면 ADCG의 크기, 또는 해나 달의 전체 면에 대해 가려진 부분을 1/12의 수로 결정하려고 한다.

그러면, 앞에서 말한 것에서, 두 원의 반지름 AE와 AI가 주어진다. 중심들 사이의 거리 = 달의 위도인 EI도 주어진다. 따라서 삼각형 AEI에서 변들이 주어지고, 그러므로 위에서 증명된 것에 따라 각도가 주어진다. EIC는 AEI와 닮음이고 합동이다. 결과적으로 호 ADC와 AGC가 원둘레 = 360°인 도로 주어진다. 시라쿠스의 아르키메데스의 『원의 측정Measurement of the Circle』에 따라, 원주와 지름의 비는 3 1/7 : 1보다 작고 3 10/71 : 1보다 크다. 프톨레마이오스는 이 값들 사이에서 3p 8' 30" : 1p의 비를 가정했다. 이 비를 바탕으로, 호 AGC와 ADC가 그 지름 또는 AE와 AI와 같은 단위로 알려진다. EA와 AD 아래에 담긴 넓이와 IA와 AG 아래에 담긴 넓이는 각각 부채꼴 AEC와 AIC의 넓이와 같다.

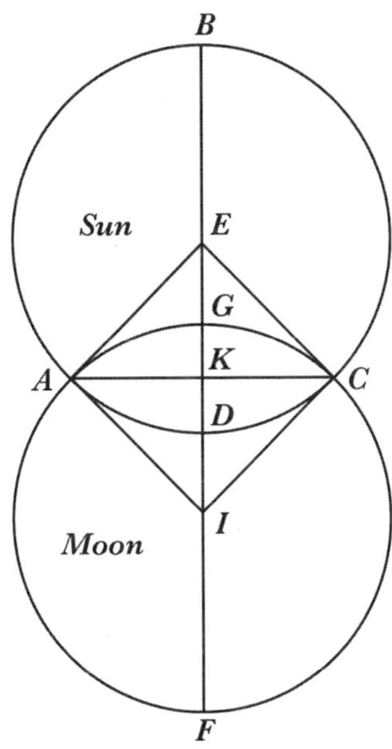

Figure.24

그러나 이등변삼각형 AEC와 AIC에서 공통의 밑변 AKC가 주어지며, 수직 선분 EK와 KI도 주어진다. 그러면 AK × KE의 곱이 삼각형 AEC의 넓이로 주어지며, 마찬가지로 곱 AK × KI = 삼각형 ACI의 넓이이다. 두 삼각형의 넓이를 그 부채꼴 넓이에서 뺀(부채꼴 EADC -

△AEC, 부채꼴 AGCI - △ACI) 나머지는 활꼴 AGC와 ADC이다. 이 활꼴들로부터 우리가 찾던 ADCG의 전체 넓이를 알 수 있다. 또한 원의 전체 넓이도 주어지는데, 이것은 일식에서 BE와 BAD에 의해 정의되고, 월식에서 FI와 FAG에 의해 정의된다. 따라서 달 또는 해의 전체 원의 12분의 몇이 ADCG, 즉 그림자의 영역 속으로 들어가는지 명확해진다.

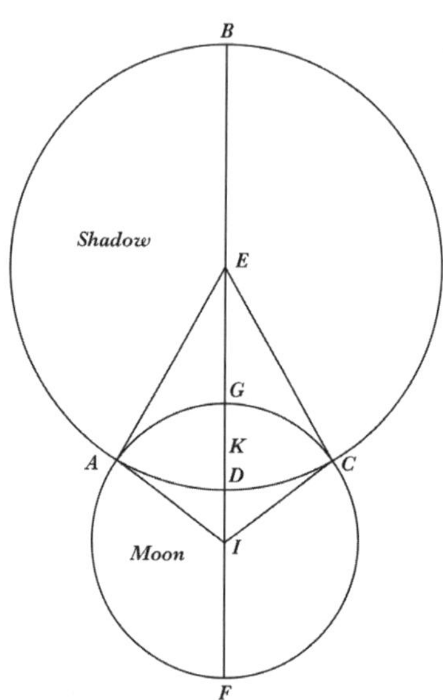

Figure. 25

달에 대해서는 다른 천문학자들이 더 완전하게 다루었지만, 현재로서는 앞의 논의로 충분하다. 그러므로 나는 서둘러 다른 다섯 천체의 회전으로 넘어갈 것이고, 이것이 5권의 주제이다.

회전의 4권 끝.

1 행성들의 회전과 평균 운동

2 고대 이론이 설명하는 행성의 균일한 운동과 겉보기 운동

3 지구의 운동에 따른 겉보기 불균일성에 대한 일반적인 설명

4 행성의 운동은 어떤 방식으로 균일하지 않게 보이는가?

5 토성 운동의 유도

6 최근에 관측된 토성의 충 3회

7 토성의 운동에 대한 분석

8 토성의 위치 결정

9 지구의 연주회전에 따른 토성의 시차와, 토성의 지구로부터의 거리

10 목성의 운동에 대한 설명

11 최근에 관측한 목성의 충 3회

12 목성의 균일한 운동의 확인

13 목성 운동의 위치 결정

14 목성의 시차와, 지구 궤도에 대한 거리의 결정

15 화성

16 최근에 관측한 화성의 다른 충 3회

17 화성의 운동 확인

18 화성의 위치 결정

19 지구의 연주궤도가 1단위일 때 화성 궤도의 크기

20 금성

21 지구와 금성의 궤도 지름의 비

22 금성의 이중 운동

23 금성의 운동에 대한 분석

24 금성의 이상 위치

25 수성

26 수성의 원점과 근점

27 수성의 이심 거리와, 원에 대한 비율

28 왜 수성의 이각은 근지점보다 육각형의 변 근처에서 더 커 보이는가

29 수성의 평균 운동에 대한 분석

30 수성의 운동에 대한 더 최근의 관측

31 수성의 위치 결정

32 접근과 후퇴에 대한 다른 설명

33 다섯 행성의 가감차 표

34 다섯 행성의 경도를 계산하는 방법

35 다섯 행성의 유와 역행

36 역행의 시간. 위치, 호를 결정하는 방법

De revolutionibus orbium coelestium

제 5 권

Book Five

서론

지금까지 나는 내 능력의 최선을 다해 지구가 태양 주위를 도는 회전 3권과, 달이 지구를 도는 회전 4권에 대해 논의했다. 이제 나는 다섯 행성의 운동을 살펴보겠다. 이 행성들의 질서와 크기는 지구의 운동과 주목할 만한 일치와 정밀한 대칭을 가지고 있으며, 1권에서 이 구들의 중심이 지구 근처가 아니라 태양 근처에 있음을 보이면서 이것을 일반적으로 설명했다. 그러므로 나에게는 이 모든 진술들을 한 번에 하나씩 더 명확하게 증명해서, 나의 약속을 최대한 이행하는 일이 남았다. 특히 나는 현상의 관측을 활용할 것인데, 고대의 관측뿐만 아니라 우리 시대의 관측까지 활용할 것이며, 이렇게 함으로써 이 운동들에 대한 이론을 더 확실하게 할 것이다.

플라톤의 티마이오스에서는 이 다섯 행성이 각각의 양상aspect에 따라 이름이 붙여졌다. 토성은 다른 행성들

못지않게 잘 보이고 햇빛에 가려졌다가 더 빨리 나타나기 때문에 "밝다"거나 "보인다"고 말하는 것처럼, "파에논Phaenon"이라고 부른다. 목성은 그 광휘 때문에 "파에톤Phaeton"이라고 부른다. 화성은 불꽃같은 화려함 때문에 "피로이스Pyrois"라고 부른다. 금성은 때로는 "포스포루스Phosphorus"로, 때로는 "헤스페루스Hesperus"라고도 부르는데, 아침에 빛나는지 저녁에 빛나는지에 따라 "아침별"과 "저녁별"이라는 뜻이다. 마지막으로, 수성은 반짝이고 일렁이는 빛 때문에 "스틸본Stilbon"이라고 부른다.

이 천체들은 달보다 더 불규칙하게 경도와 위도로 운행한다.

1

행성들의 회전과 평균 운동

행성들은 경도에서 완전히 다른 두 가지 운동을 나타낸다. 하나는 앞에서 말한 지구의 운동에 의해 발생하며, 다른 하나는 각자의 고유 운동이다. 나는 어떤 부적절함 없이 첫 번째 것을 시차 운동parallactic motion이라고 부르기로 했는데, 이것이 유留, 순행 운동의 재개, 역행을 모든 행성에 나타나게 하기 때문이다. 이런 현상은 행성 자신의 운동 때문이 아니며, 행성은 언제나 앞으로 나아가는 운동을 한다. 지구의 운동이 일으키는 일종의 시차가 행성의 구에서 크기가 달라지기 때문에 이렇게 불규칙한 현상이 나타난다.

그리고 분명히, 토성, 목성, 화성은 해질녘에 뜰 때만 실제 위치로 보인다. 이것은 행성들이 역행하는 중간에 일어난다. 이때 행성들은 태양과 지구의 평균 위치를 통과하는 직선과 일치하며, 시차에 영향을 받지 않기 때문이다. 그러나 금성과 수성의 경우에는 다른 관계가 지배한다. 이 행성들이 합이면 햇빛 때문에 행성이 보이지 않고, 태양에게서 어느 한쪽으로 벗어나 있는 동안에만 볼 수 있기 때문에, 이 행성들이 보일 때는 항상 시차가 있다. 결과적으로, 행성들은 그 자신의 시차 회전을 가지고 있다. 다시 말해서, 그 행성에 관련된 지구의 운동으로, 두 천체가 상호적으로 수행하는 운동이 있다.

시차 운동은 토성, 목성, 화성의 경우에, 지구의 균일한 운동이 행성의 운동을 넘어서는 것이고, 금성과 수성의 경우에 행성의 운동이 지구의 균일한 운동을 넘어서기 때문일 뿐이라고 나는 말한다. 그러나 이 시차 주기는 명백한 불규칙성이 있어서 균일하지 않음이 알려졌다. 따라서 고대인들은 이러한 행성들의 움직임도 마찬가지로 균일하지 않으며, 이 행성들의 원에는 불균일성이 되돌아오는 지점들apsides이 있음을 알고 있었다. 그들은 이 지점들이 항성천구에서 영원히 고정된 위치에 있다고 믿었다. 이러한 고려들에 의해 행성의 평균 운동과 균일한 주기를 완전히 파악할 수 있는 길이 열렸다. 그리하여 그들은 태양과 항성으로부터의 정확한 거리에 따른 행성 위치의 기록을 얻었고, 어떤 기간이 지난 뒤에 행성이 태양과 비슷한 거리로 돌아왔을 때, 행성이 전체의 불규칙성을 지나서 모든 면에서 지구에 대해 전과 같은 관계로 돌아왔다는 것을 알아냈다. 따라서 그들은 그 동안의 시간으로 전체의 균일한 회전 수를 계산했고, 이렇게 해서 행성의 세밀한 운동을 계산했다.

프톨레마이오스알마게스트, IX, 3는 이 회전들을 태양년으로 나타냈는데, 그는 이 값을 히파르코스에게서 얻었다고 말했다. 그러나 그는 이 햇수가 분점이나 지점으로부터 측정되는 것으로 이해하려고 했다. 그러나 지금은 이것이 완전히 균일하지 않음이 매우 분명해졌다. 그러므로 나는 이 햇수를 항성으로 측정한다고 볼 것이다. 나는 이 햇수들을 이용해서, 고대인들이 사용한 부족하거나 초과된 양에 대해 우리 시대에 수행한 나의 관측으로, 다섯 행성의 운동을 다음과 같이 더 정밀하게 다시 결정했다.

내가 시차 운동이라고 부르는 것에서, 지구는 59태양년, 더하기 1일, 6일-분, 그리고 약 48일-초 동안에 토성으로 57회 돌아오고, 이 기간에 토성은 그 자신의 운동으로 2회전 더하기 1° 6' 6"를 간다. 지구는 목성을 71 태양년 빼기 5일, 45일-분, 27일-초 동안에 65회 지나간다. 이 기간에 목성은 자신의 운동으로 6회전 빼기 5° 41' 2 1/2"를 간다. 화성의 시차 회전은 79태양년, 2일, 27일-분, 3일-초 동안에 37회이다. 이 기간에 화성은 그 자신의 운동으로 42주기 더하기 2° 24' 56"를 간다. 금성은 8태양년 빼기 2일, 26일-분, 46일-초 동안에 운동하는 지구를 5회 지나가며, 이 기간 동안에 금성은 태양 주위를 13회 빼기 2° 24' 40"만큼 돈다. 마지막으로 수성은 46 태양년 더하기 34일-분, 23일-초 동안에 145시차 회전을 하고, 수성이 움직이는 지구를 이만큼 따라잡고, 그 동안에 수성은 태양 주위를 191회 더하기 31'과 약 23"만큼 회전한다. 그러므로, 각 행성에 대해서 시차 회전 1회는 다음과 같다.

토성	378일	5일-분	32일-초	11일-초의 1/60
목성	398	23	2	56
화성	779	56	19	7
금성	583	55	17	24
수성	115	52	42	12

앞의 값들에 365를 곱해서 원의 도로 바꾼 다음에, 이 곱을 주어진 날 수와 날의 분수로 나누면, 다음과 같은 연간 운동을 얻는다.

토성	347°	32´	2"	54´"	12"
목성	329	25	8	15	6
화성	168	28	29	13	12
금성	225	1	48	54	30
수성	53	56	46	54	40, 3회전 후.

3회전 후 위의 값들의 1/365는 다음의 일간 운동이다.

토성	57°	7´	44´"	0""
목성	54	9	3	49
화성	27	41	40	8
금성	36	59	28	35
수성 3°	6	24	7	43

해와 달의 평균 운동 표II, 14와 IV, 4 뒤에 따라, 이 값들을 다음에 나오는 표로 정리했다. 그러나, 나는 행성의 고유 운동을 이런 방식으로 표로 정리할 필요는 없다고 본다. 이것들은 태양의 평균 운동 표에서 빼서 얻을 수 있고, 이 값들은 내가 말했듯이앞의 V, 1 그 안에 하나의 성분으로 들어간다. 그럼에도 불구하고, 이 배열에 만족하지 못하는 이가 있다면, 그가 원하는 대로 표를 만들 수 있다. 그러므로, 항성천구에 대한 연간 고유 운동은 다음과 같다.

토성	12°	12´	46"	12´"	52""
목성	30	19	40	51	58
화성	191	16	19	53	52

그러나 금성과 수성에 대해서는, 이 행성들의 연간 고유 운동이 명백하게 보이지 않으므로, 아래에 나타낸 것과 같이 태양의 운동을 사용해서 이 행성들의 출현을 결정하고 보여주는 방법을 제공한다.

해와 60년 주기의 토성의 시차 운동

서기 205° 49′

이집트 년	운동						이집트 년	운동				
	60°	°	′	′′	′′′			60°	°	′	′′	′′′
1	5	47	32	3	9		31	5	33	33	37	59
2	5	35	4	6	19		32	5	21	5	41	9
3	5	22	36	9	29		33	5	8	37	44	19
4	5	10	8	12	38		34	4	56	9	47	28
5	4	57	40	15	48		35	4	43	41	50	38
6	4	45	12	18	58		36	4	31	13	53	48
7	4	32	44	22	7		37	4	18	45	56	57
8	4	20	16	25	17		38	4	6	18	0	7
9	4	7	48	28	27		39	3	53	50	3	17
10	3	55	20	31	36		40	3	41	22	6	26
11	3	42	52	34	46		41	3	28	54	9	36
12	3	30	24	37	56		42	3	16	26	12	46
13	3	17	56	41	5		43	3	3	58	15	55
14	3	5	28	44	15		44	2	51	30	19	5
15	2	53	0	47	25		45	2	39	2	22	15
16	2	40	32	50	34		46	2	26	34	25	24
17	2	28	4	53	44		47	2	14	6	28	34
18	2	15	36	56	54		48	2	1	38	31	44
19	2	3	9	0	3		49	1	49	10	34	53
20	1	50	41	3	13		50	1	36	42	38	3
21	1	38	13	6	23		51	1	24	14	41	13
22	1	25	45	9	32		52	1	11	46	44	22
23	1	13	17	12	42		53	0	59	18	47	32
24	1	0	49	15	52		54	0	46	50	50	42
25	0	48	21	19	1		55	0	34	22	53	51
26	0	35	53	22	11		56	0	21	54	57	1
27	0	23	25	25	21		57	0	9	27	0	11
28	0	10	57	28	30		58	5	56	59	3	20
29	5	58	29	31	40		59	5	44	31	6	30
30	5	46	1	34	50		60	5	32	3	9	40

날, 60일 주기, 일의 분수의 토성의 시차 운동												
일	운동						일	운동				
	60°	°	′	″	‴			60°	°	′	″	‴
1	0	0	57	7	44		31	0	29	30	59	46
2	0	1	54	15	28		32	0	30	28	7	30
3	0	2	51	23	12		33	0	31	25	15	14
4	0	3	48	30	56		34	0	32	22	22	58
5	0	4	45	38	40		35	0	33	19	30	42
6	0	5	42	46	24		36	0	34	16	38	26
7	0	6	39	54	8		37	0	35	13	46	1
8	0	7	37	1	52		38	0	36	10	53	55
9	0	8	34	9	36		39	0	37	8	1	39
10	0	9	31	17	20		40	0	38	5	9	23
11	0	10	28	25	4		41	0	39	2	17	7
12	0	11	25	32	49		42	0	39	59	27	51
13	0	12	22	40	33		43	0	40	56	32	35
14	0	13	19	48	17		44	0	41	53	40	19
15	0	14	16	56	1		45	0	42	50	48	3
16	0	15	14	3	45		46	0	43	47	55	47
17	0	16	11	11	29		47	0	44	45	3	31
18	0	17	8	19	13		48	0	45	42	11	16
19	0	18	5	26	57		49	0	46	39	19	0
20	0	19	2	34	41		50	0	47	36	26	44
21	0	19	59	42	25		51	0	48	33	34	28
22	0	20	56	50	9		52	0	49	30	42	12
23	0	21	53	57	53		53	0	50	27	49	56
24	0	22	51	5	38		54	0	51	24	57	40
25	0	23	48	13	22		55	0	52	22	5	24
26	0	24	45	21	6		56	0	53	19	13	8
27	0	25	42	28	50		57	0	54	16	20	52
28	0	26	39	36	34		58	0	55	13	28	36
29	0	27	36	44	18		59	0	56	10	36	20
30	0	28	33	52	2		60	0	57	7	44	5

해와 60년 주기의 목성의 시차 운동

서기 98° 16′

이집트 년	운동					이집트 년	운동				
	60°	°	′	″	‴		60°	°	′	″	‴
1	5	29	25	8	15	31	2	11	59	15	48
2	4	58	50	16	30	32	1	41	24	24	3
3	4	28	15	24	45	33	1	10	49	32	18
4	3	57	40	33	0	34	0	40	14	40	33
5	3	27	5	41	15	35	0	9	39	48	48
6	2	56	30	49	30	36	5	39	4	57	3
7	2	25	55	57	45	37	5	8	30	5	18
8	1	55	21	6	0	38	4	37	55	13	33
9	1	24	46	14	15	39	4	7	20	21	48
10	0	54	11	22	31	40	3	36	45	30	4
11	0	23	36	30	46	41	3	6	10	38	19
12	5	53	1	39	1	42	2	35	35	46	34
13	5	22	26	47	16	43	2	5	0	54	49
14	4	51	51	55	31	44	1	34	26	3	4
15	4	21	17	3	46	45	1	3	51	11	19
16	3	50	42	12	1	46	0	33	16	19	34
17	3	20	7	20	16	47	0	2	41	27	49
18	2	49	32	28	31	48	5	32	5	36	4
19	2	18	57	36	46	49	5	1	31	44	19
20	1	48	22	45	2	50	4	30	56	52	34
21	1	17	47	53	17	51	4	0	22	0	50
22	0	47	13	1	32	52	3	29	47	9	5
23	0	16	38	9	47	53	2	59	12	17	20
24	5	46	3	18	2	54	2	28	37	25	35
25	5	15	28	26	17	55	1	58	2	33	50
26	4	44	53	34	32	56	1	27	27	42	5
27	4	14	18	42	47	57	0	56	52	50	20
28	3	43	43	51	2	58	0	26	17	58	35
29	3	13	8	59	17	59	5	55	43	6	50
30	2	42	34	7	33	60	5	25	8	15	6

날, 60일 주기, 일의 분수의 목성의 시차 운동

일	운동					일	운동				
	60°	°	′	″	‴		60°	°	′	″	‴
1	0	0	54	9	3	31	0	27	58	40	58
2	0	1	48	18	7	32	0	28	52	50	2
3	0	2	42	27	11	33	0	29	46	59	5
4	0	3	36	36	15	34	0	30	41	8	9
5	0	4	30	45	19	35	0	31	35	17	13
6	0	5	24	54	22	36	0	32	29	26	17
7	0	6	19	3	26	37	0	33	23	35	21
8	0	7	13	12	30	38	0	34	17	44	25
9	0	8	7	21	34	39	0	35	11	53	29
10	0	9	1	30	38	40	0	36	6	2	32
11	0	9	55	39	41	41	0	37	0	11	36
12	0	10	49	48	45	42	0	37	54	20	40
13	0	11	43	57	49	43	0	38	48	29	44
14	0	12	38	6	53	44	0	39	42	38	47
15	0	13	32	15	57	45	0	40	36	47	51
16	0	14	26	25	1	46	0	41	30	56	55
17	0	15	20	34	4	47	0	42	25	5	59
18	0	16	14	43	8	48	0	43	19	15	3
19	0	17	8	52	12	49	0	44	13	24	6
20	0	18	3	1	16	50	0	45	7	33	10
21	0	18	57	10	20	51	0	46	1	42	14
22	0	19	51	19	23	52	0	46	55	51	18
23	0	20	45	28	27	53	0	47	50	0	22
24	0	21	39	37	31	54	0	48	44	9	26
25	0	22	33	46	35	55	0	49	38	18	29
26	0	23	27	55	39	56	0	50	32	27	33
27	0	24	22	4	43	57	0	51	26	36	37
28	0	25	16	13	46	58	0	52	20	45	41
29	0	26	10	22	50	59	0	53	14	54	45
30	0	27	4	31	54	60	0	54	9	3	49

해와 60년 주기의 화성의 시차 운동

서기 238° 22′

이집트 년	운동					이집트 년	운동				
	60°	°	′	″	‴		60°	°	′	″	‴
1	2	48	28	30	36	31	3	2	43	48	38
2	5	36	57	1	12	32	5	51	12	19	14
3	2	25	25	31	48	33	2	39	40	49	50
4	5	13	54	2	24	34	5	28	9	20	26
5	2	2	22	33	0	35	2	16	37	51	2
6	4	50	51	3	36	36	5	5	6	21	38
7	1	39	19	34	12	37	1	53	34	52	14
8	4	27	48	4	48	38	4	42	3	22	50
9	1	16	16	35	24	39	1	30	31	53	26
10	4	4	45	6	0	40	4	19	0	24	2
11	0	53	13	36	36	41	1	7	28	54	38
12	3	41	42	7	12	42	3	55	57	25	14
13	0	30	10	37	48	43	0	44	25	55	50
14	3	18	39	8	24	44	3	32	54	26	26
15	0	7	7	39	1	45	0	21	22	57	3
16	2	55	36	9	37	46	3	9	51	27	39
17	5	44	4	40	13	47	5	58	19	58	15
18	2	32	33	10	49	48	2	46	48	28	51
19	5	21	1	41	25	49	5	35	16	59	27
20	2	9	30	12	1	50	2	23	45	30	3
21	4	57	58	42	37	51	5	12	14	0	39
22	1	46	27	13	13	52	2	0	42	31	15
23	4	34	55	43	49	53	4	49	11	1	51
24	1	23	24	14	25	54	1	37	39	32	27
25	4	11	52	45	1	55	4	26	8	3	3
26	1	0	21	15	37	56	1	14	36	33	39
27	3	48	49	46	13	57	4	3	5	4	15
28	0	37	18	16	49	58	0	51	33	34	51
29	3	25	46	47	25	59	3	40	2	5	27
30	0	14	15	18	2	60	0	28	30	36	4

날, 60일 주기, 일의 분수의 화성의 시차 운동

일	운동					일	운동				
	60°	°	′	″	‴		60°	°	′	″	‴
1	0	0	27	41	40	31	0	14	18	31	51
2	0	0	55	23	20	32	0	14	46	13	31
3	0	1	23	5	1	33	0	15	14	55	12
4	0	1	50	46	41	34	0	15	41	36	52
5	0	2	18	28	21	35	0	16	9	18	32
6	0	2	46	10	2	36	0	16	37	0	13
7	0	3	13	51	42	37	0	17	4	41	53
8	0	3	41	33	22	38	0	17	32	23	33
9	0	4	9	15	3	39	0	18	0	5	14
10	0	4	36	56	43	40	0	18	27	46	54
11	0	5	4	38	24	41	0	18	55	28	35
12	0	5	32	20	4	42	0	19	23	10	15
13	0	6	0	1	44	43	0	19	50	51	55
14	0	6	27	43	25	44	0	20	18	33	36
15	0	6	55	25	5	45	0	20	46	15	16
16	0	7	23	6	45	46	0	21	13	56	56
17	0	7	50	48	26	47	0	21	41	38	37
18	0	8	18	30	6	48	0	22	9	20	17
19	0	8	46	11	47	49	0	22	37	1	57
20	0	9	13	53	27	50	0	23	4	43	38
21	0	9	41	35	7	51	0	23	32	25	18
22	0	10	9	16	48	52	0	24	0	6	59
23	0	10	36	58	28	53	0	24	27	48	39
24	0	11	4	40	8	54	0	24	55	30	19
25	0	11	32	21	49	55	0	25	23	12	0
26	0	12	0	3	29	56	0	25	50	53	40
27	0	12	27	45	9	57	0	26	18	35	20
28	0	12	55	26	49	58	0	26	46	17	1
29	0	13	23	8	30	59	0	27	13	58	41
30	0	13	50	50	11	60	0	27	41	40	22

해와 60년 주기의 금성의 시차 운동

서기 126° 45′

이집트 년	운동					이집트 년	운동				
	60°	°	′	″	‴		60°	°	′	″	‴
1	3	45	1	45	3	31	2	15	54	16	53
2	1	30	3	30	7	32	0	0	56	1	57
3	5	15	5	15	11	33	3	45	57	47	1
4	3	0	7	0	14	34	1	30	59	32	4
5	0	45	8	45	18	35	5	16	1	17	8
6	4	30	10	30	22	36	3	1	3	2	12
7	2	15	12	15	25	37	0	46	4	47	15
8	0	0	14	0	29	38	4	31	6	32	19
9	3	45	15	45	33	39	2	16	8	17	23
10	1	30	17	30	36	40	0	1	10	2	26
11	5	15	19	15	40	41	3	46	11	47	30
12	3	0	21	0	44	42	1	31	13	32	34
13	0	45	22	45	47	43	5	16	15	17	37
14	4	30	24	30	51	44	3	1	17	2	41
15	2	15	26	15	55	45	0	46	18	47	45
16	0	0	28	0	58	46	4	31	20	32	48
17	3	45	29	46	2	47	2	16	22	17	52
18	1	30	31	31	6	48	0	1	24	2	56
19	5	15	33	16	9	49	3	46	25	47	59
20	3	0	35	1	13	50	1	31	27	33	3
21	0	45	36	46	17	51	5	16	29	18	7
22	4	30	38	31	20	52	3	1	31	3	10
23	2	15	40	16	24	53	0	46	32	48	14
24	0	0	42	1	28	54	4	31	34	33	18
25	3	45	43	46	31	55	2	16	36	18	21
26	1	30	45	31	35	56	0	1	38	3	25
27	5	15	47	16	39	57	3	46	39	48	29
28	3	0	49	1	42	58	1	31	41	33	32
29	0	45	50	46	46	59	5	16	43	18	36
30	4	30	52	31	50	60	3	1	45	3	40

날, 60일 주기, 일의 분수의 금성의 시차 운동

일	운동						일	운동				
	60°	°	′	′′	′′′			60°	°	′	′′	′′′
1	0	0	36	59	28		31	0	19	6	43	46
2	0	1	13	58	57		32	0	19	43	43	14
3	0	1	50	58	25		33	0	20	20	42	43
4	0	2	27	57	54		34	0	20	57	42	11
5	0	3	4	57	22		35	0	21	34	41	40
6	0	3	41	56	51		36	0	22	11	41	9
7	0	4	18	56	20		37	0	22	48	40	37
8	0	4	55	55	48		38	0	23	25	40	6
9	0	5	32	55	17		39	0	24	2	39	34
10	0	6	9	54	45		40	0	24	39	39	3
11	0	6	46	54	14		41	0	25	16	38	31
12	0	7	23	53	43		42	0	25	53	38	0
13	0	8	0	53	11		43	0	26	30	37	29
14	0	8	37	52	40		44	0	27	7	36	57
15	0	9	14	52	8		45	0	27	44	36	26
16	0	9	51	51	37		46	0	28	21	35	54
17	0	10	28	51	5		47	0	28	58	35	23
18	0	11	5	50	34		48	0	29	35	34	52
19	0	11	42	50	2		49	0	30	12	34	20
20	0	12	19	49	31		50	0	30	49	33	49
21	0	12	56	48	59		51	0	31	26	33	17
22	0	13	33	48	28		52	0	32	3	32	46
23	0	14	10	47	57		53	0	32	40	32	14
24	0	14	47	47	26		54	0	33	17	31	43
25	0	15	24	46	54		55	0	33	54	31	12
26	0	16	1	46	23		56	0	34	31	30	40
27	0	16	38	45	51		57	0	35	8	30	9
28	0	17	15	45	20		58	0	35	45	29	37
29	0	17	52	44	48		59	0	36	22	29	6
30	0	18	29	44	17		60	0	36	59	28	35

해와 60년 주기의 수성의 시차 운동

서기 46° 24′

이집트 년	운동 60°	°	′	″	‴	이집트 년	운동 60°	°	′	″	‴
1	0	53	57	23	6	31	3	52	38	56	21
2	1	47	54	46	13	32	4	46	36	19	28
3	2	41	52	9	19	33	5	40	33	42	34
4	3	35	49	32	26	34	0	34	31	5	41
5	4	29	46	55	32	35	1	28	28	28	47
6	5	23	44	18	39	36	2	22	25	51	54
7	0	17	41	41	45	37	3	16	23	15	0
8	1	11	39	4	52	38	4	10	20	38	7
9	2	5	36	27	58	39	5	4	18	1	13
10	2	59	33	51	5	40	5	58	15	24	20
11	3	53	31	14	11	41	0	52	12	47	26
12	4	47	28	37	18	42	1	46	10	10	33
13	5	41	26	0	24	43	2	40	7	33	39
14	0	35	23	23	31	44	3	34	4	56	46
15	1	29	20	46	37	45	4	28	2	19	52
16	2	23	18	9	44	46	5	21	59	42	59
17	3	17	15	32	50	47	0	15	57	6	5
18	4	11	12	55	57	48	1	9	54	29	12
19	5	5	10	19	3	49	2	3	51	52	18
20	5	59	7	42	10	50	2	57	49	15	25
21	0	53	5	5	16	51	3	51	46	38	31
22	1	47	2	28	23	52	4	45	44	1	38
23	2	40	59	51	29	53	5	39	41	24	44
24	3	34	57	14	36	54	0	3	38	47	51
25	4	28	54	37	42	55	1	27	36	10	57
26	5	22	52	0	49	56	2	21	33	34	4
27	0	16	49	23	55	57	3	15	30	57	10
28	1	10	46	47	2	58	4	9	28	20	17
29	2	4	44	10	8	59	5	3	25	43	23
30	2	58	41	33	15	60	5	57	23	6	30

날, 60일 주기, 일의 분수의 수성의 시차 운동

일	운동						일	운동				
	60°	°	′	″	‴			60°	°	′	″	‴
1	0	3	6	24	13		31	1	36	18	31	3
2	0	6	12	48	27		32	1	39	24	55	17
3	0	9	19	12	41		33	1	42	31	19	31
4	0	12	25	36	54		34	1	45	37	43	44
5	0	15	32	1	8		35	1	48	44	7	58
6	0	18	38	25	22		36	1	51	50	32	12
7	0	21	44	49	35		37	1	54	56	56	25
8	0	24	51	13	49		38	1	58	3	20	39
9	0	27	57	38	3		39	1	1	9	44	53
10	0	31	4	2	16		40	2	4	16	9	6
11	0	34	10	26	30		41	2	7	22	33	20
12	0	37	16	50	44		42	2	10	28	57	34
13	0	40	23	14	57		43	2	13	35	21	47
14	0	43	29	39	11		44	2	16	41	46	1
15	0	46	36	3	25		45	2	19	48	10	15
16	0	49	42	27	38		46	2	22	54	34	28
17	0	52	48	51	52		47	2	26	0	58	42
18	0	55	55	16	6		48	2	29	7	22	56
19	0	59	1	40	19		49	2	32	13	47	9
20	0	2	8	4	33		50	2	35	20	11	23
21	0	5	14	28	47		51	2	38	26	35	37
22	0	8	20	53	0		52	2	41	32	59	50
23	0	11	27	17	14		53	2	44	39	24	4
24	0	14	33	41	28		54	2	47	45	48	18
25	0	17	40	5	41		55	2	50	52	12	31
26	0	20	46	29	55		56	2	53	58	36	45
27	0	23	52	54	9		57	2	57	5	0	59
28	0	26	59	18	22		58	3	0	11	25	12
29	0	30	5	42	36		59	3	3	17	49	26
30	0	33	12	6	50		60	3	6	24	13	40

2

고대 이론이 설명하는 행성의 균일한 운동과 겉보기 운동

행성들의 평균 운동은 위에서 설명한 대로 일어난다. 이제 행성들의 균일하지 않은 겉보기 운동을 살펴보자. 고대의 천문학자들예를 들어 프톨레마이오스, 알마게스트, IX, 5은 지구가 정지해 있다고 간주했고, 토성, 목성, 화성, 금성에 대해서 이심원 위의 주전원을 상상했고, 또 다른 이심원이 있어서, 이와 관련하여 주전원이 균일하게 운동하며, 주전원 위의 행성들도 균일하게 운동한다고 보았다.

따라서, AB가 이심원이라고 하고, 중심이 C라고 하자. 그 지름을 ACB라고 하고, 그 위에 지구 중심 D가 있어서, 원지점이 A에 있고, 근지점이 B에 있다고 하자. DC를 이등분하는 점을 E라고 하자. E를 중심으로, 두 번째 이심원 FG를 첫 번째 이심원 AB와 똑같은 크기로 그린다. FG의 아무 곳에서나 H를 취하고, 이를 중심으로 주전원 IK를 그린다. 그 중심을 통과해서 직선 IHKC를 그리고, 마찬가지로 LHME를 그린다. 행성이 나타내는 위도와 경도로 볼 때, 이 이심원들은 황도면에 대해 기울어져 있고, 주전원은 이심원에 대해 기울어져 있다고 이해하자. 그러나 여기에서는, 설명을 단순하게 하기 위해, 이 모든 원들이 같은 평면에 있다고 하자. 고대의 천문학자들에 따르면, 이 전체 평면에서, 점 E와 C가 함께, 황도의 중심 D 주위를 항성들과 함께 돌고 있다. 이 배열을 통해서 그들은 이 점들이 항성천구에서 변경할 수 없는 위치를 가지고, 그러면서도 주전원은 원 FHG를 따라 돌지만 선분 IHC에 의해 조절되고, 이 선분을 기준으로 행성이 주전원을 따라 돈다고 이해하려고 했다.

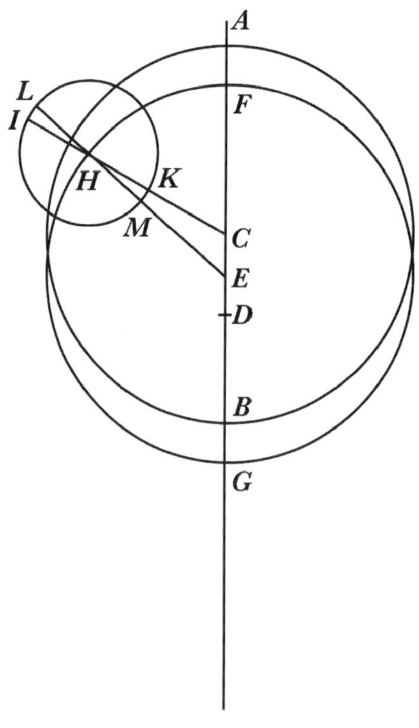

Figure.1

그러나 주전원의 운동은, 명확히 균륜의 중심 E에 대해서 균일해야 하고, 행성의 회전은 선분 LME에 대해서 균일해야 한다. 그렇다면 여기에서도, 그들이 인정했듯이, 원운동이 그 자신의 중심이 아닌 또 다른 중심에 대해 균일해질 수 있다는데, 이는 키케로의 스키피오Scipio in Cicero가 꿈조차 꾸기 어려웠을 개념이다. 그리고 이제 수성의 경우에 같은 것이 허용될 뿐만 아니라 더 많은 것이 허용된다. 그러나 (내 견해로는) 나는 이미 달에 대해 논의하면서 이 견해를 반박했다[IV, 2]. 이것과 비슷한 상황들을 보면서 나는 지구가 움직인다는 것과, 균일한 운동과 과학의 원리를 보존하고, 겉보기의 불균일한 운동에 대한 계산을 더 견고하게 하는 방법에 대해 생각하게 되었다.

3

지구의 운동에 따른 겉보기 불균일성에 대한 일반적인 설명

행성의 균일한 운동이 불균일하게 보이는 이유에는 두 가지가 있다. 하나는 지구의 운동이고 다른 하나는 행성의 운동이다. 나는 이것들을 일반적으로 그리고 분리해서 시각적으로 설명해서, 더 잘 구별할 수 있게 하겠다. 나는 먼저 지구의 운동과 얽혀 있는 불균일성부터 시작할 것이며, 지구의 원 안에 둘러싸여 있는 금성과 수성으로부터 시작하겠다.

앞에서 설명했듯이[III, 15] 지구 중심이 연주회전을 하면서 태양의 이심원 AB를 그린다고 하자. 원 AB의 중심이 C라고 하자. 이제 행성이 원 AB의 동심원을 따라 돌게 했을 때 생기는 것 말고는 다른 불규칙성이 없다고 가정하자. 이 동심원을 DE라고 하자. 이것은 금성 또는 수성이다. 이 원의 위도를 고려할 때 DE는 AB에 대해 기울어져 있어야 한다. 그러나 설명을 쉽게 하기 위해, 두 원이 같은 평면에 있다고 하자. 점 A에 지구를 놓고, 여기에서 선분 AFL과 AGM을 점 F와 G에서 행성의 원과 접하게 그린다. 두 원에 공통인 지름 ACB를 그린다.

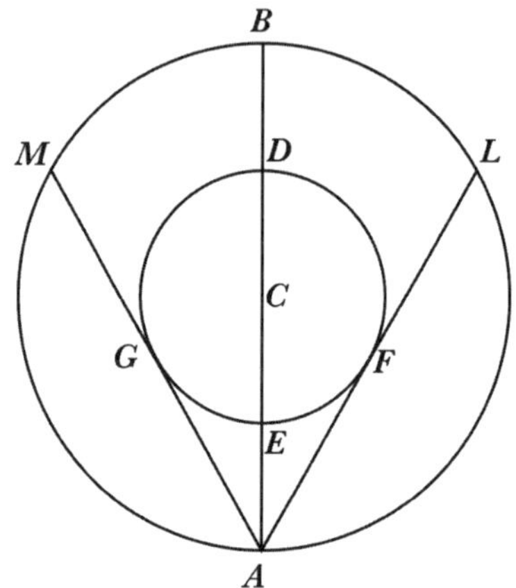

Figure.2

지구와 행성의 두 천체가 같은 방향으로, 즉, 동쪽으로 움직이게 하고, 행성이 지구보다 더 빠르게 운동한다고 하자. 따라서 A와 함께 이동하고 있는 관찰자에게, C와 선분 ACB는 태양이 평균 운동을 하는 것으로 보일 것이다. 반면에 원 DFG에서는 행성이 마치 주전원인 것처럼, 호 FDG를 따라 동쪽으로 가는 시간이 나머지 호 GEF를 따라 서쪽으로 가는 시간보다 더 길다. 호 FDG에서는 전체 각도 FAG를 태양의 평균 운동에 더하고, 호 GEF에서는 동일한 각도를 뺀다. 그러므로, 특히 근지점 E 근처에서, 행성의 빼는 운동이 C의 더하는 운동보다 빠를 때는 A에 있는 관찰자에게 역행하는 것으로 보이는데, 실제로 행성에서 이런 일이 일어난다. 나중에 언급할 페르가의 아폴로니우스 정리[V, 35]에 따라, 이 경우에 선분 CE : 선분 AE > A의 운동 : 행성의 운동이 된다. 그러나 가산 운동이 감산 운동과 같으면(서로 상쇄될 때) 행성이 정지한 것으로 보이는데, 이 모든 양상들이 관측과 일치한다.

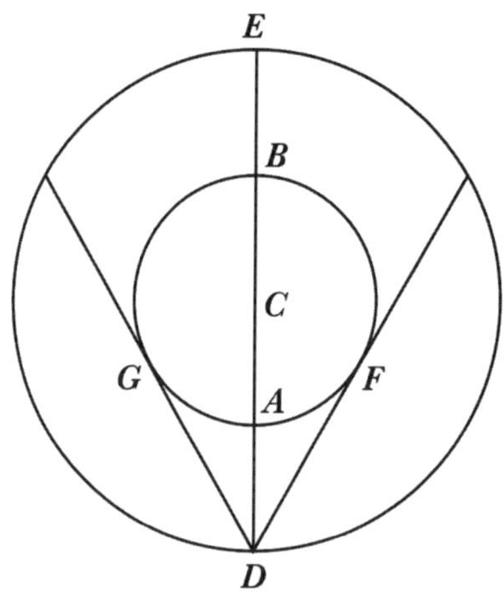

Figure.3

그러므로, 아폴로니우스가 생각했듯이 행성의 운동에 다른 불규칙성이 없다면, 이러한 구성으로 충분할 수 있다. 그러나 각 FAE와 GAE로 표시되는, 아침과 저녁의 태양 평균 위치로부터 행성의 최대이각은 어디에서나 동일하지 않다는 것이 밝혀졌다. 둘 중 하나의 최대이각이 다른 것과 같지도 않고, 그 합이 서로 같지도 않다. 이는 행성의 운동이 지구의 동심원 위에서 일어나지 않는다는 뜻이고, 어떤 다른 원을 그리면서 두 번째 부등성을 만든다는 것이다.

지구를 완전히 감싸는 세 개의 외행성인 토성, 목성,

화성에 대해서도 같은 결론이 증명된다. 앞의 그림에서 지구의 원을 다시 그린다. 원 DE가 바깥쪽에 있고, 동심원이면서 같은 평면에 있다고 가정한다. 원 DE 위의 임의의 점 D에 행성이 있다고 하고, 여기에서 직선 DF와 DG를 지구의 원에 점 F와 G에서 접하도록 그리고, 두 원에공통인 지름 DACBE를 그린다. 태양의 운동의 선인 DE에서, 행성의 실제 위치는, 이 행성이 해질 무렵에 뜨고 지구에서 가장 가까울 때, (A에 있는 관찰자에게) 명백히 보일 것이다. 지구가 반대편의 점 B에 있으면, 행성이 같은 선분에 있다고 해도, 태양이 C 근처에 있어서 밝은 빛 때문에 행성이 보이지 않는다. 그러나 지구가 행성을 추월한다. 따라서 지구가 원지점을 포함하는 호 GBF에 있는 동안에 행성의 운동에 전체 각도 GDF를 더한 것으로 보이고, 나머지 호 FAG에 있는 동안에는 행성에 이 각도를 뺀 것으로 보인다. 그러나 FAG가 작은 호이기 때문에 이 각도를 뺀 것으로 보이는 시간은 짧다. 지구의 빼는 운동이 행성의 더하는 운동을 초과하면(특히 A 근처에서), 이 행성은 지구에 뒤처져서 서쪽으로 운동하는 것으로 보이고, 관찰자가 보기에 반대되는 두 운동 사이의 차이가 최소일 때는 행성이 멈춰선 것으로 보인다.

따라서 고대의 천문학자들이 각각의 행성에 대해 주전원으로 설명하려고 했던 이 모든 현상이, 마찬가지로 지구의 단일한 운동으로 명료하게 설명된다. 그러나 아폴로니우스와 고대인들의 견해와 반대로 행성들의 운동이 균일하지 않음이 알려졌고, 이것은 지구가 행성들에 대해 불규칙하게 회전한다는 증거이다. 따라서 행성들은 동심원을 따라 돌지 않으며, 다른 방식으로 운동하는데, 이것을 다음에 설명하겠다.

4

행성의 운동은 어떤 방식으로 균일하지 않게 보이는가?

경도에서의 행성들의 운동은 거의 같은 패턴을 보이지만 수성만은 예외여서, 수성은 다른 행성들과 다르게 운행하는 것으로 보인다. 따라서 이 네 행성들을 함께 논의하고, 수성에 대해서는 따로 논의하겠다. 앞에서 보았듯이[V, 2], 고대인들은 단일한 운동을 두 개의 이심원으로 설명했지만, 나는 균일한 두 운동에 의해 겉보기의 불균일성이 만들어진다고 생각한다. 앞에서 내가 해와 달의 운동에 대해서 증명했듯이[III, 20, IV, 3] 이심원의 이심원, 주전원의 주전원, 이것을 혼합한 이심원 위의 주전원의 어느 방법으로도 똑같은 불균일성을 만들어낼 수 있다.

따라서, AB를 이심원이라고 하고, 중심을 C라고 하자. 원지점과 근지점을 통과하는 지름 ACB를 그리고, 이 선분이 태양의 평균 위치라고 하자. ACB 위의 D를 지구원의 중심이라고 하자. 원지점 A를 중심으로, 반지름 =

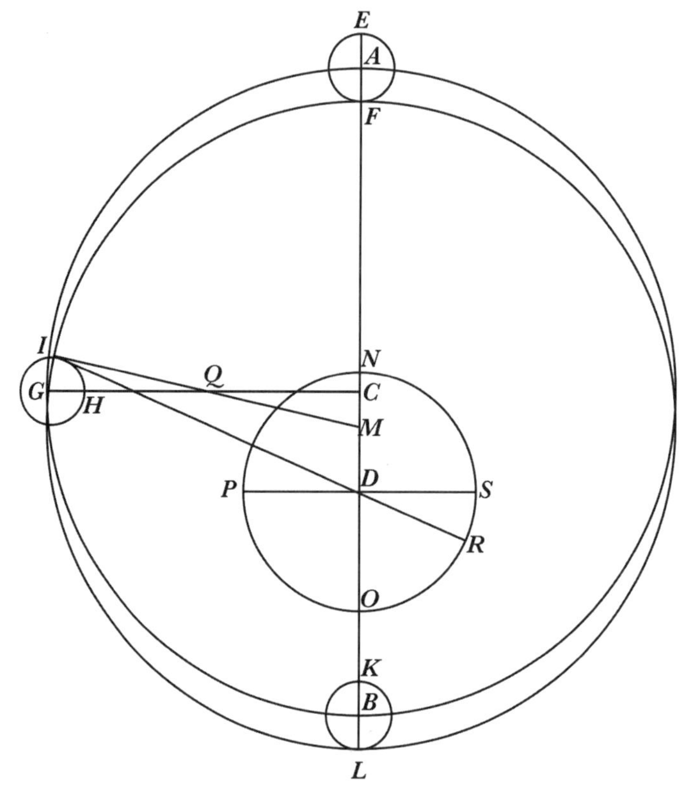

Figure.4

거리 CD의 1/3로, 소주전원 EF를 그린다. 소주전원의 근지점 F에 행성이 있다고 하자. 소주전원이 이심원 AB를 따라 동쪽으로 운동하도록 한다. 소주전원의 상부 원주가 동쪽으로 운동하고, 하부 원주는 서쪽으로 운동한다고 하자. 그리고 소주전원과 전체 원이 똑같이 회전한다고 하자. 그러므로 소주전원이 이심원의 원지점에 있고, 반면에 행성은 소주전원의 근지점에 있으며, 둘이 각각 반원을 완전히 돈 다음에는 서로의 관계가 바뀌어서 반대가 된다. 그러나 둘 다 원지점과 근지점 사이의 구矩일 때 행성은 각각의 중간 지점middle apse에 있다. 앞의 경우일 때만(소주전원의 지름의 원지점과 근지점 사이), 소주전원의 중심과 행성을 잇는 지름이 선분 AB와 평행하게 된다. 게다가, 원지점과 근지점 사이의 중점에서는 소주전원의 지름이 AB와 수직이 된다. 다른 곳에서 지름은 언제나 AB로부터 가까워지거나 멀어진다. 이 모든 현상들은 운동의 순서에 따라 쉽게 이해할 수 있다.

따라서 이러한 합성 운동으로 행성이 완전한 원을 그리지 않는다는 것도 증명될 것이다. 이러한 완전한 원에서 벗어남은 고대의 천문학자들의 생각과 조화되지만, 그 차이는 인지되지 않는다. B를 중심으로 같은 소주전원을 다시 그리고, 이것을 KL이라고 하자. 이심원의 사분원 AG를 잡고, G를 중심으로 소주전원 HI를 그린다. CD를 3등분해서, 1/3 CD = CM = GI라고 하자. GC와 IM을 연결하고, 이 두 선분이 Q에서 교차한다고 하

자. 구성에 따라 호 AG는 호 HI와 닮음이다. ACG는 직각이므로, HGI도 직각이다. 또한, Q에서의 맞꼭지각도 마찬가지로 같다. 따라서 삼각형 GIQ와 QCM의 모든 각도가 같다. 가설에 따라 밑변 GI = 밑변 CM이므로 대응하는 변도 같다. 변 QI > GQ 이고, 마찬가지로 QM > QC이다. 그러므로, 전체 IQM > 전체 GQC이다. 그러나 FM = ML = AC = CG이다. 그런 다음에, M을 중심으로 점 F와 L을 통과해서 그린 원 = 원 AB이고, 이 원은 선분 IM과 만난다. 증명은 같은 방식으로 AG 반대쪽의 사분원에서도 진행한다. 그러므로, 이심원 위의 소주전원의 균일한 운동과 주전원 위의 운동에 의해, 행성이 거의 완전한 원에 가깝지만 원과 다른 운동을 한다. 증명 끝.

이제 D를 중심으로 지구의 연주회전의 원 NO를 그린다. IDR을 그리고, PDS를 CG와 평행하게 그린다. 그러면 IDR은 행성의 실제 운동의 직선이 되고, GC는 그 평균이자 균일한 운동의 선이 된다. R에서 지구는 행성에서 실제의 최대 거리에 있고, S에서 평균 최대 거리에 있다. 그러므로, 각 RDS 또는 IDP는 균일한 운동과 겉보기 운동, 다시 말해 ACG와 CDI 사이의 차이이다. 그러나 이심원 AB 대신에, D를 중심으로 같은 크기의 동심원을 취한다고 하자. 이 동심원은 반지름이 CD인 소주전원의 균륜 역할을 한다. 이 제1 주전원위에 반지름이 1/2 CD인 제2 주전원이 있다. 제1 주전원이 동쪽으로, 제2 주전원은 같은 속력으로 반대 방향으로 운동하게 한다. 마지막으로, 제2 주전원 위에서 행성이 두 배의 속력으로 운동하게 한다. 여기에서도 위에서 설명한 것과 같은 결과가 나올 것이며, 이것들은 달의 현상과 크게 다르지 않고, 앞에서 언급한 배치에서 얻은 것과크게 다르지 않을 것이다.

그러나 여기에서 나는 이심원 위의 주전원을 선택했다. 태양과 C 사이의 거리는 항상 같지만, 태양 현상에서 보았듯이 D가 이동해 있기 때문이다[III, 20]. 이 이동에 의해 다른 것들이 똑같이 이동하지는 않는다. 따라서 이것들이 불규칙성을 일으키는데, 아주 작기는 하지만 화성과 금성의 운동에서 이 불규칙성을 알 수 있으며, 적절할 때 이것을 보여줄 것이다V, 16, 22.

그러므로 이 현상에 대해 이 가설들로 충분하며, 지금 여기에서 관측을 통해 증명하겠다. 나는 먼저 토성, 목성, 화성에 대해 증명할 것이다. 여기에서 가장 중요하고 가장 어려운 과제는 원지점의 위치와 거리 CD를 찾는 것이며, 이것을 알면 다른 것들을 쉽게 증명할 수 있다. 이 세 행성에 대해서 나는 실질적으로 달에 대해 사용한 것과 똑같은 방법을 사용할 것이다IV, 5. 다시 말해서, 행성이 충일 때에 대한 고대의 관측 3회와 현대의 관측 3회를 비교한다. 그리스인들은 이것을 "일몰 때 뜬다acronical rising"고 불렀고, 우리는 "밤의 끝에" 뜨고 진다고 말한다. 이 시간에 행성은 충이고, 태양의 평균 위치를 가리키는 직선과 만나며, 지구의 운동 때문에 생기는 모든 부등성에서 벗어난다. 위에서 설명한 대로II, 14 아스트롤라베를 이용하여 관측하고, 또한 행성이 명백히 반대편에 올 때까지 태양에 대한 계산을 적용해서 이 위치를 결정한다.

5
토성 운동의 유도

오래 전에 프톨레마이오스가 수행한알마게스트, XI, 5 토성의 충에 대한 세 관측으로 시작하자. 그 중 첫 번째는 하드리아누스 11년 파콘의 달 7일 밤 1시에 일어났다. 이때는 서기 127년 3월 26일, 자정 이후 17시간 뒤였고, 계산으로 크라쿠프의 자오선으로 환산한 것이며, 크라쿠프는 알렉산드리아에서 1시간 거리에 있다고 알려졌다. 균일한 운동의 원점으로 이 모든 자료를 참조하는 항성천구에서, 이 행성의 위치는 약 174° 40'이었다. 양자리의 뿔을 영점으로, 그 시각에 태양은 단순 운동으로 354° 40'(-180° = 174° 40')에서 토성의 충에 있었다.

두 번째 충은 하드리아누스 17년 이집트의 에피피의 달 18일에 일어났다. 로마력 서기 133년 6월 논Nones 3일 전(= 6월 3일) 자정에서 15균일시가 지났을 때였다. 프톨레마이오스는 이 행성이 243° 3'에 있었고, 태양은 자정 15시간 뒤에 운동이 63° 3(+ 180° = 243° 3')임을 관측했다.

그 뒤에 그는 세 번째 충이 하드리아누스 20년 이집트력 메소리의 달 24일에 일어났다고 보고했다. 크라쿠프 자오선으로 환산해서, 이때는 서기 136년 7월 8일 자정 11시간 뒤였다. 이 행성은 277° 37'에 있었고, 태양의 평균 운동은 97° 37'(+ 180° = 277° 37')이었다.

그러므로 첫 번째 간격은 6년, 70일, 55일-분이었고, 그 동안에 행성은 겉보기에 68° 23'(= 243° 3' - 174° 40')을 이동한 반면에, 행성에서 멀어지는 지구의 평균 운동(이것은 시차 운동이다)은 352° 44'이었다. 따라서 원에서 없어진 7° 16'(= 360°- 352° 44')을 더해서 행성의 평균 운동이 75° 39'(= 7° 16' + 68° 23')이었다. 두 번째 간격은 3이집트년, 35일, 50일-분이고, 이 행성의 겉보기 운동은 34° 34'(= 277° 37'-243° 3'), 시차 운동은 356° 43'이다. 원의 나머지 3° 17'(= 360° - 356° 43')을 행성의 겉보기 운동에 더해서, 평균 운동은 37° 51'(= 3° 17' + 34° 34')이 된다.

이 자료를 검토하고 나서, 행성의 이심원 ABC를 중심 D, 지름 FDG로 그리는데, 여기에서 E는 지구 궤도의 중심이다. 첫 번째 충에 그린 소주전원의 중심을 A라고 하고, 두 번째를 B, 세 번째를 C라고 하자. 이 점들을 중심으로 주위에 반지름 = 1/3 DE인 소주전원을 그린다. 중심 A, B, C를 D와 E에 연결해서, 주전원의 원주와 K, L, M에서 교차하는 직선을 그린다. 호 AF와 닮음인 호 KN, 호 BF와 닮음인 호 LO, 호 FBC와 닮음인 호 MP를 취한다. EN, EO, EP를 연결한다. 그러면 앞의 계산

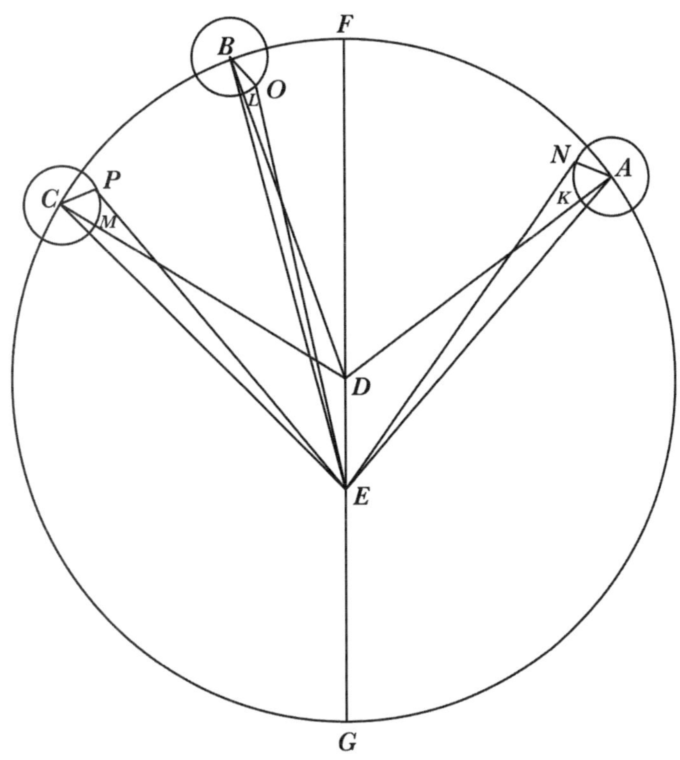

Figure.5

에 따라 호 AB = 75° 39', BC = 37° 51', NEO = 겉보기 운동의 각도 = 68° 23', 각 OEP = 34° 34'이다.

여기에서 첫 번째 과제는 원지점과 근지점의 위치를 조사하는 것이다. 이것은 F와 G뿐만 아니라 행성의 이심원 중심과 지구 궤도 중심 사이의 거리 DE를 알아내는 것이다. 이 정보가 없으면 균일한 운동과 겉보기 운동을 구별할 수 없다. 그러나 여기에서도 우리는 프톨레마이오스의 논의에 못지않은 어려움을 만난다. 주어진 각 NEO가 주어진 호 AB 안에 포함되고, 각 OEP가 호 BC에 포함된다면, 이 경로에서 우리가 찾는 것을 유도할 수 있을 것이다. 그러나 알려진 호 AB가 알려지지 않은 각 AEB에 대응하며, 비슷하게 알려지지 않은 각 BEC가 알려진 호 BC에 대응한다. 두 각도 AEB와 BEC를 모두 알아내야 한다. 그러나 겉보기 운동과 평균 운동 사이의 차이를 나타내는 각도인 AEN, BEO, CEP는 주전원의 호와 닮음인 호 AF, FB, FBC를 알기 전에는 확인할 수 없다. 이 값들은 서로 연결되어 있어서 모두 알거나 모두 모를 수밖에 없다. 이것들을 유도할 수단이 없으므로, 천문학자들은 원의 넓이에 해당하는 정사각형을 구하는 문제를 비롯해서 많은 문제를 풀 때처럼, 직접 선험적으로 얻을 수 없는 것을 우회해서 후험적인 논의를 사용했다. 프톨레마이오스는 이 문제를 풀기 위해 공을 들여 장황하게 설명하고 엄청나게 많은 계산을 했다. 나는 이러한 설명과 계산을 검토하는 것은 어렵고 불필요하다고 생각하며, 지금 설명할 나의 논의가 실질적으로 같은 방법을 사용한다.

그의 계산을 검토하면, 호 AF = 57° 1', FB = 18° 37', FBC = 56 1/2°이고, DE = 중심들 사이의 거리 = 6p 50', DF = 60p임을 마지막에 알아냈다^알마게스트, XI, 5^. 그러나 우리의 수치 척도인 DF = 10,000을 적용하면 DE = 1139이다. 이 총합에서, 나는 DE의 3/4 = 854을 받아들였고, 나머지 1/4 = 285를 소주전원에 할당했다. 나의 가설에서 이 값들을 가정해서, 이것들이 관측된 현상과 일치함을 보여주겠다.

첫 번째 충에서, 삼각형 ADE의 변 AD = 10,000p, DE = 854p이고, 각 ADE는 각 ADF(= 57° 1')의 보각으

Book Five

로 주어진다. 이 값들로부터, 평면삼각형의 정리에 따라, 같은 단위로 AE = 10,489p이며, 나머지 각 DEA = 53° 6'이고, DAE = 3° 55'이며, 이때 4직각 = 360°이다. 그러나 각 KAN = ADF = 57° 1'이다. 그러므로 전체 각도 NAE = 60° 56'(= 57° 1' + 3° 55')이다. 그러므로 삼각형 NAE에서 두 변이 주어져서, AE = 10,489p이고 NA = 285p이며, 여기에서 AD = 10,000p이고, 각 NAE도 주어진다. 각 AEN = 1° 22'으로 주어지며, 나머지 각 NED(= AED - AEN) = 51° 44'(= 53° 6' - 1° 22')로 주어지며, 여기에서 4직각 = 360°이다.

두 번째 충도 상황은 비슷하다. 삼각형 BDE에서, 변 DE = 854p로 주어지고, 여기에서 BD = 10,000p이다. 또한 각 BDE = BDF의 보각 = 161° 22'(= 180° - 18° 38')으로 주어진다. 이 삼각형의 각도와 변도 주어진다. 변 BE = 10,812p이고, 여기에서 BD = 10,000p이다. 각 DBE = 1° 27'이고, 나머지 각 BED = 17° 11'(= 180° - (161° 22' + 1° 27'))이다. 그러나 각 OBL = BDF = 18° 38'이다. 그러므로 전체 각도 EBO(= DBE + OBL) = 20° 5'(=

18° 38' + 1° 27')이다. 따라서 삼각형 EBO에서, 각 EBO를 이루는 두 변이 주어진다. BE = 10,812p이고 BO = 285p이다. 평면삼각형의 정리에 따라, 나머지 각 BEO = 32'으로 주어진다. 따라서 OED = 그 나머지 BEO를 BED에서 뺄 때 = 16° 39'(= 17°11' - 32')이다.

세 번째 층에서도, 전과 마찬가지로 삼각형 CDE의 두 변 CD와 DE가 주어지며, 각 CDE의 보각 56° 29'(= 123° 31')도 주어진다. 평면삼각형의 정리 IV에 따라 밑변 CE = 10,512p로 주어지고, 여기에서 CE = 10,000p이다. 각 DCE = 3° 53'이며, 나머지 각 CED = 52° 36'(= 180° - (3° 53' + 123° 31'))이다. 따라서 전체의 각도 ECP = 60° 22'(= 3° 53' + 56° 29')이고, 이 때 4직각 = 360°이다. 그 다음에는 삼각형 ECP에 대해서도 각 ECP를 이루는 두 변이 주어진다. 각 CEP = 1° 22'도 주어진다. 따라서 나머지 각 PED(= CED - CEP) = 51° 14'(= 52° 36' - 1° 22')이다. 따라서 겉보기 운동의 전체 각 OEN(= NED + BED - BEO)은 68° 23'(= 51° 44' + 17° 11' - 32')이고, OEP = 34° 35'(= PED - OED = 51° 14'- 16° 39')으

로, 관측과 일치한다. 이심원의 원지점 위치 F는 양자리의 머리로부터 226° 20'에 있다. 이 값에 당시의 춘분점 세차 6° 40'을 더하고, 원지점이 전갈자리 23°에 이르러서, 프톨레마이오스의 결론과 일치한다알마게스트, XI, 5. 이 행성의 세 번째 충의 겉보기 위치(앞에서 말한) = 277° 37'이다. 이 값에서 앞에서 보인 것처럼 겉보기 운동의 각도 51° 14' = PEF를 뺀 뒤에, 나머지가 이심원의 원지점 위치 226° 23'이다.

이제 지구의 연주회전의 원 RST를 그리면, 이 원은 점 R에서 선분 PE와 교차한다. 지름 SET를 행성의 평균 운동 선분인 CD에 평행하게 그린다. 그러므로 각 SED = CDF이다. 따라서 각 SER은 겉보기 운동과 평균 운동 사이의 차이이며 가감차, 즉 각 CDF와 PED의 차이 = 5° 16'(= 56° 30' - 51° 14')이다. 시차에서 평균과 실제 운동 사이의 차이는 동일하다. 이것을 반원에서 빼면, 나머지인 호 RT = 174° 44'(= 180° - 5° 16')은 점 T에서 시차에서의 균일한 운동이며, 점 T는 가정된 원점이다. 즉, 행성의 평균 합으로부터 이 세 번째 "밤의 끝" 또는

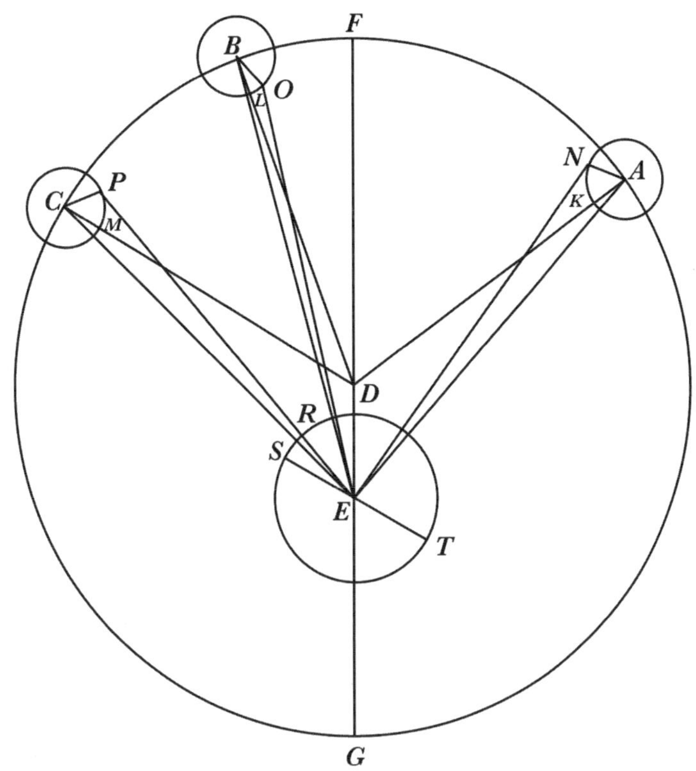

Figure.6

지구와 행성의 실제 충까지이다.

그러므로 우리는 이제 이 세 번째 관측의 시각이, 말하자면 하드리아누스 20년 = 서기 136년 7월 8일 자정 11시간 후, 토성 이심원의 원지점에서 이상 운동 = 56 1/2°와 시차에서의 평균 운동 = 174° 44'이다. 이러한 값의 확립은 다음에 나올 문제에도 유용하다.

6

최근에 관측된 토성의 충 3회

그러나 프톨레마이오스가 보고한 토성 운동의 계산은 우리 시대와 적지 않은 차이가 있으며, 오류가 어디에 숨어 있는지 바로 이해할 수도 없다. 그래서 나는 새로운 관측을 할 수밖에 없었고, 이것으로부터 다시 세 차례에 걸친 토성의 충을 취했다. 첫 번째는 서기 1514년 5월 5일 자정이 되기 1 1/5시간 전에 토성이 205° 24'에서 관측되었다. 두 번째는 서기 1520년 7월 13일 정오에, 토성이 273° 25'에서 관측되었다. 세 번째는 서기 1527년 10월 10일 자정 6 2/5 시간 뒤에 관측되었으며, 이때 토성은 양자리의 뿔에서 동쪽으로 7'에 있었다. 그러면 첫 번째와 두 번째 충 사이에 6이집트년, 70일, 33일-분이라는 시간이 있으며, 이 기간 동안에 토성의 겉보기 운동은 68° 1'(= 273° 25 - 205° 24')이다. 두 번째 충에서 세 번째 충까지 7이집트년, 89일, 46일-분이 있었고, 행성의 겉보기 운동은 86° 42'(= 360° 7' - 273° 25')이다.

첫 번째 기간에서 평균 운동은 75° 39'이고, 두 번째 기간에서는 88° 29'이다. 그러므로, 원지점과 이심원을 찾기 위해, 마치 행성이 단순한 이심원 위에서 운동하는 것처럼, 먼저 프톨레마이오스의 방법알마게스트, X, 7을 적용해 보아야 한다. 이 배치가 적절하지는 않지만, 이 방법으로 더 쉽게 답을 얻을 수 있을 것이다.

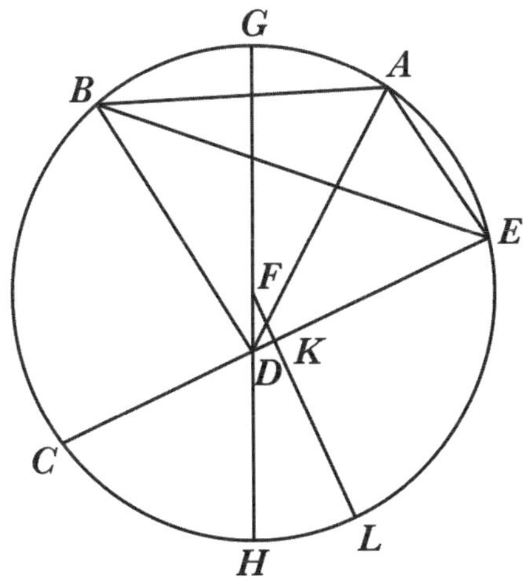

Figure. 7

ABC를 행성이 균일하게 움직이는 원이라고 생각하자. 첫 번째 충이 점 A에서, 두 번째는 B, 세 번째는 C에서 일어났다고 하자. ABC 안에서 지구 원의 중심을 D라고 하자. AD, BD, CD를 연결하고, 그 중 어느 하나를 원주의 반대쪽까지 연장해서, 예를 들어 CDE를 그리자. AE와 BE를 연결한다. 그러면 각 BDC = 86° 42'이 주어진다. 따라서 2직각 = 180°로, 보각 BDE = 93° 18'(= 180° - 86° 42')이지만, 2직각 = 360°로는 186° 36'이다. 호 BC를 잘라내는 각 BED = 88° 29'이다. 따라서 삼각형 BDE에서 나머지 각 DBE = 84° 55'(= 360° - (180° 36' + 88° 29'))이다. 그러면 삼각형 BDE의 각도들이 주어지고, 원에 대응하는 선분의 표에서 변들을 얻는다. BE = 19,953p이고, DE = 13,501p이며, 여기에서 삼각형에 외접하는 원의 지름 = 20,000p이다. 비슷하게 삼각형 ADE에서도, 2직각 = 180°에서 ADC = 154° 43'(= 68° 1' + 86° 42')로 주어지므로, 보각 ADE = 25° 17'(= 180° - 154° 43')이 주어진다. 그러나 2직각 = 360°에서 ADE = 50° 34'이다. 이 단위에서 호 ABC를 잘라내는 각 AED = 164° 8' (= 75° 39' + 88° 29')이고, 나머지 각 DAE = 145° 18'(= 360° - (50° 34' + 164° 8'))이

다. 따라서 변들도 알려진다. DE = 19,090p이고 AE = 8542p이며. 여기에서 삼각형에 외접하는 원의 지름 ADE = 20,000p이다. 그러나 DE = 13,501p이고 BE = 19,953p인 단위에서, AE는 6041p가 될 것이다. 그 다음에는 삼각형 ABE에서도, 두 변 BE와 EA가 주어지고, 호 AB를 잘라내는 각도 AEB = 75° 39'으로 주어진다. 따라서 평면삼각형의 정리에 따라 AB = 15,647p이고, BE = 19,968p이다. 그러나 주어진 호에 대응하는 변 AB = 12,266p이고, 여기에서 이심원의 지름 = 20,000p, EB = 15,664p, DE = 10,599p이다. 그러면, 현 BE를 통해서, 호 BAE = 103° 7'으로 주어진다. 그러므로 전체 EABC = 191° 36'(= 103° 7' + 88° 29')이다. 원의 나머지인 CE = 168° 24'이며, 따라서 현 CDE = 19,898p이고, 그 나머지 CD(DE = 10,599를 CDE에서 뺄 때) = 9,299p이다.

이제 CDE가 이심원의 지름이라면, 분명히 원지점과 근지점이 그 위에 있고, 이심원과 지구 궤도원 중심들 사이의 차이가 알려질 것이다. 그러나 호 EABC가 반원보다 크기 때문에, 이심원의 중심이 그 안에 있을 것이다. 이것을 F라고 하자. 이 점과 D를 통과해서 지름 GFDH을 그리고, CDE에 수직으로 FKL을 그린다.

명백히, 직사각형 CD × DE = 직사각형 GD × DH이다. 그러나 직사각형 GD × DH + $(FD)^2$ = $(1/2\ GDH)^2$ = $(FDH)^2$이다. 따라서 $(1/2$ 지름$)^2$ - 직사각형 GD × DH 또는 직사각형 CD × DE = $(FD)^2$이다. 그러면 FD는 길이 = 1200p로 주어지고, 여기에서 반지름 GF = 10,000p이다. 그러나 FG = 60p인 단위에서 FD = 7p 12'으로, 프톨레마이오스알마게스트, XI, 6(6p 50')와 조금 다르다. 그러나 CDK = 9949p = 전체 CDE(= 19,898p)의 1/2이다. CD = 9299p임은 앞에서 보여 주었다. 따라서 나머지 DK = 650p(= 9949p - 9299p)이고, GF = 10,000p로 가정되며, FD = 1200p이다. 그러나 FD = 10,000p인 단위에서는 DK = 5411p = 각 DFK의 두 배에 대응하는 현의 절반이다. 4직각 = 360°이면 각 DFK = 32° 45'이다. 원의 중심에 있는 각도로서, 이 각도는 호 HL과 비슷한 양에 대응한다. 그러나 전체

CHL = 1/2 CLE(168° 24') ≅ 84° 13'이다. 그러므로, 나머지 CH(CHL = 84° 13'에서 HL = 32° 45'을 뺐을 때)는 세 번째 층에서 근지점까지의 호이며, = 51° 28'이다. 이 값을 반원에서 빼면 나머지 호 CBG = 128° 32'이며, 이것은 원지점에서 세 번째 층까지의 호이다. 호 CB = 88° 29'이므로, 나머지 BG(CBG = 128° 32'에서 CB를 뺄 때) = 40° 3'이며, 원지점에서 두 번째 층까지 뻗어있는 호이다. 다음의 호 BGA = 75° 39' 속에 포함된 호 AG = 35° 36'(= 75° 39' - 40° 3')는 첫 번째 층에서 원지점 G까지의 호이다.

이제 ABC를 원이라고 하고, 지름 FDEG, 중심 D, 원지점 F, 근지점 G, 호 AF = 35° 36', 호 FB = 40° 3', 호 FBC = 128° 32'이라고 하자. 앞에서 증명된 토성 이심원과 지구 궤도원 중심들 사이의 거리(1200p)에서 DE의 3/4 = 900p를 취한다. 토성 이심원의 반지름 FD = 10,000p로 할 때, 나머지 1/4 = 300p를 반지름으로, A, B, C를 중심으로 소주전원을 그린다. 앞에서 가정한 조건에 따라 그림을 완성한다.

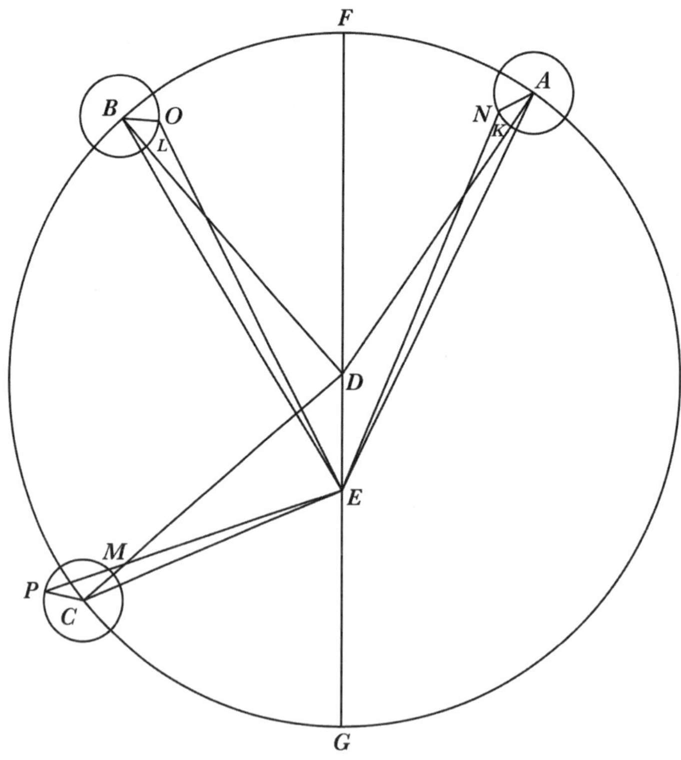

Figure.8

토성이 관측된 위치를 유도하기 위해 위에서 설명한 방법을 되풀이해 보면, 약간의 불일치를 발견할 것이다. 바른 길을 가리키지 않고 사잇길을 보여줌으로써 독자들에게 과중한 부담을 주고 많은 노력을 기울이게 하기보다 짧게 말하면, 앞의 데이터에서 삼각형의 해법을 통해 각 NEO = 67° 35'과 각 OEM = 87° 12'을 얻게 된다. 후자는 겉보기(각도 = 86 °42)보다 1/2° 크고, 전자는 (68 °1'보다) 26' 작다. 이것들을 서로 일치시키기 위해서는 원지점을 조금(3° 14') 전진시키고 AF = 38° 50'(35° 36'이 아니라)으로 해야 하며, 그런 다음에는 호 FB = 36° 49'(= 40° 3 '- 3° 14'), FBC = 125° 18'(= 128° 32' - 3° 14'), 중심들 사이의 거리 DE = 854p (900p가 아니라), 소주전원의 반지름 = 285p(300p가 아니라)이 되고, 여기에서 FD = 10,000p이다. 이 값들은 위에 나오는 프톨레마이오스의 값들V, 5과 거의 일치한다.

위의 데이터의 현상과 세 차례의 충 관측과의 일관성이 명확해질 것이다. 첫 번째 충에서, 삼각형 ADE의 변 DE = 854p로 주어지고, 여기에서 AD = 10,000p이다. 각 ADE = 141° 10'이며, ADF(= 38°50')와 중심에서 2직각을 이룬다. 앞의 정보에서 나머지 변 AE = 10,679p임을 보였고, 여기에서 반지름 FD = 10,000p이다. 나머지 각도 DAE = 2° 52'이고, 각 DEA = 35° 58'이다. 비슷하게 삼각형 AEN에서도, KAN = ADF(= 38° 50')이므로, 전체 EAN = 41° 42'(= DAE + KAN = 2° 52' + 38° 50')이고, 변 AN = 285p이며, 여기에서 AE = 10,679p이다. 각 AEN은 = 1° 3'임을 알 수 있다. 그러나 전체 DEA는 35° 58'을 이룬다. 따라서 나머지 (DEA에서 AEN을 빼서) DEN은 34° 55'(= 35° 58' - 1° 3')가 된다.

마찬가지로 두 번째 층에서도, 삼각형 BED에서 두 변이 주어지고(DE = 854p, 여기에서 BD = 10,000p), 각 BDE(= 180° - (BDF = 36° 49') = 143° 11')도 주어진다. 따라서 BE = 10,697p이고, 각 DBE = 2° 45'이며, 나머지 각 BED = 34° 4'이다. 그러나 LBO = BDF(= 36° 49')이다. 그러므로 중심에서 전체 EBO = 39° 34'(= DBO + DBE = 36° 49' + 2° 45')이 된다. 이 각도를 이루는 변은 BO = 285p, BE = 10,697p로 주어진다. 이 정보로부터 BEO = 59'임을 알 수 있다. 이 값을 각 BED(= 34° 4')에서 빼면, 나머지 OED = 33° 5'이다. 그러나 첫 번째 층에서 이미 DEN = 34° 55'임을 알았다. 그러므로 전체의 각 OEN(= DEN + OED) = 68°(= 34° 55' + 33° 5')이다. 이것은 첫 번째 층에서 두 번째 층까지의 거리가 관측(= 68° 1')과 일치함을 보여준다.

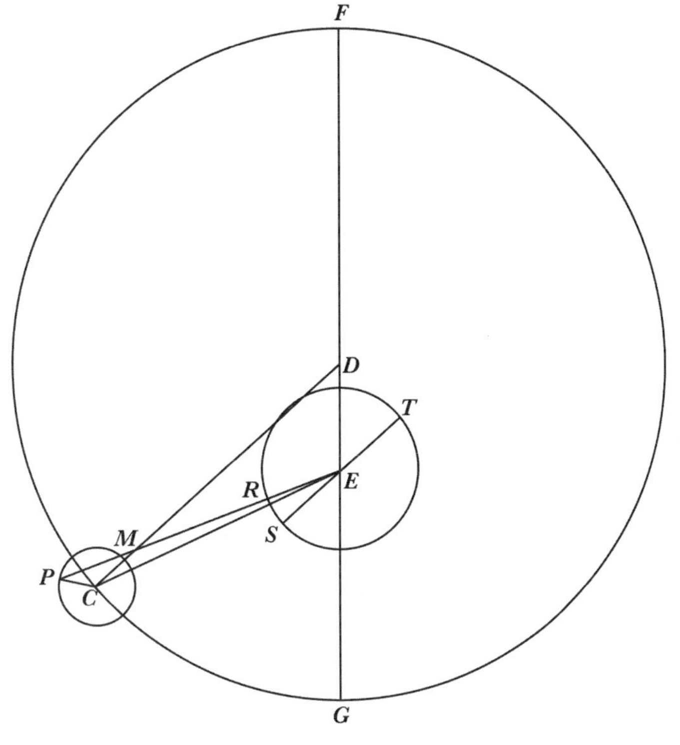

Figure.9

세 번째 충에서도 비슷한 증명이 적용된다. 삼각형 CDE에서 각 CDE = 54° 42'(= 180° - (FDC = 125° 18'))으로 주어지고, 변 CD와 DE는 앞에서 알려졌다(= 10,000, 854). 이 정보로부터 세 번째 변 EC = 9532p이고, 나머지 각 CED = 121° 5'이고, 각 DCF = 4° 13'이다. 그러므로 전체 PCE = 129° 31'(= 4° 13' + 125° 18')이다. 게다

가, 삼각형 EPC에서 두 변 PC와 CE(= 285, 9532)가 주어지고, 각 PCE(= 129°31')도 주어진다. 이 정보로부터 각 PEC = 1° 18'으로 주어진다. 이 값을 CED(= 121° 5')에서 빼면, 나머지 각 PED = 119° 47'이 남는데, 이것은 이심원의 원지점에서 세 번째 충일 때 행성의 위치 사이의 거리이다. 그러나 두 번째 충일 때 33° 5'이심원의 원지점에서 행성의 위치까지임이 밝혀졌다. 그러므로, 토성의 두 번째 충과 세 번째 충 사이는 86° 42'(= 119° 47' - 33° 5')이다. 이 값도 관측과 일치하는 것으로 알려졌다. 그러나 그때의 토성 위치는 영점으로 받아들여진 양자리 첫 번째 별에서 동쪽으로 8' 떨어진 것으로 관측되었다. 토성의 위치에서 이심원의 근지점까지의 거리는 60° 13'(= 180° - 119° 47')으로 알려졌다. 그러므로 근지점은 대략 60 1/3°(≒ 60° 13' + 8')에 있고, 원지점의 위치는 정반대인 240 1/3°에 있다.

이제 지구의 궤도원 RST를 그리고, 중심을 E라고 하자. 지름 SET를 행성의 평균 운동의 선분 CD에 평행하게 (각 FDC = DES로 해서) 그리자. 그러면 지구와 우리의 관측 위치는 선분 PE 위에, 예를 들어 점 R에 놓일 것이다. 각 PES(= EMD) 또는 호 RS = 각 FDC와 DEP의 차이 = 행성의 균일한 운동과 겉보기 운동의 차이 = 5° 31'((CES = DCE) + PEC = 4° 13' + 1° 18')임을 보였다. 이 값을 반원에서 빼서, 나머지 호 RT = 174° 29' = 행성에서 지구 궤도원의 원점higer apse T까지의 거리 = 태양의 평균 위치이다. 그러므로 1527년 10월 10일 자정이 지나서 6 2/5시에, 이심원의 원점으로부터 토성의 이상 운동 = 125° 18'이고, 시차 운동 = 174° 29', 원점의 위치 = 항성천구에서 양자리 첫째 별로부터 240° 21'임을 증명했다.

7
토성의 운동에 대한 분석

프톨레마이오스의 세 관측 중의 마지막 시기에, 토성의 시차 운동이 174° 44'이고, 이심원의 원점 위치는 양자리의 시작으로부터 226° 23'이었음이 알려졌다

[V, 5]. 그러므로, 두 관측(프톨레마이오스의 마지막과 코페르니쿠스의 마지막) 사이의 시간 동안, 토성은 확실히 1344회전 빼기 1/4°의 균일한 시차 운동을 했다. 하드리아누스 20년 이집트력 메소리의 달 24일 정오 1시간 전부터 서기 1527년 10월 10일 6시에 수행한 나중의 관측까지, 1392이집트년, 75일, 48일-분이 지났다. 게다가 이 기간 동안의 운동을 토성의 시차 운동표에서 얻으려고 한다면, 비슷하게 시차의 1,343회전을 넘어 5 × 60° + 59° 48'을 얻게 될 것이다. 그러므로, 토성의 평균 운동에 대해[V, 1]에 나오는 주장은 올바르다.

또한 그 동일한 기간에, 태양의 단순한 운동은 82° 30'이다. 이 값에서 359 °45'을 빼고, 그 나머지인 토성의 평균 운동은 82 °45'이다. 이 값은 이제 토성의 47번째 항성 회전에 누적되었다. 한편으로 이심원의 원점 위치도 항성천구에서 13° 58'(= 240° 21' - 226° 23')을 더 앞섰다. 프톨레마이오스는 원점과 근점이 항성들과 같은 방식으로 고정되어 있다고 믿었지만, 지금은 100년에 약 1°씩 움직인다는 것이 명백해졌다.

8
토성의 위치 결정

서기의 시작부터 하드리아누스 20년 메소리의 달 24일 정오 한 시간 전에 프톨레마이오스가 관측할 때까지 135이집트년, 222일, 27일-분이 지났다. 이 기간 동안 토성의 시차 운동은 328 °55'이다. 174° 44'에서 이 값을 뺀 나머지인 205° 49'은 토성의 평균 위치로부터 태양의 평균 위치까지의 거리를 나타내며, 이것은 서기 1년 1월 1일 자정의 태양의 시차 운동이다. 첫번째 올림픽부터 서기의 시작까지 775이집트년 12 1/2일의 운동은 완전한 회전들 외에 70° 55'을 포함한다. 205° 49'에서 이 값을 뺀 나머지인 134° 54'은 헤카톰바에온 달의 첫 날 정오인 올림픽의 시작에 해당한다. 이 위치로부터 451년 247일 뒤에, 완전한 회전들 외에 13° 7'이 있다. 이 값을 이전의 값(134° 54')에 더해서, 알렉산드로스 대왕의 이집트력 토트의 달 첫날 정오 때 위치 148° 1'이 주어진다. 카이사르에 대해서는, 278년 118

1/2일 동안에 운동이 247 °20'이며, 기원전 45년 1월 1일 자정에 위치가 35° 21'이 된다.

9
지구의 연주회전에 따른 토성의 시차와, 토성의 지구로부터의 거리

경도에서의 토성의 균일한 운동과 겉보기 운동은 앞에서 설명한 방식으로 제시된다. 시차에 영향을 받기 때문에 내가 시차 운동이라고 부르는[V, 1] 다른 현상들은 지구의 연주 궤도에 의해 일어나기 때문이다. 지구의 크기가 달까지의 거리와 비교할 만하기 때문에 시차가 생기는 것처럼, 지구가 1년 동안 공전하는 궤도의 크기 때문에 다섯 행성의 시차가 생긴다. 그러나 궤도의 크기 때문에 행성의 시차가 훨씬 더 크다. 그러나 이 시차는 행성의 거리가 미리 알려지지 않으면 확인할 수 없다. 그럼에도 불구하고, 시차의 관측으로 거리를 알아낼 수 있다.

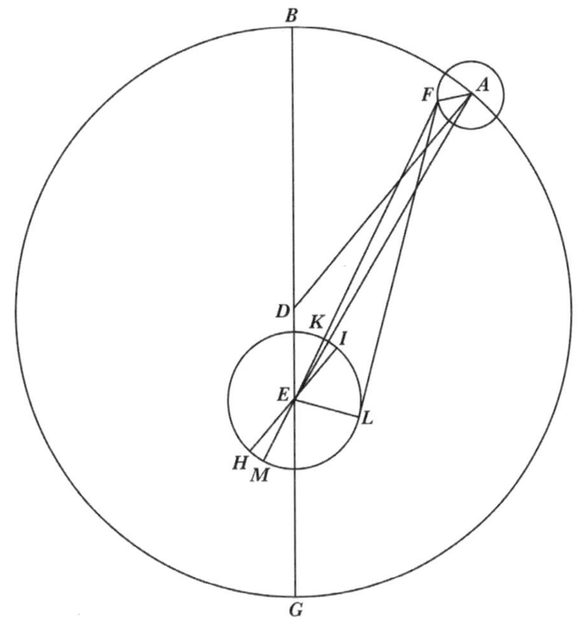

Figure.10

나는 1514년 2월 24일 자정 이후 5균일시에 토성에 대해 이러한 관측을 했다. 토성은 전갈자리 이마의 두 번째와 세 번째 별과 일직선으로 보였는데, 두 별의 경도가 같았고, 항성천구에서 209°였다. 따라서 이 별들을 통해 토성의 위치가 알려졌다. 서기의 시작부터 이 시각까지의 기간은 1514이집트년 67일 13일-분이다. 따라서 태양의 평균 위치는 315° 41', 토성의 시차 이상은 116° 31'으로 계산되었고, 따라서 토성의 평균 위치는 199° 10'이며, 이심원의 원점은 약 240 1/3°이었다.

이제, 앞의 모형에 따라, ABC를 이심원이라고 하고 중심을 D라고 하자. 지름 BDC에서 B가 원지점, C가 근지점, E가 지구 궤도의 중심이라고 하자. AD와 AE를 연결한다. A를 중심으로 반지름 = 1/3 DE인 소주전원을 그린다. 그 위의 F를 행성의 위치로 하고, 각 DAF = ADB가 되게 한다. 선분 HI를, 마치 원 ABC와 같은 평면에 있는 것처럼, 지구 궤도의 중심 E를 통과해서 그린다. 궤도의 지름인 HI를 AD와 평행하게 해서, H가 행성에서 가장 멀리 떨어져 있는 지구 궤도의 점이며, I는 가장 가까운 점으로 이해되도록 하자. 이 궤도에서 시차 이상 계산과 일치하도록 호 HL = 116° 31'을 취한다. FL과 EL을 연결한다. FKEM이 궤도의 양쪽 원주를 교차하도록 연장한다. 가설에 따라, 각 ADB = 41° 10' = DAF이다. 보각 ADE = 138° 50'이다. DE = 854p이고, 여기에서 AD = 10,000p이다. 이 데이터에서 삼각형 ADE의 세 번째 변 AE = 10,667p, 각 DEA = 38°

9', 나머지 각 EAD = 3° 1'임을 알 수 있다. 그러므로 전체 EAF(= EAD + DAF) = 44° 11'(= 3° 1' + 41° 10')이다. 따라서 다시 삼각형 FAE에서, 변 FA = 285p가 주어지며, 여기에서 AE(= 10,667p)도 주어진다. 나머지 변 FKE = 10,465p, 각 AEF = 1° 5'도 알 수 있다. 그러므로 행성의 평균 위치와 겉보기 위치의 전체 차이 또는 가감차는 명백히 = 4° 6' = 각 DAE + 각 AEF(= 3° 1' + 1° 5')이다. 이러한 이유로, 지구의 위치가 K 또는 M이었다면, 토성의 위치는 마치 중심 E에서 관측한 것처럼, 양자리로부터 203° 16'에서 보일 것이다. 그러나 지구가 L에 있으면, 토성은 209°에서 보인다. 5° 44'(= 209° - 203° 16')의 차이가 시차이고, 각 KFL로 표시된다. 그러나 지구의 균일한 운동에서 호 HL = 116° 31'(= 토성의 시차 이상)이다. 이 값에서 가감차 HM을 뺀다. 나머지 ML = 112° 25'(= 116° 31' - 4° 6')이고, 반원의 나머지 LICK = 67° 35'(= 180° - 112° 25')이다. 이 정보에서 각 KEL(= 67° 35')도 얻어진다. 그러므로 삼각형 FEL의 각도들이 주어지고(EFL = 5° 44', FEL= 67° 35', ELF = 106° 41'), 변의 비

도 EF = 10,465p의 단위로 주어진다. 이 단위로 EL = 1090p이고, 여기에서 AD 또는 BD = 10,000p이다. 그러나 BD = 60p로 고대인의 방법과 일치하며, EL = 6p 32'도 프톨레마이오스의 결론에서 아주 조금만 차이가 난다. 따라서 전체 BDE = 10,854p, CE = 지름의 나머지 = 9146p(= 20,000 - 10,854)이다. 그러나 B에 있는 소주전원은 항상 행성의 거리에서 285p를 빼지만, C에서는 같은 양, 즉 지름의 1/2을 더한다. 따라서 중심 E에서 토성의 최대 거리는 10,569p(= 10,854 - 285)이고, E로부터의 최소 거리는 = 9431p(9146 + 285)이며, 여기에서 BD = 10,000p이다. 이 비에 따라, 토성의 원지점의 거리는 9p 42'이며, 여기에서 지구 궤도의 반지름은 = 1p이고, 토성의 근지점의 거리는 8p 39'이다. 이 정보로부터 달의 작은 시차를 설명한 방법으로 토성의 더 큰 시차를 명확하게 얻을 수 있다[IV, 22, 24]. 토성의 최대 시차는 이 행성이 원지점에 있을 때 = 5p 55'이며, 근지점에서 = 6p 39'이다. 이 두 값 사이의 차이는 = 44'이며, 이 값은 행성들에서 오는 선분이 지구의 궤도에 접할 때 일어난다. 이 예를 통해 토성의 운동에서 모든 개별적인 변이가 발견된다. 이 변이들에 대해서는 나중에 다섯 행성에 대해 함께 설명하겠다V, 33.

10

목성의 운동에 대한 설명

토성을 끝냈으니, 목성의 운동에 대해서도 같은 방법과 순서로 설명하겠다. 먼저, 프톨레마이오스가 보고하고 분석한알마게스트, XI, 1, 이전의 세 위치를 살펴보겠다. 그러므로 나는 이것들을 이전에 보여준 원의 변환을 사용해서 재구성해서, 그가 보고한 위치와 똑같거나, 크게 다르지 않음을 보일 것이다.

첫 번째 충은 프톨레마이오스에 따르면, 하드리아누스 17년 이집트력 에피피의 달 첫날 자정 1시간 전에 전갈자리(= 223° 11') 23° 11'에서 일어났지만, 분점의 세차(= 6° 38')를 빼고 나면 226° 33'이었다. 그가 기록한 두 번째 충은 하드리아누스 21년 이집트력 파오피의 달 13일 자정 2시간 전에 물고기자리 7° 54'이었지만, 항성천구에서는 331° 16'(= 337° 54' - 6° 38')이었다. 세 번째 충은 안토니누스 피우스1년 아티르 달 20일 자정 5시간 뒤에 항성천구에서 7° 45'(= 14° 23' - 6° 38')에서 일어났다.

따라서, 첫 번째 충에서 두 번째 충까지의 기간은 3이집트년 106일 23시간이고, 목성의 겉보기 운동 = 104° 43'(= 331° 16' - 226° 33')이다. 두 번째 충에서 세 번째 충까지의 기간은 1년 37일 7시간이며, 목성의 겉보기 운동은 = 36° 29'(= 360° + 7° 45' - 331° 16')이다. 첫 번째 기간에서 행성의 평균 운동 = 99° 55'이고, 두 번째 기간에는 33° 26'이다. 프톨레마이오스는 이심원에서 원점으로부터 첫 번째 충까지의 호 = 77° 15', 두 번째 충에서 근점까지의 호 = 2° 50', 거기에서부터 세 번째 충까지 = 30° 36', 전체 이심거리 = 5 1/2p, 여기에서 반지름 = 60p임을 알아냈다. 그러나 반지름 = 10,000p이면, 이심거리 = 917p이다. 이 모든 값들은 거의 정확하게 관측과 일치한다.

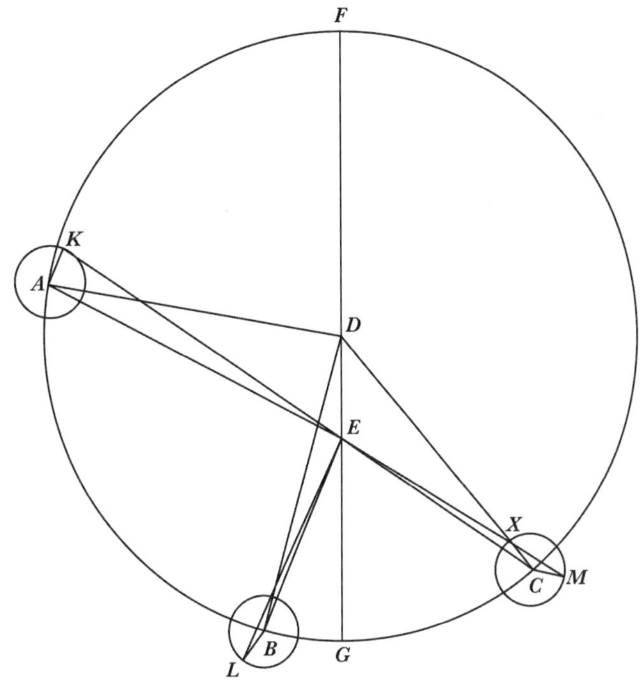

Figure.11

이제 ABC를 원이라고 하고, 앞에서 말한 첫 번째 충에서 두 번째 충까지의 호 AB는 99° 55'이고, BC = 33° 26'이라고 하자. 중심 D를 통과해서 지름 FDG를 그리고, 원점 F에서 시작해서 호 FA = 11° 15', FAB = 177° 10'(= 180° - 2° 50', GC = 30° 36')이 되게 한다. E를 지구 원의 중심으로 취하고, 거리 DE = 687p (= 프톨레마이오스의 이심거리) = 917p의 3/4으로 한다. 917p의 1/4 = 229p

를 반지름으로, 점 A, B, C의 둘레로 소주전원을 그린다. AD, BD, CD, AE, BE, CE를 연결한다. 소주전원들에서 AK, BL, CM을 연결해서 각 DAK, DBL, DCM = ADF, FDB, FDC이 되도록 한다. 마지막으로 K, L, M을 E에 직선으로 연결한다.

삼각형 ADE에서, 각 ADE = 102° 45'으로 주어지는데, 각 ADF가 보각 = 77°15'으로 주어지기 때문이다. 변 DE = 687p이고, 여기에서 AD = 10,000p이다. 세 번째 변 AE = 10,570p, 각 EAD = 3° 48', 나머지 각 DEA = 73° 27'이다. 그리고 전체 BAK = 81° 3'(= EAD + (DAK = ADF) = 3° 48' + 77° 15')이다. 마찬가지로 삼각형 AEK에서도 두 변이 주어져서, EA = 10,174p이고, 여기에서 AK = 229p이며, 포함된각 EAK도 주어지기 때문에, 각 AEK = 1° 17'으로 알려진다. 따라서, 나머지 각 KED = 72° 10'(= DEA - AEK = 73° 27' - 1° 17')이다.

삼각형 BED에 대해서도 비슷하게 증명된다. 변 BD와 DE는 여전히 이전의 해당되는 값들과 같지만, 각 BDE = 2° 50'(= 180° - (FDB = 177° 10'))으로 주어진다. 따라서 밑변 BE = 9314p가 될 것이며, 여기에서 DB = 10,000p이고, 각 DBE = 12'이다. 따라서 다시 삼각형 ELB에서 두 변(BE, BL)이 주어지고 전체 각 EBL(= (DBL = FDB) +DBE) = 177° 22'(= 177° 10' + 12')이 주어진다. 각 LEB = 4'도 주어진다. 합 16'(= 12' + 4')을 각 FDB(= 177° 10')에서 빼서, 나머지 176° 54' = 각 FEL이다. 여기에서 KED = 72° 10'을 뺀 나머지 = 104° 44' = KEL은, 관측된 끝점인 첫 번째와 두 번째 사이의 겉보기 운동의 각도(= 104° 43')와 거의 정확하게 일치한다.

같은 방식으로 세 번째 위치에서도, 삼각형 CDE의 두 변 CD와 DE가 주어지고(= 10,000, 687), 각 CDE = 30° 36'도 주어진다. 같은 방식으로 밑변 EC = 9410p, 각 DCE = 2° 8'이 주어진다. 따라서 삼각형 ECM에서 전체 각 ECM = 147° 44'이다. 그러므로 각 CEM = 39'이다. 외각 DXE = 내각 ECX + 반대편 내각 CEX = 2° 47'(= 2° 8' + 39') = FDC - DEM (FDC = 180° - 30° 36' = 149° 24', DEM = 149°24' - 2° 47' = 146° 37')이다. 따라서 GEM = 180° - DEM = 33° 23'이다. 두 번째 충과 세 번째 충

Book Five

사이의 전체 각 LEM = 36° 29'이고, 마찬가지로 관측과 일치한다. 그러나 세 번째 충인 근점의 동쪽 33° 23'(앞에서 보였듯이)은 7° 45'에서 발견되었다. 따라서 원점의 위치는 반원의 나머지 부분에 의해 항성천구에서 154° 22'(= 180° - (33° 23' - 7° 45'))으로 알려진다.

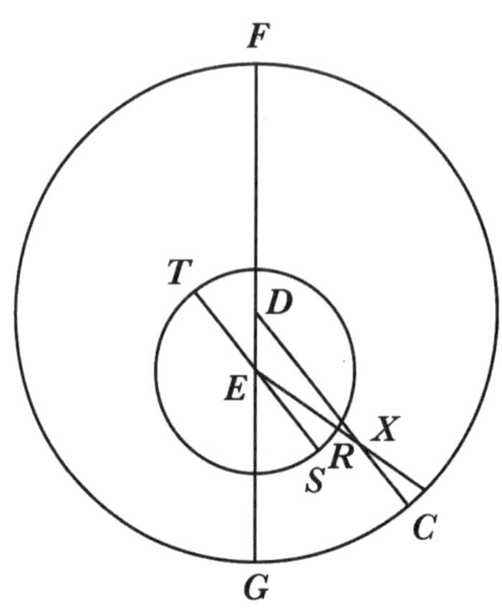

Figure.12

이제 E 주위에 지구의 연주 궤도 RST를 그리고, 지름 SET를 선분 DC에 평행하게 그린다. 각 GDC는 = 30° 36' = GES임이 증명되었다. 각 DXE = RES = 호 RS =

2° 47' = 궤도의 평균 근지점으로부터 행성의 거리이다. 그러므로 전체 TSR = 궤도의 원지점으로부터 행성의 거리 = 182° 47'으로 나타난다.

따라서 목성의 세 번째 충으로 보고된, 안토니누스 피우스 1년 이집트력 아티르의 달 20일 자정을 지나서 5시에, 목성의 시차 이상은 182° 47'이었고, 경도에서 균일한 위치 = 4° 58'(= 7° 45 - 2° 47'), 이심원의 원점 위치 = 154° 22'이었다. 이 모든 결과는 지구의 균일한 운동에 대한 나의 가설과 완전히 일치한다.

11
최근에 관측한 목성의 충 3회

오래 전에 보고되고 앞의 방법으로 분석한 목성의 세 위치에 대해, 내가 주의 깊게 관측한 목성의 세 번에 걸친 충을 추가하겠다. 첫 번째는 서기 1520년 4월 30일이 되기 전의 자정 이후 11시에 항성천구에서 200° 28'

에서 발생했다. 두 번째는 서기 1526년 11월 28일 자정 이후 3시에 48° 34'에서 일어났다. 세 번째는 서기 1529년 2월 1일 자정 이후 19시에 113° 44'에서 일어났다. 첫 번째 충에서 두 번째까지 6년 212일 40일-분이 지났고, 그 동안 목성의 운동은 208° 6'(= 360°+ 48° 34' - 200° 28')으로 보였다. 두 번째 충에서 세 번째까지 2이집트년 66일 39일-분이 지났고, 이 행성의 겉보기 운동은 = 65° 10'(= 113° 44' - 48° 34')이었다. 그러나 첫 번째 기간의 균일한 운동은 199° 40'이고, 두번째 기간은 66° 10'이다.

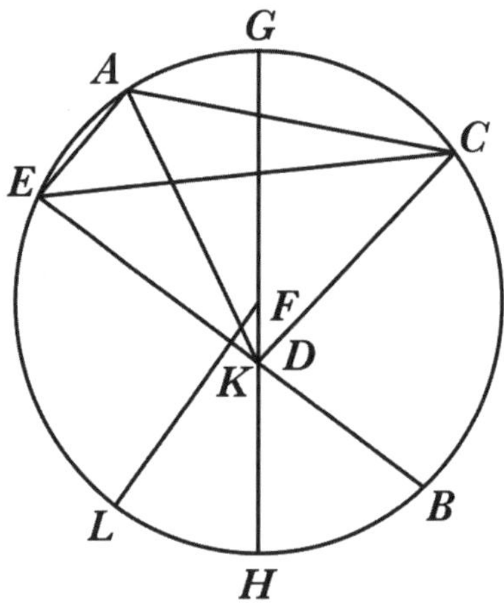

Figure.13

이 상황을 설명하기 위해 이심원 ABC를 그리고, 그 위를 행성이 단순하고 균일하게 운동한다고 생각하자. 관측된 세 곳을 순서대로 A, B, C로 표시하고, 호 AB = 199° 40', BC = 66° 10', AC = 원의 나머지 부분 = 94° 10'이 되도록 한다. 또한 D를 지구의 연주 궤도의 중심으로 취한다. D를 향해서 AD, BD, CD를 연결한다. 그중 어느 하나를 연장해서, 예를 들어 DB가 원의 양쪽에 닿도록 연장해서 직선 BDE를 그린다. AC, AE, CE를 연결한다.

겉보기 운동의 각 BDC = 65° 10'이고, 이때 중심의 4직각 = 360°이다. 같은 도degree로 보각 CDE = 114° 50'(= 180° - 65° 10')이지만, 2직각(원둘레에서) = 360°로는 CDE = 229° 40'(= 2 × 114° 50')이다. 호 BC를 잘라내는 각 CED = 66° 10'이다. 그러므로 삼각형 CDE에서 나머지 각 DCE = 64° 10'(= 360° - (229° 40' + 66° 10'))이다. 따라서 삼각형 CDE에서 각도들이 주어졌으므로, 변들이 주어진다. CE = 18,150p이고, ED = 10,918p이며, 여기에서 삼각형에 외접하는 원의 지름 = 20,000p이다.

삼각형 ADE에 대해서도 비슷한 증명이 성립한다. 각 ADB = 151° 54' = 원의 나머지이며, 이 값을 첫 번째 충에서 두 번째 충까지의 거리(=208° 6')에서 뺀다. 그러므로, 보각 ADE는 중심각으로 = 28° 6'(= 180° - 151° 54')이지만, 원주에서는 = 56° 12'(= 2 × 28° 6')이다. 호 BCA(= BC + CA)를 자르는 각 AED = 160° 20'(= 66° 10' + 94° 10')이다. 삼각형 ADE에서 나머지 원주각 EAD = 143° 28'(= 360° - (56° 12' + 160° 20'))이다. 이 정보로부터, 변 AE = 9420p, ED = 18,992p가 나오며, 여기에서 삼각형 ADE에 외접하는 원의 지름 = 20,000p이다. 그러나 ED = 10,918p일 때, 이미 알려진 CE = 18,150p의 단위에서 AE = 5415p도 알려진다.

따라서 다시 삼각형 EAC에서, 두 변 EA와 EC (5415, 18,150)가 주어지고, 사이각이면서 호 AC를 잘라내는 각 AEC = 94° 10'도 주어진다. 이 정보로부터, 호 AE를 잘라내는 각 ACE = 30° 40'임을 알 수 있다. 이 값을 AC에 더해서, 총합인 호 CE = 124° 50'(= 94° 10' + 30°40')은 현 CE = 17,727p에 대응하며. 여기에서 이심원의 지름

= 20,000p이다. 같은 단위로, 앞에서 확립된 비에 따라, DE = 10,665p이다. 그러나 전체 호 BCAE = 191°(= BC + CA + AE = 66° 10' + 94° 10' + 30° 40')이다. 결과적으로 EB = 원의 나머지(= 360°- (BCAE = 191°)) = 169°는 전체의 현 BDE = 19,908p에 대응하며, 여기에서 DE = 10,665p를 BD에서 = 19,908p에서 뺀 나머지 = 9243p이다. 그러므로 더 큰 호 BCAE 안에 이심원의 중심이 있을 것이다. 이것을 F라고 하자.

이제 지름 GFDH를 그린다. 분명히 직사각형 ED × DB = 직사각형 GD × DH이므로, 이 값도 주어진다. 그러나 직사각형 GD × DH + $(FD)^2$ = $(FDH)^2$이고, 직사각형 GD × DH를 $(FDH)^2$에서 빼서, 나머지 = $(FD)^2$이다. 그러므로 길이 FD = 1193p로 주어지고, 여기에서 FG = 10,000p이다. 그러나 FG = 60p일 때, FD = 7p 9'이다. 이제 BE를 K에서 이등분하고, FKL을 그리면, 이 선분은 BE와 수직이 될 것이다. BDK = 1/2(BDE = 19,908p) = 9954p이고, DB = 9243p이므로, 나머지 DK(DB = 9243p를 BDK = 9954p에서 빼서) =

711p이다. 따라서, 직각삼각형 DFK에서, 변이 주어지고, (FD= 1193; DK= 711, $(KF)^2 = (FD)^2 - (DK)^2$), 마찬가지로 호 LH = 36° 35'도 주어진다. 그러나 전체 LHB = 84 1/2°(= 1/2(EB = 169°))이다. 나머지 BH(LH = 36° 35'을 LHB = 84 1/2°에서 빼서) = 47° 55' = 근지점으로부터 두 번째 충 위치까지의 거리이다. 나머지 BCG(BH = 47° 55'을 반원에서 빼서) = 두 번째 충으로부터 원지점까지의 거리 = 132° 5'이다. BCG(= 132° 5')에서 BC = 66° 10'을 빼서, 나머지 = 65° 55'(= CG)는 세 번째 충 위치에서 원지점까지의 거리이다. 이 값(65°55')을 94°10'(= CA)에서 빼서, 나머지 GA = 28° 15' = 원지점으로부터 주전원의 첫 번째 위치까지의 거리이다.

앞의 결과는 의심할 여지 없이 현상과 조금만 일치하는데, 이 행성이 앞에서 말한 이심원을 따라가지 않기 때문이다. 결과적으로, 잘못된 토대를 바탕으로 하는 이 설명 방법은 어떤 좋은 결과도 만들어낼 수 없다. 프톨레마이오스의 여러 가지 잘못된 증명 중에서, 토성의 이심거리가 더 커졌고, 목성에 대해서는 더 작아졌지만,

나의 경우에 목성에 대해서 상당히 초과하는 값이 나왔다. 따라서 행성에 대해 원의 호들을 다르게 가정하면, 바람직한 결과가 같은 방식으로 나오지 않음이 명백해 보인다. 앞에서 말한 세 끝점에서 목성의 균일한 운동과 겉보기 운동을 비교하고, 그런 다음에 모든 위치를 비교했을 때, 프톨레마이오스가 선언한 이심원의 반지름이 60p일 때 전체 이심거리 = 5p 30'을 받아들일 수 없고, 이심원의 반지름 = 10,000p, 이심거리 = 917p[V, 10]로 하고, 첫 번째 충에서 원지점까지의 호 = 45° 2'(28° 15'이 아니라) 근지점에서 두 번째 충까지 = 64° 42'(47° 55'이 아니라), 세 번째 충에서 원지점까지 = 49° 8'(65° 55'이 아니라)으로 해야 한다.

이 상황에 맞춰, 이전의 이심원 위의 주전원 도형을 다시 그린다. 나의 가설에 따라, 중심들 사이의 전체 거리(1,193이 아니라 916)의 3/4 = 687p = DE이고, 한편으로 소주전원은 나머지인 1/4 = 229p로 하고, 여기에서 FD = 10,000p이다. 각 ADF = 45° 2'이다. 따라서 삼각형 ADE의 두 변 AD와 DE(10,000p, 687p)가 주어지

Book Five

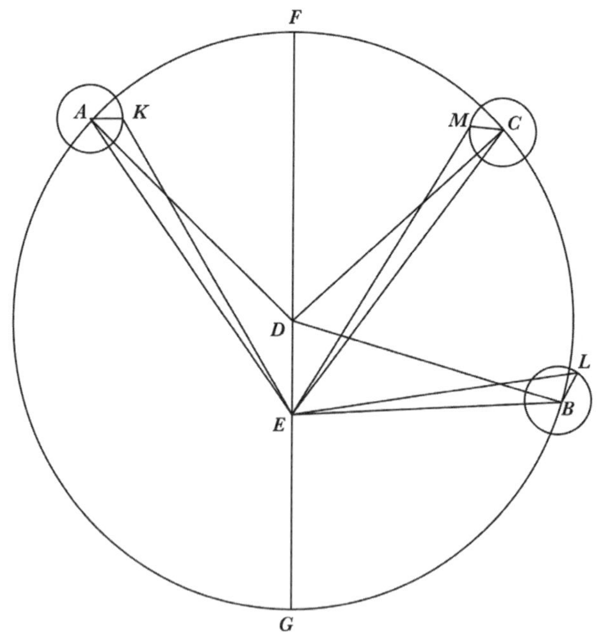

Figure.14

고, 사이각 ADE(= 134° 58' = 180° - (ADF = 45° 2'))도 주어진다. 그러므로 세 번째 변 AE = 10,496p이고, 여기에서 AD = 10,000p이며, 각 DAE = 2° 39'임도 알 수 있다. 각 DAK = ADF(= 45° 2')임이 가정되고, 전체 EAK = 47° 41'(= DAK + DAE = 45° 2' + 2° 39')이다. 게다가 삼각형 AEK에서 두 변 AK와 AE (229p, 10,496p)도 주어진다. 그러면 AEK = 57'이 된다. 이 각도 + DAE(= 2° 39')를 ADF(= 45° 2')에서 빼서, 첫 번째 층에서 나머지 KED =

41° 26'이다.

비슷한 결과를 삼각형 BDE에서도 보여줄 수 있다. 두 변 BD와 DE (10,000p, 687p)가 주어지고, 사이각 BDE = 64° 42'이 주어진다. 따라서 여기에서도 세 번째 변 BE는 = 9725p이고, 여기에서 BD = 10,000p이며, 각 DBE = 3° 40'임을 알 수 있다. 그러므로 삼각형 BEL에서도 두 변 BE와 BL (9725p, 229p)이 주어지며, 사이각인 전체 각 EBL = 118° 58'(= DBE = 3° 40' + DBL = FDB = 180° - (BDG = 64° 42') = 115° 18')로 주어진다. 또한 BEL = 1° 10'이 주어지며, 따라서 DEL = 110° 28'이 주어진다. 그러나 KED = 41° 26'임이 이미 알려져 있었다. 그러므로 전체 KEL(= KED + DEL) = 151° 54'(= 110° 28' + 41° 26')이다. 그러면, 4직각 = 360°의 나머지(-151° 54')인 208° 6' = 첫 번째와 두 번째 충 사이의 거리이고, 이것은 수정된 관측((180° - 45° 2' = 134° 58')+ 64° 42' = 199° 40')과 일치한다.

마지막으로 세 번째 위치에서, 삼각형 CDE의 변 DC와 DE가 같은 방법으로 주어진다(10,000p, 687p). 또한 사이각 CDE = 130° 52'인데, FDC(= 49° 8' = 세 번째 충에서 원점까지의 거리)가 주어지기 때문이다. 세 번째 변 CE = 10,463p로 주어지며, 여기에서 CD = 10,000p이고, 각 DCE = 2° 51'이다. 그러므로 전체 ECM = 51° 59'(= 2° 51' + 49° 8' = DCE + (DCM = FDC))이다. 그러므로 삼각형 CEM에서 마찬가지로 두 변 CM과 CE가 주어지고(229p, 10,463p), 사이각MCE(= 51° 59')도 주어진다. 각 MEC = 1°도 알려진다. 앞에서 알려진 MEC + DCE(= 2°51') = FDC와 DEM의 차이이고, 이것들은 균일한 운동과 겉보기 운동의 각도이다. 그러므로 세 번째 충에서 DEM = 45° 17'이다. 그러나 DEL은 이미 = 110° 28' 임이 알려졌다. 그러므로 LEM(= DEL과 DEM 사이의 차이 = 110° 28' - 45° 17') = 65° 10' = 두 번째 관측 위치에서 세 번째까지의 각도(= 180° - (64° 42' + 49° 8' = 113° 50')) = 66° 10'이다. 그러나 목성의 세 번째 위치는 항성천구에서 113° 44'으로 보였기 때문에, 목성의 원점 ≅ 159°(113° 44' + 45° 17' = 159° 1')로 알려진다.

이제 E 주위에 지구의 궤도 RST를 그리고, DC에 평행하게 지름 RES를 그린다. 확실히, 목성의 세 번째 충에서, 각 FDC = 49° 8' = DES이고, R = 균일한 시차 운동의 원지점이다. 그러나 지구가 반원 + 호 ST를 지나간 뒤에, 지구는 태양과 충인 목성과 합을 이룬다. 앞에서 수치적으로 보였듯이(앞의 그림에서, DCE = 2° 51' + MEC = 1°), 호 ST = 3° 51' = 각 SET이다. 그러므로 이 값들에 따라 서기 1529년 2월 1일 자정 이후 19시에 목성의 균일한 시차 이상 = 183° 51'(= RS + ST = 180° + 3° 51'), 목성의 실제 운동 = 109° 52', 이심원의 원지점 ≅ 양자리 뿔로부터 = 159°임이 알려진다. 이것이 우리가 찾고 있던 정보이다.

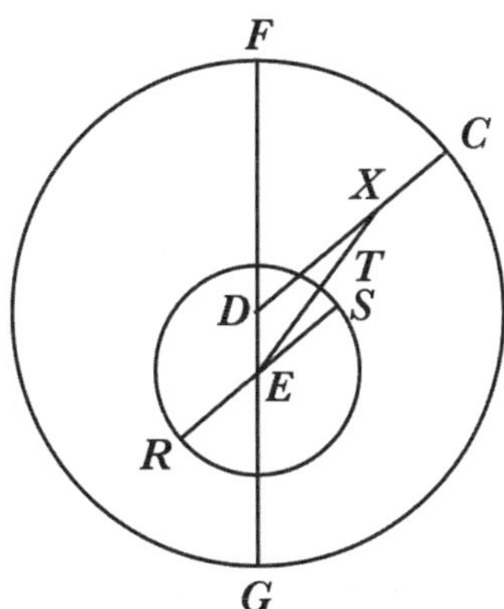

Figure.15

12

목성의 균일한 운동의 확인

위에서 보았듯이[V, 10], 프톨레마이오스가 관측한 목성의 세 충의 마지막에서 목성의 평균 운동은 4° 58'이고, 시차 이상은 182° 47'이었다. 따라서 두 관측(프톨레마이오스의 마지막과 코페르니쿠스의 마지막) 사이의 기간 동안에 목성의 시차 운동은 완전한 회전들 외에 1° 5'(≅ 183° 51' - 182° 47')을 지나갔고, 그 자체의 운동은 약 104° 54'(= 109° 52' - 4° 58')이었다. 안토니누스 피우스 1년 이집트력 아티르의 달 20일로 넘어가는 자정 이후 5시부터, 서기 1529년 2월 1일 자정 이후 19시까지 경과한 시간은 1392 이집트년 99일 37일-분에 이른다. 이 기간 동안에, 위에서 설명한 계산에 따라, 해당되는 시차 운동은 비슷하게 완전한 회전들 외에 1° 5'이고, 여기에서 지구는 균일한 운동으로 목성을 1,274번 앞질렀다. 따라서 이 계산이 확실하고 확인되었다고 봐야 하는데, 눈으로 보고 얻은 결과와 일치하기 때문이다. 또한 이 기간 동안에, 이심원의 원점과 근점이 명확히 동쪽으로 4 1/2°(= 159° - 154° 22') 이동했다. 평균적으로 나누면 300년에 약 1°가 할당된다.

13

목성 운동의 위치 결정

프톨레마이오스의 세 번의 관측 중 마지막은 안토니누스 피우스1년 아티르의 달 20일 자정 이후 5시에 수행되었다. 이때부터 서기의 시작까지 거슬러 올라가는 기간은 136이집트년 314일 10일-분이었다. 이 기간 동안에 평균 시차 운동 = 84° 31'이다. 이 값을 182° 47'(프톨레마이오스의 세 번째 관측)에서 빼서, 나머지 = 98° 16'은 서기가 시작되는 1월 1일에 앞서는 자정의 값이다. 그 때부터 첫 번째 올림픽의 775이집트년 12 1/2일까지, 운동은 완전한 원들에 더해서 = 70° 58'으로 계산된다. 이 값을 98° 16'서기의 시작에 대한 값에서 빼서, 나머지 = 21° 18'은 올림픽에 대한 값이다. 그 뒤로 451년 247일 동안의 운동은 110° 52'에 이른다. 이 값을 올림픽의 위치에 더해서, 합 = 138° 10'은 알렉산드로스의 이집트력 토트의 달 첫째 날 정오에 대한 값이다. 이 방법은 다른 모든 역기점에 대해서도 사용할 수 있다.

14

목성의 시차와, 지구 궤도에 대한 거리의 결정

목성과 관련된 다른 현상, 즉 시차를 결정하기 위해, 나는 서기 1520년 2월 19일 정오 6시간 전에 목성의 위치를 매우 주의 깊게 관찰했다. 장치를 통해 나는 목성을 전갈자리의 이마에 있는 첫 번째 밝은 별의 서쪽 4° 31'에서 보았다. 이 항성의 위치 = 209° 40'이기 때문에, 목성의 위치는 항성천구에서 205° 9'이다. 서기의 시작부터 이 관측까지 지난 기간은 1520균일년 62일 15일-분이다. 그러므로 태양의 평균 운동 = 309° 16'으로 유도되고, 평균 시차 이상 = 111° 15'이다. 따라서 목성의 평균 위치 = 198° 1(= 309° 16' - 111° 15')으로 결정된다. 우리 시대에 이심원의 원지점 = 159°에서 발견되었다[V, 11]. 그러므로, 목성의 이심원의 이상 = 39° 1'(= 198° 1' - 159°)이다.

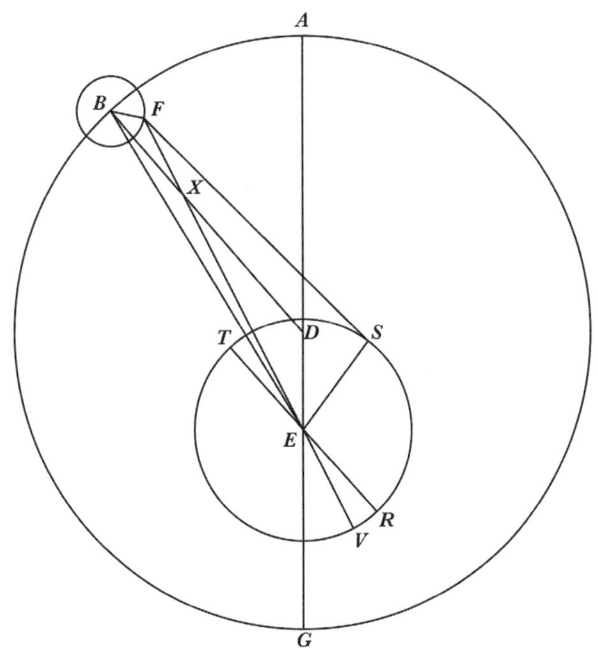

Figure.16

Book Five

이 상황을 설명하기 위해, 중심 D와 지름 ADC로 이심원 ABC를 그린다. 원지점이 A, 근지점이 C에 있다고 하고, 지구의 연주궤도 중심 E가 DC 위에 있도록 한다. 호 AB = 39° 1'으로 취한다. B를 중심으로 소주전원을 그리는데, 반지름 BF = 1/3 DE = 중심들 사이의 거리로 한다. 각 DBF = ADB로 한다. 직선 BD, BE, FE를 그린다.

삼각형 BDE에서 두 변이 주어진다. DE = 687p이고, 여기에서 BD = 10,000p이다. 두 변이 이루는 사이각 BDE = 140° 59'(= 180° - (ADB = 39° 1'))으로 주어진다. 따라서 이 정보로부터 밑변 BE = 10,543p, 각 DBE = 2° 21' = ADB - BED임을 알 수 있다. 그러므로 전체 각 EBF = 41° 22'(= (DBE = 2° 21') + (DBF = ADB - 39° 1'))이다. 따라서 삼각형 EBF에서, 각 EBF와 이 각도를 이루는 두 변이 주어진다. EB = 10,543p이고, 여기에서 BD = 10,000p, BF = 229p = 1/3 (DE = 중심들 사이의 거리)이다. 이 정보에서 나머지 변 FE = 10,373p, 각 BEF = 50' 임을 알 수 있다. 선분 BD와 FE는 점 X에서 서로 교차한다. 따라서 교차점에서 각 DXE = BDA - FED = 평균

운동에서 실제 운동을 뺀 값이다. DXE = DBE + BEF(= 2° 21' + 50' = 3° 11')이다. 이 값을 39° 1'(= ADB)에서 빼서, 나머지 = 각 FED = 35° 50' = 이심원의 원점과 행성 사이의 각도이다. 그러나 원점의 위치 = 159°이다[V, 11]. 이것을 모두 더하면 194° 50'에 이른다. 이 값은 중심 E에 대한 목성의 실제 위치이지만, 행성은 205° 9'에서 관측되었다[위의 V, 14]. 그러므로 차이 = 10° 19'은 시차이다.

이제 E를 중심으로, 지구의 궤도 RST를 BD와 평행한 지름 RET와 함께 그리면, R은 시차의 원지점이다. 또한 RS = 111° 15'을 평균 시차 이상의 결정[V, 14의 시작]에 맞춰서 취한다. FEV를 직선으로 연장해서 지구 궤도의 양쪽에 닿도록 한다. V는 이 행성의 실제 원지점이 될 것이다. REV = 평균과 실제 원지점의 각도 차이 = DXE이고, 전체 호 VRS = 114° 26'(= RS + RV = 111° 15' + 3° 11')이 되고, 나머지인 FES (SEV = 114° 26'을 180°에서 빼서) = 65° 34'이다. 그러나 바로 위, 시차 EFS = 10° 19'임이 밝혀졌고, 삼각형 EFS에서 나머지 각도 FSE = 104° 7'이다. 그러므로 삼각형 EFS의 각도들이 주

Book Five

어지고, 변들의 비가 다음과 같이 주어진다. FE : ES = 9698: 1791. 그러면 FE = 10,373p, ES = 1916이며, 여기에서 BD = 10,000이다. 그러나 프톨레마이오스는 이심원의 반지름 = 60p에서 ES = 11p 30'을 발견했다 알마게스트, XI, 2. 이것은 1916 : 10,000과 거의 같은 비이다. 그러므로 이 점에서 나는 그와 조금도 다르지 않은 것 같다.

그러면 지름 ADC : 지름 RET = 5p 13' : 1p이다. 비슷하게 AD : ES 또는 RE = 5p 13' 9" : 1p이다. 같은 방법으로 DE = 21' 29"이고, BF = 7' 10"이다. 그러므로 지구 궤도의 반지름 = 1p로, 전체인 ADE - BF = 5p 27' 29"(=5p 13' 9" + 21' 29" - 7' 9")이고, 이것은 목성이 원지점에 있을 때의 거리이다. 목성이 근지점에 있을 때는, 나머지 EC + BF = 4p 58' 49"이다. 목성이 원지점과 근지점 사이에 있을 때는, 해당하는 값이 있다. 이 값들에 의해 원지점에서 목성의 최대 시차 = 10° 35', 근지점에서 11° 35', 그 사이의 차이 = 1°라는 결론을 얻는다. 이렇게 해서 목성의 균일한 운동과 겉보기 운동이 결정되었다.

15

화성

이제 나는 화성의 회전을 고대의 충 3회로 분석하려고 하며, 이번에도 고대에 있었던 지구의 운동과 연결할 것이다. 프톨레마이오스가 보고한 충알마게스트, X, 7에서, 첫 번째는 하드리아누스 15년 이집트의 다섯 번째 티비의 달 26일 자정이 지나 1균일시에 일어났다. 프톨레마이오스에 따르면, 화성이 쌍둥이자리 21°에 있었지만, 항성천구에 대해서는 74° 20'(쌍둥이자리 21° = 81° 0' - 6° 40' = 74° 20')에 있었다. 그는 두 번째 충을 하드리아누스 19년 8번째 이집트력 파르무티의 달 6일 자정 3시간 전에 관측했고, 화성이 사자자리 28° 50'에 있었지만, 항성천구에서는 142° 10'(사자자리 28° 50' = 148° 50'(-6° 40)' = 142° 10')에 있었다. 세 번째 충은 안토니누스 피우스 2년 이집트력 11번째 에피피의 달 12일 자정 2균일시 전에 관측되었고, 화성이 궁수자리 2° 34'에 있었지만, 항성천구에 대해서는 235° 54'(궁수자리 2° 34' = 242° 34'(-6° 40')

= 235° 54')에 있었다.

첫 번째 충과 두 번째 충 사이의 기간은 4이집트년 69일과 20시간 = 50일-분이며, 이 행성의 겉보기 운동은, 완전한 회전들 뒤에, = 67° 50'(= 142° 10' - 74° 20')이다. 두 번째 충에서 세 번째 충까지는 4년 96일 1시간이며, 행성의 겉보기 운동 = 93° 44'(= 235° 54' - 142°10')이다. 그러나 첫 번째 기간에서 완전한 회전 외의 평균 운동 = 81° 44'이고, 두 번째 기간에서는 95° 28'이다. 그 다음에 프톨레마이오스는알마게스트, X, 7 중심들 사이의 전체 거리 = 12p임을 발견했고, 여기에서 이심원 반지름 = 60p이다. 그러나 반지름 = 10,000p이면, 거기에 비례하는 거리 = 2000p이다. 첫 번째 충에서 원지점까지의 평균 운동 = 41° 33'이고, 순서대로 원지점에서 두 번째 충까지 = 40° 11'이며, 세 번째 충에서 근지점까지 = 44° 21'이다.

그러나 균일한 운동에 대한 나의 가설에 따르면, 이심원의 중심과 지구 궤도의 중심 사이의 거리 = 1500p = 프톨레마이오스의 이심 거리 = 2000p의 3/4이고, 나머지 1/4 = 500p는 소주전원의 반지름이 된다. 이제 이런 방식으로 이심원 ABC를 중심을 D로 해서 그린다. 원지점과 근지점을 연결하는 지름 FDG를 그리고, 그 위에 연주회전의 원 중심 E를 둔다. A, B, C를 순서대로 관측 위치로 표시하고, 호 AF = 41 °33', FB = 40° 11', CG = 44° 21'으로 한다. A, B, C의 각 점에서 반지름 = 거리 DE의 1/3로 소주전원을 그린다. AD, BD, CD, AE, BE, CE를 연결한다. 소주전원에서 AL, BM, CN을 그려서 각 DAL, DBM, DCN = ADF, BDF, CDF이 되도록 한다.

삼각형 ADE에서, 각 ADE = 138° 27'로 주어지는데, 각 FDA(= 41° 33')가 주어지기 때문이다. 또한 두 변이 주어져서 DE = 1,500p이고, 여기에서 AD = 10,000p이다. 이 정보에서 같은 단위로 나머지 변 AE = 11,172p, 각 DAE = 5° 7'도 알 수 있다. 따라서, 전체 EAL(= DAE + DAL = 5° 7' + 41° 33') = 46° 40'이다. 그러므로 삼각형 EAL에서도, 각 EAL(= 46° 40')와 함께 두 변이 주어진다. AE = 11,172p, AL = 500p, 여기에서 AD = 10,000p이

다. 각 AEL = 1° 56'으로 주어진다. 각 AEL은 각 DAE에 더해서, ADF와 LED의 전체 차이 = 7° 3'을 얻고, DEL = 34 1/2°가 된다. 두 번째 충에서도 비슷하게, 삼각형 BDE의 각 BDE = 139° 49'(= 180° - (FDB = 40° 11')), 변 DE = 1500p가 주어지고, 여기에서 BD = 10,000p이다. 이렇게 해서 변 BE = 11,188p, 각 BED = 35° 13'이 되고, 나머지 각 DBE(= 180° - (139° 49' + 35° 13')) = 4° 58'이 된다. 그러므로 전체 EBM(= DBE + (DBM = BDF) = 4° 58' + 40° 11') = 45° 9'이고, 이것은 주어진 변 BE와 BM= 11,188, 500의 사이각이다. 따라서 각 BEM = 1° 53', 나머지 각 DEM(= BED - BEM = 35° 13' - 1° 53') = 33° 20'임도 알 수 있다. 그러므로 전체 MEL(= DEM + DEL = 33° 20' + 34 1/2°) = 67° 50' = 행성이 첫 번째 충에서 두 번째 충으로 이동한 것으로 보이는 각도이고, 계산 결과가 관측(=67° 50')과 일치한다.

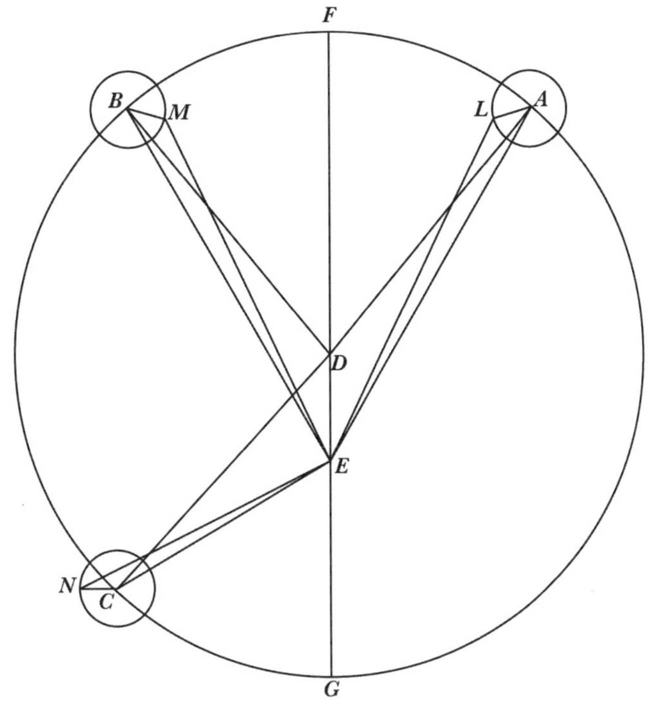

Figure.17

세 번째 층에서도, 삼각형 CDE의 두 변 CD와 DE(= 10,000p, 1500p)가 주어진다. 두 변의 사이각 CDE(= 호 CG) = 44° 21'이다. 따라서 밑변 CE = 8988p가 되고, 여기에서 CD = 10,000 p 또는 DE = 1500p이며, 각 CED = 128° 57'이고, 나머지 각 DCE = 6° 42'(= 180° - (44° 21' + 128° 57'))이 된다. 따라서 다시 한번 삼각형

CEN에서, 전체 각 ECN(= (DCN = CDF = 180° - 44° 21' = 135° 39') + (DCE = 6° 42')) = 142° 21'이고, 알려진 변 EC와 CN(8988p, 500p)의 사이각이다. 따라서 각 CEN = 1° 52'도 주어진다. 그러므로 세 번째 충에서 나머지 각 NED (= CED - CEN = 128° 57' - 1°52') = 127° 5'으로 주어진다. 그러나 DEM은 이미 = 33° 20'임을 보여주었다. 나머지 MEN(NED - DEM = 127° 5' - 33° 20')= 93° 45' = 두 번째와 세 번째 충 사이의 겉보기 운동의 각도이다. 여기에서도 계산 결과가 관측(93° 44'에 비교해서 93° 45')과 상당히 잘 맞는다. 화성의 세 번째 충에서 이 행성이 235° 54'에서 관측되어서, 앞에서 보여준 것과 같이 이심원의 원지점(= ∢NEF)에서 127° 5'의 거리에 있었다. 따라서, 화성의 원지점 위치는 항성천구에서 108° 49'(= 235° 54' - 127° 5')에 있었다.

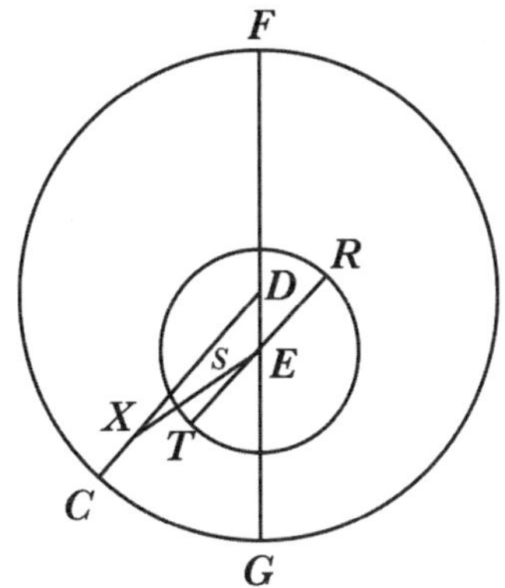

Figure.18

이제 E를 중심으로, 지구의 연주 궤도 RST를 그리고, 지름 RET를 DC에 평행하게 그려서, R이 시차의 원지점이 되고, T가 근지점이 되도록 한다. 이 행성이 EX를 따라 경도 235° 54'에서 보였다. 이미 알려진 각 DXE = 8° 34' = 균일 운동과 겉보기 운동의 차이(앞의 그림에서 = DCE + CEN = 6° 42' + 1° 52')이다. 그러므로 평균 운동 = 244 1/2°(≅ 235° 54' + 8° 34' = 244° 28')이다. 그러나 각 DXE = 중심각 SET이고, 이것도 비슷하게 = 8° 34'이 된다. 따라서 호 ST = 8° 34'을 반원으로부터 빼서, 행성의 평균 시차 운동 = 호 RS = 171° 26'을 얻을 것이

Book Five

다. 그러므로 다른 결과들 외에도, 나는 지구가 움직인다는 이 가설을 통해 안토니누스 피우스 2년 이집트력 에피피의 달 12일 정오에서 10균일시 뒤에, 화성의 경도상의 평균 운동 = 244 1/2°이고, 시차 이상 = 171° 26'임을 보여주었다.

16
최근에 관측한 화성의 다른 충 3회

다시 한 번 프톨레마이오스의 화성 관측에 대해 다른 세 관측을 비교했는데, 나는 이 관측도 매우 주의 깊게 수행했다. 첫 번째는 서기 1512년 6월 5일 자정 1시간 후에 수행했고, 화성의 위치가 235° 33'에서 발견되었으며, 태양이 항성천구의 시작으로 취한 양자리 첫 번째 별에서 55° 33'으로 완전히 충의 위치에 있었다. 두 번째 관측은 서기 1518년 12월 12일 정오 8시간 뒤에 화성이 63° 2'에 나타났을 때 수행했다. 세 번째 관측은

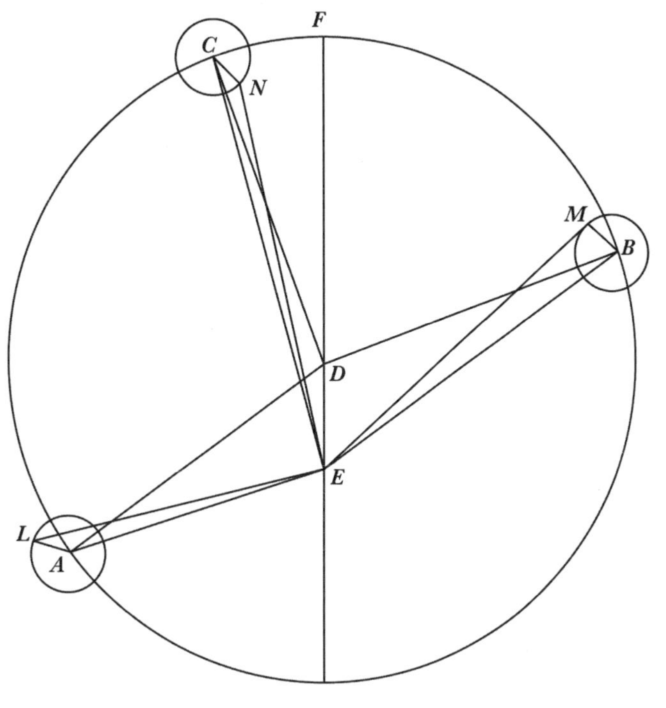

Figure.19

서기 1523년 2월 22일 정오가 되기 7시간 전에 행성이 133° 20'에 있을 때 수행했다. 첫 번째 관측에서 두 번째 관측까지는 6이집트년 191일 45일-분이고, 두 번째 관측에서 세 번째 관측까지는 4년 72일 23일-분이다. 첫 번째 기간의 겉보기 운동 = 187° 29'(= 63° 2' + 360° - 235° 33')이지만, 균일한 운동 = 168° 7'이다. 두 번째 기간의 겉보기 운동 = 70° 18'(= 133° 20' - 63° 2')이지만, 균일한 운동 = 83°였다. 이제 화성의 이심원을 다시 그리는데, 이번에는 AB = 168° 7'과 BC = 83°로 한다. 그 다음에는 토성과 목성에 사용했던 방법으로(길고 복잡하고 지루한 계산을 조용하게 지나가고), 나는 마침내 호 BC 위에서 원지점을 발견했다. 명백히 원지점은 호 AB에 있을 수 없는데, 거기에서는 겉보기 운동이 평균 운동을, 말하자면 19° 22'(= 187° 29'-168° 7')만큼 초과하기 때문이다. 호 CA도 원지점이 올 수 없는 것은 마찬가지이다. 왜냐하면 겉보기 운동(102° 13' = 360° - (187° 29' + 70° 18'))이 평균운동(360° - (168° 7' + 83° = 251° 7') = 108° 53')보다 작지만, 그럼에도 불구하고 CA에 앞서는 BC에서, 평균운동(= 83°)이 겉보기 운동(= 70° 18')을 CA(여기에서 평균 108°53' - 겉보기 102°13' = 6° 40')보다 크게(12° 42') 초과하기 때문이다. 그러나, 위에서 보였듯이V, 4, 이심원의 원지점 근처에서는 겉보기 운동이 크게 줄어든다. 그러므로, 원지점이 BC 위에 있다고 보는 것이 올바르다.

원지점을 F, 원의 지름을 FDG라고 하고, E가 지구 궤도의 중심, D가 이심원의 중심이라고 하자. 그런 다음에 FCA = 125° 29'으로 하고, 순서대로 BF = 66° 25', FC = 16° 36', DE = 중심들 사이의 거리 = 1460p, 여기에서 반지름 = 10,000p, 같은 단위로 소주전원의 반지름 = 500p로 했다. 이 값들은 겉보기 운동과 균일한 운동이 서로 정합적이고, 관측과 완전히 일치함을 보여준다.

이와 따라, 전과 같이 그림을 완성한다. 삼각형 ADE에서 두 변 AD와 DE (10,000p, 1460p)가 알려져 있고, 각 ADE도 화성의 첫 번째 충에서 근지점까지 = 54° 31'(= 호 AG = 180° - (FCA = 125° 29'))으로 알려진다. 그러므로 각 DAE = 7° 24', 나머지 각 AED = 118° 5'(= 180° - (ADE + DA = 54°31' + 7°24')), 세 번째 변 AE = 9229p도 알아낼 수 있다. 그러나 가설에 의해 각 DAL = FDA이다. 그러므로 전체 EAL(= DAE + DAL = 7° 24' + 125° 29') = 132° 53'이다. 따라서 삼각형 EAL에서도, 두 변 EA와 AL (9229p, 500p), 사이각 A= 132° 53'가 주어진다. 그러므로 나머지 각 AEL = 2° 12', 나머지 각 LED = 115° 53'(= AED -

AEL = 118° 5' - 2° 12')이다.

두 번째 충에서도 비슷하게, 삼각형 BDE의 두 변 DB와 DE (10,000p, 1460p)가 주어진다. 그 사이각 BDE(= 호 BG = 180° - (BF = 66° 25')) = 113° 35'이다. 그러므로 평면삼각형의 정리들에 따라 각 DBF = 7° 11', 나머지 각 DEB = 59° 14'(= 180° -(113° 35' + 7° 11')), 밑변 BE = 10,668p, 여기에서 DB = 10,000p와 BM = 500p, 전체 EBM(= DBE + (DBM = BF) = 7° 11'+ 66° 25') = 73° 36'이다.

따라서 삼각형 EBM에서도 변들이 주어지고(BE = 10,668, BM = 500), 사이각(EBM = 73°36')이 주어지며, 각 BEM = 2° 36'임을 알 수 있다. BEM을 DEB = 59° 14'에서 빼서, 나머지 DEM = 56° 38'이다. 그 다음에는 근지점에서 두 번째 충까지인 외각 MEG = DEM = 56° 38'의 보각 = 123° 22'이다. 그러나 각 LED = 115° 53'으로 이미 알려졌다. 그 보각 LEG = 64° 7'이다. 이것을 이미 알려진 GEM(= 123° 22')에 더해서, 합 = 187° 29'이며, 이때 4직각 = 360°이다. 이 값(187° 29')은 첫 번째 충에서 두 번째 충까지의 겉보기 거리(= 187° 29')

와 일치한다.

세 번째 충에 대해서도 같은 방법으로 분석할 수 있다. 각 DCE는 = 2° 6'이고, 변 EC = 11,407p이며, 여기에서 CD = 10,000p이다. 그러므로 전체 각 ECN(= DCE + (DCN = FDC) = 2° 6' + 16° 36') = 18° 42'이다. 삼각형 ECN에서, 변 CE와 CN(11,407p, 500p)이 이미 주어졌다. 따라서 각 CEN = 50'으로 나올 것이다. 이 값을 DCE(= 2° 6')에 더해서, 합계 = 2° 56' = DEN의 크기는 겉보기 운동의 각도이며, 이것은 균일한 운동의 각도 FDC(= 호 FC = 16° 36')보다 작다. 그러므로 DEN = 13° 40'으로 주어진다. 이 값들(DEN + DEM = 13° 40' + 56° 38' = 70° 18')은 다시 한 번 두 번째 충과 세 번째 충 사이의 관측된 겉보기 운동(= 70°18')과 잘 일치한다.

이 사례에서, 앞에서 말했듯이V, 16의 시작 근처에서, 화성이 양자리의 머리로부터 133° 20'에서 나타났다. 각 FEN ≅ 13° 40'임이 알려졌다. 그러므로 거꾸로 계산해서, 이 마지막 관측에서 이심원의 원지점 위치는 항성천구에 대해 명백히 = 119° 40'(= 133° 20' - 13° 40')이 된다.

Book Five

안토니누스 피우스의 시대에 프톨레마이오스는 원지점을 108° 50'[알마게스트, X], (게자리 7, 25° 30' = 115° 30' - 6° 40')에서 발견했다. 그러므로 원지점은 그 시대부터 우리 시대까지 동쪽으로 10° 50'(= 119° 40' - 108° 50') 이동했다. 또한 나는 중심들 사이의 거리가 40p(1,500p와 비교해서 1460p)가 짧다는 것을 발견했고, 여기에서 이심원의 반지름 = 10,000p이다. 그 이유는 프톨레마이오스나 내가 실수를 했기 때문이 아니라, 명백하게 증명된 바와 같이, 지구 궤도원의 중심이 화성 궤도의 중심에 접근했고, 태양은 그 동안에 정지해 있었기 때문이다. 이 결론들은 높은 정도로 서로 정합적이며, 지금 이후로 햇빛보다 더 명백해질 것이다[V, 19].

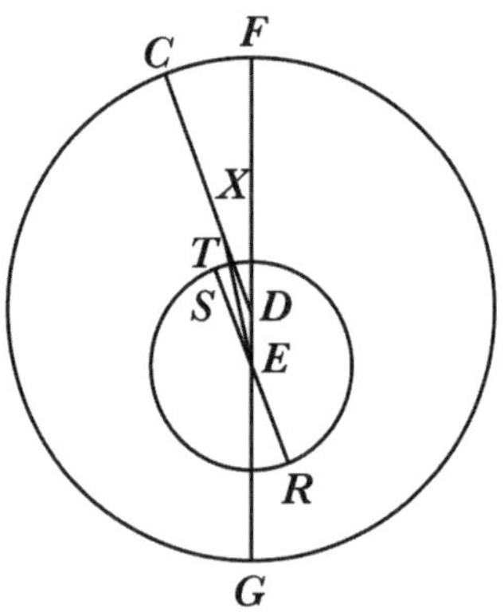

Figure.20

이제 E를 중심으로 그 주변에 지구의 연주 궤도(RST)를 그리고, 지름 SER을 CD와 평행하게, 회전의 균일성에 맞춰서 그린다. R = 이 행성에 대한 균일한 원지점, S = 근지점으로 한다. 지구를 T에 둔다. ET를 따라 이 행성이 보이며, 이것을 연장하면 점 X에서 CD와 교차한다. 그러나 앞에서 말했듯이V, 16의 시작 근처, 이 마지막 위치에서 이 행성이 ETX를 따라 경도 133° 20'에서 관측되었다. 게다가, 각 DXE (앞 그림에서 = CEN + DCE = 50' + 2° 6')가 = 2° 56'임을 보였다. 이제 DXE는 XDF = 균일한 운동의 각도가 XED = 겉보기 운동의 각도를 초과하는 차이이다. 그러나 SET = 엇각 DXE = 시차의 가감차이다. 이것을 반원 STR에서 빼서, 나머지 177° 4'(= 180° - 2° 56')= 균일한 시차 이상이고, R = 원지점의 균일한 운동으로부터 계산된다. 그러므로 서기 1523년 2월 22일 정오 이전 7균일시에, 화성의 경도에서의 평균 운동 = 136° 16'(= 2° 56' + (133° 20' = 겉보기 위치))이고, 균일한 시차 이상 = 177° 4'(= 180° - 2° 56'), 이심원의 근지점 = 119° 40'임을 다시 확인했다. 증명 끝.

17

화성의 운동 확인

프톨레마이오스의 세 관측 중의 마지막에서, 위에서 분명히 했듯이[V, 15], 경도상의 화성의 평균 운동 = 244 1/2°이고, 시차 이상 = 171° 26'이다. 그러므로, 프톨레마이오스의 마지막 관찰과 코페르니쿠스의 마지막 관찰 사이의 기간에, 완전한 회전들에 더하여, 5° 38'(+ 171° 26' = 177° 4')이 누적되었다. 크라쿠프의 자오선을 기준으로 안토니누스 피우스 2년 이집트의 11번째 달인 에피피 12일 오후 9시, 즉 자정 전 3균일시부터 서기 1523년 2월 22일 정오 7시간 전까지, 1384이집트년 251일 19일-분이 지났다. 이 기간 동안에, 위에서 설명한 계산에 따라, 648번의 완전한 회전 뒤에 시차 이상에서 5° 38'이 누적되었다. 태양의 예상된 균일한 운동 = 257 1/2°이다. 이 값에서 시차 운동의 5° 38'을 빼서, 나머지 = 251° 52' = 화성의 경도상의 평균운동이다. 이 모든 결과는 방금 설명한 것과 상당히 일치한다.

18

화성의 위치 결정

서기의 시작부터 안토니누스 피우스 2년 이집트력 에피피의 달 12일 자정 3시간 전까지, 138이집트년 180일 52일-분이 지났다. 이 기간 동안 시차 운동 = 293° 4'이다. 이 값을 프톨레마이오스의 마지막 관측 V, 15, 끝의 171° 26'에서 빼고, 완전한 회전을 빌려와서, (171° 26' + 360° = 531°26'), 서기 1년 1월 1일 자정에 대해서 나머지 = 238° 22'(= 531° 26 - 293° 4')이다. 첫번째 올림픽부터 이때까지, 775이집트년과 12 1/ 2일이 지났다. 이 기간 동안에 시차 운동 = 254° 1'이다. 비슷하게 이 값을 238° 22'에서 빼고, 한 번의 회전을 빌려와서 (238° 22' + 360° = 598° 22'), 첫번째 올림픽에 대한 나머지 = 344° 21'이다. 비슷하게 다른 시대의 기간에 대해 운동을 분리하면, 알렉산드로스 시대 = 120° 39', 카이사르 시대 = 111° 25'을 얻게 될 것이다.

19

지구의 연주궤도가 1단위 일 때 화성 궤도의 크기

게다가, 나는 화성이 집게발자리에서 가장 밝은 별인 "남쪽 집게발"이라고 부르는 별을 엄폐하는 것을 관측했다. 나는 서기 1512년 1월 1일 정오 6균일시 전에 이 관측을 수행해서, 동지점의 일출 겨울, 즉 북동쪽 방향에서 화성이 이 항성으로부터 1/4° 떨어진 것을 보았다. 이는 경도상으로 화성이 이 별의 동쪽 1/8°이지만, 위도상으로는 북위 1/5°임을 가리킨다. 알려진 이 별의 위치 = 양자리 첫째 별로부터 191° 20'이며, 북위 = 40'이어서, 화성의 위치는 분명히 = 191° 28'(≅ 191° 20' + 1/8°), 북위 = 51'(≅ 40'+ 1/5°)이었다. 계산에 따라 그때의 시차 이상 = 98° 28'. 태양의 평균 위치 = 262°, 화성의 평균 위치 = 163° 32', 이심원의 이상 = 43° 52'이다.

이 정보를 사용하여 이심원 ABC를 중심 D, 지름 ADC, 원지점 A, 근지점 C, 이심거리 DE = 1460p, AD = 10,000p로 그린다. 호 AB = 43° 52'으로 주어진다. B

를 중심으로, 반지름 BF = 500p, AD = 10,000p로 소주전원을 그려서 각 DBF = ADB가 되도록 한다. BD, BE, FE를 연결한다. 또한 E를 중심으로, 지구의 궤도원 RST를 그린다. 지름 RET를 BD에 평행하게 그리고, R = 이 행성의 시차에서 균일한 원지점, T = 균일한 운동의 근지점이라고 하자. 지구를 S에 두고, 호 RS = 균일한 시차 이상이고, 계산에 의해 = 98° 28'이다. FE를 직선 FEV로 연장하고, 점 X 에서 BD와 교차하며, 지구 궤도 원주의 V = 시차의 실제 원지점이다.

삼각형 BDE에서 두 변이 주어진다. DE = 1460p이고, 여기에서 BD = 10,000p이다. 그 사이각 BDE = 136° 8' = 각 ADB의 보각 = 43° 52'으로 주어진다. 이 정보에서 세 번째 변 BE = 11,097p, 각 DBE = 5° 13' 임을 알 수 있다. 그러나 가설에 따라 각 DBF = ADB 이다. 전체의 각 EBF = 49° 5'(= DBE + DBF = 5° 13' + 43° 52')는, 주어진 변 EB와 BF(11,097p, 500p)의 사이각이다. 그러므로 삼각형 BEF에서 각 BEF = 2°, 나머지 변 FE = 10,776p, 여기에서 DB = 10,000p를 얻는다. 따라서

DXE = 7° 13' = XBE + XEB = 이웃하지 않은 두 내각(= 5° 13' + 2°)이다. DXE는 빼는 가감차로, 이 각도만큼 각 ADB가 각 XED(= 36° 39' = 43° 52' - 7° 13')를 초과하며, 화성의 평균 위치가 실제 위치를 이 각도만큼 초과한다. 그러나 평균 위치 = 163° 32'으로 계산되었다. 그러므로 화성의 실제 위치는 서쪽으로 156° 19'(+7° 13' = 163° 32')이다. 그러나 S 근처에서 관측하는 이들에게 화성은 191° 28'에서 보였다. 그러므로 그 시차 또는 공동변이commutation은 동쪽으로 35° 9'(= 191° 28' - 156° 19')이다. 그러면 명확히, 각 EFS = 35° 9'이다. RT는 BD와 평행이므로, 각 DXE = REV이고, 마찬가지로 호 RV = 7° 13'이다. 따라서 전체 VRS(= RV + VS = 7° 13' + 98° 28') = 105° 41' = 정규화된 시차 이상이다. 따라서 삼각형 FES의 외각 VES(= 105° 41')가 얻어진다. 그러므로, 반대쪽 내각 FSE = 70° 32'(= VES - EFS = 105° 41' - 35° 9')으로 주어진다. 이 모든 각도는 180° = 2직각으로 주어진다.

그러나 삼각형의 각도를 알면, 변들의 비도 알 수 있다. 그러므로 길이 FE = 9428p, ES = 5757p이고, 여기에서 이 삼각형에 외접하는 원의 지름 = 10,000p이다.

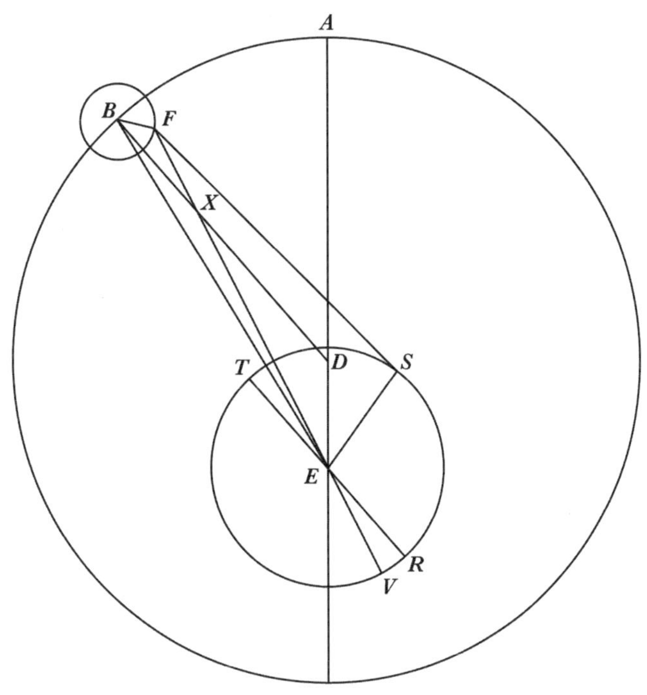

Figure. 21

그 다음에 EF = 10,776p이고, ES ≅ 6580p이며, 여기에서 BD = 10,000p이다. 이것도 프톨레마이오스가 발견한 것알마게스트, X, 8 (39 1/2 : 60)과 아주 조금 다르지만, 거의 같다(39 1/2 : 60 = 6583 1/3 : 10,000p). 그러나 동일한 단위로 전체 ADE = 11,460p(= AD + DE = 10,000 + 1460)

이고, 나머지 EC = 8540p(ADEC = 20,000p)이다. A = 이심원의 원점에서, 소주전원의 500p를 빼고, 근점에 같은 양을 더해서, 원점에서 10,960p(= 11,460 - 500)가 남으며, 근점에서 9040p(= 8540+500)가 된다. 그러므로, 지구 궤도의 반지름 = 1p로, 화성의 원지점과 최대 거리 = 1p 39' 57", 최소 거리 = 1p 22' 26", 평균 거리 = 1p 31' 11"(1p 39' 57" - 1p 22' 26" = 17' 31", 17' 31" ÷ 2 ≅ 8' 45", 8' 45" + 1p 22' 26" ≅ 1p 39' 57" - 8' 45")이다. 따라서 화성의 경우에도 크기와 운동의 거리가 지구 운동에 의한 충실한 계산으로 설명되었다.

20

금성

지구 밖에서 돌고 있는 세 개의 외행성인 토성, 목성, 화성의 운동을 설명한 뒤에, 이제 지구에 둘러싸인 행성에 대해 논의할 차례이다. 나는 먼저 금성을 다룰 것인데, 특정한 위치에 대한 관측이 부족하지 않다면, 외행성보다 금성을 더 쉽고 명료하게 설명할 수 있다. 왜냐하면 아침과 저녁에 금성의 최대이각이, 태양의 평균 위치에서 어느 한 쪽으로 서로 같다는 것이 알려지면, 태양의 이 두 위치의 중간이 금성의 이심원의 원점 또는 근점임을 확실히 알 수 있기 때문이다. 원점과 근점을 구별하는 방법은, 짝지워진 최대 이각이 작으면, 그것은 원지점 주위이고, 더 크면 근지점 주위이다. 원지점과 근지점 사이의 다른 모든 위치에서, 최종적으로, 이각의 상대적 크기는 원점 또는 근점으로부터 금성 구체의 거리와 이심 거리를 확실히 보여주는데, 이 주제들에 대해서는 프톨레마이오스알마게스트, X, 1-4에서 매우 정밀하게 다룬다. 따라서 프톨레마이오스의 관측을 지구가 움직인다는 나의 가설에 받아들이는 경우가 아니라면, 이 문제들을 일일이 되풀이할 필요가 없다.

그는 첫 번째 관측을 (스미르나의) 천문학자 테온으로부터 가져왔다. 프톨레마이오스에 따르면알마게스트, X, 1, 이 관측은 하드리아누스 16년 파르무티의 달 21일 밤의 첫 번째 시간 = 서기 132년 3월 8일 박명에 수행되었다. 금성은 저녁의 최대이각 = 태양의 평균 위치로부터 47 1/4°에서 관측되었고, 태양의 평균 위치는 항성천구에 대한 계산으로 = 337° 41'에 있었다. 프톨레마이오스는 이 관측을 다른 관측과 비교했는데, 그는 안토니누스 피우스 4년 토트의 달 12일 새벽 = 서기 140년 7월 30일 새벽에 이 관측을 수행했다고 말했다. 여기에서 그는 금성의 아침 최대이각 = 47° 15'으로 태양의 평균 위치에서 전과 같은 거리에 있었고, 태양의 평균 위치는 항성천구에서 119°였다고 말했는데, 이전의 위치 = 337° 41'이었다. 이 두 위치의 중간은, 명백히, 서로 충인 지점인 48 1/3°와 228° 1/3°이다(337° 41' - 119°

= 218° 41', 218° 41' ÷ 2 ≅ 109° 20', 109° 20' + 119° = 228° 20', 228° 20' - 180° = 48° 20'). 이 두 값 모두에 분점의 세차 6 2/3°를 더해서, 프톨레마이오스가 말한 대로알마게스트, X, 1, 지점들이 황소자리(= 55° = 48 1/3° + 62 2/3°)와 전갈자리(= 235° = 228 1/3° + 6 2/3°) 안의 25°에 있어서, 금성의 원점과 근점은 서로 정반대에 있어야 한다.

게다가, 이 결과를 더 강하게 뒷받침하기 위해, 그는 하드리아누스 12년 아티르의 달 20일 새벽 = 서기 127년 10월 12일 아침에 테온이 수행한 또 다른 관찰을 취했다. 이때 금성은 다시 태양의 평균 위치 = 191° 13'에서 최대이각 = 47° 32'에서 발견되었다. 이 관측에 프톨레마이오스는 자신이 직접 수행한 하드리아누스 21년 = 서기 136년, 이집트력 메키르의 달 9일 = 로마력 12월 25일 다음의 1시에, 또 다시 평균 태양 = 265°에서 저녁의 이각 = 47° 32'일 때의 관측을 추가했다. 그러나 이전에 테온이 수행한 관측에서 태양의 평균 위치 = 191 °13'이었다. 이 위치들 사이의 중점들(265° - 191° 13' = 73° 47', 73° 47' ÷ 2 ≅ 36° 53', 36° 53' + 191° 13' = 228°

6', 228° 6' - 180° = 48° 6')은 다시 ≅ 48° 6', 228° 20'으로 나오며, 원지점과 근지점이 반드시 여기에 있어야 한다. 분점들로부터 측정해서, 이 점들 = 황소자리와 전갈자리 25°이며, 프톨레마이오스는 이것을 다음과 같이 다른 두 관측으로 구별했다알마게스트, X, 2.

그중 하나에서 그는 하드리아누스 13년 에피피의 달 3일 = 서기 129년 5월 21일 새벽에, 금성의 아침 최대이각 = 44° 48', 태양의 평균 운동 = 485 5/6°, 금성이 항성천구에 대해 4°(≅ 48° 50' - 44° 48')에 나타나는 것을 관측했다. 프톨레마이오스 또 다른 관측을 하드리아누스 21년 이집트력 티비의 달 2일에 직접 수행했는데, 나는 이때가 로마력 서기 136년 11월 18일과 같다고 확인했다. 이어지는 밤 1시에 태양의 평균 운동 = 228° 54'이었고, 여기에서 금성의 저녁 최대이각 = 47° 16'이며, 행성 자체는 276 1/6°(= 228° 54' + 47° 16')에 나타났다. 이 관측들에 의해 지점들이 서로 구별된다. 말하자면, 원지점 = 48 1/3°인데, 여기에서 금성의 최대 이각이 더 좁다. 근지점 = 228 1/3°이고, 여기에서는 더 넓다. 증명 끝.

21

지구와 금성의 궤도 지름의 비

따라서 이 정보로 지구와 금성의 궤도 지름의 비도 명확하게 할 수 있다. 지구의 궤도 AB를 C를 중심으로 그린다. 양쪽 지점을 통과해서 지름 ACB를 그리고, 그 위에 금성의 궤도 중심 D를 원 AB의 중심에서 벗어나게 그린다. A = 원지점의 위치라고 하자. 지구가 원지점에 있을 때, 금성의 궤도 중심은 지구에서 최대 거리에 있다. 태양의 평균 운동의 선분 AB는 A에서 48 1/3°이고, B = 금성의 근지점이며 228 1/3°에 있다. 또한 금성의 궤도에 E와 F에서 접하는 직선 AE와 BF를 그린다. DE와 DF를 연결한다.

원 중심의 각 DAE는 호 = 44 4/5°(= 테온의 세 번째 관측에서 최대이각)[V, 20]에 대응하며, 각 AED는 직각이다. 그러므로 삼각형 DAE의 각도들이 주어지며, 따라서 변들도 알 수 있다. 변 DE = 호 DAE의 두 배에 대응하는 현의 절반 = 7046p이고, 여기에서 AD = 10,000p이다. 같은 방식으로 직각삼각형 BDF에서, 각 DBF = 47° 16'으로 주어지고, 현 DF = 7346p이며, 여기에서 BD = 10,000p이다. 그러면 DF = DE = 7046p로, 같은 단위에서 BD = 9582p이다. 따라서 전체 ACB = 19,582p(= BD + AD = 9582p + 10,000p), AC = 1/2 (ACB) = 9791p, 나머지 CD(BD를 BC(= AC)에서 빼서, = 9791 - 9582) = 209p이다. 그러면 AC = 1p로, DE = 43 1/6', CD ≅ 1 1/4'이다. AC = 10,000p로는, DE = DF = 7193p, CD ≅ 208p이다. 증명 끝.

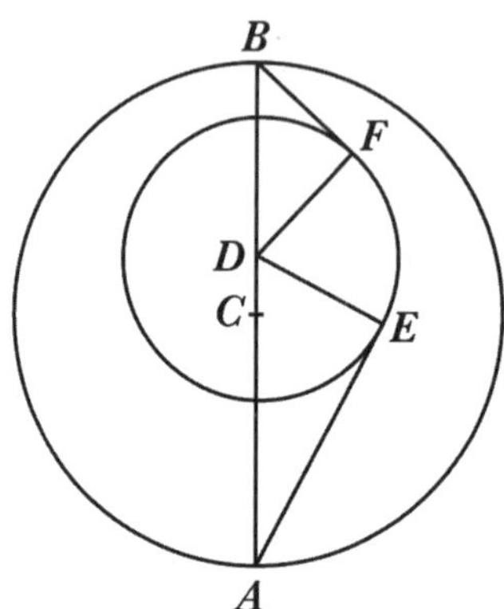

Figure.22

22

금성의 이중 운동

그럼에도 불구하고, 금성은 D 주위로 단순하고 균일한 운동을 하지 않으며, 이것은 프톨레마이오스의 두 관측에 의해 특별히 증명되었다알마게스트, X, 3. 그는 이 관측 중 하나를 하드리아누스 18년 이집트력 파르무티의 달 2일 = 로마력 서기 134년 2월 18일 새벽에 수행했다. 그때 태양의 평균 운동 = 318 5/6°였고, 금성은 아침에 황도에서 275° 1/4°에서 나타났고, 이각의 바깥쪽 한계 = 43° 35'(+ 275° 15' = 318° 50')에 도달했다. 프톨레마이오스는 두 번째 관측을 안토니누스 피우스 3년 이집트의 같은 달 파르무티 4일 = 로마력 서기 140년 2월 19일 박명에 수행했다. 이때도 태양의 평균 위치 = 318 5/6°였고, 금성은 저녁의 최대이각 = 48 1/3°에 있었고, 경도 7 1/6°(= 48° 20' + 318° 50' - 360°)였다.

이 정보를 사용하여, 같은 지구 궤도에서 AG가 원의 사분면이 되도록 하고, G에 지구가 있도록 한다. 두 관

Book Five

측 모두에서 태양의 평균 운동 거리는 금성 이심원의 원지점(48 1/3° + 360° - 90° = 318° 20' ≅ 318 5/6°) 서쪽에서 원의 반대편에서 관측되었다. GC를 연결하고, 여기에 평행하게 DK를 그린다. 금성의 궤도에 접하는 GE와 GF를 그린다. DE, DF, DG를 연결한다.

첫 번째 관측에서 각 EGC = 아침 이각 = 43° 35'이었다. 두 번째 관측에서 CGF = 저녁 이각 = 48° 1/3'이었다. 둘의 합 = 전체 EGF = 91 11/12°이다. 따라서 DGF = 1/2(EGF) = 45° 57 1/2'이다. 나머지 CGD(DGF를 CGF에서 빼서 = 48 1/3° - 45° 57 1/2' = 2° 22 1/2') ≅ 2° 23'이다. 그러나 DCG는 직각이다. 그러므로 직각삼각형 CGD에서, 각도들이 주어지고 변들의 비가 주어지며, 길이 CD = 416p이고, 여기에서 CG = 10,000p이다. 그러나, 중심들 사이의 거리는 단위가 같을 때 = 208p임을 위에서 보여주었다[V, 21]. 이제 이것이 정확히 두 배로 커졌다. 따라서 CD를 점 M에서 이등분하면, 비슷하게 DM = 208p = 접근과 후퇴의 전체 변이이다. 이 변이를 다시 N에서 이등분하면 이것이 중점에서 나타나며, 이 운동을 정규화하는 것이다. 그러므로, 세 개의 외행성에서와 마찬가지로, 금성의 운동도 균일한 두 운동의 복합으로 일어나며, 이 운동은 그 경우에서처럼V, 4 이심원 위의 주전원에서 일어나거나, 앞에서 언급한 다른 방식으로 일어난다.

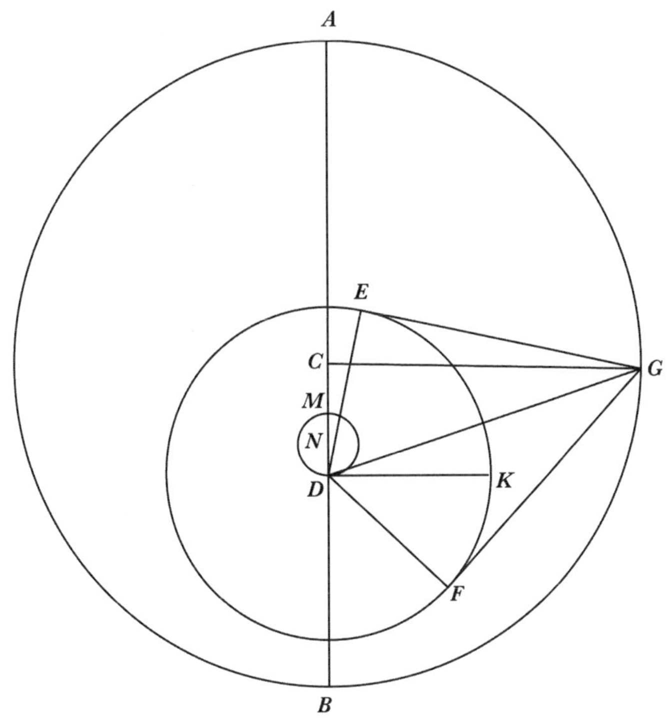

Figure. 23

그럼에도 불구하고, 이 행성은 그 운동의 패턴과 측정

에서 다른 행성들과 얼마간 차이가 있는데, 이는 (내 생각으로는) 이심원의 이심원에 의해 더 쉽고 더 편리하게 증명될 것이다. 따라서, N을 중심으로 하고 DN을 반지름으로 하는 작은 원을 그려서, 그 위에서 금성의 원 중심이 회전하도록 하고, 다음의 규칙에 따라 이 원을 이동시킨다. 지구가 이심원의 원지점과 근지점을 포함하는 지름 ACB에 닿을 때마다, 이 행성의 원의 중심은 항상 지구 궤도 중심인 C로부터 최소 거리, 즉 점 M에 있다. 지구가 (G와 같은) 평점middle apse에 있을 때 행성 원의 중심인 점 D에 도달하며, CD는 지구 궤도의 중심인 C로부터 최대 거리이다. 따라서, 지구가 자신의 궤도를 한 번 회전하는 동안에 행성 원의 중심은 중심 N을 두 번 회전하고, 지구와 같은 방향으로, 즉 동쪽으로 회전한다는 것을 알 수 있다. 금성에 대한 이 가설을 통해, 균일한 운동과 겉보기 운동이 모든 상황에서 일치한다는 것이 곧 분명해질 것이다. 이제까지 금성에 대하여 증명된 모든 것들이 이심 거리가 1/6쯤 감소했다는 것을 제외하면, 우리 시대에도 맞는다는 것이 알려졌다. 이전에는 이것이 416p프톨레마이오스, 알마게스트, X, 3(2 1/2p : 60p = 416 2/3)였지만, 많은 관측이 보여주었듯이 지금은 350p (416 × 5/6 = 347)이다.

23
금성의 운동에 대한 분석

이 관측들로부터, 나는 가장 정확하게 관측된 두 위치를 취했다알마게스트, X, 4.

하나는 티모카리스의 관측으로, 프톨레마이오스 필라델푸스 13년 이집트력 메소리의 달 18일 새벽에 수행되었고, 이것은 알렉산드로스가 죽은 후 52년과 같은 해였다. 이 관측에서 금성이 처녀자리의 왼쪽 날개에 있는 네 개의 항성들 중 가장 서쪽 별을 엄폐한 것으로 보고되었다. 이 별자리의 설명에 따르면 이 별은 여섯 번째 별이며, 경도 = 151 1/2°, 위도 = 북위 1 1/6°, 3등성이다. 따라서 금성의 위치가 분명해졌다(= 151 1/2°). 태양의 평균 위치는 = 194° 23'으로 계산되었다.

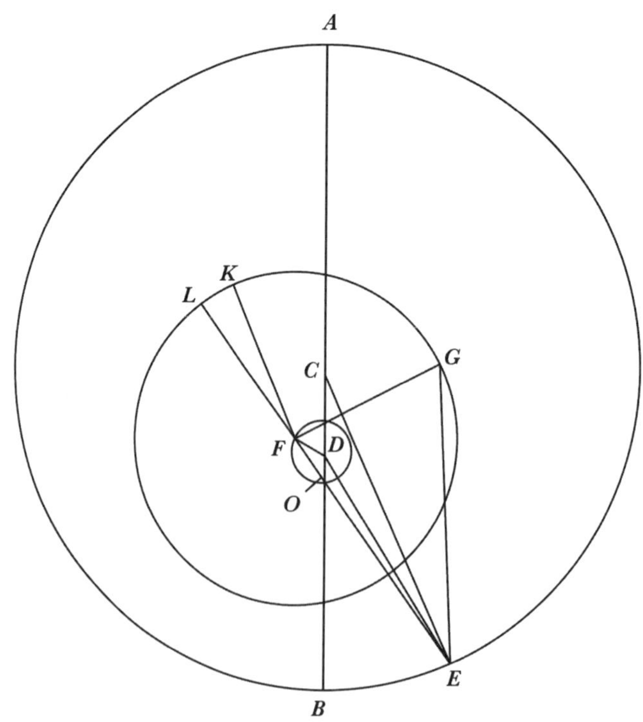

Figure.24

이 상황은, 그림에서 점 A가 48° 20'에 있고, 호 AE = 146° 3'(= 194° 23' - 48° 20')이다. BE = 나머지(AE를 반원으로부터 빼서 = 180° - 146° 3') = 33° 57'이다. 또한, 각 CEG = 태양 평균 위치로부터 이 행성의 거리 = 42° 53'(= 194° 23' - 151 1/2°)이다. 선분 CD = 312p(= 208p + 104p)이

고, 여기에서 CE = 10,000p이다. 각 BCE(= 호 BE) = 33° 57'이다. 따라서 삼각형 CDE에서, 나머지 각 CED = 1° 1'(그리고 CDE = 145° 2')이고, 세 번째 변 DE = 9743p이다. 그러나 각 CDF = 2 × BCE(=33° 57') = 67° 54'이다. CDF를 반원에서 뺀 나머지 = BDF = 112° 6'이다. BDE는 삼각형 CDE에 대한 외각으로, (= CED + (DCE = BCE) = 1° 1 '+ 33° 57') = 34° 58'이다. 따라서, 전체 EDF(= BDE + BDF = 34° 58' + 112° 6') = 147° 4'이다. DF = 104p로 주어지고, 여기에서 DE = 9743p이다. 게다가 삼각형 DEF에서, 각 DEF = 20'이다. 전체 CEF= CED + DEF = 1° 1 '+ 20' = 1° 21'이고, 변 EF = 983p이다. 그러나 전체 CEG = 42° 53'으로 이미 알려져 있다. 그러므로 나머지 FEG(CEF(= 1° 21')을 CEG(= 42° 53')에서 빼서) = 41° 32'이다. FG = 금성 궤도의 반지름 = 7193p이고, 여기에서 EF = 9831p이다. 그러므로 삼각형 EFG에서, 주어진 변들의 비와 각 FEG를 통해서 나머지 각도가 주어져서, 각 EFG = 72° 5'이다. 이 값을 반원에 더해서 합 = 252° 5' = 호 KLG는, 금성 궤도의 원점으로부터

의 거리이다. 따라서 우리는 프톨레마이오스 필라델푸스 13년 메소리의 달 18일 새벽에 금성의 시차 이상 = 252° 5'임을 다시 밝혀냈다.

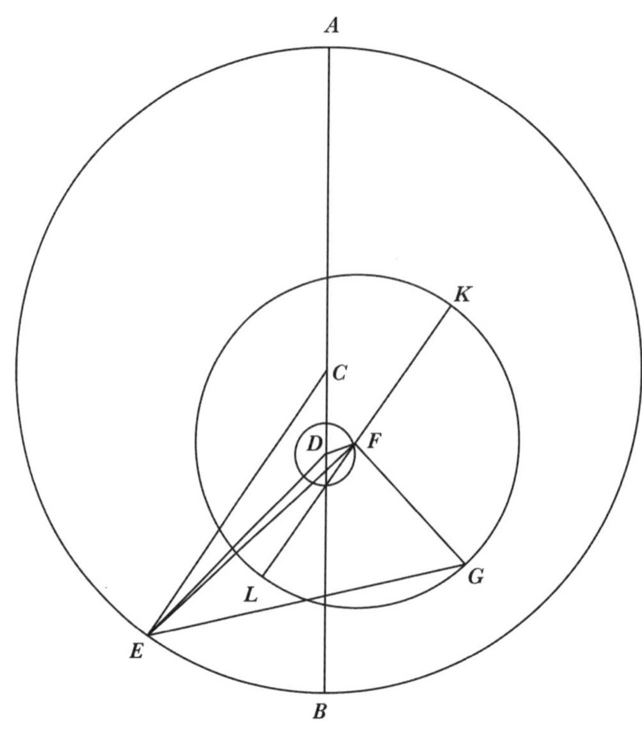

Figure. 25

나 자신도 서기 1529년 3월 12일 해가 지고 1시간 후 = 오후 8시가 시작할 때 다른 위치에서 금성을 관측했다. 나는 금성이 달의 양쪽 뿔 사이 어두운 부분의 중간에 가려지기 시작하는 것을 보았다. 이 엄폐는 8시가 끝날 때까지 또는 조금 더 지속되었고, 그때 이 행성이 뿔들 사이의 굴곡 중간 부분의 서쪽 달의 반대편으로 나오는 것이 관찰되었다. 그러므로, 그 시각 또는 중간에, 분명히 달과 금성의 중심 합이 있었고, 이것은 내가 프롬보르크에서 목격한 장관이었다. 금성은 여전히 저녁 이각을 증가시키고 있었고, 궤도의 접점에는 아직 도달하지 못했다. 서기의 시작부터 이때까지 1529이집트년 87일과 겉보기 시간 7 1/2시간이 지났지만, 균일한 시간으로는 7시간 34분이다. 단순한 운동의 태양의 평균 위치 = 332° 11', 분점의 세차 = 27° 24', 태양으로부터 멀어지는 달의 균일한 운동 = 33° 57', 그 균일한 이상 = 205° 1', 이 운동의 위도 = 71° 59'이다. 이 정보로부터 달의 실제 위치 = 10°로 계산되지만, 분점에 대해서는 = 황소자리 7° 24'(= 37° 24' = 10° + 27° 24'), 위도 = 북위 1° 13'이다. 천칭자리 15°가 뜨고 있었으므로, 경도상의 달의 시차 = 48', 위도 = 32'이다. 따라서, 달의 겉보기 위치 = 황소자리 6° 36'(= 7° 24' - 48')이다. 그날 저녁 금성이 태양의 평균 위치(332° 11' + 37° 1' = 369° 12' = 9° 12')에서 37° 1' 떨어져 있을 때의 겉보기 위치도 같고, 금성의 원지점으로부터 지구의 거리 = 서쪽으로 79°(332° 11' = 408° 20' - 360° = 48° 20')이다.

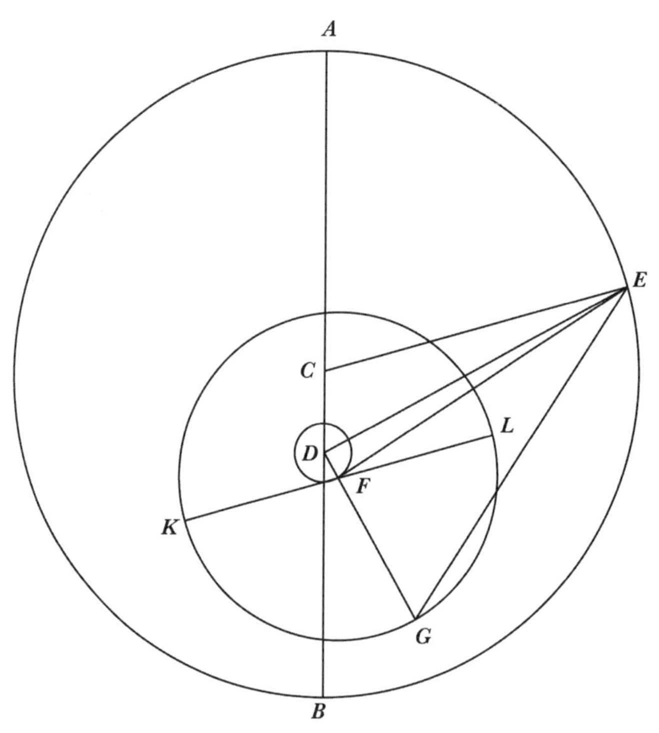

Figure.26

이제 앞의 구성 모형에 따라 그림을 다시 그리는데, 다만 호 EA 또는 각도 ECA = 76° 9'으로 한다. CDF = 2

× ECA = 152° 18'이다. 이심거리 CD는, 오늘날의 관측으로 = 246p이고, DF = 104p이며, 여기에서 CE = 10,000p이다. 그러므로, 삼각형 CDE에서, 각 DCE = 나머지 (ECA = 76° 9'을 180°에서 빼서) = 103° 51'으로 주어지며, 이것은 주어진 변들(CD = 246p, CE = 10,000p)의 사이각이다. 이 정보로부터 각 CED = 1° 15', 세 번째 변 DE = 10,056p, 나머지 각 CDE = 74° 54'(= 180° - (DCE + CED = 103° 51 '+ 1° 15'))임을 알 수 있다. 그러나 CDF = 2 × (ACE = 76° 9') = 152° 18'이다. CDF에서, 각 CDE(= 74° 54')를 빼서, 나머지 EDF = 77° 24'(= 152° 18' - 74° 54')이다. 따라서 다시 삼각형 DEF에서, 변 DF = 104p, 여기에서 DE = 10,056p, 사이각 EDF(= 77° 24')가 주어진다. 또한 각 DEF = 35', 나머지 변 EF = 10,034p도 주어진다. 따라서, 전체의 각 CEF(= CED + DEF = 1° 15' + 35') = 1° 50'이다. 게다가, 전체의 각 CEG = 37° 1' = 태양의 평균 위치로부터의 행성의 겉보기 거리이다. CEF를 CEG에서 빼서, 나머지 FEG(= 37° 1' - 1° 50') = 35° 11'이다. 따라서 삼각형 EFG에서도, 각 E

가 주어지고(= 35° 11'), 마찬가지로 두 변이 주어진다. EF = 10,034p, 여기에서 FG = 7193p이다. 따라서 나머지 각도도 알 수 있다. EG = 53 1/2°이며, EFG = 91° 19' = 행성 궤도의 실제 근지점으로부터 행성의 거리이다.

그러나 지름 KFL을 CE와 평행하게 그려서, K = 이 행성의 균일한 운동, L = 근지점이 되게 한다. EFG = 91° 19'에서 각 EFL = CEF(=1° 50')를 뺀다. 그 나머지 = 각 LFG = 호 LG = 89° 29'이다. KG = 반원으로부터 LG를 뺀 나머지 = 90° 31' = 궤도의 원지점으로부터 측정한 이 행성의 시차 이상이다. 이것이 내가 관측한 이 시간에서 우리가 원했던 것이다.

그러나 티모카리스의 관측에서, 해당되는 값 = 252° 5'이다. 그러면 그 기간에, 1115번의 완전한 회전에 더해서 198° 26'(= 90° 31' + 360° = 450° 31'(-252° 5'))이다. 프톨레마이오스 필라델피우스 13년 메소리의 달 18일 새벽부터 서기 1529년 3월 12일 오후 7 1/2시까지 1800이집트년 236일과 40일-분이 지났다. 1115회전과 198° 26'의 운동에 365를 곱한다. 이 곱을 1800년

236일 40일-분으로 나눈다. 그 결과는 연간 운동 = 3 × 60° + 45° 1' 45" 3'" 40""이 될 것이다. 이 값을 365일로 나눠서, 그 결과 = 일간 운동 = 36' 59" 28'"이다. 이것을 바탕으로 위에 나타낸 표V, 1 이후를 구성하였다.

24

금성의 이상 위치

첫번째 올림픽부터 프톨레마이오스 필라델푸스 13년 메소리의 달 18일 새벽까지 503이집트년 228일 40일-분이며, 이 기간 동안 운동은 = 290° 39'으로 계산된다. 이 값을 252° 5' + 1회전에서 빼서 (612° 5' - 180° 39'), 나머지 = 321° 26' = 첫 번째 올림픽의 위치이다. 이 위치에서, 나머지 위치를 운동과 시간의 계산으로 구할 수 있으며, 이 값들은 자주 언급되었다. 알렉산드로스 = 81° 52', 카이사르 = 70° 26', 그리스도 = 126° 45'이다.

25
수성

나는 금성이 지구의 운동과 어떻게 연결되어 있는지, 그리고 그 원의 어떤 비에 균일한 운동이 숨겨져 있는지 보여주었고, 이제 수성이 남았다. 금성이나 위에서 논의한 다른 행성들보다 더 복잡하게 운행하지만, 수성도 의심할 바 없이 동일한 기본 가정을 따른다. 고대의 관찰자들의 경험에서 명확해졌듯이, 수성의 태양으로부터의 가장 좁은 최대 이각은 천칭자리에서 일어나고, 더 넓은 최대 이각은 (당연히) 반대편 양자리에서 일어난다. 그러면서도 프톨레마이오스의 결론에 따르면알마게스트, IX, 8, 특히 안토니누스피우스의 시대에, 가장 넓은 최대 이각은 이 위치에서 일어나지 않고, 양자리의 어느 한 쪽에서, 말하자면 쌍둥이자리와 물병자리에서 일어난다. 다른 행성에서는 이 변위가 일어나지 않는다.

이 현상에 대한 설명으로, 고대 천문학자들은 지구가 정지해 있고 수성이 이심원으로 운반되는 큰 주전원 위에서 운동한다고 믿었다. 그들은 단일하고 단순한 이심원으로는 이 현상을 설명할 수 없다는 것을 깨달았다(심지어 이심원이 자기의 중심이 아니라 다른 중심 주위로 돌게 해도). 그들은 또한 주전원을 운반하는 이심원이 다른 작은 원 위에서 움직이게 할 수밖에 없었는데, 그들은 달의 이심원[IV, 1]과 같은 관계로 이것을 받아들였다. 따라서 세 개의 중심이 있다. 즉, 주전원을 운반하는 이심원의 중심, 두 번째, 작은 원의 중심, 세 번째, 더 최근의 천문학자들이 "등속심equant"이라고 부르는 원의 중심이다. 고대인들은 주전원이 처음의 두 중심이 아니라 등속심을 중심으로 균일하게 운동하도록 했다. 이 방법은 주전원 운동의 실제 중심, 그 상대적인 거리, 그리고 다른 두 원의 이전의 중심과 크게 모순된다. 고대인들은 이 행성의 현상들을 이 방법으로만 설명할 수 있다고 보았고, 프톨레마이오스는 알마게스트[IX, 6]에서 이 방법을 상세히 다루었다.

그러나, 이 마지막 행성에 대해서도 파괴자들의 모욕과 겉치레로부터 구하기 위해, 앞에 언급한 행성들과 똑같이, 수성의 균일한 운동을 지구의 운동과 관련해서 드러내기 위해서, 나는 이것도 마찬가지로 고대인들이 받아들인 주전원이 아니라, 그 주전원 위에 놓인 이심원으로 설명할 것이다. 그 패턴은 금성[V, 22]과 다르지만, 여전히 소주전원이 바깥쪽의 이심원 위에서 움직인다. 이 행성은 소주전원의 둘레로 운반되지 않고, 지름을 따라 위와 아래로 운반된다. 직선을 따라 움직이는 이 운동도 균일한 원운동의 결과가 될 수 있으며, 이는 앞에서 분점의 세차와 관련해서 보여준 것과 같다[III, 4]. 여기에는 아무런 놀라운 점도 없는데, 프로클로스도 『유클리드의 원론에 대한 주석Commentary on Euclid's Elements』에서 직선을 여러 가지 운동으로 만들어낼 수 있다고 했기 때문이다. 이 모든 장치들에 의해 수성의 운행이 입증될 것이다. 그러나 이 가설을 더 명확하게 하기 위해, 지구의 궤도원을 AB라고 하고, 중심을 C라고 하자. 지름 ACB에서 점 B와 C 사이의 D를 중심으로 취하여 반지름 = 1/3CD로 원 EF를 그려서, C로부터 최대 거리에 F, 최소 거리에 E가 있도록 한다. F를 중심으로 그 주위에 수성의 외부 이심원 HI를 그린다. 그 다음에 원지점 I를 중심으로, 행성이 지나가는 소주전원 KL을 그린다. 이심원의 이심원 HI가 이심원 위의 주전원 역할을 하도록 하자.

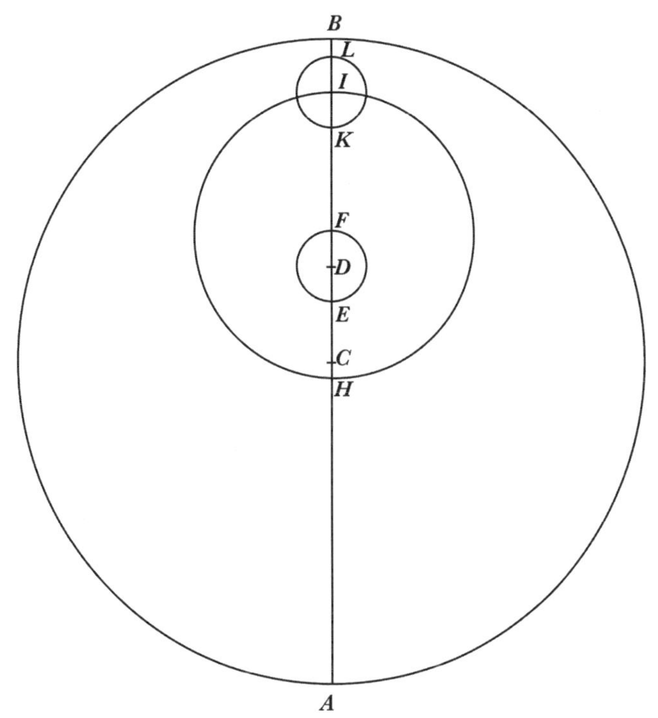

Figure.27

그림을 이런 방식으로 그린 뒤에, 이 모든 점들이 직선으로 순서대로 AHCEDFKLB가 되게 한다. 한편으로 행성을 K에 두어서, 즉 소주전원을 운반하는 원의 중심 F로부터 최소 거리 = KF가 되도록 한다. 여기 K에서 수성의 회전이 시작된다고 하자. F를 중심으로 두 가지 회전이 일어나는데, 하나는 지구와 같은 방향, 즉 동쪽으로 회전한다고 생각하자. KL 위의 행성에도 같은 속력이 적용되지만, 원 HI의 중심에 대해 지름을 따라 위아래로 이동한다.

이러한 배열로부터 지구가 A 또는 B에 있을 때마다, 수성의 외부 이심원의 중심은 F = 점 C로부터의 최대 거리에 있게 된다. 그러나 지구가 A와 B 사이의 가운데에 사분원의 거리만큼 떨어져 있을 때, 수성 외부 이심원의 중심 = E는 C에서 가장 가까이에 있다. 이 순서의 패턴은 금성의 반대이다[V, 22]. 게다가, 이 규칙의 결과로, 수성이 소주전원 KL의 지름을 가로지르는 동안, 수성이 소주전원을 운반하는 원의 중심에 가장 가까이 있어서, 지구가 지름 AB를 넘어갈 때 수성이 K에 있다. 지구가 A와 B 사이의 어느 한쪽의 중간에 있을 때, 수성은 L = 소주전원을 운반하는 원의 중심으로부터 최대 거리에 도달한다. 이러한 방식으로, 지구의 연간 주기에 비례해서 서로 같은 두 가지 이중 회전이 일어나는데, 하나는 작은 원 EF의 원주 위에서 일어나는 외부 이심원의 중심에 대한 회전과, 다른 하나는 지름 LK를 따라 일어나는 행성의 회전이다.

그러나 한편으로 소주전원 또는 선분 FI가 그 자신의 운동으로 원 HI와 그 중심의 둘레를 균일하게 운동하면서, 약 88일 만에 항성천구를 중심으로 독립적으로 1회전을 완성한다. 그러나 내가 "시차 운동"이라고 부르는 것은 수성이 지구의 운동을 초과하는 것으로, 소주전원이 116일 만에 지구를 따라잡으며, 이는 평균 운동 표[V, 1 이후]에서 더 정확하게 추론할 수 있다. 따라서 수성은 그 자신의 운동으로는 항상 같은 원주를 그리지 않는다는 결론에 이른다. 반대로, 균륜의 중심으로부터의 거리에 비례하여, 수성은 훨씬 더 변화가 심한 순환 경로를 따라가는데, 점 K에서 가장 작고, L에서 가장 크고, I에서 평균이다. 거의 동일한 변이가 달의 소주전원에서도 발견될 수 있다[IV, 3]. 그러나 달이 원주를 따라 행하는 것을, 수성은 지름을 따라 왕복 운동으로 행한다. 그러면서도 이것은 균일한 운동에서 복잡해진다. 어떻게 이렇게 되는지에 대해, 나는 위에서 분점의 세차와 관련해서 설명했다[III, 4]. 그러나, 나는 이 주제에 대해 몇몇 다른 언급을 위도와 관련하여 추가할 것이다[VI, 2]. 앞의 가설로 수성의 모든 관측된 현상에 대해 충분하며, 프톨레마이오스와 다른 사람들의 관측을 검토하면서 이것이 명확해질 것이다.

26
수성의 원점과 근점

프톨레마이오스는 안토니누스피우스 1년 이집트력 에피피의 달 20일에 해가 진 뒤에 수성을 관측했는데, 이때 수성이 태양의 평균 위치로부터 저녁의 최대이각에 있었다[알마게스트, IX, 7]. 이때는 크라쿠프 시간으로 서기 138년 188일 42 1/2일-분이었다. 그러므로 나의 계산에 따르면 태양의 평균 위치 = 63° 50'이며, 수성이 장치를 통해서 (프톨레마이오스가 말한대로) 게자리 7°(= 97°)에서 관측되었다. 그러나 분점의 세차를 빼서, = 6° 40'이고, 확실히 수성의 위치는 항성천구에서 양자리의 시작으로부터 90° 20'(= 97° - 6° 40')이고, 평균 태양으로부터 최대이각은 = 26 1/2°(= 90° 20' - 63° 50')이다.

프톨레마이오스는 두 번째 관측을 안토니누스 피우스 4년 파메노트의 달 19일 새벽 = 서기의 시작부터 140년 67일과 12일-분에 수행했고, 평균 태양은 303° 19'이었다. 장치를 통해서 수성은 염소자리 13 1/2°(= 283 1/2°)에서 나타났지만, 항성천구에서 양자리의 시작으로부터 약 276° 49'(≅ 283 1/2° - 6° 40')에 있었다. 그러므로, 마찬가지로 아침의 최대이각 = 26 1/2°(= 303° 19' - 276° 49')이다. 태양의 평균 위치로부터 이각의 한계는 양쪽이 같으며, 수성의 지점들은 두 위치, 즉 276° 49'과 90° 20'의 중간에 있어야 한다. 그러므로 3° 34'과, 정반대인 183° 34'(276° 49' - 90° 20' = 186° 29, 186° 29' ÷ 2 ≅ 93° 15', 276° 49' - 93° 15' = 183° 34', 183° 34' - 180° = 3° 34')이다. 이것들이 수성의 원점과 근점의 위치여야 한다.

이것들은 금성의 경우와 같이[V, 20], 두 번의 관측으로 구별된다. 그 중 첫 번째는 프톨레마이오스에 의해[알마게스트, IX, 8] 하드리아누스 19년 아티르의 달 15일 새벽에 수행되었고, 태양의 평균 위치 = 182° 38'이었다. 여기로부터 수성의 아침 최대이각 = 19° 3'인데, 수성의 겉보기 위치 = 163° 35'(+ 19° 3' = 182° 38')이기 때문이다. 같은 해인 하드리아누스 19년 = 서기 135년에, 이집트력 파콘의 달 19일 박명에 장치의 도움으로 수성이 항성천구에서 27° 43'에서 발견되었고, 태양의 평균 운동 = 4° 28'이었다. 다시 한 번[금성의 경우와 마찬가지로, V, 20] 이 행성의 저녁 최대이각 = 23° 15'는 이전의 아침 이각 = 19° 3'보다 더 컸다. 따라서 그때 수성의 원지점은 아주 명확하게 다른 곳이 아니라 약 183 1/3°(≅ 183° 34')에 있었다. 증명 끝.

27
수성의 이심 거리와, 원에 대한 비율

이 관측으로 중심들 사이의 거리와 그 원들의 크기도 마찬가지로 동시에 보여줄 수 있다. 선분 AB가 수성의 원점 A와 근점 B를 모두 통과한다고 하고, 또한 AB가 중심 C의 지구 궤도원의 지름이 되도록 한다. 중심을 D로, 이 행성의 궤도를 그린다. 그 다음에 이 궤도에 접하는 선분 AE와 BF를 그린다. DE와 DF를 연결한다.

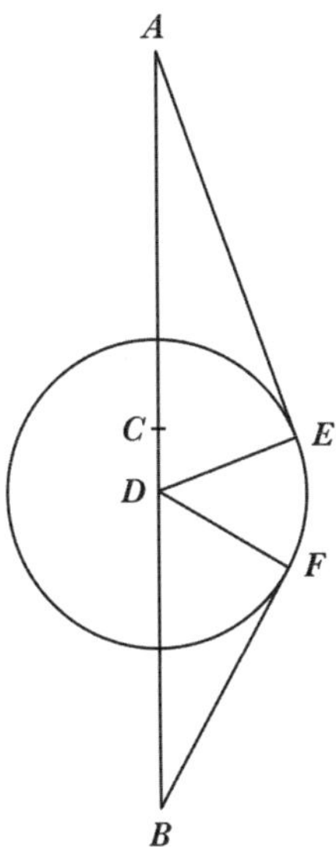

Figure.28

위에서 다룬 이전의 두 관측에서 아침 최대이각은 = 19° 3'였으므로, 각 CAE = 19° 3'이다. 그러나 다른 관측에서는 저녁 최대이각이 = 23 1/4°로 보였다. 그러므로 두 직각삼각형 AED와 BFD의 각도들이 주어지고, 변의 비도 알 수 있다. 따라서 AD = 100,000p로, ED = 궤도 반지름 = 32,639p이다. BD = 100,000p인 단위로는, FD = 39,474p이다. 그러나 FD(궤도 반지름) = ED = 32,639p이고, 여기에서 AD = 100,000p이다. 이 단위로 AB - AD의 나머지 DB = 82,685p이다. 따라서 AC = 1/2(AD + DB = 100,000p + 82,685p = 182,685p) = 91,342p이고, CD = 그 나머지(= AD - AC = 100,000p - 91,342p) = 8658p = 지구 궤도와 수성 궤도의 중심 사이의 거리이다. 그러나 AC = 1p 또는 60'으로는, 수성의 궤도 반지름 = 21' 26"이고, CD = 5' 41"이다. AC = 100,000p로는, DF = 35,733p이고, CD = 9479p이다. 증명 끝.

그러나 이러한 크기들도 모든 곳에서 같지는 않아서, 평점apse 근처에서 상당히 달라지며, 테온과 프톨레마이오스의 보고와 같이 알마게스트, IX, 9, 이러한 위치들에서 관측된 아침과 저녁의 겉보기 이각이 이것을 보여준다. 테온은 수성의 저녁 최대이각을 하드리아누스 14년 메소리의 달 18일 일몰 후 = 그리스도의 탄생 후 129년 216일 45일-분에 관측했는데, 태양의 평균 위치 = 93 1/2°, 즉, 수성의 평점 근처(≅ 1/2(183° 34' - 3° 34'), = 90° + 3° 34°)였다. 이 행성이 장치를 통해 사자자리 동쪽 레굴루스의 3 5/6°에서 관측되었다. 그러므로 이 행성의 위치는 = 119 3/ 4°(≅ 3° 50' + 115° 50')이고, 저녁의 최대이각은 = 26 1/4°(= 119 3/4° - 93 1/2°)이다. 다른 최대이각은 프톨레마이오스 자신이 안토니누스 피우스 2년 메소리의 달 21일 새벽 = 서기 138년 219일 12일-분에 관측했다고 보고했다. 같은 방식으로 태양의 평균 위치 = 93° 39'이었고, 수성의 아침 최대이각 = 20 1/4°로 관측되었는데, 이 행성이 항성천구에서 73 2/5°로 관측되었기 때문이다(73° 24' + 20° 15' = 93° 39').

이제 지구의 궤도원 지름 ACDB를 다시 그린다. 앞에서와 같이 지름이 수성의 지점들을 통과하게 한다. 점 C

Book Five

에서 수직으로 태양의 평균 운동 선분 CE를 그린다. C와 D 사이에 점 F를 취한다. 그 주위에 수성의 궤도를 그리고, 접선 EH와 EG를 그린다. FG, FH, EF를 연결한다.

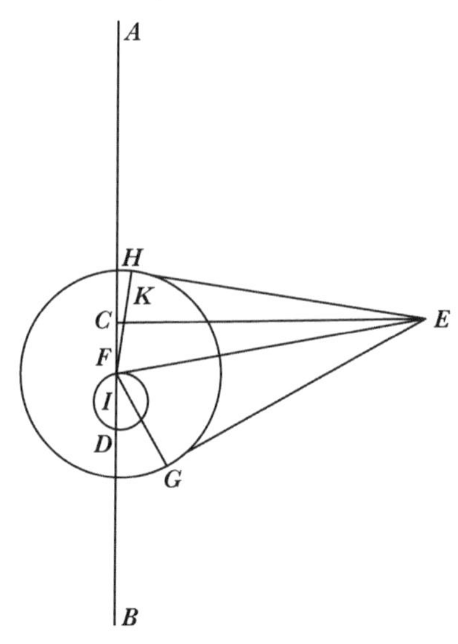

Figure.29

다시 한 번 점 F와, 반지름 FG 대 AC의 비를 찾는다. 각 CEG = 26 1/4°, 각 CEH = 20 1/4°로 주어진다. 그러므로 전체 HEG(= CEH + CEG = 20° 15' + 26° 15') = 46 1/2°이다. HEF = 1/2 (HEG = 46 1/2°) = 23

1/4°. CEF = 나머지(= HEF - CEH = 23 1/4° - 20 1/4°) = 3°. 그러므로 직각삼각형 CEF에서 변 CF = 524p로 주어지고, 빗변 FE = 10,014p이며, 여기에서 CE = AC = 10,000p이다. 지구가 수성의 원점 또는 근점에 있을 때의 전체 CD = 948p는 위에서 주어졌다앞의 V, 27. DF = 수성 궤도 중심이 지나가는 작은 원의 지름 = CD = 948p의 CF = 524p에 대한 초과 = 424p이고, 반지름 IF = 212p(= 지름 DF의 1/2)이다. 따라서 전체 CFI(= CF + FI = 524p +212p) ≅ 736 1/2p이다.

비슷하게, 삼각형 HEF(여기에서 H가 직각이다)에서 각 HEF = 231 1/4°도 주어진다. 따라서 분명히 FH = 3947p이고, 여기에서 = EF 10,000p이다. CE = 10,000p, FH = 3953p로는 EF = 10,014p이다. 그러나 FH는 위에서V, 27의 시작, 거기에는 DF로 표시되었다 = 3573p로 알려졌다. FK = 3573p라고 하자. 그러면 HK = 나머지(= 여기에서 FH - FK = 3953p - 3573p) = 380p = 이 행성의 F로부터의 최대 변이 = 이 궤도의 중심이며, 이는 원점과 근점에서 평점으로 행성이 이동하면서 일어난다. 이 거리와 변이에 대해, 수성은 궤도 중심인 F 주위에서, 거리에 따라 달라지는 원을 그리며, 최소 = 3573p(= FK), 최대 = 3953p(= FH)이다. 이들 사이의 평균은 = 3763p (380p ÷ 2 = 190p; 190p +3573p; 3953p -190p)이다. 증명 끝.

28

왜 수성의 이각은 근지점보다 육각형의 변 근지점으로부터 근처에서 더 커 보이는가

게다가, 원에 내접하는 육각형의 변들의 꼭지점 주변에서, 수성의 이각이 근지점에서보다 더 큰 것은 놀라운 일이 아니다. 근지점에서 60° 떨어진 곳의 이각은 내가 이미 보여준 것V, 27의 끝보다 더 크다. 결과적으로, 고대인들은 지구의 회전 한 번에 수성의 궤도가 두 번 지구에 가장 가까이 다가온다고 믿었다.

각 BCE = 60°를 그린다. 따라서 각 BIF = 120°인데, F가 지구 E의 1회전에 2회전을 한다고 가정했기 때문이다. EF와 EI를 연결한다. V, 27에서 CI = 736 1/2p 임이 알려졌고, 여기에서 EC = 10,000p이며, 각 ECI = 60°로 주어진다. 그러므로 삼각형 ECI에서 나머지 변 EI = 9655p, 각 CEI ≅ 3° 47'이다. CEI = ACE - CIE 이다. 그러나 ACE = 120°구성에 따라 BCE = 60°의 보각이다. 그러므로 CIE = 116° 13'(= ACE - CEI = 120° - 3°

Book Five

47')이다. 그러나 마찬가지로 각 FIB도 구성에 따라 = 120° = 2 × ECI(= 60°)이다. CIF는 FIB = 120°와 함께 반원을 완성하므로, = 60°이다. EIF = 그 나머지(= CIE - CIF = 116° 13' - 60°) = 56° 13'이다. 그러나 IF는 V, 27에서 = 212p임이 알려졌고, 여기에서 EI = 9655p이다[V, 28, 위]. 이 변들의 사이각 EIF가 주어진다(= 56° 13'). 이 정보에서 각 FEI = 1° 4'이 나온다. CEF = 그 나머지(= CEI - FEI = 3° 47' - 1° 4') = 2° 43' = 행성의 궤도 중심과 태양의 평균 위치 사이의 차이이다. 나머지 변 EF(삼각형 EFI에서) = 9540p이다.

이제 수성의 궤도 GH를 중심 F 주위에 그린다. E로부터 궤도에 접하는 EG와 EH를 그린다. FG와 FH를 연결한다. 우리는 먼저 이 상황에서 반지름 FG 또는 FH의 크기를 확인해야 한다. 다음과 같은 방법으로 그렇게 할 것이다. 지름 KL = 380p(= 최대 변이[V, 27])인 작은 원을 취하는데, 여기에서 AC = 10,000p이다. 이 지름 또는 동등한 것을 따라, 분점의 세차와 관련하여 앞에서 설명한[III, 4] 방식으로 중심 F에 대해 선분 FG 또는 FH 위에서 접근하거나 후퇴하는 행성을 생각한다. 각 BCE가 호 = 60°를 잘라낸다는 가설에 따라, 호 KM = 120°를 취한다. KL에 수직으로 MN을 그린다. MN = 2 × KM 또는 2 × ML에 대응하는 현의 절반이고, 이 선분은 LN = 지름의 1/4(= 95p= 1/4 × 380p)을 잘라내는데, 이것은 유클리드의 『원론』 XII, 12와 V, 15로 증명된다. 그러면 KN = 지름의 나머지 3/4= 285p(= 380 - 95)이다. 이 값을 이 행성의 최소 거리(= 3573p)[V, 27]에 더하면 선분 FG 또는 FH = 3858p(= 3573p +285)이며, 여기에서 AC도 비슷하게 = 10,000p이고 EF = 9540p[V, 28 위]도 알려진다. 그러므로 직각삼각형 FEG 또는 FEH의 두 변이 주어진다(EF와 FG 또는 FH). 따라서 각 FEG 또는 FEH도 주어질 것이다. EF = 10,000p로, FG 또는 FH = 4044p이고, 사이각 = 23° 52 1/2'이다. 그러므로, 전체 GEH(= FEG + FEH = 2 x 23° 52 1/2') = 47° 45'이다. 그러나 근점에서 46 1/2°만 보였고, 평점mean apse에서도, 비슷하게 46 1/2°였다[V, 27]. 결과적으로, 여기에서 각도는 두 상황 모두에서 1° 14'(≅ 47° 45' - 46° 30')만큼 더 커졌다. 그 이유는 행성의 궤도가 근지점에서보다 지구에 더 가깝기 때문이 아니라, 여기에서 행성이 거기에서보다 더 큰 원을 그리기 때문이다. 이 모든 결과는 과거와 현재의 관측과 일치하며, 균일한 운동에 의해 일어난다.

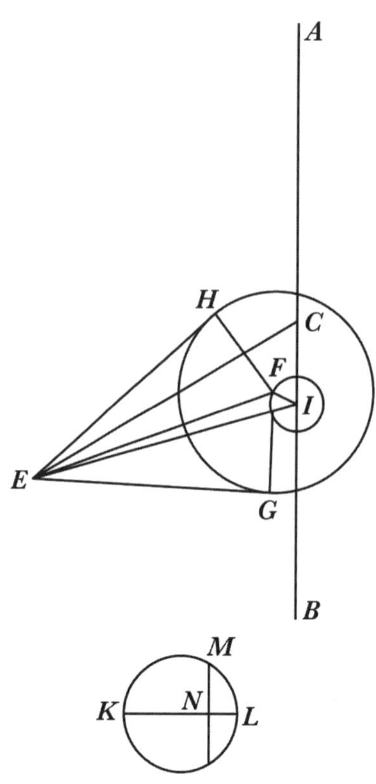

Figure. 30

29
수성의 평균 운동에 대한 분석

옛날의 관측들 중에서알마게스트, IX, 10 프톨레마이오스 필라델푸스 21년 이집트력 토트의 달 19일 새벽에, 전갈자리 이마의 첫 번째 별과 두 번째 별이 지나가는 직선상 동쪽으로 2달지름, 첫 번째 별에서 북쪽으로 1달지름에 수성이 나타난 것을 발견한 관측이 있다. 첫 번째 별의 위치는 = 경도 209° 40', 북위 1 1/3°로 알려졌고, 두 번째 별 = 경도 209°, 남위 1° 1/2°, 1/3° = 1 5/6°이다. 이 정보로부터 수성의 위치 = 경도 210° 40'(= 209° 40' + (2 × 1/2°)), ≅ 북위 1 5/6°(= 1 1/3° + 1/2°)로 추론된다. 알렉산드로스의 죽음 이후 59년 17일 45일-분이 지났고, 나의 계산에 따르면 태양의 평균 위치 = 228° 8', 이 행성의 아침 최대이각 = 17° 28'이었다. 아침 최대이각은 다음 4일 동안에도 계속 증가하는 것이 관측되었다. 따라서 이 행성은 분명히 아침 최대이각에도, 궤도 접점에도 아직 도달하지 못했고, 지구에 가

Book Five

까운 하부 호를 돌고 있었다. 원지점 = 183° 20'[V, 26]이므로, 태양의 평균 위치와의 거리는 = 44° 48'(= 228° 8' - 180° 20')이다.

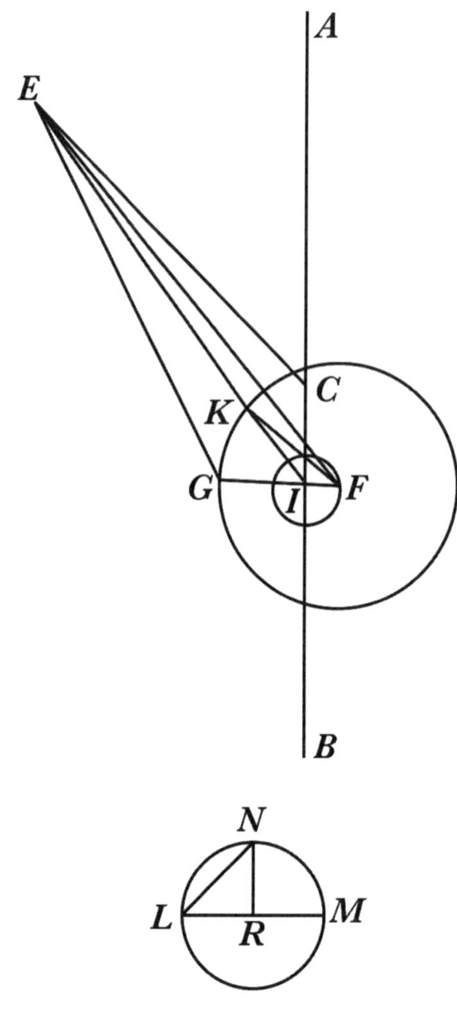

Figure. 31

그 다음에 다시 한 번 위와 같이[V, 27], ACB = 궤도원의 지름으로 둔다. 궤도원의 중심 C로부터 태양의 평균 운동 선 CE를 그려서, 각 ACE = 44° 48'이 되게 한다. I를 중심으로 이심원의 중심 F를 운반하는 작은 원을 그린다. 가설에 따라 각 BIF = 2 × ACE(= 2 × 44° 48') = 89° 36'으로 놓는다. EF와 EI를 연결한다.

삼각형 ECI에서 두 변이 주어진다. CI = 736 1/2p이고[V, 27], CE = 10,000p이다. 이 변들의 사이각 ECI = 135° 12' = ACE(= 44° 48')의 보각이다. 나머지 변 EI = 10,534p, 각 CEI = 2° 49' = ACE - EIC이다. 그러므로 CIE = 41° 59'(= 44° 48' - 2° 49')으로 주어진다. 그러나 CIF = BIF(= 89° 36')의 보각 = 90° 24'이다. 따라서 전체 EIF(= CIF + EIC = 90° 24' + 41° 59') = 132° 23'이다.

삼각형 EFI에서, EIF도 마찬가지로 주어진 변들의 사이각이며, 이 변들은 EI = 10,534p와 IF = 211 1/2 p이며, 여기에서 AC = 10,000p로 가정된다. 이 정보에서 각 FEI = 50'이 나오며, 나머지 변 EF = 10,678p이다. CEF = 그 나머지(= CEI - FEI = 2° 49' - 50') = 1° 59'이다.

이제 작은 원 LM을 취하고, 지름 LM = 380p, AC = 10,000p로 한다. 가설에 따라 LN = 89° 36'으로 놓는다. 현 LN을 그리고, LM에 수직으로 NR을 그린다. 그러면 $(LN)^2$ = LM × LR이다. 주어진 비에 따라, 특히 LR의 길이 ≅ 189p로 주어지고, 여기에서 지름 LM = 380p다. 이 직선 LR 또는 동등한 것을 따라, 수성이 궤도의 중심인 F에서 멀어지며, 반면에 선분 EC는 각 ACE를 지나간다고 알려졌다. 따라서 이 길이(189)를 3573p = 최소 거리[V, 27]에 더해서, 이 상황에서 합 = 3762p이다.

그러므로 중심을 F로, 반지름 = 3762p로, 원을 그린다. 점 G에서 수성 궤도의 볼록한 원주를 자르도록 EG를 그려서, 각 CEG = 17° 28' = 이 행성의 태양의 평균 위치로부터의 겉보기 이각을 이루도록 한다= 228° 8' - 210° 40'. FG를 연결하고, CE에 평행하게 FK를 연결한다. 각 CEF를 CEG 전체에서 빼서 나머지 FEG = 15° 29'(= 17° 28' - 1° 59')이 된다. 따라서, 삼각형 EFG의 두 변이 주어진다. EF = 10,678p이고, FG = 3762p이며, 각 FEG = 15° 29'이다. 이 정보에서 각 EFG = 33° 46'임을 알 수 있다. EFG - (EFK - CEF(이것의 엇각)) = KFG = 호 KG = 31° 47'(= 33° 46' - 1° 59')이다. 이것은 궤도의 평균 근지점으로부터 이 행성의 거리 = K이다. KG에 반원을 더한 합 = 211° 47'(= 180° + 31° 47') = 이 관측에서 시차 이상의 평균 운동이다. 증명 끝.

30

수성의 운동에 대한 더 최근의 관측

이 행성의 운동을 분석하는 앞의 방법은 고대인들이 우리에게 보여주었다. 그러나 우리의 비스와 강에는 안개가 많이 끼지만, 나일 강은 안개가 많지 않기 때문에 (그렇다고 한다) 그들은 더 맑은 하늘의 도움을 받았다. 더 심한 지역에 사는 우리는 자연의 혜택을 받지 못했다. 천구가 더 크게 기울어져 있을 뿐만 아니라 공기가 평온할 때도 드물어서, 수성이 태양으로부터 최대이각에 있을 때조차도 이 행성이 잘 관측되지 않는다. 그래서 수성이 양자리와 물고기자리에서 뜰 때도, 처녀자리와 천칭자리에서 질 때도 우리에게는 보이지 않는다. 진정으로 게자리나 쌍둥이자리에 있을 때 황혼이나 새벽에조차 수성은 어떤 위치에서도 나타나지 않으며, 태양이 사자자리 속으로 완전히 이동하지 않는 한 밤에 나타나지 않는다. 따라서 이 행성이 방황하는 경로를 조사하는 우리에게 많은 곤혹과 노고를 끼쳤다.

그래서 나는 뉘른베르크에서 주의 깊게 수행된 3회의 관측을 빌렸다. 첫 번째는 레지오몬타누스의 제자인 베른하르트 발터Bernhard Walther의 관측으로, 서기 1491년 9월 9일 = 이데스Ides 5일 전 자정 이후 5균일시에 혼천의 아스트롤라베armillary astrolabe로 팔릴리시움Palilicium(=알데바란)을 조준해서 결정한 것이다. 그는 수성을 처녀자리 13 1/2°(= 163 1/2°), 북위 1° 50'에서 보았다. 그때 이 행성은 아침에 지기 시작했고, 이전의 며칠 동안 아침의 출현이 점점 줄어들고 있었다. 서기의 시작부터 그때까지 1491이집트년 258일 12 1/2일-분이 지났다. 태양의 평균 위치 자체는 = 149° 48'이었지만, 춘분에 대해서는 = 처녀자리 26° 47'(= 176° 47')에 있었다. 따라서 수성의 이각은 ≅ 13 1/4°(176° 47' - 163° 30' = 13° 17')이다.

두 번째 위치는 서기 1504년 1월 9일 자정 이후 6 1/2시에 뉘른베르크에서 전갈자리 10°가 남중했을 때 요한 쇠너Johann Schaner에 의해 관측되었다. 그는 이 행성을 염소자리 3 1/3°, 북위 0° 45'에서 보았다. 춘분점으로부터 태양의 평균 위치는 = 염소자리 21° 7'(= 297° 7')으로 계산되었고, 아침에 수성이 서쪽 23° 47'에 있었다.

세 번째 관측은 같은 해인 1504년 3월 18일에 똑같이 요한 쇠너에 의해 수행되었다. 그는 뉘른베르크에서 게자리 25°가 남중했을 때 수성을 양자리 26° 55', 북위 3° 쯤에서 발견했다. 그의 혼천의는 오후 7 1/2시에 같은 별 팔릴리시움(알데바란)을 향했고, 춘분점으로부터 태양의 평균 위치 = 양자리 5° 39'이었고, 수성의 태양으로부터의 저녁 이각은 21° 17'(≅ 26° 55' - 5° 39')이었다.

첫 번째부터 두 번째 위치까지, 12이집트년 125일 3일-분 45일-초가 지났다. 이 기간 동안에 태양의 단순 운동 = 120° 14'이고, 수성의 시차 이상 = 316° 1'이다. 두 번째 기간은 69일 31일-분 45일-초이고, 태양의 평균 단순 운동 = 68° 32'이며, 수성의 평균 시차 이상 = 216°이다.

나는 이 세 가지 관측을 바탕으로 오늘날의 수성의 운동을 분석하려고 한다. 이 관측에서, 원들의 관측은 프톨레마이오스의 시대부터 지금까지 타당하다고 나는 믿으며, 초기의 충실한 작가들은 다른 행성들에서도 잘못을 저지르지 않았기 때문이다. 이 관측들에 더하여 우리가 이심원의 지점들을 안다면, 이 행성의 겉보기 운동에서 더 빠진 것은 없을 것이다. 나는 원지점의 위치 = 211 1/2°, 즉 전갈자리 18 1/2°라고 가정했다. 더 작게 하면 다른 관측들에 어긋나기 때문이다. 따라서 이심원의 이상, 즉 원점higher apse으로부터 태양의 평균 운동 거리가 첫 번째는 = 298° 15', 두 번째에서는 = 58° 29', 세 번째에서는 = 127° 1'이 될 것이다.

이제 앞의 모형에 따라 그림을 그리는데, 첫 번째 관측에서 평균 태양의 선이 근지점의 서쪽으로 떨어진 거리인 각 ACE = 61° 45'(= 360° - 298° 15')만을 다르게 한다. 그 다음의 모든 것이 가설과 일치하도록 한다. IC = 736 1/2p로 주어지고[V, 29], 이때 AC = 10,000p이다. 삼각형 ECI에서 각 ECI도 주어진다(= 180° - (ACE = 61° 45') = 118° 15'). 각 CEI도 = 3° 35'으로 주어지고, 변 IE = 10,369p이고, 여기에서 EC = 10,000p이며, IF = 211 1/2p이다[V, 29].

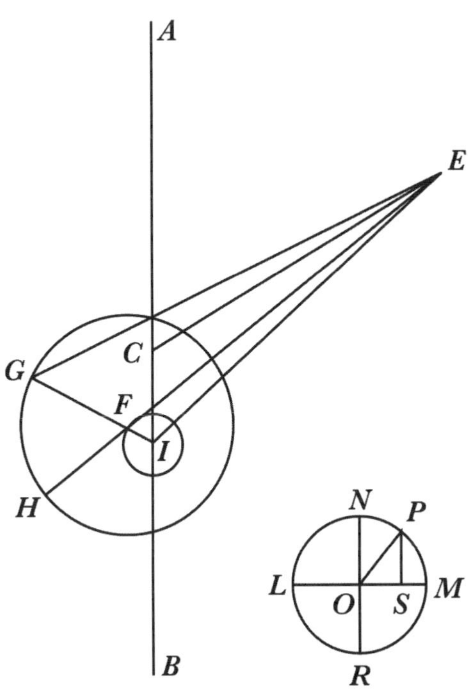

Figure.32

그 다음에는 삼각형 EFI에서도 두 변의 비가 주어진다(IE : IF = 10,369p : 211 1/2p). 구성에 따라 각 BIF = 123 1/2° = 2 × ACE(= 61° 45)이다. CIF = (BIF = 123 1/2°)의 보각 = 56 1/2°이다. 그러므로 전체 EIF(= CIF + EIC = 56° 30' + (EIC = ACE - CEI = 61° 45'- 3° 35' = 58° 10')) = 114° 40'이다. 따라서 IEF = 1° 5'이고, 변 EF = 10,371p이다. 그러므로 각 CEF = 2 1/2°(= CEI - IEF = 3° 35' - 1° 5')이다.

그러나, 접근과 후퇴의 운동에 의해 원지점과 근지점으로부터 F를 중심으로 하는 원의 거리가 얼마나 증가하는지 결정하기 위해서 작은 원을 그리고, 중심 O에서 지름 LM과 NR로 4등분한다. 각 POL = 2 × ACE(=61° 45') = 123 1/2°로 한다. 점 P로부터 PS를 LM에 수직으로 내린다. 그런 다음에 주어진 비에 따라 OP(또는 동등한 LO) : OS = 10,000p : 5519p = 190 : 105이다. 이 값들을 서로 더해서 LS = 295p를 구성하고, 여기에서 AC = 10,000p이며, 행성은 중심 F로부터 이만큼 더 멀어진다. 295p를 3573p = 최소 거리[V, 27]에 더해서, 합 =

3868p = 현재의 값이 된다.

이것을 반지름으로, 원 HG를 중심 F 주위에 그린다. EG를 연결하고, EF를 직선 EFH로 연장한다. 각 CEF = 2 1/2°임이 알려졌다. 관측된 GEC = 13 1/4° = 아침에 이 행성과 평균 태양의 거리(발터의 관측)이다. 그러면 전체 FEG(= GEC + CEF = 13° 15' + 2° 30') = 15 3/4°이다. 그러나 삼각형 EFG에서, EF : FG = 10,371p: 3868p이고, 각 E(=15° 45')가 주어진다. 이 정보로 EGF = 49° 8'임도 알 수 있다. 따라서 나머지 외각(GFH = EGF + GEF = 49° 8' + 15° 45') = 64° 53'이다. 전체 원에서 이 값을 빼서, 나머지 = 295° 7' = 실제의 시차 이상이다. 여기에 각 CEF(= 2° 30')를 더해서, 합 = 평균과 균일한 시차 이상 = 297° 37'이고, 이것이 우리가 찾던 값이다. 여기에 316° 1'(= 첫 번째와 두 번째 관측 사이의 시차 이상)을 더해서, 두 번째 관측에 대해 균일한 시차 이상 = 253° 38'(= 297° 37' + 316° 1' = 613° 38' - 360°)이 되는데, 이것도 정확하고 관찰과 일치한다는 것을 증명하겠다.

두 번째 관측에서 이심원의 이상의 척도로, 각 ACE

Book Five

= 58° 29'이라고 하자. 그러면 다시 한번, 삼각형 CEI에서 두 변이 주어진다. IC = 736p(이전과 이후에는 736 1/2p)이고, 여기에서 EC = 10,000p이며, 또한 각 ECI 즉 ACE = 58° 29'의 보각 = 121° 31'이다. 그러므로 같은 단위로 세 번째 변 EI = 10,404p이고, 각 CEI = 3° 28'이다. 비슷하게 삼각형 EIF에서 각 EIF = 118° 3', 변 IF = 211 1/2p, 여기에서 IE = 10,404p이다. 따라서 세 번째 변 EF = 같은 단위로 10,505p이며, 각 IEF = 61'이다. 따라서 나머지 FEC(= CEI - IEF = 3° 28' - 1° 1')= 2° 27' = 이심원의 가감차이다. 이 값을 시차의 평균 운동에 더한 합 = 실제 시차 운동 = 256° 5'(= 2° 27' + 253° 38')이다.

이제 접근과 후퇴를 일으키는 소주전원 위에서 호 LP 또는 각 LOP = 2 × (ACE= 58° 29') = 116° 58'을 취한다. 그런 다음에 다시 한 번, 직각삼각형 OPS에서 변들의 비 OP : OS = 10,000p : 4535p로 주어져 있으므로, OP 또는 LO = 190p에서 OS = 86p이다. 전체 LOS(= LO + OS = 190p + 86p)의 길이 = 276p이다. 이 값을 최소

거리 = 3573p[V, 27]에 더해서, 합 = 3849p이다.

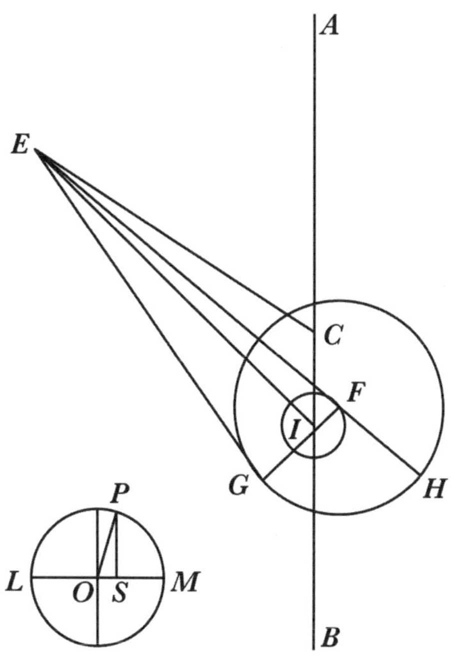

Figure. 33

이것을 반지름으로, 중심 F 주위에 원 HG를 그려서 시차 원지점이 점 H에 오도록 한다. 수성이 점 H로부터 서쪽으로 103° 55' 떨어진 거리의 호 HG로 취하자. 이것은 완전한 1회전에 시차를 보정한 운동(= 평균 운동 + 더하는 가감차 = 실제 운동) = 256° 5'(+103° 55' = 360°)을 뺀 값이다. 그러므로 EFG는 (HFG = 103° 55')의 보각 = 76° 5'이다. 따라서 다시 삼각형 EFG의 두 변이 주어진다. FG = 3849p, EF = 10,505p이다. 따라서 각 FEG = 21° 19'이다. 이 값을 CEF(= 2° 27')에 더해서, 전체 CEG = 23° 46' = 궤도원 중심 C와 행성 G 사이의 겉보기 거리이다. 이 거리도 관측된 이각(=23° 47')에서 조금밖에 벗어나지 않는다.

이 일치는 각 ACE = 127° 1' 또는 보각 BCE = 52° 59'으로 해서 세 번째로 확인된다. 다시 삼각형 ECI에 대해서, 모든 변들 중 두 변이 알려져 있다. CI = 736 1/2p, 여기에서 EC = 10,000p이다. 이 변들의 사이각 ECI = 52° 59'이다. 이 정보로부터 각 CEI = 3° 31', 변 IE = 9575p, 여기에 EC = 10,000p가 나온다. 구성에 따라 각 EIF는 = 49° 28', 이 각도를 이루는 변 FI = 211 1/2p, EI = 9575p임을 알 수 있다. 따라서 삼각형 EIF에서 나머지 변 EF = 같은 단위로 9440p이고, 각 IEF = 59'이다. 이 값을 전체 IEC(= 3° 31')에서 빼면, 나머지 = FEC = 2° 32'이다. 이것은 이심원의 이상에 대해서 빼는 가감차이다. 이 값(2° 32')을 평균 시차 이상, 즉 두 번째 기간의 평균 시차 이상인 216°(253° 38'까지 = 두 번째 관측에서의 균일한 시차 이상, 216° + 253° 38' = 469° 38' - 360°)를 더해서 얻은 109° 38'에 더해서, 실제의 시차 이상은 = 112° 10'(= 2° 32' + 109° 38')으로 나타난다.

이제 소주전원 위에서 각 LOP = 2 × ECI(= 52° 59') = 105° 58'을 취한다. 여기에서도 PO : OS의 비를 바탕으로 OS = 52p를 알 수 있고, 따라서 전체 LOS = 242p(= LO + OS = 190p + 52p)가 된다. 이 값(242p)을 최소거리 = 3573p에 더해서, 보정된 거리 = 3815p를 얻는다. 이 값을 반지름으로 중심 F 주위에 원을 그려서, 시차의 원점 = H가 직선으로 연장된 EFH 위에 있도록 한다. 실제 시차 이상의 척도로, 호 HG = 112° 10'을 취하고, GF를 연결한다. 그러면 보각 GFE = 67° 50'이다. 이 각도를 이루는 두 변 GF = 3815p, EF = 9440p이다. 이 정보로 각 FEG = 23°50'임을 알 수 있다. 이 값에서 가감차 CEF= 2° 32'를 빼서, 나머지 CEG = 21° 18' = 저녁 행성 G와 궤도원의 중심 C 사이의 겉보기 거리이다. 이것은 관측된 값(= 21°17')과 실제적으로 같은 거리이다.

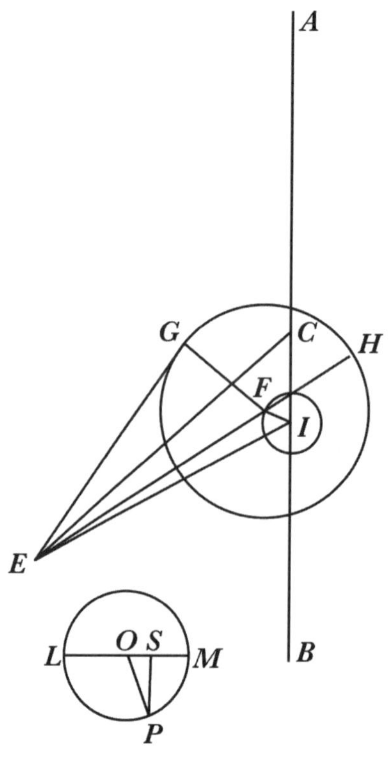

Figure.34

그러므로 이 세 위치에 대한 관측의 일치가, 내가 가정한 대로, 이심원의 원점이 우리 시대에 항성천구에 대해 211 1/2°에 있으며, 거기에 따르는 것들의 올바름을 의심의 여지없이 보장한다. 말하자면, 첫 번째 위치의 균일한 시차 이상 = 297 37', 두 번째 = 253° 38', 세 번째 = 109° 38'이다. 이것이 우리가 찾고 있던 결과이다.

프톨레마이오스 필라델푸스 21년 이집트의 첫달 토트 19일 새벽에 수행한 고대의 관측에서, 이심원의 원점 위치(프톨레마이오스의 견해로) = 항성천구에서 183° 20'이고, 평균 시차 이상 = 211° 47'이다V, 29. 이 관측과 가장 최근의 관측 사이의 기간 = 1768이집트년 200일 33일-분이다. 이 기간 동안에 이심원은 항성천구에서 28° 10'(= 211° 30' - 183° 20') 이동했고, 시차 운동은, 5570회의 완전한 회전에 더하여 = 257° 51'(+211° 47' = 469° 38', 469° 38' - 360° = 109° 38') 이다. 20년 동안에 약 63주기가 완료되므로, (20 × 88 =) 1760년 동안에 (88 × 63 =) 5544주기에 이른다. 남은 8년 200일 동안에 26회전이 있다(20 : 8 1/ 2 ≅ 63 : 26). 따라서 1768년 200일 33일-분에는 5570회전(= 5544+26) 이후에 257° 51'이 초과된다. 이것이 고대의 최초에 관측된 위치와 우리가 관측한 위치 사이의 차이이다. 이 차이는 나의 표V, 1 이후에 적힌 값들과도 일치한다. 이 간격을 이심원의 원점이 이동한 28° 10'과 비교해서, 이것이 균일하다고 보면, 이 운동은 63년에 1°로 인지될 것이다(1768 1/2y ÷ 28 1/6 = 63y).

31

수성의 위치 결정

서기의 시작으로부터 가장 최근의 관측에 이르기까지 1504이집트년 87일 48일-분이 지났다. 이 기간 동안 수성의 시차 이상 운동은 완전한 회전들을 무시하고 = 63° 14'이다. 이 값을 109° 38'(현대의 세 번째 관측에서의 이상)에서 빼서, 나머지 = 46° 24' = 서기가 시작될 때 수성의 시차 이상의 위치이다. 그 때부터 첫번째 올림픽의 시작까지의 기간은 775이집트년 12 1/ 2일이다. 이 기간 동안의 계산은 완전한 회전들 뒤에 95° 3'이다. 이 값을 그리스도의 위치에서 빼면(1회전을 빌려와서) 나머지 = 첫번째 올림픽의 위치 = 311° 21'(= 46° 24' + 360° = 406°

24 - 95° 3')이다. 또한 이 시간으로부터 알렉산드로스의 죽음까지 451년 247일에 대한 계산에 따르면, 그의 위치는 = 213° 3'이다.

32
접근과 후퇴에 대한 다른 설명

수성을 떠나기 전에, 앞에서 설명한 것 못지않게 적절한 다른 방법에 대해 설명하겠다. 이 방법으로 접근과 후퇴를 설명할 수 있다. 원 GHKP를 중심 F에서 4등분한다. 점 F를 중심으로 동심원 LM을 그린다. 또 다른 원 OR을 그리는데, 중심을 L로 하고 반지름 LFO = FG 또는 FH가 되도록 한다. 이 원들의 조합 전체가 교선 GFR과 HFP와 함께, 매일 약 2° 7'씩 F를 중심으로 수성 이심원의 원지점으로부터 멀어져서 동쪽으로 이동한다고 가정하자. 이 값은 황도에서 행성의 시차 운동이 지구의 운동을 초과하는 양이다. 나머지 시차 운동은 행성에 의한 것으로, 지구의 운동과 거의 같고, 자신의 원 OR에서 점 G로부터 멀어진다. 또한 동일한 회전. 즉 연주운동에서, 수성을 운반하는 원인 OR의 중심이 앞뒤로 움직인다고 가정하며, 이것은 앞의 V, 25에서 말했듯이 지름 LFM을 따라 움직이는 칭동이며, 앞에서 나왔던 것의 두 배이다.

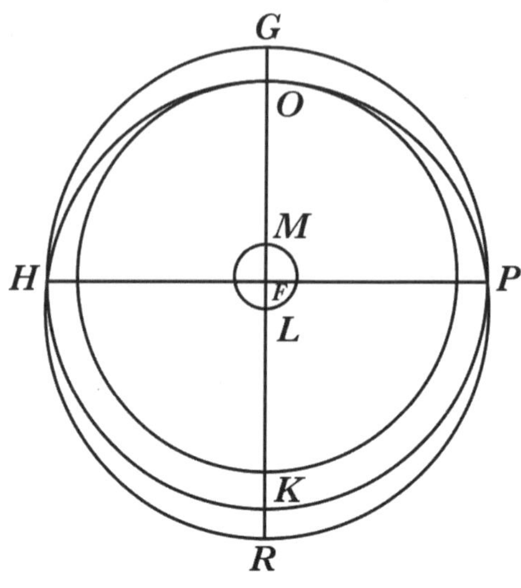

Figure. 35

이러한 배치로, 지구의 평균 운동이 수성 이심원의 원지점에서 반대쪽으로 일어나도록 한다. 이때 수성을 운반하는 원의 중심이 L에 있고, 수성이 점 O에 있도록 한다. 그러면 전체의 구성이 움직이면서 수성이 F로부터 최소 거리에 있기 때문에, 수성은 가장 작은 원을 그릴 것이며, 그 반지름은 FO이다. 그 다음에는 지구가 평점에 가까울 때, 수성이 F로부터 가장 큰 거리에 해당하는 점 H에 오고, F를 중심으로 하는 원을 따라 가장 큰 호를 그린다. 이때 균륜 OR은 원 GH와 일치하는데, 두 원의 중심이 일치하기 때문이다. 지구가 이 위치로부터 수성 이심원의 근지점 방향으로 진행함에 따라, 그리고 원 OR의 중심이 반대편 한계 M으로 진동함에 따라, 원 자체는 GK 위로 올라가고, R에 있는 수성은 다시 F로부터 최소 거리에 도달하며, 출발할 때의 경로로 간다. 여기에서 세 가지의 동일한 회전이 일치하는데, 그것은 지구가 수성 이심원의 원지점으로 되돌아오는 회전, 지름 LM을 따라 일어나는 중심의 칭동, 선분 FG에서 같은 선분으로 되돌아오는 수성의 회전이다. 이 회전들에서 일어나는 유일한 변이는 앞에서 내가 말한 대로[V, 32], 이심원의 지점으로부터 교차점 G, H, K, P가 멀어지는 운동(하루에 2° 7')뿐이다.

그러므로 수성은 놀랄 만한 가변성을 보여 왔지만, 이 운동에 대해서도 영구적이고, 정밀하고, 불변의 질서가 확인되었다. 그러나 수성이 사분원 GH와 KP를 통과하는 동안에 반드시 경도의 편차가 일어난다는 점에 주목해야 한다. 중심의 변이에 의해 가감차가 생기기 때문이다. 그러나 중심의 불안정성이 장애가 된다. 예를 들어, 중심이 L에 있는 동안에 수성이 O에서 출발했다고 가정하자. H에 가까울 때 수성은 이심거리 FL로 측정해서 가장 먼 거리에 있게 된다. 그러나 이는 수성이 O로부터 멀어짐에 따라 중심들의 거리 FL에 의해 생기는 편차가 시작하고 증가한다는 가정에서 나온다. 그러나 이동하는 중심이 F에서 평균 위치에 접근함에 따라, 예측된 편차가 점점 더 많이 줄어들어서, 가장 큰 편차가 기대되는 H와 P의 교차점 근처에서 완전히 사라진다. 그러나 (내가 인정하는 바와 같이) 편차가 작아져도 아침이나 저녁에 수성이 뜨거나 질 때 햇빛 속에 가려져 원둘레를 따라 전혀 인지되지 않는다. 나는 앞에서 설명한 모형에 못지않게 합리적인 이 모형을 생략하고 싶지 않았으며, 이 모형은 위도의 변이 대해 사용하기에 매우 적합할 것이다[VI, 2].

33
다섯 행성의 가감차 표

수성과 다른 행성들의 균일한 운동과 겉보기 운동을 위에서 증명하고 계산으로 설명했으며, 이것은 다른 위치에서의 이러한 운동들의 차이를 계산하는 방법을 알려주는 예가 될 것이다. 그러나 이 절차가 가능하도록, 나는 각각의 행성에 대해서 보통의 방식으로 3° 간격의 6열과 30줄의 표를 마련했다. 처음 두 열에는 이심원의 이상과 시차가 나온다. 3열은 이심원에서 이 원들의 균일한 운동과 불균일한 운동의 전체 차이를 보여준다. 4열은 비례하는 분을 60분의 1로 계산한 값으로, 이 값에 의해 지구의 거리가 커지거나 작아짐에 따라 시차가 증가하거나 감소한다. 5열에는 가감차 자체가 나오는데, 이것은 큰 원을 기준으로 행성 이심원의 원지점에서 발생하는 시차이다. 마지막 6열은 이심원의 근지점의 시차가 원지점의 시차를 초과하는 값이다. 표는 다음과 같다.

토성의 가감차								
공통 수		이심원의 보정		비례분	[원지점에서] 큰 원의 시차		[근지점에서] 시차의 잉여	
°	°	°	′		°	′	°	′
3	357	0	20	0	0	17	0	2
6	354	0	40	0	0	34	0	4
9	351	0	58	0	0	51	0	6
12	348	1	17	0	1	7	0	8
15	345	1	36	1	1	23	0	10
18	342	1	55	1	1	40	0	12
21	339	2	13	1	1	56	0	14
24	336	2	31	2	2	11	0	16
27	333	2	49	2	2	26	0	18
30	330	3	6	3	2	42	0	19
33	327	3	23	3	2	56	0	21
36	324	3	39	4	3	10	0	23
39	321	3	55	4	3	25	0	24
42	318	4	10	5	3	38	0	26
45	315	4	25	6	3	52	0	27
48	312	4	39	7	4	5	0	29
51	309	4	52	8	4	17	0	31
54	306	5	5	9	4	28	0	33
57	303	5	17	10	4	38	0	34
60	300	5	29	11	4	49	0	35
63	297	5	41	12	4	59	0	36
66	294	5	50	13	5	8	0	37
69	291	5	59	14	5	17	0	38
72	288	6	7	16	5	24	0	38
75	285	6	14	17	5	31	0	39
78	282	6	19	18	5	37	0	39
81	279	6	23	19	5	42	0	40
84	276	6	27	21	5	46	0	41
87	273	6	29	22	5	50	0	42
90	270	6	31	23	5	52	0	42

토성의 가감차								
공통 수		이심원의 보정		비례분	[원지점에서] 큰 원의 시차		[근지점에서] 시차의 잉여	
°	°	°	′		°	′	°	′
93	267	6	31	25	5	52	0	43
96	264	6	30	27	5	53	0	44
99	261	6	28	29	5	53	0	45
102	258	6	26	31	5	51	0	46
105	255	6	22	32	5	48	0	46
108	252	6	17	34	5	45	0	45
111	249	6	12	35	5	40	0	45
114	246	6	6	36	5	36	0	44
117	243	5	58	38	5	29	0	43
120	240	5	49	39	5	22	0	42
123	237	5	40	41	5	13	0	41
126	234	5	28	42	5	3	0	40
129	231	5	16	44	4	52	0	39
132	228	5	3	46	4	41	0	37
135	225	4	48	47	4	29	0	35
138	222	4	33	48	4	15	0	34
141	219	4	17	50	4	1	0	32
144	216	4	0	51	3	46	0	30
147	213	3	42	52	3	30	0	28
150	210	3	24	53	3	13	0	26
153	207	3	6	54	2	56	0	24
156	204	2	46	55	2	38	0	22
159	201	2	27	56	2	21	0	19
162	198	2	7	57	2	2	0	17
165	195	1	46	58	1	42	0	14
168	192	1	25	59	1	22	0	12
171	189	1	4	59	1	2	0	9
174	186	0	43	60	0	42	0	7
177	183	0	22	60	0	21	0	4
180	180	0	0	60	0	0	0	0

목성의 가감차									
공통 수		이심원의 보정		비례분		[원지점에서] 큰 원의 시차		[근지점에서] 시차의 잉여	
°	°	°	′	분	초	°	′	°	′
3	357	0	16	0	3	0	28	0	2
6	354	0	31	0	12	0	56	0	4
9	351	0	47	0	18	1	25	0	6
12	348	1	2	0	30	1	53	0	8
15	345	1	18	0	45	2	19	0	10
18	342	1	33	1	3	2	46	0	13
21	339	1	48	1	23	3	13	0	15
24	336	2	2	1	48	3	40	0	17
27	333	2	17	2	18	4	6	0	19
30	330	2	31	2	50	4	32	0	21
33	327	2	44	3	26	4	57	0	23
36	324	2	58	4	10	5	22	0	25
39	321	3	11	5	40	5	47	0	27
42	318	3	23	6	43	6	11	0	29
45	315	3	35	7	48	6	34	0	31
48	312	3	47	8	50	6	56	0	34
51	309	3	58	9	53	7	18	0	36
54	306	4	8	10	57	7	39	0	38
57	303	4	17	12	0	7	58	0	40
60	300	4	26	13	10	8	17	0	42
63	297	4	35	14	20	8	35	0	44
66	294	4	42	15	30	8	52	0	46
69	291	4	50	16	50	9	8	0	48
72	288	4	56	18	10	9	22	0	50
75	285	5	1	19	17	9	35	0	52
78	282	5	5	20	40	9	47	0	54
81	279	5	9	22	20	9	59	0	55
84	276	5	12	23	50	10	8	0	56
87	273	5	14	25	23	10	17	0	57
90	270	5	15	26	57	10	24	0	58

목성의 가감차									
공통 수		이심원의 보정		비례분		[원지점에서] 큰 원의 시차		[근지점에서] 시차의 잉여	
°	°	°	′	분	초	°	′	°	′
93	267	5	15	28	33	10	25	0	59
96	264	5	15	30	12	10	33	1	0
99	261	5	14	31	43	10	34	1	1
102	258	5	12	33	17	10	34	1	1
105	255	5	10	34	50	10	33	1	2
108	252	5	6	36	21	10	29	1	3
111	249	5	1	37	47	10	23	1	3
114	246	4	55	39	0	10	15	1	3
117	243	4	49	40	25	10	5	1	3
120	240	4	41	41	50	9	54	1	2
123	237	4	32	43	18	9	41	1	1
126	234	4	23	44	46	9	25	1	0
129	231	4	13	46	11	9	8	0	59
132	228	4	2	47	37	8	56	0	58
135	225	3	50	49	2	8	27	0	57
138	222	3	38	50	22	8	5	0	55
141	219	3	25	51	46	7	39	0	53
144	216	3	13	53	6	7	12	0	50
147	213	2	59	54	10	6	43	0	47
150	210	2	45	55	15	6	13	0	43
153	207	2	30	56	12	5	41	0	39
156	204	2	15	57	0	5	7	0	35
159	201	1	59	57	37	4	32	0	31
162	198	1	43	58	6	3	56	0	27
165	195	1	27	58	34	3	18	0	23
168	192	1	11	59	3	2	40	0	19
171	189	0	53	59	36	2	0	0	15
174	186	0	35	59	58	1	20	0	11
177	183	0	17	60	0	0	40	0	6
180	180	0	0	60	0	0	0	0	0

화성의 가감차									
공통 수		이심원의 보정		비례분		[원지점에서] 큰 원의 시차		[근지점에서] 시차의 잉여	
°	°	°	′	분	초	°	′	°	′
3	357	0	32	0	0	1	8	0	8
6	354	1	5	0	2	2	16	0	17
9	351	1	37	0	7	3	24	0	25
12	348	2	8	0	15	4	31	0	33
15	345	2	39	0	28	5	38	0	41
18	342	3	10	0	42	6	45	0	50
21	339	3	41	0	57	7	52	0	59
24	336	4	11	1	13	8	58	1	8
27	333	4	41	1	34	10	5	1	16
30	330	5	10	2	1	11	11	1	25
33	327	5	38	2	31	12	16	1	34
36	324	6	6	3	2	13	22	1	43
39	321	6	32	3	32	14	26	1	52
42	318	6	58	4	3	15	31	2	2
45	315	7	23	4	37	16	35	2	11
48	312	7	47	5	16	17	39	2	20
51	309	8	10	6	2	18	42	2	30
54	306	8	32	6	50	19	45	2	40
57	303	8	53	7	39	20	47	2	50
60	300	9	12	8	30	21	49	3	0
63	297	9	30	9	27	22	50	3	11
66	294	9	47	10	25	23	48	3	22
69	291	10	3	11	28	24	47	3	34
72	288	10	19	12	33	25	44	3	46
75	285	10	32	13	38	26	40	3	59
78	282	10	42	14	46	27	35	4	11
81	279	10	50	16	4	28	29	4	24
84	276	10	56	17	24	29	21	4	36
87	273	11	1	18	45	30	12	4	50
90	270	11	5	20	8	31	0	5	5

화성의 가감차									
공통 수		이심원의 보정		비례분		[원지점에서] 큰 원의 시차		[근지점에서] 시차의 잉여	
°	°	°	′	분	초	°	′	°	′
93	267	11	7	21	32	31	45	5	20
96	264	11	8	22	58	32	30	5	35
99	261	11	7	24	32	33	13	5	51
102	258	11	5	26	7	33	53	6	7
105	255	11	1	27	43	34	30	6	25
108	252	10	56	29	21	35	3	6	45
111	249	10	45	31	2	35	34	7	4
114	246	10	33	32	46	35	59	7	25
117	243	10	11	34	31	36	21	7	46
120	240	10	7	36	16	36	37	8	11
123	237	9	51	38	1	36	49	8	34
126	234	9	33	39	46	36	54	8	59
129	231	9	13	41	30	36	53	9	24
132	228	8	50	43	12	36	45	9	49
135	225	8	27	44	50	36	25	10	17
138	222	8	2	46	26	35	59	10	47
141	219	7	36	48	1	35	25	11	15
144	216	7	7	49	35	34	30	11	45
147	213	6	37	51	2	33	24	12	12
150	210	6	7	52	22	32	3	12	35
153	207	5	34	53	38	30	26	12	54
156	204	5	0	54	50	28	5	13	28
159	201	4	25	56	0	26	8	13	7
162	198	3	49	57	6	23	28	12	47
165	195	3	12	57	54	20	21	12	12
168	192	2	35	58	22	16	51	10	59
171	189	1	57	58	50	13	1	9	1
174	186	1	18	59	11	8	51	6	40
177	183	0	39	59	44	4	32	3	28
180	180	0	0	60	0	0	0	0	0

금성의 가감차									
공통 수		이심원의 보정		비례분		[원지점에서] 큰 원의 시차		[근지점에서] 시차의 잉여	
°	°	°	′	분	초	°	′	°	′
3	357	0	6	0	0	1	15	0	1
6	354	0	13	0	0	2	30	0	2
9	351	0	19	0	10	3	45	0	3
12	348	0	25	0	39	4	59	0	5
15	345	0	31	0	58	6	13	0	6
18	342	0	36	1	20	7	28	0	7
21	339	0	42	1	39	8	42	0	9
24	336	0	48	2	23	9	56	0	11
27	333	0	53	2	59	11	10	0	12
30	330	0	59	3	38	12	24	0	13
33	327	1	4	4	18	13	37	0	14
36	324	1	10	5	3	14	50	0	16
39	321	1	15	5	45	16	3	0	17
42	318	1	20	6	32	17	16	0	18
45	315	1	25	7	22	18	28	0	20
48	312	1	29	8	18	19	40	0	21
51	309	1	33	9	31	20	52	0	22
54	306	1	36	10	48	22	3	0	24
57	303	1	40	12	8	23	14	0	26
60	300	1	43	13	32	24	24	0	27
63	297	1	46	15	8	25	34	0	28
66	294	1	49	16	35	26	43	0	30
69	291	1	52	18	0	27	52	0	32
72	288	1	54	19	33	28	57	0	34
75	285	1	56	21	8	30	4	0	36
78	282	1	58	22	32	31	9	0	38
81	279	1	59	24	7	32	13	0	41
84	276	2	0	25	30	33	17	0	43
87	273	2	0	27	5	34	20	0	45
90	270	2	0	28	28	35	21	0	47

금성의 가감차

공통 수		이심원의 보정		비례분		[원지점에서] 큰 원의 시차		[근지점에서] 시차의 잉여	
°	°	°	′	분	초	°	′	°	′
93	267	2	0	29	58	36	20	0	50
96	264	2	0	31	28	37	17	0	53
99	261	1	59	32	57	38	13	0	55
102	258	1	58	34	26	39	7	0	58
105	255	1	57	35	55	40	0	1	0
108	252	1	55	37	23	40	49	1	4
111	249	1	53	38	52	41	36	1	8
114	246	1	51	40	19	42	18	1	11
117	243	1	48	41	45	42	59	1	14
120	240	1	45	43	10	43	35	1	18
123	237	1	42	44	37	44	7	1	22
126	234	1	39	46	6	44	32	1	26
129	231	1	35	47	36	44	49	1	30
132	228	1	31	49	6	45	4	1	36
135	225	1	27	50	12	45	10	1	41
138	222	1	22	51	17	45	5	1	47
141	219	1	17	52	33	44	51	1	53
144	216	1	12	53	48	44	22	2	0
147	213	1	7	54	28	43	36	2	6
150	210	1	1	55	0	42	34	2	13
153	207	0	55	55	57	41	12	2	19
156	204	0	49	56	47	39	20	2	34
159	201	0	43	57	33	36	58	2	27
162	198	0	37	58	16	33	58	2	27
165	195	0	31	58	59	30	14	2	27
168	192	0	25	59	39	25	42	2	16
171	189	0	19	59	48	20	20	1	56
174	186	0	13	59	54	14	7	1	26
177	183	0	7	59	58	7	16	0	46
180	180	0	0	60	0	0	16	0	0

수성의 가감차									
공통 수		이심원의 보정		비례분		[원지점에서] 큰 원의 시차		[근지점에서] 시차의 잉여	
°	°	°	′	분	초	°	′	°	′
3	357	0	8	0	3	0	44	0	8
6	354	0	17	0	12	1	28	0	15
9	351	0	26	0	24	2	12	0	23
12	348	0	34	0	50	2	56	0	31
15	345	0	43	1	43	3	41	0	38
18	342	0	51	2	42	4	25	0	45
21	339	0	59	3	51	5	8	0	53
24	336	1	8	5	10	5	51	1	1
27	333	1	16	6	41	6	34	1	8
30	330	1	24	8	29	7	15	1	16
33	327	1	32	10	35	7	57	1	24
36	324	1	39	12	50	8	38	1	32
39	321	1	46	15	7	9	18	1	40
42	318	1	53	17	26	9	59	1	47
45	315	2	0	19	47	10	38	1	55
48	312	2	6	22	8	11	17	2	2
51	309	2	12	24	31	11	54	2	10
54	306	2	18	26	17	12	31	2	18
57	303	2	24	29	17	13	7	2	26
60	300	2	29	31	39	13	41	2	34
63	297	2	34	33	59	14	14	2	42
66	294	2	38	36	12	14	46	2	51
69	291	2	43	38	29	15	17	2	59
72	288	2	47	40	45	15	46	3	8
75	285	2	50	42	58	16	14	3	16
78	282	2	53	45	6	16	40	3	24
81	279	2	56	46	59	17	4	3	32
84	276	2	58	48	50	17	27	3	40
87	273	2	59	50	36	17	48	3	48
90	270	3	0	52	2	18	6	3	56

수성의 가감차									
공통 수		이심원의 보정		비례분		[원지점에서] 큰 원의 시차		[근지점에서] 시차의 잉여	
°	°	°	′	분	초	°	′	°	′
93	267	3	0	53	43	18	23	4	3
96	264	3	1	55	4	18	37	4	11
99	261	3	0	56	14	18	48	4	19
102	258	2	59	57	14	18	56	4	27
105	255	2	58	58	1	19	2	4	34
108	252	2	56	58	40	19	3	4	42
111	249	2	55	59	14	19	3	4	49
114	246	2	53	59	40	18	59	4	54
117	243	2	49	59	57	18	53	4	58
120	240	2	44	60	0	18	42	5	2
123	237	2	39	59	49	18	27	5	4
126	234	2	34	59	35	18	8	5	6
129	231	2	28	59	19	17	44	5	9
132	228	2	22	58	59	17	17	5	9
135	225	2	16	58	32	16	44	5	6
138	222	2	10	57	56	16	7	5	3
141	219	2	3	56	41	15	25	4	59
144	216	1	55	55	27	14	38	4	52
147	213	1	47	54	55	13	47	4	41
150	210	1	38	54	25	12	52	4	26
153	207	1	29	53	54	11	51	4	10
156	204	1	19	53	23	10	44	3	53
159	201	1	10	52	54	9	34	3	33
162	198	1	0	52	33	8	20	3	10
165	195	0	51	52	18	7	4	2	43
168	192	0	41	52	8	5	43	2	14
171	189	0	31	52	3	4	19	1	43
174	186	0	21	52	2	2	54	1	9
177	183	0	10	52	2	1	27	0	35
180	180	0	0	52	2	0	0	0	0

34

다섯 행성의 경도를 계산하는 방법

내가 작성한 이 표를 통해 다섯 행성의 경도상의 위치를 어렵지 않게 계산할 수 있을 것이다. 모든 행성에 대해 거의 동일한 계산 절차가 적용되기 때문이다. 그러나 이런 면에서 세 개의 외행성은 금성이나 수성과 조금 다르다.

따라서 먼저 토성, 목성, 화성에 대해 살펴볼 것인데, 여기에서 계산은 다음과 같이 진행된다. 주어진 시간에 대하여 위에서 설명한 방법으로III, 14, V, I 태양의 단순한 운동과 행성의 시차 운동을 구한다. 그런 다음에 태양의 단순한 위치에서 행성 이심원의 원지점 위치를 뺀다. 그 나머지에서 시차 운동을 뺀다. 이렇게 한 다음의 나머지가 행성 이심원의 이상이다. 표의 처음 두 열에 있는 공통 숫자 중에서 해당하는 숫자를 찾는다. 세 번째 열에서 이심원의 정규화를 취하고 다음 열에서 비례하는 분을 구한다. 이 보정값을 시차 운동에 더하고, 표에 기입한 숫자가 첫 번째 열에 있으면 이 값을 이심원의 이상에서 뺀다. 반대로, 처음의 숫자가 두 번째 열에 있으면, 시차 이상에서 이 값을 빼고 이심원의 이상에 더한다. 합 또는 나머지는 시차와 이상을 정규화한 값이며, 비례하는 분은 곧 설명될 목적을 위해 남겨둔다.

그런 다음에 첫 번째 두 열에 있는 공통 숫자 중에서 정규화된 시차 이상도 찾아보고, 5열에서 시차 가감차를 찾아서, 그 잉여분과 함께 마지막 열에 놓는다. 비례하는 분의 숫자에 따라 이 잉여의 비례 부분을 취한다. 이 비례 부분을 언제나 가감차에 더한다. 그 합은 이 행성의 실제 시차이다. 정규화된 시차 이상이 반원보다 작으면 이 값을 빼야 하며, 이상이 반원보다 크면 더해야 한다. 이런 방식으로 태양의 평균 위치에서 서쪽으로 행성의 실제 거리와 겉보기 거리를 얻는다. 이 거리를 태양의 위치에서 빼면, 나머지가 항성천구에서 행성의 위치가 될 것이다. 마지막으로, 분점의 세차 운동을 행성의 위치에 더하면, 춘분점으로부터의 거리가 확인될 것이다.

금성과 수성의 경우에, 이심원의 이상 대신에 태양의 평균 위치로부터 원점까지의 거리를 사용한다. 이 거리의 이상의 도움으로 이미 설명한 바와 같이 시차 운동과 이심원의 이상을 정규화한다. 그러나 이심원의 가감차는, 그것들이 같은 방향이거나 종류이면, 태양의 평균 위치에 동시에 더하거나 뺀다. 그러나 그것들이 다른 종류라면, 큰 것에서 작은 것을 뺀다. 방금 설명한 큰 수의 더하고 빼는 성질에 따라 나머지를 계산하면, 그 결과가 행성의 겉보기 위치가 될 것이다.

35

다섯 행성의 유와 역행

분명히 행성들의 경도상의 운동에 대한 설명은 행성의 유, 운행의 재개, 역행, 이러한 현상들의 위치, 시간, 범위 사이에는 연관성이 있다. 천문학자들은 이 현상들에 대해서도 적지 않게 논의했고, 특히 페르가의 아폴로니우스알마게스트, XII, 1가 논의했다. 그러나 그들은 행성이 단 한 가지 불균일성으로만 운행하는 것으로 논의했는데, 그것은 태양에 대해 일어나는 것이고, 나는 이것을 지구가 궤도원을 따라 돌기 때문에 생기는 시차라고 말한다.

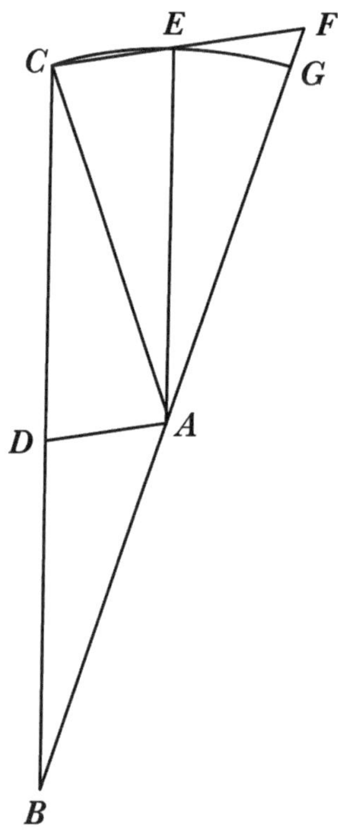

Figure. 36

지구의 큰 원이 행성의 원과 동심원이라고 가정하자. 모든 행성들이 같은 방향, 즉 동쪽으로 각각 다른 속도로 이동한다. 또한 지구의 원 안에 있는 금성과 수성은 지구의 운동보다 그 자신의 궤도에서 더 빠르다고 가정하자. 지구에서 행성의 궤도와 교차하는 직선을 그린다. 궤도 안의 호를 이등분한다. 호의 절반 대 우리의 관측 지점인 지구로부터 행성의 궤도까지 연장한 선분의 비는 지구의 속도 대 행성의 속도와 같은 비를 가진다. 행성의 원 위에 있는 근지점의 호에 그린 선분이 만드는 점에 의해 역행과 순행이 분리되며, 행성이 이 지점에 있을 때 정지하는 것으로 보인다.

이 상황은 나머지 세 외행성에서도 비슷하며, 외행성의 운동은 지구보다 느리다. 우리의 눈을 통과해서 그린 직선이 큰 원과 교차해서 그 원 위의 호의 절반 대 행성으로부터 큰 원의 굽은 호 가까이의 우리 눈까지 그린 선분의 비가 행성의 속력과 지구의 속력의 비와 같다. 그 때 그 위치의 행성은 우리의 눈에 멈춘 것으로 보인다.

그러나 앞에서 말한 안쪽 원의 호의 절반 대 나머지 외부 호의 비가 지구의 속도 대 금성 또는 수성의 속도 비보다 크면, 또는 세 외행성의 속도 대 지구의 속도 비가 크면, 그 행성은 동쪽으로 진행한다. 반면에, 첫 번째 비가 두 번째보다 작으면, 행성은 서쪽으로 역행한다.

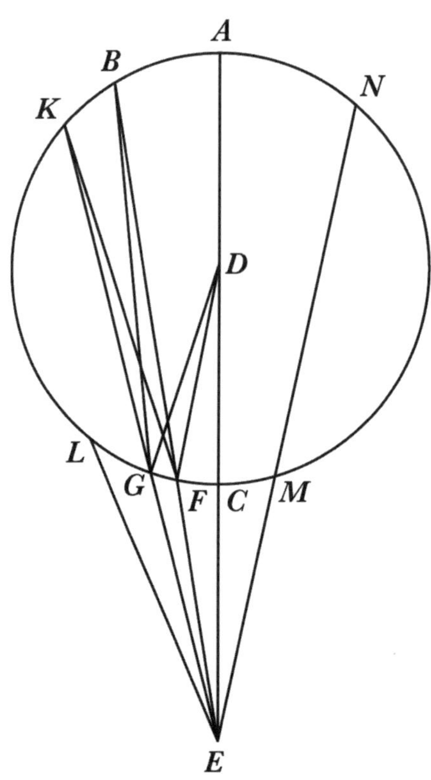

Figure. 37

이 명제를 증명하기 위해서 아폴로니우스는 보조 정리를 하나 더 추가했다. 이것은 지구가 정지해 했다는 가설에 적용되지만, 지구가 움직인다는 나의 원리에서도 사용할 수 있으므로, 나는 이것을 그대로 사용하겠다. 나는 이것을 다음과 같이 명료하게 설명할 수 있다. 삼각형에서 긴 변을 나눠서 한 부분이 다른 변보다 작지 않게 한다. 이 부분과 나머지 부분의 비가 나눠지는 변의 각의 비 남는 부분의 각 : 다른 변의 각의 역수보다 크다. 삼각형 ABC에서 긴 변을 BC라고 하자. 이 변에서 CD가 AC보다 작지 않게 잡는다. 그러면 다음과 같은 관계가 성립한다. CD : BD > 각 ABC : 각 BCA.

증명은 다음과 같다. 평행사변형 ADCE를 완성한다. BA와 CE를 연장해서 점 F에서 만나게 한다. A를 중심으로, 반지름을 AE로 원을 그린다. AE(= CD)가 AC보다 작지 않기 때문에, 이 원은 C를 지나가거나 넘어간다. 여기에서는 원이 C를 통과하도록 하고, 이것을 GEC라고 하자. 삼각형 AEF가 부채꼴 AEG보다 크다. 그러나 삼각형 AEC는 부채꼴 AEC보다 작다. 따라서 삼각형 AEF : 삼각형 AEC > 부채꼴 AEG : 부채꼴 AEC이다. 그러나 삼각형 AEF : 삼각형 AEC = 밑변 FE : 밑변 EC이다. 그러므로 FE : EC > 각 FAE = 각 EAC이다. 그러나 FE : EC = CD : DB인데, 각 FAE = 각 ABC, 각 EAC = 각 BCA이기 때문이다. 그러므로 CD : DB 인데, 각 FAE = 각 ABC, 각 EAC = 각 BCA이기 때문이다. 그러므로 CD : DB > 각 ABC : 각 ACB이다. 첫 번째 비가 명확히 더 큰데, CD 즉 AE가 AE와 같지 않다고 가정했고, AE를 AC보다 크게 잡았기 때문이다.

이제 D를 중심으로 ABC가 금성 또는 수성의 원이라고 하자. 원 바깥에 있는 E에서 지구가 같은 중심 D 주위를 돈다고 하자. E에 있는 우리의 관측 지점에서 원의 중심을 통과해서 직선 ECDA를 그린다. A가 지구에서 가장 멀리 떨어져 있고, C가 지구에서 가장 가깝다고 하자. DC : CE의 비는 관측자의 속도와 행성의 속도의 비보다 크다고 가정하자. 따라서 선분 EFB는 1/2 BF : FE = 관측자의 속도 : 행성의 속도가 될 수 있다. 선분 EFB가 중심 D에서 멀어짐에 따라 필요한 조건이 될 때까지 FB가 줄어들고 EF가 늘어나기 때문이다. 나는 행성이 점 F에 있을 때, 우리에게 정지해 있는 것처럼 보일 것이라고 말한다. F의 양쪽으로 아무리 작은 호를 선택해도, 원지점 방향으로는 순행하지만, 근지점 방향으로는 역행한다는 것을 알 수 있다.

먼저, 원지점 쪽으로 뻗은 호 FG를 취한다. EGK를 연장한다. BG, DG, DF를 연결한다. 삼각형 BGE에서 긴 변 BE의 부분 BF는 BG보다 길다. 따라서 BF : BF > 각 FEG : 각 GBF이다. 그러므로 1/2 BF : FE > 각 FEG : 2 × 각 GBF = 각 GDF이다. 그러나 BF : FE = 지구의 운동 : 행성의 운동이다. 따라서 각 FEG : 각 GDF < 지구의 속도 : 행성의 속도이다. 결과적으로 각 FDG에 대해 지구의 운동과 행성 운동의 비와 같은 비를 가지는 각은 각 FEG보다 크다. 더 큰 각도 = FEL이라고 하자. 따라서, 행성이 원의 호 GF를 지나가는 시간 동안, 우리의 시선은 반대쪽에 있는 선분 BF와 선분 EL 사이를 통과했다고 생각할 것이다. 분명히 행성이 호 GF를 통과하는 동안에 우리에게 보이는 것은, 작은 각 FEG를 통

해서, 지구의 경로가 행성을 더 큰 각 FEL 만큼 다시 동쪽으로 끌어당긴다. 그 결과로 행성은 여전히 각 GEL 만큼 역행하지만, 정지해 있는 것이 아니라 전진한 것으로 보인다.

이 명제의 역은 동일한 방법으로 명확히 입증될 것이다. 같은 그림에서 1/2 GK : GE = 지구의 속도 : 행성의 속도를 취한다고 가정하자. 호 GF가 직선 EK에서 근지점을 향해 연장된다고 가정한다. KF를 연결해서 삼각형 KEF를 만든다. 그 안에서 GE는 EF보다 더 길게 그려진다. KG : GE < 각 FEG : 각 FKG이다. 또한 1/2 KG : GE < 각 FEG : 2 × 각 FKG = 각 GDF이다. 이 관계는 위에서 설명한 것의 역이다. 동일한 방법으로 각 GDF : 각 FEG < 행성의 속도 : 시선의 속도임을 증명할 수 있다. 따라서 이 비들이 각 GDF가 커짐에 따라 동일해지면, 행성은 마찬가지로 전진 운동에 필요한 양보다 서쪽으로 더 많이 이동할 것이다.

이러한 사항들을 고려해서, 호 FC와 CM이 동일하다고 가정할 경우에 두 번째 유留는 점 M이 된다는 것을 분명히 알 수 있다. 선분 EMN을 그린다. 1/2 BF : FE와 마찬가지로, 1/2 MN : ME = 지구의 속도 : 행성의 속도가 된다. 그러므로 점 F와 M이 모두 유留가 되고, 두 한계 사이의 호 FCM 전체가 역행이 되고, 나머지 원이 순행으로 구별된다. 또한 거리 DC : CB의 비가 지구의 속도 : 행성의 속도보다 크지 않은 한, 지구 속도 : 행성 속도의 비가 같은 선분을 그릴 수 없고, 행성은 멈추거나 역행할 수 없다. 삼각형 DGE의 경우에 직선 DC가 BG보다 작지 않다고 가정할 때, 각 CEG : 각 CDG < DC : GE이다. 그러나 DC : GE는 지구의 속도 : 행성의 속도를 초과하지 않는다. 그러므로 각 CEG : CDG < 지구의 속도 : 행성의 속도이다. 이 조건이 성립하면 행성이 동쪽으로 움직일 것이고, 우리는 그 행성이 역행하는 것처럼 보이는 호를 행성 궤도상의 어느 곳에서도 발견하지 못할 것이다. 이 논의는 큰 원 안에 있는 금성과 수성에 적용된다.

다른 세 외행성의 경우에, 증명은 동일한 방법으로 동일한 그림으로 진행된다(배치만 바뀐다). ABC가 지구의 원이고 우리가 관측하는 궤도이다. E는 행성의 위치이고, 행성의 공전 궤도는 큰 원에 있는 우리의 관측 지점보다 느리게 이동한다. 나머지는 모든 면에서 전과 똑같이 증명이 진행될 것이다.

36

역행의 시간. 위치, 호를 결정하는 방법

행성을 운반하는 원들이 지구 궤도원과 동심원이라면, 앞의 증명에 의해 알려진 것이 쉽게 확인될 것이다(행성의 속도 : 관측 지점의 속도가 항상 같기 때문이다). 그러나 이 원들의 중심은 일치하지 않으며, 이것 때문에 겉보기 운동이 균일하지 않다. 결과적으로 우리는 모든 곳에서 서로 다르고 정규화된 운동을 속도 변화와 함께 가정해야 한다. 또한 행성이 궤도에서 평균적인 운동을 하는 유일한 위치인 중간 근처의 경도에 행성이 있지 않는 한, 단순하고 균일한 운동이 아니라 이것을 증명에 사용해야 한다.

나는 이 명제를 화성의 예에서 증명할 것이며, 이것은 다른 행성들의 역행도 명료하게 설명할 것이다. 지구 궤도원을 ABC라고 하면, 그 위에 우리의 관측 지점이 있다. 행성이 점 E에 있다고 하고, 여기에서 지구 궤도원의 중심을 통과해서 직선 ECDA를 그린다. 또한 EFB를 그리고, EFB와 직각으로 DG를 그린다. 1/2 BF = GF이다. GF : EF = 행성의 순간 속도 : 관측 지점의 속도이며, 이 속도가 행성의 속도보다 빠르다.

우리의 과제는 행성이 역행하는 호의 절반인 호 FC를 구하거나, 행성이 정지하는 지점이 A에서 가장 멀리 떨어진 각거리인 호 ABF(= 180° - FC)를 찾는 것이다. 이 정보로부터 역행이 일어나는 시간과 위치를 예측할 수 있기 때문이다. 행성이 이심원의 평점 근처에 있다고 하자. 여기에서 행성의 관측된 경도상의 운동과 이상 운동은 균일한 운동과 조금만 다르다.

화성의 경우에, 평균 운동 = 1p 8' 7" = 선분 GF일 때, 화성의 시차 운동, 즉 우리의 시선 운동 : 행성의 평균 운동 = 1p = 선분 EF이다. 따라서 전체 EB = 3p 16' 14"(= 2 × 1p 8' 7" (= 2p 16' 14") + 1p)이고, 마찬가지로 직사각형 BE × EF = 3p 16' 14"이다. 그러나 나는 앞에서 반지름 DA = 6580p이고 DE=10,000p임을 보여주었다[V, 19].

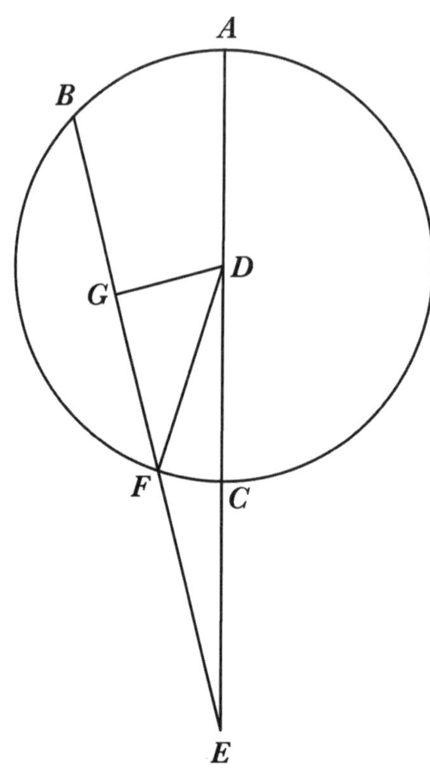

Figure.38

그러나 DE = 60p일 때, AD = 39p 29'이다. (DE + AD = 60p + 39p 29' =) 전체의 AE : EC = 99p 29' : 20p 31'(= 60p - 39p 29' = DE - DC)이다. 여기에서 형성된 사각형AE × EC = 2041p 4'이고, BE × BF는 알려져 있다. 비교의 결과, 즉 2041p 4'을 3p 16' 14" 25로 나누면(= BE × EF의 이전 값) = 624p 4'이고, 이 사각형의 한 변(= 제곱근) = 24p 58' 52" = EF이고, 이때 DE = 60p로 가정했다. 그러나 DE = 10,000p이면, EF = 4163p 5'이고 DF = 6580p이다.

삼각형 DEF의 변이 주어졌으므로, 각 DEF = 27° 15' = 행성이 역행하는 각도와, GDF = 시차 이상의 각도 = 16° 50'을 알 수 있다. 첫 번째 유留에서 행성이 선분 EF를 따라 나타나고, 충일 때는 선분 EC를 따라 나타난다. 행성이 동쪽으로 전혀 이동하지 않으면, 호 CF=16° 50'은 각 AEF의 27° 15'의 역행을 구성한다. 그러나 행성의 속도 : 관측 지점의 속도의 정해진 비에 따라, 시차 이상 16° 50'에 대응하는 행성의 경도는 대략 19° 6' 39"이다. 이 양을 27° 15'에서 빼서, 두 번째 유留로부터 충까지의 나머지 = 8° 8'이고, 이것은 약 36 1/2일이다. 이 기간 동안에 경도 19° 6' 39"를 지나가고, 따라서 16° 16'(= 2 × 8° 8')의 전체 역행은 73일(= 2 × 36 1/2일)만에 완료된다.

이제까지의 분석은 이심원의 중간 경도에 대한 것이다.

다른 위치에 대해서도 비슷한 방법을 적용할 수 있지만, 앞에서 지적했듯이V, 36 시작 근처 행성의 순간 속도를 항상 그 위치에 맞게 써야 한다.

금성과 수성뿐만 아니라 토성, 목성, 화성에도 같은 분석 방법을 적용할 수 있으며, 관측 지점을 행성의 위치에 두고 행성을 관측 위치에 두면 된다. 당연히, 지구 궤도 안쪽에서 일어나는 일은 지구 궤도 바깥쪽에서 일어나는 것과 반대이다. 그러므로 지금의 언급으로 충분하고, 그렇지 않으면 나는 같은 노래를 계속 되풀이해서 불러야 한다.

그럼에도 불구하고, 행성의 움직임이 시선에 따라 달라짐에 따라, 유留와 관련해서 적지 않은 어려움과 불확실성이 생긴다. 아폴로니우스의 가정V, 35도 이러한 어려움을 해결하지 못한다. 그러므로 나는 유留를 단순하게 그리고 가장 가까운 위치와 관련하여 탐구하는 것이 더 나은지 알 수 없다. 이런 방식으로 우리는 행성이 태양의 평균 운동 선분을 가로막는 것으로 그 행성의 충을 찾거나, 행성의 알려진 운동의 양으로부터 합을 찾는다. 이 문제에 대해서는 모든 사람들이 저마다의 만족을 추구하도록 남겨두겠다.

회전의 5권 끝.

De revolutionibus orbium coelestium

제 6 권

Book Six

서론

지구가 회전한다는 가정이 행성의 경도상의 겉보기 운동에 어떤 영향을 주는지에 대해서, 그리고 이 가정이 모든 현상에 어떻게 정확하고 필연적인 규칙성을 강요하는지에 대해서 최선을 다해 설명했다. 이제 남은 것은, 이 운동에 의한 행성들의 위도상의 편차를 조사하고, 지구의 운동이 어떻게 이 현상을 통제하는지를 보여주고, 이 분야에서 이러한 편차에 대한 법칙을 알아내는 것이다. 행성들은 그 위도상의 편차에 의해 떠오르고 지며, 최초의 출현, 엄폐를 비롯해서 위에서 일반적으로 설명한 여러 현상들이 적지 않은 영향을 받기 때문에, 이 분야의 과학은 반드시 필요하다. 진정으로, 행성의 경도를 황도상의 위도 편차와 함께 알아야 그 행성의 실제 위치를 안다고 말할 수 있다. 고대의 천문학자들이 지구가 정지해 있다는 전제로 증명했다고 믿은 것들을,

나는 지구가 운동한다는 가정으로 더 간결하고 더 적절하게 달성할 것이다.

1

다섯 행성의 위도상의 편차에 대한 일반적인 설명

고대인들은 모든 행성들이 경도상에서 보이는 이중의 불균일성에 대응해서 이중의 위도 편차를 고안했다. 그들의 견해에 따르면, 위도상의 편차 중 하나는 이심원에 의해 만들어지고, 다른 하나는 주전원에 의해 만들어진다. 나는 (이미 여러 번 언급했듯이) 주전원들 대신에 지구에 하나의 큰 궤도원을 받아들였다. 지구 궤도원은 황도면과 동일하며, 완전히 일치한다. 내가 지구 궤도원을 받아들인 이유는 행성의 궤도가 황도면에 대해 고정되지 않은 각도로 기울어져 있고, 이 변이가 지구 궤도원의 운동과 회전에 개입하기 때문이다.

세 외행성인 토성, 목성, 화성의 경도상의 운동은 다른 두 행성과 다른 원리에 따른다. 위도상의 운동에서도 세 외행성은 적지 않게 다르다. 따라서 고대인들은 이 행성들의 북위의 한계의 위치와 양을 먼저 탐구했다. 프톨레마이오스는 토성과 목성의 극한이 천칭자리 근처이고,

화성은 이심원의 원지점에 가까운 게자리 끝 근처임을 알아냈다알마게스트, XIII, 1.

그러나 나는 우리 시대의 북쪽 극한이 토성은 전갈자리 7°이고, 목성은 천칭자리 27°, 화성은 사자자리 27° 임을 발견했고, 마찬가지로 우리 앞에 펼쳐진 원지점들도 이동했는데, 이 원들의 운동이 경사와 위도 방위기점을 따르기 때문이다V, 7, 12, 16. 정규화된 또는 겉보기 사분원의 이 행성들의 극한으로부터 거리는 그 시간에 지구의 위치와 무관하게 위도상으로는 전혀 편차를 만들지 않는 것으로 보인다. 그러면 이러한 중간 경도에서middle longitudes는 이 행성들이 그 궤도와 황도의 교차점에 있는 것으로 이해할 수 있다. 이 경우에 대해 프톨레마이오스는 이 교차점들을 교점node이라고 불렀다알마게스트, XIII, 1. 승교점에서 행성이 북쪽 영역으로 들어가고, 강교점에서 남쪽 영역으로 들어간다. 이 편차들은 지구 궤도원 때문에 일어나지 않는다. 지구 궤도원은 항상 황도면에 있어서 이 행성들의 위도 변이를 일으키지 않는다. 반대로 위도상의 모든 편차는 행성들에 의한 것이고, 두 교점의 중간에서 정점에 이른다. 행성이 이 위치에 있어서 태양과 충이고 자정에 정점에 이를 때, 지구가 접근함에 따라 행성들은 언제나 지구가 다른 어떤 위치에 있을 때보다 더 큰 편차를 보이고, 북반구에서는 북쪽으로 이동하고 남반구에서는 남쪽으로 이동한다. 이 편차는 지구의 접근과 후퇴에 의해 필요한 것보다 더 크다. 이 상황에서 행성 궤도 경사가 고정되어 있지 않으며 지구 궤도원과 약분 가능한 특정한 칭동libration에 의해 이동한다는 것을 알 수 있다. 여기에 대해서는 나중에 설명할 것이다VI, 2.

그러나 금성과 수성은 특정한 다른 방식으로 편차를 일으키는 것으로 보이며, 그 자신의 평점, 원점, 근점에 맞춰서 정밀한 법칙을 따른다. 이 행성들의 중간 경도에서, 다시 말해 태양의 평균 운동 선분이 원점이나 근점에서 사분원의 거리에 있을 때, 그리고 행성들 자신이 저녁이나 새벽에 같은 태양의 평균 운동 선분에서 자신의 궤도에서 사분원의 거리에 있을 때, 고대인들은 이것들로부터 황도에서의 편차가 없음을 발견했다. 이 상황을 통해서 고대인들은 이 행성들이 이때 궤도와 황도의 교선상에 있다고 인지했다. 이 교선은 행성의 원점과 근점을 지나가므로, 행성이 지구에서 가장 멀거나 가장 가까이 있을 때, 이 시간에 그것들은 상당한 편차를 나타낸다. 그러나 이것들은 행성들이 지구로부터 가장 멀리 있을 때 최대가 되고, 다시 말해, 저녁에 최초로 보일 때 또는 새벽에 질 때, 금성이 가장 북쪽에 있을 때이며, 수성이 가장 남쪽에 있을 때이다.

반면에, 지구에 더 가까운 위치에서 행성이 저녁에 지거나 새벽에 뜰 때, 금성은 남쪽에 있고 수성은 북쪽에 있다. 반대로, 지구가 이 위치의 반대에 있고 다른 평점에 있을 때, 다시 말해 이심원의 이상이 270°일 때, 금성은 지구에서 가장 멀리 떨어져서 남쪽에 보이고, 수성은 북쪽에서 보인다. 지구에 가까운 위치에서, 금성은 북쪽에서 보이고 수성은 남쪽에서 보인다.

그러나 지구가 이 행성들의 원점에 접근할 때, 프톨레마이오스는 금성의 위도가 저녁에 북쪽이고 새벽에 남쪽임을 발견했다. 수성은 반대이며, 수성의 위도는 새벽에 남쪽이고 저녁에 북쪽이다. 반대의 위치에서, 지구가 이 행성들에 가까운 근점에서, 이 방향은 역전되어서, 금성은 새벽별로 남쪽에서 보이고, 저녁별로 북쪽에서 보이며, 반면에 새벽에 수성이 북쪽에서, 저녁에 남쪽에서 보인다. 그러나, 지구가 이 두 위치 모두에서 이 행성들의 근점과 원점에서, 고대인들은 금성의 편차가 언제나 남쪽보다 북쪽이 더 크고, 수성은 북쪽보다 남쪽이 더 크다는 것을 발견했다.

이 사실들에 대한 설명으로, 이 상황에서 지구가 행성의 근점과 원점에 있을 때, 고대인들은 이중의 위도, 그리고 일반적으로 삼중의 위도를 고안했다. 첫째는 중간 경도에서 발생하는 것으로, 그들은 이것을 "경사declination"라고 불렀다. 둘째는 원일점과 근일점에서 발생하며, "기울임obliquation"이라고 불렀다. 마지막은, 두 번째와 연결되어 있고, 그들은 이것을 "편차deviation"라고 불렀는데, 금성에서는 언제나 북쪽이고, 수성에서는 언제나 남쪽이다. 네 극한(원점, 근점, 두 개의 평점) 사이에서 위도는 서로 뒤섞여서, 번갈아가면서 증가와 감소하며, 서로에게 밀려난다. 이 모든 현상들에 대해 나는 적절한 상황을 부여하겠다.

2

이 행성들의 위도상에서 운행하는 원들의 이론

따라서 이 다섯 행성들의 궤도가 황도면에 대해 규칙적으로 변하는 경사로 기울어져 있다고 가정해야 하며, 그 교선은 황도의 지름이다. 이 교선을 축으로, 토성, 목성, 화성의 경우에, 교각이 내가 분점의 세차와 관련되어 설명한 것과 같은[III, 3] 특정한 진동을 한다. 그러나 이 세 행성에서, 이 운동은 단순하고 시차 운동과 약분 가능하며, 확실한 주기에 따라 증가하고 감소한다. 따라서, 지구가 행성에 가장 가까이 있을 때마다, 말하자면, 행성이 자정에 남중하면, 행성 궤도의 경사가 최대에 이른다. 최소는 반대 위치에서 나타난다. 그 중간에서는, 중간의 값이 된다. 그 결과로, 행성의 위도가 가장 북쪽 또는 가장 남쪽의 한계에 있을 때, 위도는 지구가 가까이 있을 때에 멀리 있을 때보다 훨씬 더 크다. 이러한 변이의 순전한 이유는 지구의 거리가 다르기 때문일 수 있고, 이것은 지구에서 가까이 있는 물체가 멀리 있는 물체보다 더 크게 보인다는 원리에 따른다. 그러나, 이 행성들의 위도는 순전히 지구의 거리 변이 때문에 생기는 것보다 더 큰 변이로 증가하고 감소한다. 행성의 궤도가 함께 진동하지 않고는 이런 일이 일어날 수 없다. 그러나 앞에서 말했듯이[III, 3], 진동하는 운동에서는 극단들 사이의 중간값을 취할 수밖에 없다.

이 언급을 명확하게 하기 위해, 황도면에서 지구의 궤도원을 ABCD라고 하고, 중심을 E라고 하자. 행성의 궤도는 지구 궤도원에 대해 기울어져 있다고 하자. FGKL이 궤도의 평균적이고 지속적인 경사[declination]라고 하고, F는 위도의 북쪽 한계, K는 남쪽 한계, G는 교선의 강교점, L은 승교점이라고 하자. 행성 궤도와 지구 궤도원의 교선을 BED라고 하자. BED를 연장해서 선분 GB와 DL을 그리자. 이 네 한계는 지점들의 운동이 아니면 이동하지 않는다. 그러나 경도상의 행성의 운동은 원 FG의 평면에서 일어나지 않고, FG와 중심이 같고 기울어 있는 또 다른 원 OP에서 일어난다고 이해해야 한다. 이 원들이 같은 직선 GBDL에서 교차한다고 하자. 그러므로, 행성은 원 OP 위를 도는데, 이 원이 때때로 FK 평면을 만난다. 그 결과로 칭동 운동이 양쪽 방향으로 일어나고, 이런 이유로 위도가 변하는 것으로 보인다.

먼저 행성이 가장 북쪽 위도인 점 O에 있어서 A에 있는 지구와 가장 가깝다고 하자. 이때 행성의 위도는 각 OGF = 궤도 OGP의 최대 경사에 따라 증가한다. 그 운동은 접근과 후퇴인데, 가설에 의해 시차 운동과 약분 가능하기 때문이다. 지구가 B에 있으면 O가 F와 일치하고, 행성의 위도는 전에 같은 위치에 있을 때보다 작아 보일 것이다. 지구가 점 C에 있으면 훨씬 더 작아 보일 것이다. 왜냐하면 O가 진동의 반대쪽으로 가장 멀리 넘어가기 때문이며, 북쪽 위도의 감산적인 칭동을 초과하는 정도인 각 OGF만큼만 간다. 그러므로 나머지 반원 CDA에서, 지구가 첫점 A로 되돌아올 때까지 F 근처에 위치하는 행성의 북위가 증가할 것이다.

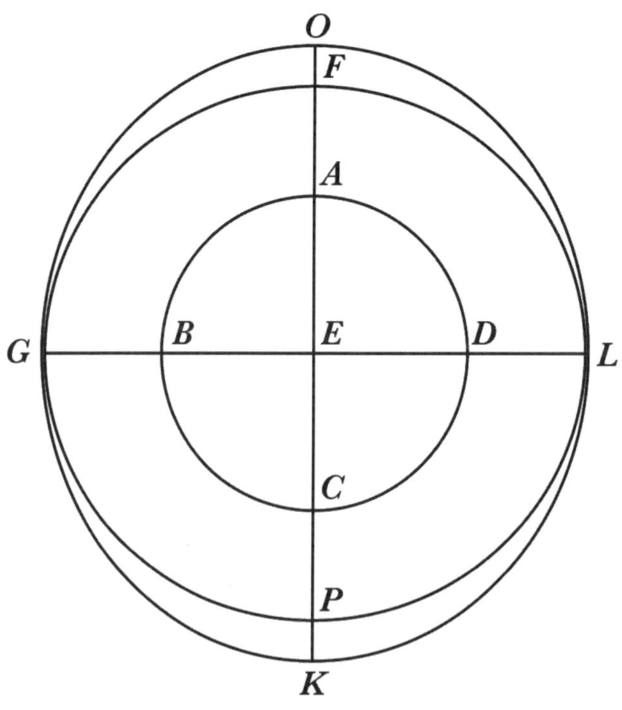

Figure.1

행성이 남쪽의 점 K 근처에 있을 때, 지구의 운동이 C에서 시작한다고 하면 운행의 양상vicissitudes은 같을 것이다. 그러나 지구가 교점 G나 L에 있어서, 다시 말해 태양과 합이거나 충이라고 가정하자. 이 때는 원 FK와

OP가 서로 가장 크게 기울어져 있어도 행성의 위도가 전혀 감지되지 않을 것인데, 행성이 두 원의 교점에 있기 때문이다. 앞의 언급에서 행성의 북위가 F에서 G로 가면서 감소하고 남위가 G에서 K로 가면서 증가하고, 한편으로 L에서 완전히 사라졌다가 북쪽으로 넘어가는 것이 쉽게 이해될 것이다(나는 그렇게 믿는다).

세 외행성은 앞에서 말한 방식으로 행동한다. 금성과 수성은 경도에서 다른 것처럼 위도에서도 적지 않게 다른데, 지구 궤도원이 내행성의 궤도와 원점과 근점에서 교차하기 때문이다. 반면에, 행성의 평점에서는, 그 행성의 가장 큰 경사가 외행성처럼 진동에 의해 변화한다. 그러나 내행성에서는 앞의 것과 다른 추가적인 진동도 일어난다. 그럼에도 불구하고, 두 진동이 모두 지구의 회전과 약분 가능하지만, 같은 방식으로 그렇지는 않다. 첫 번째 진동의 성질은 지구가 내행성의 지점으로 한 번 돌아오는 동안에 진동 운동은 두 번을 돌며, 앞에서 말한 원점과 근점의 통과하는 교선을 축으로 한다. 그 결과로, 태양의 평균 운동 선분이 행성의 근점 또는 원점에 올 때마다 교각이 최대가 되고, 중간 경도에서는 항상 최소가 된다.

반면에, 두 번째 진동은 첫 번째 진동에 중첩되어 있으며, 축이 움직인다는 점에서 다르다. 그 결과로, 지구가 금성이나 수성의 중간 경도에 있을 때, 행성은 언제나 축 위에 있는데, 다시 말해서 이 진동의 교선 위에 있다. 여기에 비해, 지구가 행성의 원점이나 근점에 정렬했을 때 행성은 두번째 진동 축으로부터 가장 멀리 있으며, 앞에서 말했듯이[VI, 1] 금성은 언제나 북쪽으로 기울고, 수성은 언제나 남쪽으로 기운다. 그러나 이때 첫 번째의 단순 경사로부터 행성의 위도 상승은 없다.

따라서, 예를 들어, 태양의 평균 운동이 금성의 원점에 있고, 금성도 같은 위치에 있다고 하자. 명확히, 그 시간에 금성은 자신의 궤도와 황도면의 교선에 있으므로, 단순 경사와 첫 번째 진동에 따른 위도는 없다. 그러나 두 번째 진동은, 이심원의 지름을 가로질러 그 자신의 교선 또는 축을 가지고 있어서, 행성에 가장 큰 변이를 가한다. 축이 원점과 근점을 지나는 지름과 직각이기 때문이다. 반면에, 행성이 원점으로부터 사분원의 거리에 있다고 하고, 궤도의 평점 근처에 있다고 하자. 이때 두번째 진동의 축은 태양의 평균 운동 선분과 일치할 것이다. 금성은 북쪽으로 가장 큰 편차를 일으킬 것이고, 남쪽의 변이를 줄여서 없앨 것이다. 이런 방식으로 편차의 진동은 지구의 운동과 약분 가능하다.

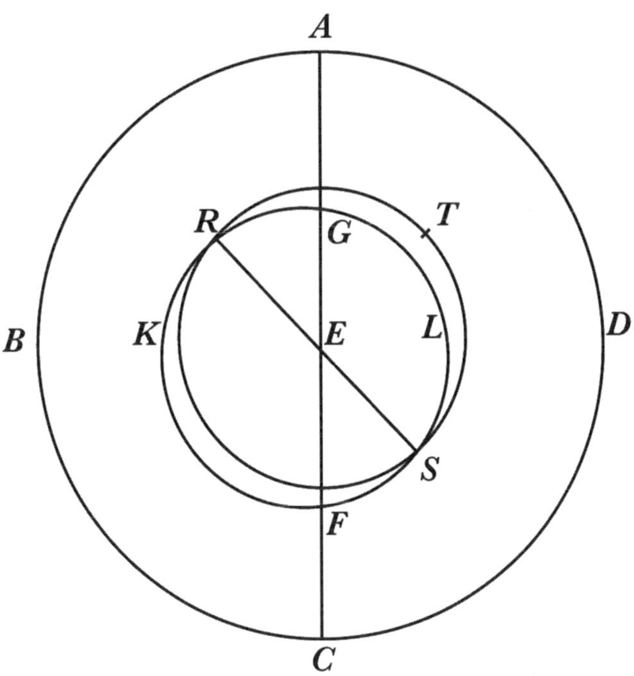

Figure.2

마찬가지로 이 언급을 이해하기 쉽게 하기 위하여, 다시 지구 궤도원 ABCD를 그리고, 원 ABC와 중심이 다르고 평균 경사로 기울어져 있는 금성 또는 수성의 궤도 FGKL을 그린다. 두 원의 교선은 FG이고, F는 원점, G는 근점이다. 증명을 쉽게 하기 위해, 먼저 이심 궤도 GKF의 경사를 단순하고 상수라고 하고, 또는 원한다면 최소와 최대의 중간 값으로 하며, 원점과 근점의 이동에 따른 교선 FG의 이동을 제외한다. 지구가 교선에 있을 때, 다시 말해 A 또는 C에 있고, 행성도 같은 선분에 있을 때, 행성은 명백히 그 시간에 위도가 없다. 왜냐하면 전체 위도는 반원 GKF와 FLG 쪽에 있기 때문이다. 이때 행성은 북쪽 또는 남쪽으로 편차를 일으키는데, 앞에서 말했듯이앞의 VI, 2 원 FGK와 황도면의 경사에 따른다. 행성의 이러한 편차를 어떤 천문학자들은 "기울임obliquation"이라고 부르고, 또 어떤 천문학자들은 "반사reflexion"라고 부른다. 한편으로, 지구가 행성의 평점인 B 또는 D에 있을 때, FKG와 GLF를 "경사declination"라고 부르고, 위와 아래로 같은 위도를 가질 것이다. 따라서 그것들은 앞의 것과 이름만 다르고, 중간 위치에서는 이름조차 맞바꾼다.

그러나, 이 원들의 경사각은 경사보다 기울임에서 더 크다는 것이 알려졌다. 따라서 이 불일치는 앞에서 말했듯이[VI, 2], 교선 FG를 축으로 하는 진동의 결과라고 생각된다. 그러므로, 양쪽에서 이 교각을 알면, 그 차이로부터 진동의 최소와 최대를 쉽게 추론할 수 있다.

이제 GFKL에 대해 기울어진 다른 편차의 원을 살펴보자. 금성의 경우에 동심원으로 하고, 수성은 이심원의 이심원인데, 여기에 대해서는 나중에 설명하겠다[VI, 2]. 교선 RS가 이 진동의 축이 되도록 하고, 이것은 다음과 같은 규칙으로 원을 따라 움직인다. 지구가 A 또는 B에 있을 때, 행성은 편차의 극한에 있고, 예를 들어 행성이 T에 있다고 하자. 지구가 A에서 진행함에 따라, 행성은 같은 거리만큼 T에서 멀어진다고 하자. 한편으로, 편차를 일으키는 원의 경사는 사라진다. 그 결과로, 지구가 사분원 AB를 지날 때, 행성은 위도의 교점인 R에 도달한다고 생각된다. 그러나, 그때 평면들이 진동의 중점에서 일치하고, 반대 방향으로 진행한다. 그러므로, 남쪽에 있던 나머지 편차의 반원이 북쪽으로 간다. 금성은 반원을 진행함에 따라 남쪽을 떠나서 북쪽으로 나아가며, 이 진동의 결과로 결코 남쪽으로 가지 않는다. 같은 방식으로 수성은 반대 방향으로 가고, 남쪽에 머무른다. 또한 수성은 이심원의 동심원이 아니라 이심원의 이심원 위에서 오간다. 나는 소주전원을 사용해서 경도에서의 운동의 불균일성을 증명했다[V, 25]. 그러나, 그 논의에서는 경도를 위도와 분리해서 고려해야 한다. 여기에서, 위도를 경도와 분리해서 고려해야 한다. 이것들은 하나이고 동일한 회전으로 구성되어 있고, 동일하게 완료된다. 그러므로 두 변이가 하나의 운동과 동일한 진동으로 만들어지며, 중심이 다르면서 기울어져 있다는 것은 꽤 분명하다. 내가 방금 설명한 것 외에 다른 배치는 없으며, 나중에 이것을 더 설명하겠다[VI, 5-8].

3

토성, 목성, 화성의 궤도는 얼마나 기울어져 있는가?

다섯 행성의 위도에 대한 이론을 설명했으므로, 이번에는 사실을 살펴보고 세부적인 것을 분석해야 한다. 먼저 각각의 원이 얼마나 기울어져 있는지 판단해야 한다. 이 경사는 기울어진 원의 극을 황도에 수직으로 통과하는 큰 원great circle으로 계산한다. 이 큰 원 위에서 위도의 편차가 결정된다. 이 배치를 이해하면, 각 행성의 위도를 확인하는 길이 열릴 것이다.

다시 한 번 외행성부터 시작하자. 프톨레마이오스의 표알마게스트, XIII, 5에 나와 있듯이, 가장 먼 남쪽 위도에서, 행성이 충일 때 토성의 편차는 3° 5'이고, 목성은 2° 7', 화성은 7° 7'이다. 반대의 위치, 다시 말해 합일 때 토성의 편차는 2° 2', 목성은 1° 5', 화성은 겨우 5'으로, 거의 황도를 스치면서 지나간다. 행성들이 사라질 때와 처음 보일 때 프톨레마이오스가 관측한 위도로부터 이 값들을 추론할 수 있다.

이제 위의 주장을 설명하기 위해, 황도에 수직인 평면이 황도의 중심을 통과해서 AB에서 황도와 교차한다고 하자. 이 평면과 외행성 중 하나의 이심원과의 교선을 CD라고 하면, 이 직선은 남쪽과 북쪽의 가장 먼 한계를 지나간다. 황도의 중심을 E라고 하자. 지구 궤도원의 지름은 FEG이고, 행성의 남위는 D이고, 북위는 C라고 하자. CF, CG, DF, DG를 잇자.

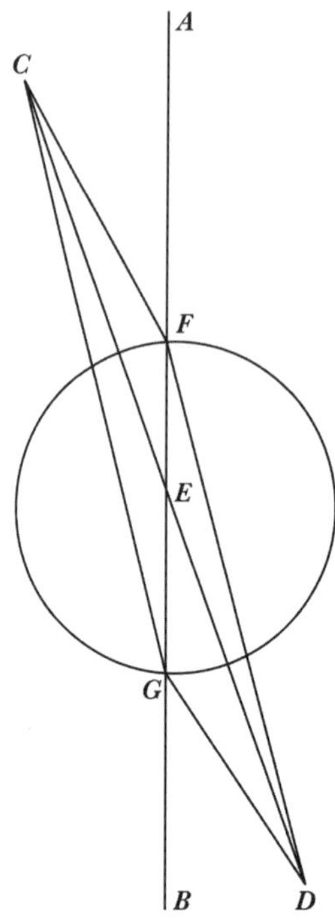

Figure.3

각 행성에 대해서 지구 궤도 대 행성 이심원 ED의 반지름 비는 이미 위에서 모든 행성과 지구 위치에 대해서 주어졌다. 최대 위도의 위치는 관측에 의해 주어진다. 그러므로 최대 남위의 각 BGD는 삼각형 EGD의 외각으로 주어진다. 평면삼각형의 정리들에 따라, 이웃하지 않은 내각 GED는 이심원의 최대 남위와 황도면의 각도로 주어진다. 최소 남위, 예를 들어 각 EFD에 의해 마찬가지로 최소 경사도 알아낼 수 있다. 삼각형 EFD에서, 변 EF : ED의 비가 각 EFD와 함께 주어진다. 그러므로 외각 GED는 남쪽 최소 경사로 주어진다. 따라서, 두 경사의 차이로부터 황도에 대한 이심원의 전체 진동을 알 수 있다. 게다가, 이 경사각에 의해 반대편의 북위, AFC와 EGC 같은 것들을 계산할 수 있다. 이것들이 관측과 일치하면, 이 추론에 오류가 없음을 확인할 수 있다.

여기에서는 화성을 예로 들 것인데, 화성의 위도가 다른 모든 행성들보다 크기 때문이다. 화성의 최대 남위는 프톨레마이오스에 의해 근일점에서 약 7°, 원일점에서의 최대 북위는 4° 20'으로 관측되었다알마게스트,

[XIII, 5]. 그러나 각 BGD = 6° 50'으로 결정했으므로, 나는 대응되는 각도 AFC ≅ 4° 30'임을 발견했다. EG : ED = 1p ; 1p 22' 26"으로 주어졌으므로[V, 19], 이 변들과 각 BGD로부터 최대 남쪽 경사각 DEG ≅ 1° 51'을 얻는다. EF : CE = 1p ; 1p 39' 57"이고[V, 19] 각 CEF = DEG = 1° 51'이며, 결과적으로 행성이 충일 때 앞에서 말한 외각 CFA = 4 1/2°이다.

반대로 행성이 합일 때, DFE = 5'이라고 가정하자. 주어진 변 DE와 EF와 각 EFD로부터, 각 EDF와 최소 경사인 외각 DEG ≅ 9'을 얻는다. 또한 이것으로 북위의 각 GCE ≅ 6'도 얻을 수 있다. 그러므로 최대 경사에서 최소 경사를 빼면 1° 51' - 9'이고, 나머지 ≅ 1° 41'이다. 이것은 이 경사의 진동이며, 진동의 1/2 ≅ 50 1/2'이다.

같은 방식으로 다른 두 행성인 목성과 토성의 경사각도 위도와 함께 결정할 수 있다. 목성의 최대 경사 = 1° 42'이고, 최소 경사 = 1° 18'이다. 따라서 그 전체 진동은 24'을 넘지 않는다. 반면에, 토성의 최대 경사 = 2° 44'이고, 최소 경사 = 2° 16'이다. 그 중간의 진동은 28'

이다. 그러므로, 반대의 위치인 행성이 합일 때 일어나는 매우 작은 경사각에 의해, 토성의 황도상 위도 편차는 2° 3'이고 목성은 1° 6'이다. 아래의 표를 작성하기 위해 이 값들을 결정하고 유지해야 한다.

4

이 세 행성의 다른 위도에 대한 일반적인 설명

위에서 설명한 것으로부터, 이 세 행성의 특정한 위도에 대해서도 일반적으로 설명할 수 있다. 전과 같이, 황도면에 수직인 평면의 교선 AB를 그리고, 행성의 북쪽 한계를 A라고 하자. 또한 직선 CD가 황도와 행성 궤도의 교선이라고 하고, CD는 AB와 점 D에서 만난다고 하자. D를 중심으로, 지구 궤도원 EF를 그린다. 충에 있는 행성과 지구가 정렬해 있는 E로부터, 임의의 알려진 호 EF를 취한다. F와 행성의 위치 C로부터, AB에 수직으로 CA와 FG를 그린다. FA와 FC를 연결한다.

이 상황에서 먼저 이심원의 각 ADC의 크기를 구해야 한다. 이 각도는 지구가 점 E에 있을 때 최대가 된다는 것을 앞에서 보였다[VI, 3]. 게다가 이 각도의 전체적인 진동은, 진동의 본성의 필요에 따라 지름 BE에 의해 결정되듯이, 지구의 원 EF에서 일어나는 회전과 약분가능하다는 것이 알려졌다. EF가 주어졌으므로, 비 ED : EG가 주어지고, 이것은 전체 진동 대 각 ADC에 해당하는 진동의 비이다. 따라서 이 상황에서 각 ADC가 주어진다.

결과적으로 삼각형 ADC에서, 각도들이 주어지고, 모든 변들이 주어진다. 비 CD : ED는 이미 알려졌다. 마찬가지로 CD 대 ED에서 EG를 뺀 나머지 DG의 비도 주어진다. 결과적으로 CD와 AD에 대한 GD의 비도 주어진다. 이 정보로부터 FG도 주어지는데, 이것은 EF의 두 배에 대응하는 현의 반이다. 그러므로, 직각삼각형 AGF에서 두 변(AG와 FG)이 주어지고, 빗변 AF가 주어지고, AF : AC도 주어진다. 마지막으로, 직각삼각형 ACF에서 두 변(AF와 AC)이 주어지고, 각 AFC가 주어지고, 이것이 우리가 찾던 겉보기 위도의 각이다.

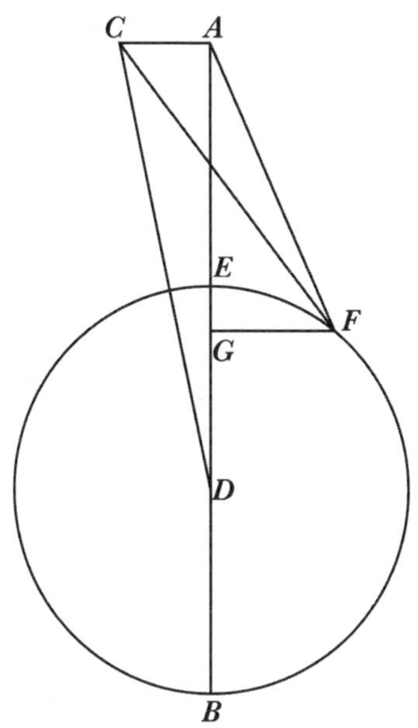

Figure.4

다시 화성의 예로 설명하겠다. 화성의 남쪽 위도 한계는 화성의 근점 근처에서 일어나는데, A 근처라고 하자. 그러나, 행성의 위치를 C라고 하고, 여기에서 경사의 각도 ADC는 최대일 때, 말하자면, 지구가 점 E에 있을 때 1° 50'임을 보였다[VI, 3]. 이제 지구를 점 F에 두고, 호 EF에 따른 시차 운동이 45°라고 하자. 그러므로 직선 FG = 7017p로 주어지고, 여기에서 ED = 10,000p이며, 반지름에서 나머지(GD = FG = 7071p를 뺐을 때)는 2920p이다. 그러나 ADC의 반인 진동의 각도는 0° 50 1/2'임이 증명되었다[VI, 3]. 이 상황에서 증가와 감소의 비 = DE : GE ≅ 50 1/2' : 15'이다. 이 후자의 양을 1° 50'에서 빼면, 나머지 = 1° 35' = ADC이고, 이것은 현재 상황의 경사각이다. 그러므로 삼각형 ADC의 각도와 변이 주어진다. 앞에서 CD = 9040p이고 ED = 6580p임이 알려졌다[V, 19]. 따라서, 같은 단위로 FG = 4653p, AD = 9036p이다. (AD = 9036p에 GD = FG = 4653p를 뺀) 나머지 AEG = 4383p이고, AC = 249 1/2p이다. 그러므로 직각삼각형 AFG에서 수직인 변 AG = 4383p이고, 밑변 FG = 4653p이다. 따라서 대각선 AF = 6329p이다. 마지막으로, 삼각형 ACF에서 CAF가 직각이고, 변 AC와 AF도 주어진다(= 249 1/2p, 6392p). 그러므로, 각 AFC = 2° 15' = 지구가 F에 있을 때의 겉보기 위도이다. 토성과 목성에 대해서도 같은 방식으로 분석할 수 있다.

5
금성과 수성의 위도

금성과 수성이 남았다. 이 행성들의 위도상의 편차는 앞에서 말했듯이VI, 1, 서로 연관된 세 가지 위도 운동이 합쳐서 일어난다. 이 운동들을 분리하기 위해, 나는 "경사declination"라고 부르는 것부터 시작할 것인데, 이것이 취급하기에 단순하기 때문이다. 경사만이 유일하게, 가끔씩 다른 것들로부터 분리된다. 이 분리는 중간 경도 근처와 교점들 근처에서, 보정된 운동으로 생각해서, 행성의 원점이나 근점에서 지구가 사분원의 거리만큼 떨어져 있을 때 일어난다. 지구가 행성 근처에 있을 때, 고대인들은 금성의 위도가 남위 또는 북위 6° 22'이고 수성은 4° 5'이며, 지구가 행성으로부터 가장 먼 거리에 있을 때, 금성은 1° 2'이고 수성은 1° 45'임을 발견했다알마게스트, XIII, 5. 이 상황에서 행성의 경사 각도는 뒤에 나올 보정표VI, 8 뒤로 알 수 있다. 거기에서, 금성이 지구로부터 가장 먼 거리에 있을 때 위도 = 1° 2'이고, 가장 가까운 거리에 있을 때 위도 = 6° 22'이며, 두 경우에 모두 약 2 1/2°의 궤도(경사)의 호에 해당한다. 수성이 지구로부터 가장 멀리 있을 때의 위도 = 1° 45'이고, 가장 가까울 때 위도 = 4° 5'으로, 궤도 경사로 6 1/4°의 호가 필요하다. 따라서 궤도의 경사 각도는 금성이 2° 30'이고, 수성은 6 1/4°이며, 360° = 4직각이다. 이런 상황에서 각각의 특별한 경사의 위도를 설명할 수 있다. 먼저 금성부터 시작하겠다.

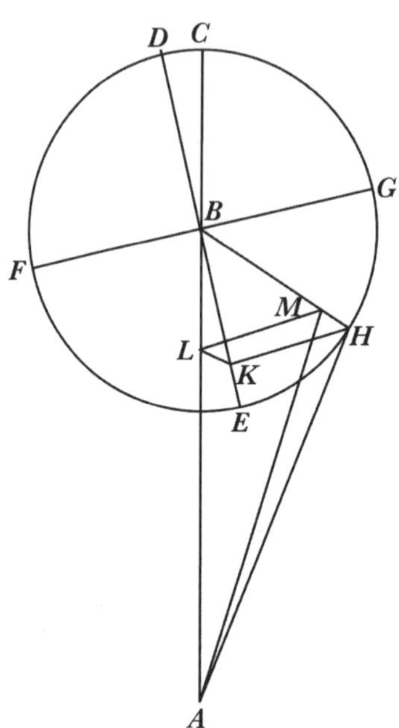

Figure. 5

황도를 기준 평면으로 하자. 황도면에 수직으로 황도의 중심을 지나서 ABC에서 교차하는 평면을 생각하자. 금성 궤도면과 황도의 교선을 DBE라고 하자. 지구 중심을 A라고 하고, 행성의 궤도 중심을 B라고 하고, 황도와 궤도의 경사각을 ABE라고 하자. B를 중심으로, 궤도 DFEG를 그린다. 지름 DE에 직각으로 지름 FBG를 그린다. 궤도면과 가상의 수직면의 관계가, DE에 수직으로 그린 선분이 서로 평행하고 황도면에도 평행하며, FBG가 유일하게 직각이라고 하자.

주어진 직선 AB와 BC로부터, 주어진 경사각 ABE와 함께, 행성이 위도에서 얼마나 벗어나는지 알아보아야 한다. 따라서, 예를 들어 행성이 지구에서 가장 가까운 위치 E로부터 45° 떨어져있다고 하자. 프톨레마이오스를 따라알마게스트, XIII, 4, 나는 수성 또는 금성의 궤도 경사가 경도의 변이를 일으키는지 확실히 하기 위해 이 점을 선택했다. 왜냐하면, 그러한 변이가 방위기점 D, F, E, G의 중간에서 최대가 되기 때문이다. 그러므로 주된 이유는 행성이 이 네 방위기점에 있을 때, 행성은 다른 경사 없이 같은 경도를 가지며, 이것은 자명하다.

그러므로, 앞에서 가정했듯이 호 EH = 45°라고 하자. HK를 BE에 수직으로 내린다. KL과 HM을 기준 평면인 황도면에 수직으로 그린다. HB, LM, AM, AH를 연결한다. LKHM이 4직각의 평형사변행이 되는데, HK가 황도면에 평행하기 때문이다(KL과 HM을 황도면에 수직으로 그렸으므로). 평행사변형의 변 LM은 경도 가감차의 각도인 LAM에 의해 둘러싸여 있다. 그러나 각 HAM은 위도 편차를 감싸는데, HM도 동일한 황도면에 수직으로 그려졌기 때문이다. 각 HBE = 45°로 주어졌다. 그러므로, HK = HE의 두 배에 대응하는 현의 반 = 7071p이고, EB = 10,000p이다.

마찬가지로, 삼각형 MAH에서, 변 AM = 7075p로 주어졌고, 변 MH = KL(=221p)로 주어졌다. 따라서 각 MAH = 1° 47' = 위도의 경사를 얻었다. 그러나 금성의 경사에 의해 만들어지는 경도의 변이를 고려하는 것이 지루하지 않다면, 삼각형 ALH를 취하고, LH가 평행사변형 LKHM의 대각선이고, 509p이며, 여기에서 AL =

4919p라고 이해하자. ALH는 직각이다. 이 정보로부터 대각선 AH = 7,079p를 얻는다. 따라서, 변들의 비가 주어지고, 각 HAL = 45° 59'으로 주어진다. 그러나 MAL = 45° 57임이 알려졌다. 그러므로, 초과하는 양은 겨우 2'이다. 증명 끝.

다시, 같은 방식으로 나는 앞과 비슷한 구성으로 수성의 위도 경사를 증명하겠다. 호 EH = 45°임을 가정하고, 선분 HK와 KB가 전과 같이 둘 다 7071p이며, 대각선 HB = 10,000p이다. 이 상황에서, 앞에서 보인 바와 같이[V, 27] 경도의 차이에서 알 수 있듯이, 반지름 BH = 3953p이고 AB = 9964p이다. 이 단위에서 BK와 KH가 모두 2795p가 될 것이다. 360° = 4직각에서 경사각 ABE = 6° 15'으로 알려졌다[VI, 5, 위]. 따라서, 직각삼각형 BKL의 각도들이 주어진다. 그러므로, 같은 단위로 밑변 KL = 304p이고, 수직선 BL = 2778p이다. 그러므로 (AB = 9964p에서 BL = 2778p을 뺀) 나머지 AL = 7186p이다. 그러나 LM = HK = 2795p이다. 따라서, 삼각형 ALM에서 L은 직각이고, 두 변 AL과 LM이 주어진다

(= 7186p, 2795p). 결과적으로 대각선 AM = 7710p와 각 LAM = 21° 16'을 얻는데, 이것은 계산된 가감차이다.

비슷하게, 삼각형 AMH에서도 두 변이 주어진다. AM(= 7710p)과 MH = KL(= 304p)은 직각 AMH를 이룬다. 따라서 각 MAH = 2° 16'을 얻는데, 이것이 우리가 찾던 위도이다. 얼마의 위도가 진정한 겉보기의 가감차인지 물어볼 수 있다. 평행사변형의 대각선 LH를 취한다. 변들로부터 이것을 2811p로 얻고, AL = 7186p이다. 이 값들로부터 각 LAH = 21° 23'임을 알 수 있고, 이것이 겉보기 가감차이다. 이것은 이전의 계산(각 LAM = 21° 16')보다 7' 더 크다. 증명 끝.

6

수성과 금성의 원점과 근점에서 궤도 경사에 따른 위도상의 두 번째 변이에 대하여

앞에서 이 행성들의 중간 경도 근처에서 일어나는 위도상의 편차에 대해 설명했다. 이 위도들은 앞에서 말했듯이[VI, 1] "경사"라고 부른다. 이제 나는 원점과 근점 근처의 위도에 대해 논해야 한다. 이 위도들은 세 번째 위도 변이와 뒤섞여 있다. 이러한 변이는 세 외행성에서는 일어나지 않지만, 금성과 수성에서는 생각에 의해 다음과 같이 쉽게 구별될 수 있다.

프톨레마이오스는 이 근점과 원점의 위도가 행성이 지구 중심으로부터 궤도의 접선에 있을 때 최대가 되는 것을 관찰했다[알마게스트, XIII, 4]. 이것은 앞에서 말했듯이[V, 21, 27], 행성이 저녁과 새벽에 태양으로부터 가장 멀리 있을 때 일어난다. 프톨레마이오스는 또한 금성의 북쪽 위도가 남쪽보다 1/3° 더 크지만, 수성의 남쪽 위도는 북쪽보다 1 1/2° 더 크다는 것을 발견했다[알마게스트,

Book Six

XIII, 3. 그러나 그는 계산의 어려움과 수고를 덜기 위해서 2 1/2°를 변하는 위도의 평균값 같은 것으로 받아들였다. 그는 이렇게 해도 감지 가능한 오류가 생기지 않는다고 생각했는데, 내가 바로 뒤에 이것을 보여줄 것이다VI, 7. 이 도들은 지구를 둘러싸는 원의 위도들에 대응하고, 위도를 측정하는 원인 황도에 대해 직각이다. 이제 우리가 2 1/2°가 황도 양쪽의 동일한 편차라고 하고 당분간 편차를 배제함에 따라, 우리의 증명은 기울임의 위도를 확인할 때까지 단순하고 쉬워질 것이다.

먼저 이 위도 편차가 이심원의 접점 근처에서 경도의 가감차와 함께 최대에 도달한다는 것을 보여야 한다. 황도면과 금성 또는 수성의 이심원이 행성의 원점과 근점을 통과하는 선분에서 교차한다고 하자. 교선에서 A를 지구의 위치로 하고, B를 황도면에 대해 기울어져 있는 이심원 CDEFG의 중심으로 한다. 이심원에서 임의의 직선을 CG에 직각으로 그려서 이심원과 황도면의 경사각과 같은 각을 이루도록 하자. 이심원의 접점에서 AE를 그리고, AFD를 임의의 분할선secant이라고 하

자. 점 D, E, F로부터 DH, EK, FL을 CG에 수직으로 내린다. 또한 DM, EN, FO를 황도의 수평면에 수직으로 그린다. MH, NK, OL을 연결하고, AN과 AOM도 연결한다. AOM은 세 점이 황도면과 황도면에 수직인 ADM 평면에 있으므로 직선이다. 그러면 가정된 경사에 대해서, 각 HAM과 KAN이 행성의 경도 가감차를 둘러싸고, 한편으로 각 DAM과 EAN이 위도 편차를 둘러싼다.

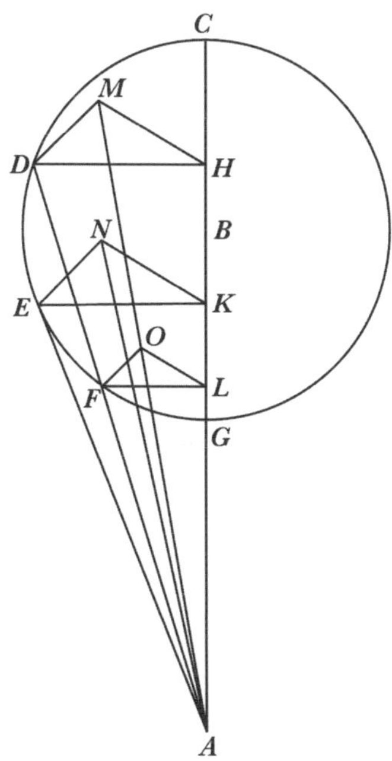

Figure.6

나는 먼저, 위도의 모든 각도들 중에서 접선이 닿는 점에서 형성되는 EAN이 가장 크고, 경도 가감차도 여기에서 최대에 가까워진다고 말한다. 왜냐하면, 각 EAK가 경도의 각도들 중에서 가장 큰 각도이기 때문이다. 그러므로 KE : EA > HD : DA이고 LF : EN = HD : DM = LF : FO인데, 앞에서 말했듯이 이 비의 두 번째에 나오는 선분들에 대응하는 각도가 같기 때문이다. 게다가 M, N, O는 직각이다. 결과적으로, NE : EA > MD : DA이고 OF : FA이다. 다시 한 번, DMA, ENA, FOA는 직각이다. 그러므로 각 EAN은 DAM보다 크고, 모든 다른 각들은 이런 방식으로 형성된다.

결과적으로, 이 기울임에 의해 생기는 경도 가감차의 차이 중에서, 명확히 최대는 또한 점 E 근처의 최대이각에서 일어난다. 왜냐하면 닮은 삼각형에서 대응하는 각도는 같으므로, HD : HM = KE : K N= LF : LO이기 때문이다. 같은 비가 그 차이에도 성립한다(HD - HM, KE - KN, LF - LO). 결과적으로, 차 EK - KN의 EA에 대한 비는 AD와 같은 변의 나머지 차보다 더 크다. 따라서 최대 경도 가감차 대 최대 위도 편차의 비는 이심원의 호의 경도 가감차 대 위도 편차의 비와 같다는 것은 명백하다. 왜냐하면, KE 대 EN의 비가 LF와 HD와 같은 변들 대 FO와 DM과 같은 변들의 비와 같기 때문이다. 증명 끝.

7
수성과 금성의 기울임 각의 크기에 대하여

이제까지의 알아본 것으로, 두 행성의 궤도면의 경사각이 얼마나 큰지 알아보자. 앞에서 말했듯이[VI, 5], 각 행성이 태양으로부터 최대 거리와 최소 거리 사이 중간에 있을 때, 궤도상의 위치에 따라 반대 방향으로 기껏해야 5° 더 북쪽 또는 남쪽으로 멀어진다. 왜냐하면, 이심원의 원점과 근점에서 금성의 변이에 의한 편차의 변화는 5°보다 훨씬 작아서 인지할 수 없을 정도이기 때문이며, 수성에서는 1/2° 남짓의 편차가 있다.

전과 같이, ABC가 황도와 이심원의 교선이라고 하자. 앞에서 설명한 방식대로, B를 중심으로 행성의 궤도를 황도에 기울어지도록 그린다. 지구의 중심으로부터 직선 AD를 행성 궤도의 점 D에서 접하게 그린다. D에서 CBE를 향해 직각으로 선분 DF를 그리고, 황도의 수평면에 DG를 그린다. BD, FG, AG를 연결한다. 또한 두 행성 모두의 경우에 앞에서 말한 위도 차이의 절반인 각 DAG가 2 1/2°, 4직각 = 360°라고 가정하자. 두 평면에서, 평면들의 경사각의 크기, 즉 각 DFG의 크기를 알아야 한다고 하자. 금성의 경우에 궤도 반지름 = 7193p인 단위로, 지구로부터 금성의 최대 거리는 원점에서 일어나며, 10,208p임이 알려졌고, 근점에서 일어나는 최소 거리는 9792p이다[V, 21-22](10,000 ± 208). 이 값들 사이의 평균은 10,000p이며, 이것은 이 증명을 위해 내가 채택한 값이다. 프톨레마이오스는 계산의 번거로움을 고려해서 가능한 한 간편한 방법을 찾았다[알마게스트, XIII, 3, 끝]. 극단의 값이 뚜렷한 차이가 없으므로, 평균값을 받아들이는 것이 낫기 때문이다.

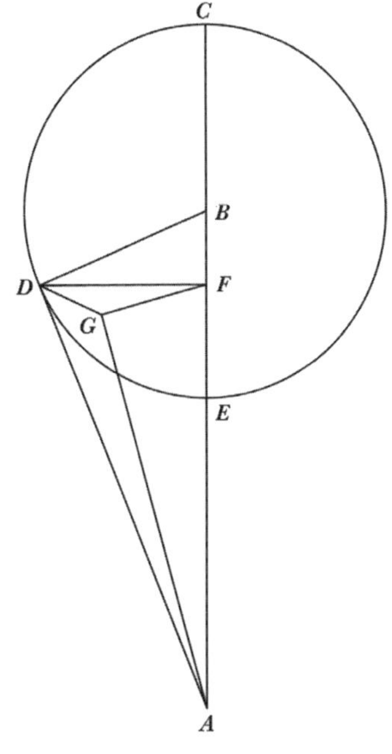

Figure.7

따라서 AB : BD = 10,000p : 7193p이고, ADB는 직각이다. 그러면 변 AD의 길이6947p를 얻는다. 비슷하게, BA : AD = BD : DF여서, DF의 길이 4997p를 얻는다. 다시, 각 DAG = 2 1/2°로 가정하고, AGD는 직각이다. 삼각형 ADG에서, 각도들이 주어지고, 변 DG = 303p이고, AD = 6947p이다. 따라서 삼각형 DFG에서 두 변 DP와 DG가 주어지며(= 4997, 303), DGP는 직

각이고, 경사 또는 기울임의 각도인 DPG = 3° 29'이다. DAF의 FAG에 대한 초과는 경도상의 시차의 차이를 이룬다. 그러므로 차이는 알려진 각도의 크기 차이로 유도해야 한다.

DG = 303p이고, 대각선 AD = 6947p이고 DF = 4997p이며, 또한 $(AD)^2 - (DG)^2 = (AG)^2$이고, $(FD)^2 - (DG)^2 = (GF)^2$임이 이미 증명되었다. 그러므로 길이 AG = 6940p, FG = 4988p로 주어진다. AG = 10,000p인 단위로, FG = 7187p이고, 각 FAG = 45° 57'이다. AD = 10,000p인 단위로, DF = 7193p이고, 각 DAF ≅ 46°이다. 그러므로 시차 가감차인 최대 기울임은 약 3'(= 46° - 45° 57')으로 줄어든다. 그러나 평점에서 원들 사이의 경사각은 2 1/2°이다. 그러나 이것은 3° 29'으로 거의 1도가 증가했고, 이것은 내가 말한 첫 번째 진동에 더해진다.

수성에 대해서도 같은 방식으로 진행한다. 궤도 반지름 = 3573p인 단위로, 지구로부터 최대 거리 = 10,948p이고, 최소 거리 = 9052p이며, 이 값들의 평균 = 10,000p[V, 27]이다. AB : BD = 10,000p : 3573p이다. 그러면 삼각형 ABD에서 세 번째 변 AD = 9340p. AB : AD = BD : DF을 얻는다. 그러므로 DF의 길이는 3337p이다. 위도의 각도 DAG = 2 1/2°로 가정된다. 따라서 DG = 407p이고, DF = 3337p이다. 그러므로 삼각형 DFG에서, 두 변의 비가 주어지고, G는 직각이며, 각 DFG ≅ 7°를 얻는다. 이것은 수성 궤도가 황도면에 대해 기울어진 각도이다. 그러나 원점과 근점으로부터 사분원의 거리 근처에서의 경사각은 6° 15'으로 알려졌다[VI, 5]. 그러므로 첫 번째 칭동에 45'(= 7° - 6° 15')을 더해야 한다.

비슷하게, 각도의 가감차와 그 차이를 확인해야 하며, 앞에서 직선 DG = 407p이고 AD = 9340p와 DF = 3337p임이 알려졌다. $(AD)^2 - (DG)^2 = (AG)^2$이고, $(DF)^2 - (DG)^2 = (FG)^2$이다. 그러면 길이 AG = 9331p, FG = 3314p를 얻을 것이다. 이 정보로부터 GAF = 가감차의 각도 = 20° 48'을 얻고, DAF = 20° 56'을 얻으며, 기울임에 의존하는 GAF는 8'쯤 더 작다.

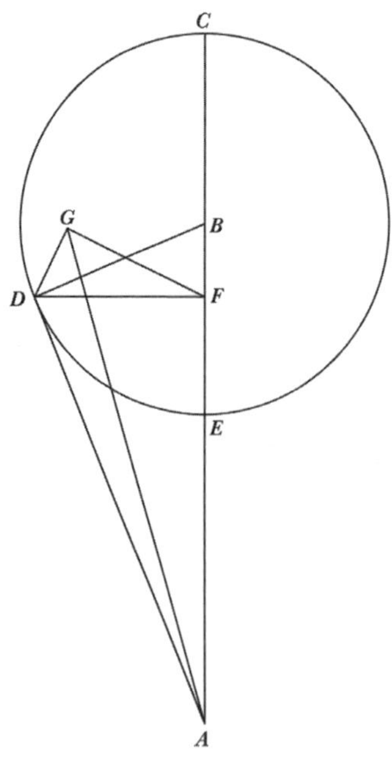

Figure.8

이번에는 기울임의 각도들과 위도가 지구로부터 궤도의 최대와 최소 거리의 관측과 일치하는지 살펴보아야 한다. 이러한 목적으로 같은 그림에서, 먼저 지구로부터 금성 궤도까지의 최대 거리에 대하여, AB : BD = 10,208p : 7193p라고 가정하자. ADB는 직각이므로, 같은 단위로 길이 AD = 7238p이다. AB : AD = BD : DF이다. 그러면 이 단위로 길이 DF= 5102p이다. 그러나 경사각 DFG = 3° 29'으로 알려졌다[VI, 7 앞]. 나머지 변DG = 309p이고, AD= 7238p이다. 그러면, AD = 10,000p인 단위로, DG = 427p이다. 따라서, 금성의 지구로부터 최대 거리인 각 DAG = 2° 27'을 추론할 수 있다. 그러나 궤도 반지름 BD = 7193p이고, 지구로부터 금성까지의 최소 거리 AB = 9792p(10,000 - 208)이다. BD에 수직인 AD = 6644p이다. AB : AD = BD : DF 이다. 비슷하게, 길이 DF는 같은 단위로 4883p이다. 그러나 각 DFG = 3° 29'이다. 그러므로, DG = 297p이고 AD = 6644p이다, 결과적으로 삼각형 ADG에서, 변들이 주어지고, 각 DAG = 2° 34'으로 주어진다. 그러나, 3'이나 4'(2° 30' = 3' + 2° 27' = 2° 34' - 4')은 아스트롤라베로 식별할 수 없을 정도로 작다. 그러므로, 금성의 최대 위도 편차로 간주되는 값은 충분히 좋은 값이다.

같은 방식으로 지구로부터 수성까지의 최대 거리와 수성 궤도 반지름의 비는 AB : BD = 10,948p : 3573p 이다[V, 27]. 따라서, 앞의 증명과 비슷하게, AD = 9452p와 DF = 3085p를 얻는다. 그러나 여기에서도 다시 수성 궤도와 황도면 사이의 경사각 DFG = 7°임이 알려져 있고, 같은 추론으로 직선 DG = 376p에 DF = 3085p 또는 DA = 9452p이다. 그러므로 직각삼각형 DAG의 변들이 주어지고, 위도상 가장 크게 벗어난 각 DAG ≅ 2° 17'을 얻는다.

그러나 궤도의 지구로부터 최소 거리는 AB : BD = 9052p : 3573p이다. 따라서 같은 단위로 AD = 8317p이고 DF= 3283p이다. 그러나, 같은 경사(= 7°)를 고려해서, DF : DG = 3283p : 400p이고, AD= 8317p이다. 따라서, 각 DAG = 2° 45'이다.

수성 궤도에서 지구까지의 평균값과 관련된 변이는 여기에서도 = 2 1/2°로 가정했다. 이 양에 의해 원점에서 최소에 이르는 위도 변이는 13'(= 2° 30' - 2° 17')만큼 달라진다. 그러나 위도 변이가 최대에 이르는 근일점에서는, 평균값에서 15'(= 2° 45' - 2° 30')만큼 달라진다. 원점과 근점에서의 차이 대신에 나는 평균값을 사용한 계산에서 1/4°를 사용할 것이다. 이것은 관측과 인지할 만한 차이가 없다.

앞의 논의의 결과로, 그리고 최대 경도 가감차와 최대 위도 편차의 비는 궤도의 나머지 부분에서의 부분적 가감차와 여러 위도 편차에 대한 비와 같으므로, 금성과 수성 궤도의 경사에 따른 모든 위도의 양을 얻을 수 있다. 그러나 앞에서 말했듯이[VI, 5], 원점과 근점 사이의 중간 위도에 대해서만 알 수 있다. 이 위도에서 최대 = 2 1/2°임이 알려졌고[VI, 6], 한편으로 금성의 최대 가감차 = 46°, 수성의 최대 가감차 ≅ 22°[VI, 5](45° 57', 21° 16')임이 알려졌다. 그리고 이제 불균일한 운동의 표에서[V, 33 뒤] 궤도의 부분마다 해당되는 가감차를 찾을 수 있다. 각각의 가감차가 최대보다 작은 한, 나는 각 행성에 대해 대응하는 부분을 2 1/2°로 취할 것이다. 나는 이 값을 표에 적고, 이것을 아래에 둘 것이다[VI, 8 뒤]. 이런 방식으로 우리는 지구가 이 행성들의 원점과 근점에 있을 때 세부적으로 기울임의 모든 개별 위도들을 얻을 수 있을 것이다. 같은 방식으로 나는 지구가 사분원의 거리행성의 원일점과 근일점 사이의 중간에 있을 때와 행성이 중간 경도에 있을 때 경사의 위도를 기록했다. 이 네 결정적인 점들(원일점, 근일점, 두 평일점)에서 일어나는 것들은 제안된 원들로부터 수학적 기교로 얻을 수 있지만, 상당한 노력이 필요하다. 그러나 프톨레마이오스 자신은 모든 곳에서 가능한 한 간편하게 했다. 그는 이 두 종류의 위도(경사, 기울임)가 모두 전체로 달의 위도처럼 비례해서 증감한다는 것을 깨달았다알마게스트, XIII, 4, 끝. 그러므로 그는 각각의 부분들에 12를 곱했는데, 최대위도 = 5° = 1/12 × 60°이기 때문이다. 그는 이것이 이 두 행성뿐만 아니라 세 외행성에도 사용될 것으로 생각해서 이 곱을 비례 분으로 만들었다. 여기에 대해서는 나중에 설명하겠다.VI, 9

8

금성과 수성에서 "편차"라고 부르는 세 번째 종류의 위도에 대하여

이전의 주제를 차례로 설명하고 나서, 위도의 세 번째 운동에 대해 아직 논의할 것이 남았고, 이것은 편차이다. 지구를 우주의 중심에 둔 고대인들은, 이 편차가 이심원의 진동에 의해 일어나고, 주전원의 진동과 같은 위상으로, 지구 중심 둘레에서 일어나고, 주전원이 이심원의 원점 또는 근점에 있을 때 최대가 된다고 생각했다 알마게스트, XIII, 0. 앞에서 말했듯이 이 편차는 금성에서 언제나 북쪽으로 1/6°이고, 수성에서는 언제나 남쪽으로 3/4°이다.

그러나 고대인들이 원들의 경사가 불변한다고 생각했는지는 불분명하다. 금성의 편차에서는 항상 비례하는 분의 1/6을 취하고 수성에서는 3/4를 취한 것에서 이 불변성이 드러나기 때문이다알마게스트, XIII, 6. 이 분수들의 적용이 바르게 되려면 경사각이 언제나 같아야 하고, 이 각도가 바탕으로 하고 있는 분들의 체계도 언제나 같아야 한다. 게다가, 각도가 똑같이 유지된다고 해도, 어떻게 행성의 위도가 교선으로부터 원래의 위도로 갑자기 되돌아가는지 이해할 수 없다. 어쩌면 이 반동은 (광학에서) 빛의 반사와 같이 일어난다고 말할 수 있다. 그러나, 여기에서 다루고 있는 것은 즉각적인 운동이 아니라 본성상 상당한 시간이 걸리는 운동이다.

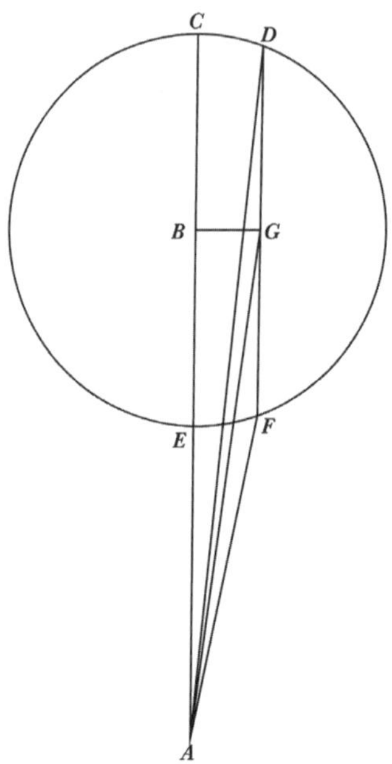

Figure.9

결과적으로, 행성들이 내가 설명한 것과 같은VI, 2 칭동을 한다고 받아들여야 한다. 이것은 원의 부분들이 한 위도에서 반대쪽으로 변화하게 한다. 이것은 또한 수치적인 양의 변화에 따른 필연적인 결과이고, 수성의 경우에는 1/5°의 변화이다. 따라서 나의 가설에 따르면, 이 위도가 변하고 절대적으로 상수가 아니어도 놀랄 일이 아니다. 그러나 이것은 모든 변이에서 구별할 수 있고 인지할 수 있는 불규칙성을 만들지는 않는다.

수평면이 황도면에 수직이라고 하자. 두 평면의 교선 AEBC에서 A가 지구의 중심이라고 하고, 지구로부터 최대 거리 또는 최소 거리에 있는 B가 원 CDF의 중심이라고 하자. 이 원은 실제로 기울어진 궤도의 극들을 지나간다. 궤도 중심이 원점 또는 근점에 있을 때, 다시 말해서 AB 위에 있을 때, 궤도에 평행한 원에 의해 행성이 가장 큰 편차를 일으킨다. 궤도에 평행한 원에서, 지름 DF는 궤도 지름 CBE에 평행하다. CDF의 평면에 수직인 이 평행한 원들에서, 이 지름들(DF와 CBE)은 CDF와의 교선으로 취해진다. DF를 G에서 이등분하는데, 이것은 궤도에 평행한 원의 중심이 될 것이다 BG, AG, AD, AF를 연결한다. 금성의 최대 편차인 각 BAG = 1/8°로 놓는다. 그러면 삼각형 ABG에서, B를 직각으로, 이 변들의 비 AB : BG = 10,000p : 29p를 얻는다. 그러나 같은 단위로 전체 ABC = 17,193p (CB = CA - BA = 17,193p - 10,000p = 7,193p, CE = 2 × 7193p = 14,386p)이고, AE(= GE = 14,386p를 AC = 17,193p에 뺀 나머지) = 2807p이다. CD의 두 배에 대응하는 현 BF = BG이다. 그러므로 각 CAD = 6'이고, EAF ≅ 15'이다. 이것들은 BAG(= 10')와 다르며, 앞의 경우에 겨우 4' 차이이고, 뒤의 경우에 5' 차이로, 크기가 작아서 일반적으로 무시되는 양이다. 그러면 금성의 겉보기 편차는, 지구가 원점과 근점에 있을 때, 궤도에서 그 행성이 다른 곳에 있을 때보다 10'보다 조금 크거나 작을 수 있다.

수성의 경우에는 각 BAG = 3/4°로 놓는다. AB : BG = 10,000p : 131p이고, ABC = 13,573p이며, 나머지 AE = 6427p(= AB - BE = 10,000p - 3573p)이다. 그러면 각 CAD = 33'이고, EAF ≅ 70'이다. 그러므로, 앞의 경우

에 12'이 부족하고(= 45' - 33'), 뒤의 경우에 25'만큼 초과한다(= 70' - 45'). 그러나 이 차이들은 실제로 수성이 우리에게 보이기 전에 햇빛에 가려진다. 그러므로 고대인들은 보이는 편차가 불변인 것처럼 이것만을 조사했다.

그럼에도 불구하고, 어떤 이가 수고를 마다하지 않고 태양에 의해 숨겨진 변이에 대해서까지 정확한 지식을 얻으려고 한다면, 나는 다음과 같이 하면 된다고 설명하겠다.

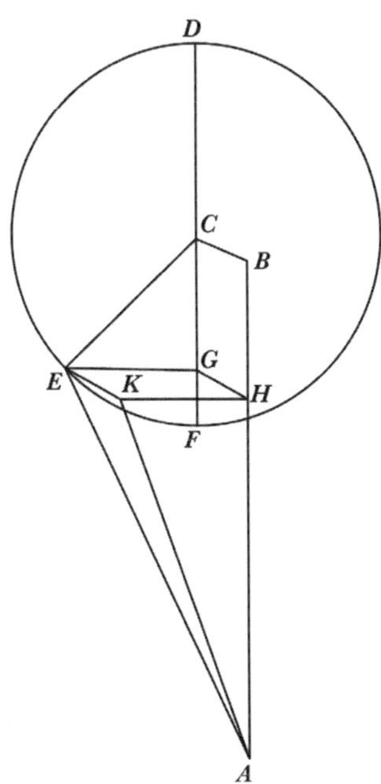

Figure.10

이번에는 수성을 예로 사용할 것인데, 편차가 금성보다 더 두드러지기 때문이다. 선분 AB를 행성 궤도와 황도의 교선이라고 하자. 지구가 이 행성의 원점 또는 근점인 A에 있다고 하자. 앞에서 기울임에 대해 했듯이[VI, 7], 선분 AB가 최대와 최소의 중간 값이 아무 변이가 없이 10,000p라고 하자. C를 중심으로, 이심원에 평행하면서 CB만큼 떨어져 있는 원 DEF를 그린다. 행성이 이 평행한 원 위에 있을 때 최대 편이가 일어난다고 생각하자. 이 원의 지름을 DCF라고 하고, 이것은 마찬가지로 AB에 평행하며, 한편으로 두 선분이 모두 같은 평면에 있고, 행성의 궤도에 수직이다. 예를 들어 행성의 편차를 조사하는 호 EF = 45°라고 가정하자. CF에 수직으로 EG를 그리고, 궤도면에 수직으로 EK와 GH를 그린다. HK를 연결해서, 직사각형을 완성한다. 또한 AE, AK, EC를 연결한다.

수성의 편차에 대한 바탕으로, BC= 131p이고, AB = 10,000p이고 GE = 3573p이다. 직각삼각형 CEG에서, 각도들이 주어지고, 변 EG = KH = 2526p이다.

BH = EG = CG(= 2526p)를 AB = 10,000p에서 빼서, 나머지 AH= 7474p이다. 그러므로, 삼각형 AHK에서 직각 H를 이루는 변이 주어지고(= 7474p, 2526p), 빗변 AK = 7889p이다. 그러나 KE = CB = GH = 131p이다. 따라서 삼각형 AKE의 주어진 두 변 AK와 KE는 직각 K를 이루고, 각 KAE가 주어진다. 이것은 가정된 호 EF에 대해서 찾던 편차에 대응하며, 관측과 아주 조금만 다르다. 수성의 다른 변이와 금성에 대해서도 비슷하게 진행해서, 그 결과를 덧붙인 표에 넣을 것이다.

이제까지의 설명으로, 금성과 수성에 대해 이 한계들 사이의 편차를 60등분 또는 비례하는 분에 맞출 것이다. 원 ABC가 금성 또는 수성의 이심 궤도라고 하자. A와 C가 이 위도의 교점이라고 하자. B가 최대 편차의 한계라고 하자. B를 중심으로, 작은 원 DFG를 그리는데, 그 지름은 DBF이다. 편차의 칭동 운동이 DBF를 따라 일어난다. 지구가 행성 이심 궤도의 원점 또는 근점에 있을 때, 균륜이 이 작은 원에 접하는 점 P에서 행성이 최대 편차를 보인다고 가정한다.

이제 지구가 이 행성의 원점 또는 근점에서 임의의 거리만큼 떨어져 있다고 하자. 이제 이 운동에 따라 FG를 작은 원에서 닮은 호로 취한다. AGC를 행성의 균륜으로 그린다. AGC는 작은 원과 교차하고 점 E에서 작은 원의 지름 DF을 자른다. 행성을 AGC 위의 K에 두고, 가정에 따라 호 EK는 FG와 닮음이다. 원 ABC에 수직으로 KL을 그린다.

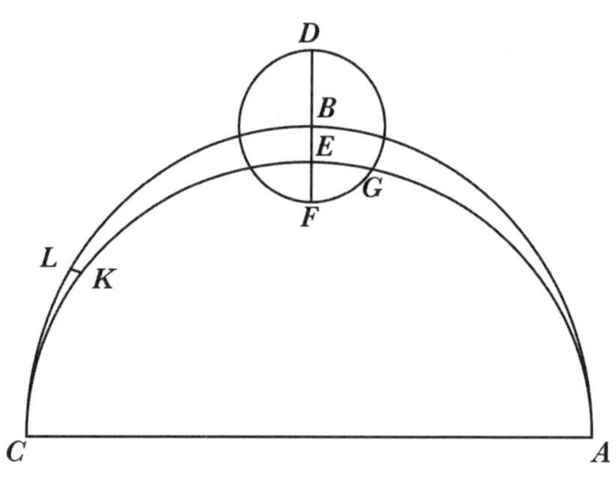

Figure.11

FG, EK, BE로부터, 원 ABC로부터 행성의 거리인 KL의 크기를 구해야 한다. 호 FG로부터, EG는 원의 선 또는 볼록한 선에서 아주 조금만 다른 선이라고 알려졌다. 마찬가지로, EF는 전체 BF와 EF를 BF에서 뺀 나머지인 BE와 동일한 단위로 주어질 것이다. BF : BE = CB의 두 배에 대응하는 현 : CK의 두 배에 대응하는 현 = BE : KL이다. 그러므로, BF와 CE의 반지름을 같은 수 60등분의 값으로 비교하면, 그것들로부터 BE의 값을 얻을 것이다. 이것을 제곱하고, 곱을 60으로 나누면, 호 EK의 원하는 비례 분인 KL을 얻을 것이다. 같은 방식으로 나는 이 분들을 다음 표의 5열과 마지막 열에 기입했다.

토성, 목성, 화성의 위도															
공통 수		토성의 위도				목성의 위도				화성의 위도				비례분	
		북쪽		남쪽		북쪽		남쪽		북쪽		남쪽			
°	°	°	′	°	′	°	′	°	′	°	′	°	′	분	초
3	357	2	3	2	2	1	6	1	5	0	6	0	5	59	48
6	354	2	4	2	2	1	7	1	5	0	7	0	5	59	36
9	351	2	4	2	3	1	7	1	5	0	9	0	6	59	6
12	348	2	5	2	3	1	8	1	6	0	9	0	6	58	36
15	345	2	5	2	3	1	8	1	6	0	10	0	8	57	48
18	342	2	6	2	3	1	8	1	6	0	11	0	8	57	0
21	339	2	6	2	4	1	9	1	7	0	12	0	9	55	48
24	336	2	7	2	4	1	9	1	7	0	13	0	9	54	36
27	333	2	8	2	5	1	10	1	8	0	14	0	10	53	18
30	330	2	8	2	5	1	10	1	8	0	14	0	11	52	0
33	327	2	9	2	6	1	11	1	9	0	15	0	11	50	12
36	324	2	10	2	7	1	11	1	9	0	16	0	12	48	24
39	321	2	10	2	7	1	12	1	10	0	17	0	12	46	24
42	318	2	11	2	8	1	12	1	10	0	18	0	13	44	24
45	315	2	11	2	9	1	13	1	11	0	19	0	15	42	12
48	312	2	12	2	10	1	13	1	11	0	20	0	16	40	0
51	309	2	13	2	11	1	14	1	12	0	22	0	18	37	36
54	306	2	14	2	12	1	14	1	13	0	23	0	20	35	12
57	303	2	15	2	13	1	15	1	14	0	25	0	22	32	36
60	300	2	16	2	15	1	16	1	16	0	27	0	24	30	0
63	297	2	17	2	16	1	17	1	17	0	29	0	25	27	12
66	294	2	18	2	18	1	18	1	18	0	31	0	27	24	24
69	291	2	20	2	19	1	19	1	19	0	33	0	29	21	21
72	288	2	21	2	21	1	21	1	21	0	35	0	31	18	18
75	285	2	22	2	22	1	22	1	22	0	37	0	34	15	15
78	282	2	24	2	24	1	24	1	24	0	40	0	37	12	12
81	279	2	25	2	26	1	25	1	25	0	42	0	39	9	9
84	276	2	27	2	27	1	27	1	27	0	45	0	41	6	24
87	273	2	28	2	28	1	28	1	28	0	48	0	45	3	12
90	270	2	30	2	30	1	30	1	29	0	51	0	49	0	0

토성, 목성, 화성의 위도

공통 수		토성의 위도				목성의 위도				화성의 위도				비례분	
		북쪽		남쪽		북쪽		남쪽		북쪽		남쪽			
°	°	°	′	°	′	°	′	°	′	°	′	°	′	분	초
93	267	2	31	2	31	1	31	1	31	0	55	0	52	3	12
96	264	2	33	2	33	1	33	1	33	0	59	0	56	6	24
99	261	2	34	2	34	1	34	1	34	1	2	1	0	9	9
102	258	2	36	2	36	1	36	1	36	1	6	1	4	12	12
105	255	2	37	2	37	1	37	1	37	1	11	1	8	15	15
108	252	2	39	2	39	1	39	1	39	1	15	1	12	18	18
111	249	2	40	2	40	1	40	1	40	1	19	1	17	21	21
113	246	2	42	2	42	1	42	1	42	1	25	1	22	24	24
117	243	2	43	2	43	1	43	1	43	1	31	1	28	27	12
120	240	2	45	2	45	1	45	1	44	1	36	1	34	30	0
123	237	2	46	2	46	1	46	1	46	1	41	1	40	32	36
126	234	2	47	2	48	1	47	1	47	1	47	1	47	35	12
129	231	2	49	2	49	1	49	1	49	1	54	1	55	37	36
132	228	2	50	2	51	1	50	1	51	2	2	2	5	40	0
135	225	2	52	2	53	1	51	1	53	2	10	2	15	42	12
138	222	2	53	2	54	1	52	1	54	2	19	2	26	44	24
141	219	2	54	2	55	1	53	1	55	2	29	2	38	46	24
144	216	2	55	2	56	1	55	1	57	2	37	2	48	48	24
147	213	2	56	2	57	1	56	1	58	2	47	3	4	50	12
150	210	2	57	2	58	1	58	1	59	2	51	3	20	52	0
153	207	2	58	2	59	1	59	2	1	3	12	3	32	53	18
156	204	2	59	3	0	2	0	2	2	3	23	3	52	54	36
159	201	2	59	3	1	2	1	2	3	3	34	4	13	55	48
162	198	3	0	3	2	2	2	2	4	3	46	4	36	57	0
165	195	3	0	3	2	2	2	2	5	3	57	5	0	57	48
168	192	3	1	3	3	2	3	2	5	4	9	5	23	58	36
171	189	3	1	3	3	2	3	2	6	4	17	5	48	59	6
174	186	3	2	3	4	2	4	2	6	4	23	6	15	59	36
177	183	3	2	3	4	2	4	2	7	4	27	6	35	59	48
180	180	3	2	3	5	2	4	2	7	4	30	6	50	60	0

금성과 수성의 위도

공통 수		금성				수성				금성		수성		비례분	
		경사		기울임		경사		기울임		경사		기울임			
°	°	°	′	°	′	°	′	°	′	°	′	°	′	분	초
3	357	1	2	0	4	1	45	0	5	0	7	0	33	59	36
6	354	1	2	0	8	1	45	0	11	0	7	0	33	59	12
9	351	1	1	0	12	1	45	0	16	0	7	0	33	58	25
12	348	1	1	0	16	1	44	0	22	0	7	0	33	57	14
15	345	1	0	0	21	1	44	0	27	0	7	0	33	55	41
18	342	1	0	0	25	1	43	0	33	0	7	0	33	54	9
21	339	0	59	0	29	1	42	0	38	0	7	0	33	53	12
24	336	0	59	0	33	1	40	0	44	0	7	0	34	49	43
27	333	0	58	0	37	1	38	0	49	0	7	0	34	47	21
30	330	0	57	0	41	1	36	0	55	0	8	0	34	45	4
33	327	0	56	0	45	1	34	1	0	0	8	0	34	42	0
36	324	0	55	0	49	1	30	1	6	0	8	0	34	39	15
39	321	0	53	0	53	1	27	1	11	0	8	0	35	35	53
42	318	0	51	0	57	1	23	1	16	0	8	0	35	32	51
45	315	0	49	1	1	1	19	1	21	0	8	0	35	29	41
48	312	0	46	1	5	1	15	1	26	0	8	0	36	26	40
51	309	0	44	1	9	1	11	1	31	0	8	0	36	23	34
54	306	0	41	1	13	1	8	1	35	0	8	0	36	20	39
57	303	0	38	1	17	1	4	1	40	0	8	0	37	17	40
60	300	0	35	1	20	0	59	1	44	0	8	0	38	15	0
63	297	0	32	1	24	0	54	1	48	0	8	0	38	12	20
66	294	0	29	1	28	0	49	1	52	0	9	0	39	9	55
69	291	0	26	1	32	0	44	1	56	0	9	0	39	7	38
72	288	0	23	1	35	0	38	2	0	0	9	0	40	5	39
75	285	0	20	1	38	0	32	2	3	0	9	0	41	3	57
78	282	0	16	1	42	0	26	2	7	0	9	0	42	2	34
81	279	0	12	1	46	0	21	2	10	0	9	0	42	1	28
84	276	0	8	1	50	0	16	2	14	0	10	0	43	0	40
87	273	0	4	1	54	0	8	2	17	0	10	0	44	0	10
90	270	0	0	1	57	0	0	2	20	0	10	0	45	0	0

금성과 수성의 위도

공통 수		금성				수성				금성		수성		비례분	
		경사		기울임		경사		기울임		경사		기울임			
°	°	°	′	°	′	°	′	°	′	°	′	°	′	분	초
93	267	0	5	2	0	0	8	2	23	0	10	0	45	0	10
96	264	0	10	2	3	0	15	2	25	0	10	0	46	0	40
99	261	0	15	2	6	0	23	2	27	0	10	0	47	1	28
102	258	0	20	2	9	0	31	2	28	0	11	0	48	2	34
105	255	0	26	2	12	0	40	2	29	0	11	0	48	3	57
108	252	0	32	2	15	0	48	2	29	0	11	0	49	5	39
111	249	0	38	2	17	0	57	2	30	0	11	0	50	7	38
113	246	0	44	2	20	1	6	2	30	0	11	0	51	9	55
117	243	0	50	2	22	1	16	2	30	0	11	0	52	12	20
120	240	0	59	2	24	1	25	2	29	0	12	0	52	15	0
123	237	1	8	2	26	1	35	2	28	0	12	0	53	17	40
126	234	1	18	2	27	1	45	2	26	0	12	0	54	20	39
129	231	1	28	2	29	1	55	2	23	0	12	0	55	23	34
132	228	1	38	2	30	2	6	2	20	0	12	0	56	26	40
135	225	1	48	2	30	2	16	2	16	0	13	0	57	29	41
138	222	1	59	2	30	2	27	2	11	0	13	0	57	32	51
141	219	2	11	2	29	2	37	2	6	0	13	0	58	35	53
144	216	2	25	2	28	2	47	2	0	0	13	0	59	39	15
147	213	2	43	2	26	2	57	1	53	0	13	1	0	42	0
150	210	3	3	2	22	3	7	1	46	0	13	1	1	45	4
153	207	3	23	2	18	3	17	1	38	0	13	1	2	47	21
156	204	3	44	2	12	3	26	1	29	0	14	1	3	49	43
159	201	4	5	2	4	3	34	1	20	0	14	1	4	52	12
162	198	4	26	1	55	3	42	1	10	0	14	1	5	54	9
165	195	4	49	1	42	3	48	0	59	0	14	1	6	55	41
168	192	5	13	1	27	3	54	0	48	0	14	1	7	57	14
171	189	5	36	1	9	3	58	0	36	0	14	1	7	58	25
174	186	5	52	0	48	4	2	0	24	0	14	1	8	59	12
177	183	6	7	0	25	4	4	0	12	0	14	1	9	59	36
180	180	6	22	0	0	4	5	0	0	0	14	1	10	60	0

9

다섯 행성의 위도 계산

앞의 표에 의해 다섯 행성의 위도를 찾는 방법은 다음과 같다. 토성, 목성, 화성에서 조절된 또는 정규화된 이심원의 이상에 대한 공통수를 얻는다. 화성의 경우에는 그대로 둔다. 목성에서 는 먼저 20°를 빼고, 토성에서는 50°를 더한다. 그런 다음에 그 결과를 마지막 열의 60등분 또는 비례 분 아래에 적는다.

비슷하게, 보정된 시차 이상으로부터 각 행성의 수를 위도로 취한다. 비례 분이 높은 수에서 낮은 수로 내려가면 처음에 있는 북위를 취한다. 이것은 이심원의 이상이 90° 아래이거나 270°를 넘을 때 일어난다. 비례 분이 낮은 수에서 높은 수로 올라가면 두 번째의 남위를 취하는데, 이것은 이심원의 이상(우리가 표에 기입한)이 90°보다 크거나 270°보다 작을 때이다. 그러면 이 두 위도 중 하나를 그 60등분의 수와 곱하면, 그 곱은 이심원의 북쪽 또는 남쪽의 거리인데, 가정된 수의 분류에 따라 달라진다.

반면에 금성과 수성에서는, 보정된 시차 이상으로부터 경사, 기울임, 편차로 일어나는 세 가지 위도를 먼저 취해야 한다. 이것들을 따로 기록해 둔다. 하나의 예외로, 수성의 기울임인 1/16은 이심원의 이상과 그 수가 표의 윗부분에서 발견되면 빼고, 이심원의 이상과 그 수가 표의 아래에서 발견되면 그만큼을 더한다. 이 계산의 결과인 나머지 또는 합을 기록해 둔다.

그러나, 이 위도들의 분류가 북쪽인지 남쪽인지 확실히 해야 한다. 보정된 시차 이상이 원점의 반원, 즉 90° 보다 작거나 270°보다 크다고 하고, 이심원의 이상은 반원보다 작다고 하자. 또는 다시, 시차 이상이 근점의 호, 즉 90°보다 크고 270°보다 작다고 하고, 이심원의 이상은 반원보다 크다고 하자. 그러면 금성의 경사는 북쪽이 될 것이고, 수성은 남쪽이 될 것이다. 반면에, 시차 이상이 근점의 호안에 있고 이심원의 이상이 반원보다 작거나, 시차 이상이 원점의 영역에 있으면서 이심원의 이상이 반원보다 크다고 하자. 그러면, 반대로 금성의 경사가 남쪽이 될 것이고 수성은 북쪽이 될 것이다. 그러나 기울임에서는, 시차 이상이 반원보다 작고 이심원의 이상이 원점의 영역이면, 또는 시차 이상이 반원보다 크고 이심원의 이상이 근점 쪽이면, 금성의 기울임은 북쪽이고 수성은 남쪽이다. 여기에서도 역이 성립한다. 그러나 이 편차들은 언제나 금성에서 북쪽이고 수성에서 남쪽이다.

그 다음에, 이심원의 보정된 이상으로 모든 다섯 행성에 공통인 비례 분을 취한다. 세 외행성에 속하는 비례 분들은, 이것들이 그렇게 속해 있지만 기울임에 부여해야 하고, 나머지는 편차에 부여해야 한다. 그러므로 이심원의 같은 이상에 90°를 더한다. 이 합에 연결된 공통으로 비례하는 분은 다시 경사의 위도에 적용되도록 정렬해야 한다.

이 모든 양들을 이런 방식으로 정렬했을 때, 각각의 세 개의 분리된 위도들에 결정된 그 자신의 비례 분을 곱한다. 또한 이것들을 시간과 장소에 대해 보정해야 하고, 이렇게 해서 마침내 이 두 행성의 세 가지 위도에 대한 완전한 설명을 얻는다. 모든 위도들이 같은 분류이면, 그것들을 더한다. 그러나 그렇지 않으면, 같은 분류의 두 가지만 더한다. 이 두 양이 세 번째의 반대쪽의 위도에 비해 크거나 작은지에 따라, 큰 것을 작은 것에서 빼고, 우세한 나머지가 우리가 찾는 위도가 될 것이다.

회전의 6권이자 마지막 권의 끝.

후원자 명단

James TW
JIINMIN
Nakyung Kim
presean
강경희
강문정
강혜구
과학카페 쿠아QUA
곽희준
권옥자
길형진
김경은
김규남
김근성
김나영
김남용
김만석
김명종
김명하
김민영
김민희
김병창
김보민
김보한
김비아
김선욱
김성현
김영선
김영철
김영철
김옥윤
김유경
김이현
김일현
김정우
김종승
김지선
김창근
김채린
김학웅
김해원
김현정
김혜민
김혜지
김호상
김화랑
나의 딸랑구에게
남기선
다크판타지
도효곤
라이언
랭이아님
문서현
문준혁
문현기
문형준
문혜숙
미냐미냐
박동녘
박미경
박상원
박서윤
박소연
박용훈
박윤서
박의철
배서준
배영은
배채환
백수영
별다은다빈
봄처럼
서지민
서혜란
석현정
성상현
세무법인호산
송도현
송주호
송현량
시성호

신혜윤
아샬
아인
안지원
양두원
양수임(LUCIA)
양현주
양환주
어린이천문대
여정훈
오세조
우정훈
우주
우현태
원민재
유나
이강희
이광형
이국식
이기복 유승연
이동규
이민규
이민영 엄마 김두라
이상우
이상인
이선휴
이성주
이수정
이승연
이승후
이영술

이정무
이준석
이지선
이지혜
이해훈
임상혁
임성수
임재서
장용석
정금호
정동훈
정범석
정부경
정수연
정요한
정윤욱
정의삼
정재린
정제호
정지은
정하윤
정형돈 수학학원
정혜경
정희정
조봉연
주성욱
지동섭
지정훈
진모란
초란공
최강

최대규
최선민
최성훈
최연호
최원석
최항석
최혜진
秋昏
탁이아빠
토끼마법사정은희
한기진
한상훈
행인
허성완
허지현
현혜
홍관수
홍대길
홍민수
홍진주
황부현
황의승
황지현

후원에 감사드립니다.

천구의 회전에 관하여

초판 1쇄 인쇄 2024년 10월 08일
초판 1쇄 발행 2024년 10월 25일

지은이 니콜라우스 코페르니쿠스
옮긴이 김희봉
펴낸곳 ㈜엠아이디미디어
펴낸이 최종현
기 획 김동출
편집 최종현
교정 최종현
마케팅 유정훈
경영지원 유정훈 윤석우
디자인 박명원

주소 서울특별시 마포구 신촌로 162, 1202호
전화 (02) 704-3448 팩스 02) 6351-3448
이메일 mid@bookmid.com 홈페이지 www.bookmid.com

등록 제2011-000250호
ISBN 979-11-93828-07-6 (93440)